石油高等院校特色规划教材

工程地质学

苏培东　王喜华　主编

石油工业出版社

内 容 提 要

本书系统介绍了工程地质学的基本原理和勘察测试技术，包括岩土的物质组成及工程地质性质、地质构造及其工程地质评价、地下水、不良地质作用（风化作用、崩塌、滑坡、泥石流、河流、岩溶等）对工程影响及防治措施，以及岩土工程勘察技术与方法等。

本书可用作土木工程、城市地下空间工程、地质工程、地质学、勘查技术与工程、石油工程等高等院校相关专业的教材，也可供现场地质工程技术人员学习参考。

图书在版编目（CIP）数据

工程地质学 / 苏培东，王喜华主编 . --北京：石油工业出版社，2024.9. --（石油高等院校特色规划教材）. --ISBN 978-7-5183-6912-6

Ⅰ．P642

中国国家版本馆 CIP 数据核字第 2024X2J087 号

出版发行：石油工业出版社
（北京市朝阳区安华里二区 1 号楼　100011）
网　　址：www.petropub.com
编辑部：（010）64523694
图书营销中心：（010）64523633
经　　销：全国新华书店
排　　版：北京书蠹虫文化传播有限公司
印　　刷：北京中石油彩色印刷有限责任公司

2024 年 9 月第 1 版　2024 年 9 月第 1 次印刷
787 毫米×1092 毫米　开本：1/16　印张：23.5
字数：532 千字

定价：50.00 元
（如出现印装质量问题，我社图书营销中心负责调换）
版权所有，翻印必究

前 言

工程地质学是土木工程、城市地下空间工程、地质工程、岩土工程专业的一门专业必修课程，同时也是资源勘查工程、勘查技术与工程、地质学专业的一门专业模块选修课程。其基本内容包括矿物与岩石、岩石及岩体工程地质性质、土的成因类型及工程地质性质、地质构造与工程地质评价、地下水与工程建设、不良地质作用及防治、岩土工程勘察技术与方法等。

学习本课程的目的在于使学生了解主要工程地质问题，掌握对主要工程地质问题进行分析评价的基本原理和方法，了解岩土工程勘察要求和方法，合理利用勘察成果解决设计和施工中的问题；并能够根据具体工程地质条件和人类工程活动特点，判定可能产生的主要工程地质问题，进行合理分析与综合评价，提供恰当的处理措施，从而合理开发和妥善保护人类赖以生存的地质环境。

本书具有以下特点：

（1）突出工程地质基本原理，清楚描述不同地质环境下可能会产生的工程地质问题，及其具体特点、工程地质评价方法等。

（2）内容上力求理论联系实际，反映工程地质学科的新理论、新成果，以及相关学科的新规范和新规定。

（3）加入大量图片，力求插图达意、美观、精确、特征明显，并在每章开头列出了"本章提要"、每章末尾附加了"复习思考题"，便于学生预习和复习。

为体现本书的实用性与先进性，采取校企合作编写的方式，因此特邀中铁隧道局集团有限公司工程师王华参与部分章节的编写。本书共八章，其中第一章、第八章由苏培东、朱大鹏编写；第二章由刘小洪编写；第三章、第七章由王喜华编写；第四章由黄璐、王华编写；第五章由姜照勇、王喜华编写；第六章由郭亮、王喜华编写。全书由王喜华、苏培东统稿、定稿。

西南石油大学张伯虎、曲宏略、李雪、王时林及成都工业学院王翼君审阅并提出了宝贵意见和建议，在此深表谢忱。书中插图由王喜华，中国地质大学（武汉）研究生王家驹，西南石油大学研究生李金瑜、周宇、岳霖烽以及本科生冯明炜、曹娟、杨川榆、袁希亚等清绘完成，在此表示感谢。

本书在编写过程中得到中国石油西南油气田高级工程师黄平辉，西南石油大学教务处及地球科学与技术学院领导、专家的大力支持，在此深表感谢。

本书部分图片来源于网络，仅作为交流学习之用，特向相关网络及照片创作者致以敬意。

由于编者水平有限，疏漏之处在所难免，衷心希望广大读者不吝指正。

编者
2024年5月

目 录

第一章　绪论　　1
第一节　地质学与工程地质学　　1
第二节　工程地质学与岩土工程　　2
第三节　工程地质学的研究内容和任务　　3
第四节　工程地质条件和工程地质问题　　5
第五节　工程活动与地质环境　　8
第六节　工程地质理论在工程建设中的作用　　9
第七节　工程地质学的研究方法　　13
第八节　工程地质学的发展历史　　15
第九节　工程地质学的学习要求　　16
复习思考题　　17

第二章　矿物与岩石　　18
第一节　矿物　　18
第二节　地质作用和岩石的分类　　29
第三节　岩浆岩　　31
第四节　沉积岩　　40
第五节　变质岩　　50
复习思考题　　57

第三章　岩石及岩体工程地质性质　　59
第一节　岩石的物理性质　　59
第二节　岩石的水理性质　　64
第三节　岩石的力学性质　　69
第四节　影响岩石物理力学性质的因素　　76
第五节　岩体及其工程地质性质　　79

	第六节	岩体的工程分级	89
	复习思考题		96

第四章　土的成因类型及工程地质性质　97

	第一节	第四纪地质特征	97
	第二节	土的物质组成	97
	第三节	土的结构和构造	100
	第四节	土的工程分类	102
	第五节	土的成因类型及特征	107
	第六节	特殊土的工程地质性质	111
	复习思考题		152

第五章　地质构造与工程地质评价　153

	第一节	地层	153
	第二节	地壳运动	158
	第三节	水平构造与工程地质评价	167
	第四节	单斜构造与工程地质评价	169
	第五节	褶皱构造与工程地质评价	175
	第六节	节理构造与工程地质评价	190
	第七节	断层构造与工程地质评价	200
	第八节	活断层构造与工程地质评价	215
	第九节	地震构造与工程地质评价	222
	复习思考题		230

第六章　地下水与工程建设　232

	第一节	地下水的基本概念	232
	第二节	地下水的类型	235
	第三节	地下水的补给、排泄与径流	242
	第四节	地下水开发、利用与保护	247
	第五节	地下水与工程建设	249
	复习思考题		259

第七章　不良地质作用及防治　261

	第一节	岩石风化作用对工程影响及防治	261

第二节　崩塌对工程影响及防治 …………………… 266
第三节　滑坡对工程影响及防治 …………………… 273
第四节　泥石流对工程影响及防治 ………………… 297
第五节　河流作用对工程影响及防治 ……………… 306
第六节　岩溶作用对工程影响及防治 ……………… 325
复习思考题 …………………………………………… 334

第八章　岩土工程勘察技术与方法　　337

第一节　岩土工程勘察的目的与任务 ……………… 337
第二节　岩土工程勘察的阶段与内容 ……………… 337
第三节　岩土工程勘察的分级 ……………………… 339
第四节　岩土工程勘察方法 ………………………… 341
第五节　现场监测 …………………………………… 360
第六节　岩土工程勘察报告与图件 ………………… 363
复习思考题 …………………………………………… 365

主要参考文献　　367

第一章 绪论

> **本章提要**
>
> **主要内容**：工程地质学的科学定义；工程地质学的研究内容和任务；工程地质条件和工程地质问题；工程活动与地质环境；工程地质理论在工程建设中的作用；工程地质学的研究方法。
>
> **难点与重点**：工程地质条件和主要工程地质问题；工程地质基本任务与具体任务。

第一节 地质学与工程地质学

一、地质学

地质学（geology）是一门关于地球的科学，是地球科学的一个重要分支，它的研究对象是地球。地球包括固体地球（solid earth）及覆盖于其上的水圈（hydrosphere）、生物圈（biosphere）和大气圈（aerosphere）（图1-1）。

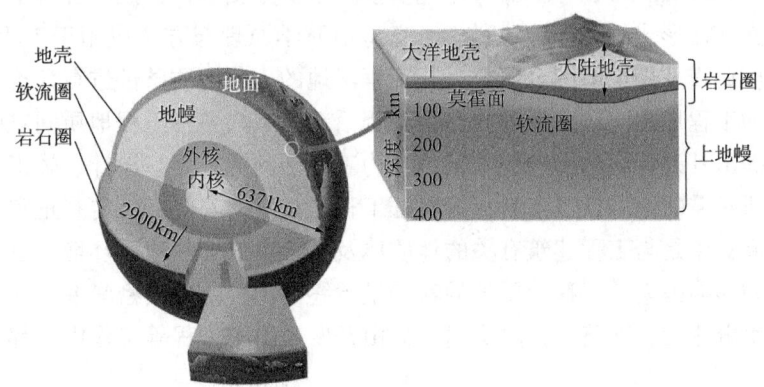

图1-1 地球的圈层构造

固体地球半径约6371km，包括最外层的地壳（crust）、中间的地幔（mantle）及内部的地核（core）三个主要层圈，其中地核分为内核（inner core）和外核（outer core）。地壳是厚度很薄的固体外壳（平均厚度约为30~40km），分为大陆地壳（continental crust）和大洋地壳（oceanic crust）。地幔厚约2900km，分上地幔和下地幔，除上地幔内有一厚约200km的软流圈（层）是固体与少量（1%~10%）的液态物质的混合体外，地幔的其他部分皆为固体。地壳加软流圈之上的固体地幔合称为岩石圈（lithosphere）。但目前主要研

究的仍然是固体地球的上层,即地壳和地幔的上部。地质学的研究内容主要包括:

(1) 研究组成地球的物质组成、分布和变化规律:元素、矿物、岩石(包括矿石和矿床)、建造。地壳是地壳物质分类的不同级别,各级物质的存在形式、特征、形成条件、分布规律及其利用是研究的基本内容。研究这方面的有矿物学、岩石学、结晶学、矿床学、地球化学等分支学科。

(2) 阐明地壳及地球的构造特征:研究岩石或岩石组合的空间分布,如构造地质学、大地构造学、区域地质学、地球物理学、动力地质学、火山学、地震地质学、构造物理学、地貌学、地质力学、深部地质学等分支学科。

(3) 研究地球的历史以及栖居在地质时期的生物及其演变:地球形成到现在已有46亿年,其中30多亿年以来的历史是重点研究的对象,对应古生物学、地史学、古气候学、地层学、岩相古地理学以及第四纪地质学等学科。

(4) 地质学的研究方法与手段:对应同位素地质学、数学地质学及遥感地质学和实验地质学等学科。

(5) 研究应用地质学以解决资源探寻、环境地质分析和工程防灾问题:主要有两方面,一是以地质学理论和方法指导人们寻找各种矿产资源。如矿床学、地质制图学、地震勘探原理、地球物理勘探、地球化学勘探、矿产调查与勘探、油气田开发地质学、石油地质学、煤田地质学等。二是运用地质学理论和方法研究地质环境,查明地质灾害的规律和防治对策,以确保工程建设安全正常运行。如水文地质学、环境地质学、工程地质学、探矿工程学、灾害地质学等,这是工程地质学研究的主要内容。

二、工程地质学

工程地质学(engineering geology)是地质学的重要分支学科,是工程科学与地质科学相互渗透、交叉而形成的一门边缘科学。它将地质学原理与方法应用于工程实践活动,通过工程地质调查及理论的综合研究,对工程场地的工程地质条件进行评价,解决与工程活动有关的工程地质问题,预测并论证工程活动区域内各种工程地质问题的发生与发展规律,并提出其改善和防治的技术措施,为工程活动的规划、设计、施工、运营及后期维护提供所必需的地质技术资料,以保证工程建筑物的安全、稳定和正常运行。工程地质学的研究对象是与工程建筑有关的地质体及其赋存的自然地质环境,以及与其有关的地质作用和影响因素。工程地质学的特点是始终与工程实践紧密联系。在工业及民用建筑、水利水电建设、铁路和公路交通、矿山开发及国防工程等工作中,都离不开工程地质。

第二节 工程地质学与岩土工程

一、工程地质学与岩土工程的区别

工程地质学是研究与工程建设有关地质问题的科学,因此,工程地质学有很强的应用性。各种工程建设的规划、设计、施工和运行都要做工程地质研究才能使工程建筑与地质环境相互协调,既保证工程建筑的安全可靠、经济合理及正常运行,又保证周围地质环境不会因工程建设的修建而遭到恶化,造成对工程建筑本身或地质环境的危害。工程地质学研究的主要内容有:岩土体的工程地质研究、工程地质环境研究、岩土工程勘察理论与技术方法研究、不良地质现象的防治研究等。

岩土工程(geotechnical engineering)是土木工程中涉及岩石和土的利用、处理或改良的科学技术。岩土工程的理论基础主要是工程地质学、岩石力学和土力学;研究内容涉及岩土体作为工程的承载体、工程载荷、工程材料、传导介质或环境介质等诸多方面;包括岩土工程的勘察、设计、施工、检测和监测等。

由此可见,工程地质学是地质学的一个分支,其本质是一门应用科学;岩土工程是土木工程的一个分支,其本质是一种工程技术。从事工程地质工作的是地质专家(地质师),侧重于地质现象、地质成因和演化、地质规律、地质与工程相互作用的研究;从事岩土工程的是工程师,关心的是如何根据工程目标和地质条件,建造满足使用要求和安全要求的工程或工程的一部分,解决工程建设中的岩土技术问题。

二、工程地质学与岩土工程的关系

工程地质学的产生源于土木工程的需要,作为土木工程分支的岩土工程,是以传统的力学理论为基础发展起来的。

岩土材料均经过了漫长的地质历史时期,由自然作用而形成,是多种复杂地质作用下的产物。工程师只能通过勘察手段查明建筑场地的工程地质条件。工程地质条件具有不确知性和岩土参数的不确定性,因此工程建设需要综合判断,而综合判断的关键在于对地质条件的判断是否正确。既然岩土体是地质历史长期演化的产物,研究其规律性,对关键性的问题进行预测和判断,就只能靠工程地质专家了。有经验的工程地质专家,通过地面地质调查,可判断地下地质构造的大致特征,预测在修建建筑物或构筑物时可能会发生的工程地质问题,尤其在复杂地质条件的地区,岩土工程师更是离不开工程地质专家。因此,工程地质学是岩土工程的基础,岩土工程是工程地质学的延伸。

第三节 工程地质学的研究内容和任务

一、工程地质学的研究内容

工程地质学的研究内容主要包括以下 6 个方面:
(1) 岩体、土体的分布规律及其工程地质性质的研究。

研究建设地区和建筑场地中岩体、土体的空间分布规律和工程地质性质,控制这些性质的岩石和土的成分及结构,以及在自然条件和工程作用下这些性质的变化趋向。

(2) 工程地质问题的研究。

分析和预测建设地区和建筑场地,在自然条件下或工程建筑活动中发生和可能发生的各种地质作用和工程地质问题,评价其对工程建设和地质环境造成的危害程度,即评价其对工程建设的适宜性。

例如：地震、滑坡、泥石流、诱发地震、地基沉陷，以及人工边坡和地下硐室（surrounding rock）围岩的变形和破坏，开采地下水引起的大面积地面沉降，地下采矿引起的地表塌陷及其发生的条件与过程、规模和形成机制，评价它们对工程建设和地质环境造成的危害程度。

(3) 不良地质现象及其防治的研究。

分析、预测在建筑场地可能发生的各种不良地质现象和问题，例如崩塌、滑坡、泥石流、地面沉降、地表塌陷、地震等的形成条件、发展过程、规模和机制，评价它们对工程建筑物的危害，研究防治不良地质现象的有效措施。

(4) 岩土工程勘察技术的研究。

为查清各种不同类型建筑场地的工程地质条件，分析预测不良地质作用，评价工程地质问题，为建筑物的设计、施工、运营提供可靠的地质资料，就需要进行岩土工程勘察。其中选择合适的勘察方法，对勘察理论和技术方法进行研究尤为重要。特别是随着国民经济的发展，大型、特大型工程越来越多，如南水北调工程、三峡大坝工程、青藏铁路工程、川藏铁路工程等，都需要对勘察技术进行研究。

(5) 区域工程地质研究。

工程地质学研究工程地质条件的区域分布和规律，为工程规划设计提供地质依据。

由于各类工程建筑物的结构和作用及其所在空间范围内的环境不同，可能发生和必须研究的地质作用和工程地质问题往往各有侧重。据此，工程地质学又常常分为水利水电工程地质学、道路工程地质学、采矿工程地质学、海港和海洋工程地质学、城市工程地质学等。

(6) 环境工程地质研究。

工程地质学从事人类工程活动和地质环境相互关系的研究并服务于工程建设，因此，环境工程地质研究是现代工程地质学研究的热点。为了合理开发、利用和保护地质环境，需建立地质环境与人类工程活动之间的理论模式关系，科学预测由于人类工程活动对地质环境的负面影响以及它的区域性变化。环境工程地质的产生是经济活动不断加剧的必然产物，也就是说，在现代科学技术条件下，人类的工程创造给人类带来了极大利益，同时也给人类环境带来极大影响，出现了各种不良的工程地质现象，直接或间接地对人类环境产生反作用。为解决这个问题，开展了环境工程地质研究，它的主要研究目标，是为了合理地进行工程开发，在满足人类发展需要的同时保护地质环境，使人类工程活动与地质环境保持良好的协调关系，更有利于人类的生存、生活和生产的发展。尤其在大型水利水电工程、城市建设和矿产开发等方面要大力开展环境工程地质研究。

从上述工程地质学的研究内容来看，工程地质学是属于应用地质科学的范畴，与许多学科有密切的联系，其中与岩石力学、土力学和水文地质学的关系特别密切。工程地质学的基础理论课有动力地质学、矿物学、岩石学、构造地质学、地史及古生物学、地貌学及第四纪地质学等，并与应用地球物理、遥感测量学、基础工程学等工程技术学科有密切联系。因此，可认为工程地质学是介于地质学与土木建筑、水利工程学之间的一门边缘科学。

二、工程地质学的任务

(一) 工程地质学的基本任务

工程地质研究的基本任务可归结为三个方面：

(1) 区域稳定性研究与评价，是指由内力地质作用引起的断裂活动、地震对工程建设地区稳定性的影响；

(2) 地基稳定性研究与评价，是指地基岩土体稳定性成因、演化及物理机制；

(3) 环境影响评价，是指人类工程活动对环境造成的影响。

(二) 工程地质学的具体任务

(1) 评价工程地质条件，阐明各类工程建筑兴建和运行的有利因素和不利因素，选定建筑场地和适宜的建筑型式，保证规划、设计、施工、运维顺利进行。比如为工业与民用建筑物选择场地，为水库选择坝址和为铁路、公路选择线路时，都要考虑场地的地质条件、使用条件和经济条件，既要安全，又要经济、合理。

(2) 从地质条件与工程建筑相互作用的角度出发，论证和预测有关工程地质问题发生的可能性、发生的规模和发展趋势。例如，修建水库要对库岸和坝基稳定性、库区和坝基渗漏等问题作出评价。在土基上修建建筑物后，可能产生最大沉降量是多少，是否出现不均匀沉降等。

(3) 提出改善、防治或利用有关工程地质条件的措施，加固岩土体和防治地下水的方案。因为大部分建筑物场地的地质条件都不是理想的建筑环境，有些条件不能满足工程建筑要求，这就需要针对不良的地质条件对不良地质现象进行防治和对场地进行合理的改造。

(4) 研究岩体、土体的分类和分区及区域性特点，为保证工程合理设计、顺利施工、正常使用提供可靠的技术参数。例如，为工业与民用建筑工程提出地基承载力值，为水库大坝设计提供坝基岩体的抗剪强度指标及人工边坡设计提供安全边坡的最大坡角等。

(5) 研究人类工程活动与地质环境之间的相互作用与影响，制订保护地质环境的措施。人类工程活动在利用地质环境、改造地质环境方面取得了巨大效益，但是，也会产生一系列不利于人类生活与生产的地质环境问题。因而，工程地质工作除了保证工程本身的安全、经济之外，还应把保护地质环境作为一项重要任务。

第四节　工程地质条件和工程地质问题

一、工程地质条件

工程地质条件(engineering geological conditions)是指与工程建设有关的地质因素的综合，或是工程建筑物所在地区地质环境各项因素的综合，这些因素包括地形地貌、地层岩性、地质构造、水文地质条件、不良地质现象和天然建筑材料6大方面，是一个综合概念。

(1)地形地貌(landform and physiognomy):地形是指地表高低起伏状况、山坡陡缓程度与沟谷宽窄及形态特征等,地貌则说明地形形成的原因、过程和时代;平原区、丘陵区和山岳地区的地形起伏、土层厚薄和基岩出露情况、地下水埋藏特征和地表地质作用现象都具有不同的特征,这些因素都直接影响到建筑场地和线路的选择。如能合理利用地形地貌条件,不但能大量节省挖填方量,节约投资成本,而且对建筑物群体的合理布局、结构形式、规模以及施工条件等也有影响。比如施工场地是否足够宽阔、材料运输道路是否方便等都取决于地形地貌条件。

(2)地层岩性(stratigraphic lithology):为最基本的工程地质因素,包括它们的成因、时代、岩性、产状、成岩作用特点、变质程度、风化特征、软弱夹层和接触带以及物理力学性质等。比如坚硬完整的花岗岩、厚层石英砂岩、花岗片麻岩等,强度高,工程地质性质良好;黏土岩(页岩和泥岩)、碳质岩及泥质胶结的砂砾岩、遇水膨胀且易溶解的岩类,工程地质性质不良,此类岩石不利于地基稳定,也是岩体研究中的重点。特殊土中如黄土、膨胀土、软土等也有不利因素,需要特别注意。岩土体性质的优劣对工程建筑物的安全经济具有非常重要的意义,大型建筑物要建在工程地质性质优良的岩土上,软弱不良的岩土体工程事故不断、地质灾害频发,常需要避开。

(3)地质构造(geological structure):地质构造研究的对象,包括褶皱、断层、节理构造的分布和特征;地质构造,特别是形成时代新、规模大的优势断裂,对地震等灾害具有控制作用。在选择建筑场地时必须注意断层的规模、产状及其活动情况,因此,地质构造对建筑物的安全稳定、沉降变形等具有重要意义。

(4)水文地质条件(hydrogeological condition):是重要的工程地质因素,包括地下水的成因、埋藏、分布、动态和化学成分等。地下水位较高一般对工程不利,地基土含水量大,黏性土处于塑态甚至流态,容许承载力降低,道路易发生冻害,水库常造成浸没,隧洞及基坑开挖需要进行排水。滑坡、隧道涌突水、水库渗漏、坝基渗透变形等都与地下水的参与有关,甚至起到主导作用。

(5)不良地质现象(adverse geologic phenomenon):不良地质现象是现代地表地质作用的反映,与建筑区地形、气候、岩性、构造、地下水和地表水作用密切相关,主要包括滑坡、崩塌、岩溶、泥石流、风沙移动、河流冲刷与沉积等,对评价建筑物的稳定性和预测工程地质条件的变化意义重大。

(6)天然建筑材料(natural building materials):天然建筑材料是指供建筑用的土料和石料。如建筑上用到的粗骨料(砂、砾等)、片石和板石稍作加工就可以使用。

在施工过程中,为了节省运输费用,应该遵循"就地取材"的原则,用料量大的工程更应该如此。因此,天然建筑材料的类型、质量、数量以及开挖运输条件往往会成为选择场地,拟定工程结构类型的重要条件。例如土石坝施工中的填方和挖方进行互补。

从严格意义上讲,工程地质条件包含以上6个方面,缺少任何一项只能称为工程地质要素!

二、工程地质问题

已有的工程地质条件在工程建筑和运行期间会产生一些新的变化和发展,构成威胁影响工程建筑安全的地质问题称为工程地质问题(engineering geological problems)。工程地质问题是人类工程活动与地质环境相互制约的主要形式。工程地质问题主要包括区域稳定性问题、岩(土)体稳定性问题、与地下渗流相关的工程地质问题以及与侵蚀淤积有关的工程地质问题等。

(1) 区域稳定性问题:地震、震陷和液化、活断层、地面沉降等对工程稳定性的影响越来越受到土木工程界的注意。对于大型水电工程、地下工程以及建筑群密布的城市地区,工程地质问题更为复杂多样,区域稳定性问题应该是需要首先论证的问题。比如大型水利水电工程蓄水后易诱发地震等问题。掌握这些问题的规律性,对于选址或对地质环境的合理开发与妥善保护,具有重要意义。

(2) 岩(土)体稳定性问题:地基稳定性问题、斜坡稳定性问题、硐室围岩稳定性问题都属于岩(土)体稳定性问题。

① 地基稳定性问题:是工业与民用建筑工程常遇到的主要工程地质问题。它包括地基的强度、变形和稳定性三个方面。另外,岩溶、土洞等不良地质作用和现象都会影响地基的稳定。铁路、公路等工程建筑则会遇到路基稳定性问题。

② 斜坡稳定性问题:自然界的天然斜坡是经过长期地表地质作用达到相对协调平衡的产物。人类工程活动,尤其是道路工程需要开挖和填筑为人工边坡(路堑、路堤、堤坝、基坑等)、水利工程中修建的坝基或坝肩,其斜坡稳定对防止地质灾害发生及保证地基稳定是十分重要的;斜坡地层岩性、地质构造特征是影响其稳定性的物质基础。风化作用、地应力、地震、地表水和地下水等对斜坡软弱结构面的作用往往破坏斜坡稳定,而地形地貌和气候条件是影响其稳定的重要因素。

③ 硐室围岩稳定性问题:地下硐室被包围于岩(土)体介质(围岩)中,在硐室开挖和建设过程中破坏了地下岩体原始平衡条件,便会出现一系列不稳定现象,如围岩塌方、地下水涌水以及影响建筑施工的高地应力、高地热和有害气体、岩爆问题等。一般在工程建设规划和选址时,要进行区域稳定性评价。研究地质体在地质历史中受力状况和变形过程,做好山体稳定性评价。研究岩体结构特性,预测岩体变形破坏规律,进行岩体稳定性评价以及考虑建筑物和岩体结构的相互作用。这些都是防止工程失误和事故发生、保证硐室围岩稳定所必要和必需的工作。

(3) 与地下渗流有关的工程地质问题:包括岩溶渗漏分析和渗透变形分析两部分,前者以保证水工建筑正常工作为目的,后者主要讨论渗流作用下土体的稳定性,比如水利工程库区易发生渗漏问题。

(4) 与侵蚀淤积有关的工程地质问题:包括河流侵蚀淤积和海、湖岸磨蚀堆积规律及工程活动(如修建水利工程)对它们的影响,前者对改造河流,后者对开发湖泊、海洋都有重要意义。尤其对于大型水利水电工程,除与其他工程相类似的工程地质问题外,还要特别注意水库库岸稳定、水库淤积、滨库地区浸没等问题;对于港口工程注意岸坡稳定、海浪侵蚀以及回淤问题。

三、工程地质条件与工程地质问题的关系

工程地质条件是自然界客观存在的,它能否适应工程建设的需要,则一定要联系工

程建筑物的类型、结构和规模。优良的工程地质条件能适应建筑物的要求，对它的安全、经济和正常使用方面不会造成影响或损害。但是，工程地质条件往往有一定的缺陷。因此，一定要将工程地质条件和工程建筑物这两个方面联系起来分析。不同类型、结构和规模的工程建筑物，由于工作方式和对地质体的负荷不同，对地质环境的要求是不同的。所以，工程地质问题是复杂多样的。例如，工业与民用建筑的主要工程地质问题是地基承载力和变形问题，地下硐室的主要工程地质问题是围岩稳定性问题，露天采矿场的主要工程地质问题是矿山边坡的稳定性问题。而水利水电建设中的工程地质问题更为复杂多样，如坝基渗漏和渗透稳定性是土石坝主要的工程地质问题；坝基抗滑稳定和坝座抗滑稳定则分别是重力坝和拱坝的主要工程地质问题，还有水库渗漏、库周浸没、库岸再造以及闸边坡稳定和渠系工程的渗漏和稳定问题等。工程地质问题的分析、评价是岩土工程勘察工作的核心任务。对每一项工程的主要工程地质问题，必须作出定性的或定量的确切结论。

第五节 工程活动与地质环境

人类的各项工程活动都是在各种地质环境中进行的，工程建设与地质环境之间，必然产生特定方式的相互关联和相互制约。这种相互的关联与制约，始终是客观存在的。一方面，地质环境制约着人类工程活动；另一方面，人类工程活动又会以各种方式影响着地质环境。

一、地质环境对人类工程活动的制约

地质环境对人类工程活动的制约是多方面的。其影响方式和影响程度，视地质环境的具体特点和工程活动的方式、类型和规模而异。主要表现在以下三个方面：

（1）影响工程建筑物的稳定和正常使用：开挖高边坡时，若忽视地质条件，则可能引起大规模的崩塌或滑坡，这不仅增加工程量，还延长工期和提高造价，甚至危及施工安全，如瓦伊昂（Vajont）的山体滑坡。在岩溶地区修建水库时，若不查明岩溶情况并采取适当措施，轻则蓄水大量漏失，重则完全不能蓄水，使工程设施不能正常使用。此外，还有泥石流破坏公路与铁路、崩塌落石影响山区行车安全、不良地基处理不当等问题。

（2）影响工程活动的安全：如采煤过程中遇到瓦斯爆炸、涌水；隧道掘进过程中出现塌顶、岩爆、涌水，甚至有毒有害气体等；地铁施工过程遇到地面塌陷、基坑失稳等。

（3）地质条件不具备从而使工程造价提高：地基的好坏直接影响到建筑物的经济和安危，如在淤泥质软弱地基上修建高层建筑，往往由于软基需要深基坑或桩基或筏式地基而提高工程造价；高烈度地区建造巨型电站因考虑高烈度地震而使造价大幅度提高。

二、人类工程活动对地质环境的影响

人类工程活动又会以各种方式影响地质环境，使其产生程度不同、范围不一的变

化。人类工程活动对地表的改造已达到不可忽视的程度,到目前为止人类活动已涉及地表80%的地区。

如地下水开发可能导致大规模的地面沉降,最典型的实例就是美国内华达州拉斯维加斯(Las Vegas)地面沉降灾害,早在1905年开始抽取地下水供给,从1935年开始进行了长达60多年的地面沉降观测研究,结果表明该城地面沉降影响范围已达$1030km^2$。抽取地下水量超过地下水的补给量,导致地面逐年下沉,地面沉降及伴生的地裂缝和断层活动一起构成拉斯维加斯城市地区严重的环境工程地质问题,且形成灾害,如各类地面建筑物损坏、井管折断、部分排水管道和煤气管道切断。可见,人类工程活动(过量抽取地下水)显著地影响到了地质环境。

地下水开采、回灌等引发自然环境的污染;河流上游水库的修建改变河流的地质作用;兴建水库降低近坝、库岸的稳定性,尤其是水位骤然升降经常引起岸坡失稳,在平原地区可能引起大面积的沼泽化,在黄土地区可能引起大范围的湿陷,在某些地区还可能产生诱发地震等;滥伐森林引起土地荒漠化等。由于不合理开挖、切坡会造成人为滑坡或崩塌,不仅增加工程量,延长工期和提高造价,甚至会危及施工者和周围建筑物的安全。

三、人类活动与地质环境之间的相互制约

综上,人类工程活动既可以改造地质环境,又可以导致许多人为地质灾害产生。只有深入了解地质环境与人类工程活动的相互关系,掌握地质规律,按客观规律办事,才能达到有效利用地质环境、合理改造地质环境和切实保护地质环境的目的。

因此,研究人类工程活动与地质环境之间的相互制约关系并保证这种关系向良性方向发展也是工程地质的基本任务。

第六节 工程地质理论在工程建设中的作用

一、基本概念

(1) 建筑物(building):含义广泛,可分为房屋建筑和构筑物两大类,住宅和公用建筑称为房屋建筑,而为专门生产工艺使用的建筑物,如发电站、水塔、车间、桥梁、烟囱等称为构筑物。

(2) 建筑场地(construction site):指工程建设所直接占有并直接使用的有限面积的土地,大体相当于厂区、居民点和自然村的区域范围的建筑物所在地;从工程勘察角度分析,场地的概念不仅代表着所划定的土地范围,还应涉及建筑物所处的工程地质环境与岩(土)体的稳定问题。

(3) 建筑红线(building line):也称"建筑控制线",指城市规划管理中,控制城市道路两侧沿街建筑物或构筑物(如外墙、台阶等)靠临街面的界线。任何临街建筑物或构筑物不得超过建筑红线,它可与道路红线重合,也可退于道路红线之后。

(4) 建筑物地基(building foundation):指直接承受上部建筑物荷载作用的那部分

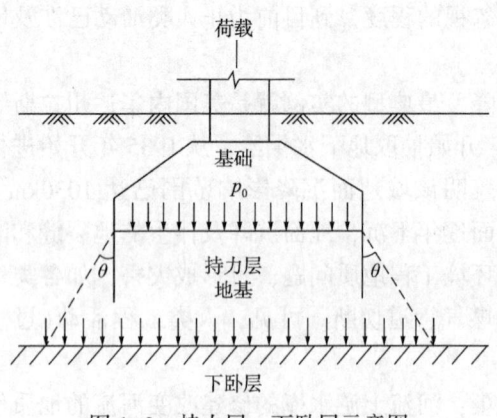

图 1-2 持力层、下卧层示意图

p_0—基底处的附加压力；
θ—地基压力扩散角，按规范取值

岩体或土体。地基又分成持力层(bearing stratum)与下卧层(underlying stratum)两部分(图1-2)。持力层是地基中直接支撑建(构)筑物荷载的岩土层，其直接与基础底面接触，起到直接支承基础(foundation)的作用。下卧层是持力层下部的土层。

（5）天然地基(natural foundation)：指未经加固处理、直接支承基础的地基(图1-3)。

（6）人工地基(artificial foundation)：若地基土层较软弱，建筑物的荷载又较大，地基承载力和变形都不能满足设计要求时，需对地基进行人工加固处理，这种地基称为人工地基(图1-4)。当基础的埋置深度小于5m时，称为浅基(shallow foundation)；当基础埋置深度等于或大于5m时，则称为深基(deep foundation)。

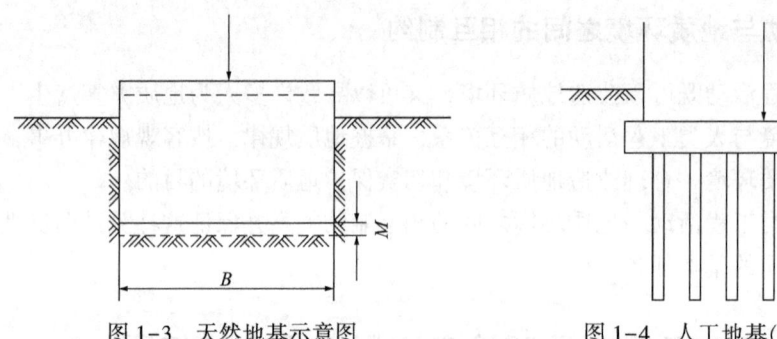

图 1-3 天然地基示意图　　　　图 1-4 人工地基(桩基础)示意图

B—基础宽度；M—基础沉降值

（7）基础(foundation)：建(构)筑物在地下直接与地基相接触的部分。建筑物的基础又称作下部结构，基础承受整个建筑物的荷载并将它们传递给地基。

（8）地基均匀性(uniformity of foundation)：地基岩土在纵横方向沉降及沉降差符合有关规定要求；可根据持力层层面坡度、持力层及第一下卧层的地层厚度差值或压缩层内的压缩模量等来判别。

（9）地基承载力(bearing capacity of foundation)：指地基所能承受由建(构)筑物基础传来的荷载的能力。要确保建筑物地基稳定和满足建筑物使用要求，地基与基础设计必须满足两个基本条件：①要求作用于地基的荷载不超过地基的承载能力，保证地基具有足够的防止整体破坏的安全储备；②控制基础沉降使之不超过地基的变形容许值，保证建筑物不因地基变形而损坏或影响其正常使用。良好的地基一般具有较高的强度和较低的压缩性。

二、工程应用实例

任何工程建筑物都是建造在一定的场地与地基之上。所有工程建设方式、规模和类型都受建筑场地的工程地质条件所制约,会遇到各种各样的自然条件和地质问题。地基的好坏不仅直接影响建筑物的经济和安危,而且一旦出事故,处理比较难。因此,在设计每一个建筑物之前,必须进行场地与地基的岩土工程勘察,充分了解建筑场地与地基的工程地质条件,论证和评价场地、地基的稳定性和适宜性、不良地质现象、软弱地基处理与加固等岩土工程的技术决策和实施方案。

青藏铁路、川藏铁路、三峡大坝工程、南水北调工程等都是以地质条件复杂著称于世。大量工程实践证明,凡是重视工程地质的工程,在施工前都进行过周密的岩土工程勘察。如:

(一) 成(都)—昆(明)铁路

成昆铁路(Chengdu-Kunming Railway)沿线地形险峻,地质构造极为复杂,大断裂纵横分布,新构造运动十分强烈,有约200km的地段位于 $8\sim9$ 度地震烈度区,岩层十分破碎,加上沿线雨量充沛,山体不稳,各种不良地质现象充分发育,被誉为"世界地质博物馆"。中央和原中华人民共和国铁道部对成昆线的岩土工程勘察十分重视,提出了地质选线的原则,动员和组织全路工程地质专家和技术人员进行大会战,并多次组织全国工程地质专家进行现场考察和研究,解决了许多工程地质难题,保证了成昆铁路顺利建成并通车。

(二) 青(海)—(西)藏铁路

青藏铁路(Qinghai-Tibet Railway)是西部大开发的标志性工程,是一条连接青海省西宁市至西藏自治区拉萨市的国铁Ⅰ级铁路,是通往西藏腹地的第一条铁路,它的建成填补了我国西部铁路网的空白。青藏铁路大部分线路处于高海拔地区和"生命禁区",是世界上海拔最高、线路最长的高原铁路,它的建设面临着三大世界铁路建设难题:多年冻土的地质构造、高寒缺氧的环境和脆弱的生态。青藏铁路自1955年第一次"踏勘"开始,进行了3次大的勘测设计工作,勘察工作为工程施工提供了可靠保证,为其顺利运营提供了保障。自2001年6月29日开工后,依靠技术创新成功破解了在多年冻土区进行高原铁路建设面临的多项难题,使青藏铁路建设得以顺利进行。

(三) (四)川—(西)藏铁路

川藏铁路(Sichuan-Tibet Railway)是中国境内一条连接四川省与西藏自治区的快速铁路,呈东西走向,东起四川省成都市,西至西藏自治区拉萨市,是中国国内第二条进藏铁路,也是中国西南地区的干线铁路之一。川藏铁路工程需要面对崇山峻岭、地形高差、地震频发、复杂地质、季节冻土、山地灾害、高原缺氧以及生态环保等建设难题,被称为"最难建的铁路"。为贯彻落实习近平总书记关于川藏铁路要做好"科学规划、技术支撑、保护生态、安全可靠"的重要指示精神,指导川藏铁路勘察设计稿工作,适应铁路现代化发展的实际需要,2019年,根据中国铁路总公司的要求,由中铁二院工程集团有限责任公司牵头,联合川藏铁路公司及中铁第一勘察设计院集团有限公司共同编纂的《川藏铁路勘察设计暂行规定》(征求意见稿)正式对外公布征求意见,并于2021年正式发布《川藏铁路勘察设计暂行规范》(Q/CR 9529—2021)。

(四) 三峡大坝工程

三峡大坝工程(Three Gorges Dam Project)位于中国湖北省宜昌市夷陵区三斗坪镇境

内,距下游葛洲坝水利枢纽工程38km。三峡大坝工程全长约3335m,坝顶高程为185m,正常蓄水位175m,工程总投资为954.6亿元,于1994年12月14日正式动工修建,2006年5月20日全线修建成功。三峡大坝勘察阶段,有多个候选坝址,经过严格详细比选,最终选定的三斗坪坝址。该坝址具备修建高坝的良好工程地质条件,坝址基岩为坚硬的前震旦纪闪云斜长花岗岩,强度高,断层不发育,裂隙规模较小,以陡倾角为主,微风化,新鲜岩体的透水性微弱。三峡大坝是当今世界上规模最大的水利发电工程,综合效益最高,不仅具有防洪、灌溉以及发电等效益,在航运方面也有着很大的帮助,发电量位居世界第一。

(五) 南水北调工程

南水北调工程(South-to-North Water Diversion Project)是中华人民共和国的战略性工程,分东、中、西三条线路,东线工程起点位于江苏扬州江都水利枢纽。中线工程起点位于汉江中上游丹江口水库,受水区域为河南、河北、北京、天津四个省(市)。工程方案构想始于1952年国家主席毛泽东视察黄河时提出。在历经分析比较50多种方案后,南水北调中线工程、南水北调东线工程(一期)已经完工并向北方地区调水。西线工程尚处于规划阶段。南水北调工程主要解决我国北方地区的水资源短缺问题。

(六) 矿山开采工程

矿产资源(mineral resources)是地壳在其长期形成、发展与演变过程中的产物,是自然界矿物质在一定的地质条件下,经一定地质作用而聚集形成的。不同的地质作用可以形成不同类型的矿产。一个国家矿产资源的丰度,除地质条件外,与可供储矿的疆域空间条件直接有关。在同等有利成矿的地质条件下,疆域越是辽阔,矿产资源就越丰富。矿山开采(mining)主要分两种模式,一种是露天开采,一种是地下开采。两种模式有全境界开采法、陡帮开采法、崩落法、充填法、空场法等。在进行矿山开采过程中,重点勘察矿山开采所诱发的一系列工程地质问题,比如地面塌陷、地面沉降、地裂缝、地下水污染等。

(七) 西气东输工程

西气东输工程(West to East Gas Transmission Project)是我国距离最长、口径最大的输气管道,西起塔里木盆地的轮南,东至上海。2000年2月国务院第一次会议批准启动西气东输工程,这是仅次于长江三峡工程的又一重大投资项目,是拉开"西部大开发"序幕的标志性建设工程。西气东输一线和西气东输二线工程,累计投资超过2900亿元,不仅是2012年前投资最大的能源工程,而且是当时投资最大的基础建设工程;西气东输一线、西气东输二线工程干支线加上境外管线,长度达15000多千米,这不仅是国内也是全世界距离最长的管道工程。规划中的第三条天然气管道,路线基本确定为从新疆通过江西抵达福建,把俄罗斯和中国西北部的天然气输往能源需求量庞大的中部、东南地区。

(八) 川气东送工程

川气东送工程(Natural Gas Transmission from Sichuan to East China)是我国继西气东输工程后又一项天然气远距离管网输送工程。该工程西起四川达州普光气田,跨越四川、重庆、湖北、江西、安徽、江苏、浙江、上海6省2市，管道总长2170km，年输送天然气$120×10^8m^3$，相当于2009年中国天然气消费量的1/7，全部达产可为中国石化增加销售收入200亿元。管道沿线地形地貌多样、地质构造复杂、岩性岩相变化大、人类工程活动强烈，导致地质灾害异常发育，主要灾害类型有滑坡、崩塌、泥石流、地面沉降、潜在不稳定斜坡等，需要正确认识管线沿线地质灾害分布，有针对性地制定地质灾害防治措施。

（九）深埋超大跨度地下工程

随着地下空间的利用和开发，大跨度地下工程如隧道工程、地下人防工程、地下水电工程、地铁工程等逐步向大跨度、大空间方向发展，即深埋超大跨度地下工程（deep buried super long span underground engineering）。大跨度结构具有跨度大、自振频率低、体型高大、扁平，其支护结构的刚度与质量分布不均匀、承受荷载复杂等特点。大跨度地下硐室在施工开挖过程中的稳定性以及国防工程抗爆能力与小跨度硐室不同。我国是大跨度地下工程建设的大国，截至2023年，我国最大跨度地下工程已经突破50m。

相反，不重视工程地质工作的工程，就会出现大量工程地质问题，如：（1）解放前修建的宝（鸡）天（水）铁路，当时根本不重视工程地质工作，设计开挖了许多高陡路堑，致使发生了大量崩塌、落石、滑坡、泥石流病害，使线路无法正常运营，被称为"西北铁路线中的盲肠"。（2）湖北盐池河磷矿，在采矿时对岩体崩塌认识不足。1980年6月突然发生$1×10^6m^3$的大崩塌，冲击的气浪将四层大楼抛至对岸撞碎，造成建筑物毁坏，284人丧生。（3）意大利瓦依昂水库滑坡，由于地质勘察不充分，对滑坡认识不够，1963年10月9日突然发生高速滑动，滑坡体积达$2.4×10^8m^3$。滑坡体不仅将坝前库段全部填满，淤积体甚至高出库水面150m，致使水库完全报废。滑坡时，涌水淹没库水面以上259m，涌浪还向水库上游回溯，涌浪高达250m，高150m的洪峰溢过坝顶冲向下游导致3000多人丧生。

上述实例说明，工程建筑必须重视工程地质工作，工程地质工作是设计之先驱。在工程设计前进行高质量的岩土工程勘察工作，应用地质资料和评价做出合理的规划、设计和施工，才能保证工程建筑经济合理、安全可靠。

第七节 工程地质学的研究方法

工程地质学的研究对象是复杂的地质体，所以其研究方法应是定性分析与定量分析相结合的综合研究方法。

一、自然地质历史分析法

自然地质历史分析法（the method of natural geological history analysis）是工程地质研究的基本方法，也是其他研究方法的基础。它是运用地质学理论查明建筑区工程地质条件的形成和发展，以及它在工程建筑物作用下的发展变化。首先必须以地质学和自然历史的观点分析研究周围其他自然因素和条件，了解在历史过程中对它的影响和制约程度，从而才有可能认识它形成的原因和预测其发展趋势和变化，并进行定性判断。

二、数学力学分析法

数学力学分析法(mathematical mechanics analysis method)是在自然历史分析法的基础上展开的。由于岩(土)体的复杂性,以及各种物理力学参数的随机性、模糊性和不充分性(灰色性质),使得对某一具体工程地质问题或工程动力地质现象,常根据所确定的边界条件和计算参数,运用理论公式或经验公式进行定量计算。此外,模糊数学、数量化方法、灰色系统理论、逻辑信息法和分形几何等的引入,为工程地质定量评价开辟了新的途径。

三、工程地质类比法

工程地质类比法(engineering geological analogy method)属于一种定性评价,就是将拟设计的工程项目与周围工程地质条件相类似的成功工程实例进行工程对比,吸取其他工程的成功经验和失败教训。对某些工程地质问题,尤其是地质条件十分复杂的情况下,工程中常常采用工程类比法。在工程勘察或建设初期阶段,特别是在工程资料收集不足的情况下,也是一种有效的经验方法。

四、试验与测试方法

采用定量分析方法论证工程地质问题时,都需要采用试验测试方法,即通过室内或野外现场测试方法(field test method),测定岩(土)体的物理性质、热学性质、水理性质、力学性质等数据。对地应力的方向和量级的测试,以及通过长期观测地质作用随时间延续而发展的监测判断发展速度等也是常用的试验方法。这些试验与测试结果可为工程设计和防护措施的制定提供必要的参数和定量数据。在信息技术迅速发展和各种测试手段不断完善的今天,地质过程的研究已经不再局限于传统的定性分析和评价,而是在定性评价的基础上,将地质学与现代岩土力学、数学和力学、计算机科学和测试技术有机结合起来,进行定量的计算和评价。因此,试验与测试对工程地质问题的解决越来越重要,其成果的准确性对评价结果具有至关重要的影响,不管是计算模型还是计算方法多么正确,参数取得不正确,得到的结果就不可能真实反应工程地质条件。

五、模拟方法

一些与重大工程有关的复杂地质现象,在分析评价研究中,往往需要采用模拟研究手段,对其做更深入的论证与评价。模拟方法分为物理模拟(也称工程地质力学模拟)和数值模拟两大类型,它们是在通过地质研究,深入认识地质原型,查明各种边界条件,以及通过试验研究获得有关参数的基础上,结合建筑物的实际作用,正确地抽象出工程地质模型,利用相似材料或各种数学方法,再现和预测地质作用的发生和发展过程。常见的物理模拟包括有光弹模拟、相似模拟、底摩擦模拟、离心模拟试验等多种方法;数值模拟采用有限元、边界元和离散元等数值计算方法。

除此之外,工程地质学科已引入系统科学的思维方法,包括系统论、控制论和信息论及其派生的新理论。随着21世纪信息技术的发展,地理信息系统(Geographic Information System，GIS)、遥感信息系统(Remote Sensing Information System，RS)、全球定位导航系统(Global Navigation Satellite System，GNSS)、计算机网络系统也将在工程地质中得到广泛应用，可采用工程地质数据库、专家系统和计算机制图等相结合的工程地质综合分析方法。

以上各种研究方法在实际工作中是通过各种工程地质勘察方法和手段来实现的。对于不同工程要求的，不同工作内容的，所采用的工程地质勘察方法与手段也是不一样的。因此在进行工程建设过程中，往往是将上述方法结合起来综合应用才能取得可靠的结论，并对可能发生的工程地质问题制定出合理的防治对策。

第八节 工程地质学的发展历史

工程地质学孕育、萌芽于地质学的发展和人类工程活动经验的积累中。17世纪以前，人们在建筑实践中对地质环境的考虑，完全依赖于建筑者个人的感性认识，但仍成功建成了至今仍享有盛名的伟大建筑物。17世纪以后，由于产业革命和建设事业的发展，出现并逐渐积累了关于地质环境对建筑物影响的文献资料。第一次世界大战结束后，整个世界开始了大规模建设时期。以1929年奥地利的K. Terzaghi(卡尔·太沙基)出版了世界上第一部《工程地质学》作为工程地质学形成标志，到目前为止，工程地质研究大致经历了三个阶段。

一、传统工程地质学阶段

大体上从第二次世界大战后至20世纪60年代，以工程地质条件研究和质量评价为主要工作，是工程地质学的形成和初步发展阶段。在这个阶段，工程地质学主要研究具体工程的工程地质条件，为具体工程的规划、设计和施工提供地质资料和数据。其目的是为了具体工程寻找工程地质条件优良的建筑场址。因此，这个阶段也称为"找址工程地质学"阶段，即条件工程地质学阶段。

中国工程地质学在20世纪50年代，主要引进苏联的理论、方法和技术，深受苏联工程地质学术观点的影响。从20世纪60年代到70年代中期，才逐步走上自力更生发展具有中国特色的工程地质学道路。谷德振提出岩体结构的全新概念——岩体结构制约岩体物理力学的性状和岩体变形破坏机制及控制岩体稳定性的著名论断，推动我国工程地质学的整体发展，为我国工程地质学树立了新的里程碑。

二、由传统工程地质学到现代工程地质学的过渡阶段

大体上开始于20世纪60年代末至80年代初，是工程地质学开始顺利发展的阶段。这个阶段，主要开展地质体稳定性分析为特征的工程地质灾害评价预测预报研究。其目的是防治工程地质灾害，以确保工程在经济上合理利用、在运行上安全可靠。因此，这个阶段简称"防灾工程地质学"阶段或"保安工程地质学"阶段，即问题工程地质学阶段。

我国当时以经济建设为中心的改革开放年代，形成了较完整的工程地质学体系，

与国际交流与合作加强，一些重大工程采用国际招标方式，以引进国际发达国家的理论、方法和技术。为了防治工程地质灾害，中国工程地质学面临从工程结构观点出发，以地质体改造为核心的地质工程研究任务，使工程地质学进一步向工程学交叉和渗透。同时，随着现代环境科学的迅速发展，也给工程地质学注入了强有力的生命力。由于面对人类工程活动与地质环境的相互作用并由此产生的环境工程地质问题，合理、有效、经济地规划、开发、利用、保护和治理地质环境，实现经济、社会、环境效益三统一的重大任务。工程地质学与环境科学的交叉、渗透和融合，孕育着中国环境工程地质学。

三、现代工程地质学阶段

大体从20世纪80年代开始，工程地质学进入了现代工程地质学阶段。世界科学技术飞速发展，地球科学向着国际化和统一化方向迅速发展。人类工程经济活动在广度和深度上都在不断扩大，环境污染和破坏日趋严重，使合理开发、利用资源和保护治理环境成为迫切需要解决的世界性重大课题，从而促进了环境科学学科体系的迅速形成和发展，着重大力开展不良地质体改造，推动着工程地质发展进入了新阶段。最主要的标志是地质工程学和环境工程地质学的形成和发展。因此，可称为"地质工程学和环境工程学"阶段，即现代工程地质学阶段。

在此阶段，中国工程地质学的基本任务是通过引进和创新，加强基础理论、方法和技术的研究，用先进的理论、方法和技术武装自己，逐步实现学科现代化。

第九节 工程地质学的学习要求

在我国的技术分工中，岩土工程勘察由工程地质技术人员进行的，但是工程人员应当对岩土工程勘察的任务、内容和方法有足够的知识基础。只有具备了工程地质方面的基础知识才能够正确地提出勘察任务和要求，才能正确地利用岩土工程勘察的成果，才能较完整地考虑建筑中的地质条件和地质环境的因素，保证设计和施工人员合理地进行设计和施工。

对本科生学习本课程时有以下基本要求：

(1) 掌握工程地质的基本理论及概念，了解各类地质现象和问题对建筑物和建筑场地的影响。

(2) 了解岩土工程勘察的基本内容、方法和程序，熟悉各种原位测试方法的适用性，能根据具体的工程情况正确提出岩土工程勘察任务和要求。

(3) 能够分析、应用岩土工程勘察报告，了解各类工程地质参数的来源、作用和应用条件；能根据勘察成果，对工程地质问题进行分析，对不良地质现象采取正确处理措施，合理根据地质资料进行设计和施工。

(4) 能够把学到的工程地质学知识与其他专业课程知识（如土力学、岩石力学、材料力学等）密切联系起来，去解决工程实际中的工程地质问题。

复习思考题

1. 什么是地质学和工程地质学？
2. 什么是工程地质条件和工程地质问题？它们具体包括哪些因素和内容？
3. 试说明工程地质学的主要任务与研究方法？
4. 工程活动与地质环境怎样相互作用？
5. 建筑物地基稳定的基本要求是什么？
6. 目前人工智能和大数据开始在工程建设中发挥作用，你对此有什么认识或想法？

第二章 矿物与岩石

> **本章提要**
> **主要内容**：矿物、晶体和非晶体的概念；矿物的形态及物理性质；肉眼鉴定矿物的基本方法；常见矿物的鉴别；地质作用类型及作用方式；岩石分类及三大岩类的成分、结构、构造等特征。
> **难点与重点**：矿物的形态与物理性质的含义及描述方法；常见矿物的特征；地质作用的类型；三大岩类成分、结构及构造等特征。

岩石是地壳的基本组成物质，是内、外动力地质作用的产物。岩石是由矿物组成的，所以要认识岩石，分析岩石在各种自然条件下的变化，进而对岩石的工程地质性质进行评价，就必须先从矿物讲起。

第一节 矿物

一、矿物的化学组成

矿物(mineral)是天然产出的，具有一定化学成分和物理性质的单质或化合物。大多数矿物是由两种或者两种以上的元素化合而成，其化学成分是决定矿物各项性质的最本质因素之一。矿物的化学成分不但是区别不同矿物的重要依据，其变化特点常作为反映形成矿物的介质的物理化学条件的标志，而且也是人类利用矿物资源的一个重要方面。

岩石由矿物组成，矿物由各种化合物或化学单质组成。在地壳中已发现化学元素90多种，它们的含量和分布不均衡，其中氧、硅、铝、铁、钙、钠、钾、镁、钛和氢十种元素含量较多，占元素总量的99.96%（表2-1）。这些元素多以化合物出现，少数以单质元素存在。地壳中以这些元素组成的含氧盐和氧化物矿物分布最广，其中特别是硅酸盐矿物(silicate mineral)，占矿物总种数的24%，占地壳总质量的75%；而氧化物矿物占矿物种总数的14%，占地壳总质量的17%。

表2-1 地壳主要元素质量分数

元素	质量分数,%	元素	质量分数,%
氧(O)	46.95	钠(Na)	2.78
硅(Si)	27.88	钾(K)	2.28
铝(Al)	8.13	镁(Mg)	2.06
铁(Fe)	5.17	钛(Ti)	0.62
钙(Ca)	3.65	氢(H)	0.14

二、矿物的形态

具有一定成分和内部构造的矿物表现出一定的晶体形态特征，其形态特征主要受矿物本身的内部结构和形成时的外在环境制约，可分为矿物单体形态和矿物集合体形态。自然界矿物多数呈集合体出现。同种矿物多个单体聚集在一起组成的整体称为矿物集合体。

（一）矿物单体的形态

绝大多数矿物呈固态，只有极个别的矿物呈液态，如自然汞(Hg)等。大多数固体矿物是结晶质，少数为非晶质。结晶质矿物内部质点(原子、分子或离子)在三维空间有规律重复排列，形成空间格子构造，如石盐为立方晶体格架(图2-1)。结晶质(crystalline)矿物只有在晶体生长速度较慢、周围有自由空间时，才能形成有规则的几何外形，这种晶体称自形晶体，如石英、石盐、方解石、磁铁矿等都是自形晶体(图2-2)。

非晶质(amorphous)矿物的内部质点排列无规律性，故没有规则的外形。常见的天然非晶质矿物有火山玻璃和胶体矿物两种：火山玻璃由高温熔融状的火山物质经迅速冷却而成，可进一步脱玻化形成矿物雏晶；胶体矿物是胶体凝固而成的矿物，如蛋白石由硅胶凝聚而成。

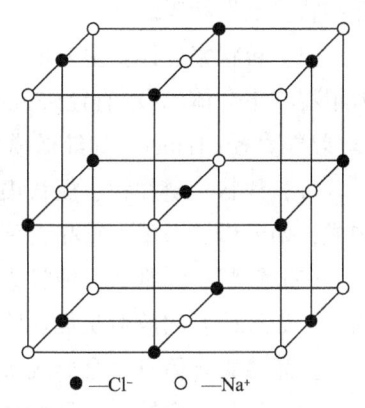

图2-1 石盐的晶体结构

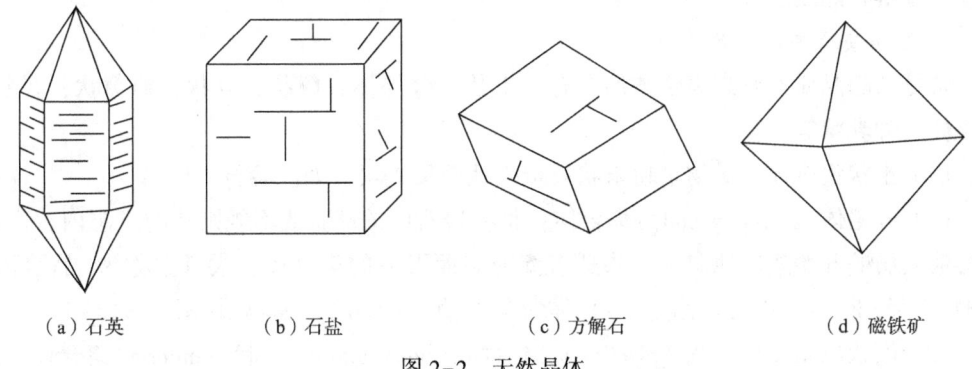

（a）石英　　　（b）石盐　　　（c）方解石　　　（d）磁铁矿

图2-2 天然晶体

结晶矿物由于化学成分不同，生成条件不同，因此矿物单体的晶形千姿百态。常见的矿物单体形态有八种。

(1) 片状、鳞片：如云母、高岭石、绿泥石等。
(2) 板状：如斜长石、石膏等。
(3) 柱状：如石英、角闪石等。
(4) 短柱状：如辉石、角闪石等。
(5) 板柱状：如正长石、重晶石等。

(6) 立方体状：如石盐、黄铁矿等。

(7) 八面体状：如石盐、磁铁矿等。

(8) 菱面体状：如方解石、白云石等。

（二）矿物集合体的形态

矿物大多数都是以集合体（aggregate）的形式出现的，根据其颗粒大小（可辨度）可进一步分为显晶质集合体、隐晶质及胶态集合体。

1. 显晶质集合体

常见的显晶质集合体形态有：粒状、片状、鳞片状、板状、针状、柱状、放射状、纤维状、毛发状等。

(1) 粒状集合体：主要由三向等长的粒状晶体颗粒构成。按照颗粒直径大小又可分为粗粒状集合体（颗粒直径>5mm）、中粒状集合体（颗粒直径为1～5mm）、细粒状集合体（颗粒直径<1mm）。如纯橄榄岩中的橄榄石即为粒状集合体。

(2) 片状、鳞片状、板状集合体：主要由二向延伸的片状、鳞片状、板状晶体颗粒构成，如云母、石墨、重晶石等。

(3) 针状、纤维状、柱状集合体：主要由一向延伸的针状、纤维状、柱状晶体颗粒构成，如红柱石的放射状集合体。

显晶质集合体有时会形成块状集合体和晶簇状集合体。

(1) 块状集合体：一是颗粒界限不明显的显晶质矿物集合体；二是本身是从矿物个体上敲下来的一块。

(2) 晶簇（druse）状集合体：由具有共同基底的矿物个体成簇状集合而成，如石英晶簇、方解石晶簇。

2. 隐晶质及胶态集合体

常见的隐晶质及胶态集合体形态有：土状、分泌体、鲕状、豆状、葡萄状、肾状、结核体、钟乳状等。

(1) 土状集合体：矿物呈粉末状较疏松地聚集成块，如高岭石。

(2) 分泌体（secretory body）集合体：是在岩石中的球状或不规则状的空洞内，由胶体溶液从洞壁开始逐层地向中心渗透沉淀充填而形成的集合体，大者常称为"晶腺体"（颗粒直径>1cm），小者常称为"杏仁体"（颗粒直径<1cm），如玛瑙[图2-3(a)]。

(3) 鲕状（oolitic）、豆状（pisolitic）、葡萄状（botryoidal）、肾状（reniform）集合体：外部呈近圆球形—半球形，内部具同心层状或放射状构造的矿物集合体，如同鱼子大小的称鲕状，如同豌豆大小的称豆状，球径较大时呈现葡萄状、肾状，如赤铁矿[图2-3(b)]。

(4) 结核（nodule）：围绕某一核心自内向外逐层生长而成的球状、凸镜状或瘤状集合体，内部构造可呈放射状、同心层状或致密块状。如黄铁矿、菱铁矿、褐铁矿结核[图2-3(c)]。

(5) 钟乳状（campanulate）：由同一基底向外逐层生长，外部呈圆锥状或圆柱状，内部具同心层状或放射状（radiating）构造的矿物集合体，如方解石[图2-3(d)]。

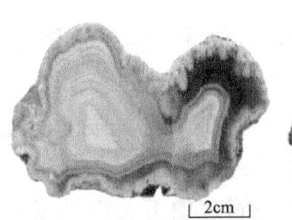  

(a) 玛瑙分泌体　　(b) 鲕状赤铁矿　　(c) 黄铁矿结核及内部构造　(d) 方解石的钟乳状集合体

图 2-3　常见矿物集合体形态

三、矿物的物理性质

矿物的物理性质决定于矿物的化学成分和内部构造。矿物的化学成分或内部构造不同，其物理性质也就不同。矿物的物理性质包括颜色、条痕、光泽、透明度、解理、断口、硬度、密度等，都是肉眼鉴定矿物的依据。

(一) 矿物的光学性质

1. 颜色

矿物的颜色(color)是多种多样的，主要取决于矿物的化学成分和内部结构。按矿物呈色原因可分为：自色(idiochromatic color)、他色(allochromatic color)和假色(pseudo-chromatic color)。矿物固有的颜色比较稳定的称自色，如黄铁矿是铜黄色，橄榄石是橄榄绿色。矿物中混有杂质时形成的颜色称他色。他色不固定，与矿物本身性质无关，对鉴定矿物意义不大，如纯石英晶体是无色透明的，而当石英含有不同杂质时，就可能出现乳白色、紫色、绿色、烟色等多种颜色。由于矿物内部裂隙或表面氧化膜对光的折射、散射形成的颜色称假色，如方解石解理面上常出现的虹彩。

2. 条痕

条痕(streak)是指矿物在白色无釉的瓷板上划擦时留下的粉末痕迹色。条痕可消除假色，减弱他色，常用于矿物鉴定。例如角闪石为暗绿色或黑色，条痕是白色略带浅绿色；辉石为黑色或绿黑色，条痕是白色；黄铁矿为铜黄色，条痕是黑色；隐晶质赤铁矿为暗红色，条痕是樱红色等。

3. 光泽

光泽(luster)是指矿物表面反射光线的能力。根据矿物平滑表面反射光的强弱，可分为：

1) 金属光泽

金属光泽(metallic luster)：反射能力强，呈如同经过抛光的平滑金属表面那样的反光，如方铅矿、黄铁矿等。

2) 半金属光泽

半金属光泽(semi-metallic luster)：反射能力较强，呈如同一般未经过抛光的平滑金属表面那样的反光，如磁铁矿、赤铁矿等。

3) 非金属光泽

非金属光泽(non-metallic luster)：为透明和半透明矿物表现的光泽。据反光程度和特征又可划分为：

（1）金刚光泽(adamantine luster)：反射能力稍强而呈金刚石那样灿烂耀眼的反光，如金刚石。

（2）玻璃光泽(glassy or vitreous luster)：反射能力弱而呈如同玻璃板表面的反光，如石英、长石、方解石晶体表面。

（3）油脂光泽(oily luster)：如同染上油脂后的反光，多出现在解理不发育的矿物断口上或隐晶质矿物表面，如石英断口、蛋白石。

（4）珍珠光泽(pearly luster)：为透明矿物的极完全解理面上呈现的如同珍珠或贝壳表面的乳白色彩光，如白云母解理面等。

（5）丝绢光泽(silky luster)：出现在透明的纤维状或鳞片状矿物集合体表面，如同丝绢的反光，有纤维石膏、绢云母等。

（6）土状光泽(earthy luster)：矿物表面反光暗淡如土，如高岭石和某些褐铁矿等。

4. 透明度

透明度(transparency)是指矿物透过可见光的程度。根据矿物透明程度，可将矿物划分为透明矿物、半透明矿物和不透明矿物。

大部分金属、半金属光泽矿物都是不透明矿物(opaque mineral，如方铅矿、黄铜矿、磁铁矿)；玻璃光泽矿物均为透明矿物(transparent mineral，如石英、方解石)；介于二者之间的彩色矿物多为半透明矿物(semi-transparent mineral，如辰砂、浅色闪锌矿等)。

用肉眼进行矿物鉴定时，应注意观察等厚条件下的矿物碎片边缘，用来确定矿物的透明度。

5. 发光性

矿物受到外界能量激发(如加热、紫光、紫外线、X射线、阴极射线照射)时发出可见光的性质称发光性(luminescence)。矿物发光性的实质是其晶体结构中的质点受外界能量的激发，发生电子跃迁，在电子由激发态回到基态的过程中，又将吸收的能量以可见光的形式释放出来。按发光的性质不同，发光性分为荧光性和磷光性两种。矿物在受外界能量激发时发光，激发停止后发光立即停止的称荧光性(fluorescence)，如金刚石、白钨矿等在紫外光照射下的发光现象；激发停止后仍能继续发光一段时间的称磷光性(phosphorescence)，如磷灰石的热发光灯。

（二）矿物的力学性质

1. 硬度

硬度(hardness)是指矿物抵抗外力机械作用(刻划、压入或研磨等)的能力。由于矿物的化学成分和内部结构的不同，其硬度也不相同，所以硬度是矿物的比较固定的性质之一，具有鉴定意义。矿物的肉眼鉴定中，通常使用10种硬度递增的矿物为标准来测定矿物的相对硬度，以确定矿物抵抗外来刻划的能力，即摩氏硬度计(mohs scale of hardness)(表2-2)。

表 2-2　摩氏硬度计

硬度	矿物	硬度	矿物
1	滑石	6	长石
2	石膏	7	石英
3	方解石	8	黄玉
4	萤石	9	刚玉
5	磷灰石	10	金刚石

为了方便确定矿物的相对硬度，还可以用指甲(硬度约 2.5)、小钢刀(硬度约 5~5.5)、玻璃(硬度约 5.5)作为辅助标准，从而确定待鉴定矿物的相对硬度。

2. 解理

在外力作用下，矿物沿一定结晶平面破裂的固有特性称为解理(cleavage)，破裂形成的一系列光滑平面称为解理面。由于矿物晶体内部质点间的结合力在不同方向上不均一，解理面方向和完全程度都有差异。如果某个矿物晶体内部几个方向上结合力都比较弱，那么这种矿物就具有多组解理，如方解石具三组解理(图 2-4)。

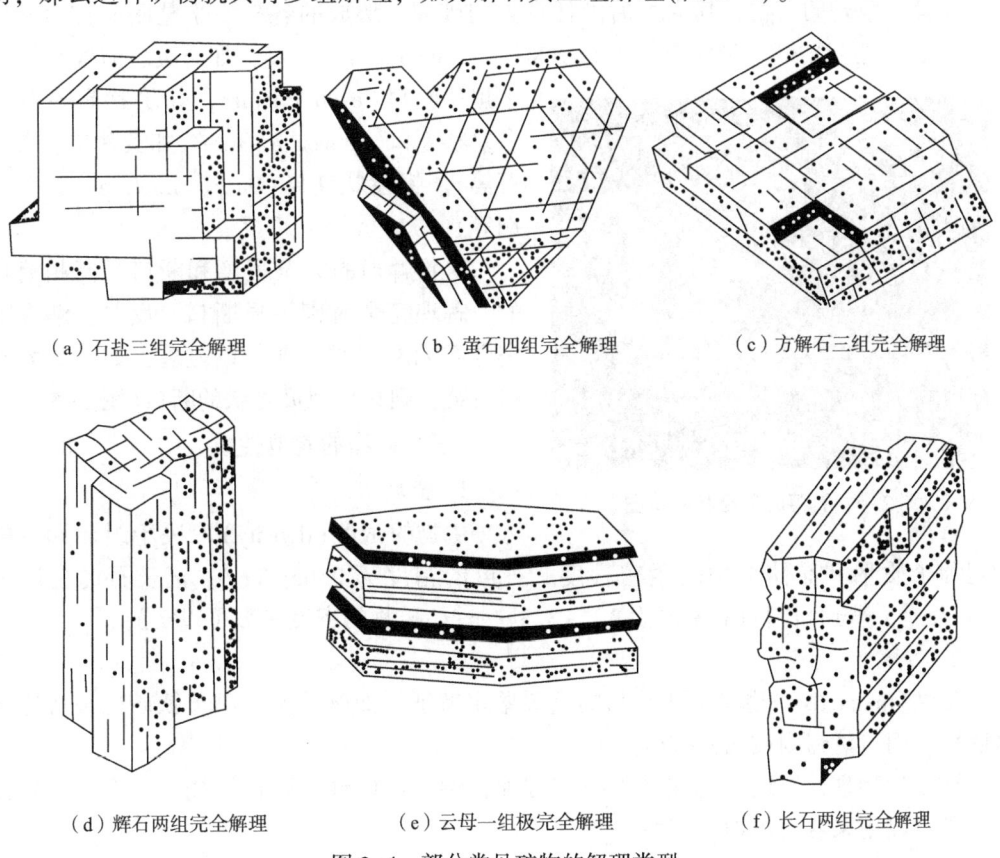

(a) 石盐三组完全解理　　(b) 萤石四组完全解理　　(c) 方解石三组完全解理

(d) 辉石两组完全解理　　(e) 云母一组极完全解理　　(f) 长石两组完全解理

图 2-4　部分常见矿物的解理类型

根据矿物产生解理面的完全程度，可将解理分为五级：

1) 极完全解理

极完全解理(eminent cleavage)是指极易形成光滑的解理面，常裂开成薄片，解理面大而完整，平滑光亮，如云母。

2) 完全解理

完全解理（perfect cleavage）是指矿物易形成光滑的解理面，沿解理面常裂开成块状、板状，解理面平坦光亮，如石盐、萤石、长石、方解石。

3) 中等解理

中等解理（good or fair cleavage）是指矿物解理面清楚，但不平整、连续，如辉石、重晶石和石膏部分方向。

4) 不完全解理

不完全解理（poor or imperfect cleavage）是指矿物很难出现完整的解理面，如橄榄石、磷灰石等。

5) 极不完全解理

极不完全解理（cleavage in traces）是指矿物罕见解理面，如石英、石榴子石。

通常人们把不完全解理和极不完全解理称为无解理。

3. 断口

不具有解理的矿物，其受力后沿任意方向破裂，形成的各种不平整断面称为断口（fracture）。常见的断口形状有：贝壳状断口（conchoidal fractures，如石英、橄榄石等）、平坦状断口（even fracture，如块状高岭石）、参差状断口（uneven fracture，如黄铁矿、磷灰石等）、锯齿状断口（hackly fracture，如自然铜等）。

矿物解理的完全程度和断口是互相消长的，解理完全时则不显断口。反之，解理不完全或无解理时，则断口显著，如不具解理的石英，则只呈现贝壳状的断口（图2-5）。

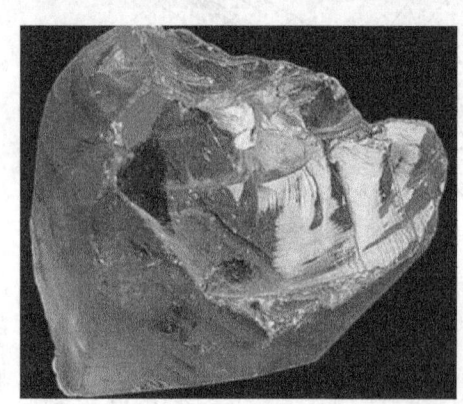

图2-5　石英的贝壳状断口图

（三）矿物的其他性质

1. 密度

矿物的密度（density）取决于组成元素的相对原子质量和晶体结构的紧密程度。石英的密度为 $2.65g/cm^3$，正长石的密度为 $2.54g/cm^3$，普通角闪石的密度为 $3.1\sim3.3g/cm^3$。矿物的密度一般可以实测。

2. 磁性

磁性（magnetism）也是某些矿物的重要鉴定特征。如磁铁矿、磁黄铁矿能被普通磁铁吸引，而自然铋则被磁铁排斥。

矿物的物理性质还表现在其他很多方面，例如压电性、弹性、挠性、脆性与延性等，都可以用来鉴定矿物。

四、主要造岩矿物及其鉴定特征

目前人类已发现的矿物有4000多种，其中构成岩石主要成分、明显影响岩石性质、对鉴定岩石类型起重要作用的矿物称为主要造岩矿物。最常见的主要造岩矿物近20种。

它们的共生组合规律及其含量不仅是鉴定岩石名称的依据,而且显著地影响岩石的物理力学性质。

(一) 石英

石英(quartz)是岩石中最常见的矿物之一。石英结晶常形成单晶(图2-6)或丛生为晶簇(图2-7)。纯净的石英晶体为无色透明的六方双锥,称为水晶。一般岩石中的石英多呈致密的块状或粒状集合体。一般为白色、乳白色,含杂质时呈紫红色、烟色、黑色、绿色等颜色;晶面为玻璃光泽,块状和粒状石英为油脂光泽;无解理;断口贝壳状,断口呈油脂光泽;硬度为7;密度为$2.65g/cm^3$。

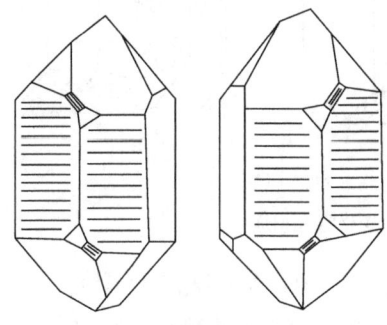

图2-6 石英的晶体形态及晶面花纹

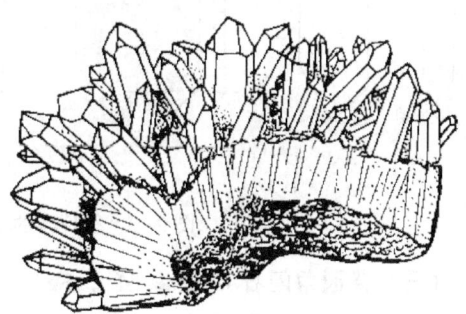

图2-7 石英的晶簇

(二) 长石

长石(feldspar)是地壳中分布最广泛的矿物。它在岩石分类和命名中占重要位置。长石按成分可划分为三种基本类型:钾长石($KAlSi_3O_8$)、钠长石($NaAlSi_3O_8$)和钙长石($CaAlSi_2O_8$)。

以钾长石为主的长石称钾长石,最为常见的是正长石,其次为微斜长石、条纹长石等;由钠长石和钙长石按各种比例混溶而成的一系列矿物称为斜长石。

1. 正长石($KAlSi_3O_8$)

正长石(orthoclase)单晶为柱状或板状,常发育卡斯巴双晶(图2-8)。在岩石中多为肉红色或淡玫瑰红色,玻璃光泽,有两组直交解理,硬度为6,相对密度为2.54~2.57。常和石英共生于酸性花岗岩中,为正长岩的主要组成矿物。

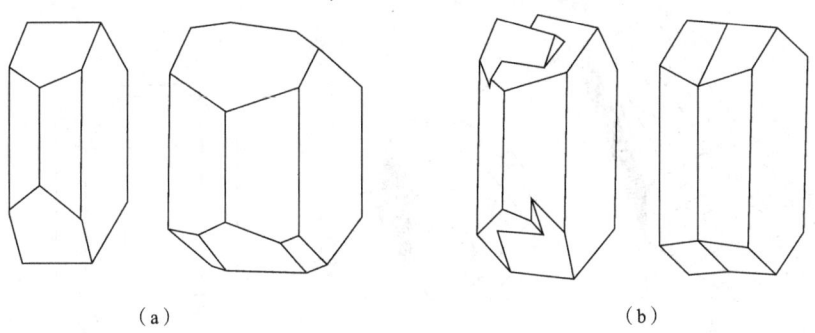

(a) (b)

图2-8 正长石的部分晶形(a)及双晶(b)

2. 斜长石 $Na[AlSi_3O_8]$—$Ca[Al_2Si_2O_8]$

斜长石(plagioclase)晶体多为板状或柱状,晶面上有平行条纹(聚片双晶,图2-9);多为灰白色、灰黄色,玻璃光泽,有两组近正交的解理,硬度为6~6.5,相对密度为2.61~2.75。常与角闪石和辉石共生于较深色的岩浆岩(如辉长岩、辉绿岩、玄武岩、闪长岩等)中。

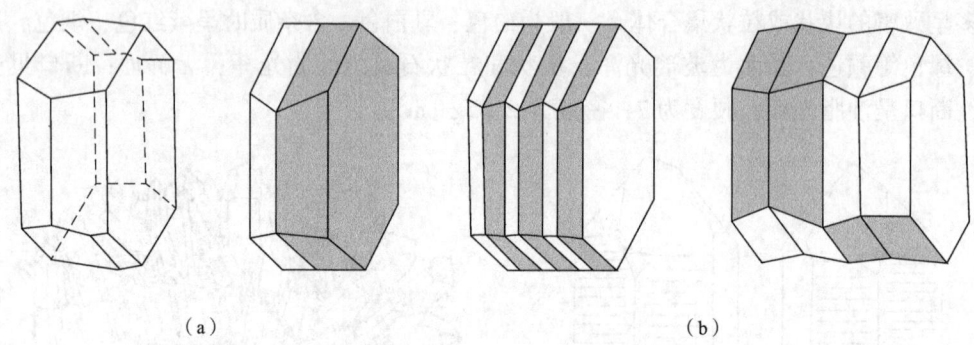

(a)   (b)

图2-9 斜长石的部分晶形(a)及双晶(b)

(三) 普通角闪石 $Ca_2Na(Mg,Fe^{2+})_4(Al,Fe^{3+})[(Si,Al)_4O_{11}]_2(OH)_2$

普通角闪石(hornblende)单晶体一般呈长柱状,横截面为六边形[图2-10(a)];集合体为针状、粒状;多为深褐色至黑色;玻璃光泽;有两组完全解理,交角为56°/124°,平行于柱面;硬度为5.5~6.0;相对密度为3.1~3.6。

(四) 普通辉石 $Ca(Mg,Fe^{2+},Fe^{3+},Ti,Al)[(Si,Al)_2O_6]$

普通辉石(pyroxene)晶体常呈短柱状,横截面为近八边形[图2-10(b)];集合体为块状、粒状;暗绿黑色,有时带褐色;玻璃光泽;有两组完全解理,交角为87°/93°,平行于柱面;硬度为5.5~6.0;相对密度为3.2~3.6。普通辉石是颜色较深的基性和超基性岩浆岩中很常见的矿物,常与斜长石共生。

(五) 橄榄石 $(Mg,Fe)_2SiO_4$

橄榄石(olivine)晶体为短柱状(图2-11),多不完整,常呈粒状集合体;为橄榄绿色、黄绿色、绿黑色,含铁越多颜色越深;玻璃光泽;有不完全解理;硬度为6.5~7.0;相对密度为3.3~3.5。常见于基性和超基性岩浆岩中。

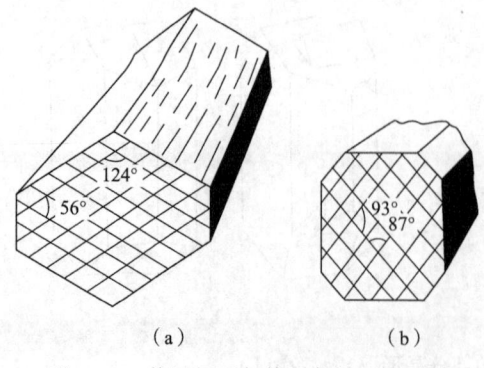 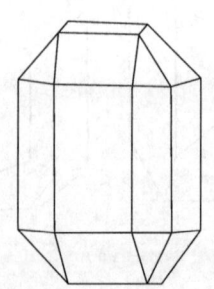

(a)   (b)

图2-10 普通辉石与普通角闪石的区别   图2-11 橄榄石的晶体形态

(六) 方解石 $CaCO_3$

方解石(calcite)晶体为菱形六面体(图2-12), 在岩石中常呈粒状; 纯净方解石晶体无色透明, 因含杂质多呈灰白色, 有时为浅黄色、黄褐色、浅红色等色, 玻璃光泽, 有三组完全解理, 硬度为3, 相对密度为2.6~2.8, 遇冷稀盐酸剧烈起泡, 是石灰岩和大理岩的主要矿物成分。

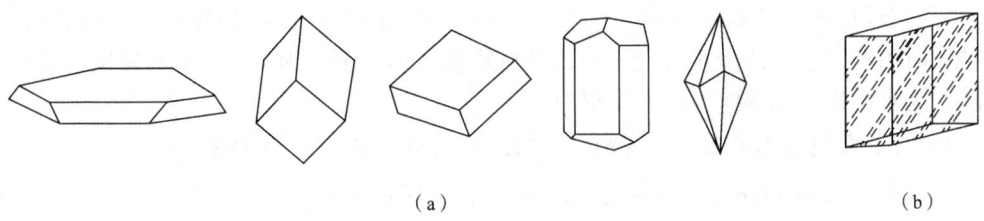

图2-12 方解石的部分晶形(a)及双晶(b)

(七) 白云石 $CaMg(CO_3)_2$

白云石(dolomite)晶体为菱形六面体, 晶面常呈弯曲状(图2-13); 在岩石中多为粒状, 白色, 含杂质为浅黄色、灰褐色、灰黑色等色, 有三组完全解理, 玻璃光泽, 硬度为3.5~4.0, 相对密度为2.8~2.9, 遇热稀盐酸有起泡反应, 是白云岩的主要矿物成分。

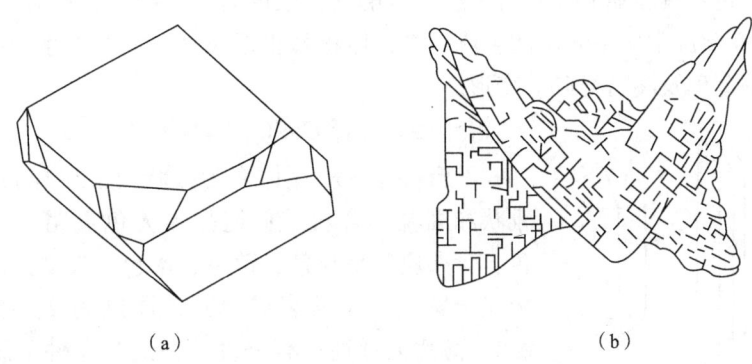

图2-13 白云石的弯曲晶面(a)及双晶(b)

(八) 滑石 $Mg_3[Si_4O_{10}](OH)_2$

滑石(talc)多为板状或片状集合体, 浅黄色、浅褐色或白色, 有一组极完全解理, 解理面上为珍珠光泽, 薄片有挠性, 硬度为1, 相对密度为2.7~2.8。手摸有滑腻感。

(九) 云母(mica)

1. 白云母 $KAl_2(AlSi_2O_{10})(OH)_2$

白云母(muscovite)单晶体为板状、片状, 横截面为六边形; 集合体呈片状或鳞片状; 多为无色、淡黄色、淡绿色; 玻璃光泽; 有一组极完全解理, 易剥成薄片, 具珍珠光泽; 硬度为2~3; 相对密度为3.02~3.12; 薄片有弹性。

2. 黑云母 $K(Mg, Fe)_3[Si_3AlO_{10}](OH)_2$

黑云母(biotite)单晶体常呈假六方短柱状、板状或片状; 集合体呈片状或鳞片状; 常呈深褐或黑色; 条痕灰色; 玻璃光泽; 有一组极完全解理, 解理面呈珍珠光泽; 硬度为2.5~3.0; 相对密度为3.02~3.12; 薄片有弹性。

（十）绿泥石 $(Mg,Al,Fe)_6[(Si,Al)_4O_{10}](OH)_8$

绿泥石(chlorite)是一族种类繁多的矿物，多呈鳞片状或片状集合体；颜色为暗绿色，珍珠光泽；有一组完全解理；硬度为2~3；相对密度为2.6~2.85；薄片有挠性。常见于温度不高的热液变质岩中。由绿泥石组成的岩石强度低，易风化。

（十一）高岭石 $Al_4[Si_4O_{10}](OH)_8$

高岭石(kaolinite)通常呈疏松土状，为鳞片状、细粒状矿物的集合体；纯者白色，含杂质时为浅黄色、浅灰色等色；具土状或蜡状光泽；硬度为1~2；相对密度为2.60~2.63。吸水性强，潮湿时可塑，有滑感。

（十二）蒙脱石 $E_x(H_2O)_4\{(Al_{2-x},Mg_x)_2[(Si,Al)_4O_{10}](OH)_2\}$

蒙脱石(montmorillonite)通常为隐晶质土状，有时为鳞片状集合体；浅灰白色、浅粉红色，有时带微绿色；具土状光泽或蜡状光泽；有一组完全解理；硬度为2.0~2.5；相对密度为2.0~2.7；吸水性强。吸水后体积可膨胀几倍，具有很强的吸附能力和阳离子交换能力，具有高度的胶体性、可塑性和黏结力，是膨胀土的主要成分。

（十三）硬石膏 $CaSO_4$

硬石膏(anhydrite)晶体为近正方形的厚板状或柱状，一般呈粒状；纯净晶体无色透明，一般为白色；具玻璃光泽；有三组完全解理；硬度为3.0~3.5；相对密度为2.8~3.0。硬石膏在常温常压下遇水能生成石膏，体积膨胀近30%，同时产生膨胀压力，可能引起建筑物基础及隧道衬砌等变形。

（十四）石膏 $CaSO_4 \cdot 2H_2O$

石膏(gypsum)晶体多为板状(图2-14)，一般为纤维状和细粒集合块状；纯晶体无色透明，一般为灰白色，含杂质时呈灰色、黄色、褐色；玻璃光泽；有一组极完全解理，能劈裂成薄片；硬度为2；相对密度为2.3；薄片无弹性，有挠性。在适当条件下脱水可变成硬石膏。

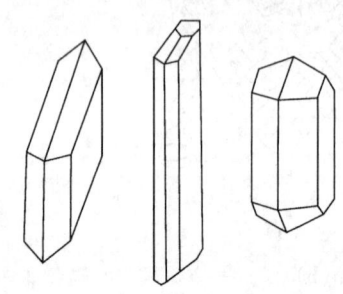

图2-14 石膏常见晶体形态

（十五）黄铁矿 FeS_2

黄铁矿(pyrite)单晶体为立方体或五角十二面体，晶面上有条纹(图2-15)；在岩石中黄铁矿多为粒状或块状集合体；颜色为铜黄色，条痕为深绿黑色；金属光泽；参差状断口；硬度为6.0~6.5；相对密度为4.9~5.2。黄铁矿经风化易产生腐蚀性硫酸。

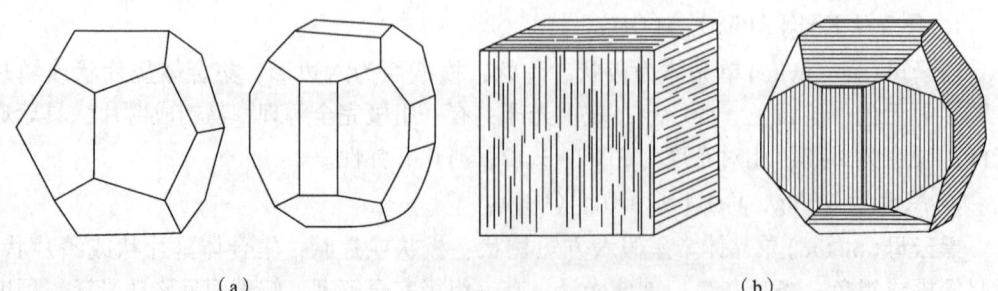

(a)　　　　　　　　　　　　(b)

图2-15 黄铁矿的晶体形态(a)及晶面花纹(b)

第二节 地质作用和岩石的分类

一、地质作用

(一) 地质作用的概念和类型

1. 地质作用的概念

地质作用(geological processes)是指由自然动力引起地球(最主要是地壳或岩石圈)的物质组成、内部结构和地表形态发生变化的作用。主要表现为对地球的矿物、岩石、地质构造和地表形态等进行的破坏和建造作用。

2. 地质作用的类型

引起地质作用的能量可来自地球本身和地球以外,故分为内能和外能。内能指来自地球内部的能量,主要包括旋转能、重力能、热能。外能指来自地球外部的能量,主要包括太阳辐射能、日月引力能和生物能,其中太阳辐射能主要引起大气环流和水的循环。

按照能量和作用部位的不同,地质作用又分为内动力地质作用(endogenic geological process)和外动力地质作用(exogenic geological process)。由内能引起的地质作用叫内动力地质作用,主要包括构造运动、岩浆活动、变质作用和地震作用。在地表主要形成山系、裂谷、隆起、凹陷、火山、地震等现象。由外能引起的地质作用叫外动力地质作用,主要有风化作用、风的地质作用、流水的地质作用、冰川的地质作用、冰水的地质作用、重力的地质作用等,在地表主要形成戈壁、沙漠、黄土、洪水、泥石流、滑坡、岩溶、深切谷、冲积平原等现象。

根据地质作用能量的主要来源和作用的主要部位,内动力地质作用和外动力地质作用又可分出许多次一级的作用(表2-3)。

表2-3 地质作用分类表

地质作用	内动力地质作用	构造运动
		岩浆作用
		变质作用
		地震作用
	外动力地质作用	风化作用
		剥蚀作用
		搬运作用
		沉积作用
		沉积后作用(固结成岩作用)

(二) 内动力地质作用

内动力地质作用是由于地球的内热、地球自转与重力等能量所激发,并主要发生在地球内部的作用。内动力地质作用按其作用的不同可分为构造运动、岩浆作用、变质作用和地震作用四种作用方式。

(1) 构造运动(tectonism)：又叫地壳运动，由地球内能引起的岩石圈(地壳)变形、变位的作用。按运动方向可分为水平运动与垂直运动。

(2) 岩浆作用(magmatism)：是指岩浆的发育、运动及其冷凝固结成岩浆岩的作用。按其作用的部位分为侵入作用和喷出作用。由岩浆作用形成的岩石称为岩浆岩，岩浆岩又可分为侵入岩和喷出岩。

(3) 变质作用(metamorphism)：基本处于固态的原岩，由于温度、压力及化学活动性流体的作用使矿物成分、化学成分或结构发生变化，形成新的岩石的过程，称为变质作用。由变质作用形成的岩石称为变质岩。

(4) 地震作用(earthquake)：地震是地下某处岩块中集聚的能量突然释放引起的地壳快速颤动，是地壳运动的一种特殊表现形式。

(三) 外动力地质作用

外动力地质作用是由于大气、水和生物在太阳辐射、重力以及日月引力等能源的作用下所进行的各种作用，它们都发生在地球的表层。所以外动力地质作用又叫地表地质作用。外动力地质作用分为风化作用、剥蚀作用、搬运作用、沉积作用和固结成岩作用五种作用方式。

(1) 风化作用(weathering)：地表岩石在大气、水、气温变化和生物等作用下发生机械崩解或化学分解，变为松散的碎块、碎屑直至土壤，并残留原地。

(2) 剥蚀作用(denudation)：岩石在地表水、地下水、风、冰川、海洋等介质作用下被破坏，破坏的产物同时被剥离原地。

(3) 搬运作用(transportation)：外动力把风化、剥蚀的产物搬运至其他地方的作用。

(4) 沉积作用(sedimentation)：被搬运的物质到达合适的场所，由于介质条件的改变而发生沉积，形成松散堆积物的作用。

(5) 固结成岩作用(consolidation diagenesis)：松散沉积物固结变成坚硬岩石的作用。

以上地质作用均属于自然地质作用。除此之外，由于人类工程活动所引起的地壳表层形态或特征上的变动，称为工程地质作用，又称为人为地质作用。工程地质作用直接影响到建筑物的安全和造价，是工程地质研究的重要对象。自然地质作用的历史漫长，影响范围较大。人类工程活动规模和影响范围一般较小，因此工程地质作用往往是突然发生的，并能造成一个局部地区自然环境极为显著的变化。如过量开采地下水或油、气而造成大面积的地面沉降，或因人工边坡设计或整治不当而导致滑移等。特别是兴建水利工程，造成土地淹没、盐渍化、沼泽化或是库岸滑坡、水库地震等，给工程建设带来极其严重的危害。

二、岩石的分类

岩石(rock)是矿物的天然集合体，它是地壳的直接组成部分。有些岩石是由一种矿物组成的，如纯洁的大理岩完全由方解石组成；但是大多数岩石都是由两种或两种以上的矿物组成的。地壳中的岩石种类较多，按其成因主要包括岩浆岩、变质岩和沉积岩三大类。在地表,沉积岩的覆盖面积占地球表面总面积的75%,岩浆岩和变质岩仅占25%。但就整个地壳而言,沉积岩仅占地壳总体积的7.9%,岩浆岩和变质岩却占了92.1%,说明由地表向地下沉积岩的分布逐渐减少。

第三节　岩浆岩

一、岩浆岩的成因

岩浆岩(magmati rock)也称火成岩(igneous rock),是由岩浆冷凝固结而形成的岩石。岩浆是以硅酸盐为主要成分,富含挥发性物质(CO_2、CO、SO_2、HCl 及 H_2S 等),在上地幔和地壳深处形成的高温熔融体。

岩浆的温度约为 1000~1200℃,岩浆的化学成分十分复杂,它囊括了地壳中的所有元素。一般情况是,SiO_2 含量较高的岩浆温度较低,SiO_2 含量较低的岩浆温度较高。岩浆中的 SiO_2 的含量对岩浆黏度影响较大,岩浆的黏度随着 SiO_2 含量的增加而增加(图 2-16)。岩浆温度越高,黏度越小;反之,温度越低,黏度越大。根据岩浆的成分可以划分为两大类:(1)基性岩浆,富含铁、镁氧化物,黏性较小,流动性较大;(2)酸性岩浆,富含钾、钠的铝硅酸盐矿物,黏性较大,流动性较小。

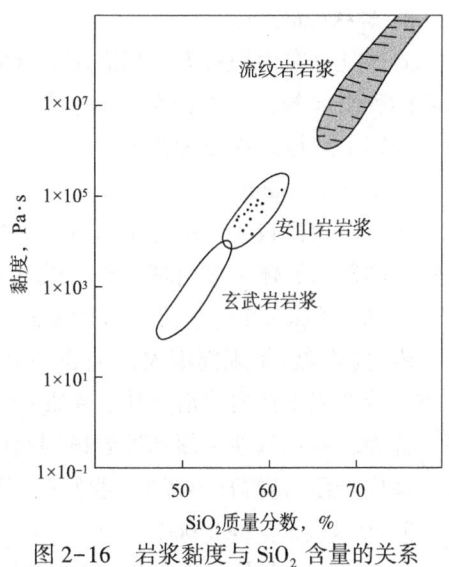

图 2-16　岩浆黏度与 SiO_2 含量的关系
(据 R. F. Flont, 1974)

岩浆可以在上地幔或地壳深处运移或喷出地表。根据岩浆岩形成时的岩浆运动特征把岩浆岩分为两大类:(1)侵入岩,当岩浆沿地壳中薄弱地带上升时逐渐冷凝,这种作用称为岩浆的侵入作用(intrusion),侵入作用所形成的岩石称为侵入岩(intrusive rock)。侵入岩又可按成岩部位的深浅分成深成岩和浅成岩,深度大于 3km 的为深成岩,小于 3km 的为浅成岩;(2)喷出岩(effusive rock),当岩浆沿构造裂隙上升时溢出地表或通过火山口喷出到地表,称为岩浆的喷出作用(eruption),又称火山作用(volcanism)。由岩浆喷出而形成的岩石称为喷出岩。喷出岩又可细分为两类:一类是溢出地表岩浆冷凝而成的岩石,称为熔岩(lava);另一类是岩浆或它的碎屑物质被火山猛烈地喷发到空中,又从空中落到地面堆积形成的岩石,称为火山碎屑岩(pyroclastic rock)。

二、岩浆岩的产状

岩浆岩的产状(the magmatic rocks occurrence)是指岩浆岩体的形态、大小及其与围岩的关系。岩浆岩的产状与岩浆的成分、物理化学条件密切相关,还受冷凝地带的环境影响,因此它的产状是多种多样的,如图 2-17 所示。

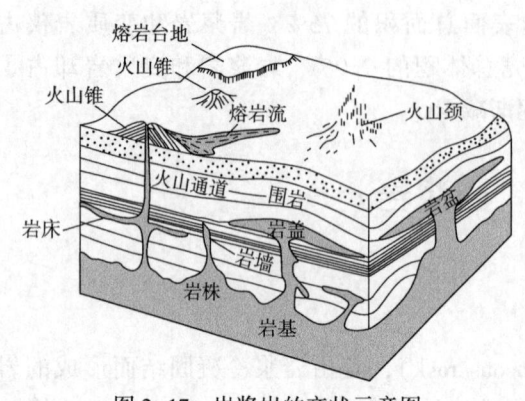

图 2-17 岩浆岩的产状示意图

(一) 侵入岩的产状

1. 岩基(batholith)

岩基是岩浆侵入到地壳内冷凝结晶形成的岩体中规模最大的一种,其出露面积普遍大于 $100km^2$,一般由花岗岩类构成。岩基内常含有围岩(country rock)的崩落碎块,称为捕虏体(xenolith)。岩基埋藏深度大,范围广,岩浆冷凝速度慢,晶粒粗大,岩性均匀,是良好的建筑地基,如长江三峡坝址区就选在面积约二百多平方千米的花岗岩—闪长岩岩基的南端。

2. 岩株(stock)

岩株是分布面积较大,形态不规则的侵入岩体,与围岩接触面较陡直,有些岩株是岩基的突出部分,常为岩性均一、稳定性良好的地基。各种性质的岩浆岩都可形成岩株,但以中酸性岩株较为常见。

3. 岩盆(lopolith)

岩盆是规模较大,形态呈盆状,具中部凹下、顶部向中心倾斜,底部有一至几个通道特征的侵入岩体,多由基性岩或碱性岩构成。

4. 岩盖(laccolith)、岩盘(batholith, rock disc)

岩盖(岩盘)是规模不大,呈底平上凸、中厚边薄,形态似蘑菇(伞)或透镜状的侵入体。酸性或中性岩浆沿层状岩层面侵入后,因其黏性大,流动不远,向上凸起程度较高,称为岩盖;基性—超基性岩体因黏度小易于向两侧流动,向上凸起程度较中—酸性低,多称岩盘。岩盖(岩盘)一般侵位深度较浅。

5. 岩床(sill, rock bed)

黏度较小、易流动的基性岩浆沿层状岩层层面侵入,充填在岩层中间,形成的厚度不大、分布范围广(宽厚比很大)的岩体,称为岩床。岩床多为基性浅成岩。

6. 岩脉(vein)和岩墙(dike)

岩脉和岩墙是沿围岩裂隙或断裂带侵入形成的狭长形的岩浆岩体,与围岩的层理和片理斜交。通常把岩体窄小的称为岩脉,把岩体较宽厚且近于直立的称为岩墙。岩脉和岩墙多出现在围岩构造裂隙发育的地方,由于它们岩体薄,与围岩接触面大,冷凝速度快,岩体中常形成很多收缩裂隙,因此,岩脉和岩墙发育的岩体稳定性较差,地下水较活跃。

(二) 喷出岩的产状

喷出岩的产状受岩浆的成分、黏性、通道特征、围岩的构造以及地表形态影响。常见的喷出岩产状有熔岩流、火山锥及熔岩台地。

1. 熔岩流(lava flow)

岩浆多沿一定方向的裂隙喷发到地表。形成熔岩流的岩浆多是基性岩浆,其黏度小、易流动,常形成厚度不大、面积广大的熔岩流,如我国西南地区广泛分布的二叠纪玄武岩流。在地表分布的、有一定厚度的熔岩流也称熔岩被。

2. 熔岩台地(lava platform)

由于黏度较小,玄武质岩浆较缓慢地溢出地表,并因多次喷发形成厚度大、面积广的台状高地,称熔岩台地,如位于我国黑龙江省北部的五大连池就发育有由玄武岩构成的熔岩台地。

3. 火山锥(volcanic cone)

黏性较大的岩浆沿火山口喷出地表,流动性较小,常和火山碎屑物堆叠在一起,形成以火山口为中心的下缓上陡的锥状山体,称为火山锥。

三、岩浆岩的结构

岩浆岩的结构(texture)是指岩石中矿物的结晶程度、晶粒的大小、形态及它们之间的相互关系。岩浆岩的结构与岩浆的化学成分、物理化学状态及成岩环境密切相关。岩浆的温度、压力、黏度及冷凝的速度等都可影响岩浆岩的结构。如深成岩是缓慢冷凝结晶形成的,晶体发育时间较充裕,常形成自形程度高、晶形较好、晶粒粗大的矿物;反之,喷出岩冷凝速度快,来不及结晶,多呈非晶质或隐晶质。

(一)按结晶程度分类

按结晶程度把岩浆岩结构划分成三类:

1. 全晶质结构(crystalline)

全部由结晶矿物组成,不含玻璃质的岩石结构。岩浆冷凝速度慢,有充分的时间形成结晶矿物,多见于深成岩,如花岗岩、辉长岩等[图2-18(a)]。

2. 半晶质结构(subcrystalline)

同时存在结晶质和玻璃质的一种岩石结构,常见于喷出岩,如流纹岩[图2-18(b)]。

3. 玻璃质结构(glassy)

岩石几乎全部由非晶质玻璃组成,是岩浆迅速上升到地表,温度骤然下降,矿物来不及结晶形成的,是喷出岩特有的结构,如黑曜岩、浮岩等[图2-18(c)]。

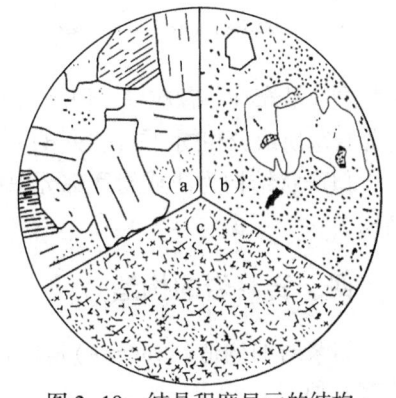

图2-18 结晶程度显示的结构
(a)—全晶质结构;(b)—半晶质结构;
(c)—玻璃质结构

(二)按矿物颗粒绝对大小分类

按矿物颗粒的绝对大小,可把岩浆岩结构分成显晶质和隐晶质两种类型。

1. 显晶质结构(phanerocry stalline texture)

岩石的矿物结晶颗粒粗大,用肉眼或放大镜能够分辨。按颗粒的直径大小,可将显晶质结构分为:

(1) 粗粒结构(颗粒直径>5mm)。

(2) 中粒结构(颗粒直径为1~5mm)。

(3) 细粒结构(颗粒直径为0.1~1mm)。

(4) 微粒结构(颗粒直径<0.1mm)。

2. 隐晶质结构(aphanitic texture)

矿物颗粒细微,肉眼和一般放大镜不能分辨,但在显微镜下可以观察矿物晶粒特征,是喷出岩和部分浅成岩的结构类型。

(三) 按矿物晶粒相对大小分类

按矿物晶粒的相对大小,可将岩浆岩的结构划分为四类:

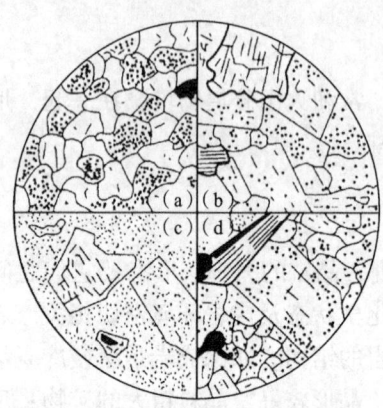

图 2-19 按矿物晶粒相对大小分类
(a)—等粒结构;(b)—不等粒结构;
(c)—斑状结构;(d)—似斑状结构

1. 等粒结构(equigranular)

岩石中的矿物颗粒大小大致相等[图 2-19(a)]。

2. 不等粒结构(inequigranular)

岩石中的矿物颗粒大小不等,但粒径相差不很大[图 2-19(b)]。

3. 斑状结构(prophyritic texture)

岩石由两类明显不同大小的矿物颗粒组成,大的矿物颗粒散布在小颗粒或玻璃质中,这种结构称为斑状结构。该结构晶粒大小相差悬殊,大者称为斑晶(phenocryst),小者称为基质(matrix)。基质为隐晶质,由微晶或玻璃质组成[图 2-19(c)]。

4. 似斑状结构(porphyroid texture)

岩石由两类明显不同大小的矿物颗粒组成,大的矿物颗粒散布在小颗粒中,但晶粒大小相差不十分悬殊,基质是显晶质(粗—细粒),且斑晶与基质成分相同[图 2-19(d)]。

似斑状结构为浅成岩和部分深成岩的结构,斑状结构是浅成岩和部分喷出岩的特有结构。

四、岩浆岩的构造

岩浆岩的构造(structure)是指岩石中矿物的空间排列和充填方式。常见的岩浆岩构造有八种:

(一) 块状构造

块状构造(massive structure)的矿物在岩石中分布均匀,无定向排列,结构均一,是岩浆岩中常见的构造[图 2-20(a)]。

(二) 绳状构造

低黏度的基性岩浆在地表流动时,表面冷凝成半凝固的表皮,表皮之下的炽热熔浆仍在较快速的流动,使表皮皱起呈波状、脊状或者扭转形成绳状构造(ropy structure)。

(三) 流纹状构造

岩浆在地表流动过程中,由于颜色不同的矿物、玻璃质和气孔等被拉长,熔岩流动方向上形成不同颜色条带相间排列的流纹状构造(rhyotaxitic structure),常见于酸性喷出岩。

(四) 气孔状构造

岩浆岩喷出后,岩浆中的气体及挥发性物质呈气泡逸出,在喷出岩中常有圆形或被拉长的孔洞,称为气孔状构造[vesicular structure,图 2-20(b)]。

(五) 杏仁状构造

具有气孔状构造的岩石,若气孔后期被方解石、石英等矿物充填,形如杏仁,称为杏仁状构造[amygdaloidal structure，图2-20(c)]。

(六) 枕状构造

水下喷溢的基性熔岩中常有枕状构造(pillow structure)发育，枕体或多或少呈扁椭球体状，大小不等地堆在一起。它们的上表面多呈弧形，底面较平，有时受下伏枕体的影响，局部凹入或陷于两枕交界处，借此可以判断熔岩流的顶底。

(七) 晶洞构造

深成侵入岩中的原生孔洞就是晶洞构造(miarolitic structure)。如果这些孔洞壁上有晶面发育良好的矿物排列生长，就构成了晶腺或晶簇构造。

(八) 柱状节理

在喷出岩特别是基性熔岩中，发育的一种横切面呈规则多边形的柱状节理[columnar joint，图2-20(d)]。一般认为是由于熔浆在均匀而缓慢冷却的条件下形成。柱体垂直于熔岩层面(冷却面)，柱的直径为几厘米到几米，长可达百米。

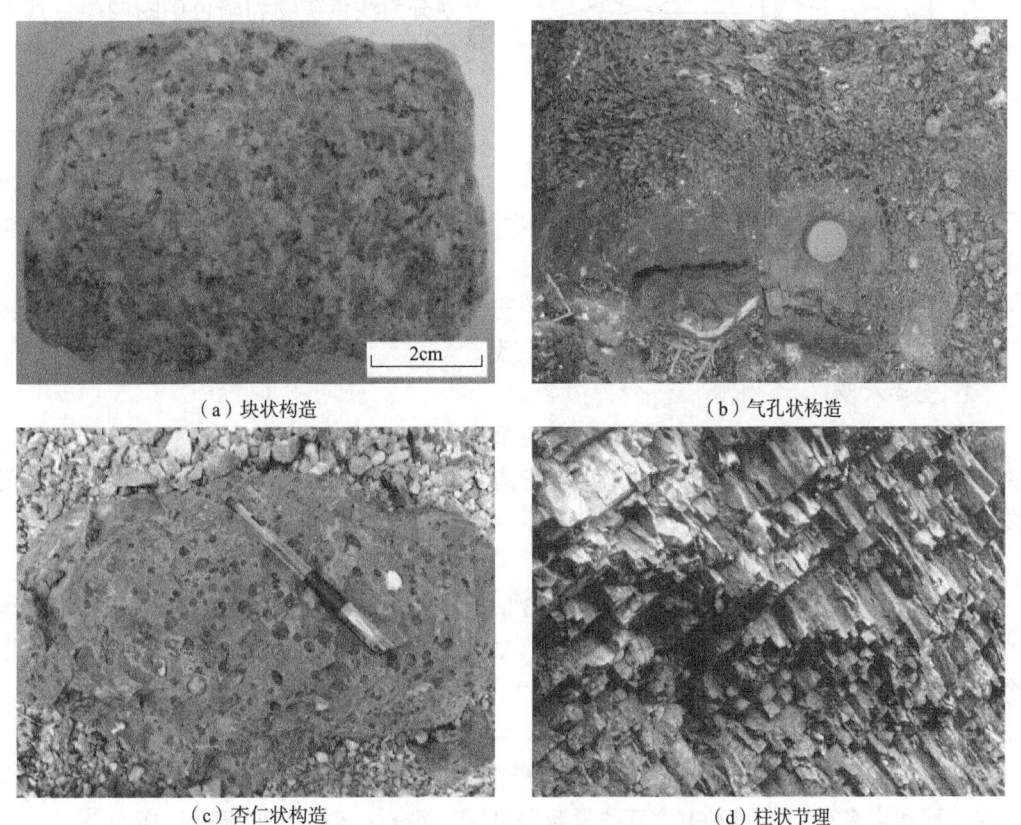

(a) 块状构造　　　　　　　　　　(b) 气孔状构造

(c) 杏仁状构造　　　　　　　　　(d) 柱状节理

图2-20　岩浆岩常见构造类型

五、岩浆岩的化学成分、矿物成分

(一) 岩浆岩的化学成分

岩浆岩的主要化学成为有 SiO_2、Al_2O_3、Fe_2O_3、FeO、MgO、CaO、Na_2O、K_2O 和 H_2O 等氧化物。其中 SiO_2 含量最多，它的含量直接影响岩浆岩矿物成分的变化，并直接影响岩浆岩的性质(图2-21)。按SiO_2的含量可将岩浆岩划分为四类:(1)酸性岩[acid rock, $w(SiO_2)>65\%$];(2)中性岩[intermediate rock, $w(SiO_2)=52\%\sim65\%$];(3)基性岩[basic rock, $w(SiO_2)=45\%\sim52\%$];(4)超基性岩[ultrabasic rock, $w(SiO_2)<45\%$]。

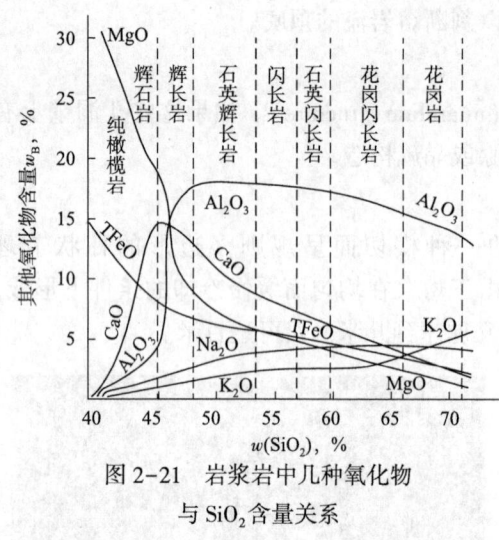

图2-21 岩浆岩中几种氧化物与SiO_2含量关系

如图2-21所示,从酸性岩到超基性岩,SiO_2含量逐渐减少,FeO、MgO含量逐渐增加,K_2O、Na_2O含量逐渐减少,Al_2O_3含量呈现先增加后减少的趋势。

(二)岩浆岩的矿物成分

组成岩浆岩的矿物,常见的只有十几种,这些构成岩石的矿物统称为造岩矿物(rock-forming mineral)。按矿物颜色深浅可划分为浅色矿物和暗色矿物两类,其中浅色矿物富含硅、铝,包括斜长石、正长石、石英、白云母等;暗色矿物富含镁、铁物质,包括橄榄石、辉石、角闪石、黑云母等。除橄榄岩等少量岩石类型外,长石含量占岩浆岩矿物组分的60%以上,其次为石英,因此,长石和石英是岩浆岩分类和鉴定的重要依据。

根据矿物在岩浆岩中的含量及其在岩石分类命名中所起的作用,可把岩浆岩的造岩矿物划分为主要矿物、次要矿物和副矿物三类。

1. 主要矿物

主要矿物(essential mineral)是岩石中含量较多,对划分岩石大类、鉴定岩石名称有决定性作用的矿物,如钾长石和石英是花岗岩中的主要矿物,二者缺一不能定为花岗岩。

2. 次要矿物

次要矿物(auxiliary mineral)在岩石中含量相对较少,对划分岩石大类不起决定性作用,但在本大类岩石的定名中起重要作用。如花岗岩中含少量角闪石、黑云母,可据此将岩石定名为角闪石花岗岩、黑云母花岗岩。

3. 副矿物

副矿物(accessory mineral)在岩石中含量很少,通常小于1%,它们的有无不影响岩石的类型和定名。如花岗岩中含有的微量磁铁矿、锆石、榍石、磷灰石、萤石等。

六、岩浆岩的分类及主要岩浆岩的特征

(一)岩浆岩的分类

自然界中的岩浆岩种类繁多,相应的分类方案也很多。本节依据岩浆岩的化学成分、产状、构造、结构、矿物成分及其共生规律等特征,以岩石标本肉眼鉴定为基本前提,将岩浆岩分类,见表2-4。

表 2-4 岩浆岩分类简表

颜色		浅 ←――――――――→ 深			
岩浆岩类型		酸性	中性	基性	超基性
$w(SiO_2)$,%		>65	65~52	52~45	<45
主要矿物		石英、正长石、斜长石	正长石、斜长石	斜长石、辉石	橄榄石、辉石
		云母、角闪石	角闪石、黑云母、石英	橄榄石、角闪石、黑云母	角闪石、斜长石、黑云母
成因类型	产状 / 结构 / 构造				
喷出岩 火山锥、熔岩流	气孔、杏仁、块状 / 非晶质（玻璃质）	黑曜岩、浮岩等			
	气孔、杏仁、块状 / 隐晶质、斑状	流纹岩	粗面岩	玄武岩	少见
侵入岩 浅成岩 岩床、岩墙、岩脉	块状 / 斑状、似斑状、细粒	花岗斑岩	正长斑岩	辉绿岩	少见
侵入岩 深成岩 岩株、岩基、岩盖、岩盆	块状 / 全晶质、中—粗粒	花岗岩	正长岩	辉长岩	橄榄岩 辉石岩

(二) 主要岩浆岩的特征

1. 超基性岩

超基性岩 $w(SiO_2)<45\%$，不含或含很少长石(斜长石)，颜色深，几乎全由铁镁等暗色矿物组成，密度较大($3.27g/cm^3$ 以上)，多见于侵入岩体的最深部。这类岩石抗风化能力差，风化后强度较低。典型岩石有橄榄岩和辉岩。

(1) 橄榄岩。橄榄岩(peridotite)主要矿物为橄榄石和少量辉石，岩石呈橄榄绿色，岩石中矿物全为橄榄石时称为纯橄榄岩。块状构造，全晶质，中、粗粒结构。橄榄岩中的橄榄石易风化转为蛇纹石和绿泥石，所以新鲜橄榄岩很少见。

(2) 辉石岩。辉石岩(pyroxenite)主要矿物为辉石，含少量橄榄石，颜色多为灰黑或黑绿色，块状构造，全晶质粒状结构。

2. 基性岩

基性岩 $w(SiO_2)$ 为 45%~52%，主要矿物为辉石和斜长石，其次含角闪石、黑云母和橄榄石，有时还含蛇纹石、绿泥石、滑石等次生矿物。基性岩是较常见的岩浆岩，特别是喷出岩中的玄武岩分布面积很广。典型的基性岩有辉长岩、辉绿岩和玄武岩。

(1) 辉长岩。辉长岩(gabbro)主要矿物是辉石和斜长石，次要矿物为角闪石和橄榄石。颜色为灰黑色至暗绿色。具有中粒全晶结构，块状构造。多为小型侵入体，常以岩盆、岩株、岩床等产出。辉长岩具高力学强度，是很好的地基和建筑材料。一些含长石少的辉长岩往往具有细粒结构，其抗风化侵蚀的能力更强。

(2) 辉绿岩。辉绿岩(diabase)主要矿物为辉石和斜长石，二者含量相近。具有典型的辉绿结构，其特征是粒状的微晶辉石等暗色矿物充填于由微晶斜长石组成的空隙中。颜色多为暗绿色和绿黑色。为基性浅成岩，多以岩床、岩墙等小型侵入体产出。辉绿岩力学强度很大，是良好的地基，并可作建筑材料。辉绿岩蚀变后易产生绿泥石等次生矿物，使岩石强度降低。

(3) 玄武岩。玄武岩(basalt)矿物成分同辉长岩，多为隐晶质结构和斑状结构，斑晶为斜长石、辉石和橄榄石。颜色为辉绿色、绿灰色或暗紫色。常有气孔、杏仁状构造。玄武岩力学强度相当高，是稳固性相当好的地基和建筑材料。玄武岩分布很广，如二叠系峨眉山玄武岩广泛分布在我国西南各省。

3. 中性岩

中性岩 $w(SiO_2)$ 为 52%~65%，与基性岩相比铁镁矿物相应减少，主要为角闪石，其次为辉石和黑云母。硅铝矿物增多，主要为中性斜长石，有时含少量钾长石和石英。颜色以灰色和浅灰色为主。

(1) 闪长岩。闪长岩(diorite)主要矿物为斜长石和角闪石，次要矿物有辉石、黑云母、正长石和石英。颜色多为灰色或灰绿色。全晶质中、细粒结构，块状构造。常以岩株、岩床等小型侵入体产出。闪长岩密度为 $2.6~3.1g/cm^3$，力学强度大，是很好的地基和建筑材料。

(2) 闪长玢岩。闪长玢岩(diorite porphyrite)矿物成分同闪长岩，颜色为灰绿色至灰褐色。斑状结构，斑晶多为斜长石和角闪石，基质为细粒至隐晶质，块状构造。多为岩脉，相当于闪长岩的浅成岩。

（3）安山岩。安山岩（andesite）矿物成分同闪长岩，颜色为灰色、灰棕色、灰绿色等色。斑状结构，斑晶多为斜长石和角闪石，基质为隐晶质结构或玻璃质结构，块状构造，有时含气孔、杏仁状构造。

（4）正长岩。正长岩（syenite）$w(SiO_2)$略高于闪长岩、安山岩。浅色矿物主要为正长石，暗色矿物为普通角闪石、普通辉石或黑云母。颜色为浅灰色或肉红色。全晶质粒状结构，块状构造。多为小型侵入体。

（5）正长斑岩。正长斑岩（syenite-porphyrite）矿物成分同正长岩，多为浅灰色或肉红色。斑状结构，斑晶多为正长石，有时为斜长石，基质为微晶结构或隐晶质结构，块状构造。

（6）粗面岩。粗面岩（trachyte）矿物成分同正长岩，颜色为浅红色或灰白色。斑状结构或隐晶质结构，块状构造。为正长岩的喷出岩，其断裂面粗糙不平，故名粗面岩。

4. 酸性岩

酸性岩$w(SiO_2)>65\%$，为硅酸盐过饱和岩类。主要矿物为石英、钾长石和斜长石，次要矿物有黑云母、角闪石。分布广，酸性侵入岩多以岩基产出。

（1）花岗岩。花岗岩（granite）属酸性深成岩，主要矿物为石英、正长石和其他钾长石，次要矿物为黑云母、角闪石等。颜色多为肉红色、灰白色。全晶质粒状结构，块状构造。产状多为岩基和岩株。花岗岩密度为$2.7g/cm^3$，致密坚硬、孔隙度小、强度大，是良好的建筑地基及天然建筑材料，尤其细粒均匀的花岗岩可以承担任何工程荷载，但一些粗粒以及含黑云母等暗色矿物，甚至含黄铁矿的花岗岩，因易于风化而大大降低了其强度。

（2）花岗斑岩。花岗斑岩（granite-porphyrite）矿物成分同花岗岩，颜色为灰红色或浅红色。似斑状结构，斑晶和基质均由钾长石、石英组成。花岗斑岩是酸性浅成岩，产状多为小型岩体或为大岩体边缘。

（3）流纹岩。流纹岩（rhyolite）属酸性喷出岩，矿物成分与花岗岩相近。颜色常为灰白色、粉红色、浅紫色。斑状结构或隐晶质结构，斑晶为钾长石、石英，基质为隐晶质结构或玻璃质结构。块状构造，具有明显的流纹和气孔状构造。

5. 脉岩类

呈脉状或岩墙产出的浅成岩，经常以脉状充填于岩体裂隙中。由于裂隙窄小又接近地表，其结构多为细粒、微晶或斑状结构。根据矿物成分和结构特征可分为伟晶岩、细晶岩和煌斑岩。

（1）伟晶岩。伟晶岩（pegmatite）中常见的有伟晶花岗岩，其矿物成分与花岗岩相似，但暗色矿物含量较少。矿物晶体粗大，多在1~2cm以上，个别可达几米甚至几十米。具有伟晶结构（矿物的块状伟晶集合体），常以脉体和不规则的透镜体产于相应成分的深成岩体及附近的围岩中。许多伟晶岩尤其是花岗伟晶岩与许多矿产有关系，以稀有金属矿床（铌、钽、铍、锂）和某些非金属矿产（白云母、水晶、长石、刚玉等）最为重要。

（2）细晶岩。细晶岩（aplite）主要矿物为正长石、斜长石和石英等浅色矿物，含量达90%以上，少量黑云母、角闪石和辉石等暗色矿物。为均匀的细晶结构，块状构造。

（3）煌斑岩。煌斑岩（lamprophyre）$w(SiO_2)$变化在超基性—中性岩的范围内，主要矿物为黑云母、角闪石、辉石等，可有长石（主要出现在基质中）。常为黑色或黑褐色，具有斑状（煌斑）结构，斑晶几乎全部由自形程度较高的暗色矿物组成，基质为细粒、微粒或隐晶质结构，是煌斑岩的特有结构。

6. 火山碎屑岩

火山碎屑岩（pyroclastic rock）是由火山喷发的火山碎屑物质堆积并成岩固结而成的岩石，常见的有凝灰岩和火山角砾岩。

（1）凝灰岩。凝灰岩（tuff）是分布最广的火山碎屑岩，粒径小于2mm的火山碎屑占90%以上。颜色多呈灰白色、灰绿色、灰紫色等。凝灰岩的碎屑常呈棱角状，无磨蚀和分选的痕迹，成岩方式以压结为主，宏观上层状构造不明显。常在火山口周围呈大面积分布。该类岩石易风化成蒙脱石黏土。

（2）火山角砾岩。火山角砾岩（volcanic breccia）碎屑粒径在2~64mm之间，呈角砾状，经压密胶结成岩。火山角砾岩分布较少，主要分布于火山口附近。

第四节　沉积岩

一、沉积岩的形成

沉积岩（sedimentary rock）是在地壳表层常温常压条件下，由先形成的岩石（母岩，包括岩浆岩、变质岩、先形成的沉积岩）风化产物、有机物质和其他物质，经搬运、沉积和成岩等一系列地质作用而形成的岩石。沉积岩是地表最常见的岩石类型。

沉积岩的形成，大体上可分为沉积物的生成、搬运、沉积和成岩作用四个过程。

（一）沉积物的生成

沉积物的来源主要是母岩的风化产物，其次是生物堆积。然而，单纯的生物堆积很少，仅在特殊环境中才能堆积形成岩石，如生物礁灰岩等。

先期岩石的风化产物主要包括碎屑物质和非碎屑物质两部分。

碎屑物是先期岩石机械破碎的产物，如花岗岩、辉长岩等岩石碎屑和石英、长石、云母等矿物碎屑。碎屑物是形成碎屑岩的主要物质。

非碎屑物包括真溶液和胶凝体两部分，是形成化学岩和黏土岩的主要成分。

（二）沉积物的搬运

母岩的风化产物除小部分残留在原地，形成富含Al、Fe的残留物之外，大部分风化产物在空气、水、冰和重力作用下，被搬运到其他地方。搬运方式有机械搬运和化学搬运两种。

流体是搬运碎屑物质的主要动力，搬运过程中碎屑物质相互摩擦，颗粒变小，并形成浑圆状的颗粒。化学搬运将溶液和胶凝物质带到湖海等低洼地方。

风化产物受自身重力的作用，由高处向低处运动，属重力搬运。由于搬运距离短，被搬运的碎屑物形成无分选性的棱角状堆积。

(三) 沉积物的沉积

当搬运介质速度降低或物理化学环境改变时，被搬运的物质就会沉积下来。通常可分为机械沉积、化学沉积和生物沉积。机械沉积受搬运能力和重力控制，由于碎屑物的大小、形状、密度的不同，碎屑物按一定顺序沉积下来，通常是按大小不同先后沉积下来，这就是碎屑沉积的分选性，如河流沉积，从上游到下游沉积物的粒度逐渐变小。化学沉积包括真溶液和胶体沉积两种，如碳酸盐和硅酸盐沉积。生物化学沉积主要是由生物活动引起的或生物遗体的沉积。

(四) 沉积物的成岩作用

由松散的沉积物转变为坚硬的沉积岩，所经历的地质作用叫成岩作用。成岩作用类型比较复杂，主要包括固结脱水作用、胶结作用、交代作用和重结晶作用、溶解作用等四种类型。

1. 固结脱水作用

沉积物在上覆水体或沉积物的重荷下发生排水固结现象，称为固结脱水作用（压实作用，compaction）。该作用使沉积物孔隙减少、体积缩小、颗粒紧密接触并可产生压溶现象等化学变化，如砂岩中石英颗粒间的缝合状接触，就是在压溶作用下形成的。

2. 胶结作用

胶结作用（cementation）是沉积岩成岩作用的重要类型，从孔隙水中沉淀出的矿物质（胶结物）把松散的陆源碎屑、内碎屑、鲕粒等颗粒连接起来，固结成岩石。最常见的胶结物类型有硅质（SiO_2）、钙质（$CaCO_3$）、铁质（Fe_2O_3、Fe_2S）、泥质（黏土矿物）等。

3. 交代作用和重结晶作用

交代作用（metasomatism）是指一种矿物代替另一种矿物的现象。当环境物理化学条件发生改变时，便会生成与新环境相适应的稳定产物。交代作用可使岩石的矿物组合及结构发生明显变化。

在温度和压力逐渐增大的条件下，矿物的晶体形状和大小发生变化而成分不发生改变，这种作用称为重结晶作用（recrystallization）。一般情况下晶体趋向于逐渐长大，是各类化学岩和生物化学岩的重要成岩作用类型。

4. 溶解作用

沉积岩中的任何成分的颗粒、胶结物等，在一定的成岩环境中都可以发生不同程度的溶解作用（dissolution）。溶解作用的结果是在岩石中形成一定数量的次生孔隙，从而对岩石结构产生一定影响。

二、沉积岩的构造

沉积岩构造（structure of sedimentary rock）是指沉积岩的各个组成部分的空间分布和排列方式。沉积岩的构造特征主要表现在层理构造、层面构造、结核及生物构造等方面。

(一) 层理构造

沉积岩在产状上的成层构造是与岩浆岩显著不同的特征。在特征上与相邻层不同的沉积层称为岩层（rock stratum）。岩层可以是一个单层，也可以是一组层。分隔不同性质岩层的界面称为层面（bedding plane）。层面的形成标志着沉积作用的短暂停顿或间断，层面上往往分布有少量的黏土矿物或云母等碎片，因而岩体容易沿层面劈开，构成岩体在强度上的弱面。

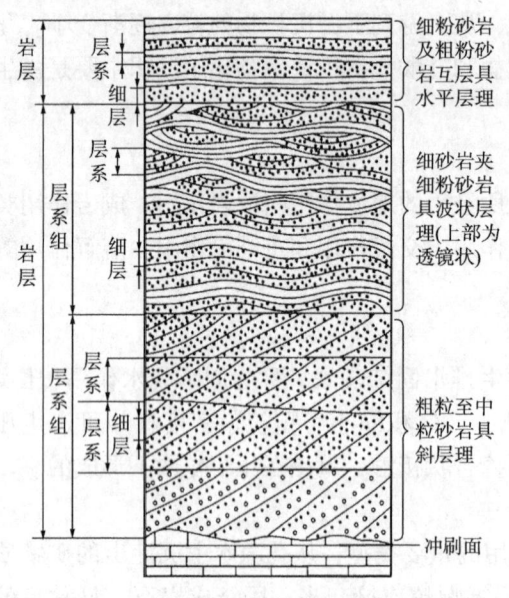

图 2-22 层理的基本类型及细层、层系、层系组与岩层之间的相互关系

上下两个层面之间的岩层，是组成地层的基本单元。它是在一定的范围内，形成条件基本一致的情况下形成的。层理是指岩层中物质的成分、颗粒大小、形状和颜色在垂直方向发生变化时产生的纹理，每一个单元层理构造代表一个沉积动态的改变。一个层可以包括一个或若干个纹层、层系或层系组（图 2-22）。研究地层和层理构造具有重要意义，可以帮助划分地层层序、进行不同地层的对比分析，确定沉积岩的沉积环境等。

上下层面间的距离为层的厚度，据单层厚度通常把层厚划分为四种：巨厚层（层厚>1.0m）；厚层（0.5m<层厚≤1.0m）；中层（0.1m<层厚≤0.5m）；薄层（层厚≤0.1m）。夹在厚层中间的薄层称为夹层（intercalated layer），若岩层一侧逐渐变薄而消失，称为层的尖灭，若岩层两侧都尖灭则称为透镜体。

由于沉积环境和条件不同，层理构造有下列不同的形态和特征（图 2-23）。

1. 水平层理、平行层理

水平层理（horizontal bedding）和平行层理（parallel bedding）是在稳定的流速或很小的流体波动条件下沉积形成的，层理面平直，且与层面平行。水平层理一般是在比较稳定的水动力条件下缓慢沉积形成的[图 2-23（a）]，多在细粒的粉砂和泥质物中出现；平行层理一般形成于较强水动力条件下，主要由砂和粉砂组成[图 2-23（b）]。

2. 交错层理

交错层理（cross bedding）通常也称斜层理（obligue bedding），它是由一系列斜交于层系界面的纹层组成，是类型最多、成因多样、意义最重要的层理类型。斜层系可以彼此重叠、交错、切割的方式组合，主要包括以下类型：

（1）板状交错层理：层系之间界面为平面而且彼此平行[图 2-23（c）]。大型板状交错层理在河流沉积中最为典型。

（2）楔状交错层理：层系之间的界面为平面，但不互相平行，层系厚度变化明显呈楔形，层系间常彼此切割[图 2-23（d）]。纹层的倾向及倾角变化不定，常见于海、湖浅水地带和三角洲地区。

（3）槽状交错层理：层系底界为槽形冲刷面，纹层在顶部被切割。大型槽状交错层理层系底界冲刷面明显，底部常有泥砾[图2-23(e)]。多见于河流环境中。

（4）羽状交错层理：纹层平直或微向上弯曲，相邻斜层系的纹层倾斜方向相反，延伸至层系界面时彼此呈锐角相交，呈羽毛状或鱼骨状[图2-23(f)]。这种层理是在有反向往复水流存在的环境中形成的。常见于河流入湖、海的三角洲、潮坪沉积地带。

3. 递变层理

递变层理（graded bedding）又称粒序层理，是具有粒度递变的一种特殊的层理。由下向上颗粒逐渐由粗变细或由细变粗，内部没有纹层。自下而上由粗变细的叫正递变层理，反之叫逆递变层理（inverse graded bedding）。

递变层理有二种类型：一是完全递变层理，是水流强度渐减弱的产物，多见于河流[图2-23(g)]；另一类不完全递变层理，多是流速度突然减低的结果，多见于重力流[图2-23(h)]。

4. 压扁（脉状）层理、透镜状层理和波状层理

压扁层理（flaser bedding）、透镜状层理（lenticular bedding）和波状层理（wave bedding）常相互伴生，主要出现在粉砂岩和粉砂质泥岩中，在有砂、泥供应，周期性水流和波浪作用的潮间带及其附近常见，又称潮汐层理[tidal bedding，图2-23(i)至(k)]。透镜状层理在海相或湖相三角洲前缘中也可出现。

5. 均质层理或块状层理

均质层理或块状层理呈现大致均质外貌，不具任何纹层构造[图2-23(l)]。在细粒与粗粒沉积中都有块状层理（massive bedding）出现，由非常快速地沉积或生物的强烈搅动作用形成。

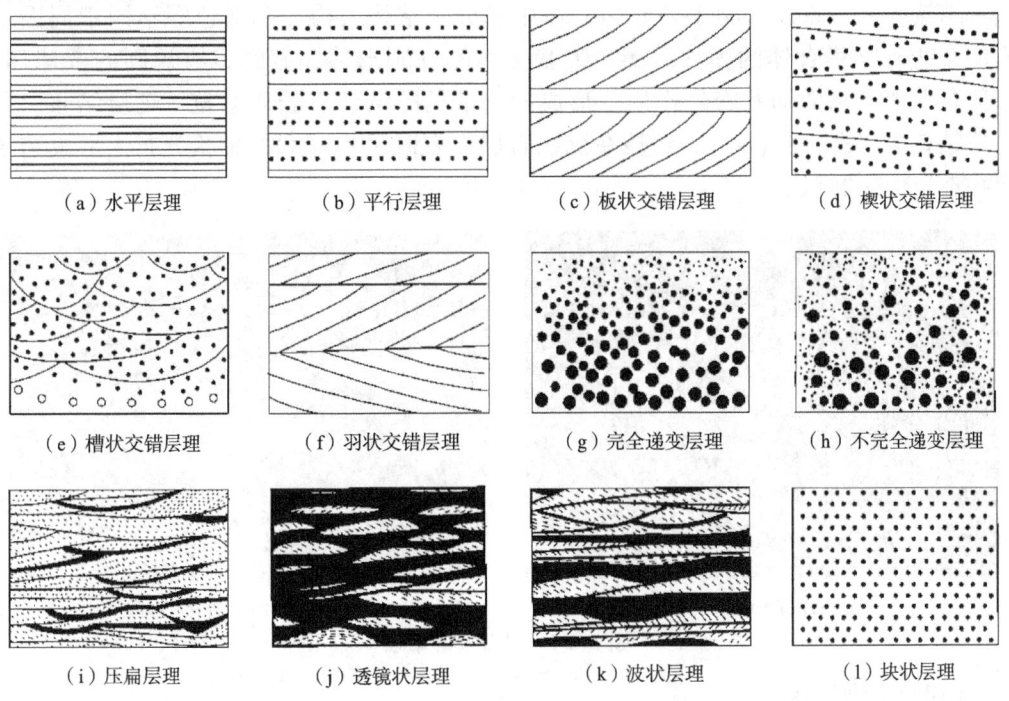

图 2-23 常见层理构造

(二)层面构造

层面构造(bedding plane)是指在沉积岩层面上保留有沉积时水流、风、雨、生物活动等作用留下的痕迹,如波痕、泥裂、雨痕等。波痕(ripple mark)在沉积物未固结时,由水、风和波浪作用在沉积物表面形成的波状起伏的波痕[图2-24(a)]。泥裂(mud crack)是沉积物未固结时露出地表,由于气候干燥、日晒,沉积物表面干裂,形成张开的多边形网状裂缝,裂缝断面呈V形,并为后期泥砂等物所充填,经后期成岩保存下来[图2-24(b)]。雨痕是沉积物表面受雨点打击留下的痕迹,后期被覆盖得以保留,并固化成岩形成的。

(a)波痕　　　　　　　　　　　　(b)泥裂被泥充填

图2-24　常见层面构造

(三)结核

结核(concretion,nodules)是指岩体中成分、结构、构造和颜色等不同于周围岩石的某些矿物集合体的团块。团块形状多为不规则形体,有时也有规则的圆球体。一般是在地下水活动及交代作用下形成的。常见的结核有硅质结核、钙质结核、石膏质结核等[图2-25(a)]。结核在沉积岩层中有时呈不连续的带状分布,形成结核层构造[图2-25(b)]。

(a)石灰岩中的硅质结核　　　　　　　　(b)粉砂岩中的菱铁矿结核

图2-25　岩石中的结核

(四)生物构造

在沉积物沉积过程中,由于生物遗体、生物活动痕迹和生态特征埋藏于沉积物中，经固结成岩作用，保留在沉积岩中，形成生物构造（biological structure），如生物礁体、虫迹、虫孔（图2-26）等。保留在沉积岩中的生物遗体和遗迹石化后称为化石。化石是沉积岩中特有的生物构造，对确定岩石形成环境和地质年代有重要意义。

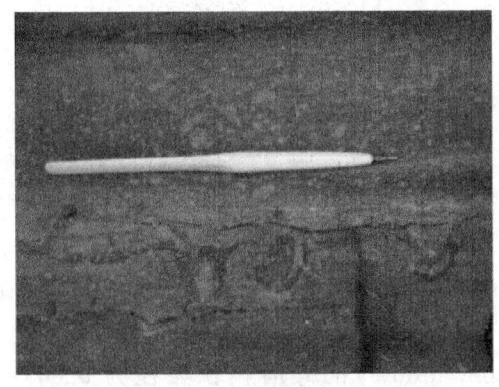
（a）垂直虫孔

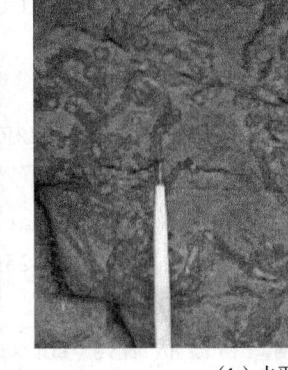
（b）水平虫迹

图2-26 常见生物构造

三、沉积岩的结构

沉积岩的结构（texture of sedimentary rock）是指组成岩石的矿物和岩石碎屑的大小、形状和连接形式，它是划分沉积岩类型的重要标志。常见的沉积岩结构有三种：

（一）碎屑结构

碎屑结构（clastic texture）的特征主要反映在颗粒大小、形状以及胶结物和胶结方式上。

1. 颗粒大小和圆度

碎屑颗粒的大小（size），是碎屑颗粒最主要的结构特征，可进一步分为砾、砂、粉砂、泥等不同级别。

圆度（roundness）是指碎屑颗粒接近球体的程度，是碎屑的重要结构特征之一，可进一步分为棱角状、次棱角状、次圆状、圆状、极圆状等类型（图2-27）。

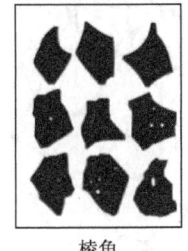
棱角

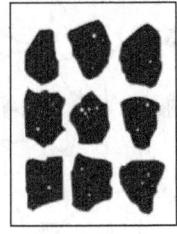
次棱

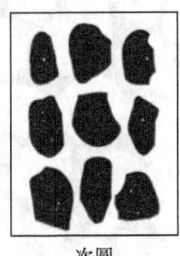
次圆

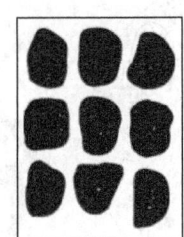
圆

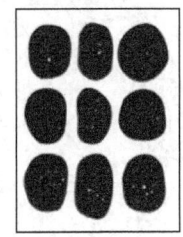
极圆

图2-27 圆度的形状及分级

碎屑岩中颗粒大小均匀的程度称为分选性或分选程度，包括分选好（颗粒大小接近）、分选中等、分选差、分选极差（颗粒大小相差很悬殊）等（图2-28）。

按颗粒大小可划分为砾状结构、砂状结构和粉砂状结构三类。

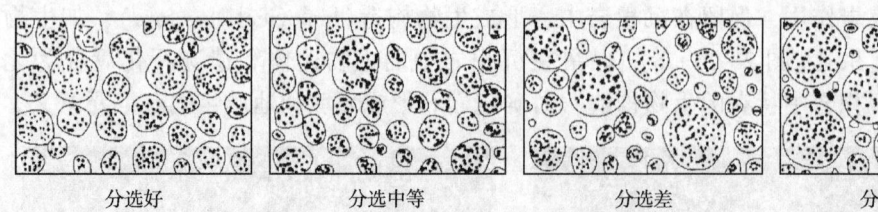

图 2-28　分选性目估图

(1) 砾状结构。砾状结构的碎屑颗粒粒径大于 2mm。组成砾石磨圆度好的称为砾状结构(psephitic texture),磨圆度差的称为角砾状结构(brecciated texture)。

(2) 砂状结构。砂状结构(sandy texture)的碎屑颗粒粒径为 0.005~2mm。其中,0.005~0.075mm 为粉砂结构,0.075~0.25mm 为细砂结构,0.25~0.5mm 为中砂结构,0.5~2mm 为粗砂结构。

(3) 粉砂状结构。粉砂状结构(silt sandy texture)的碎屑颗粒粒径为 0.005~0.05mm,相应的沉积岩为粉砂岩。

2. 胶结物和胶结方式

碎屑岩的物理力学性质主要取决于胶结物的性质和胶结类型。胶结物(cement)是沉积物沉积后滞留在空隙中的溶液经化学作用沉淀而形成的。胶结物主要有硅质、钙质、铁质和黏土质四种。

胶结类型是根据胶结物和碎屑颗粒的相对含量及其之间相互关系划分的,常见的胶结类型有以下三种(图 2-29):

(1) 基底胶结。基底胶结(basal cementation)中胶结物含量大,碎屑颗粒散布在胶结物之中,是最牢固的胶结方式,通常是碎屑颗粒和胶结物同时沉积的。

(2) 孔隙胶结。孔隙胶结(pore cementation)中碎屑颗粒紧密接触,胶结物充填在孔隙中间。这种胶结方式较坚固,胶结物是孔隙中的化学沉淀物。

(3) 接触胶结。接触胶结(contact cementation)中碎屑颗粒相互接触,胶结物很少,只存在于颗粒接触处,是最不牢固的胶结方式。

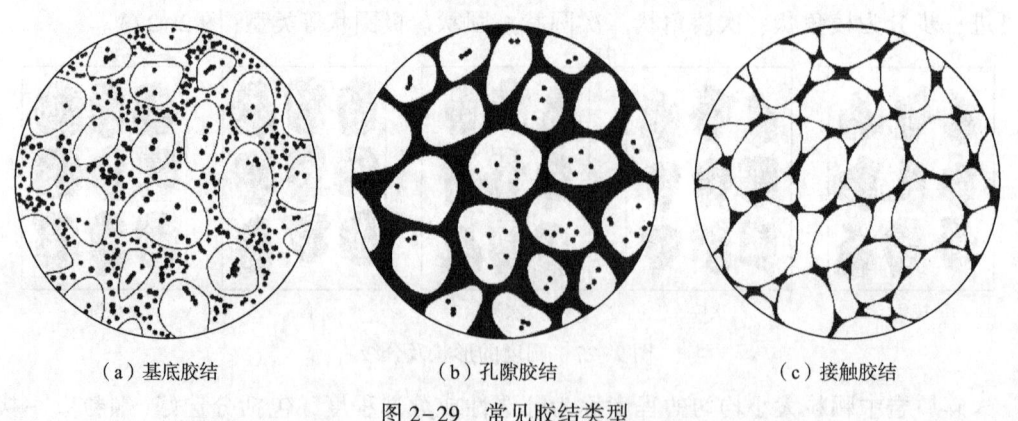

(a) 基底胶结　　　　(b) 孔隙胶结　　　　(c) 接触胶结

图 2-29　常见胶结类型

(二) 泥状结构

泥状结构(clayey texture)几乎全由小于 0.005mm 的黏土颗粒组成,典型岩石是黏土岩。其特点是手触摸有滑腻感，用小刀切刮时，切面光滑，常呈鱼鳞状或贝壳状断口。

（三）化学结构和生物化学结构

化学结构（chemical texture）主要是由化学作用从溶液中沉淀的物质经结晶和重结晶形成的结构，又称结晶结构（crystalline），如石灰岩、白云岩和硅质岩等的晶粒结构。生物化学结构（biochemical texture）几乎全部是由生物遗体所组成，又称生物结构（organic），如生物碎屑结构（bioclastic texture）、生物格架结构（organic lattice texture）。

四、沉积岩的分类及主要沉积岩的特征

（一）沉积岩的分类

根据沉积岩的沉积方式、物质成分、结构构造等将沉积岩划分为碎屑岩、黏土岩和化学岩及生物化学岩三大类，见表2-5。

表2-5 沉积岩分类

分类	岩石名称	结构		构造	矿物成分	
碎屑岩	角砾岩	砾状结构（粒径>2mm）	角砾状结构（粒径>2mm）	层理或块状	砾石成分为原岩碎屑成分	胶结物成分可为硅质、钙质、铁质、泥质、碳质等
	砾岩		砾状结构（粒径>2mm）			
	粗砂岩	砂状结构（粒径为0.05~2mm）	粗砂状结构（粒径为0.5~2mm）		砂粒成分： (1) 石英砂岩：石英占95%以上； (2) 长石砂岩：长石占25%以上； (3) 岩屑砂岩：岩屑占25%以上； (4) 杂砂岩：含石英、长石、岩屑及15%以上黏土基质	
	中砂岩		中砂状结构（粒径为0.25~0.5mm）			
	细砂岩		细砂状结构（粒径为0.05~0.25mm）			
	粉砂岩		粉砂状结构（粒径为0.05~0.005mm）			
黏土岩	页岩	泥状结构（粒径<0.005mm）		页理	颗粒成分为黏土矿物，并含其他硅质、钙质、铁质、碳质等成分	
	泥岩			块状		
化学岩及生物化学岩	石灰岩	化学结构及生物化学结构		层理或块状或生物状	方解石为主	
	白云岩				白云石为主	
	泥灰岩				方解石、黏土矿物	
	硅质岩				燧石、蛋白石	
	石膏岩				石膏	
	盐岩				NaCl、KCl等	
	有机岩				煤、油页岩等含碳、碳氢化合物的成分	

（二）主要沉积岩的特征

1. 碎屑岩类

碎屑岩类具有碎屑结构（clastic），由碎屑和胶结物组成。

（1）砾岩和角砾岩。砾岩和角砾岩是粒径大于2mm的碎屑含量占50%以上。若多数砾石磨圆度好，称为砾岩（conglomerate）；若多数砾石呈棱角状，称为角砾岩

(breccia)。砾岩和角砾岩多为厚层，其层理不发育[图 2-30(a)]。

(2) 砂岩。砂岩(sandstone)是由粒径大于 0.05mm 而小于 2mm 的各种砂粒，含量占 50%以上者组成。按砂状结构的粒径大小，可以分为粗砂岩、中砂岩、细砂岩三种(表 2-5)。可根据矿物成分及胶结物的进一步命名，如长石粗砂岩、石英中砂岩、岩屑细砂岩、硅质细砂岩、铁质中砂岩等。

砂岩的颜色与胶结物成分有关，通常是硅质与钙质胶结者颜色较浅，强度高；抵抗风化的能力强；泥质砂岩一般呈黄褐色，吸水性大，易软化，强度和稳定性差；铁质砂岩常呈紫红色或棕红色，钙质砂岩呈白色或灰白色，强度和稳定性介于硅质与泥质砂岩之间。砂岩分布很广，易于开采加工，是工程上广泛采用的建筑石料。

(3) 粉砂岩。粉砂岩(siltstone)是由粒径大于 0.005mm 而小于 0.05mm 的砂粒经胶结而生成。其常有清晰的水平层理，矿物成分与砂岩近似，但黏土矿物的含量一般较高，主要由泥质或黏土质胶结而成，结构较疏松，强度和稳定性不高。

2. 黏土岩类

黏土岩类(clay stone)具泥状结构，由粒径小于 0.005mm 的黏土颗粒构成。黏土岩类分布广，数量大，约占沉积岩的 60%。

常见黏土岩有两类：(1)具有页理的黏土岩称为页岩(shale)，页岩单层厚度小于 1cm。页岩可分为硅质页岩、黏土质页岩、砂质页岩、钙质页岩及碳质页岩；除硅质页岩强度稍高外，其余岩性软弱，易风化成碎片，强度低，与水作用易于软化而丧失稳定性。(2)呈块状的黏土岩称为泥岩(mudstone)，成分与页岩相似，常成厚层块状。以高岭石为主要成分的泥岩，常呈灰白色或黄白色，吸水性强，遇水后易软化；以微晶高岭石为主要成分的泥岩，常呈白色、玫瑰色或浅绿色，表面有滑感，可塑性小，吸水性高，吸水后体积急剧膨胀。

黏土岩总体易风化[图 2-30(b)]，吸水及脱水后变形显著，尤其是黏土岩夹于坚硬岩之间时形成软弱夹层，一旦浸水后易于软化滑动，常常给工程建筑造成事故。

 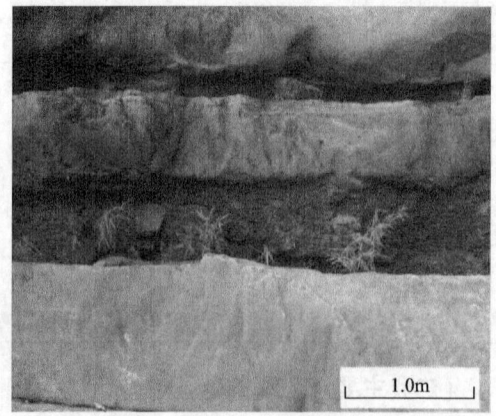

(a) 砾岩　　　　　　　　　　　(b) 砂岩+泥岩，差异风化现象

图 2-30　典型碎屑岩及黏土岩

3. 化学岩及生物化学岩

化学岩及生物化学岩(chemical and biochemical rocks)是先期岩石分解后溶于溶液中

的物质被搬运到盆地后,再经化学或生物化学作用沉淀而成的岩石。也有部分岩石是由生物骨骼或甲壳沉积形成的。常见的岩石有以下五种(图2-31):

(a)不同颜色的石灰岩、泥灰岩

(b)泥晶灰岩

(c)生物碎屑灰岩

(d)具刀砍纹的白云岩

图2-31 典型化学岩及生物化学岩

(1)石灰岩。石灰岩(limestome)中方解石矿物占90%~100%,有时含少量白云石、粉砂、黏土等。纯石灰岩为浅灰白色,含有杂质时颜色有灰红色、灰褐色、灰黑色等色[图2-31(a)、(b)],性脆,遇稀盐酸时起泡剧烈。在形成过程中,由于风浪振动,有时形成特殊结构,如竹叶状、鲕状、团块状等结构。还常见由生物碎屑组成的生物碎屑灰岩等[图2-31(c)]。石灰岩分布相当广泛,岩性均一,易于开采加工,是一种用途很广的建筑石料。

(2)白云岩。白云岩(dolomite)主要矿物为白云石,含少量方解石和其他矿物。颜色多为灰白色,遇稀盐酸不易起泡,滴镁试剂由紫变蓝。岩石露头表面常具刀砍状溶蚀沟纹[图2-31(b)]。白云岩的性质与石灰岩相似,但强度和稳定性比石灰岩高,是一种良好的建筑石料。

(3)泥灰岩。石灰岩中常含少量细粒岩屑和黏土矿物,当黏土含量达到25%~50%时,则称为泥灰岩(marl),颜色有灰色、黄色、褐色、浅红色[图2-31(a)]。加酸后侵蚀面上常留下泥质条带和泥膜。泥灰岩在我国各地海、湖相沉积中均有分布,可作水泥原料和建筑石料。

（4）燧石岩。燧石岩（chert rock）是硅质岩（siliceous rock）中常见的一种，岩石致密，坚硬性脆。颜色多为灰黑色，主要成分是蛋白石、玉髓和石英。隐晶质结构，多以结核层存在于碳酸盐岩和黏土岩层中。

（5）蒸发岩。蒸发岩（evaporite rock）是一种纯化学成因的岩石，由蒸发作用沉淀而生成。主要包括岩盐、石膏、硬石膏，它们受地表水、地下水作用后发生溶解淋滤。当与其他岩石互层时常因溶解崩塌生成角砾岩，称膏溶角砾岩（gypsum breccia，石膏被溶）或盐溶角砾岩（evaporite solution breccia，岩盐被溶）。只有在地下深处未受地下水或地表水影响时才会出现硬石膏和岩盐构成的蒸发岩层。此外，硬石膏遇水后可以转变为石膏，同时体积发生膨胀，对周围岩石产生挤压力。当挤压力为水平方向时导致周围岩石发生褶皱，因此蒸发岩不宜选做建筑物地基。

第五节　变质岩

一、变质作用因素及类型

（一）变质岩的概况

组成地壳的岩石（包括前述的岩浆岩和沉积岩）都有自己的结构、构造和矿物成分。在地球内外力作用下，地壳处于不断地演化过程中，因此岩石所处的地质环境也在不断地变化。为了适应新的地质环境和物理化学条件，先期的结构、构造和矿物成分将产生一系列的改变，在这种引起岩石产生结构、构造和矿物成分改变的变质作用下形成的岩石称为变质岩（metamorphic rock）。因为变质作用基本上是在原岩保持固体状态下在原位进行的，因此变质岩的产状与原岩产状基本一致。由岩浆岩形成的变质岩称为正变质岩（orthometamorphic rock），保留了岩浆岩的产状；由沉积岩形成的变质岩称为副变质岩（para metamorphic rock），保留了沉积岩的产状。

变质岩的分布面积约占大陆面积的 1/5，地史年代中较古老的岩石大部分是变质岩。例如，地壳形成历史的 7/8 的时间是前寒武纪，而前寒武纪岩石大部分是变质岩。

变质岩的结构、构造和矿物成分较复杂，地质构造及裂隙发育，所以变质岩分布区往往工程地质条件较差。例如，宝成铁路的几处大型崩塌和滑坡，都发生在变质岩的分布区。

（二）变质作用的因素

变质作用的主要因素有温度、压力和化学活动性流体。

1. 温度

温度（temperature）是变质作用的最主要的因素。大多数变质作用是在高温条件下进行的。高温可以使矿物重新结晶，增强元素的活力，促进矿物之间的反应，产生新矿物，加大结晶程度，从而改变原来岩石的矿物成分和结构，例如具隐晶质结构的石灰岩经高温变质转变为显晶质结构的大理岩。高温热源有：（1）岩浆侵入带来的岩浆热；（2）深度加大引起的地热增温（正常情况为 $25\sim30$℃/km）；（3）放射性元素衰变产生的放射热;(4)构造变动的机械能转化而来的热能;(5)地壳中物质相转变而释放出来的热能等。

2. 压力

作用在地壳岩体上的压力(pressure),可划分为静压力和动压力两种。

(1) 静压力。静压力(static pressure)是由上部岩体重量引起的,它随深度的增加而增大。来自地壳深处的巨大压力一方面促使岩石减少孔隙变得致密坚硬,另一方面使岩石中的矿物变为密度大、体积小的新矿物(图2-32)。如钠长石在高压下能形成硬玉和石英。

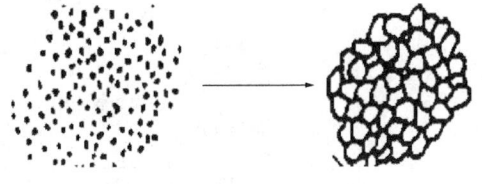

图 2-32　重结晶作用示意图

(2) 动压力。动压力是一种定向压力(oriented pressure),主要为由于构造运动或岩浆活动而产生的侧向挤压力,是引起岩石变形及变质的重要因素,它的大小与区域构造作用强度有关。在动压力作用下,岩石和矿物可发生变形和破裂,形成各种破裂构造。伴随压力和温度的升高,在垂直最大压力方向上,有利于针状和片状矿物定向排列和定向生长,并形成变质岩特有的构造,称为片理构造(schistose structure,图2-33)。

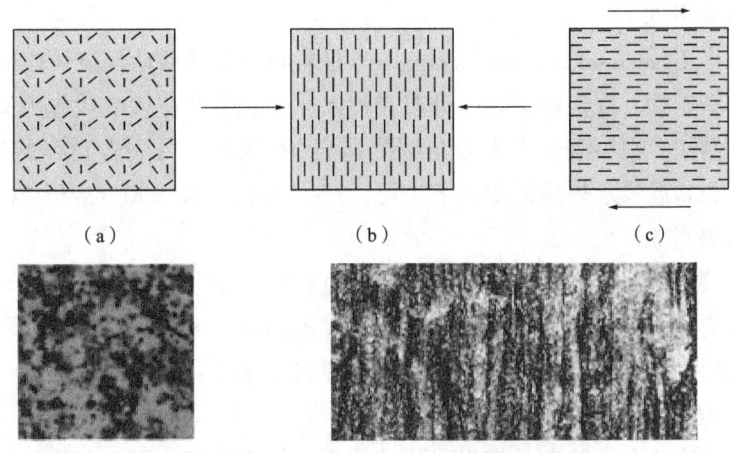

图 2-33　在差异压力作用下矿物的平行排列

(a)—在没有应力的作用下,岩石中矿物呈任意分布;

(b)、(c)—在定向压力和剪切力的作用下,变质岩中矿物呈定向分布

3. 化学活动性流体

在变质作用过程中,化学活动性流体广泛存在,H_2O 和 CO_2 是流体的最主要成分,它们以气态和液态形式存在于岩石孔隙中,并与围岩发生交代作用,造成围岩的矿物成分、结构构造发生变化。岩石在该过程中体积始终保持不变。固体岩石在化学活动性流体作用下通过组分带入带出而使岩石总化学成分和矿物成分发生变化的过程,称为交代作用(metasomatism),例如方解石与含硫酸的水发生化学作用可形成石膏。

(三) 变质作用的类型

变质岩变质作用主要有四种类型(图2-34):

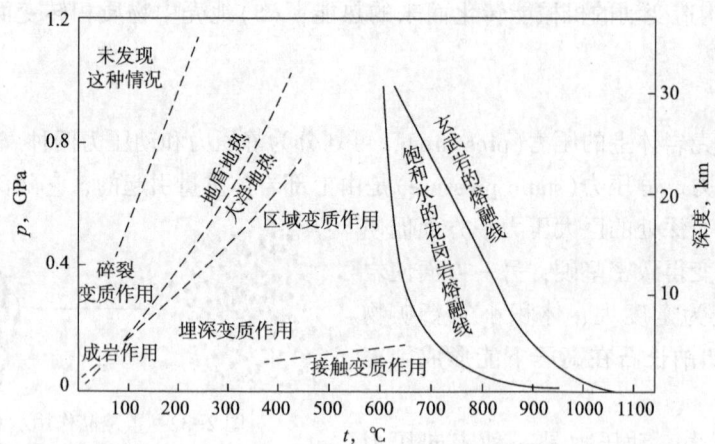

图 2-34 变质作用的主要类型及其温度、压力范围的示意图（据 E. G. Ehier 等，1962）

1. 接触变质作用

接触变质作用（contact metamorphism）主要是由于高温使岩石变质，又称为热力变质作用。通常分布在侵入体与围岩接触带，由于岩浆热使围岩产生接触变质，例如角岩、石英岩、大理岩等。

2. 交代变质作用

交代变质作用（metasomatic metamorphism）是岩石与化学活动性流体作用而产生的变质作用，产生新矿物，取代原矿物。分布在侵入体接触带的交代变质作用又称为接触交代变质作用，例如，在中酸性侵入岩与碳酸盐岩（石灰岩、白云岩）接触带，在接触热变质的基础上和高温气水热液的影响下，可以产生含 Ca、Fe、Al 的矽卡岩。

3. 动力变质作用

构造断裂带上的岩石在构造应力作用下通过破碎、变形和重结晶作用等，所发生的矿物成分和结构构造变化，称为动力变质作用（dynamo metamorohism）。受构造断裂带的控制，形成的代表性岩石如构造角砾岩、碎裂岩和糜棱岩等。

4. 区域变质作用

在地壳地质构造和岩浆活动都很强烈的地区，由于温度、压力和化学活动性流体的共同作用，引起大面积深埋地下的岩石发生变质的作用，称为区域变质作用（regional metamorphism），其范围可达数千甚至数万平方千米。该作用形成的变质岩通常都遭受到构造变形而发育明显的面理构造。大部分变质岩属于此类。

二、变质岩的矿物成分、结构和构造

（一）变质岩的矿物成分

岩石在变质的过程中，原岩中的部分矿物保留下来，同时生成一些变质岩特有的新矿物。这两部分矿物组成了变质岩的矿物。正变质岩中常保留有石英、长石、云母、角闪石等矿物，副变质岩中保留有石英、方解石、白云石等，新生的矿物主要有红柱石、石榴子石、十字石、硅灰石、阳起石、滑石、蛇纹石、石墨等，它们是变质岩中特有的矿物,又称特征变质矿物(metamorphic mineral)。

(二)变质岩的结构

变质岩的结构主要是结晶结构,主要有变余结构、变晶结构、压碎结构三种类型。

1. 变余结构

在变质过程中,原岩的部分结构被保留下来称为变余结构(palimpsest texture)。这是由于变质程度较轻造成的,如变余花岗结构、变余砾状结构等。

2. 变晶结构

变晶结构(crystalloblastic texture)是变质岩的特征性结构,大多数变质岩都有深浅程度不同的变晶结构,它是岩石在固体状态下经重结晶作用形成的结构。变质岩和岩浆岩的结构相似,为了区别,在变质岩结构名词前常加"变晶"二字,如等粒粒状变晶结构、鳞片变晶结构、纤维(柱状)变晶结构以及斑状变晶结构等(图2-35)。

(a)石英岩的粒状变晶结构

(b)大理岩的粒状变晶结构

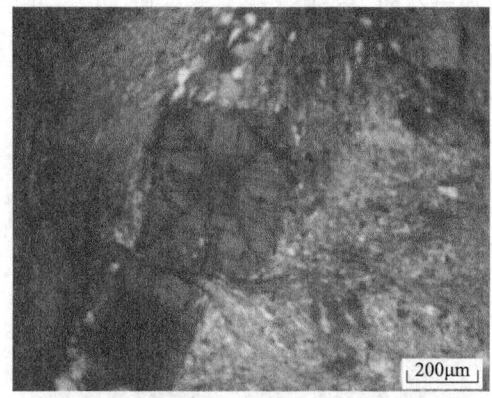
(c)红柱石片岩的斑状变晶结构及鳞片变晶结构

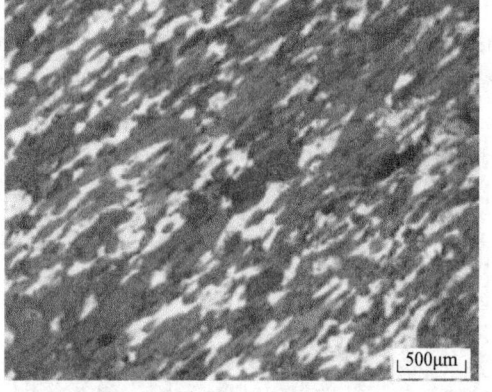
(d)角闪石片岩的柱状变晶结构

图 2-35 变质岩中常见的变晶结构类型

3. 压碎结构

压碎结构(cataclastic texture)是指主要在动力变质作用下,岩石变形、破碎、变质而成的结构。原岩碎裂成块状称为碎裂结构[图2-36(a)];岩石以细小的碎粒或碎粉为主,称为碎斑结构[图2-36(b)];若岩石被破碎成微粒状或粉末状,并有一定的定向排列,则称为糜棱结构[图2-36(c)]。

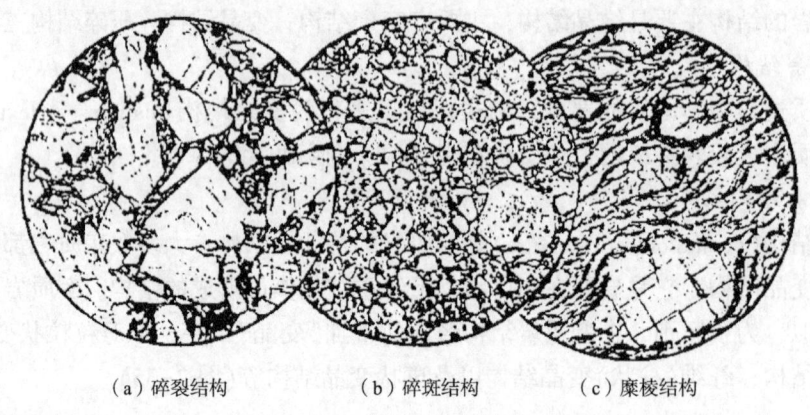

(a)碎裂结构　　　　(b)碎斑结构　　　　(c)糜棱结构

图2-36　常见压裂结构类型

(三)变质岩的构造

岩浆岩与沉积岩的构造通过变质作用可以全部消失或部分消失,形成变质岩的构造(structure of metamorphic rock)。

1. 板状构造

板状构造(platy structure)是页岩或泥岩在应力作用下产生的一组相互平行的破裂面,破裂面一般与层面斜交、平整光滑,岩石易沿此破裂面剥成薄板,称为板状构造。岩石基本没有重结晶,肉眼分辨不出矿物颗粒(图2-37),是变质最浅的一种构造。

2. 千枚状构造

千枚状构造(phyllite structure)是指页岩或泥岩在应力作用下进一步变质,已有稍强的重结晶,岩石主要由肉眼难辨的重结晶矿物组成,片理清楚,片理面上呈现明显的丝绢光泽,是绢云母、绿泥石的小鳞片定向排列所致(图2-38),是变质较浅的一种构造。

图2-37　板状构造

图2-38　千枚状构造

3. 片状构造

片状构造(schistose structure)是指重结晶作用明显,肉眼可辨的片状、针状矿物沿片理面富集，平行排列(图 2-39)，是变质较深的构造，也是变质岩最常见、最典型的构造。

4. 片麻状构造

片麻状构造(gneissic structure)是指岩石以粒状矿物为主，为显晶质粒状变晶结构，颗粒粗大，暗色的片状矿物及柱状矿物数量少，呈断续的条带状分布，中间被浅色粒状矿物隔开(图 2-40)，是变质最深的构造。

图 2-39 绿片岩的片状构造　　　　　　图 2-40 片麻岩的片麻状构造

5. 块状构造

块状构造(massive structure)是指岩石由粒状矿物组成，矿物成分和颗粒大小在空间上均匀分布，无定向排列，如石英岩、大理岩都是块状构造(图 2-41)。

前四种构造统称片理构造(schistose structure)，块状构造称非片理构造。

石英岩　　　　　　　　　　　　　　　大理岩

图 2-41 石英岩、大理岩的块状构造

三、变质岩的分类及主要变质岩的特征

(一) 变质岩的分类

根据变质岩的构造、结构、矿物成分和变质作用类型将常见变质岩分为三类，见表 2-6。

表 2-6　常见变质岩分类

岩类	岩石名称	构造	结构	主要矿物成分	变质类型
片理状岩类	板岩	板状	变余结构部分变晶结构	黏土矿物、云母、绿泥石、石英、长石等	区域变质（由板岩至片麻岩变质程度递增）
	千枚岩	千枚状	显微鳞片变晶结构	绢云母、石英、长石、绿泥石、方解石等	
	片岩	片状	显晶质鳞片状变晶结构	云母、角闪石、绿泥石、石墨、滑石、石榴子石等	
	片麻岩	片麻状	粒状变晶结构	石英、长石、云母、角闪石、辉石等	
块状岩类	大理岩		粒状变晶结构	方解石、白云石	接触变质或区域变质
	石英岩		粒状变晶结构	石英	
	矽卡岩		不等粒变晶结构	石榴子石、辉石、硅灰石（钙质矽卡岩）	
构造压碎岩类	蛇纹岩	块状	隐晶质结构	蛇纹石	交代变质
	云英岩		粒状变晶结构 花岗变晶结构	白云母、石英	
	断层角砾岩		角砾状结构 碎裂结构	岩石碎屑、矿物碎屑	动力变质
	糜棱岩		糜棱结构	长石、石英、绢云母、绿泥石	

（二）主要变质岩的特征

1. 板岩

板岩（slate）多为变余泥状结构或隐晶质结构，板状构造。颜色多为深灰色、黑色、土黄色等，主要矿物为黏土及云母、绿泥石等矿物，为浅变质岩。因板岩具有沿板理劈开成石板的特点，广泛用作建筑石料。

2. 千枚岩

千枚岩（phyllite）具变余结构及显微鳞片状变晶结构，千枚状构造。通常为灰色、绿色、棕红色及黑色等，主要矿物有绢云母、黏土矿物及新生的石英、绿泥石、角闪石等矿物，为浅变质岩。千枚岩的质地松软，强度低，抗风化能力差，容易风化剥落，沿片理倾向容易产生塌落。

3. 片岩类

片岩类（schist）具显晶质结构和变晶结构，片状构造。颜色比较复杂，取决于主要矿物组合。矿物成分有云母、滑石、绿泥石、石英、角闪石、方解石等，属变质较深的变质岩，如云母片岩、滑石片岩、绿泥石片岩、石英片岩、角闪石片岩等。片岩中因片状矿物含量高，强度低，抗风化能力差，极易风化剥落，且岩体也易沿片理倾向坍落，因此，其岩性软弱、抗风化能力差，一般无什么用途。

4. 片麻岩

片麻岩（gneiss）具中、粗粒粒状变晶结构，片麻状构造。颜色较复杂，浅色矿物多为粒状的石英、长石，暗色矿物多为片状、针状的黑云母、角闪石等。暗色、浅色矿物各自形成条带状相间排列，属深变质岩，岩石定名取决于矿物成分，如花岗片麻岩、闪长片麻岩等。片麻岩强度较高，它在垂直片麻理方向上的强度要比其他方向大得多，可加工劈成石板作建筑材料。如若其云母含量增多，强度会相应降低，且因具片理构造，故较易风化。

5. 混合岩

混合岩(migmatite)多为晶粒粗大的变晶结构，多呈条带状、眼球状构造。混合岩主要发育于中高级变质区，当变质温度较高时，岩石中出现部分熔融形成花岗质熔体，并与固态变质岩石发生混合、交代等复杂作用形成的岩石。混合岩是一种特殊类型的变质岩，矿物成分与花岗片麻岩接近。

6. 大理岩

大理岩(marble)具粒状变晶结构，块状构造，是由石灰岩、白云岩经接触变质作用或区域变质作用而形成。碳酸盐矿物占50%以上，主要为方解石或白云石。纯大理岩为白色，称为汉白玉。大理岩强度中等，常因含有其他带色杂质而呈现出美丽的花纹，色泽美丽，易于开采加工，是一种很好的建筑装饰石料。

7. 石英岩

石英岩(quartzite)具粒状变晶结构，块状构造。纯石英岩为白色，含杂质为有灰白色、褐色等。矿物成分中石英含量大于85%。石英岩具油脂光泽，硬度高，是由石英砂岩或其他硅质岩经接触变质或区域变质作用而形成。石英岩强度很高，抵抗风化的能力很强，是良好的建筑石料，但硬度很高，开采加工相当困难。

8. 蛇纹岩

蛇纹岩(serpentinite)具隐晶质结构，块状构造。颜色多为暗绿色或黑绿色，风化面为黄绿色或灰白色，主要矿物为蛇纹石，含少量石棉、滑石、磁铁矿等矿物，是由富含镁质的超基性岩经交代变质作用而形成。蛇纹岩具有光学效应，可用于建筑装饰材料和玉石原料。

9. 构造角砾岩

构造角砾岩(tectonic breccia)具压碎角砾状结构，块状构造，是构造断裂带(错动带)中的岩石经构造压碎所形成的一系列棱角状的碎块和粉碎的基质，经胶结作用而形成的岩石。构造角砾岩在断层破碎带广泛分布，其厚度取决于破碎的强度。

10. 糜棱岩

糜棱岩(mylonite)是原岩在构造应力作用下发生塑性变形形成的、具有糜棱叶理(面理)的岩石。矿物成分与原岩相同，含新生的变质矿物，如绢云母、绿泥石、滑石等。糜棱岩是高动压力断层错动带中的产物，主要分布在逆断层和平移断层带内。因此其强度低，易引起渗漏和形成软弱夹层，对岩体稳定不利。

复习思考题

1. 什么是地质作用？地质作用的能量来源有哪些？
2. 什么是内、外动力地质作用？有哪些基本类型？

3. 什么是矿物？肉眼鉴定矿物的主要依据有哪些？试举例说明。
4. 矿物的物理性质包括哪几个方面？
5. 简述主要造岩矿物的鉴定特征。
6. 简述岩浆岩的产状特征及分类依据。
7. 简述沉积岩的形成过程及其构造特征。
8. 变质作用可分为哪几种类型，其主要影响因素有哪些？

第三章 岩石及岩体工程地质性质

> **本章提要**
>
> **主要内容**：岩石的物理性质；岩石的水理性质；岩石的力学性质；影响岩石物理力学性质的因素；岩体及其工程地质性质；岩体的工程分级。
>
> **难点与重点**：岩石的力学性质；岩体及其工程地质性质；岩体的工程分级。

岩石是内、外动力地质作用的产物，地质作用的方式及孕育发生的地质环境一方面影响着岩石的矿物组成，另一方面对岩石中矿物的形貌及彼此间的组合方式也起着一定的控制作用。

随着人类工程活动的规模越来越大，在工程实践中，特别是一些大型建筑物失事的教训中，人们逐渐地认识到，岩石、岩体的工程地质性质并非对任何工程都是理想的。岩石、岩体由于受到其成因类型、矿物成分、结构构造，特别是受后期各种外动力地质作用的影响，其工程地质性质变得十分复杂，并显示出极大的差异。近几十年，岩石、岩体的工程地质性质研究有较快发展。

第一节 岩石的物理性质

岩石的物理性质一般包括岩石的重量指标和岩石的空隙指标。

一、岩石的重量指标

岩石的重量指标是选择建筑材料、计算边坡稳定、确定围岩压力的重要物理参数。由于岩石是由固体、水和空气三相物质组成，重量指标主要有岩石的密度、重度、相对密度等。

（一）岩石的密度

岩石的密度(density)按照岩石试件的含水状态，岩石密度有干密度(ρ_d)、饱和密度(ρ_{sat})和天然密度(ρ)之分。一般所说的密度指的是天然密度。

天然密度(ρ)是指岩石在天然状态下，单位体积的质量，即：

$$\rho = \frac{M}{V} \tag{3-1}$$

式中　ρ——天然状态下岩石的密度，g/cm³；

　　　M——天然状态下岩石的质量，g。

干密度(ρ_d)是指单位体积岩石在绝对干燥时的质量，即：

$$\rho_d = \frac{M_s}{V} \tag{3-2}$$

式中 ρ_d——岩石干燥时的密度，g/cm^3；

M_s——绝对干燥时岩石的质量，g；

V——岩石的体积，cm^3。

饱和密度(ρ_{sat})是指岩石被水完全饱和后，单位体积的质量，即：

$$\rho_{sat} = \frac{M_{sr}}{V} \tag{3-3}$$

式中 ρ_{sat}——岩石完全饱和时的密度，g/cm^3；

M_{sr}——岩石完全饱和时的质量，g；

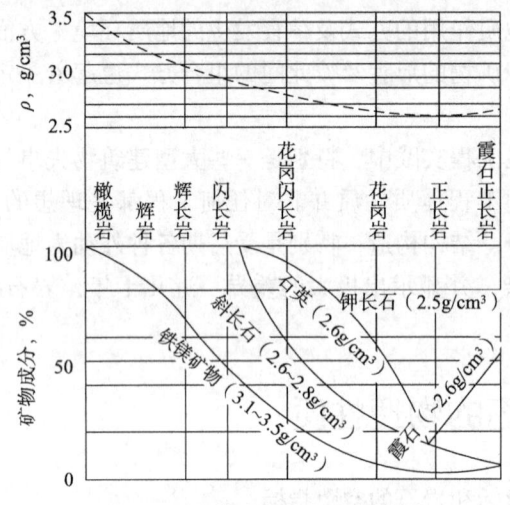

图3-1 岩浆岩成分与密度关系

岩浆岩的密度主要由矿物成分及含量多少来决定(图3-1)。岩浆岩随着SiO_2减少，从酸性岩向基性岩过渡时，铁镁质矿物含量相应增加，岩石的密度也会随之增大。一般，侵入岩具有较高的密度，而火山岩，尤其是熔岩，密度较小。

变质岩的密度与矿物的成分、含量和孔隙度均有密切关系，这主要由变质的性质和变质的程度大小来决定。一般来讲，区域变质作用的结果，将使变质岩的密度比原岩的密度大。例如，变质程度较深的片麻岩、麻粒岩等要比变质程度浅的千枚岩、石英片岩等岩石密度大些。动力变质作用由于使原岩结构遭受破坏，矿物被压碎，因而其密度自然要比原岩密度低。但有时动力变质作用若使原岩发生了硅化、碳酸盐化以及重结晶时，则它的密度会比原岩要大些。热液变质作用使原岩发生了硅化、碳酸盐化以及重结晶时，则它的密度会比原岩要大些。例如，热液变质作用使石灰岩(密度为$2.50\sim2.75g/cm^3$)发生矽卡岩化后，则密度可达$2.88g/cm^3$，但橄榄岩(密度为$3.15\sim3.31g/cm^3$)发生蛇纹石化后则密度小到$2.50\sim2.70g/cm^3$。总之，对变质岩密度的研究要具体问题具体分析。在不同构造单元中，一般，同一时代的变质岩密度相差不大，但时代越老则密度往往越大。

沉积岩的密度主要取决于岩石孔隙度，孔隙度越大，岩石密度越小(图3-2)。其次，还与沉积岩层的形成年代和埋藏深度有关。长期沉重的负荷可以使多孔岩石变得致密，年代越老，埋藏越深，使其孔隙度相应减小，因而岩石密度就越大，这一影响以泥岩和页岩最为显著。此外，含水率对沉积岩影响也较大，含水越多，密度越大。含水率对于沉积岩密度的影响可达10%左右。当然，同一时代同类岩性的沉积岩，由于所受地质作用条件不同，在不同部位，其密度也会有所不同。图 3-3 是鄂尔多斯盆地奥陶系密度分布情况。它表明在盆地边缘的密度更大，而向盆地中心密度逐渐减小。

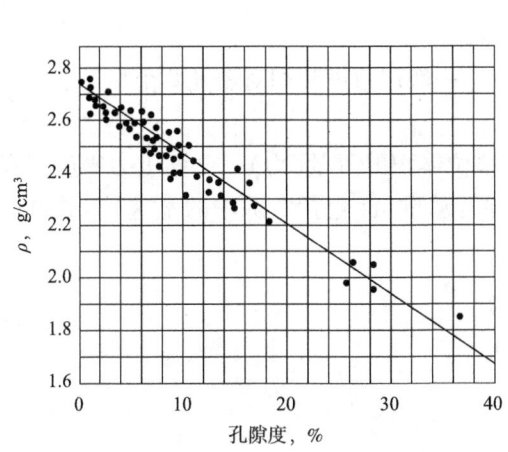

图 3-2 沉积岩的密度与孔隙度关系

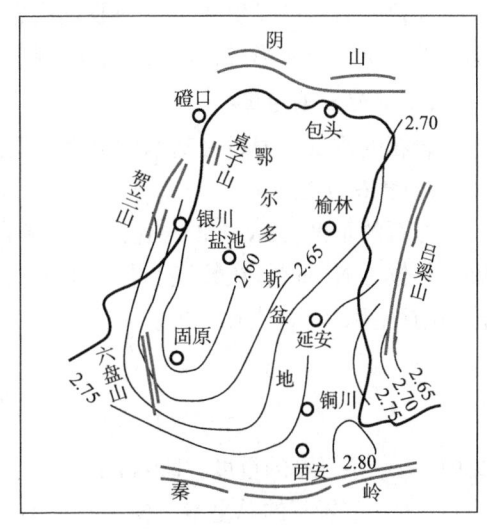

图 3-3 鄂尔多斯盆地奥陶系等密度曲线

因此，岩石的密度取决于岩石的矿物成分及其含量的多少、空隙大小及其充填物的多少、含水状态以及所有压力的大小。一般来讲，岩浆岩和变质岩的密度大于沉积岩的密度。同一种岩石，密度大的结构致密，空隙小，强度和稳定性相对较高。岩石的密度一般为 2.3~2.5g/cm³。

岩石的密度一般是在试验室中用天平或密度仪进行测定。试验室通常只提供干密度指标。在有钻井的地区，可通过重力测井和中子测井确定不同深度岩层的平均密度；也可根据地震波波速求取岩石密度，在地震层速度已知的地方，根据层速度来转换岩层密度。当岩石中能进入水的空隙或孔洞较少时，岩石的天然密度、饱和密度和干密度之间的数值差别不大。一些常见岩石的干密度见表 3-1。

表 3-1 常见岩石的干密度

岩石名称		岩石干密度, g/cm³	岩石名称		岩石干密度, g/cm³
岩浆岩	花岗岩	2.30~2.80	沉积岩	砂岩	2.42~2.66
	闪长岩	2.40~2.85		泥岩	2.26~2.71
	正长岩	2.52~2.96		页岩	2.30~2.62
	辉长岩	2.55~2.98		石灰岩	2.30~2.77
	辉绿岩	2.53~2.97	变质岩	片麻岩	2.30~3.05
	粗面岩	2.30~2.67		片岩	2.69~2.92
	安山岩	2.30~2.70		千枚岩	2.70~2.80
	玄武岩	2.50~3.10		石英岩	2.40~2.80
	凝灰岩	2.29~2.50		大理岩	2.60~2.70

在评价天然建筑材料和计算岩体稳定性时，岩石的密度是必不可少的指标。例如，

在岩体边坡稳定性分析中，需要根据岩石的密度计算滑动岩体的下滑力；当岩体在地下巷道中起着梁跨作用时，岩石的密度控制着巷道顶板中应力；研究风化及风化程度时，风化导致岩石密度发生变化。一般风化岩石密度比新鲜岩石密度小。所以，在岩石工程地质性质研究中应当进行岩石密度的测定。

（二）岩石的重量

岩石的重量是岩石最基本的物理性质之一，一般用重度和相对密度两个指标表示。

1. 岩石的重度

岩石的重度（gravity density，γ）是指岩石单位体积的重量（力），又称重力密度、容重，单位为 N/cm^3。在数值上它等于岩石试件的总重量（包括空隙中的水重）与其总体积（包括空隙体积）之比，即：

$$\gamma = \frac{G}{V} \tag{3-4}$$

式中 γ——岩石的重度，N/cm^3；

G——岩石的总重量，N。

γ 与 ρ 之间有如下关系：$\gamma = \rho \cdot g$。

岩石重度的大小取决于岩石中矿物的密度，岩石的空隙性及其含水情况。岩石空隙中完全没有水存在时的重度，称为干重度 γ_d。干重度的大小决定于岩石的空隙性及矿物的密度。岩石中的空隙全部被水充满时的重度，则称为岩石的饱和重度 γ_{sat}。在相同条件下的同一种岩石，如重度大，则说明岩石的结构致密、空隙性小，因而岩石的强度和稳定性也比较高。

2. 岩石的相对密度

相对密度（specific gravity，G_s）是指岩石单位体积固体颗粒（不含空隙）的质量与4℃时同体积水的质量之比，用式（3-5）表示。

$$G_s = \frac{M_s}{V_s \cdot \rho_{w1}} \tag{3-5}$$

式中 G_s——岩石的相对密度，无量纲；

V_s——岩石固体颗粒的体积，cm^3；

ρ_{w1}——4℃时同体积水的密度，g/cm^3。

岩石相对密度的大小取决于组成岩石的矿物相对密度及其在岩石中的相对含量。组成岩石的矿物相对密度大、含量多，则岩石的相对密度大。一般岩石的相对密度约在2.65左右，相对密度大的可达3.3。

一般来讲，组成岩石矿物的相对密度大或岩石的空隙性小，则岩石的重度就大。

（三）岩石的颗粒密度

颗粒密度（particle density，ρ_s）是指单位体积岩石固体颗粒的质量，即：

$$\rho_s = \frac{M_s}{V_s} \tag{3-6}$$

式中 ρ_s——岩石颗粒密度，g/cm^3。

岩石的颗粒密度不包括岩石中的空隙，而主要取决于岩石的矿物密度及其在岩石中的相对含量大小。如含有铁、镁等暗色矿物的岩石，其颗粒密度较大；含硅、铝等浅色矿物的岩石，其颗粒密度较小。因此，基性岩和超基性岩一般有较大的颗粒密度，而酸性岩一般颗粒密度较小。

二、岩石的空隙指标

岩石中的空隙包含孔隙、裂隙和溶隙。空隙是岩石的重要结构特征之一，其直接影响着岩石工程地质性质的好坏。

孔隙(pore)是指岩石矿物颗粒之间的间隙以及喷出岩的气孔等，它基本上是三度空间的。裂隙(fissure)是指岩石中发育规模不等的面状裂缝。根据成因分为原生裂隙(primary fissure)和次生裂隙(secondary fissure)。次生裂隙又分为构造裂隙和非构造裂隙。溶隙(solution crack)是指可溶岩石(如岩盐、石膏、石灰岩等)在地表水和地下水长期溶蚀作用下所产生的空隙，包括溶穴、溶洞等。所有岩石都具有裂隙和粒间孔隙，岩石具有孔隙、裂隙和溶隙的这种特性称为岩石的空隙性。岩石的空隙性反映岩石中各种类型空隙的发育程度，对岩石的强度和稳定性产生重要的影响。

岩石的空隙性通常用孔隙度、裂隙率、喀斯特率和孔隙比来表示，现分述如下：

(一) 孔隙度、裂隙率和喀斯特率

孔隙度(porosity, n)是指岩石中孔隙的总体积与岩石总体积之比，常用百分数表示，即：

$$n = \frac{V_n}{V} \times 100\% \tag{3-7}$$

式中 n——岩石的孔隙度，无量纲；
V_n——岩石中空隙的体积，cm^3；
V——岩石总体积，cm^3。

岩石中裂隙的发育程度用裂隙率表示。裂隙率(fissure ratio, K_r)是指岩石中各种节理、裂隙的体积与岩石总体积之比，常用百分数表示，即：

$$K_r = \frac{V_r}{V} \times 100\% \tag{3-8}$$

式中 K_r——岩石裂隙率，无量纲；
V_r——岩石中各种成因裂隙体积，cm^3。

裂隙率又可分为体积裂隙率、面裂隙率和线裂隙率。其中体积裂隙率是指裂隙体积与包括裂隙在内的岩石体积的比值；面裂隙率是指单位面积上裂隙面积所占的比例；线裂隙率是指与裂隙走向垂直的方向上单位长度内裂隙所占的比例。

溶隙的发育程度用喀斯特率表示。喀斯特率(karst ratio, K_k)是指岩石中的溶隙总体积与岩石总体积之比，又称岩溶率，即：

$$K_k = \frac{V_k}{V} \times 100\% \tag{3-9}$$

式中 K_k——岩石喀斯特率,无量纲;

V_k——岩石中溶隙总体积,cm³。

孔隙度、裂隙率以及喀斯特率含义基本相同。岩石孔隙度的大小,主要决定于岩石的结构和构造,同时也受风化作用、岩浆作用、构造运动和变质作用的影响。孔隙度常用于松散土、岩石中。比如砾岩、砂岩等一些沉积岩类的岩石,则经常具有较大的孔隙度。而未受风化或构造作用的侵入岩和某些变质岩,其孔隙度一般是很小的;裂隙率常用于结晶连接比较坚硬的岩石,未受风化或构造作用的侵入岩和某些变质岩,其裂隙率一般是很小的。喀斯特率常用于可溶性岩石地区,尤其是碳酸盐岩地区,溶隙发育程度较高,往往具有较高的喀斯特率。

(二) 孔隙比

孔隙比(porosity ratio,e)是指岩石中各种裂隙、孔隙的体积总和与岩石中固体颗粒体积之比,常用小数表示,即:

$$e = \frac{V_n}{V_s} \tag{3-10}$$

式中 e——孔隙比。

由式(3-7)和式(3-10)两公式可求得孔隙度 n 与孔隙比 e 之间的关系,即:

$$e = \frac{n}{1-n} \quad \text{或} \quad n = \frac{e}{1+e} \tag{3-11}$$

前面讲到的密度和相对密度是试验指标,只有通过试验才能得到具体数值。而孔隙度和孔隙比是计算指标,可以根据试验得到的干密度(ρ_d)和颗粒密度(ρ_s)通过公式求得,即:

$$n = \left(1 - \frac{\rho_d}{\rho_s}\right) \times 100\% \tag{3-12}$$

$$e = \frac{\rho_s}{\rho_d} - 1 \tag{3-13}$$

岩石空隙性反映岩石中各种孔隙、裂隙、溶隙的发育程度,对岩石的强度和稳定性产生重要的影响。通常,岩石的密度和颗粒密度越大,岩石的孔隙度和孔隙比越小,岩石的工程地质性质就越好。

第二节 岩石的水理性质

岩石的水理性质是指岩石在水溶液作用下所表现出来的性质,主要有岩石的吸水性、透水性、软化性、抗冻性、膨胀性、崩解性、可溶性等。

一、岩石的吸水性

岩石的吸水性(hydroscopic propety)是指岩石吸收水的性能。常用吸水率、饱和吸水率、饱和系数来表示。

(一) 岩石的吸水率

岩石的吸水率(water absorption, w_1)是指在常压条件下,将岩石浸入水中充分吸水,用岩石所吸水分的质量与干燥岩石质量之比的百分数表示,即:

$$w_1 = \frac{G_{w1}}{G_s} \times 100\% \tag{3-14}$$

式中 w_1——岩石的吸水率,%;
G_{w1}——岩石在常压下所吸水的质量,g;
G_s——绝对干燥的岩石质量,g。

岩石的吸水率与岩石的空隙数量、大小、开闭程度和空间分布有关,还与试验要求、试验验方法、试验条件等因素都有关系。吸水率大的岩石,水对岩石颗粒间胶结物的浸湿、软化作用就越强,经不起冻融作用,作为建筑材料性质较差,岩石的强度和稳定性受水的影响也就越显著。因此,岩石的吸水率是评价岩石质量的一个重要指标。常见岩石的吸水率见表3-2。

表3-2 常见岩石的吸水率

岩石名称	吸水率,%	岩石名称	吸水率,%
花岗岩	0.10~0.70	花岗片麻岩	0.10~0.70
玄武岩	0.3左右	角闪片麻岩	0.10~3.11
辉绿岩	0.80~5.00	石英片岩	0.10~0.20
角砾岩	1.00~5.00	云母片岩	0.10~0.20
砂岩	0.2~7.00	板岩	0.10~0.30
石灰岩	0.10~4.45	大理岩	0.10~0.80
泥灰岩	2.14~8.16	石英岩	0.10~1.15

(二) 岩石的饱和吸水率

岩石的饱和吸水率(saturation factor, w_2)是指在150个大气压或真空条件下,干燥岩石至饱和状态所吸水分的质量与干燥岩石质量之比的百分数表示,即:

$$w_2 = \frac{G_{w2}}{G_s} \times 100\% \tag{3-15}$$

式中 w_2——岩石的饱和吸水率,%;
G_{w2}——岩石饱和吸水的质量,g。

岩石吸水率采用的是自由浸水法测定。岩石饱和吸水率应在岩石吸水率测定后,采用真空抽气法强制饱和后进行测定。对于含有较多封闭空隙的岩石,仍需采用比重瓶法。另外需要注意的是，在测定过程中，试验用水应采用洁净水，水的密度应取1g/cm³。

（三）岩石的饱和系数

岩石的饱和系数（saturation coefficient，K_w），又称饱水系数，是指岩石的吸水率与岩石的饱和吸水率之比，即：

$$K_w = \frac{w_1}{w_2} \tag{3-16}$$

式中 K_w——岩石的饱和系数。

其余符号意义同前。

岩石的饱和系数是一个计算指标，一般在0.5~0.9之间。岩石的吸水率、饱和吸水率和饱和系数越大，岩石的工程地质性质越差。岩石的饱和系数主要反映岩石大张开空隙所占的比率，其大小与岩石的抗冻性及抗风化性有关，因而可间接评价岩石的抗冻性和抗风化能力。

二、岩石的透水性

岩石的空隙中经常存在着水，有时还储藏着石油和天然气，如果出现压力差，这些流体就可以在岩石中运动。岩石的透水性（rock permeability）是指岩石容许水通过的能力。岩石的这种能够透过流体的能力称为渗透性。岩石的透水性大小可用渗透系数表示，它主要决定于岩石孔隙的大小、数量、方向及其相互连通情况。

三、岩石的软化性

岩石的软化性（rock softening）是指岩石浸水后强度和稳定性发生变化的性质。岩石软化性的指标是软化系数，用K_R表示。软化系数（softening coefficient）是指岩石饱和状态下与天然风干状态下极限单轴抗压强度之比，用小数表示，即：

$$K_R = \frac{R_c}{R} \tag{3-17}$$

式中 K_R——岩石的软化系数，小数；

R_c——饱和状态下岩石单轴极限抗压强度；

R——干燥状态下岩石单轴极限抗压强度。

软化系数是评价岩石力学性质的一个重要物理性质指标。岩石都具有不同程度的软化性，主要取决于岩石中的矿物成分、结构和构造。黏土矿物含量高、孔隙度大、吸水率高的岩石，软化系数小，软化性大。如黏土岩和泥质胶结的岩石，其K_R一般为0.4~0.6。

软化系数$K_R \leq 0.75$时为软化岩石。软化系数值越小，表示岩石在水作用下的强度和稳定性越差，如黏土岩（泥岩、页岩）和泥质板岩。

软化系数$K_R > 0.75$时为不软化岩石。对于未受风化作用的岩浆岩和某些变质岩，软化系数K_R大都接近于1，如花岗岩、安山岩、片麻岩、石英岩，其抗水、抗风化和抗冻性强。常见岩石的软化系数见表3-3。

表 3-3　常见岩石的软化系数

岩石名称	软化系数	岩石名称	软化系数	岩石名称	软化系数	岩石名称	软化系数
花岗岩	0.72~0.97	流纹岩	0.75~0.95	页岩	0.24~0.74	石英片岩	0.44~0.84
闪长岩	0.60~0.80	玄武岩	0.30~0.95	石灰岩	0.70~0.94	绿泥石片岩	0.53~0.69
辉绿岩	0.33~0.90	凝灰岩	0.52~0.88	泥岩	0.40~0.60	千枚岩	0.67~0.96
安山岩	0.81~0.91	砾岩	0.50~0.96	泥灰岩	0.44~0.54	泥质板岩	0.39~0.52
玢岩	0.78~0.81	砂岩	0.55~0.97	片麻岩	0.75~0.97	石英岩	0.94~0.96

四、岩石的抗冻性

岩石空隙中有水存在时，水一结冰，体积膨胀，就产生巨大的压力。由于这种压力的作用，会促使岩石的强度降低和稳定性破坏。岩石抵抗冻融破坏的能力称为岩石的抗冻性(rock freezing resistance)。在高寒冰冻地区，抗冻性是评价岩石工程地质性质的一个重要指标。一般表示岩石抗冻性的指标有岩石强度损失率和岩石重量损失率。

(一) 强度损失率

强度损失率(decrease rate of strength, R_1)是指饱和岩石在一定负温度(通常为-25℃)条件下，冻结溶解 25 次以上，冻融前、后抗压强度差值与冻融前抗压强度之比，即：

$$R_1 = \frac{冻融前后强度差}{冻融前强度} \times 100\% \quad (3-18)$$

式中　R_1——强度损失率，%。

当 $R_1>25\%$ 时为非(不)抗冻岩石；$R_1<25\%$ 时为抗冻岩石。

(二) 重量损失率

重量损失率(decrease rate of weight, G_1)是指冻融前后岩石重量(干燥岩石重量)差值与冻融前干燥岩石重量之比，即：

$$G_1 = \frac{冻融前后重量差}{冻融前重量} \times 100\% \quad (3-19)$$

式中　G_1——重量损失率，%。

当 $G_1>2\%$ 时为不抗冻岩石；$G_1<2\%$ 时为抗冻岩石。

用饱和系数 K_w 可间接表示岩石抗冻性。K_w 越大，岩石的抗冻性越差。一般：

当 $K_w>0.7$ 时，岩石抗冻性差；

当 $K_w<0.7$ 时，岩石抗冻性强。

饱和系数 K_w 判定岩石的抗冻性常参考表 3-4。

表 3-4　用饱和系数 K_w 判定岩石的抗冻性

岩石种类	抗冻岩石	不抗冻岩石
一般岩石的理论值	$K_w<0.9$	$K_w \geqslant 0.9$
粒状结晶、孔隙均匀的岩石	$K_w<0.8$	$K_w \geqslant 0.8$
孔隙不均匀或呈层状分布有黏土物质填充的岩石	$K_w<0.7$	$K_w \geqslant 0.7$

五、岩石的崩解性

岩石的崩解性(rock disintegration)是指(干燥)岩石被水浸泡后,其内部结构遭到完全破坏而呈碎块状崩开散落的性能。这是因为岩石吸水膨胀导致岩石内部出现非均匀分布的应力,部分胶结物被溶解,造成岩石中颗粒及其集合体分散。

遇水易崩解岩石可采用岩石耐崩解性试验测定岩石的崩解性。试验采用的岩石试样应在现场采取保持天然含水状态并密封。岩石二次循环耐崩解性指数(resistance to disintegration index)应按式(3-20)计算。

$$I_{d2}=\frac{m_r}{m_s} \tag{3-20}$$

式中 I_{d2}——岩石二次循环耐崩解性指数,%；

m_s——原岩石试样烘干质量,g；

m_r——残留岩石试样烘干质量,g。

具有崩解性的岩石,可以在短时间内发生崩解。比如西南某地风化钙泥质粉砂岩置于水中仅十多分钟就全部崩解了。

六、岩石的膨胀性

岩石的膨胀性(rock expansibility)是指岩石吸水后体积增大引起岩石结构破坏的性质。一般含有黏土矿物的岩石具有一定的膨胀性,特别是含有蒙脱石类矿物的岩石膨胀性最大。

岩石膨胀性试验应包括岩石自由膨胀率试验、岩石侧向约束膨胀率试验和岩石体积不变条件下的膨胀压力试验。遇水不易崩解的岩石可采用岩石自由膨胀率试验,遇水易崩解的岩石不应采用岩石自由膨胀率(free expansion rate)试验。各类岩石均可采用岩石侧向约束膨胀率试验和岩石体积不变条件下的膨胀压力试验。

膨胀岩(expansive rock)属于软岩中的特殊类型,工程地质性质介于岩石与土之间。膨胀岩类边坡的破坏模式具有特殊性,与一般的岩(土)体边坡破坏模式不同,有胀裂破坏、弧形滑动、单平面滑动、平面张裂滑动、屈服拉裂剪切滑动、追踪式阶梯形滑动等。

南昆铁路建设中,膨胀岩地段路堑边坡坍滑造成严重的危害。石油钻井过程中,水基钻井液侵入导致储层中黏土膨胀堵塞孔隙通道；另外,黏土矿物崩解后随滤液流动,遇到较窄的孔隙时,可能无法通过而堵塞通道。这些均会导致岩石渗透性大大降低,结果油气产量降低,甚至产量为零,这类储层就是常说的水敏地层。

七、岩石的溶解性

岩石的溶解性(rock solubility)是指岩石溶于水的性质,常用溶解度或溶解速度表示。常见可溶性岩石有石灰岩、白云岩、盐岩、石膏、大理岩等。岩石的溶解性往往与岩石的矿物成分、化学成分、水中 CO_2 含量及水的温度等因素有关,如富含 CO_2 的水,具有较强的溶解能力。

第三节 岩石的力学性质

在工程建设中,最常涉及的岩石工程地质性质是岩石的力学性质(mechanical properties of rock)。所以,岩石的力学性质是工程地质性质中最重要的。

岩石在外力(压力、拉力、剪力、弯矩、多轴压力等)作用下,首先发生变形,当外力继续增加到某一数值后,就会产生破坏。所以在研究岩石力学性质时,既要考虑岩石的变形特性,也要考虑岩石的强度特性。

一、岩石的变形

(一) 岩石变形的四个阶段

岩石与其他固体物质一样,在外力作用下产生变形。将岩石变形(deformation of rock)过程划分为四个阶段(图3-4)。

1. 微裂隙压密阶段(图3-4中 OA 段)

岩石中原有的微裂隙在荷载作用下逐渐被压密,曲线呈上凹形,岩石体积缩小,曲线斜率随应力增大而逐渐增加,表示微裂隙的变化开始较快,随后逐渐减慢。A 点对应的应力称为压密极限强度 σ_A(ultimate compressive strength),它代表着裂隙压密、封闭的结束,即线弹性变形的开始。对于微裂隙发育的岩石,本阶段比较明显,但致密坚硬的岩石很难划分出这个阶段。

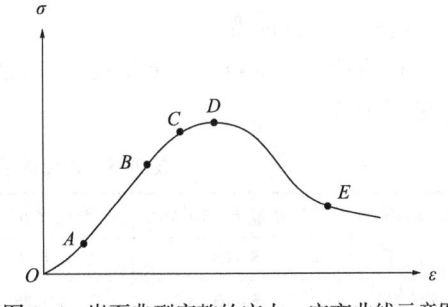

图3-4 岩石典型完整的应力—应变曲线示意图

σ_A—压密极限强度;σ_B—弹性极限强度;

σ_C—屈服极限强度;

σ_D—峰值强度或单轴极限抗压强度;σ_E—残余强度

2. 弹性变形阶段(图3-4中 AB 段)

岩石中的微裂隙进一步闭合,孔隙被压缩,原有裂隙基本上没有新的发展,也没有产生新的裂隙,应力与应变基本上成正比关系,曲线接近直线,体积仍然减小,岩石变形以弹性(elasticity)为主。B 点对应的应力称为弹性极限强度 σ_B(elastic limit strength),是线弹性变形的终点,即弹塑性变形的起点。

3. 微裂隙稳定发展阶段(图3-4中 BC 段)

当应力超过弹性极限强度 σ_B 后,岩石中产生新的裂隙,同时已有裂隙也有新的发展并进步一扩张,应变的增加速率超过应力的增加速率,应力—应变曲线的斜率逐渐降低,并呈下凹形,体积变形由压缩转变为膨胀,成为"扩容",C 点对应的应力称为屈服极限强度 σ_C(yield limit strength)。

4. 破坏阶段(图3-4中 CD 段)

当应力增加,裂隙进一步扩展,岩石局部破损,且破损范围逐渐扩大形成连通的破裂面,显示宏观破坏现象,导致岩石"破坏"。D 点对应的应力达到的最大值,称为峰值强度(peak strength)或单轴极限抗压强度 σ_D(uniaxial ultimate compressive strength)。

5. 峰值后阶段(图 3-4 中 D 点之后)

岩石被破坏后,经过较大的变形,应力下降到一定程度,E 点开始保持常数时的界限点对应的应力称为残余强度 σ_E(residual strength)。

(二)岩石变形的指标

岩石受力作用后产生变形,在弹性变形范围内,岩石的变形性能一般用弹性模量、变形模量和泊松比三个指标表示。

1. 弹性模量

弹性模量(elastic modulus, E)是指在单轴压缩条件下,轴向压应力和轴向弹性应变之比,即:

$$E = \frac{\sigma}{\varepsilon_e} \tag{3-21}$$

式中　E——弹性模量,Pa;

　　　σ——应力,Pa;

　　　ε_e——弹性应变。

岩石的弹性模量越大,变形越小,说明岩石抵抗变形的能力越高。常见岩石的弹性模量见表 3-5。

表 3-5　常见岩石的弹性模量与泊松比

岩石名称	弹性模量 E,10^4MPa	泊松比 μ	岩石名称	弹性模量 E,10^4MPa	泊松比 μ
花岗岩	5~10	0.1~0.3	页岩	0.2~8	0.2~0.4
流纹岩	5~10	0.1~0.25	石灰岩	5~10	0.2~0.35
闪长岩	7~15	0.1~0.3	白云岩	5~9.4	0.15~0.35
安山岩	5~12	0.2~0.3	板岩	2~8	0.2~0.3
辉长岩	7~15	0.1~0.3	片岩	1~8	0.2~0.4
玄武岩	6~12	0.1~0.35	片麻岩	1~10	0.1~0.35
砂岩	0.5~10	0.2~0.3	石英岩	6~20	0.08~0.25

2. 变形模量

变形模量(modulus of deformation, E_0)是指在单轴压缩条件下,轴向压应力与总应变(弹性应变和塑性应变)之比,即:

$$E_0 = \frac{\sigma}{\varepsilon_p + \varepsilon_e} \tag{3-22}$$

式中　E_0——变形模量,Pa;

　　　ε_p——塑性应变。

3. 泊松比

岩石在轴向压力作用下,除了产生纵向压缩外,还会产生横向膨胀。这种横向应变与纵向应变的比值称为岩石的泊松比(Poisson's ratio, μ),又称泊桑比,用小数表

示,即:

$$\mu = \frac{\varepsilon_{横}}{\varepsilon_{纵}} \quad (3-23)$$

式中　μ——泊松比;

　　　$\varepsilon_{横}$——横向应变;

　　　$\varepsilon_{纵}$——纵向应变。

泊松比越大,表示岩石受力作用后的横向变形越大。岩石的泊松比一般<0.5。常见岩石的泊松比见表3-5。

二、岩石的强度

岩石的强度(strength)是岩石在外力作用下发生破坏时所能承受的最大应力。岩石受力作用破坏,有压碎、拉断和剪断等形式,所以其强度可分为抗压强度、抗拉强度和抗剪强度等。

(一)抗压强度

岩石的单轴极限抗压强度(compressive strength,R)是指干燥岩石试样在垂直结构面方向单轴压缩,能够承受的最大压应力,在数值上等于岩石受压达到破坏时的极限应力(图3-5),即:

$$R = \frac{P}{A} \quad (3-24)$$

式中　R——干燥状态下岩石试样单轴极限抗压强度,Pa;

　　　P——岩石试样破坏时的压力,N;

　　　A——岩石试样截面积,m^2。

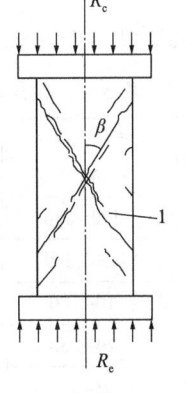

图3-5　岩石的抗压强度试验
β—破坏角;1—剪切破裂

岩石试样尺寸常为边长 $L = 4.8 \sim 5.2$cm,高 $H = (2 \sim 2.5)L$ 的长方体或者直径 $\phi = 4.8 \sim 5.2$cm,高 $H = (2 \sim 2.5)\phi$ 的圆柱体,同时保证试件两端不平度为0.5mm,尺寸误差±0.3mm,两端面垂直于轴线±0.25°。图3-6为岩石单轴压缩时的主要破坏形式。另外,可以利用回弹仪弹击岩石面获得回弹值 N,再由回弹值换算成抗压强度。回弹仪的试验原理是通过回弹仪的弹性杆冲击岩石表面,其冲击能量的一部分转化为使岩石产生塑性变形的功,另一部分表现为冲击杆的回弹距离(回弹值)。岩石的表面硬度不同,其回弹值亦不相同,回弹值越大表明岩石表面强度越大,抗塑性变形能力也越强,利用岩石的硬度与其单轴抗压强度的关系确定岩石的抗压强度。回弹仪是一种便携式测试仪器,利用它不仅可以揭露工程地质问题、评价岩体质量,而且还可以对软弱、不易取样的岩石及风化的裂隙壁面进行测试。野外测试时应使回弹仪纵轴与岩石表面垂直,并记录岩层面产状,以便根据岩层产状对回弹值 N 值进行修正。

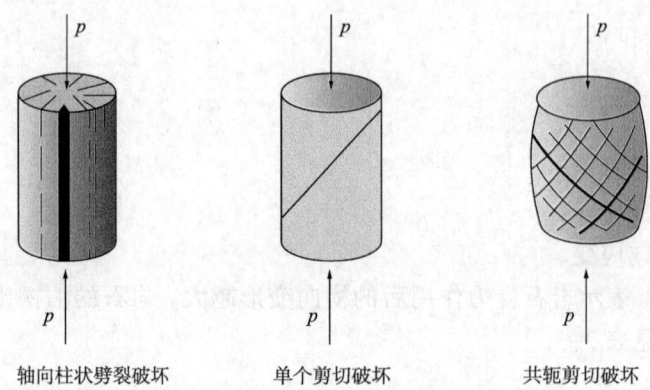

图 3-6 岩石单轴压缩时某些破坏形式

影响岩石抗压强度的因素很多,直接和岩石的结构和构造有关,同时受矿物成分和岩石形成条件的影响。另外,试件形状、尺寸、大小、试件加工情况和加荷速率等都会影响岩石的抗压强度。通过测定岩石抗压强度,可以衡量岩块基本力学性质,建立岩石破坏判据,还可以大致估算其他强度参数。常见岩石抗压强度见表 3-6。当存在层理时,垂直层理和平行层理的抗压强度差异也较大,见表 3-7。

表 3-6 常见岩石抗压强度

岩石名称	抗压强度 R MPa	岩石名称	抗压强度 R MPa	岩石名称	抗压强度 R MPa	岩石名称	抗压强度 R MPa
花岗岩	100~250	辉绿岩	150~350	石灰岩	40~250	片岩	10~100
流纹岩	160~300	玄武岩	150~300	白云岩	80~250	千枚岩	49~196
闪长岩	120~280	砾岩	10~150	泥灰岩	12~98	片麻岩	50~200
安山岩	140~300	砂岩	20~250	煤	4.9~49	石英岩	150~350
辉长岩	160~300	黏土岩	2~15	板岩	60~200	大理岩	100~250

表 3-7 几种沉积岩垂直层理和平行层理的抗压强度

岩石名称	抗压强度 R, MPa		$R_\perp/R_{/\!/}$
	垂直层理 $R_\perp$	平行层理 $R_{/\!/}$	
石灰岩	180	151	1.19
粗粒砂岩	142.8	118.5	1.20
细粒砂岩	156.8	159.7	0.98
砂质页岩	78.9	51.8	1.52
页岩	51.7	36.7	1.41

(二) 抗拉强度

岩石抗拉强度(tensile strength)测试方法采用直接法,但由于岩石试件不易加工,除研究直接的拉伸夹具外,还研究了大量的间接试验方法。

1. 直接法

岩石的抗拉强度(σ_t)是指干燥岩石试样在单轴拉伸下能够承受的最大拉应力

（图 3-7），即：

$$\sigma_t = \frac{P}{A} \quad (3-25)$$

式中 σ_t——岩石试样抗拉强度，MPa。

直接拉伸法岩石试样加载示意图如图 3-8 所示。

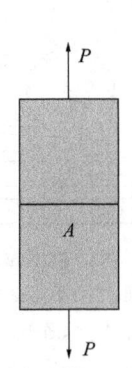

图 3-7 岩石抗拉强度直接法测试示意图

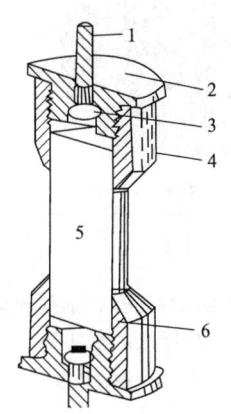

图 3-8 直接拉伸法岩石试样加载示意图
1—电缆；2—钢螺丝连接；
3—模锻钢球；4—铝套；
5—岩石试样；6—环氧树脂胶结层

2. 间接法

由于岩石试件不易加工，除研究直接的拉伸夹具外，还研究了大量的间接试验方法。

间接法主要包括巴西劈裂法和点荷载试验法。

1) 巴西劈裂试验

抗拉强度须通过试验测得，由于试样制作困难，实际上多采用巴西劈裂试验（brazil splitting test）间接测定抗拉强度。巴西劈裂试验（巴西试验）是由巴西人 Hondros 提出，在圆柱体试件的直径方向上放入上下两根垫条，施加相对的线性荷载，使之沿试件直径向破坏，测得试件的抗拉强度，即：

$$\sigma_t = \frac{2P}{\pi Dh} \quad (3-26)$$

式中 D——岩石试样直径，mm；
h——岩石试样厚度，mm。

巴西劈裂法岩石试样加载示意如图 3-9 所示。巴西劈裂法间接测定岩石抗拉强度过程中，岩石试样的厚度对抗拉强度的影响较大。

2) 点荷载试验

点荷载强度试验（point load test）是 20 世纪发展起来的一种简便现场试验方法，是把规则或不规则的岩石试样置于上、下两个球端圆锥形压板之间，通过施加集中荷载使岩样破坏(图 3-10)。

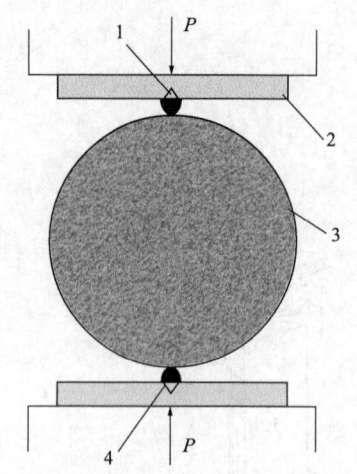

图 3-9 巴西劈裂法岩石试样加载示意图
1—"V"形凹槽；2—垫板；
3—岩石试样；4—钢制压条

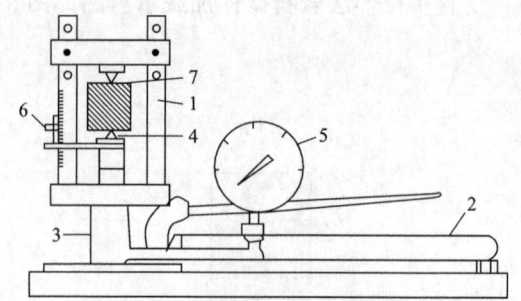

图 3-10 点荷载试验仪剖面图
1—框架；2—手摇握式油泵；
3—千斤顶；4—球面压头(加荷锥)；
5—油压表；6—游标卡尺；7—试样

点荷载强度试验的优点就是仪器设备轻便，可携带至现场进行试验，岩石试样无需加工(任何形状)，尺寸大致 5cm，可及时获得试验数据，可由式(3-27)计算点荷载强度指标 I_s：

$$I_s = \frac{P}{D^2} \tag{3-27}$$

式中 I_s——点荷载强度，MPa；

P——破坏荷载，N；

D——上下两压板接触点间距离，mm。

由点荷载强度指标 I_s 可以换算带到岩石抗拉强度(或抗压强度)值。常见岩石抗拉强度值见表 3-8，岩石的抗拉强度远小于抗压强度。岩石的抗拉强度可以衡量岩体力学性质，建立岩石强度判据，确定强度包络线，也是选择建筑石材不可缺少的参数之一。

表 3-8 常见岩石抗拉强度

岩石名称	R_t, MPa	岩石名称	R_t, MPa	岩石名称	R_t, MPa	岩石名称	R_t, MPa
花岗岩	7~25	辉绿岩	15~35	黏土岩	0.3~1	片麻岩	5~20
流纹岩	12~30	玄武岩	10~30	石灰岩	7~20	石英岩	10~30
闪长岩	12~30	砾岩	2~15	白云岩	15~25	大理岩	7~20
安山岩	10~20	砂岩	4~25	板岩	7~20		
辉长岩	12~35	页岩	2~10	片岩	1~10		

(三) 抗剪强度

抗剪强度(shear strength, τ)是指岩石抵抗剪切破坏的能力，以岩石被剪破时的极限应力表示。

岩石的抗剪强度决定着建筑物的抗滑稳定性,是评价建筑物稳定性的重要指标之一。根据工程实际的剪切破坏情况,可分为三种抗剪强度(图3-11)。

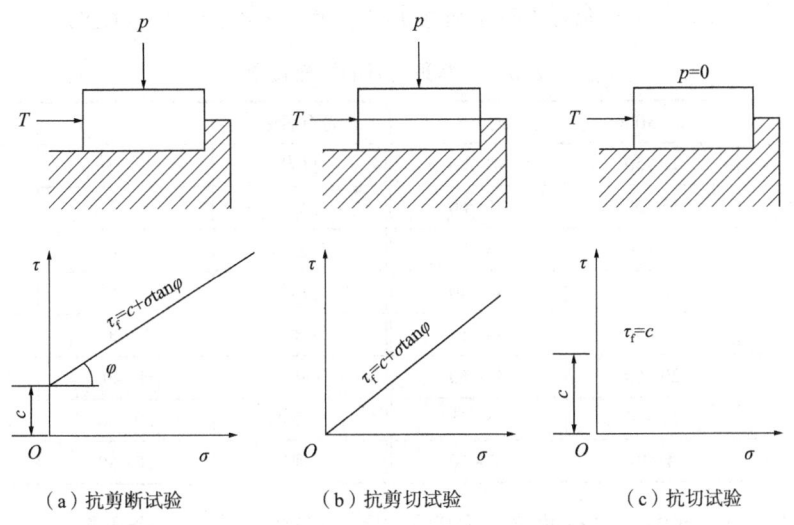

图3-11 岩石直接试验的三种类型及相应的τ-σ关系图

1. 抗剪断强度

抗剪断强度是指岩石在一定的法向应力σ作用下,沿着预定的剪破面剪断时的最大剪应力。

抗剪断强度τ由式(3-28)表示:

$$\tau = \sigma \tan\varphi + c \tag{3-28}$$

式中　τ——岩石抗剪强度,Pa;
　　　σ——剪切面上的法向压应力,Pa;
　　　φ——岩石内摩擦角,(°);
　　　c——岩石黏聚力,Pa。

2. 抗剪强度

抗剪强度是沿岩石裂隙面或软弱面等(已有破裂面,比如层面、节理)发生再次剪切破坏时的最大剪应力,实际为某结构面抗剪强度,又称弱面抗剪强度。抗剪强度τ由式(3-29)表示:

$$\tau = \sigma \tan\varphi \tag{3-29}$$

3. 抗切强度

抗切强度是指岩石上的法向应力σ为零时,沿着预定剪切面剪断时的最大剪应力。σ为零表示无法向应力,此时仅由岩石黏聚力c抵抗剪切,即:

$$\tau = c \tag{3-30}$$

因坚硬岩石有牢固的结晶联结或胶结联结,所以岩石的抗剪断强度一般都比较高。

抗剪强度大大低于抗剪断强度。当剪切力沿岩石中已有的一个平面、光滑裂开面剪切时，$c=0$，仅由岩石裂开面间的摩擦阻力（即 φ 和 σ）抵抗剪切滑移，$\tau=\sigma\tan\varphi$ 称为抗摩擦强度，又称为抗滑移强度，$f=\tan\varphi$ 称为摩擦系数。抗剪强度是反映岩块力学性质的重要指标，可以用来估算岩石力学参数并建立强度判据。常见岩石的抗剪强度见表 3-9。

表 3-9 常见岩石的抗剪强度

岩石名称	c, MPa	φ, (°)	岩石名称	c, MPa	φ, (°)
花岗岩	10~50	45~60	页岩	2~30	20~35
流纹岩	15~50	45~60	石灰岩	3~40	35~50
闪长岩	15~50	45~55	白云岩	4~45	35~50
安山岩	15~40	40~50	板岩	2~20	35~50
辉长岩	15~50	45~55	片岩	2~20	30~50
辉绿岩	20~60	45~60	片麻岩	8~40	35~55
玄武岩	20~60	45~55	石英岩	20~60	50~60
砂岩	4~40	35~50	大理岩	10~30	35~50

以上岩石的强度中，岩石的抗压强度是岩石力学性质中的一个重要指标。岩石的抗压强度最高，抗剪强度居中，抗拉强度最小。抗剪强度一般远小于抗压强度，抗拉强度一般也远小于抗压强度，平均为抗压压强度的 3%~5%。岩石越坚硬，这种差别就越大，软弱的岩石差别较小。岩石的抗剪强度和抗压强度，是评价岩体稳定性的指标，是对岩体的稳定性进行定量分析的依据。由于岩石的抗拉强度很小，所以当岩层受到挤压形成褶皱时，常在弯曲变形较大的部位受拉破坏，产生张裂隙。

第四节 影响岩石物理力学性质的因素

从岩石工程地质性质的介绍中可以看出，影响岩石工程地质性质的因素是多方面的，但归纳起来，主要的有两个方面：一是岩石的地质特征，如岩石的矿物成分、结构、构造及成因等；另一个是岩石形成后所受外部因素的影响，如水的作用及风化作用等。

一、岩石的矿物成分

岩石是由矿物组成的，岩石的矿物成分对岩石的物理力学性质产生直接影响，这是容易理解的。例如辉长岩的相对密度比花岗岩大，这是因为辉长岩的主要矿物成分辉石和角闪石的相对密度比石英和正长石大的缘故。又如石英岩的抗压强度比大理岩要高很多，这是因为石英的强度比方解石高的缘故。两例说明，尽管岩石类型相同，结构和构造也相同，如果矿物成分不同，岩石的物理力学性质会有明显的差别。但也不能简单地认为，含有高强度矿物的岩石，其强度一定就高。因为岩石受力作用后，内部应力是通过矿物颗粒的直接接触来传递的，如果强度较高的矿物在岩石中互不接触，则应力的传递必然会受中间低强度矿物的影响，岩石不一定就能显示出高强度。

从工程要求来看，大多数岩石的强度相对来说都是比较高的。所以，在对岩石的工程地质性质进行分析和评价时，特别要注意可能降低岩石强度的因素，如花岗岩中的黑云母含量是否过高；石灰岩、砂岩中黏土类矿物的含量是否过高等。因为黑云母是硅酸盐类矿物中硬度低、解理最发育的矿物之一，它容易遭受风化而剥落，也易于发生次生变化，最后成为强度较低的铁的氧化物和黏土类矿物。在石灰岩和砂岩，当黏土类矿物的含量大于20%时，就会直接降低岩石的强度和稳定性。

二、岩石的结构

岩石的结构特征是影响岩石物理力学性质的一个重要因素。根据岩石的结构特征，可将岩石分为两类：一类是结晶联结的岩石，如大部分的岩浆岩、变质岩和一部分沉积岩；另一类是由胶结物联结的岩石，如沉积岩中的碎屑岩等。

（一）结晶联结

结晶联结是岩浆岩或溶液结晶或重结晶形成的，一般结晶联结岩石具有较高的强度和稳定性。矿物的结晶颗粒靠直接接触产生的力牢固地联结在一起，结合力强，孔隙度小，结构紧密、容重大、吸水率变化范围小，比胶结联结的岩石具有较高的强度和稳定性。结晶联结的岩石，结晶颗粒的大小对岩石的强度有明显影响。如粗粒花岗岩的抗压强度，一般在120~140MPa之间，而细粒花岗岩有的则可达200~250MPa。又如大理岩的抗压强度一般在100~120MPa之间，而最坚固的石灰岩则可达250MPa。这说明，矿物成分和结构类型相同的岩石，其矿物结晶颗粒的大小对强度的影响是显著的。

（二）胶结联结

胶结联结是矿物碎屑由胶结物联结在一起的。胶结联结的岩石，其强度和稳定性主要决定于胶结物的成分和胶结的形式，同时也受碎屑成分的影响，变化很大。就胶结物的成分来说，硅质胶结的强度和稳定性高，泥质胶结的强度和稳定性低，铁质和钙质胶结的介于两者之间。如泥质胶结的砂岩，其抗压强度一般只有60~80MPa，钙质胶结的可达120MPa，而硅质胶结的则可高达170MPa。

胶结联结的形式有基底胶结、孔隙胶结和接触胶结三种。胶结联结的形式肉眼不易分辨，但对岩石的强度有重要的影响。基底胶结的碎屑物质散布于胶结物中，碎屑颗粒互不接触。所以基底胶结的岩石孔隙度小，强度和稳定性完全取决于胶结物的成分。当胶结物和碎屑的成分相同时（如硅质），经重结晶作用可以转化为结晶联结，强度和稳定性将会随之提高。孔隙胶结的碎屑颗粒互相间直接接触，胶结物充填于碎屑间的孔隙中，所以其强度与碎屑和胶结物的成分都有关系。接触胶结则仅在碎屑的相互接触处有胶结物联结，所以接触胶结的岩石，一般都是孔隙度大、容重小、吸水率高、强度低、易透水。如果胶结物为泥质，与水作用则容易软化而丧失岩石的强度和稳定性。

三、岩石的构造

构造对岩石物理力学性质的影响，主要是由矿物成分在岩石中分布的不均匀性和岩石结构的不连续性决定的。前者是指某些岩石所具有的片状构造、板状构造、千枚状构造、片麻状构造以及流纹构造等。岩石的这些构造，往往使矿物成分在岩石中的分布极不均匀。一些强度低、易风化矿物，多沿一定方向富集，或成条带状分布，或成局部的聚集体，从而使岩石的物理力学性质在局部发生很大的变化。观察和试验证明，受力破坏和岩石遭受风化，首先都是从岩石的这些缺陷开始发生的。后者是指不同的矿物成分虽然在岩石中的分布是均匀的，但由于存在着层理、裂隙和各种成因的孔隙，致使岩石结构的连续性与整体性受到一定程度的影响，从而使岩石的强度和透水性在不同的方向上发生明显的差异。一般来说，垂直层面的抗压强度大于平行层面的抗压强度，平行层面的透水性大于垂直层面的透水性。假如上述两种构造同时存在，则岩石的强度和稳定性将会明显降低。

四、含水状态

岩石饱水后强度降低已为大量的试验资料所证实。当岩石受到水的作用时，水就沿着岩石中的孔隙、裂隙浸入，浸湿岩石全部自由表面上的矿物颗粒，并继续沿着矿物颗粒间的接触面向深部浸入，削弱矿物颗粒间的联结，使岩石的强度受到影响。如石灰岩和砂岩被水饱和后其极限抗压强度会降低 25%~45%。即使是花岗岩、闪长岩及石英岩等致密岩石，被水饱和后，其强度也均有一定程度的降低。降低程度在很大程度上取决于岩石的孔隙度。当其他条件相同时，孔隙度大的岩石，被水饱和后其强度降低的幅度也大。

水对岩石强度的影响在一定程度上是可逆的。当岩石干燥后其强度仍然可恢复。但是，若发生干湿循环，出现化学溶解、结晶膨胀等，使岩石的结构状态发生改变，则岩石强度的降低，就转化为不可逆的过程。

五、风化作用

风化作用(weathering)促使岩石中原有裂隙进一步扩大，并产生新的风化裂隙，使矿物颗粒间的联结松散，以及矿物颗粒沿解理面崩解，也促使岩石的结构、构造和整体性遭到破坏，孔隙度增大、重度减小、吸水性和透水性显著增高，强度和稳定性大为降低。随着化学风化过程的加强，会引起岩石中的某些矿物发生次生变化，从根本上改变了岩石原有的工程地质性质。

一般来说随着岩石风化程度的增大，岩石的孔隙率和变形性增大，其强度和弹性性能降低。所以，同一种岩石常常由于风化程度的不同，其物理力学性质差异很大。

岩石风化后，工程地质性质变差。尤其是对于岩浆岩中的深成岩，特别注意风化作用的影响。因此，需要确定岩石的风化程度。确定岩石的风化程度(表3-10)主要依据野外观察岩石中矿物颜色变化、矿物成分改变、岩石破碎程度和强度降低等四个方面的特征。风化作用相关内容请参阅第七章第一节。

表 3-10 岩石风化程度的划分

名　　称	风　化　特　征
未风化	岩石结构构造未变，岩质新鲜
微风化	岩石结构构造、矿物成分和色泽基本未变，部分裂隙面有铁锰质渲染或略有变色

续表

名　称	风　化　特　征
中等(弱)风化	岩石结构构造部分破坏，矿物成分和色泽较明显变化，裂隙面风化较剧烈
强风化	岩石结构构造大部分破坏，矿物成分和色泽明显变化，长石、云母和铁镁矿物已风化蚀变
全风化	岩石结构构造全部破坏，已崩解和分解成松散土状或砂状，矿物全部变色，光泽消失，除石英颗粒外的矿物大部分风化蚀变为次生矿物

第五节　岩体及其工程地质性质

一、岩体与工程岩体

岩体(rockmass)指包括各种地质界面，如层面、层理、节理、断层、软弱夹层等结构面的单一或多种岩石构成的地质体。因此，岩体具有不连续性、非均质性和各向异性等特点。岩石(rock)是矿物的集合体，无显著软弱结构面。岩体与岩石是两个不同的概念，不能以小型完整的单块岩石来代表岩体。岩体中结构面的发育程度、性质、充填情况以及连通程度等，对岩体的工程地质特性有很大的影响。

工程岩体(engineering rockmass)是指与工程建筑物有关的那一部分岩体。作为工业与民用建筑地基、道路与桥梁地基、地下硐室围岩、水工建筑地基的岩体，作为道路工程边坡、港口岸坡、桥梁岸坡、库岸边坡的岩体等，都属于工程岩体，其稳定性分析与评价是工程建设中十分重要的问题。影响岩体稳定性的主要影响因素有：区域稳定性、岩体结构特征、岩体变形特性与承载能力、地质构造及岩体风化程度等。

二、岩体结构

岩体结构(rockmass structure)是指结构面和结构体的排列与组合形式，包括结构面和结构体两个要素(图3-12)，它决定了岩体的工程地质特性及其在外力作用下的变形破坏机理，所以必须对岩体的结构进行研究。

(一) 结构面

结构面(structural plane)是指发育于岩体中，具有一定方向和延伸性，有一定厚度的各种地质界面，包括各种破裂面(如劈理、节理、断层面、顺层裂隙或错动面、卸荷裂隙、风化裂隙等)、物质分异面(如层理、层面、沉积间断面、片理等)以及软弱夹层或软弱带、构造岩、泥化夹层、充填夹泥(层)等。由于这种界面中断了岩体的连续性，故又称不连续面。

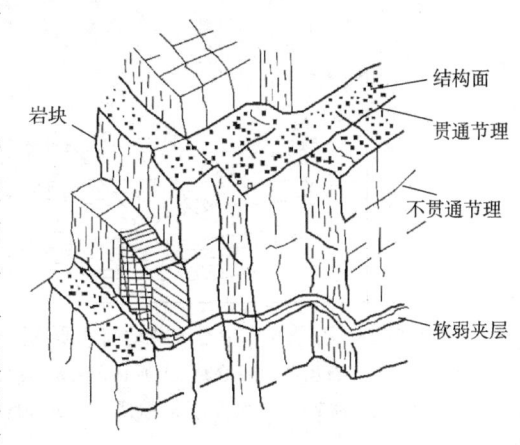

图3-12　岩体结构示意图

1. 结构面类型

按地质成因,结构面可分为原生结构面、次生结构面、构造结构面三大类。

1) 原生结构面

原生结构面(original strutural plane)是成岩时形成的,分为火成(岩浆)结构面、沉积结构面、变质结构面三种类型。

(1) 火成(岩浆)结构面是岩浆岩形成过程中形成的,如原生节理(冷凝过程形成)、侵入体与围岩的接触面、多次侵入的侵入岩之间的接触面、流纹面、火山岩中的凝灰岩夹层等。其中围岩破碎带或蚀变带、凝灰岩夹层等均属于火成软弱夹层。火成(岩浆)结构面一般不造成大规模的岩体破坏,但有时与构造断裂配合可形成岩体滑移。

(2) 沉积结构面是指沉积过程中所形成的物质分异面。如层面、层理、沉积间断面和沉积软弱夹层等。一般层面和层理结合良好,层面的抗剪强度不低,但由于构造作用产生的顺层错动或风化作用会使其抗剪强度降低。

软弱夹层(weak interlayer)是指介于硬层之间强度低、易遇水软化、厚度不大的夹层,具有高压缩性和低强度的特征。由于软弱夹层具有一定的厚度,不仅对岩体滑移稳定性具有重要意义,而且在地基中可能产生明显压缩和沉降变形。软弱夹层一般具有以下几个特征:①由原岩的超固结胶结式结构,变成了泥质散体结构或泥质定向结构;②黏粒含量较原岩增多并达一定含量;③含水量接近或超过塑限,密度比原岩小;④常具一定的膨胀性;⑤力学强度比原岩大为降低,压缩性较大;⑥由于结构松散,因而抗冲刷能力低。在渗透水流作用下易产生渗透变形。

泥化夹层是某些软弱夹层(如泥岩、页岩、千枚岩、凝灰岩、绿泥石片岩、层间错动带等)在地下水作用下黏粒含量明显增多,由固结或超固结形成的可塑黏土,天然含水量高,接近或超过塑限,产状与岩层基本一致。泥化程度视地下水作用条件而异,往往具有湿度高、密度小、强度低和变形大的特点,是导致岩体失稳破坏的常见因素。

在工程实践中,对软弱夹层的成因、性质和分布埋藏规律的研究应予以重视。国内外较大的坝基滑动及滑坡很多由此类结构面所造成的,如瓦依昂库岸滑坡的发生(图3-13)、马尔帕塞坝的破坏及秭归县千将坪滑坡等。

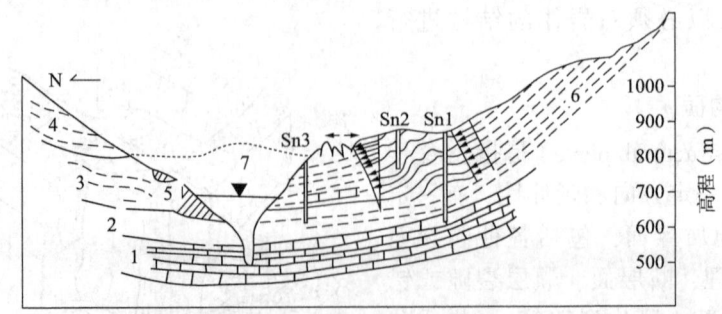

图3-13 瓦依昂库岸滑坡滑动前地质剖面和位移观测示意图(据 L. Muller, 1964)
1—石灰岩;2—含黏土夹层的薄层灰岩(侏罗系);3—含燧石灰岩(白垩系);
4—泥灰质灰岩(白垩系);5—老滑坡;6—滑移面;7—滑动后地面线;Sn2—钻孔及编号

(3) 变质结构面主要指区域变质作用中所形成的结构面,如片麻理、片理、板理都是变质作用过程中矿物定向排列形成的结构面。变质结构面的产状与岩层基本一致，延展性较差，但它们一般分布密集。片理结构面是变质结构面中最常见的，结构面常常是光滑的，但形态呈波浪状。片麻理面常呈凹凸不平状，结构面也比较粗糙。变质岩中的软弱夹层主要是片状矿物，如黑云母、绿泥石、滑石等富集带，其抗剪强度低，遇水后性质就更差。片岩夹层有时对工程及地下洞体稳定也有影响。变质较浅如千枚岩等路堑边坡常见塌方。

在原生结构面中，除了原生节理以及由于受构造运动和风化作用的影响已经脱开的软弱面外，大部分结构面仍具有一定的联结力和较高的强度。

2) 次生结构面

次生结构面(secondary structural plane)是指在风化、卸荷、应力变化、人工爆破、地下水等作用下形成的结构面，如风化节理、破碎带、卸荷节理、爆破节理、泥化夹层、夹泥层等，这种类型的结构面发育多为无序状、不平整、不连续的状态。风化带上部的风化节理发育，往深部逐渐减少，因此，次生结构面主要影响地面附近岩体的稳定性。在天然及人工边坡上常常造成危害，有时对坝基、坝肩及浅埋隧洞等工程亦有影响，在施工中一般应予以清基处理。

3) 构造结构面

构造结构面(tectonic structure plane)指在构造应力作用下，在岩体中形成的断裂面、错动面(带)、破碎带的统称，其中劈理、节理、断层面、层间错动面等属于破裂结构面。断层破碎带、层间错动破碎带均易软化、风化，其力学性质较差，属于构造软弱带(tectonic weak zone)。这类结构面除了已经胶结之外，绝大部分都是脱开的。规模较大的，多充填有厚度不等、类型和连续程度不同的充填物，其中大部分已经泥化，或者已经变成了软弱夹层(weak interlayer)，其具有低强度和高压缩性特征。因此，一般而言，除了部分构造节理外，大部分构造软弱面的特性都很弱，对岩体稳定影响很大，强度多接近于岩体的残余强度，往往导致工程岩体发生滑动破坏、塌方、冒顶等。

按照结构面的受力条件可分为压性结构面、张性结构面、扭性结构面、压扭性结构面和张扭性结构面。

(1) 压性结构面。压性结构面(compressive structural plane)由压应力挤压而成，其走向与最大主应力方向垂直。如片理面、褶皱轴面、压性节理面等。

(2) 张性结构面。张性结构面(tension structural plane)是在拉应力作用下产生的结构面，其走向与最大主应力方向一致。结构面是张开的，结构面壁粗糙。如张断裂面、张性节理面。

(3) 扭性结构面。扭性结构面(shear structural plane)由纯剪或压张应力引起的剪应力所形成的结构面，结构面壁较光滑，开口或闭口都有可能，往往成对出现。如X形断层面，X形节理面。

(4) 压扭性结构面。压扭性结构面(compression shear structural plane)既有压性结构面特征，又有扭性结构面特征，但常以其中一种为主。

(5) 张扭性结构面。张扭性结构面(tension shear structural plane)兼有张性和扭性结构面的双重特征。

(二) 结构面特征

结构面的特征包括结构面的规模、形态、连通性、充填物的性质,以及其密集程度等,它们对结构面的物理力学性质影响很大。

1. 结构面的规模(scope of structural plane)

不同类型的结构面,其规模可大可小,相差悬殊,大者延伸很远的区域性大断裂,宽度可达数十米。小者延展仅数十厘米或数十米,甚至可以是很微小的不连续节理。对工程的影响要具体工程具体分析。一般把结构面分成五级(表 3-11)。

表 3-11 结构面分级

级序	分级依据	地质类型	对岩体稳定性影响
Ⅰ级	延伸数十千米,最长达上千千米,深度可切穿一个构造层,破碎带宽度在数米、数十米以上	区域性深大断裂	影响区域稳定性;如通过工程区,形成岩体力学作用的边界
Ⅱ级	延伸数百米至数千米,破碎带宽度比较窄,几厘米至数米	大中型断层、不整合面、层间错动带、软弱夹层等	控制工程岩体力学边界条件和破坏方式,与Ⅲ级结构面的组合直接威胁工程稳定
Ⅲ级	延展十米至数十米,无破碎带,面内不含泥,有泥膜,仅在一个地质时代地层中分布	各种类型的小断层、原生软弱夹层或层间错动带	控制工程岩体力学作用的边界条件和破坏方式,直接威胁工程稳定
Ⅳ级	延展数厘米至数米,未错动,不夹泥,有的呈弱结合状态	延伸较差的节理、层理、次生裂隙、小断层及较发育的片理、劈理面	控制岩体的结构、完整性和物理力学性质
Ⅴ级	微米—毫米,细小或隐微裂面	细小节理、隐微裂面,常包含在岩块内	控制着岩块的力学性质

Ⅰ—Ⅲ级结构面为实测结构面,可经野外地质测绘工作,按其结构面的产状及其具体位置,直接表示在不同比例尺的工程地质图上。

Ⅳ—Ⅴ级结构面为统计结构面,只能在野外有明显岩层露头地点进行统计,经过室内作结构面密度统计图,认识其统计规律,它们不能直接反映在工程地质图上,但可转化为结构面的组合模型反映在岩体结构图上。

2. 结构面的形态

结构面的形态(shape of structural plane)可从侧壁的起伏形态和粗糙度两方面来进行研究。

结构面侧壁的起伏形态可分为:平直的(如层理、片理、劈理)、波状的(如波痕的层面、揉曲片理、冷凝形成的舒缓结构面)、锯齿状的、台阶状的和不规则状的几种(图 3-14)。这些结构面形态对抗剪强度有很大影响,平滑的与起伏粗糙的结构面相比,后者有较高的强度。

结构面侧壁的起伏程度可用起伏角(i)表示(图 3-15),即:

$$i = \arctan \frac{2h}{L} \tag{3-31}$$

式中 i——结构面侧壁的起伏角,(°);

h——波状起伏的结构面波峰与波谷之间的距离(起伏差),cm;
L——结构面波峰(波谷)长度,cm。

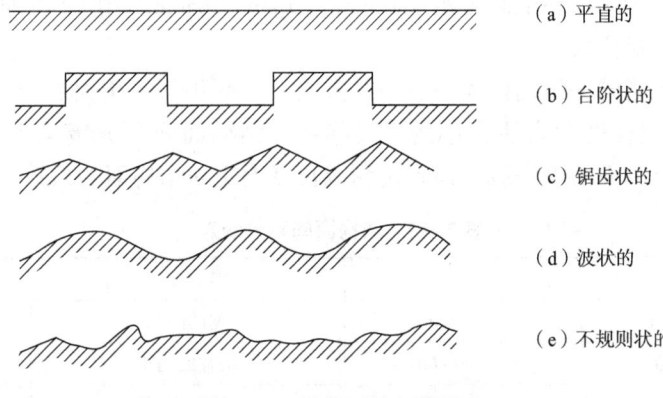

图 3-14 结构面的起伏形态

结构面的粗糙度可用粗糙度系数 JRC(Joint Roughness Coefficient)表示,它反映结构面上普遍的微量的凹凸不平状态。根据标准粗糙度剖面将结构面的粗糙度系数(JRC)分为 10 级(图 3-16)。粗糙度不同,抗剪强度也不同。粗糙度可以增加结构面的摩擦角,进而提高岩体的强度。在实际工作中,可用结构面纵剖面仪测出所研究结构面的粗糙剖面,然后与标准剖面进行比较,即可求得结构面的粗糙度系数(JRC)。

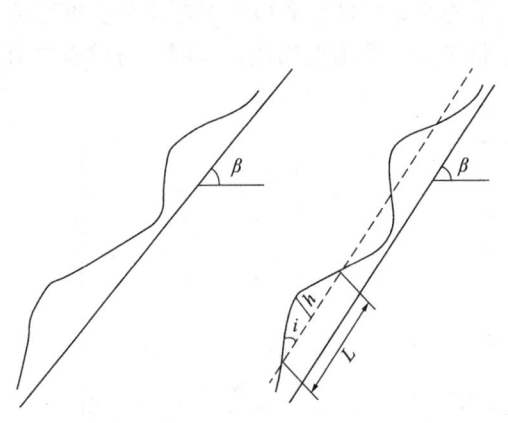

图 3-15 结构面侧壁起伏程度(起伏角 i)
i—起伏角;β—结构面倾角;h—起伏差;L—长度

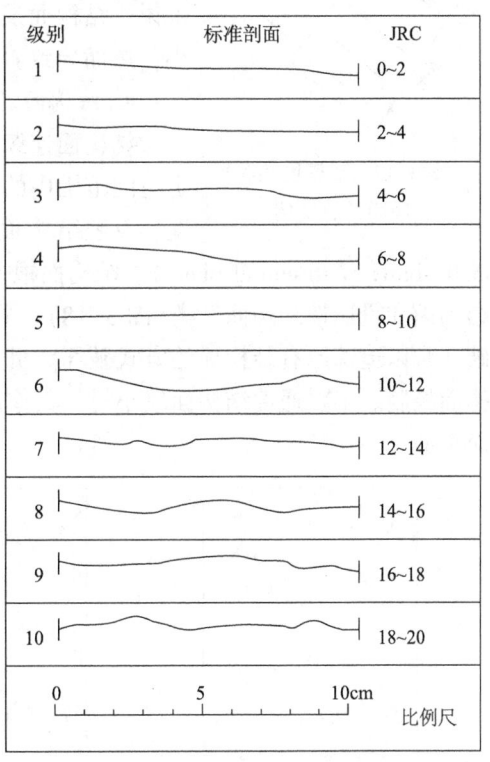

图 3-16 结构面粗糙度系数

3. 结构面的密度

结构面的密度(density of structural plane)反映结构面发育的密集程度(intensity of structural plane)，常用结构面间距(structural plane spacing)和结构面线密度(plane spacing density)等指标表示。

间距(d)则是指同一组结构面沿着法线方向上，两相邻结构面之间的平均距离，它是反映岩体的完整程度和岩块大小的重要指标。结构面间距分级见表3-12。线密度(u)是指同一组结构面沿着法线方向单位测线长度上交切结构面的条数(条/m)。

表3-12 结构面间距分级表

描 述	间距，mm	描 述	间距，mm
极密集的间距	<20	宽的间距	600~2000
很密集的间距	20~60	很宽的间距	2000~6000
密集的间距	60~200	极宽的间距	>6000
中等密集的间距	200~600		

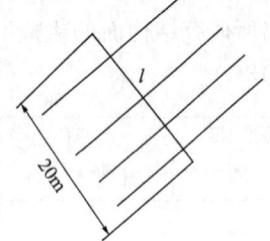

图3-17 线密度和和间距计算实例

线密度和间距互为倒数关系。图3-17中发育一组节理，方向为北东向，测线长度$l=20$m，与测量长度上交切的结构面共有$s=4$条，则$u=s/l=4$条$/20$m$=0.2$条$/$m；$d=l/s=1/u=5$m/条。

结构面的密度决定了岩体的完整性和岩块的块度。一般来说，结构面发育越密集，岩体的完整性越差，岩块块度越小，进而导致岩体的力学性质变差，渗透性增强。

4. 结构面连续性

结构面连续性(continuity of structural plane)指的是在某一定空间范围内的岩体中，结构面在走向、倾向方向的连通程度，反映结构面的贯通程度，也称为贯通性或延展性(the malleability of structural plane)。结构面根据贯通情况分为：非贯通性结构面、半贯通性结构面和贯通性结构面三类(图3-18)。非贯通性结构面具有完整和连续介质特点，其破坏常以追踪原有结构面的方式破坏。贯通性结构面力学性能和破坏机制主要受贯通结构面控制。半贯通性结构面较小时，其作用与非贯通的结构面相似，否则，与贯通结构面相似。

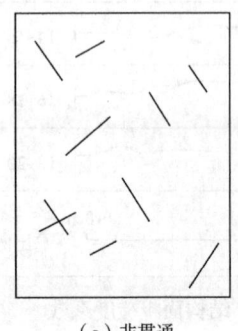
(a) 非贯通

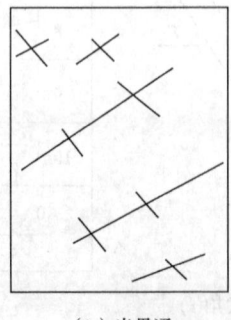
(b) 半贯通

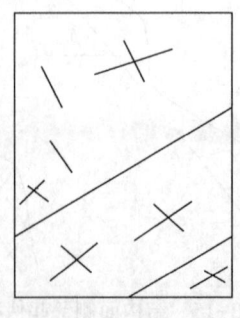
(c) 贯通

图3-18 岩体内结构面贯通类型

在工程岩体范围内，延展度大的结构面控制着岩体的强度，延展情况不同，其力学效应也不同。结构面的连续性一般通过勘探平硐、岩心、地面开挖面的统计做出判断。

5. 结构面的张开度

结构面的张开度(aperture)是指结构面两壁间的垂直距离(图3-19)，常以 mm 为单位。结构面的张开度通常不大，一般小于1mm。国际岩石试验室和现场试验标准化委员会建议，结构面的张开度根据表3-13所列的术语描述结构面的结合特征。结构面两壁面一般不是紧密接触，而是点接触或局部接触，使结构面实际接触面积减少，导致结构面黏聚力降低和渗透性增大。

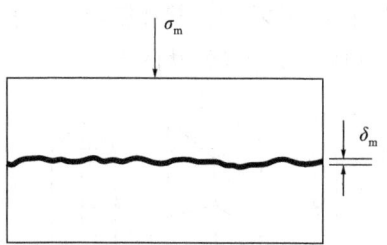

图 3-19 结构面的张开度

表 3-13 结构面结合特征的术语及描述

结构面张开度, mm	描述	结合特征	结构面张开度, mm	描述	结合特征
<0.10	很紧密	闭合结构面	>10	宽的	张开结构面
0.10~0.25	紧密		10~100	很宽的	
0.25~0.5	部分张开	裂开结构面	100~1000	极宽的	
0.5~2.5	张开		>1000	似洞的	
2.5~10	中等宽度的				

6. 结构面的充填情况(filing situtaion)

结构面经胶结后，力学性质有所改善。依据胶结物类型，有泥质胶结、钙质胶结、铁质胶结和硅质胶结。

泥质胶结强度最低，在脱水情况下有一定的强度，遇水发生泥化、软化，强度明显降低。钙质胶结强度较高，且不受水的影响，但遇酸性水强度降低。铁质胶结强度高，但易风化，力学性能不稳定。硅质胶结强度高，力学性能稳定。可见，胶结结构面随着胶结物的成分不同，其力学效应有很大的差别。未胶结且具一定张开度的结构面，其力学性质取决于充填物成分、厚度、含水性及岩壁性质等，就充填物成分来说以砂质、角砾质性质最好，黏土质、易溶盐类性质最差。

(二) 结构体

结构体(structural element)是指岩体中被结构面切割而成形状、大小不同的岩石块体。

1. 结构体类型

岩体中结构体的形状和大小是多种多样的。

1) 结构体的形状

根据结构体外形特征可大致归纳为：柱状、块状、板状、楔形、菱形和锥形等六种基本形态(图3-20)。

当岩体强烈变形破碎时，也可形成片状、碎块状、鳞片状等形式的结构体。结构体的形状与岩层产状之间有一定的关系。在沉积发育的地区，岩层为水平产状时，结构体为块状、柱状和板状；岩层缓倾斜时，结构体为块状和楔形；岩层倾斜时（倾角在30°~50°），结构体为楔形、菱形；岩层陡倾斜时，结构体为楔形和菱形；岩层直立时，结构体为块状、柱状和楔形。一般来说其稳定程度，板状结构体比柱状、块状的差，而楔状的比菱形及锥状的差。

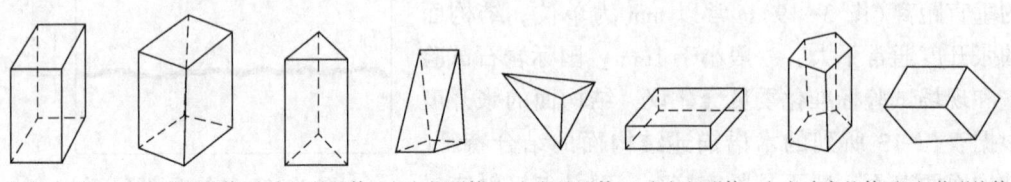

(a) 方柱(块)体　(b) 菱形柱体　(c) 三棱柱体　(d) 楔形体　(e) 锥形体　(f) 板形体　(g) 多角柱体　(h) 菱形块体

图 3-20　单元结构体的主要形状

2) 结构体的大小

结构体的大小取决于结构面组数及各组间距。最小结构体的尺寸通常用结构体的块度表示。

块度大小将决定岩体力学性质的基本描述方法。在岩体工程稳定性分析中，结构体的块度决定了工程围岩的破坏方式，从而决定了支护和加固方法。在开挖过程中结构体的块度影响施工及临时支护。如果相对工程而言块度足够大，则采用连续体分析是合适的；块度很小，则适用于散体分析。

不同类型的结构体对岩体稳定性的影响程度，由于它们的大小、形状、埋藏、位置等不同而具有极大的差异。一般讲，它们稳定程度由大到小：方形结构体>菱形结构体>楔形结构体>锥形结构体。同一类型的结构体，它们的稳定程度由大到小：块状>板状>柱状。结构体的类型不同，稳定性不同；结构体的产状不同，在一定的工程范围内，其稳定程度也不同。

2. 岩体结构类型

岩体结构指岩体中结构面与结构体的组合方式，其基本类型可分为整体结构、层状结构、块状结构、碎裂结构和散体结构五类（图 3-21）。

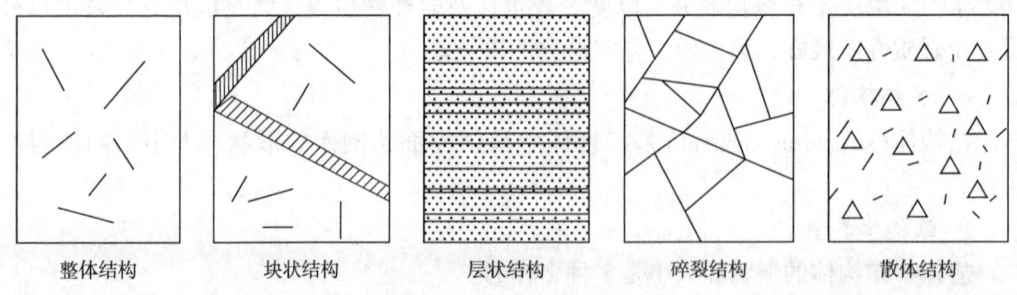

整体结构　　块状结构　　层状结构　　碎裂结构　　散体结构

图 3-21　岩体结构类型

(1) 整体结构岩体：主要指结构面间距大于 1.5m，岩性单一，节理不发育，无软弱结构面或夹泥，层面结合良好，未将岩体切割分离结构体，渗流对岩体特性影响不大，结构尺寸大于工程尺寸，可视为均质、各向同性的连续介质，力学性质和稳定性受岩性控制。这类岩体具有良好的工程地质性质，是较理想的各类工程建筑地基，边坡岩体及硐室围岩。

（2）块状结构岩体：主要指结构面间距在0.7~1.5m之间，节理发育，有若干贯通微张裂隙将岩体切割成柱状、块状或菱形等结构体。工程范围内，有两组以上节理明显发育，构成影响工程稳定性的危险岩块，其尺寸小于工程几何尺寸，常沿软弱夹层滑动。接近弹性各向同性体，变形和破坏机制受结构面力学性质控制，稳定性可按照块体极限平衡分析方法。

（3）层状结构岩体：结构面间距在0.25~0.5m称为层状，小于0.25m称为薄层状。是由中厚及薄层的均一、坚硬、软弱或软硬相间的沉积岩或沉积变质岩形成的岩体。结构面以层理、片理、节理为主，往往有层间错动或扭动，层面强度低，黏结力小，常构成软弱结构面，结构体呈板状、片状相互紧密叠合。工程范围内，一组节理明显发育，在层内具有均一的地质特征与力学特征，属各向异性、层内均质的连续介质。其变形和强度特征受层面及岩层组合控制，岩体稳定性较差。这类岩体可作为工程建筑地基，但应注意结构面结合力不强的情况，常发生顺层滑动、层间张裂及岩层弯曲折断。

（4）碎裂结构岩体：结构面间距小于0.5m，各种结构面与断裂交叉发育，且多为泥质充填。岩体破碎，呈块状或片状，局部裹有坚硬的大块或条块状岩石，属不均一的不连续介质，随着结构体数的增加，岩体的整体强度降低。岩体稳定性受岩体完整性、结构面的性能、结构体的强度等控制。镶嵌结构岩体因其结构体为硬质岩石，尚具较高的变形模量和承载能力，工程地质性能尚好；而层状碎裂结构和碎裂结构岩体则变形模量、承载能力均不高，工程地质性质较差，可沿结构面的滑移和张裂、结构体的剪切、张裂及塑性流动，稳定性很差，可根据块体力学方法进行计算。

（5）散体结构岩体：主要为各种剧烈风化或挤压破碎的岩体。结构面相当发育，呈网状，岩体极度破碎，并混有断层泥，呈松散堆积或压密堆积，有塑性和流变特征。如大型断裂破碎带、大型岩浆岩侵入接触破碎带及强烈风化带，稳定性极差，岩体属性接近松散体介质，可按照松散介质力学分析。

三、影响岩体工程地质性质的主要因素

岩体赋存于一定地质环境之中，地应力、地温、地下水等因素对其物理力学性质有很大影响。影响岩体工程地质性质的因素，从地质观点来看是很多的；但从工程观点来看，影响岩体工程地质性质的因素，起主导和控制作用的，则为数不多，主要有：岩石的强度和质量、岩体的完整性、风化程度和水的影响等。风化作用对岩体工程地质性质的影响已在本书前面有所分析，下面仅就另外三个因素对岩体工程地质性质的影响作简要的论述。

（一）岩石的强度和质量

岩石质量的优劣对岩体质量的好坏有着明显的影响。室内实验的岩石试件只是为实验室实验而加工的岩块，已完全脱离了原有的地质环境。

从工程的观点来看，岩石质量的好坏主要表现在它的强度（抵抗破坏的能力）和刚度（抵抗变形的能力）方面。而作为工程建筑物基础和围岩的岩体，欲衡量其工程地质性质属性的好坏，主要也表现在岩体的强度和刚度这两个方面。岩体强度远远低于岩石

强度，评价和衡量岩石质量好坏，至今没有统一的方法和标准，目前多沿用室内单轴抗压强度指标来反映。

（二）岩体的完整性

一般来说，岩体工程地质性质的好坏基本上不取决于或很少取决于组成岩体的岩块的力学性质，而是取决于包括受到各种地质因素和地质条件影响而形成的软弱面、软弱带和其间充填的原生或次生物质的性质。因此，即使组成岩体的岩质相同，其岩体的完整性却不一定相同，其工程地质性质也会迥然不同。

岩体被断层、节理、裂隙、层面、岩脉、破碎带等所切割是导致岩体完整性遭到破坏和削弱的根本原因。因此，岩体的完整性可以用被节理切割之岩块的平均尺寸来反映；也可以用节理裂隙出现的频度、性质、闭合程度等来表达；还可以根据灌浆时的耗浆量，施工中选用的掘进工具、开挖方法、日进尺量，钻孔钻进时的岩心获得率，抽水试验中的渗流量，弹性波在地层中的传播速度，甚至变形试验中的变形量、室内外弹模比和现场动静弹模的比值等多种途径去定量地反映岩体的完整性。岩体变形远远大于岩石本身。总之，岩体的完整性可用地质、试验和施工等方面的各种定性、定量指标参数来表达。

（三）水的影响

水对岩体质量的影响表现在两个方面：一是使岩石的物理力学性质恶化；二是沿岩体的裂隙形成渗流，影响岩体的稳定性。现就第一方面作简要论述。

水对岩石的影响主要还是表现在其对岩石强度的削弱方面，这种削弱的程度深受岩石成因的影响。一般来说，水对火成岩类和大部分的变质岩类以及少部分的沉积岩类的影响要小些；而对部分变质岩、少数火成岩和大多数的沉积岩类的影响较大，尤其对那些泥质岩类的影响则甚为显著。水对一些特殊岩类，如石膏、岩盐等的影响，则需作专门的研究。

考虑到水对岩石的影响主要表现在其对岩石强度的削弱方面，而理论上和实践中均知道，岩石的各种强度可用它的抗压强度来表示。因此，水对岩石的影响就可用岩石浸水饱和前后的单轴干、湿抗压强度之比来表示。

四、岩体的工程地质性质

岩体的工程地质性质首先取决于岩体结构类型与特征，其次才是组成岩体的岩石的性质（或结构体本身的性质）。在分析岩体的工程地质性质时，必须首先分析岩体的结构特征及其相应的工程地质性质，其次再分析组成岩体的岩石的工程地质性质，有条件时配合必要的室内和现场岩体（岩块）的物理力学性质试验，加以综合分析，才能确切地把握和认识岩体的工程地质性质。

不同结构类型岩体的工程地质性质如下：

（1）整体及块状结构岩体：结构面稀疏、延展性差、结构体块度大且常为硬质岩石，故整体强度高、变形特征接近于各向同性的均质弹性体，变形模量、承载能力与抗滑能力均较高，抗风化能力一般也较强，故这类岩体具有良好的工程地质性质，是较理想的各类工程建筑地基、边坡岩体及硐室围岩。

（2）层状结构岩体：结构面以层面与不密集的节理为主，结构面多闭合——微张状、一般风化微弱、结合力一般不强，结构体块度较大且保持着母岩岩块性质，故这类岩体总体变形模量和承载能力均较高，可作为工程建筑地基，但应注意结构面结合力不强的情况。

（3）碎裂结构岩体：节理、裂隙发育、常有泥质充填物质，结合力不强，其中层状岩体常有平行层面的软弱结构面发育，结构体块度不大，岩体完整性破坏较大，其中镶嵌结构岩体因其结构体为硬质岩石，尚具较高的变形模量和承载能力，工程地质性能尚好；而层状碎裂结构和碎裂结构岩体则变形模量、承载能力均不高，工程地质性质较差。

（4）散体结构岩体：节理、裂隙很发育，岩体十分破碎，岩石手捏即碎，属于碎石土类，可按碎石土类研究。

第六节 岩体的工程分级

一、分级的目的

岩体工程分级的目的，是对作为工程建筑物地基或围岩的岩体，从工程的实际要求出发，对它们进行分级；并根据其特性进行试验，得出相应的设计计算指标或参数，以便使工程建设达到经济、合理、安全的目的。

根据用途的不同，岩体的工程分级有通用分级和专用分级两种。前者是供各个学科领域、各国民经济部门笼统使用的分级，是一种较少针对性的、原则性的、大致的分级；而专用分级，是针对某一学科领域，某一具体工程，或某一工程的具体部位岩体的特殊要求，或专为某种工程目的服务而专门编制的分级。与通用分级相比，专用分级所涉及的面要窄一些，考虑的影响因素要少一些，但更深入和细致。

分级的目的不同要求也不一样。对水利水电工程来讲，须着重考虑水的影响这一特点；对于地下工程，则应着重研究地压问题；对于为钻进、开挖用的分级，则主要是考虑岩石的坚硬程度。一般对大工程要求高些，小工程就可放宽一些。同是大型工程，初设阶段和施工图设计阶段的要求也各不相同。总之，岩体工程分级是为一定的具体工程服务的，是为某种目的编制的，其内容和要求须视工程类型、不同设计阶段和所要解决的问题而定。

二、工程岩体分级的代表性方案

20世纪70年代以来，国内外提出了许多工程岩体的分级方法，其中影响较大的有RMR系统、RSR系统、Q系统、Z系统和BQ系统（表3-14）。任何一种岩体分级方法都存在一定的针对性，例如用于锚杆支护的围岩分级、地铁岩层分级、坝基岩体分级及工程地质的岩石分级等。任何一种岩体分级方法都存在一定的局限性。

表3-14中，岩石质量指标RQD（Rock Quality Designation）是指用直径为75mm的金刚钻头，双层岩心管在岩石中钻进，连续取心，长度大于10cm的岩心总长度与本回次钻探进尺的比值，以百分数表示[式（3-32）]。岩石质量指标RQD是岩体分类和评价地下硐室围岩质量的重要指标。

表 3-14 工程岩体分级的若干代表性方案

分级方案	计算公式	参　数	等级划分
RMR 系统	$RMR=A+B+C+D+E+F$ (T. Bieniawski, 1973)	A——岩石强度，分数 15~0； B——RQD（岩石质量指标），分数 20~3； C——不连续面间距（26m），分数 20~5； D——不连续面性状（粗糙—夹泥），分数 30~0； E——地下水（干燥—流动），分数 15~0； F——不连续面产状条件（很好—很差），分数 0~12。	Ⅰ很好 RMR=100~81 Ⅱ好 RMR=80~61 Ⅲ中等 RMR=61~41 Ⅳ差 RMR=40~21 Ⅴ很差 RMR≤20
RSR 系统	$RSR=A+B+C$ (G. E. Wickham, 1974)	A——地质（岩石类型：按三大岩类由硬质到破碎划分为 4 个等级，构造由整体到强断裂褶皱划分为 4 个等级），分数 30~6； B——节理裂隙特征（按整体到极密集分为 6 个等级，按走向与掘进方向关系折减），分数 45~7； C——地下水（无至大量），分数 25~6。	RSR 变化范围为 25~100
Q 系统	$Q=(RQD/J_n)(J_r/J_a)$ (J_w/SRF) (Barton, 1974)	RQD——岩石质量指标，0~100； J_n——裂隙组数（无到完整），0.5~20； J_r——裂隙粗糙度（粗糙到镜面），4~0.5； J_a——裂隙蚀变系数（新鲜到侵变夹泥），0.75~20； J_w——裂隙水折减系数（干燥到特大水流），1~0.05； SRF——应力折减系数（高应力状态趋于流动的岩石到接近地表的坚固岩石），20~2.5； RQD/J_n——表示岩体的完整性； J_r/J_a——表示结构面的形态、充填物特征及其次生变化程度； J_w/SRF——表示水与其他地应力存在时对岩体质量的影响。	特好 Q=400~1000 极好 Q=100~400 很好 Q=40~100 好 Q=10~40 一般 Q=4~10 坏 Q=1~4 很坏 Q=0.1~1 极坏 Q=0.01~0.1 特坏 Q=0.001~0.01
Z 系统	$Z=I/R$ (谷德振, 1979)	I——完整性系数，$I=(V_m/V_r)^2$，V_m 为岩体中纵波波速，V_r 为岩石中纵波波速； f——结构面抗剪强度系数； R——岩石坚固系数，$R=[\sigma_{最}]/100$，$[\sigma_{最}]$ 为岩石湿单轴抗压强度。	Z 的变化范围为 0.01~20
BQ 系统	$BQ=100+3R_c+250K_v$ $[BQ]=BQ-100(K_1+K_2+K_3)$	R_c——岩石单轴饱和抗压强度； K_v——岩体完整性指数（岩体速度指数）； K_1——地下水影响修正系数； K_2——主要软弱结构面状影响修正系数； K_3——初始应力状态影响修正系数。	Ⅰ BQ 或 [BQ]>550 Ⅱ BQ 或 [BQ]=550~451 Ⅲ BQ 或 [BQ]=450~351 Ⅳ BQ 或 [BQ]=350~251 Ⅴ BQ 或 [BQ]≤250

岩心采取率（core extraction）是指钻孔中取得的岩心长度（完整岩石和破碎岩石总长度）与本回次钻探进尺的比值，用百分数表示。岩心采取率是反映钻探质量的指标，和地层岩性破碎程度、钻探技术和质量控制有关。

$$RQD = \frac{L_p(>10\text{cm 的岩心断块累计长度})}{L_t(\text{岩心进尺总长度})} \times 100\%$$

（3-32）

比如某钻孔的长度为250cm，其中岩心采取总长度为200cm，而大于10cm的岩心总长度为157cm（图3-22），则：

岩石质量指标 RQD 为（26+30+41+45+15）/250×100% = 63%。

岩石采心率为（26+5+30+7+5+41+4+7+45+8+7+15）/250×100% = 80%。

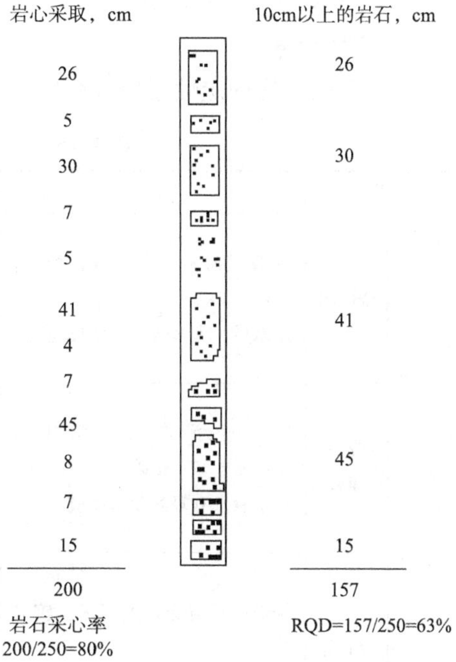

《岩土工程勘察规范（2009年版）》（GB 50021—2001）中根据岩石质量指标 RQD 分类见表3-15。

图 3-22 RQD 和岩心采取率实例

表 3-15 岩石质量指标 RQD 分类

类　　别	RQD,%	岩石质量
1	90~100	好
2	75~90	较好
3	50~75	较差
4	25~50	差
5	<25	极差

三、工程岩体分级标准

为统一工程岩体分级方法，并为岩石工程勘察、设计、施工和运行提供基本依据，由中华人民共和国住房和城乡建设部批准，中华人民共和国水利部主编的《工程岩体分级标准》（GB/T 50218—2014）于2015年5月1日正式施行。本标准适用于各类型岩石工程的岩体分级。工程岩体分级应采用定性判别与定量测试相结合的方法，并分两步进行，先确定岩体基本质量，再结合具体工程的特点确定工程岩体级别。下面对该标准作专门介绍。

（一）工程岩体质量初步分级

工程岩体质量初步分级是通过对岩石坚硬程度和岩体完整程度两项指标进行定性和定量分析基础上确定的。

1. 岩石坚硬程度的确定

1) 定性划分

岩石坚硬程度的定性划分方法见表3-16。

表3-16 岩石坚硬程度的定性划分

名称		定性鉴定	代表性岩石
硬质岩	坚硬岩	锤击声清脆，有回弹，震手，难击碎；浸水后，大多数无吸水反应	未风化~微风化的：花岗岩、正长岩、闪长岩、辉绿岩、玄武岩、安山岩、片麻岩、硅质板岩、石英岩、硅质胶结的砾岩、石英砂岩、硅质石灰岩等
硬质岩	较坚硬岩	锤击声较清脆，有轻微回弹，稍震手，较难击碎；浸水后，有轻微吸水反应	1. 中等(弱)风化的坚硬岩； 2. 未风化~微风化的：熔结凝灰岩、大理岩、板岩、白云岩、石灰岩、钙质砂岩、粗晶大理岩等
软质岩	较软岩	锤击声不清脆，无回弹，较易击碎；浸水后，指甲可刻出印痕	1. 强风化的坚硬岩； 2. 中等(弱)风化的较坚硬岩； 3. 未风化~微风化的：凝灰岩、千枚岩、砂质泥岩、泥灰岩、泥质砂岩、粉砂岩、砂质页岩等
软质岩	软岩	锤击声哑，无回弹，有凹痕，易击碎；浸水后，手可掰开	1. 强风化的坚硬岩； 2. 中等(弱)风化~强风化的较坚硬岩； 3. 中等(弱)风化的较软岩； 4. 未风化的泥岩、泥质页岩、绿泥石片岩、绢云母片岩等
软质岩	极软岩	锤击声哑，无回弹，有较深凹痕，手可捏碎；浸水后，可捏成团	1. 全风化的各种岩石； 2. 强风化的软岩； 3. 各种半成岩

岩石坚硬程度定性划分时，其风化程度按表3-10确定。

2) 定量确定

岩石坚硬程度的定量指标采用岩石饱和单轴抗压强度(R_c)的实测值。当无条件取得实测值时，也可采用实测的岩石点荷载强度指数($I_{s(50)}$)的换算值，并按式(3-33)换算：

$$R_c = 22.82 I_{s(50)}^{0.75} \qquad (3-33)$$

岩石饱和单轴抗压强度(R_c)与定性划分的岩石坚硬程度的对应关系见表3-17。

表3-17 岩石坚硬程度与饱和单轴抗压强度对应关系

R_c，MPa	>60	60~30	30~15	15~5	≤5
坚硬程度	硬质岩	硬质岩	软质岩	软质岩	软质岩
坚硬程度	坚硬岩	较坚硬岩	较软岩	软岩	极软岩

2. 岩体完整程度的确定

1) 定性划分

岩体完整程度的定性划分见表3-18。其中，结构面的结合程度按表3-19确定。

表3-18 岩体完整程度的定性划分

完整程度	结构面发育程度		主要结构面的结合程度	主要结构面的类型	相应结构类型
	组数	平均间距，m			
完整	1~2	>1.0	结合好或结合一般	节理、裂隙、层面	整体状或巨厚层状结构
较完整	1~2	>1.0	结合差	节理、裂隙、层面	块状或厚层状结构
	2~3	1.0~0.4	结合好或结合一般		块状结构
较破碎	2~3	1.0~0.4	结合差	节理、裂隙、劈理、层面、小断层	裂隙块状或中厚层状结构
	≥3	0.4~0.2	结合好		镶嵌碎裂结构
			结合一般		薄层状结构
破碎	≥3	0.4~0.2	结合差	各种类型结构面	裂隙块状结构
		≤0.2	结合一般或结合差		碎裂结构
极破碎	无序		结合很差		散体状结构

注：平均间距指主要结构面间距的平均值。

表3-19 结构面结合程度的划分

名称	结构面特征
结合好	张开度小于1mm，为硅质、铁质或钙质胶结，或结构面粗糙，无充填物；张开度1mm~3mm，为硅质或铁质胶结；张开度大于3mm，结构面粗糙，为硅质胶结
结合一般	张开度小于1mm，结构面平直，钙泥质胶结或无充填物；张开度1mm~3mm，为钙质胶结；张开度大于3mm，结构面粗糙，为铁质或钙质胶结
结合差	张开度1mm~3mm，结构面平直，为泥质胶结或钙泥质胶结；张开度大于3mm，多为泥质或岩屑充填
结合很差	泥质充填或泥夹岩屑充填，充填物厚度大于起伏差

2) 定量确定

岩体完整程度的定量指标采用岩体完整性指数(K_v)的实测值。岩体完整性指数(K_v)应针对不同的工程地质岩组或岩性段，选择有代表性的点、段，测定岩体弹性纵波速度，并应在同一岩体取样测定岩石弹性纵波速度。K_v值应按式(3-34)计算：

$$K_v = \left(\frac{V_{pm}}{V_{pr}}\right)^2 \tag{3-34}$$

式中 V_{pm}——岩体弹性纵波速度，km/s；

V_{pr}——岩石弹性纵波速度，km/s。

当无条件取得实测值时，也可采用岩体体积节理数(J_v)，并按表3-20确定。岩体完整性指数(K_v)与定性划分的岩体完整程度的对应关系按表3-21确定。

表3-20　J_v 和 K_v 对照表

J_v，条/m³	<3	3~10	10~20	20~35	≥35
K_v	>0.75	0.75~0.55	0.55~0.35	0.35~0.15	≤0.15

表3-21　K_v 与定性划分的岩体完整程度的对应关系

K_v	>0.75	0.75~0.55	0.55~0.35	0.35~0.15	≤0.15
完整程度	完整	较完整	较破碎	破碎	极破碎

3. 岩体基本质量分级

在上述岩体质量定量评价的基础上，可据式(3-35)确定岩体基本质量指标(BQ)：

$$BQ = 100 + 3R_c + 250K_v \tag{3-35}$$

使用该式时，应符合下列规定：

(1) 当 $R_c > 90K_v + 30$ 时，应以 $R_c = 90K_v + 30$ 和 K_v 代入计算 BQ 值。

(2) 当 $K_v > 0.04R_c + 0.4$ 时，应以 $K_v = 0.04R_c + 0.4$ 和 R_c 代入计算 BQ 值。

根据岩体基本质量的定性特征和岩体基本质量指标两方面的特征，按表3-22对岩体质量进行初步定级。

表3-22　岩体基本质量分级

岩体基本质量级别	岩体基本质量的定性特征	岩体基本质量指标(BQ)
Ⅰ	坚硬岩，岩体完整	>550
Ⅱ	坚硬岩，岩体较完整； 较坚硬岩，岩体完整	550~451
Ⅲ	坚硬岩，岩体较破碎； 较坚硬岩，岩体较完整； 较软岩，岩体完整	450~351
Ⅳ	坚硬岩，岩体破碎； 较坚硬岩，岩体较破碎~破碎； 较软岩，岩体较完整~较破碎； 软岩，岩体完整~较完整	350~251
Ⅴ	较软岩，岩体破碎； 软岩，岩体较破碎~破碎； 全部极软岩及全部极破碎岩	≤250

(二) 工程岩体质量的详细分级

当遇有地下水、初始应力场、岩体稳定性受软弱结构面影响且由一组起控制作用或工程岩体存在由强度应力比所表征的初始应力状态(表3-23)条件下的主要现象时，应用岩体基本质量指标修正值([BQ])。

表 3-23　工程岩体强度应力比评估

高初始应力条件下的主要现象	$\dfrac{R_c}{\sigma_{max}}$
1. 硬质岩：岩心常有饼化现象；开挖过程中时有岩爆发生，有岩块弹出，洞壁岩体发生剥离，新生裂缝多，围岩易失稳；基坑有剥离现象，成形性差。 2. 软质岩：开挖过程中硐室岩体有剥离，位移极为显著，甚至发生大位移，持续时间长，不易成洞；基坑发生显著隆起或剥离，不易成形	<4
1. 硬质岩：岩心时有饼化现象；开挖过程中偶有岩爆发生，洞壁岩体有剥离和掉块现象，新生裂缝较多；基坑时有剥离现象，成形性一般尚好。 2. 软质岩：开挖过程中硐室岩体位移显著，持续时间较长，围岩易失稳；基坑有隆起现象，成形性较差	4~7

注：σ_{max} 为垂直洞轴线方向的最大初始应力。

按表 3-22 对岩体质量进行详细定级。岩体基本质量指标修正值的计算式：

$$[BQ] = BQ - 100(K_1 + K_2 + K_3) \quad (3-36)$$

式中　K_1——地下水影响修正系数；

　　　K_2——主要结构面产状影响修正系数；

　　　K_3——初始应力状态影响修正系数。

K_1、K_2、K_3 值分别按表 3-24、表 3-25 和表 3-26 确定。无表中所列情况时，修正系数取 0。[BQ]出现负值时，应按特殊情况处理。

表 3-24　地下水影响修正系数(K_1)

地下水出水状态	BQ				
	>550	550~451	450~351	350~251	≤250
潮湿或点滴状出水，$P \leq 0.1$ 或 $Q \leq 25$	0	0	0~0.1	0.2~0.3	0.4~0.6
淋雨状或线流状出水，$0.1 < P \leq 0.5$ 或 $25 < Q \leq 125$	0~0.1	0.1~0.2	0.2~0.3	0.4~0.6	0.7~0.9
涌流状出水，$P > 0.5$ 或 $Q > 125$	0.1~0.2	0.2~0.3	0.4~0.6	0.7~0.9	1.0

注：1. P 为地下工程围岩裂隙水压(MPa)；
　　2. Q 为每10m洞长出水量[L/(min·10m)]。

表 3-25　主要软弱结构面产状影响修正系数(K_2)

结构面产状及其与洞轴线的组合关系	结构面走向与洞轴线夹角<30° 结构面倾角 30°~75°	结构面走向与洞轴线夹角>60° 结构面倾角>75°	其他组合
K_2	0.4~0.6	0~0.2	0.2~0.4

表 3-26　初始应力状态影响修正系数(K_3)

围岩强度应力比 $\left(\dfrac{R_c}{\sigma_{max}}\right)$	BQ				
	>550	550~451	450~351	350~251	≤250
<4	1.0	1.0	1.0~1.5	1.0~1.5	1.0
4~7	0.5	0.5	0.5	0.5~1.0	0.5~1.0

根据修正值[BQ]的工程岩体分级仍按表3-22进行,各级岩体的物理力学参数和围岩自稳能力可按表3-27确定。

表3-27 各级岩体物理力学参数即围岩自稳能力表

级别	密度 ρ, g/cm³	抗剪强度 φ, (°)	抗剪强度 c, MPa	变形模量 E, GPa	泊松比 μ	围岩自稳能力
I	>2.65	>60	>2.1	>33	0.2	跨度≤20m,可长期稳定,偶有掉块,无塌方
II	>2.65	60~50	2.1~1.5	33~20	0.2~0.25	跨度10~20m,可基本稳定,局部可掉块或小塌方；跨度<10m,可长期稳定,偶有掉块
III	2.65~2.45	50~39	1.5~0.7	20~6	0.25~0.3	跨度10~20m,可稳定数日~1月,可发生小至中塌方；跨度5~10m,可稳定数月,可发生局部块体移动及小至中塌方；跨度<5m,可基本稳定
IV	2.45~2.25	39~27	0.7~0.2	6~1.3	0.3~0.35	跨度>5m,一般无自稳能力,数日至数月内可发生松动,小塌方,进而发展为中至大塌方。埋深小时,以拱部松动为主,埋深大时,有明显塑性流动和挤压破坏；跨度≤5m,可稳定数日至1月
V	<2.25	<27	<0.2	<1.3	>0.35	无自稳能力

注：小塌方：塌方高<3m,或塌方体积<30m³；中塌方：塌方高度3~6m,或塌方体积30~100m³；大塌方：塌方高度>6m,或塌方体积>100m³。

复习思考题

1. 简述岩石的几种强度指标。
2. 解释岩石的吸水率、饱水率、软化系数。
3. 什么是风化作用？风化作用主要有哪几种类型？
4. 物理风化、化学风化和生物风化三者之间有什么关系？如何联系？
5. 请解释成语"千里之堤,溃于蚁穴"的地质含义。
6. 影响岩石工程地质性质的因素有哪些？
7. 请举例说明生物风化作用和化学风化作用对城市建设的影响？
8. 如何运用风化作用的知识来保护文物古迹？
9. 工程岩体分级的目的和意义是什么？
10. 影响岩体工程性质的主要因素有哪些？
11. 试比较工程岩体分级代表性方案的异同点。
12. 为什么说岩石坚硬程度和岩体完整程度是控制岩体质量的基本因素？
13. 工程建设中常提到"岩土体",请问什么是岩土体,岩体和土体有什么共性和差别？

第四章 土的成因类型及工程地质性质

> **本章提要**
>
> **主要内容**：第四纪地质特征；土的工程分类；土的成因类型及特征；特殊土的工程地质性质。
>
> **难点与重点**：土的工程分类；特殊土的工程地质性质。

第一节 第四纪地质特征

第四纪（quaternary）是新生代（cenozoic）最晚的一个纪，也是包括现代在内的地质发展历史的最新时期，是距今最近的地质年代（geological time）。在第四纪历史上发生了两大变化，即人类的出现和冰川作用（glaciation），这反映了第四纪时所特有的自然地理环境、构造运动和火山活动等方面的特点。

凡第四纪松散物质沉积成土后，再在一个相当长的稳定环境中经受生物化学及物理化学的成壤作用（pedogenesis）所形成的土体，统称为土壤（soil）。工程地质学中所说的土体（soil mass）与通常所称的土壤不同，是指由地壳表层坚硬岩石在漫长的地质年代里，经过风化、剥蚀等外力作用，破碎成大小不等的岩石碎块或矿物颗粒，这些岩石碎块在斜坡重力作用、流水作用、风力吹扬作用、剥蚀作用、冰川作用以及其他外力作用下被搬运到适当的环境下沉积成各种类型而未经受成壤作用的土。一般时代较老的土体受上覆沉积物的自重压力和地下水作用，经受压密固结作用而具有一定的强度和稳定性，这就是工程地质所讲到的土体，是人类活动和工程建设研究的对象。当土体形成后，又可在适当条件下被风化、剥蚀、搬运、沉积，如此周而复始，不断循环。

但由于第四纪沉积的历史相对较短，又未经固结硬化成岩作用，使在第四纪形成的各种沉积物呈松散、软弱、多孔状态，与岩石的性质相比有显著的差异。它们广泛分布于地球的陆地和海洋，由岩石碎屑、矿物颗粒组成，其间孔隙中充填着水和气体，形成由固相、液相、气相组成的三相体系。

第二节 土的物质组成

通常认为，土是由固体、液体和气体三相物质组成（图4-1）。其中，固体常表现为颗粒状，由矿物质组成，形成土体的骨架；液体和气体则填充土体骨架中的孔隙空间。天然土中液体通常是指水，气体则为空气。当土体孔隙中充满水时，这种土被称为

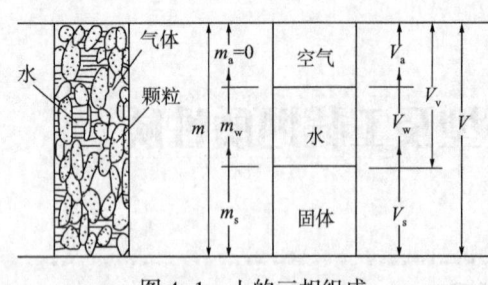

图 4-1 土的三相组成

饱和土(saturated soil);当土体孔隙中充满气时,则被称为干土(dry soil);当土体孔隙中一部分为水,一部分为气时,则被称为非饱和土(unsaturated soil)。土体的性质受到所含三种物质组成性质及占比影响。

图 4-1 中 m_s 和 V_s 分别是土粒质量和体积;m_w 和 V_w 分别是水的质量和体积;m_a 和 V_a 分别是空气的质量和体积。V_v 和 V 分别是孔隙的总体积和土的体积。各指标之间的关系:$m=m_s+m_w$,$m_a\approx 0$,$m_w=\rho_w \cdot V_w$,$V=V_s+V_v=V_s+V_w+V_a$,$V_v=V_w+V_a$。

一、土中固体颗粒

土中固体颗粒是形成土体骨架结构的关键成分。固体颗粒的矿物成分、大小、形态、颗粒的联结方式以及与其余两相的相互作用等是影响土体工程性质的决定性因素。其中,土的矿物成分按成因分类主要包括原生矿物、次生矿物和有机质等。

(一)原生矿物

原生矿物是岩石风化后,化学成分没有变化,化学性质稳定的矿物。原生矿物主要有抗风化能力较强的石英、长石、云母等,其次是抗风化能力相对较差的角闪石、辉石、橄榄石等。原生矿物通常形成颗粒较粗,因此是形成粗粒土的主要矿物成分。同时,这些矿物的物理化学性质较为稳定,对土体工程性质的影响主要表现在其颗粒形状、坚硬程度和抗风化能力等因素的不同。但总体来讲,这类矿物组成的土表现出无黏性、渗透性强、压缩性低以及强度大的特点。

(二)次生矿物

次生矿物是原生矿物在一定的地表环境条件下经化学风化作用后形成新的颗粒更细小的矿物。土体中最主要的次生矿物为黏土矿物,而黏土矿物分为蒙脱石、伊利石以及高岭石三类。虽然黏土矿物都具有颗粒极细的特点(粒径一般小于5mm),但不同类型的黏土矿物因矿物晶体结构的差异表现出不同的物理力学性质。且在土体中相对含量不大(含量小于1/3)的情况下,黏土矿物也会对土体的工程性质起到控制性作用。而由黏土矿物组成的土体通常表现出有黏性、渗透性弱、压缩性高以及强度较低的特点。

(三)有机质

有机质是由土层中的动植物分解形成或是由微生物组成。当动植物残骸分解不完全时形成泥炭,具有疏松、多孔的特点;而当动植物残骸分解完全时则形成腐殖质,其颗粒极细(粒径小于 $0.1\mu m$),具有胶体性质。有机质的存在,对土体工程性质影响甚大,且皆为不利的影响。即使含量很小,也对土体工程性质有较大影响。随着有机质含量增大,土体表现出分散性增强、胀缩性增大、强度降低。

二、土中的水

在天然状态下,土体中或多或少含有一定水分,但土中的水可以呈液态、气态或固态。

土中水的类型、状态和数量对土体的工程性质带来影响。根据土中水的性质，一般可以划分为结合水、毛细水和重力水三大类型。

（一）结合水

根据结合水（bound water）在矿物中的存在位置又可以分为矿物中结合水和土粒表面结合水。

1. 矿物中结合水

矿物中的结合水存在于土粒的内部，又称为矿物内部结合水。它是矿物的组成部分，以不同的形式存在于矿物内部的不同位置上。按水分子与结晶格架结合的牢固程度不同，由强到弱可分为结构水、结晶水和沸石水。结合作用力越大，矿物中结合水析出所需要的温度越高。当这类结合水从原来矿物中析出后，会形成新的矿物，因此土的性质也随之发生变化。但矿物中结合水析出所需温度较高，以沸石水为例，当温度达到80~120℃时水分子才可析出。因此，在自然条件下，通常只是将矿物结合水看作矿物的组成部分，通过矿物成分影响土体性质。

2. 矿物表面结合水

因细小的黏土颗粒表面带有负电荷，当孔隙中的水与之接触时，土体表面的静电引力作用，将水分子极化后吸附于土颗粒表面，而形成水膜，因此称为土粒表面结合水，简称"结合水"。因静力引力场随着土粒表面距离的增大而逐渐减弱，当水分子脱离引力作用，即由结合水转变为自由水。如图4-2所示，结合水越靠近土粒表面，吸引力越强，水分子排列越紧密、整齐，活动性越小。随着距离的增大，吸引力减弱，活动性增大。因此，一般根据结合作用力的强弱将结合水分为强结合水和弱结合水两种类型。而形成土粒表面结合水的同时，也就形成了黏土颗粒

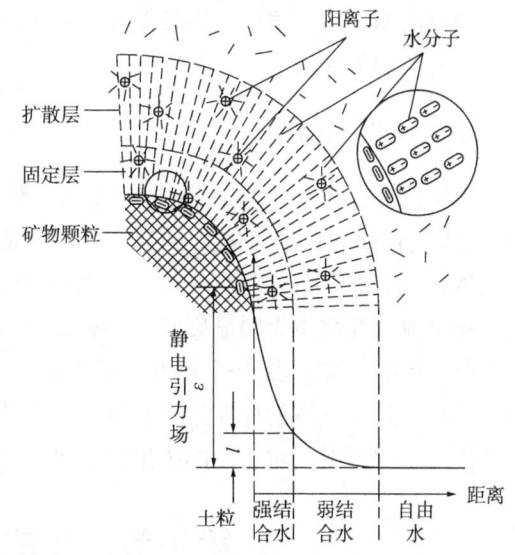

图4-2 土粒表面结合水及双电层结构示意图

表面的双电层结构。靠近土体颗粒表面与之紧密结合的双电层部分为固定层，距离土体颗粒表面较远，结合作用力较弱的为双电层部分的扩散层。即强结合水区域与固定层相对应，弱结合水区域与扩散层相对应。

强结合水也称吸着水。因牢固地被土粒表面吸附，水分子丧失自由活动的能力，且紧密、整齐地排列在固定层中。其密度大于普通液态水的密度，且越靠近土粒表面密度越大，可达到$1.5~1.8g/cm^3$；其不具溶解盐类、传递静水压力和导电的性质，在$-78℃$时才可冻结；强结合水不可自由移动，只有在吸热变成水蒸气时才能脱离土体；其力学性质也与普通液态水不同，类似固体具有极大的黏滞性、弹性和抗剪强度。

弱结合水又称薄膜水。弱结合水也受颗粒表面电荷的吸引而定向排列于颗粒四周，但因引力减弱，这层水不是接近于固态，而是一种黏滞水膜状态。与强结合水不同，受

力时弱结合水能由水膜较厚处缓慢转移到水膜较薄处，也可以因电场引力从一个颗粒的周围转移到另一个颗粒的周围。但弱结合水的水膜厚度比强结合水大很多，其不因重力而移动，但可产生变形。弱结合水也具有一定黏滞性、弹性和抗剪强度，影响土体的物理力学性质。

（二）毛细水

土体内部的连通孔隙可以看作形状各异、长短大小不一的毛细管。在重力和表面张力共同作用下，地下水在毛细管中迁移，在地下水位以上形成一定高度的毛细水（capillary water）。通常认为，毛细水上升高度与毛细管半径成反比。因此，在细颗粒土中毛细水上升高度较粗颗粒土大，当土体粒径大于2mm时无毛细现象。工程中，土体中的毛细现象对建筑物下部结构和地基防水带来不良影响；此外，在干旱地区，由于地下水毛细作用导致在近地表处形成盐渍土。因此，土体中的毛细作用不容忽视。

（三）重力水

重力水（gravity water）是指重力作用下即可在土中流动的自由水。重力水存在于透水性较好的粗颗粒土层中。性质与普通液态水相同，具有溶解能力、可传递静水压力，且不具备抗剪的能力。

三、土中气体

土中气体存在于土体孔隙中未被水占据的部分。根据气体的特点和状态可分为：(1)与大气连通的自由气体；(2)以气泡形成存在的封闭的气体；(3)吸附于颗粒表面的气体；(4)溶解于水中的气体。通常认为，受外力作用时，自由气体可从孔隙中排出，对土体工程性质无明显影响。而密闭气体在外力作用影响下，可产生胀缩，对土体变形产生影响，甚至由于过大的气压作用，使得土体薄弱部分被突破而导致土体的断裂。同时，封闭气体的存在还可阻塞土中的渗流通道，减小土的渗透性。此外，因孔隙中气体压力的不同，对土体的强度也会产生影响。

第三节　土的结构和构造

土的工程性质不仅与土的矿物成分有关，还受土的结构和构造影响。

一、土的结构

土的结构是指土粒或土粒集合体的大小、形状、土粒联结及排列情况。一般可分为单粒结构、蜂窝结构以及絮状结构三种类型。

（一）单粒结构

单粒结构的特征是土颗粒点与点之间通过接触联结。接触联结是基本单元体之间的直接接触，接触处基本上没有黏粒和无定形物质。即单粒结构为砂、砾石等粗颗粒土的代表性结构。粗颗粒土体土粒之间分子引力很小，主要依靠重力作用沉积形成单粒结构。在沉积过程中，受沉积速度以及受力作用的不同，单粒结构通常表现出松散和紧密两种状态，如图4-3所示。松散的单粒结构，为快速沉积形成，土体颗粒磨圆度较差，孔隙空间较大；而紧密的单粒结构，土体颗粒磨圆度较高，孔隙空间较小。两者相比，显然紧密的单粒结构土体更加密实，具有更好的工程性质，是良好的天然地基。

（二）蜂窝结构

蜂窝结构是粒径大小为0.02～0.002mm的黏土矿物颗粒在连续沉积作用下堆积而成的，如图4-4(a)所示，从断面上看小孔密集，貌似蜂窝而得名。在沉积过程中，土粒受已沉积的颗粒吸引，当引力大于重力时，土粒便停留在最初接触点上而不再下沉。该结构中黏土矿物主要为伊利石、蒙脱石。这种结构的孔隙尺寸通常远大于其颗粒尺寸，因此形成的土体结构疏松，孔隙率较大，具有灵敏度高、强度低、压缩性高的工程性质。

（三）絮状结构

絮凝状结构是粒径小于0.002mm的黏粒呈边与面、边与边和少量面与面的联结方式，相互凝聚下沉而形成，如图4-4(b)所示。此结构孔隙较大、连通性较好；但黏土矿物的定向性较差，因而土的工程性质较均匀。

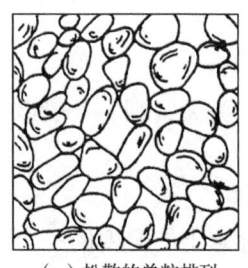 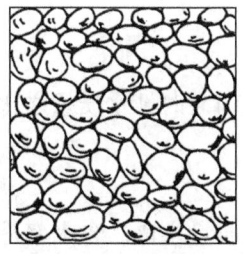 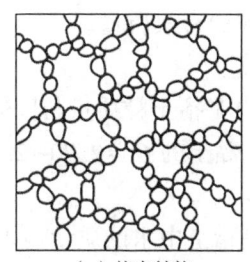 

（a）松散的单粒排列　　（b）紧密的单粒排列　　　（a）蜂窝结构　　　　（b）絮凝结构图

图4-3　粗粒土的单粒结构　　　　　　　　　图4-4　细粒土的结构

二、土的构造

土的构造是在同一土层中结构不同部分土体的相互排列特征及关系。一般可分为层理构造和裂隙构造三种类型。

（一）层理构造

层理构造是沉积岩的典型构造，也是第四纪土体的沉积构造，即土的成层性。常见的层理构造有水平层理构造和交错层理构造。其中，交错层理构造常伴有夹层、层的尖灭以及透镜体现象。

（二）裂隙构造

裂隙构造是指土体被若干不连续小裂隙分割形成的构造。在裂隙中常有盐类物质填充。土体浸水和失水过程易使黏性土体产生裂隙构造，比如膨润土、红黏土、黄土等失水收缩形成网状或柱状裂隙。裂隙构造的形成，会导致土体的结构性受到破坏，降低土体的强度，增强土体的透水性，并造成土体的各向异性，对工程带来不利影响。

第四节　土的工程分类

土是岩石经过风化、剥蚀、搬运和堆积而形成的。固体颗粒是土体的绝对组成，而液体成分和气体成分是易变的成分，时多时少，经常变化。

(1) 粒径、粒组、粒度成分。

自然界中的土是由各种大小不同的土颗粒组成的。粒径指颗粒的直径大小，以 mm 为单位。在工程上常把大小相近的土粒合并为组，称为粒组。粒组（颗粒分组）指介于一定粒径范围的土粒。土的粒度成分指土中不同粒组颗粒的相对含量，以各粒组颗粒的重量占该土颗粒的总重量的百分比来表示。

(2) 土的密度。

土的密度(ρ)是指土单位体积的质量。土的密度分为干密度(ρ_d)、饱和密度(ρ_{sr})和有效密度(ρ')。干密度是指土单位体积中固体颗粒部分的质量。天然状态下土的密度变化范围较大。一般黏性土 $\rho = 1.60 \sim 2.20 \text{g/cm}^3$。在工程上，常把干密度作为评定土体紧密程度的标准，以控制填土工程的施工质量。饱和密度是指土孔隙中充满水时的单位体积质量。有效密度是指在地下水位以下，单位土体积中土粒的质量扣除同体积水的质量后，单位土体积中土粒的有效质量。

(3) 土的相对密度。

土的相对密度(G_s)是指土粒质量与同体积4℃时纯水质量之比，为无量纲。一般砂土的 $G_s = 2.65 \sim 2.69$；黏土的 $G_s = 2.70 \sim 2.75$。

(4) 土的含水率。

土的含水率(ω)是指土中水的质量与土粒质量之比。含水率是标志土的湿度的一个重要物理指标。一般干的粗砂土，含水率接近于零，而饱和砂土，可达40%。坚硬的黏性土含水率约小于30%，而饱和状态的软黏性土则可达60%甚至更大。一般来讲，同一类土，当其含水率增大时，其强度就降低。

(5) 土的孔隙性。

土的孔隙性指标主要为孔隙比(e)和孔隙率(n)。土的孔隙比是指土中孔隙体积与土粒体积之比，用小数表示。一般砂土 $e = 0.5 \sim 1.0$；若 $e<0.6$，密实，为良好地基；黏土 $e = 0.5 \sim 1.2$；若 $e>1.0$，松散，为软弱地基。孔隙比常用来评价天然土层的密实程度。土的孔隙率是指土中孔隙所占体积与总体积之比，用百分数表示。一般砂土 $n = 28\% \sim 35\%$；黏土 $n = 60\% \sim 70\%$。

(6) 土的饱和度。

土的饱和度(saturation, S_r)是指土中被水充满的孔隙体积与孔隙总体积之比，以百分数表示。

土的分类目的在于通过分类来认识和识别土的种类，并针对不同类型的土进行研究和评价，使其适应和满足工程建设的需要。我国土的分类体系大致有三大类：第一类是以《土的工程分类标准》(GB/T 50145—2007)为代表，主要有《土工试验规程》(YS/T 5225—2016)和《公路土工试验规程》(JTG 3430—2020)分类方法。它们分类的共同特点就是粗粒土按照粒度成分分类,细粒土是按照塑性图(1942年美国卡萨格兰德提出)分类。第二类是以前我国工程建设中应用最广泛的《岩土工程勘察规范(2009年版)》(GB 50021—2001)为代表的,《建筑地基基础设计规范》(GB 50007—2011)、《公路桥涵地基与基础设计规范》(JTG 3363—2019)等分类,它们的共同点是粗粒土按粒度成分分类,细粒土按塑性指数分类。第三类是以《铁路工程岩土分类标准》(TB 10077—2019)为代表的,它的分类特点是粗粒土的分类,与第二类相似,但细粒土分类是按照第一类方法用塑性图。

一、土的工程分类标准

由中华人民共和国建设部批准的《土的工程分类标准》(GB/T 50145—2007),自2008年6月1日起实施。本标准适用于土的基本分类。各行业在遵守本标准的基础上可根据需要编制专门分类标准。下面对该标准作专门介绍。

该规范中对于土的分类主要根据土颗粒组成及其特征、土的塑性指标(液限、塑限和塑性指数)和土中有机质含量进行确定。

(一) 分类的一般规定

(1) 土的粒组划分:土的粒组划分按照表4-1规定的土颗粒粒径范围进行划分。

表4-1 粒组划分

粒组	颗粒名称		粒径 d 的范围,mm
巨粒	漂石(块石)		$d>200$
	卵石(碎石)		$60<d\leqslant 200$
粗粒	砾粒	粗砾	$20<d\leqslant 60$
		中砾	$5<d\leqslant 20$
		细砾	$2<d\leqslant 5$
	砂粒	粗砂	$0.5<d\leqslant 2$
		中砂	$0.25<d\leqslant 0.5$
		细砂	$0.075<d\leqslant 0.25$
细粒	粉粒		$0.005<d\leqslant 0.075$
	黏粒		$d\leqslant 0.005$

(2) 土颗粒级配特征根据土的不均匀系数 C_u 和曲率系数 C_c 确定,并应符合下列规定:

① 不均匀系数 C_u,应按式(4-1)计算:

$$C_u=\frac{d_{60}}{d_{10}} \quad (4-1)$$

式中 d_{60}——限定粒径,mm,小于该粒径的土粒质量占土粒总质量的60%;

d_{10}——有效粒径,mm,小于该粒径的土粒质量占土粒总质量的10%。

② 曲率系数 C_c,应按式(4-2)计算:

$$C_c = \frac{d_{30}^2}{d_{10} \times d_{60}} \tag{4-2}$$

式中 d_{30}——土的粒径分布曲线上的某粒径，mm，小于该粒径的土粒质量占总土粒质量的30%。

(3) 土按其不同粒组的相对含量可划分为巨粒类土、粗粒类土和细粒类土，并应符合下列规定：

① 巨粒类土应按粒组划分。

② 粗粒类土应按粒组、级配、细粒土含量划分。

③ 细粒类土应按塑性图(图4-5)、所含粗粒类别以及有机质含量划分。

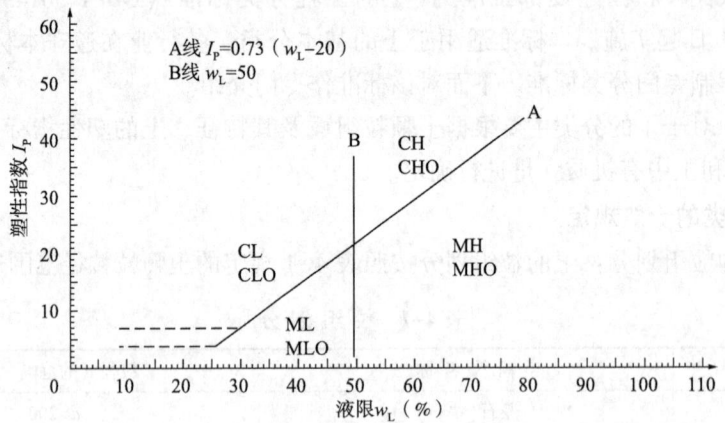

图 4-5 塑性图

图中横坐标为土的液限 w_L，纵坐标为塑性指数 I_P；图中的液限 w_L 为用蝶式仪测定的液限含水率或用质量76g、锥角为30°的液限仪锥尖入土深度17mm对应的含水率；图中虚线之间区域为黏土—粉土过渡区。

(二) 一般土的分类

工程用土分为一般土和特殊土两大类。该标准主要介绍一般土的分类。

1. 巨粒类土的分类

巨粒类土的分类应该符合表4-2规定。

表 4-2 巨粒类土的分类

土类		粒组含量	土类代号	土类名称
巨粒土	巨粒含量>75%	漂石含量大于卵石含量	B	漂石(块石)
		漂石含量不大于卵石含量	Cb	卵石(碎石)
混合巨粒土	50%<巨粒含量≤75%	漂石含量大于卵石含量	BSl	混合土漂石(块石)
		漂石含量不大于卵石含量	CbSl	混合土卵石(块石)
巨粒混合土	15%<巨粒含量≤50%	漂石含量大于卵石含量	SlB	漂石(块石)混合土
		漂石含量不大于卵石含量	SlCb	卵石(碎石)混合土

注：巨粒混合土可根据所含粗粒或细粒的含量进行细分。

2. 砾类土的分类

砾类土的分类应符合表4-3。

表 4-3 砾类土的分类

土类	粒组含量		土类代号	土类名称
砾	细粒含量<5%	级配 $C_u \geq 5$ $1 \leq C_c \leq 3$	GW	级配良好砾
		级配：不同时满足上述要求	GP	级配不良砾
含细粒土砾	5%≤细粒含量<15%		GF	含细粒土砾
细粒土质砾	15%≤细粒含量<50%	细粒组中粉粒含量不大于50%	GC	黏土质砾
		细粒组中粉粒含量大于50%	GM	粉土质砾

3. 砂类土的分类

砂类土的分类应符合表 4-4。

表 4-4 砂类土的分类

土类	粒组含量		土类代号	土类名称
砂	细粒含量<5%	级配 $C_u \geq 5$ $1 \leq C_c \leq 3$	SW	级配良好砂
		级配：不同时满足上述要求	SP	级配不良砂
含细粒土砂	5%≤细粒含量<15%		SF	含细粒土砂
细粒土质砂	15%≤细粒含量<50%	细粒组中粉粒含量不大于50%	SC	黏土质砂
		细粒组中粉粒含量大于50%	SM	粉土质砂

4. 细粒土的分类

细粒土是指试样中细粒组含量不小于50%的土。

细粒土应按下列规定划分：

（1）粗粒组含量不大于25%的土称为细粒土；

（2）粗粒组含量大于25%且不大于50%的土称含粗粒的细粒土；

（3）有机质含量小于10%且不小于5%的土称为有机质土。

细粒土的分类应符合表 4-5。

表 4-5 细粒土的分类

土的塑性指标在塑性图 4-5 中的位置		土类代号	土类名称
$I_p \geq 0.73(w_L-20)$ 和 $I_p \geq 7$	$w_L \geq 50\%$	CH	高液限黏土
	$w_L < 50\%$	CL	低液限黏土
$I_p < 0.73(w_L-20)$ 和 $I_p < 4$	$w_L \geq 50\%$	MH	高液限粉土
	$w_L < 50\%$	ML	低液限粉土

注：黏土粉土过渡区(CL—ML)的土可按相邻土层的类别细分。

含粗粒的细粒土应根据所含细粒土的塑性指标在塑性图中的位置及所含粗粒类别，按下列规定划分：

（1）粗粒中砾粒含量大于砂粒含量，称含砾细粒土，应在细粒土代号后加代号 G。

（2）粗粒中砾粒含量不大于砂粒含量，称含砂细粒土，应在细粒土代号后加代号 S。

5. 有机质土的划分

有机质土应按表 4-5 划分，在各相应土类代号之后应加代号 O。

二、建筑地基基础设计规范

中华人民共和国国家标准《建筑地基基础设计规范》(GB 50007—2011)，自 2012 年 8 月 1 日起实施，原《建筑地基基础设计规范》(GB 50007—2002) 同时废止。本标准适用于工业与民用建筑(包括构筑物)的地基基础设计。对于湿陷性黄土、多年冻土、膨胀土以及在地震和机械振动荷载作用下的地基基础设计，尚应符合国家现行相应专业标准的规定。下面对该标准作专门介绍。

作为建筑物地基土分为碎石土、砂土、粉土、黏性土和人工填土。

(一) 碎石土

碎石土是指粒径大于 2mm 的颗粒含量超过全重 50% 的土。碎石土可按表 4-6 分类。

表 4-6 碎石土的分类

土的名称	颗粒形状	粒组含量
漂石块石	圆形及亚圆形为主棱角形为主	粒径大于 200mm 的颗粒含量超过全重 50%
卵石碎石	圆形及亚圆形为主棱角形为主	粒径大于 20mm 的颗粒含量超过全重 50%
圆砾角砾	圆形及亚圆形为主棱角形为主	粒径大于 2mm 的颗粒含量超过全重 50%

注：分类时应根据粒组含量栏从上到下以最先符合者确定。

(二) 砂土

砂土为粒径大于 2mm 的颗粒含量不超过全重 50%、粒径大于 0.075mm 的颗粒超过全重 50% 的土。砂土可按表 4-7 分为砾砂、粗砂、中砂、细砂和粉砂。

表 4-7 砂土的分类

土的名称	粒组含量
砾砂	粒径大于 2mm 颗粒含量占全重 25%~50%
粗砂	粒径大于 0.5mm 颗粒含量占全重 50%
中砂	粒径大于 0.25mm 颗粒含量占全重 50%
细砂	粒径大于 0.075mm 颗粒含量占全重 85%
粉砂	粒径大于 0.075mm 颗粒含量占全重 50%

注：分类时应根据粒组含量栏从上到下以最先符合者确定。

(三) 黏性土

黏性土是指塑性指数 I_p 大于 10 的土。黏性土可按表 4-8 分为黏土和粉质黏土。

表 4-8 黏性土的分类

塑性指数	土的名称	塑性指数	土的名称
$I_p > 17$	黏土	$10 < I_p \leq 17$	粉质黏土

注：塑性指数由相应于 76g 圆锥仪沉入土样中深度为 10mm 时测定的液限计算而得。

(四) 粉土

粉土为介于砂土与黏性土之间，塑性指数 I_p 小于或等于10且粒径大于0.075mm的颗粒含量不超过全重50%的土。

(五) 人工填土

根据其组成和成因，人工填土可分为素填土、压实填土、杂填土、冲填土。素填土为由碎石土、砂土、粉土、黏性土等组成的填土。经过压实或夯实的素填土为压实填土。杂填土为含有建筑垃圾、工业废料、生活垃圾等杂物的填土。冲填土为由水力冲填泥砂形成的填土。

第五节　土的成因类型及特征

由于土体在形成过程中，岩石碎屑物被搬运，沉积通常按颗粒大小、形状及矿物成分作有规律的变化，并在沉积过程中常因分选作用和胶结作用而使土体在成分、结构、构造和性质上表现有规律性的变化。一般说来，处于相似的地质环境中形成的第四纪沉积物，具有很大一致性的工程地质特征。但同一成因类型的土，在沉积形成后，可能遭到不同的自然地质条件和人为因素的变化，而具有不同的工程特性。因此，根据第四纪沉积物形成的地质作用、沉积环境、物质组成等地质成因类型，将第四纪沉积物的土体分为残积土、坡积土、洪积土、冲积土、湖积土、海积土、冰积及冰水沉积土和风积土等类型。

一、残积土

残积土(Eluvium, Q^{el})，又称残积物，是指岩石经风化后未被搬运而残留于原地的碎屑物质所组成的土体(图4-6)。其分布主要受地形的控制，如在宽广的分水岭地带及平缓的山坡，残积土较厚。

残积土(工程)特征：(1)一般残积土成分与母岩岩性关系密切。比如石灰岩的残积土往往是红黏土；花岗岩的残积土中常含有由长石分解形成的黏土矿物，石英则风化破碎为细砂颗粒。(2)残积土的厚度一般与地形条件有关，在陡坡或坡顶，因常受到剥蚀作用，厚度偏小。平缓或低洼地段因不易被侵蚀反而残积土的厚度较大。(3)残积土一般呈棱角状，无层理构造。(4)存在基岩风化层(带)，土的成分和结构呈过渡变化。(5)残积土表部土壤层孔隙度大、压缩性高、强度低；残积土下部常常是夹碎石或砂粒的黏性土，或是孔隙为黏性土充填的碎石土、砂砾土，其强度较高。

残积土工程地质问题：(1)因残积土厚度、组成成分、结构及物理力学性质变化大，均匀性差，孔隙度较大，因此作为建筑物地基常产生不均匀沉降。(2)因残积土存在风化带，岩层风化程度不一，加上地形起伏变化较大，建筑物常沿基岩面或某风化带软弱面发生滑动等不稳定问题。

二、坡积土

坡积土(Diluvium, Q^{dl})，又称坡积物，是指雨水或融雪水将高处的风化碎屑物冲洗，顺坡向下搬运或土粒在重力作用下顺着山坡逐渐移动形成的堆积物，一般分布在坡腰上或坡脚处，其上部往往与残积土相接（图4-7）。

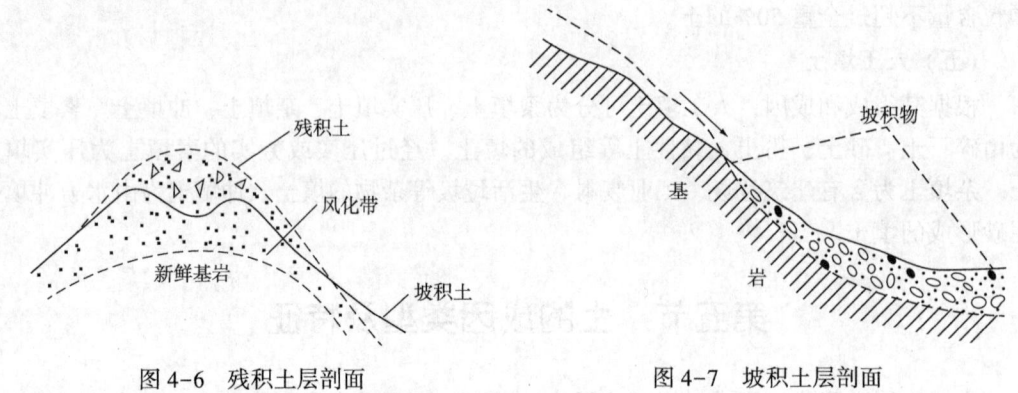

图4-6 残积土层剖面　　　　　图4-7 坡积土层剖面

坡积土（工程）特征：（1）坡积土的成分取决于高处的岩石性质或堆积物类型。（2）坡积物一般不具有层理，但有时具有不明显的与斜坡倾斜一致的层理。（3）坡积土经过短距离搬运，常具有分选现象。（4）坡积土因重力分选，粗大碎屑物往往堆积在紧靠斜坡的位置，细小的碎屑和黏土则分布在离开斜坡稍远处。（5）坡积土颗粒大小不一，上部多为黏性土，下部多为碎石、角砾土，结构疏松，压缩性高，土层厚度变化大。坡积土与基岩接触部位常有细粒土沉积。（6）新近堆积的坡积土经常具有垂直的孔隙，结构比较疏松，一般具有较高的压缩性。（7）坡积土多位于斜坡下部或山麓地带，围绕山坡形成裙状地形，地貌上称为坡积裙。（8）如果是坡积形成的黄土，其湿陷性一般也比洪积或冲积形成的黄土要高得多。

坡积土工程地质问题：（1）坡积土厚度不均匀，在坡积土进行工程建设，常造成建筑物不均匀沉降。（2）坡积土可沿下卧残积层或基岩面发生滑动形成滑坡。（3）在条件适合的地段，坡积土还会形成坡面泥石流。

三、洪积土

洪积土（Proluvium，Q^{pl}），又称洪积物，是指由暴雨或融雪形成的暂时性洪流，将山区或高地大量风化的碎屑物质携带至沟口或山前倾斜平原地带堆积而形成洪积土体（图4-8）。

洪积土（工程）特征（图4-9、图4-10）：（1）洪积土具有明显的分选性、磨圆且具有不规则的交替层理构造，并具有夹层、尖灭或透镜体等构造。（2）近山前洪积土，颗粒较粗，压缩性低，地下水位埋藏较深，具有较高的承载力，是工业与民用建筑物的良好地基。（3）远山地带，洪积物颗粒较细、成分较均匀、厚度较大，一般也是良好的天然地基。

洪积土工程地质问题：洪积土一般可作为良好的建筑地基，常因粗碎屑土与细粒黏性土的透水性不同，中间过渡地带存在尖灭或透镜体，地下水易于在此处溢出地表形成泉或沼泽地，因此土质较差，承载力较低，作为建筑物地基时应慎重对待（图4-11）。

图4-8 峨眉庙儿岗洪积扇全貌图

图4-9 峨眉庙儿岗洪积扇中剖面

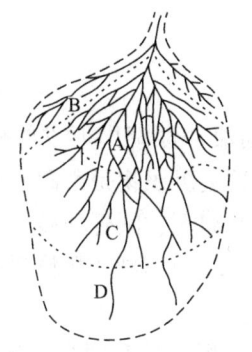
图4-10 洪积扇的分带示意图
（据张纪易，1985）
A—扇根；B—侧缘；C—扇中；D—扇端

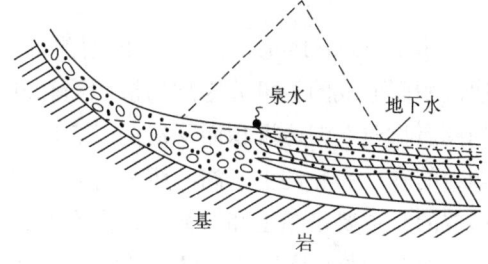
图4-11 洪积土层剖面图

四、冲积土

冲积土(Alluvium，Q^{al})，又称冲积物，是指由河流的流水作用将碎屑物质搬运到河谷中坡降平缓的地段堆积而成的，它发育于河谷内及山区外的冲积平原中。根据河流冲积物的形成条件，可分为河床相、河漫滩相、牛轭湖相及河口三角洲相（图4-12）。

冲积土(工程)特征（图4-13）：(1)冲积土分选性和磨圆度都较好。(2)具有清晰的层理构造。(3)具有良好的韵律性。(4)古河床相冲积土压缩性低，强度较高，是工业与民用建筑的良好地基，而现代河床堆积物的密实度较差，透水性强。(5)河漫滩相冲积土覆盖于河床相冲积土之上形成的二元结构强度较好，常被作为建筑物的地基。(6)牛轭湖相冲积土压缩性很高、承载力很低。(7)三角洲沉积物常是饱和的软黏土，承载力低，压缩性高。(8)在三角洲冲积物的最上层，由于经过长期的压实和干燥，形成所谓硬壳层，承载力较下面的为高，有时可用作低层建筑物的地基。

冲积土工程地质问题：(1)现代河床堆积物若作为水工建筑物的地基易引起坝下渗漏，甚至饱水的粉细砂土还可能由于震动而引起液化。(2)河漫滩相冲积土中相变较快，常具有软弱夹层，作为建筑物地基时不仅要注意施工开挖方式及施工工艺，还应注意可能造成建筑物产生不均匀沉降。(3)牛轭湖相冲积土作为建筑地基易产生不均匀沉降。(4)三角洲沉积物作为建筑物地基，应慎重对待，以免产生不均匀沉降。

图 4-12　峨眉黄湾阶地全貌图　　　　图 4-13　峨眉黄湾阶地Ⅳ级阶地陡崖剖面

五、湖积土

湖积土（Lake Deposit，Q^l），即湖泊沉积物，是指湖浪冲蚀湖岸形成的碎屑物质在湖边沉积而形成的，可分为湖边沉积物和湖心沉积物。湖边沉积物是由湖浪冲蚀湖岸形成的碎屑物质在湖边沉积而形成的，近岸带多为粗颗粒的卵石、圆砾和砂土，远岸带为细颗粒的砂土和黏性土；湖心沉积物是由河流和湖流挟带的细小悬浮颗粒到达湖心后沉积形成的，主要是黏土和淤泥，常夹有细砂、粉砂薄层。

湖泊沉积物（工程）特征及工程地质问题：(1)湖边沉积物具有明显的斜层理构造，近岸带土的承载力高，远岸带则差些。(2)湖心沉积物压缩性高，强度很低。(3)若湖泊逐渐淤塞，则可演变为沼泽，形成沼泽土，主要由半腐烂的植物残体和泥炭组成，含水量极高，承载力极低，一般不宜作天然地基。

六、海积土

海积土（Marine Deposit，Q^m），即海洋沉积物，是指各种海洋沉积作用所形成的海底沉积物的总称。

按海水深度及海底地形，海洋可分为滨海带、浅海区、陆坡区和深海区，相应的四种海相沉积物性质也各不相同。

（一）滨海沉积物

滨海沉积物主要由卵石、圆砾和砂等组成，具有基本水平或缓倾的层理构造，其承载力较高，但透水性较大。

（二）浅海沉积物

浅海沉积物主要由细粒砂土、黏性土、淤泥和生物化学沉积物（硅质和石灰质）组成，有层理构造，较滨海沉积物疏松、含水量高、压缩性大而强度低。

（三）陆坡和深海沉积物

陆坡和深海沉积物主要是有机质软泥，成分均一。

海洋沉积物表层沉积的砂砾层很不稳定，随着海浪不断移动变化，选择海洋平台等构筑物地基时，应慎重对待。

七、风积土

风积土（Eolian Deposit，Q^{eol}）是指在干旱的气候条件下，岩石的风化碎屑物被风吹扬，搬运一段距离后，在有利的条件下堆积起来的一类土。

颗粒主要由粉粒或砂粒组成，土质均匀，质纯，孔隙大，结构松散。最常见的是风成砂及风成黄土，风成黄土具有湿陷性。

八、冰积土和冰水沉积土

冰水沉积和冰积土（Glacial Deposit，Q^{gl}）是指分别由冰川或冰川融化的冰下水进行搬运堆积而成。

冰水沉积和冰积土颗粒以巨大块石、碎石、砂、粉土及黏性土混合组成。一般颗粒粒径变化大，土质不均匀，分选性极差，无层理，但冰水沉积常具斜层理。颗粒呈棱角状，巨大块石上常有冰川擦痕。

第六节 特殊土的工程地质性质

特殊土是指具有一定分布区域或工程意义上具有特殊成分、状态或结构特征的土。我国的特殊土不仅类型多，而且分布广，如各种静水环境沉积的软土；西北、华北等干旱、半干旱气候区的湿陷性黄土；西南亚热带湿热气候区的红黏土；南方和中南地区的膨胀土；高纬度、高海拔地区的多年冻土；盐渍土、人工填土和污染土等。

一、湿陷性黄土

（一）黄土的概述

黄土（loess）是第四纪干旱和半干旱气候条件下形成的一种特殊沉积物，颜色多呈黄色、淡灰黄色或褐黄色，以粉粒为主，含碳酸盐，具有大孔隙，质地均一，无明显层理而有显著垂直节理（图 4-14）。

黄土在世界各地都有分布，主要分布在北半球的中纬度干旱及半干旱地带。南半球除南美洲一些国家和新西兰等外，其他地区很少有黄土分布。亚洲黄土分布最广，北界在北纬 74°左右，南界在北纬 29.5°左右（江西九江一带）。从西伯利亚远东地区到里海以北在北纬 50°～60°之间有一个黄土带。还有

图 4-14 黄土

一支从中国东北呈弧形沿秦岭北麓向新疆及中亚地区陆续分布直达里海东南岸。欧洲黄土分布最北界为北纬 62°，南界在北纬 40°左右，而且，由苏联欧洲部分开始，向西逐渐变窄。在西欧，只有在法国中部和北部，德国中部和北部有黄土分布；在东欧，在匈

牙利、罗马尼亚、克罗地亚、南斯拉夫、保加利亚、斯洛伐克和捷克都有零星黄土分布。在北美，黄土主要分布在北纬35°~45°之间；在南美，黄土主要分布在南纬20°~40°之间的阿根廷潘帕斯草原地带。在新西兰黄土主要分布在南纬36°~49°之间。据统计，在欧洲，黄土覆盖面积占7%，北美占5%，南美占10%，亚洲占3%。全球占4%，大陆面积的9.3%为黄土所覆盖。

我国黄土分布的北界大致在小兴安岭的南麓、内蒙古诸沙漠的南缘，然后转向西北近于中蒙边界，呈一个弧形。中国主要黄土地带的南界大致由长白山的西麓经辽东半岛东沿、山东半岛到秦岭、祁连山和昆仑山北麓。在此带以南有长江下游的"下蜀黄土"。到长江中游九江、黄岗、武汉一带仍有零星黄土分布。所以中国黄土分布区东以松辽平原的黄土为东北翼、西以新疆的黄土为西北翼，中以黄土高原为主体的一个向南突出的弧形。此弧形的西北端与东北端都可达到北纬48°附近，弧形的主体在南面达到北纬34°，而长江流域的黄土可以分布到北纬29.5°一带。但是实际上，黄土分布的面积还要广，例如在四川西部，在西藏东部和南部都有零星黄土分布。

（二）黄土的类型

黄土是在一定的自然地质条件下，由不同的物质来源，受不同的地质作用，分布在不同的地貌单元上的多种成因的堆积物。我国黄土主要是风积成因类型，也有冲积、洪积、坡积、冰水沉积、湖积等类型。

黄土按照成因可分为原生黄土(primary loess)和次生黄土(secondary loess)。一般认为不具层理的风成黄土为原生黄土。原生黄土经过流水冲刷、搬运和重新沉积而形成的为次生黄土(黄土状土)。次生黄土一般具有层理，并含有砂砾和细砾。根据次生黄土成因又可分为残积黄土、坡积黄土、洪积黄土和冲积黄土等。

黄土堆积的时代包括整个第四纪。从早更新世(Q_1)开始堆积，直到现在还在不断堆积。因此，按照黄土形成年代及其基本特征可以划分为：距今约1万年的全新世黄土(Q_4)、距今约10万年的马兰黄土(Q_3)、距今约100万年的离石黄土(Q_2)和距今约300万年的午城黄土(Q_1)。其中午城黄土和离石黄土又称为老黄土，颜色为棕黄色、微红色及棕红色，夹有多层钙质结核层和褐红色古土壤层。土质致密，一般没有湿陷性或仅在Q_2黄土的上部有轻微湿陷性。土的承载力较高，多在0.4MPa以上。马兰黄土和全新世早期黄土(Q_4^1)又称为新黄土，广泛覆盖在老黄土之上。一般颜色为黄褐色或褐黄色。土质较均匀，结构疏松，大孔发育，有垂直节理，一般具有湿陷性，承载力一般为0.15~0.2MPa，常呈现直立的天然边坡。在新黄土中以马兰黄土分布最广，构成湿陷性黄土的主体。全新世近期堆积的黄土又称为新近堆积黄土(recently deposited loess，Q_4^2)，多为近几年至几百年内形成的，沉积年代短，褐色、暗黄及灰色，土质很不均匀，结构松软，压缩性高，湿陷性不均一，承载力低，在50~150kPa压力下变形较大。这类黄土多分布在局部地方，如山前山脚、洪积扇表层及河流泛滥区。

根据是否有湿陷性(collapsible)，黄土分为湿陷性黄土(collapsible loess，Q_3、Q_4)和非湿陷性黄土(noncollapsible loess，Q_1、Q_2)，其中湿陷性黄土又可分为自重湿陷性黄土(loess collapsible under overburden pressure)和非自重湿陷性黄土(loess noncollapsible under overburden pressure)。其中湿陷性黄土与工程建筑关系最为密切，研究湿陷性黄

土的工程地质特征及其工程地质问题具有明显的实际意义。但需要指出的是，湿陷性并不是湿陷性黄土独有的特性。某些素填土，干旱气候条件下堆积的黏砂土、砂土等，浸水受压后也能发生结构的破坏而突然大量下沉。例如我国柴达木盆地及沙特阿拉伯的盐渍土等都具有不同程度的湿陷性，所以具有湿陷性的土不一定是湿陷性黄土，湿陷性只是湿陷性黄土的主要特征。

（三）黄土的成分与结构

黄土颗粒组成以粉粒（0.05~0.005mm）为主，占52%~72%，多数为55%~65%，粒度大小较均匀；砂粒（>0.05mm）含量较少，一般很少超过20%，甚至只有百分之几，且主要为0.1~0.05mm的极细砂；黏粒（<0.005mm）含量变化较大，从5%~35%，一般为15%~25%。黏粒含量的分布规律是自西向东，自北向南逐渐增加（表4-9）。从粒度成分看，湿陷性黄土多属于粉质砂黏土。

表4-9 湿陷性黄土的粒度成分　　　　　　　　　　（单位：%）

地点	>0.05mm	0.05~0.005mm	<0.005mm
兰州	18	67	15
太原	11	71	18
西安	10	66	24
洛阳	12	60	28

黄土的矿物成分主要以石英、长石、碳酸盐为主，并含有部分黏土矿物。石英含量常常超过50%，长石含量达25%。碳酸盐含量为10%~15%，且主要为碳酸钙，黏土矿物主要为水云母，并有少量蒙脱石和高岭石等。此外，还含有少量的易溶盐、中溶盐和有机质，一般不超过1%。

黄土的化学成分与黄土的矿物成分和风化有关，主要有SiO_2、Al_2O_3、CaO，其次为Fe_2O_3、MgO和K_2O等，此外还含有微量分散元素。黄土中的易溶盐类，以碳酸盐为主，占10%~30%，其次为硫酸盐及少量易溶盐。黄土中易溶盐含量的区域性变化比较明显，不同成因的黄土中易溶盐含量也不尽相同。

黄土的结构基本单元是固体矿物颗粒，而湿陷性黄土的基本结构单元一般由原生矿物单颗粒和集合体组成。集合体中包括集粒（aggregate）和凝块（图4-15）。在黄土中粒状和凝块颗粒同时并存。凝块的形成与气候条件有关，气候干燥集粒中的碳酸钙保存较好，不易形成凝块；气候湿润集粒中的碳酸钙被淋失而形成凝块。因而在一般情况下，我国黄土西北部以粒状为主，东南部以凝块为主，中间地带为粒状、凝块状都有。

黄土是以石英、长石、碳酸钙等极细砂和粗粉粒构成基本骨架。黏土矿物颗粒多以凝聚状态存在或以黏土"薄壳"形式包裹在碎屑颗粒表面；可溶盐以盐晶膜和盐晶形式存在，将较粗颗粒连结起来。因此，黄土的连结类型为凝聚—胶结连结及胶结连结。连结形式主要有点接触和面胶结。点接触一般存在于刚性集粒或碎屑颗粒之间，颗粒直接接触，接触面积小，颗粒间除包裹粒状颗粒的黏土"薄壳"和盐晶膜外，只有极少的盐晶和黏胶微粒附在接触点处。点接触连结强度较低，因而在较小压力下，颗粒间的连结即遭到破坏。面胶结即颗粒间接触面积较大，接触处有较厚的黏土膜及盐晶膜连结，这种连结具有较高的强度,一般在浅层土自重压力下浸水不会发生湿陷。连结形式与气候条件、碳酸钙淋溶和黏土化程度有关。我国黄土连结形式的变化趋势是自西北部至东南部,以点接触占优势渐变为面胶结占优势。

孔隙发育是黄土的主要结构特征之一。孔隙类型主要有粒间孔隙、集粒间孔隙、集粒内孔隙、颗粒内孔隙、颗粒—集粒间孔隙等。但主要类型为颗粒—集粒间孔隙,这种类型孔隙是黄土类特有的大孔隙,其孔隙大小为1~0.01mm。集粒间和集粒内孔隙、颗粒内孔隙则属细微孔隙和超微孔隙(均小于10μm)。

黄土的微结构(图4-16)是指黄土中固体颗粒与孔隙的空间排列形式,可分为粒状微结构(granoidic fabric)、斑状微结构(porphric fabric)和胶斑状微结构(cutans-porphric fabric)。黄土层中一般具有粒状微结构;显著风化的黄土和古土壤一般为斑状微结构;胶斑状微结构出现在古土壤中。残积、坡积形成的黄土多具有不等粒"斑状"结构,大孔发育,孔隙边缘明显。冲积作用形成的黄土往往具有细粒、等粒结构,大孔隙少,多为长形或圆形粒间小孔,轮廓边缘不是太清楚。

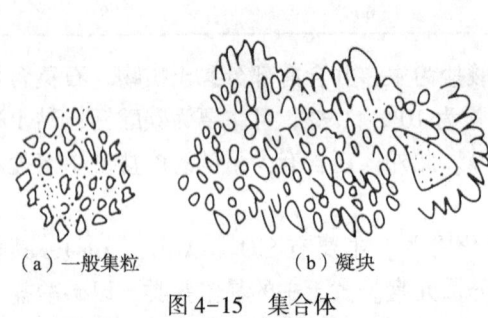

图4-15 集合体
(a)一般集粒　(b)凝块

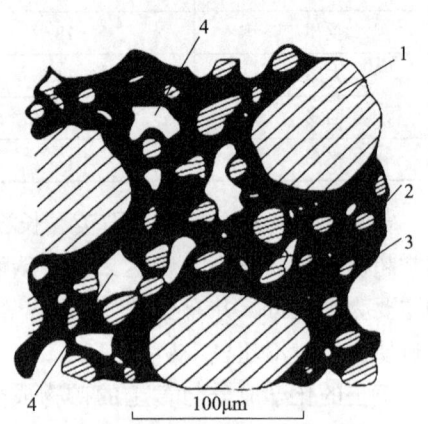

图4-16 黄土结构示意图
1—砂粒;2—粗粉粒;3—胶结物;4—大孔隙

(四)黄土湿陷性的原因

在一定压力作用下受水浸湿,土结构迅速破坏,并产生显著附加下沉的黄土称为湿陷性黄土(图4-17)。湿陷性黄土或具有湿陷性的其他土(如欠压实的素填土、杂填土等),在一定压力下,下沉稳定后,受水浸湿所产生的附加下沉称为湿陷变形(collapse deformation),其变形远大于正常的压缩变形(compression deformation),如图4-18所示。

湿陷性黄土发生湿陷的原因很多,也很复杂。其根本原因是湿陷性黄土具有有利湿陷的成分和结构,而水的浸润和压力等作用仅仅是产生湿陷的外部条件。

湿陷性黄土中的大量的孔隙,尤其是大孔隙,是影响黄土是否具有湿陷性以及湿陷性强弱的基础。其次是黄土中碳酸盐含量较高,黏粒含量低,尤其是具有活动晶格的黏土矿物含量低。外部条件主要体现在水的浸润和压力作用。因为水浸入到孔隙度高、含碳酸盐的黄土中,往往会引起黄土微结构的变化而发生湿陷。另外粒间的连接因水分增加易于削弱和破坏，从而使颗粒在压力作用下易发生移动以达到新的平衡状态。

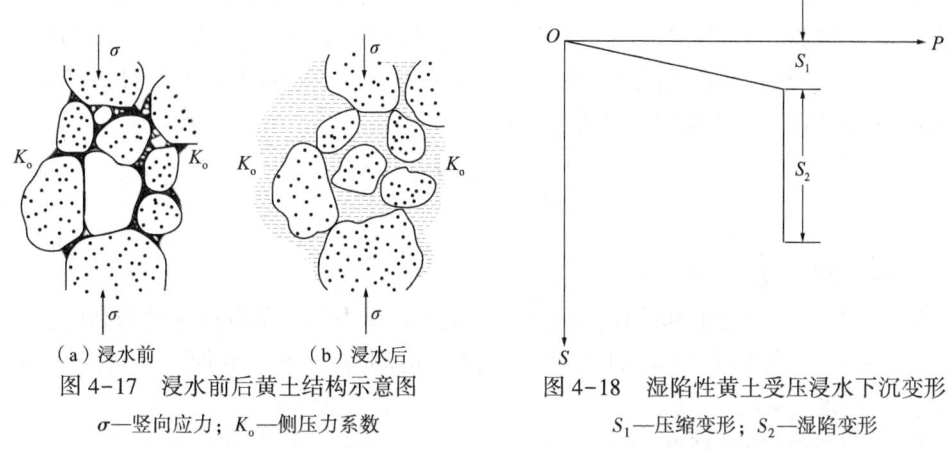

(a) 浸水前　　　　(b) 浸水后
图 4-17　浸水前后黄土结构示意图
σ—竖向应力；K_0—侧压力系数

图 4-18　湿陷性黄土受压浸水下沉变形
S_1—压缩变形；S_2—湿陷变形

（五）湿陷性黄土的物理力学性质

由于湿陷性黄土的物质成分和结构具有上述特征，所以在天然状态下，湿陷性黄土的工程性质具有以下特征：

1. 含水率低、透水性较强

黄土的天然含水率一般在 10%~25%，但湿陷性黄土的含水率大多在 11%~20% 之间；结构疏松，具有大孔隙，因此密度较小，一般为 1.3~1.8g/cm³，干密度为 1.24~1.47g/cm³；塑性较弱，液限一般为 26%~34%，塑性指数多为 8~12，多处于坚硬或硬塑状态；透水性较强，由于存在大孔隙和垂直节理发育，故透水性比粒度成分相类似的一般黏性土要强得多，常具中等透水性，渗透系数 $K = 0.8~1.0$m/d，且具有明显的各向异性，垂直方向的渗透系数远远大于水平方向的渗透系数，因此其抗水性就弱，遇水易崩解和湿陷。

2. 强度较高，孔隙比大，中等压缩性

黄土孔隙比 e 为 0.8~1.0，但压缩性仍属中等压缩，压缩系数 a_{1-2} 一般为 0.1~0.4MPa⁻¹之间。抗剪强度较高，内摩擦角 φ 一般为 15°~25°，黏聚力 c 为 30~60kPa。老黄土压缩性多为中等偏低或低压缩性，新黄土多为中等偏高压缩性；新近堆积黄土一般具有高压缩性，土质松软，强度低，a_{1-2} 为 0.2~0.7MPa⁻¹，年代越老的黄土压缩性越小。

（六）湿陷性黄土的判定

湿陷性黄土是黄土中一种，在实际工程中，判定湿陷性黄土主要有直接法和间接法。直接法是利用原状土样的湿陷性指标测定结果判定黄土的湿陷性及湿陷等级；间接法是根据黄土的时代、分布、物质组成以及物理指标与湿陷性的关系，大致说明黄土湿陷的可能性。

1. 黄土湿陷性的判别

判别黄土是否具有湿陷性，可根据室内压缩试验，在规定压力下测定的湿陷系数（coefficient of collapsibility）来判定。湿陷系数是指单位厚度的环刀试样，在一定压力下，下沉稳定后，浸水饱和产生的附加下沉。

测定湿陷系数的方法，是对黄土进行压缩试验，将原状土试样加压一定值(p)，待变形稳定后，再将试样透水，测定在该压力 p 作用下试样因浸水而产生的湿陷量(collapse value)，然后再根据湿陷量来计算湿陷系数。现行《湿陷性黄土地区建筑标准》(GB 50025—2018)中建议采用的计算公式，即：

$$\delta_s = \frac{h_p - h_p'}{h_0} \tag{4-3}$$

式中　δ_s——湿陷系数；

　　　h_p——保持天然湿度和结构的试样，加至一定压力时，下沉稳定后的高度，mm；

　　　h_p'——上述加压稳定后的土样，在浸水饱和作用下，附加下沉稳定后的高度，mm；

　　　h_0——试样的原始高度，mm。

判定标准：当 $\delta_s \geq 0.015$ 时，应定为湿陷性黄土；当 $\delta_s < 0.015$ 时，应定为非湿陷性黄土。但在某些情况下，根据当地经验，上述界限值，有时也可采用0.02。

根据湿陷系数 δ_s，还可以划分黄土湿陷性强弱的等级（表4-10）。

表4-10　黄土湿陷性等级分类表

湿陷系数范围	湿陷性等级	湿陷系数范围	湿陷性等级
$\delta_s < 0.015$	非湿陷性黄土	$0.03 < \delta_s \leq 0.07$	湿陷性中等
$\delta_s \geq 0.015$	湿陷性黄土	$\delta_s > 0.07$	湿陷性强烈
$0.015 \leq \delta_s \leq 0.03$	湿陷性轻微		

湿陷性黄土的湿陷系数 δ_s 一般为0.02~0.13。湿陷系数 δ_s 的大小，不仅决定于土本身的组成、结构和性质，而且与压力有关。

2. 黄土及其建筑场地的湿陷类型与判别

湿陷性黄土分为自重湿陷性黄土(loess collapsible under overburden pressure)和非自重湿陷性黄土(loess noncollapsible under overburden pressure)两种类型。自重湿陷性黄土是指在上覆土的饱和自重压力作用下受水浸湿，产生显著附加下沉的湿陷性黄土。非自重湿陷性黄土是指上覆土的饱和自重压力作用下受水浸湿，不产生显著附加下沉的湿陷性黄土。

自重湿陷性黄土的判定方法分为室内试验法和现场法。

(1) 室内试验法：黄土的湿陷类型可按室内压缩试验进行。在土的饱和自重压力下，根据测定的自重湿陷系数(coefficient of collapsibility under overburden pressure) δ_{zs} 判定。自重湿陷系数 δ_{zs} 是指单位厚度的环刀试样，在上覆土的饱和自重压力作用下，下沉稳定后，浸水饱和产生附加下沉。自重湿陷系数 δ_{zs} 用式(4-4)进行计算。

$$\delta_{zs} = \frac{h_z - h_z'}{h_0} \tag{4-4}$$

式中　h_z——保持天然湿度和结构的土样，加压至该试样上覆土的饱和自重压力时，下沉稳定后的高度，mm；

h_z'——加压稳定后的试样，在浸水饱和条件下，附加下沉稳定后的高度，mm；

h_0——土样的原始高度，mm。

判定标准：当 $\delta_{zs} \geq 0.015$ 为自重湿陷性黄土；当 $\delta_{zs} < 0.015$ 为非自重湿陷性黄土。

（2）现场法：建筑场地或地基的湿陷类型，应按试坑浸水试验实测自重湿陷量 Δ_{zs}' 或按室内压缩试验累计的计算自重湿陷量 Δ_{zs} 判定。

① 自重湿陷量实测值 Δ_{zs}' 或自重湿陷量计算值 Δ_{zs} 小于或等于 70mm 时，应定为非自重湿陷性黄土场地；

② 自重湿陷量实测值 Δ_{zs}' 或自重湿陷量计算值 Δ_{zs} 大于 70mm 时，应定为自重湿陷性黄土场地；

③ 按自重湿陷量实测值 Δ_{zs}' 和自重湿陷量计算值 Δ_{zs} 判定出现矛盾时，应按自重湿陷量实测值判定。

其中，湿陷性黄土场地自重湿陷量计算值应按式(4-5)计算：

$$\Delta_{zs} = \beta_0 \sum_{i=1}^{n} \delta_{zsi} h_i \tag{4-5}$$

式中 Δ_{zs}——自重湿陷量计算值，mm；应自天然地面（挖、填方场地应自设计地面）算起，计算至其下非湿陷性黄土层的顶面止；勘探点未穿透湿陷性黄土层时，应计算至控制性勘探点深度止，其中自重湿陷系数 δ_{zs} 值小于 0.015 的土层不累计；

δ_{zsi}——第 i 层土的自重湿陷系数；

h_i——第 i 层土的厚度，mm；

β_0——因地区土质而异的修正系数，缺乏实测资料时，可按表 4-11 取值。

表 4-11 因地区土质而异的修正系数

湿陷性黄土工程地质分区	β_0	③区（关中地区）	0.9
①区（陇西地区）	1.5	其他地区	0.5
②区（陇东—陕北—晋西地区）	1.2		

（七）主要工程地质问题及防治措施

黄土中主要的工程地质问题是黄土的湿陷变形和黄土陷穴。

1）黄土湿陷变形

黄土湿陷变形往往具有变形量大，常常是正常压缩变形的几倍，有时甚至是几十倍；发生快，多在受水浸湿后 1~3h 就开始湿陷。因此，湿陷性黄土作为建筑物地基的主要工程地质问题，往往由于湿陷变形量大、速率快、且具有不均匀的湿陷变形，常造成建筑物地基产生大幅度的沉降或不均匀沉降，从而造成建筑物开裂、倾斜甚至破坏。

为防止湿陷性黄土地区由于修建工程建筑而发生显著的湿陷变形，一般采取两种类型的措施。

(1) 防水措施。

防水措施是防止或减少建筑物地基受水浸湿的有效措施。水的渗入是湿陷的基本条件，因此，只要做到严格防水，湿陷事故是可以避免的。

防水措施常常采用严整场地，保证地面排水通畅；做好室内地面防水设施，室外散水、排水沟，特别是施工开挖基坑时要注意防止水的渗入；做到上下水道和暖气管道等用水设施不漏水。

(2) 地基处理措施。

地基处理是对建筑物基础一定深度内的湿陷性黄土层进行加固处理或换填非湿陷性土，达到消除湿陷性，减小压缩性和提高承载力的方法。

常用的地基处理措施方法很多，主要有重锤表层夯实、强夯法、土垫层、土桩挤密、化学加固等方法。

① 重锤表层夯实：一般采用 2.5~3.0T 的重锤，落距 4.0~4.5m，落下夯打，经重锤夯实，可消除基底下 1.2~1.75m 黄土层的湿陷性。在夯实层范围内土的干密度明显增大、压缩性降低，承载力提高，湿陷性消除。

② 强夯法：又叫动力固结法，是 8~40T 的重锤（最重达 200T），从 10~20m（最高达 40m）的高处自由落下，对土进行强力夯实，借以提高承载力，降低压缩性和消除湿陷性。

③ 土垫层：是先将处理范围内的湿陷性黄土挖除，然后用素土或灰土在最优含水量状态下回填夯实。采用土垫层法处理湿陷性黄土地基，可用于消除基础底面下 1~3m 厚土层的湿陷性。

④ 土桩挤密：是利用打入钢套管，或振动沉管，或炸药爆扩等方法，在土中形成桩孔，然后在孔中分层填入素土（或灰土）并夯实。在成孔和夯实过程中，桩周围的天然土被挤密，从而消除桩间土的湿陷性。

⑤ 化学加固：是将某些溶液通过注液管注入土中。溶液本身或土中化学成分产生化学反应，生成凝胶或结晶，将土胶结成整体，从而提高土的强度，消除湿陷性，降低透水性。

除此之外，建筑物设计过程中，结构上尽量选择刚度大、整体性好的建筑体型；设置圈梁、沉降缝，并预留一定的沉降净空。

2) 黄土陷穴

黄土陷穴主要为地下水潜蚀或人类活动形成地下洞穴。黄土陷穴常常使工程建筑物遭受到破坏，如建筑房屋下沉开裂、路基下沉等。特别是地下暗穴的存在，常常不易被发现，会突然造成建筑事故。黄土陷穴地区应该通过地面调查和探测，查明分布规律，并针对陷穴形成和发展的原因采取必要的预防措施。

(1) 设置排水系统，将地表水引至有防渗层的排水沟、截水沟，经由沟渠排泄到地基或路基范围以外。

(2) 夯实表土、铺填黏土等不透水层或在坡面种植草皮，增强地表的防渗性能。

(3) 平整坡面，减少地表水的汇聚和渗透。

对已有的黄土陷穴，可采用下列措施进行处理：

(1) 小而直的陷穴可进行灌砂处理；

(2) 洞身虽不大，但洞壁曲折起伏较大的陷穴或离路基中线或地基较远的小陷穴，可用水、黏土、砂制成的钻井液重复多次灌注；

(3) 对建筑物基础下的陷穴一般采用明挖回填，挖至洞底并清除洞底虚土，然后分层回填夯实；

(4) 对较深的洞穴，开挖导洞和竖井进行回填，由洞内向洞外回填密实。

二、软土

(一) 概述

软土(soft clay)是指天然孔隙比大于或等于 1.0、天然含水量大于液限、具有高压缩性、低强度、高灵敏度、低透水性和高流变性，且在较大地震力作用下可能出现震陷的细粒土，包括淤泥、淤泥质土、泥炭、泥炭质土等。

软土一般是在静水或缓慢流水环境中沉积的，颜色多为灰绿色、灰黑色、有油腻感，能染指，有时有腐臭味。颗粒粒度以黏粒为主，可达 60%~70%，其次为粉粒。矿物成分以伊利石为主，高岭石次之，含有机质，有机质可达 8%~9%。具典型的蜂窝状(海绵状)结构，含水量高、透水性小、孔隙比大、孔隙度在 50%~65% 之间，强度很低。具层理构造，垂直方向沉积有明显的分选性。

软土在我国沿海地区分布广泛，内陆平原和山区亦有分布。我国东海、黄海、渤海、南海等沿海地区，例如滨海相沉积的天津塘沽，浙江温州、宁波等地以及溺谷相沉积的闽江口平原河滩相沉积的长江中下游、珠江下游、淮河平原、松辽平原等地区。内陆(山区)软土主要位于湖相沉积的洞庭湖、洪泽湖、太湖、鄱阳湖四周和古云梦泽地区边缘地带，以及昆明的滇池地区，贵州六盘水地区的洪积扇等。在城市和线路建设过程中，都有可能遇到这类土，因此，研究软土的工程地质特征和问题及其相应的防治措施是工程地质的重要任务之一。

(二) 软土的类型

按照软土的形成环境，软土可以分为不同的类型，可归纳为沿海软土和内陆软土两大类(图 4-19)。沿海软土包括潟湖相沉积、溺谷相沉积、滨海相沉积、三角洲相沉积等。内陆软土包括湖相沉积、河漫滩相沉积、牛轭湖相沉积、山区谷地沉积等。一般来讲，沿海软土分布较稳定，厚度较大，土质疏松；内陆软土则零星分布，沉积厚度较小，性质变化大。

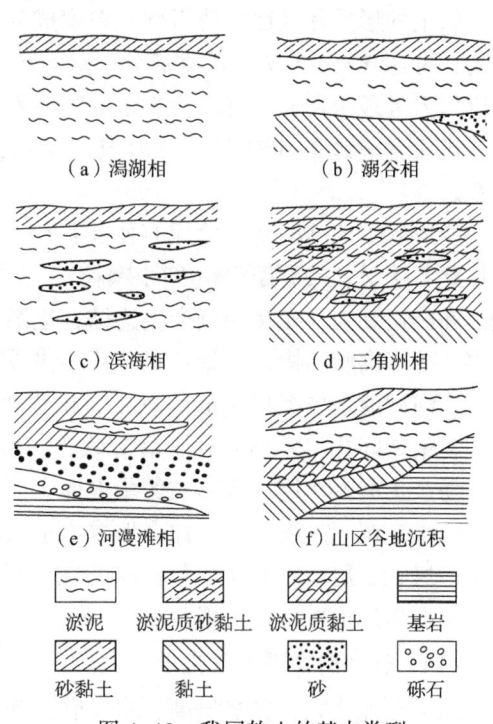

图 4-19 我国软土的基本类型

按天然含水量和孔隙比，软土可分为淤泥和淤泥质土，其中 $\omega>\omega_L$，$e \geq 1.5$ 为淤泥；$\omega>\omega_L$，$1.0 \leq e < 1.5$ 为淤泥质土。

按有机质含量，软土的分类见表 4-12。

表 4-12 土按有机质含量分类

分类名称	有机质含量 w_u	现场鉴别特征	说　　明
无机土	$w_u < 5\%$	—	—
有机质土	$5\% \leq w_u \leq 10\%$	深灰色，有光泽，味臭，除腐殖质外尚含少量未完全分解的动植物体，浸水后水面出现气泡，干燥后体积收缩	(1) 如现场能鉴别有机质土或有地区经验时，可不做有机质含量测定； (2) 当 $w>w_L$，$1.0 \leq e<1.5$ 时称淤泥质土； (3) 当 $w>w_L$，$e \geq 1.5$ 时称淤泥
泥炭质土	$10\% < w_u \leq 60\%$	深灰色或黑色，有腥臭味，能看到未完全分解的植物结构，浸水体胀，易崩解，有植物残渣浮于水中，干缩现象明显	根据地区特点和需要按 w_u 细分为： 弱泥炭质土（$10\%<w_u \leq 25\%$） 中泥炭质土（$25\%<w_u \leq 40\%$） 强泥炭质土（$40\%<w_u \leq 60\%$）
泥炭	$w_u > 60\%$	除有泥炭质土特征外，结构松散，土质很轻，暗无光泽，干缩现象极为明显	

注：有机质含量 w_u 按灼失量试验确定。

（三）软土的成分与结构

软土的形成环境往往使得软土粒度成分以粉粒及黏粒为主，特别是淤泥，黏粒含量很高，可达 60%~70%。矿物成分中除石英、长石和云母外，含有大量的黏土矿物，其中以水云母最为常见，有时含少量的高岭石及多水高岭石。此外，含有较多的有机质，当有机质含量超过 50% 时，可形成泥炭层，一般在淤泥及软黏性土中常有泥炭夹层存在。

构成软土的结构基本单元有两类：（1）单一颗粒（粉粒、砂粒），在土中分布均匀，常彼此不接触；（2）集聚体（细小颗粒），在集聚体沉降时，因其间的引力大于集聚体的重力和热运动力，在接触点产生连结，逐渐形成链状体，在沉积过程中链状体堆积成疏松多孔的蜂窝状结构。集聚体的大小及集聚体间孔隙大小与沉积时的物理化学条件有关。在河湖淡水中沉积形成的软土，由于水中电解质浓度低，形成的集聚体较小而多孔，集聚体间孔隙较小。对于沿海软土，由于海水中的电解质浓度较高，颗粒扩散层薄，易产生凝聚作用，所形成的集聚体大而致密，且被大孔隙分隔，结构疏松。

软土在沉积过程中，往往会形成水平层理构造。在滨海地区厚度达百米的淤泥沉积物呈薄层状，层间夹有 1m 左右厚的细砂层或泥炭透镜体。湖相沉积由于沉积季节不同，也有粗细构造层理出现。

（四）软土的物理力学性质

（1）孔隙比大和含水量高：由于软土为高分散并含有机质的土，其亲水性强，颗粒间的连结弱，因而具有孔隙比高和饱含水分的特点。淤泥类土天然含水量大于液限，液限一般为40%~60%，天然含水量多为50%~70%。孔隙比常见值为1.0~1.8，个别高达2.7。泥炭质土的含水量高达100%~300%，孔隙比大于3。含水量一般高于液限，呈软塑状态或半流塑状态。由于具有一定的连结，在未受扰动时，仍处于潜流状态，但一经扰动，结构连结遭到破坏，则处于流动状态。软土的孔隙比和含水量都有随深度而降低的规律。特别是含水量，当深度稍有增加，含水量就降低很多，尤其是当排水条件良好时，这种变化更为显著。

（2）高压缩性：荷载作用下，土体沉降量大、固结慢等特征。a_{1-2}大于0.5MPa^{-1}，一般为$a_{1-2}=0.7~20$MPa^{-1}，且随天然含水量的增加而增大，因此易发生不均匀下沉和大量下沉，而且下沉缓慢，完成下沉的时间很长。例如，沿海闽、浙一带软土地基沉降历时长，5年后仍以3~4cm/a下沉。

（3）低透水性：$K=10^{-6}~10^{-8}$cm/s，因常夹薄层粉细砂而具方向性，其垂直方向的K比水平方向的K要小些。应注意加荷初期易出现较高的孔隙水压力。

（4）不均匀性：由于沉积环境的变化，黏性土层中常局部夹有厚薄不等的粉土，使水平和垂直分布上有所差异；作为建筑物地基则易产生差异沉降。

（5）承载力低：一般容许承载力为0.1MPa，有时甚至低于0.04MPa，其不排水抗剪强度一般均在20kPa以下，排水固结条件下黏聚力c约为20kPa，内摩擦角$\varphi=10°~15°$；软土施工应注意控制施工速度和加荷速度。

（6）触变性：土体经扰动（如振动、搅拌、搓揉等）致使结构破坏时，土体强度剧烈减小；但如将受过扰动的土体静置一定的时间，则该土体抗剪强度（τ_f）将又随静置时间t的增大，而逐渐有所增长、恢复的特性（图4-20）。

例如，在黏性土中打桩时，桩侧土的结构受到破坏而强度降低，但在停止打桩后一定时间，土的强度逐渐有所恢复，桩的承载力增加。触变性的大小常用灵敏度S_t来表示，指原状黏性土与其含水率不变时的重塑土的强度比值，即：

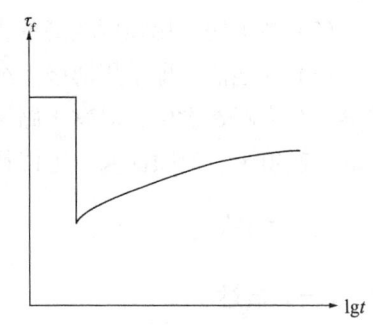

图4-20　软土振动过程中强度与时间的关系

$$S_t=\frac{q_u}{q_{u'}} \tag{4-6}$$

式中　S_t——灵敏度（sensitivity）；

q_u——土体结构破坏前的无侧限抗压强度（十字板剪切强度）；

$q_{u'}$——土体结构破坏后的无侧限抗压强度（十字板剪切强度）。

土的灵敏度越高，其结构性越强，受扰动后土的强度降低就越多，故在基础施工中应注意保护基槽，尽量减少土体结构的扰动。软土的灵敏度S_t一般在3~4之间，个别达8~9。我国东南沿海地区的三角洲相及滨海—潟湖相软土的灵敏度一般在4~10之间，个别达13~15。当软土地基受振动荷载后，易产生侧向滑动，沉降及基底面两侧挤出等现象。

(7) 流变性(rheological property)：在长期荷载作用下，软土随时间增长发生的缓慢、长期的剪切变形，导致土的长期强度小于瞬间强度的性质称为流变性。软土除排水固结引起变形外，在剪应力作用下，土体还会发生缓慢而长期的剪切变形。这对建筑物地基的沉降有较大的影响，对斜坡、堤岸、码头及地基稳定性不利。

(五) 主要工程地质问题及防治措施

由于软土的性质是强度低、压缩性高以及固结时间长。因此，软土作为建筑工程地基的主要问题是承载力不足和地基沉降量过大。软土的容许承载力一般低于100kPa，有的只有40~60kPa。建筑规模大往往易发生过大沉陷，甚至发展为地基被挤出。另外软土中常夹有砂层透镜体，易引起不均匀沉降，使建筑物产生裂缝，从而影响建筑物的正常使用。除软土的变形问题之外，由于其固结时间长，往往使得建筑物长期处于沉降变形之中，给建筑物的后期维修带来困难。

在软土地区出现的强度不足和变形等不能满足设计要求时，采取桩基、沉井等深基础在技术及经济上又不可能时，可采取加固措施来改善地基土的性质或增加其稳定性。常采用的地基处理方法有很多，大致有以下几种：

(1) 土质改良法：即利用机械、碘化学等手段增加地基土的密度或者使地基土固结的方法。如砂井、砂垫层、预压、大气压法、电渗法、强夯法等排除软土地集中的水体以增大软土的密度。也可用石灰桩、拌合法、旋喷注浆法等，使土固结以改善土的性质。

(2) 换填法：用强度较高的土去换填软土。

(3) 补强法：即采用薄膜、绳网、板桩来约束地基土的方法。如铺网法、板桩围截法等。在道路建设中，对软土路基也必须进行加固处理，主要采用砂井、砂垫层、生石灰桩、换填土、旋喷注浆、电渗排水、侧向约束和反压护道等方法。

三、膨胀土

(一) 概述

膨胀土(expansive soil)是指土中黏粒成分主要由亲水性黏土矿物组成，同时具有显著的吸水膨胀和失水收缩两种变形特性的黏性土，又称"胀缩性土"。

膨胀土颜色一般为呈黄色、黄褐色、灰白色、花斑(杂色)色和棕红色等色，常有铁锰质及钙质结核。由于这种土裂隙极为发育，又称为裂隙性黏土，简称裂土。这类土对建筑物会造成严重危害，但在天然状态下强度一般较高，压缩性低，易被误认为是较好的地基，但实际上其对工程建设具有严重的潜在破坏性，且治理难度大，因此有人称其为"隐藏的灾难"。

(二) 膨胀土的分布与类型

我国是世界上膨胀土分布广、面积大的国家之一，据现有资料，主要分布在太行山—秦岭—四川盆地西缘—云南下关这一线的东南边。比如在广西、云南、湖北、河南、安徽、四川、河北、山东、陕西、浙江、江苏、贵州和广东等地均有不同范围的分布。从形成年代上看，一般为上更新统(Q_3)及其以前形成的土层。从分布的气候条件看，在亚热带气候区的云南、广西等地的膨胀土胀缩性明显强烈。

膨胀土的成因类型，大致可分为两类：（1）各种母岩的风化产物，经水流搬运沉积形成的冲积、洪积、湖积和冰水沉积物；（2）母岩风化产物在原地堆积或在重力作用下沿山坡堆积形成的残积和坡积物。因此，膨胀土的分布与地貌关系密切。我国膨胀土大部分都是分布在各河流形成的阶地、湖盆及平原内部的冲积物、洪积物，以及分布在低山丘陵剥蚀区的残积物、坡积物。例如成都的膨胀土是分布在三级阶地的冲积物、洪积物；南宁膨胀土是分布在一级、二级阶地的冲积物、洪积物；云南蒙自地区的膨胀土是分布在小型山前倾斜平原及低丘的残坡积物等。在其他国家，则尚有冰湖沉积或海相沉积的膨胀土。在这些成因类型中，以残积型、坡积型和湖积型者胀缩性最强。

（三）膨胀土的成分与结构

膨胀土是一种高分散的黏性土。黏粒（<0.005mm）含量高，一般高达35%以上，而且多数在50%以上，甚至达85%，其中<0.002mm的土粒占有相当大的比例；粉粒（0.05~0.005mm）含量也较高，但多数少于黏粒含量；砂粒（>0.05mm）含量较少，一般仅百分之几至十几。

膨胀土中含有一定数量的结核，是膨胀土物质成分的一个重要组成部分。一般常见的是钙质结核，其次是锰质结核，中国中—晚更新世膨胀土中常含有铁锰质结核。结核大小不等，形状各异，小的仅几毫米，大的可达数十厘米。其分布大多数集中于裂隙面与层面附近，而且所有膨胀土中均散布有单个结核。富集成层的结核层和钙质块状层，分布在风化层与下部未风化层的界面附近或地下水活动地带。

膨胀土的矿物成分复杂，可分为继承性的陆源碎屑物质、自生的黏土物质以及化学成因的氧化物、无机盐等。陆源碎屑物的成分为石英、蛋白石、燧石、酸性长石、碱性长石、云母等。膨胀土以蒙脱石、伊利石/蒙脱石的混层黏土矿物为主，占35%~50%以上，尤其是蒙脱石，比表面积大，在低含水量时对水有巨大的吸力，因此，土中蒙脱石含量的多少直接决定着土的胀缩性质的大小。膨胀土的无定形氧化物（游离氧化物）和难溶无机盐系孔隙溶液中的沉淀物，以被膜状分布于黏土矿物表面或以结晶质充填于孔隙中。

固体矿物颗粒是土结构的基本单元。膨胀土的结构基本单元有两类（图4-21）：

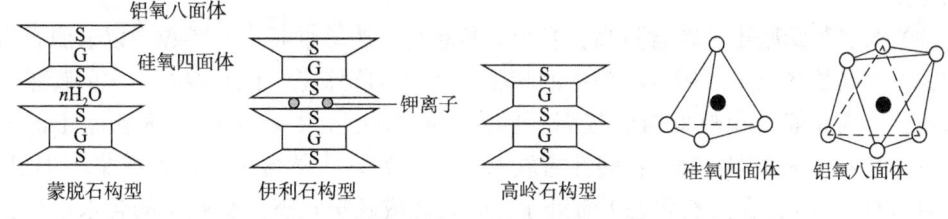

图4-21 蒙脱石构型、伊利石构型和高岭石构型

（1）第一类是薄片状黏土矿物颗粒面—面缔合而成的微叠聚体构成的活动性结构单元。高岭石、伊利石的微叠聚体中薄片间分别由氢键及钾离子连结，因此，排列整齐、紧密，基本上保持矿物晶形的特征。蒙脱石叠聚体中薄片间由范德华力连结，蒙脱石薄片小而薄，易受外界条件变化的影响，当失水收缩时，薄片发生不均匀变形而翘曲张开呈花朵状。这些活动性结构单元构成膨胀土的基质，成为膨胀土连结受力骨架，对受力

变形和强度特性起控制作用。

（2）第二类是陆源碎屑颗粒，构成的固定性结构基本单元，它们悬浮于黏土基质中。碎屑颗粒本身强度较高，变形较小，但彼此不相接触，不能构成膨胀土连续的受力骨架，对土体受力变形和强度不起支配作用。经对大量不同地点的膨胀土扫描电镜分析得知，面—面连接的叠聚体是膨胀土的一种普遍的结构形式，这种结构比团粒结构具有更大的吸水膨胀和失水吸缩的能力。

微孔隙及微裂隙，存在于叠聚体间或叠聚体内，而且孔隙与裂隙互相连通，微裂隙延伸方向基本上与叠聚体延伸方向一致。裂隙面的片状黏土矿物平行于裂隙面定向排列。

膨胀土中普遍发育有各种形态的裂隙，其多裂隙性是区别于其他黏性土的重要特征之一。膨胀土中的裂隙从成因上讲有原生裂隙和次生裂隙。原生裂隙多为闭合状，裂面光滑常呈油脂或蜡状光泽，时有擦痕或水渍以及铁锰氧化物薄膜。当暴露地表，受风化作用影响后裂面常张开。次生裂隙以风化裂隙为主，具张开状特征，多为宏观裂隙，一般由原生裂隙发展而成。

在膨胀土中，一般至少发育 2~3 组以上的裂隙。在顶部 2m 左右范围为网状分布且规模较小的风化裂隙；其下为规模较大的闭合裂隙，这类裂隙明显的特征是裂隙壁发育有灰白色黏土，灰白色黏土主要是由围界土（原母体土，常为黄色、黄红色膨胀土）经水淋滤作用形成。灰白色黏土的物质成分、结构和力学性能与黄色、黄红色黏土有明显差异，与黄色、黄红色膨胀土相比，蒙脱石含量显著增加。由于蒙脱石亲水性强，与水作用使土粒表面水膜增厚，致使裂隙面软化成软弱面（带）。因而裂隙壁灰白色黏土的存在是导致膨胀土边坡失稳的重要原因之一。如我国成昆铁路中的膨胀土滑坡，几乎所有滑面都有灰白色黏土。

（四）膨胀土的物理力学性质

（1）膨胀土形成时代较早，固结较好，因而孔隙比较小，变化范围常在 0.50~0.80 之间，干密度较大，多为 1.6~1.8g/cm³。云南膨胀土孔隙比较大，为 0.70~1.20。同时，孔隙比随土体湿度的增减而变化，即土体增湿膨胀，孔隙比变大；土体失水收缩，孔隙比变小。

（2）大多数膨胀土黏粒含量高，黏粒含量越高，胀缩性越高。黏粒中以蒙脱石为主的膨胀土为高膨胀土，以伊利石为主的膨胀土为中等膨胀土，以高岭石为主的膨胀土为弱膨胀土。因此液限和塑限指数较高。以多数膨胀土液限 $w_L>40\%$（强膨胀土的 $w_L>60\%$）；塑限 w_P 为 17%~35%；塑性指数 I_P 为 18~23。天然含水量接近或略小于塑限，一般为 18%~26%，在天然状态下常处于坚硬状态或硬塑状态。膨胀土的含水量与膨胀土所需的含水量相差越大，胀缩性越强。当膨胀土的含水量剧烈增大或土的原状结构被扰动时，土体强度会骤然降低，压缩性增高。

（3）膨胀土多具有超固结性。土的超固结性是由于土体在应力历史上，曾经受到过比现在自重应力大的上覆压力，因而孔隙比较小，压缩性较低，属中至低压缩性土。膨胀土的这种性质往往导致在开挖地下硐室或者边坡时，由于超固结应力的突然释放而出现大变形。

(4) 自由膨胀量一般超过40%,也有超过100%的,各地膨胀土的膨胀率、膨胀力和收缩率等指标的试验结果的差异很大。

(5) 具有强烈的膨胀、收缩特性,吸水时膨胀,产生膨胀压力,失水收缩时在近地表部位常有不规则的网状收缩裂隙,干燥时强度较高,多次反复胀缩强度降低。裂隙十分发育,是区别于其他土的明显标志。

(6) 天然状态下,剪切强度、弹性模量较高,但遇水后强度降低。有的甚至接近饱和淤泥的强度。压缩性低。

(7) 膨胀土的抗剪强度比一般黏性土更为复杂,在环境因素发生改变时也会随之发生变化。膨胀土的抗剪强度随着土中含水率的增加随之降低。膨胀土在重复剪切过程中,随着剪切变形的发展,土粒排列转向,呈平行于剪切面的定向排列,土体原有结构被扰动,有利于水渗入,致使剪切带含水率增高,呈现应变软化性质,强度显著降低。膨胀土的强度随着时间的推移也在不断衰减。比如成昆铁线狮子山路堑滑坡(图4-22),土体为成都黏土(膨胀土),施工后几年才发生滑动。强度衰减机理,一方面由于开挖而产生卸荷膨胀;另一方面在风化营力(温度和水)作用下,土体往复胀缩变形,使得土体结构遭受破坏,原有裂隙不断扩展并产生新的裂隙,致使土体强度显著降低。

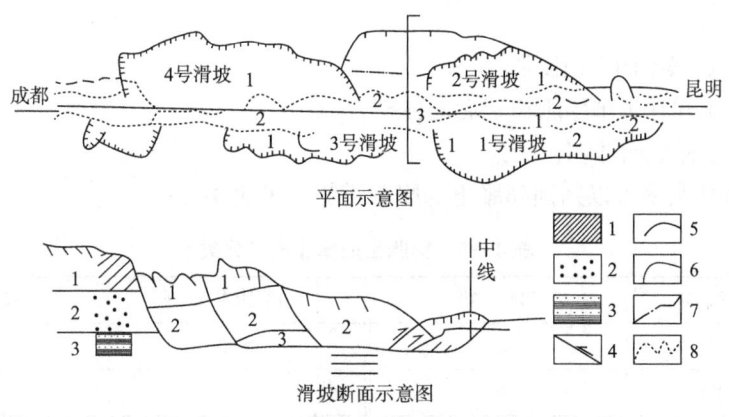

图4-22 狮子山滑坡平、纵断面
1—成都黏土;2—雅安砾石层;3—砂页岩互层;4—逆断层;
5—滑坡边界;6—新滑坡边界;7—堑顶线;8—地层分界线

(8) 膨胀土在水中崩解的速度与土的起始含水量有密切关系。烘干试样崩解最快,几分钟内即完全崩解;天然风干试样一般在24h内崩解;保持天然含水量的试样崩解极慢。

(五) 膨胀土的表征指标

膨胀土遇水膨胀是由于土中亲水性黏土矿物(蒙脱石矿物和伊利石/蒙脱石混层矿物)与水接触时,黏粒与水分子发生积极的相互作用,蒙脱石和伊利石/蒙脱石混层矿物因吸水体积发生膨胀,发生水化作用,从而引起膨胀土的结构、物理力学性质等发生很大的变化,并导致晶层膨胀和粒间扩展,土体强度显著下降。在失水干燥后,晶层和粒间间距收缩,土质虽坚硬,但却发生收缩变形,产生明显的张开裂隙。

影响膨胀土胀缩性的主要因素是膨胀性黏土矿物的类型和含量、土体的结构特征、土体与环境的相互作用、土体所受外部压力与封闭条件等。

膨胀土的表征指标主要有膨胀率、自由膨胀率、膨胀力、线缩率、体缩率、缩性指数。

(1) 膨胀率(swelling ration, δ_{ep})：是指固结仪中的环刀土样，在一定压力 p_{sw} 下浸水膨胀稳定后，其高度增加值与原高度之比的百分率，即：

$$\delta_{ep} = \frac{h_w - h_0}{h_0} \times 100\% \tag{4-7}$$

式中　δ_{ep}——某级荷载下膨胀土的膨胀率,%；

h_w——某级荷载下土样在水中膨胀稳定后的高度,mm；

h_0——土样原始高度,mm。

$\delta_{ep} > 4\%$，$p_{sw} \geq 0.025$MPa 时为膨胀土。

(2) 自由膨胀率(free swelling ration, δ_{ef})：是指人工制备的烘干松散土样在水中膨胀稳定后，其体积增加值与原体积之比的百分率，即：

$$\delta_{ef} = \frac{v_w - v_0}{v_0} \times 100\% \tag{4-8}$$

式中　δ_{ef}——膨胀土的自由膨胀率,%；

v_w——土样在水中膨胀稳定后的体积,mL；

v_0——土样原始体积,mL。

根据自由膨胀率可以判别膨胀土的膨胀潜势，见表 4-13。

表 4-13　膨胀土的膨胀潜势分类

自由膨胀率 δ_{ef},%	膨胀潜势	自由膨胀率 δ_{ef},%	膨胀潜势
$40 \leq \delta_{ef} < 65$	弱	≥ 90	强
$650 \leq \delta_{ef} < 90$	中		

(3) 膨胀力(swelling force, p_e)：是指固结仪中的环刀土样，在体积不变时浸水膨胀产生的最大内应力。

以各级压力下的膨胀率 δ_{ep} 为纵坐标，压力 p 为横坐标，将试验结果绘制成 $p-\delta_{ep}$ 关系曲线(图 4-23)，该曲线与横坐标的交点称为试样的膨胀力 p_e。膨胀力在选择基础型式及基底压力时，是个很有用的指标。在设计上如果希望减少膨胀变形，应使基底压力接近于膨胀力。

(4) 竖向线缩率(linear shrinkage ratio, δ_{si})：是指天然湿度下的环刀土样烘干或风干后，其高度减少值与原高度之比的百分率[式(4-9)]。

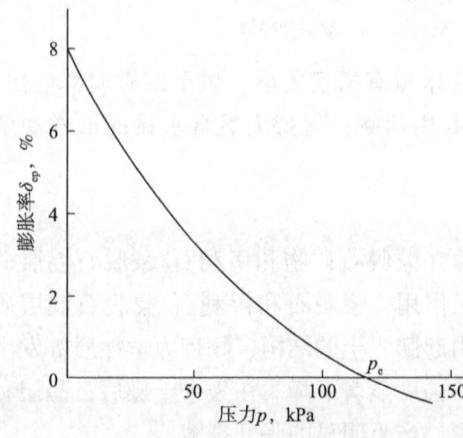

图 4-23　膨胀率—压力曲线示意

$$\delta_{si} = \frac{z_i - z_0}{h_0} \times 100\% \tag{4-9}$$

式中 δ_{si}——与 z_i 对应的竖向线缩率,%;

z_i——某次百分表读数,mm;

z_0——百分表初始读数,mm;

h_0——试样原始高度,mm。

线缩率取决于土的粒度成分、矿物成分、结构、原始含水率等因素。

(5)收缩系数(coefficient of shrinkage,λ_s):是指环刀土样在直线收缩阶段含水量每减少1%时竖向线缩率[式(4-10),图4-24]。

$$\lambda_s = \frac{\Delta \delta_s}{\Delta \omega} \tag{4-10}$$

式中 λ_s——膨胀土的收缩系数;

$\Delta\delta_s$——收缩过程中直线变化阶段与两点含水量之差对应的竖向线缩率之差;

$\Delta\omega$——收缩过程中直线变化阶段两点含水量之差,%。

膨胀土的判别,应根据土的自由膨胀率、场地的工程地质特征和建筑物破坏形态综合判定。必要时,尚应根据土的矿物成分、阳离子交换量等试验验证。进行矿物分析和化学分析时,应注重测定蒙脱石含量和阳离子交换量,蒙脱石含量和阳离子交换量与土的自由膨胀率的相关性可按《膨胀土地区建筑技术规范》(GB 50112—2013)中的附表判定。

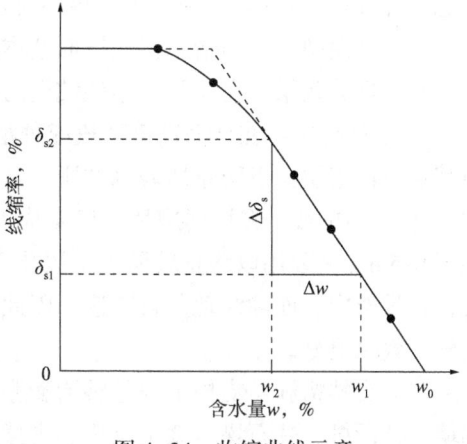

图4-24 收缩曲线示意

(六)主要工程地质问题及防治措施

膨胀土的胀缩特性对工程建筑,特别是低荷载建筑物具有很大的破坏性。只要地基土中水分发生变化,就能引起膨胀土地基产生胀缩变形,从而导致建筑物变形甚至破坏。一般来讲,膨胀土厚度越大,埋藏越浅,危害越严重。另外膨胀土对公路、铁路以及水利工程设施的危害也十分严重,常导致路基和路面变形、铁轨移动、路堑滑坡等,直接影响运输安全和水利工程的正常使用。因此,膨胀土地区常采用以下防治措施。

1. 地基的防水保湿和地基土改良

地基防水保湿:防治地表水下渗和土中水分蒸发,保持地基土湿度稳定以此控制膨胀土的胀缩变形。

(1)在建筑物周围设置散水坡,设置水平和垂直隔水层,散水坡宽度一般为2~5m,是防止地表水直接渗入和减小土中水分蒸发的重要措施。

(2)管理好排水系统,加强室内外上下水管道的防漏水措施及热力管道隔热措施,地下热力管道等需设隔热层等。

(3) 建筑物周围合理进行绿化，防止植物根系吸水造成地基土的不均匀收缩。应根据树木的蒸发能力和当地气候条件合理确定树木与房屋之间的距离，一般树距建筑物地基的距离以不小于 6~8m 为宜。

(4) 选择合理的施工方法，基坑不宜暴晒或浸泡，应及时处理夯实。

地基土改良：地基土改良主要目的是消除或减小膨胀土的胀缩性能。

① 换填土：挖除地基土上层约 1.5m 厚的膨胀土，填以非膨胀性土，如非膨胀黏性土、砂、砾石等，以填砂砾等粗粒土为最好。

② 化学改良：压入石灰水法，石灰与水相互作用产生氢氧化钙，吸收周围水分，氢氧化钙与二氧化碳形成碳酸钙，起胶结土粒作用。同时钙离子与土粒表面的阳离子进行离子交换，使水膜变薄脱水，从而提高膨胀土的强度及抗水性。

另外可通过加大基础埋深，使得基础侧面摩擦力增大，或者增加附加压力形式也可达到减弱土的膨胀。

2. 边坡防治

边坡的防治主要体现在以下几方面：

(1) 地表水防护：目的是截、排face面水流，使地表水不致渗入土体和冲蚀坡面。可考虑设置各种排水沟（天沟、平台纵向排水沟、侧沟），建成地表排水系统。

(2) 坡面防护加固措施：在坡面基本稳定情况下，采用坡面防护，对防止边坡变形能收到良好的效果。在膨胀土路堑坡面防护加固中，其主要措施有以下两种：

① 植被防护：在坡面铺落草皮或种植根系发育枝叶茂盛生长迅速的灌木或小乔木，使其形成覆盖层，以防止地表水冲刷，具有一定的涵水作用。

② 骨架护坡：在坡面用片石浆砌成方格形或拱形骨架。骨架潜入坡面深度一般不小于 0.5m。主要用以防止坡面表土风化，对土体起支撑稳固作用。若单纯采用骨架护坡，在骨架内坡面冲蚀现象较普遍，因此，多采用骨架护坡与骨架内植被防护相结合的措施，效果更好。

(3) 支挡措施：支挡工程是整治膨胀土滑坡常用的有效的措施。支挡工程中有抗滑挡墙、抗滑桩、片石垛、填土反压、支撑等。

四、冻土

(一) 概述

冻土（frozen ground soil）是指负温或零温度并含有冰的土。如果土层温度很低，但不含冰，这种土称为"寒土"（cold earth）。了解冻土的状况，对农业工程的冬季施工、农作物储藏、越冬作物灌冻水以及工程设计、建筑施工等都有一定的指导意义。

冻土一般由四相组成，即矿物颗粒、冰、未冻水和气体（图 4-25）。大量试验表明，即使土体温度降低到 0℃ 以下时，土中的水也不是完全冻结的，仍然还有一部分液态水存在，

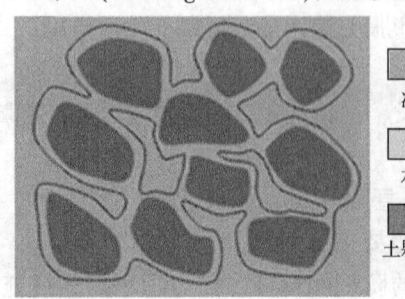

图 4-25 冻土组成示意图

这部分水以水膜的形式被吸附在土颗粒表面。矿物颗粒是冻土多成分的主体，颗粒大小、形状、矿物成分、化学成分、比表面积、表面活性等，对冻土的性质和冻土中所发生的作用都具有重要影响。冻土中的冰称地下冰，是冻土存在的基本条件，是冻土的重要组成部分之一。地下冰的形成和融化使冻土层的结构构造发生特殊的变化，使冻土具有特殊的物理力学性质。冻土中的未冻水是指土在负温条件下存在于冻土中的液态水。这部分液态水主要为结合水。因为结合水受到土粒表面静电引力的作用，要使其冻结，除了要克服普通液态水中的分子引力以外，还要克服土粒表面对这部分水的引力，因此水的冰点降低，强结合水在-78℃开始冻结，弱结合水在-20℃~-30℃时才全部冻结，毛细水的冰点也稍低于0℃。所以，在负温条件下，冻土中仍有一部分水不冻结。冻土中的未冻水含量取决于土的负温度、土的分散性、外部压力以及水溶液的离子浓度。同一温度条件下，各类冻土中未冻水含量的排列顺序为：黏土>砂黏土>黏砂土>砂土。

（二）冻土的类型

根据冻土的冻结状态持续时间的长短，可分为三类（表4-14）。

表4-14 冻土按冻结状态持续时间分类

类型	冻结状态持续时间 T	地面温度特征，℃	冻融特征
多年冻土	≥2年	年平均地面温度≤0	季节融化
隔年冻土	1年≤T<2年	最低月平均地面温度≤0	季节冻结
季节冻土	T<1年	最低月平均地面温度≤0	季节冻结

1. 多年冻土

多年冻土（permafrost）是指冻结状态持续多年（一般是二年或二年以上）不融的冻土，也称永久冻土。多年冻土常存在于地面下的一定深度，多年都不被融化掉，其上部接近地表部分，往往亦受季节性影响，冬冻夏融，此冬冻夏融的部分常称为季节融化层（seasonal thawing layer），又称季节融冻层。多年冻土与季节融化层的交界处称为多年冻土的上限。季节融化层能保持多年冻土层的顶面经常处于负温状态，使其有一个较稳定的上限，所以这个季节融化层是天然的保温层，又称活动层（active layer）。如果破坏了它，或在上面加土覆盖，都将引起多年冻土的上限温度升高或降低。

一般来说，活动层冬季冻结时可与下部的永冻层连接起来（图4-26）。因此，多年冻土地区常伴有季节性冻结现象。活动层厚度的变化对工程影响非常大。冬季由于冻结而膨胀，地面鼓起，夏季因融化地幔下陷，导致地面构筑物的变形或破坏。活动层下面是永冻层（permafrost layer），就是常说的多年冻土层。

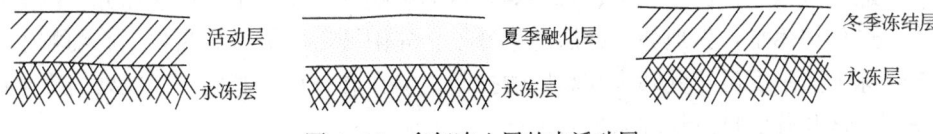

图4-26 多年冻土层的中活动层

多年冻土根据其垂直构造、水平分布和冻结发展趋势，又可分为下列几种类型：

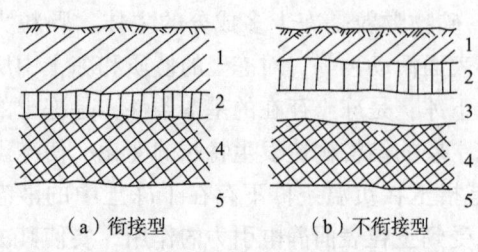

(a) 衔接型　　(b) 不衔接型

图 4-27　衔接和不衔接多年冻土

1—季节冻土层；2—季节冻土最大冻结深度变化范围；
3—融土层；4—多年冻土层；5—不冻层

1) 按垂直构造分(图 4-27)

(1) 衔接的多年冻土：冻土层中没有不冻结的活动层，冻层上限与受季节性气候影响的季节冻结层(seasonal freezing layer)下限相链接。

(2) 不衔接的多年冻土：冻土上限与季节性冻结层下限不衔接，中间有一层不冻结层。

2) 按水平分布分(图 4-28)

(1) 大片多年冻土：在较大地区内呈片状分布，冻结层厚且连续。

(2) 岛状融区多年冻土：在冻土层中有岛状的不冻层分布。

(3) 岛状多年冻土：呈岛状分布在不冻土区域内。

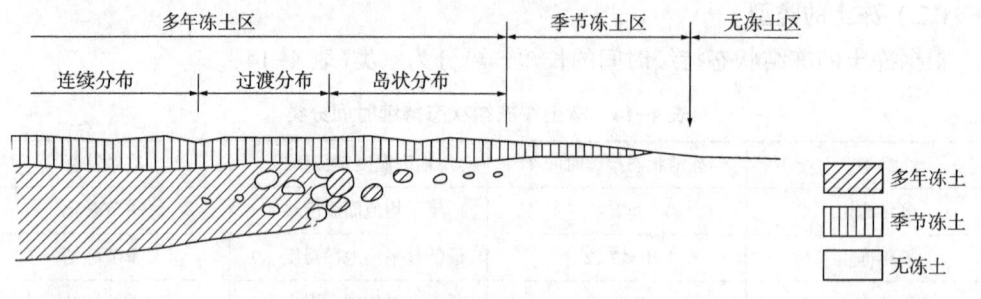

图 4-28　多年冻土分布剖面图

多年冻土的厚度从高纬到低纬逐渐减薄，以至完全消失。例如，北极的多年冻土厚达 1000m 以上，年平均地温为 -15℃，永冻层的顶面接近地面。向南到连续冻土的南界，多年冻土厚度减到 100m 以下，年平均地温为 -3~-5℃，永冻层的顶面埋藏加深。大致在北纬 48°附近是多年冻土的南界，这里年平均地温接近 0℃，冻土厚度仅为 1~2m。多年冻土从高纬到低纬不仅厚度变薄，而且由连续的冻土带过渡到不连续的冻土带。多年冻土不连续带是由许多分散的冻土块体组成，这些分散的冻土块体称为岛状冻土。中、低纬度的高山、高原地区，多年冻土的厚度主要受海拔控制。一般来说，海拔越高，地温越低，冻土层越厚，永冻层顶面埋藏深度也较浅。海拔每升高 100~150m，年平均地温约降低 1℃，永冻层顶面埋藏深度减小 0.2~0.3m。

3) 按冻结发展趋势分

(1) 发展型冻土：由于地质、气候等因素的影响，多年冻土的厚度和分布范围仍在继续发展。

(2) 退化型冻土：由于地质、气候等因素的影响，多年冻土的厚度和分布范围在退化减小。退化规律是：先地势高处后地势低处，先阳坡后阴坡，先粗粒土后细粒土。

多年冻土的厚度虽然受纬度和高度的控制，但在同一纬度和同一高度处的冻土厚度还有差别，这和其他自然地理条件有关。

(1) 气候的影响：大陆性半干旱气候较有利于冻土的形成，而温暖湿润的海洋性气候不利于冻土的发育。

(2) 岩性的影响：砂土导热率较高，易透水，不利于冻土的形成。黏土导热率较低，不易透水，有利于冻土的形成。泥炭的导热率最低，最有利于冻土的发育。

(3) 坡向、坡度的影响：坡向和坡度直接影响地表接受太阳辐射的热量。阳坡日照时间长，受热多于阴坡，因而在同一高度、不同坡向冻土的深度、分布高度和地温状况都不同，冻土的厚度也不同。

(4) 植被、雪盖的影响：冬季，植被和雪盖阻碍土壤热量散失。夏季，植被和雪盖减少地面受热。因此，在有雪盖和植被的地区，地面年温差减小。例如大兴安岭落叶松、桦树林区和青藏高原的高山草甸地区，能使地表年温差比附近裸露地面降低 4～5℃，永冻层顶面深度变浅，永冻层厚度相对增大，活动层厚度相对减小。

2. 隔年冻土

隔年冻土(pereletok)是指融土上的季节冻结层如遇冷夏不能融透而形成保留一年、二年至几年的冻土，这是介于季节冻土与多年冻土之间的过渡形式的冻土。

这是因为，如果冬季气温较暖，活动层冻结时的深度达不到永冻层的顶部，这时在活动层与永冻层之间就出现一层未冻结的融区。如果来年夏季较凉，活动层的融化深度较小，结果便在活动层下部留下隔年冻结层。隔年冻结层较薄，只有 10cm 左右厚度，它可保存一年至数年。当某一年夏季较暖，活动层融化较深，隔年层即消失(图 4-29)。

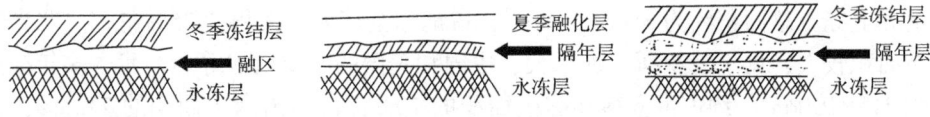

图 4-29　多年冻土层中活动层的变化

3. 季节冻土

季节冻土(seasonally frozen ground)受季节性的影响，冬季冻结，夏季全部融化，呈周期性冻结、融化的土。季节性冻土在我国的华北、西北和东北广大地区均有分布。因其周期性的冻结、融化，对地基的稳定性影响较大。

按季节冻土与下卧土层的关系，将季节冻土分为季节冻结层和季节融化层。

(1) 季节冻结层：指每年寒季冻结，暖季融化，其年平均地温>0℃ 的地壳表层，其下卧层为融土层或不衔接的多年冻土层。分布在多年冻土区的融区地带。

(2) 季节融化层：指每年寒季冻结，暖季融化，其年平均地温<0℃ 的地壳表层，其下卧层为衔接的多年冻土层。分布在多年冻土区的大片多年冻土地带。

(三) 冻土的构造

冻土的构造(图 4-30)可分为：

(1) 整体构造：土在冻结时，土中水分有向温度低的地方移动的性能。整体结构冻土是由于温度骤然降低，冻结较快，土中水分来不及移动即冻结，冰粒散布于土颗粒间，肉眼甚至看不见，与土粒成整体状态。融化后土仍保持原骨架，建筑性能变化不大。

(2) 层状构造：具有层状结构的冻土，是潮湿的细分散土，在冻结速度较慢的单向冻结条件下,伴随着水分迁移及外界水的补给,形成透镜体或薄层状冰夹层,土中出现冰与土粒的离析。冰夹层垂直于热流方向,层状分布于土体之中,冰、土呈互层状。融化后,骨架整个遭受破坏,冻土的工程性质变化较大,对建筑性能影响较大。

(3)网状构造:由于地表不平,冻结时土中水分除向低温处移动外,还受地形影响,使水分向不同方向转移,而形成冰呈网状分布的冻土,这种土一般含水、含冰量较大,融化后呈软塑状态或流塑状态。

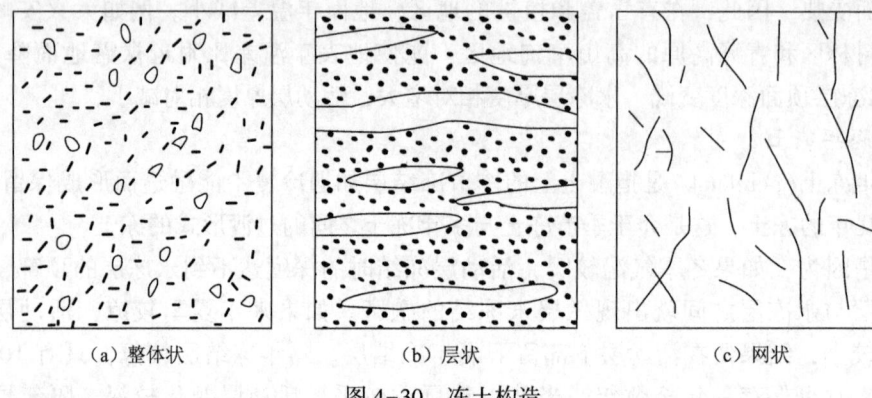

图4-30 冻土构造

(四)冻土的分布

世界上冻土总面积约为$3500 \times 10^4 km^2$,占地球全部大陆面积的25%左右。北半球冻土分布面积较大,见于俄罗斯、加拿大、中国和美国的阿拉斯加等地。我国多年冻土面积约为$215 \times 10^4 km^2$,约占世界多年冻土面积的10%,占中国国土面积的21.5%,是世界第三冻土大国。中国的多年冻土主要分布在东北大、小兴安岭、西北高山区和青藏高原地区,东部地区部分高山的顶部也分布有多年冻土。而季节性冻土遍布于不连续多年冻土区的外围地区,几乎在北方地区都存在,占国土面积的53.5%(表4-15)。

表4-15 中国多年冻土分布地区及面积(据徐学祖等,2001)

地区	大片连续多年冻土区面积 $10^4 km^2$	不连续多年冻土区面积 $10^4 km^2$	小计 $10^4 km^2$
大兴安岭	9.6	22.4	32.0
小兴安岭	—	1.9	1.9
长白山等	—	0.1	0.1
阿尔泰山	1.4	0.5	1.9
西准噶尔山地	0.1	0.1	0.2
天山	4.3	3.4	7.7
帕米尔	0.8	0.9	1.7
祁连山	5.6	3.9	9.5
青藏高原	69.4	79.9	149.3
其他高山	1.0	1.5	2.5

(五) 冻土的物理力学性质

1. 冻土的物理性质

(1) 冻土的总含水量 w：是指冻土中所有冰和未冻水的总质量与冻土骨架质量之比，用百分率表示。即天然温度的冻土试样，在 105~110℃ 下烘至恒重时，失去的水的质量与干土的质量之比。

(2) 冻土的重度：是指在冻结状态下，保持天然含水量及结构的土单位体积的重量。

(3) 冻土的含冰量：衡量冻土中含冰量多少的指标，有质量含冰量、体积含冰量和相对含冰量。质量含冰量是指冻土中冰的质量与冻土中干土质量之比；体积含冰量是指冻土中冰的体积与冻土总体积之比；相对含冰量是指冰的质量与冻土中全部水的质量之比。

(4) 冻土未冻水含量：指在一定负温条件下，冻土中未冻水的质量与干土的质量之比。对于一定的土，其未冻水含量仅取决于温度条件，而与土的含水量无关。

2. 冻土的力学性质

(1) 融化下沉系数 δ_0：冻土融化过程中，在自重作用下产生的相对融化下沉量。多年冻土的融化下沉性称为融沉性。

根据土的融化下沉系数 δ_0 的大小，可将冻土划分为不融沉、弱融沉、融沉、强融沉和融沉五级。冻土层的平均融沉系数 δ_0 按式(4-11)计算：

$$\delta_0 = \frac{h_1 - h_2}{h_1} = \frac{e_1 - e_2}{1 + e_1} \times 100\% \tag{4-11}$$

式中 h_1，e_1——分别为冻土试样融化前的高度(mm)和孔隙比；

h_2，e_2——分别为冻土试样融化后的高度(mm)和孔隙比。

(2) 融化压缩系数：指冻土融化后，在单位荷重下产生的相对压缩变形量。而冻土的融化过程中在无外荷作用的情况下，所产生的沉降为融化下沉(融化压缩)。

(3) 冻胀率(frost heaving ration，η)：指单位冻结深度的冻胀量，以百分率表示。冻胀量(amount of frost-heaving)是指土体在冻结过程中的冻胀变形增量。

土的冻胀是土冻结过程中土体积增大的现象。土的冻胀性以冻胀率 η 来衡量，可将季节冻土和季节融化层土划分为不冻胀、弱冻胀、冻胀、强冻胀和特强冻胀五级。冻土层的平均冻胀率 η 按式(4-12)计算。

$$\eta = \frac{\Delta_z}{Z_d} \times 100\% \tag{4-12}$$

式中 Δ_z——地表冻胀量，mm；

Z_d——设计冻深，mm，$Z_d = h - \Delta_z$；

h——冻土层厚度，mm。

(4) 冻胀力(frost-heaving forces)：指土的冻胀受到约束时产生的力。

多年冻土以上的季节冻层，每年冻结时，由于土中水分由非冻结层向冻结面迁移和积聚，水分逐渐冻结成冰，使土体体积膨胀，土体内产生内应力。如果建筑物基础受到冻胀内应力，可将冻胀内应力分为切向冻胀力 σ_τ、法向冻胀力 σ 和水平冻胀力 σ_n

(图 4-31)。法向冻胀力是指地基土冻结时，随着土体的冻胀，作用于基础底面上的抬起力，称为基础底面的法向冻胀力，简称法向冻胀力；切向冻胀力是指平行向上作用于基础侧表面的抬起力，称为基础侧面的切向冻胀力，简称切向冻胀力。

(5) 冻结力：土中水在负温下变成冰的同时，将土和基础胶结在一起，这种胶结力称为冻结力，亦称为基础与冻土间的冻结强度。冻结强度只有在外荷作用下才能表现出来，其作用方向总是与外荷作用的方向相反，在实际使用和量测中通常以这种胶结的抗剪强度来衡量。

(6) 冻土的抗剪强度：是指冻土在外力作用下，抵抗剪切滑动的极限强度。冻土的抗剪强度参数仍由黏聚力 c 和内摩擦角 φ 组成，不仅与外压力大小有关，而且与土的负温度及荷载作用时间有密切关系。

(六) 主要工程地质问题及防治措施

在接近极地和中低纬度高山区域，很多设施比如公路、房屋等都建设在多年冻土之上。冻土冻结时体积膨胀，地面隆起；冻土融化时体积缩小，地面沉陷，在冻结与融化的过程中可能产生裂缝、热融滑塌或融冻泥石流等灾害。因此，冻土的反复冻融直接影响人类的经济活动和工程建设，比如将对区域公路、铁路、输油管道和机场运行带来不利影响，增加其维护成本。

为保证各类建筑物的稳定和安全，必须做到合理选址和选线，正确选定建筑类型，尽可能避免或最大限度减轻冻土灾害发生，在不可避免时，采取必要的防治措施。常用的防治措施如下：

1. 冻胀防治措施

防治冻胀的措施包括两个方面：一是改良地基土，减缓或消除土的冻胀；二是增强基础和结构物抵抗冻胀的能力，保证冻土区建筑物的安全。不同的基础形式和建筑物类型，应根据设计原则采取相应的具体措施。

(1) 换填法：在防治冻土灾害的措施中，换填法是采用最广泛的一种 (图 4-32)。尤其是在挖方地段或填土厚度达不到最小设计高度的低路堤地段，采用粗砂、砾砂、砂卵石等非冻胀性土置换天然地基的冻胀性土，避免切向冻胀力作用于基础上。

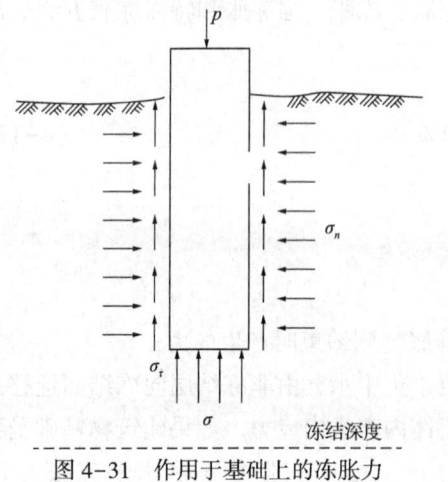

图 4-31 作用于基础上的冻胀力

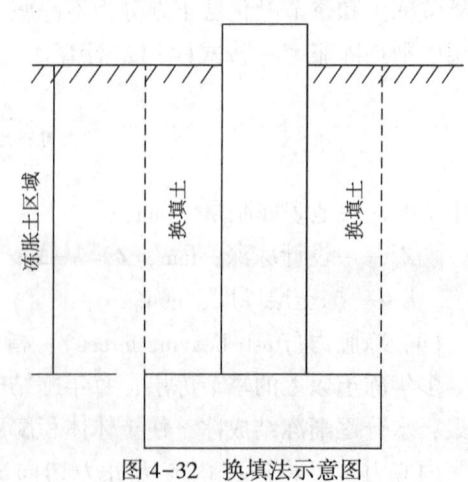

图 4-32 换填法示意图

用基侧填砂来防止切向冻胀力是一个既简便又经济的好办法，但它仅适用于地下水位之上，如果所填砂达到饱和状态或含泥量过多，在冻结时土与基础周围坚固地冻结在一起有较高的冻结强度，就会失去效果。施工时必须保证换土宽度不小于基础底板的宽度，才能保证安全可靠。因此，换填法防冻害效果的好坏，与换填深度、换填材料的黏性颗粒含量、换填材料的排水条件、地下水位和地基土土质等因素有关。地下水位较高时，换填至当地冻深线以下；地下水位较低地区，采暖房屋，换填深度应至冻深的60%，非采暖房屋，换填深度应至冻深的80%。

（2）排水隔水法：水是产生冻土灾害的决定因素。因此，只要能控制水分条件，就能达到减少或消除地基土冻胀的效果（图4-33）。主要通过抽取地下水以降低地下水位、隔断地下水的侧向补给来源、排除地表水等。通过这些措施来减少土体中的含水率，减弱或消除地基土的冻胀。

（3）保温法：保温法是在建筑物基础底部四周设置隔热层，隔热层是一层低导热率的材料，常用的隔热材料有矿渣、玻璃纤维、泡沫混凝土、聚苯乙烯泡沫等。该隔热层相当于一定当量厚度的填土，可增大热阻，减少地基土中水分的迁移，延迟地基土的冻结，保持土体温度，达到减轻冻害的目的（图4-34）。

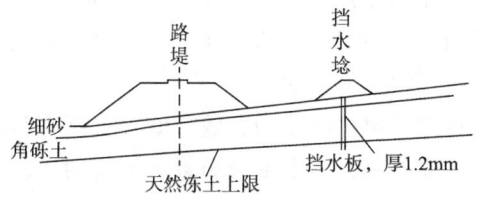

图4-33 路基防排水横断面示意图

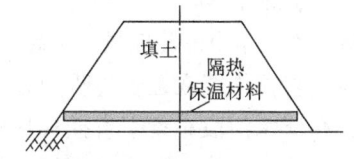

图4-34 设置隔热保温材料示意图

路基工程中也常用草皮、泥炭、炉渣等隔热材料铺设在路堤底部，虽具有保温效果，但效果不太理想，而且原材料的使用受地域限制比较明显。工业材料如聚苯乙烯（EPS）、挤塑聚苯乙烯泡沫塑料（XPS）和聚氨酯泡沫板（PU）由于导热系数小，质量轻，阻止热量传入地基土体，在国内外得到了较多应用。在加拿大和美国北部采用聚苯乙烯泡沫塑料作为工业与民用建筑的隔热材料。据加拿大工程部门经验，1cm厚的泡沫塑料保温层相当于14cm厚填土的保温效果，6cm厚隔热层可使冻结深度降低50%以上。

我国青藏公路改建工程中，在青藏高原昆仑山地区进行了聚苯乙烯泡沫塑料板隔热试验，经运营检验效果良好。青藏铁路修建工程中，格尔木至拉萨段高原多年冻土区试验工程：清水河试验段与北麓河试验段进行了聚苯乙烯泡沫板、聚氨酯泡沫板试验研究，在风火山铁路段、沱沱河铁路段、西大滩铁路段等采用聚氨酯泡沫板作为路基保温材料，经运营检验效果良好。但应注意：在低温冻土区，保温材料应用在低路堤、路堑能起到积极的效果，因冻土地基有足够的冷储量保持冻土上限或使上限上升。对于高温冻土区，冻土地基的冷储量有限，缺乏寒季的冷能补给，不利于冻土保护。

我国青藏铁路建设者还创造性地提出了"主动降温、冷却路基、保护冻土"的新思路，在路基工程中采用了自主研发的热棒新技术和"以桥代路"的工程方法等措施，不仅成功解决了几十年来一直困扰中国科学家和青藏铁路建设者的重大技术难题，保证了工程质量与交通安全，更为高原诸多动物留下了安全的迁徙通道。

① 热棒技术。

所谓热棒，是由碳素无缝钢管制成的高效热导装置。热棒(热管)技术是20世纪60年代初发展起来的一种广泛用于土木工程中的冷冻技术。在国外早有应用先例，1974年美国阿拉斯加输油管道基础中就采用了112000根热棒，苏联在公路和水库的建设中也采用热棒保温。而热棒在铁路中的首次应用是在1987年加拿大哈德逊湾的多年冻土铁路上，有4km的路基通过热棒来保持冻土稳定。中国研发并尝试应用热棒技术是在20世纪80年代，而全世界首次大规模应用热棒技术则是在青藏铁路。

在高原地区的铁路和公路两旁可以看到很多竖立的"铁棒"，一般5m埋入地下，地面露出2m，这其实就是高效热导装置——热棒，它无需外加动力源，实际上是一种无芯重力式热管和两相封闭式虹吸管，是一根密封的管子，里面填充了氨、氟利昂、丙烷、二氧化碳等物质。热棒上部(放热段)装有散热片，热棒的下部(吸热段)直接埋入多年冻土中，其具有独特的单向传热性能，热量只能从地面下端向地面上端传输，反向不能传热。在冬季，热管内工作介质的汽液两相对流循环，由液态变为气态(汽化冷凝)，带走管内热量；在夏季，由于热棒单向传热的特点，热棒则停止工作(汽液两相平衡)，起到冷却地温的作用，增加冻土本身的冷储量，提高冻土的热稳定性(图4-35)。

热棒是青藏铁路在运营过程中处理冻土病害、保护冻土的有效措施。青藏铁路修建过程中，在清水河段布置了直插式热棒路堤试验工程，在安多段布置了不同功率、不同间距、斜插热棒，热棒结合保温板的热棒路堤试验工程。

② 片石气冷措施。

片石气冷路堤是在多年冻土区路堤底部倾填一定厚度、一定粒径的片石。青藏铁路多年冻土区累计使用长度117.69km。片石气冷路基结构利用内部传热机理最终有效地降低基底土体温度，保护了多年冻土，保证了冻土区路基结构的稳定性。片石层路基结构内部传热机理是空气对流效应和片石层颗粒之间接触式热传导的复合过程。在半封闭系统条件下，冬季风速大时片石层内产生的侧向强迫通风效应和风速小时自由对流效应为主的工作机理，有利于外部冷空气对片石层以下土体的侵入，但其降温效果比开放条件要差一些；夏季空气对流复合过程对热空气向片石层底部土体侵入的阻挡效果抵消了接触式热传导的负面效果，使片石层呈现隔热作用。因此，片石气冷路堤的片石层主要起到强迫对流作用(图4-36)和"热半导体"作用(图4-37)。

③ 片石(碎石)护坡措施。

片石(碎石)护坡路堤是在多年冻土区路堤边坡上铺设一定厚度的片石层或碎石层。片石(碎石)护坡作为保护路基边坡坡面的措施，主要起到"热半导体"和遮阳作用，具有可以降低路基及多年冻土地基地温，调整阴阳坡侧路基土体地温场的不对称，减小路基的沉降量及两侧路肩沉降差异，适应边坡冻胀变形等优点，在青藏高原多年冻土区路基边坡坡面防护中，推广使用了碎石护坡，累计使用长度达127km。片石气冷+碎石护坡路基效果，集其他两种之优点，效果更好。

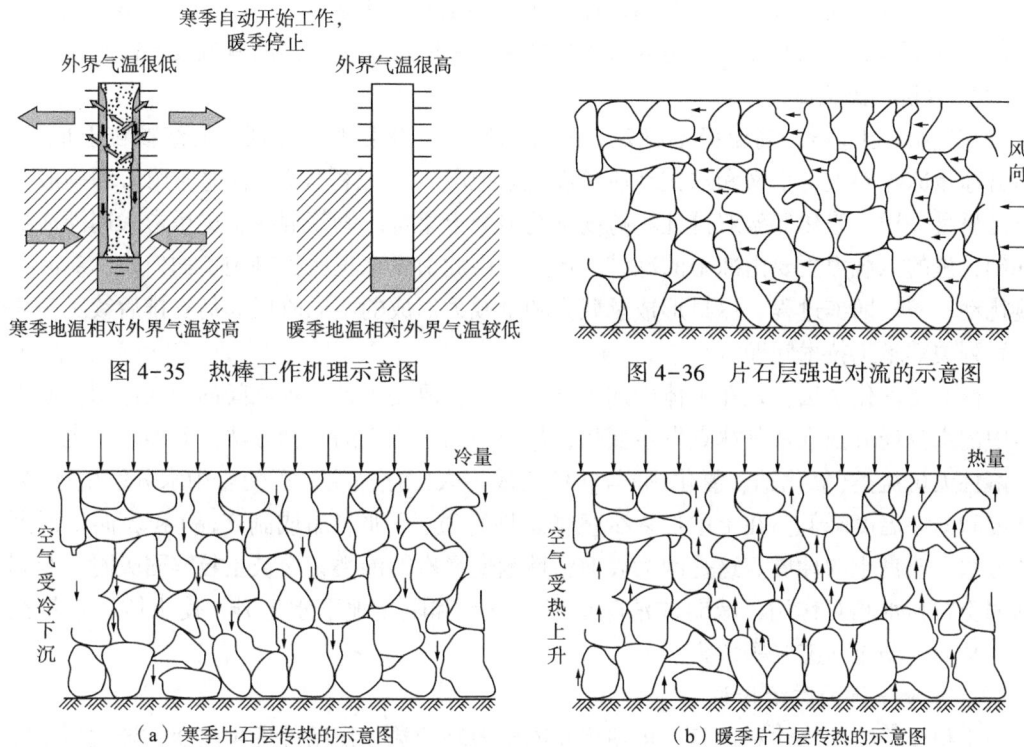

图 4-35 热棒工作机理示意图

图 4-36 片石层强迫对流的示意图

（a）寒季片石层传热的示意图　　　　（b）暖季片石层传热的示意图

图 4-37 片石层的"热半导体"作用

④ 通风管措施。

通风管原理是通风管埋设到路基土体中，可增加土体与空气的接触面，增加传入地基土体的冷量，积极主动地降低地基土体温度（图 4-38）。为减少暖季通过通风管流入地基土体的热量，管子两端可以安装温度自动开启风门。根据通风管埋设在路基部位不同可以分为上通风管路基和下通风管路基。上通风管路基与一般填土路基类似，下通风管路基使地基土体整体温度降低，地温场分布对称性好，可以减少横向变形差异。

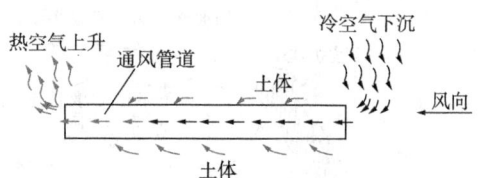

图 4-38 通风管工作机理示意图

⑤ 遮阳棚措施。

最早提出遮阳棚理论设想的是俄罗斯科学家康德拉季耶夫。遮阳棚原理是用具有一定强度、反射性能好的材料，阻挡太阳辐射热能进入路基本体。遮阳棚措施是在路基上部或边坡设置遮阳棚，可有效减少太阳辐射对路基的影响，减少传入冻土地基的热量。而桥梁的基础可以深入冻土层 30m 之下，通过冻土层与基础的摩擦力就能保证桥梁的稳定性。遮阳棚内沿路基的整个横断面年平均气温远远低于外部空气，棚内地表平均温度比棚外地表温度低 5~8℃。冻土上限有效抬升，多年冻土年平均地温有效降低，抵御未来气温升高的能力提高。1997 年开始，中铁西北科学研究院与俄罗斯专家合作在风火山进行遮挡式路基结构研究，2002 年中国铁路青藏集团有限公司和中国科学院开始在北麓河进行研究。研究结果表明这种结构大幅度降低地表温度，提高多年冻土上限，冷却地基土体的效果非常好，是未来青藏铁路运营阶段病害整治的有效技术措施之一。

⑥以桥代路措施。

在复杂冻土地段(高温极不稳定、高含冰量冻土厚度大、埋藏浅的细颗粒土地段、高含冰量冻土斜坡、水文和水文地质条件复杂地段)，"以桥代路"普遍应用，和一般冻土区桥梁一样，修建低架双排柱小跨度钢筋混凝土梁桥。钢筋混凝土梁桥常采用灌注桩基础，桩的承载力主要由冻土的冻结力形成。由此引发冻土区桩基施工如何减少对冻土热扰动、缩短回冻过程、尽早形成承载力和承载力形成的不同阶段如何安排后续工序等一系列关键施工技术问题。

(4)物理化学法：是在土体中加入某些物质，改变土粒与水之间的相互作用，使土体中的水分迁移强度及其冰点发生变化，从而削弱土冻胀的一种方法。如加入一定量的可溶性无机盐类(氯化钠、氯化钙)等，使之成为人工盐渍土，可使土中水分发生迁移，强度和冻结温度降低。在土中加入少量憎水性物质(石油产品或副产品)和表面活性剂的方法来改良土的性质。这是因为表面活性剂使憎水的油类物质被土粒牢固吸附，起到削弱土粒与水相互作用，减弱或消除地表水下渗和阻止地下水上升，使土体含水量减少，从而削弱土体冻胀等危害。

2. 热融下沉的防治措施

工程建筑物的修建和运营，可使多年冻土地基的热平衡条件发生改变，导致多年冻土上限下降，从而产生融化下沉。

防治融化下沉的方法有多种，如隔热保温法、预先融化法、预固结法、换填土法、深埋基础法、地面以上材料喷涂浅色颜料法、架空基础法等。其中运用最广泛的是隔热保温法，即用保温性能较好的材料或土将热源隔开，保持地基的冻结状态。多年冻土地区的铁路建设中，也常采用路堤保温的方法防止路基热融下沉。

3. 路堑边坡滑坍防治措施

防治路堑边坡的滑坍往往采用换填土、保温、支挡、排水等措施(图4-39)。换填土厚度应是以保持堑坡处于冻结状态。防护高度小于3m时，可采用保温措施，将泥炭或草皮夯实，并在夯实的坡面上铺置草皮和堆砌石块；当防护高度大于3m时，可采用轻型挡墙护坡或采用挡墙与保温相结合的方法。

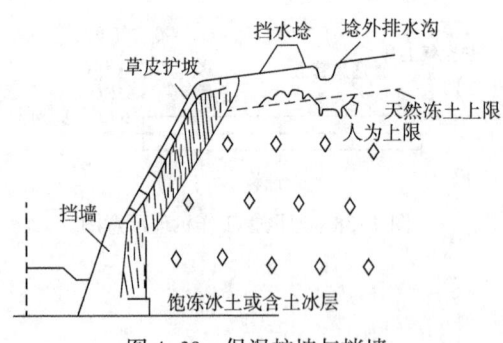

图4-39 保温护坡与挡墙

五、盐渍土

(一)概述

盐渍土(saline soil)是指易溶盐(soluble salt)含量大于或等于0.3%且小于20%，并具有溶陷或盐胀等工程特性的土。

盐渍土形成应具备的条件：(1)地下水的矿化度较高，有充分的盐分来源。岩层含盐矿物的风化产物是盐渍土中盐分的主要来源，而且盐渍土中盐分的化学成分也与这些风化成分有关。(2)地下水位较高，毛细作用能达到地表或接近地表，有被蒸发作用影响的可能。土中水能通过土层蒸发而形成盐的深度称为临界深度。土中水的埋深大于临界深度时，则不能形成盐渍土。临界深度的大小决定于土的毛细上升高度和蒸发强度。(3)气候比较干燥，一般年降雨量小于蒸发量的地区，易形成盐渍土。例如我国西北地区降水稀少，蒸发量大，一般年降水量在200mm以下而蒸发量却高达3000mm以上，干燥度可达80%左右，相对湿度只有40%。在这种极端干燥气候条件下，使盐分有利于在土层中聚集(图4-40)。

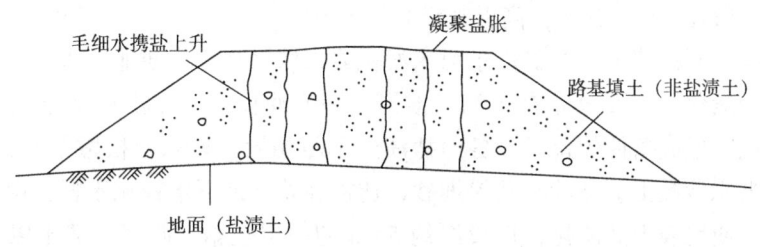

图4-40 盐渍土路基的毛细上升过程

(二) 盐渍土的分布

盐渍土广泛分布于全球100多个国家和地区，我国盐渍土面积有$9913 \times 10^4 hm^2$❶，约占世界盐渍土面积的1/10。我国盐渍土主要分布在西北干旱地区的青海、新疆、甘肃、宁夏、内蒙古等地区；在华北平原、松辽平原、大同盆地和青藏高原的一些湖盆洼地也有分布。由于气候干燥，内陆湖泊较多，在盆地到高山地区，多形成盐渍土。滨海地区，由于海水侵袭也常形成盐渍土。在平原地带，由于河床预计或灌溉等原因也常使土壤盐渍化形成盐渍土。

盐渍土的厚度一般不大，约为1.5~4.0m。在平原和滨海地区，一般在地表向下2~4m，其厚度与地下水的埋深、土的毛细作用上升高度和蒸发强度有关。内陆盆地盐渍土的厚度有的可达几十米，如柴达木盆地中盐湖区的盐渍土厚度可达30m以上。

绝大部分盐渍土分布地区，地表有一层白色盐霜或盐壳，厚数厘米至数十厘米。盐渍土中盐分的分布随季节、气候和水文地质条件而变化，在干旱季节地面蒸发量大，盐分向地表聚集，这时地表土层的含盐量可超过10%，随着深度的增加，含盐量逐渐减少。雨季地表盐分被地面水冲淋溶解，并随水渗入地下，表层含盐量减少，地表白色盐霜或盐壳甚至消失。因此，在盐渍土地区，经常发生盐类被淋溶和盐类聚集的周期性发展过程。

(三) 盐渍土的类型

盐渍土按分布区域可分为滨海盐渍土、内陆盐渍土和冲积平原盐渍土。

(1) 滨海盐渍土：滨海一带受海水侵袭后，经蒸发作用，水中盐分聚集于地表或地表下不深的土层中，即形成滨海盐渍土，含盐量一般为1%~4%。其主要分布在长江以

---

❶ $1hm^2 = 0.01km^2$。

北、江苏、山东、河北、天津等滨海平原，黄河三角洲地区的盐渍土主要为滨海盐渍土，长江以南也有零星分布。华南地区但因大多数因淋溶作用强，含盐量较低，多数不超过0.2%，且以氯盐、亚硫酸盐为主；华北和东北因淋溶作用相对较弱，土中含盐量较高，可达3%以上，以氯盐为主，土呈弱碱性。

（2）内陆盐渍土：易溶盐类随水流从高处带到洼地，经蒸发作用凝聚而成。一般因洼地周围地形坡降较大、堆积物颗粒较粗多为碎石土，因此，土层盐渍化的发展，向洼地中心较为严重。主要分布在盆地型盐渍土，在新疆的塔里木盆地、准噶尔盆地、青海柴达木盆地、宁夏银川平原等都是这类盐渍土。其特点是含盐量高，成分复杂，类型多。含盐量一般在10%~20%，高者甚至超过50%。

（3）冲积平原盐渍土：主要由于河床淤积或兴修水利等，使地下水局部升高，导致局部地区的盐渍化。主要分布在黄河、淮河、海河冲积平原，松辽平原以及三江平原上。由于各地区形成条件的差异，各地盐渍土不尽相同，如东北松嫩平原，地势低平，土质为冲积洪积砂黏土、黏砂土及粉细砂，透视性差，地下水径流不畅，由于毛细水上升蒸发作用，使地表土盐渍化，形成厚约5mm的一层盐霜。此区盐渍土以含碳酸氢钠和碳酸钠为主，氯盐及硫酸盐含量较少。华北地区主要为氯盐渍土。

按所含盐类的性质可分为氯盐类（$NaCl$、KCl、$CaCl_2$、$MgCl_2$）盐渍土、硫酸盐类（Na_2SO_4、$MgSO_4$）盐渍土和碳酸盐类（Na_2CO_3、$NaHCO_3$）盐渍土。盐渍土所含盐的性质，主要以土中所含以下阴离子：氯离子（Cl^-）、硫酸根离子（SO_4^{2-}）、碳酸根离子（CO_3^{2-}）、碳酸氢根离子（HCO_3^-）的含量（每0.1g土中的物质的量）的比值来表示，其分类见表4-16。

表4-16 盐渍土按含盐化学成分分类

盐渍土名称	$C(Cl^-)/2C(SO_4^{2-})$	$2C(CO_3^{2-})+C(HCO_3^-)/C(Cl^-)+2C(SO_4^{2-})$
氯盐渍土	>2.0	—
亚氯盐渍土	2.0~1.0	—
亚硫酸盐渍土	1.0~0.3	—
硫酸盐渍土	<0.3	—
碱性盐渍土	—	>0.3

注：$C(Cl^-)$、$C(SO_4^{2-})$、$C(CO_3^{2-})$、$C(HCO_3^-)$分别表示氯离子、硫酸根离子、碳酸根离子、碳酸氢根离子在0.1g土中所含物质的量，单位为mmol/0.1g。

按含盐量可分为：当土中含盐量超过一定值时，对土的工程性质就有一定影响，所以按含盐量分类是对按含盐性质分类的补充。其分类见表4-17。

表4-17 盐渍土按含盐量分类

盐渍土名称	盐渍土层的平均含盐量,%		
	氯盐渍土及亚氯盐渍土	硫酸盐渍土及亚硫酸盐渍土	碱性盐渍土
弱盐渍土	0.3~1.0	—	—
中盐渍土	1.0~5.0	0.3~0.2	0.3~1.0

续表

盐渍土名称	盐渍土层的平均含盐量,%		
	氯盐渍土及亚氯盐渍土	硫酸盐渍土及亚硫酸盐渍土	碱性盐渍土
强盐渍土	5.0~8.0	2.0~5.0	1.0~2.0
超盐渍土	>8.0	>5.0	>2.0

(四) 盐渍土的工程性质

1. 盐渍土的成分和结构

盐渍土的矿物成分主要为伊利石，其次为蒙脱石、高岭石等。化学成分以二氧化硅为主，占土重的50%左右，其次是三氧化二铝，占20%左右。盐渍土的结构是指颗粒形状、排列方式和连接形式。土体颗粒主要呈粒状和团块状；排列方式为架空排列、镶嵌排列和架空—镶嵌排列；连接形式为点式接触连接、胶结连结和接触—胶结连结。盐渍土的结构随深度而产生变化。地表土多为点式接触连接、大孔隙架空结构，向下逐渐变为胶结—接触连接或胶结连接。结构不同，对土的强度必然产生影响。因而上部土体黏聚力较小，仅有2~15kPa，而下部土体黏聚力则可超过15kPa。

2. 易溶盐的基本性质

影响盐渍土基本性质的主要因素是土中易溶盐的含量。土中易溶盐主要有氯盐类、硫酸盐类和碳酸盐类三种。

(1) 氯盐类($NaCl$、KCl、$CaCl_2$、$MgCl_2$)：溶解度大；有明显的吸湿性，如氯化钙的晶体能从空气中吸收超过本身重量4~5倍的水分，且吸湿水分蒸发缓慢；从溶液中结晶时，体积不发生变化；能使冰点显著下降。

(2) 硫酸盐类(Na_2SO_4、$MgSO_4$)：没有吸湿性，但在结晶时有结合一定数量水分子的能力；硫酸钠从溶液中沉淀重结晶时，结合10个水分子形成芒硝($Na_2SO_4 \cdot 10H_2O$)，体积增大；在32.4℃时芒硝放出水分，又称为无水芒硝(Na_2SO_4)，体积减小；硫酸镁结晶时，结合7个水分子形成结晶水合物($MgSO_4 \cdot 7H_2O$)，体积也增大；在脱水时逐渐转化为无水分子的结晶水化物，体积随之减小；硫酸钠在32.4℃以下时溶解度随温度增加而增加，在32.4℃时溶解度最大，在32.4℃以上时溶解度下降。

(3) 碳酸盐类(Na_2CO_3、$NaHCO_3$)：水溶液有很大的碱性反应；能使黏土胶体颗粒发生最大的分散。

3. 盐渍土的工程特性

1) 盐渍土的溶陷性

溶陷(collapsibility)是指因水对土中盐类的溶解和迁移作用而产生土体沉陷。盐渍土中的可溶盐经水浸泡后溶解、流失，致使土体结构松散，在土的饱和自重压力下出现溶陷。有的盐渍土浸水后需在一定压力作用下才会发生溶陷。盐渍土溶陷性的大小与易溶盐的性质、含量、赋存状态和水的径流条件以及浸水时间的长短等有关。

溶陷系数(coefficient of collapsibility, δ)是指单位厚度的盐渍土的溶陷量。溶陷系数可由室内压缩试验(在固结仪上)测定(图4-41，图4-42)或者现场浸水载荷试验求得。

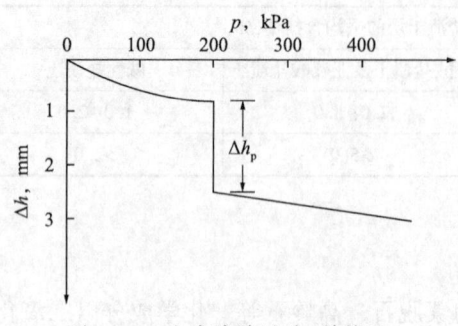
图4-41 室内溶陷试验(单线法)
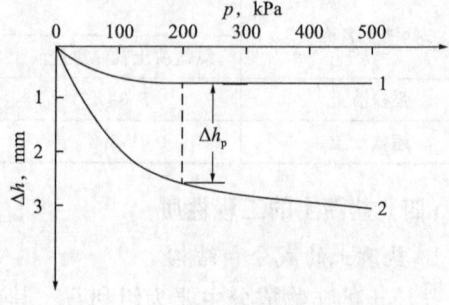
图4-42 室内溶陷试验(双线法)

室内压缩试验宜用于土质比较均匀、不含粗砾、能采取不扰动土试样的黏性土、粉土和含黏粒的砂土。室内试验测定溶陷系数的方法可按式(4-13)计算：

$$\delta = \Delta h_p / h_0 = (h_p - h'_p) / h_0 \tag{4-13}$$

式中 h_0——盐渍土不扰动土样的原始高度；

Δh_p——压力 p 作用下浸水变形稳定前后土样高度差，mm；

h_p——压力 p 作用下变形稳定后土样高度，mm；

h'_p——压力 p 作用下浸水溶滤变形稳定后土样高度，mm。

现场浸水载荷试验得到的平均溶陷系数可按式(4-14)计算：

$$\delta = \Delta S / H \tag{4-14}$$

式中 ΔS——盐渍土层浸水后的(总)溶陷量，mm；

H——承压板下盐渍土的浸湿深度，mm。

现场浸水载荷试验宜用于各类土层。

当溶陷系数 $\delta \geq 0.01$ 时，应判定为溶陷性盐渍土。当溶陷系数 $\delta < 0.01$ 时，称为非溶陷性盐渍土。根据溶陷系数 δ 的大小可将盐渍土的溶陷程度分为三类：

(1) 当 $0.01 < \delta \leq 0.03$ 时，具有轻微溶陷性；

(2) 当 $0.03 < \delta \leq 0.05$ 时，具有中等溶陷性；

(3) 当 $\delta > 0.05$ 时，具有强溶陷性。

根据中华人民共和国石油天然气行业标准《盐渍土地区建筑规范》(SY/T 0317—2021)，盐渍土地基总溶陷量 δ_{s0} 可按式(4-15)计算：

$$\delta_{s0} = \sum_{i=1}^{n} \delta_i h_i (i = 1, \cdots, n) \tag{4-15}$$

式中 δ_{s0}——盐渍土地基的总湿陷量计算值，mm；

δ_i——室内试验测定的第 i 层土的湿陷系数；

h_i——第 i 层土的厚度，mm；

n——基础底面(初勘自地面1.5m算起)以下可能产生溶陷的土层层数，其中 δ 值小于0.01的非湿陷性土层不计入。

根据地基总湿陷量 δ_{80} 判定盐渍土地基的溶陷等级为三个溶陷等级(表 4-18)。

表 4-18 盐渍土地基的溶陷等级

溶陷等级	总溶陷量 δ_{80}, mm	溶陷等级	总溶陷量 δ_{80}, mm
弱溶陷,Ⅰ级	$70<\delta_{80}\leqslant 150$	强溶陷,Ⅲ级	$\delta_{80}>400$
中溶陷,Ⅱ级	$150<\delta_{80}\leqslant 400$		

2) 盐渍土的盐胀性

盐渍土的盐胀性主要是由于硫酸钠结晶吸水后,体积膨胀造成的。硫酸(亚硫酸)盐渍土中的无水芒硝(Na_2SO_4)的含量较多,无水芒硝(Na_2SO_4)在 32.4℃ 以上时为无水晶体,体积较小;当温度下降至 32.4℃ 时,吸收 10 个水分子的结晶水,成为芒硝($Na_2SO_4 \cdot 10H_2O$)晶体,体积增大,如此不断地循环反复作用,使土体变松。盐胀作用是盐渍土由于昼夜温差大引起的,多出现在地表下不太深的地方,一般约为 0.3m。碳酸盐岩对土的膨胀影响主要是由于碳酸盐渍土中存在大量的吸附性钠离子,遇水时即发生强烈的膨胀作用,使土的透水性减弱,密度减小,导致地基稳定性及强度降低,边坡坍滑等。碳酸盐的膨胀作用与硫酸盐的膨胀作用性质是不相同的。前者是由于吸附性钠离子与土中的胶体颗粒互相作用,在颗粒周围形成结合水膜,使土颗粒间的连结力减弱,土体体积增大;后者则是由于 Na_2SO_4 吸收结晶水结晶而引起的。当碳酸盐类盐渍土中 Na_2SO_4 的含量超过 0.5% 时,即有明显的膨胀量,密度也随之降低。其液塑限随含盐量增高而增高。碳酸盐类盐渍土中的 Na_2CO_3、$NaHCO_3$ 能加强土的亲水性,使沥青乳化,对各种建筑材料也具有不同程度的腐蚀性。

盐渍土地基的盐胀性是指整平地面以下 2m 深度范围内土的盐胀性。当盐渍土地基中的硫酸钠含量不超过 1.0% 时,可不考虑其盐胀性。盐渍土的盐胀性可根据盐胀系数的大小进行分类。盐胀系数 η 值按式(4-15)计算:

$$\eta = S_{\eta m}/H \tag{4-15}$$

式中 η——盐胀系数;
$S_{\eta m}$——最大盐胀量,mm。
H——有效盐胀区厚度,mm。

根据计算所得盐胀系数的大小将盐渍土的盐胀性分为四类(表 4-19)。

表 4-19 盐渍土的盐胀性根据盐胀系数的大小分类

指标	非盐胀性	弱盐胀性	中盐胀性	强盐胀性
盐胀系数 η	$\eta \leqslant 0.01$	$0.01<\eta \leqslant 0.02$	$0.02<\eta \leqslant 0.04$	$\eta>0.04$

盐渍土地基总盐胀量的计算式为:

$$S_{\eta 0} = \eta \cdot H \tag{4-16}$$

式中 $S_{\eta 0}$——盐渍土地基的总盐胀量,mm。
盐胀等级的确定可根据表 4-20 确定。

表 4-20 根据盐渍土地基的总盐胀量 $S_{\eta 0}$ 的盐胀等级分类

盐胀等级	总盐胀量 $S_{\eta 0}$，mm	盐胀等级	总盐胀量 $S_{\eta 0}$，mm
Ⅰ级　弱盐胀	$30<S_{\eta 0}\leqslant 70$	Ⅲ级　强盐胀	$S_{\eta 0}>150$
Ⅱ级　中盐胀	$70<S_{\eta 0}\leqslant 150$		

3) 盐渍土的腐蚀性

盐渍土均具有腐蚀性。盐渍土的最主要特征就是土中含有盐类，尤其是易溶盐中含有大量的 Cl^- 和 SO_4^{2-}。硫酸盐盐渍土具有较强的腐蚀性，当硫酸盐含量超过 1% 时，对混凝土产生有害影响，对其他建筑材料，也有不同程度的腐蚀作用。氯盐渍土具有一定的腐蚀性，当氯盐含量大于 4% 时，对混凝土产生不良影响，对钢铁、木材、砖等建筑材料也有不同程度的腐蚀性。碳酸盐渍土对各种建筑材料也有不同程度的腐蚀性。腐蚀的程度，除与盐类成分有关外，还与建筑结构所处的环境条件有关，直接影响建筑物的安全性和耐久性。

4) 盐渍土的吸湿性

氯盐渍土含有较多的一价钠离子，由于其水解半径大，水化胀力强，故在其周围形成较厚的水化薄膜。因此，氯盐渍土具有较强的吸湿性和饱水性，这种现象称为"泛潮"。这种性质，使氯盐渍土在潮湿地区土体极易吸湿软化，强度降低；而在干旱地区，使土体容易压实。据观测，一般泛潮时盐渍土的相对湿度在 40% 以上。但氯盐渍土吸湿的深度只限于表层，深度约为 10cm（表 4-21）。土中氯盐的存在，能使细粒分散部分起脱水作用，使土的最佳含水量降低。土体长期保持在最佳含水量附近状态，因此土体容易压实，有利施工。

表 4-21 氯盐渍土吸湿影响深度表

土的名称	NaCl 盐含量,%	湿度	吸湿深度, cm
细砂	20	饱和	6
细砂	30	饱和	8
粉砂	20	饱和	8
粉土	30	饱和	10
粉质黏土	30	饱和	12

5) 有害毛细作用

盐渍土有害毛细水上升能引起地基土的浸湿软化和造成次生盐渍土，并使地基土强度降低，产生盐胀、冻胀等不良作用。比如盐渍土所含盐分会在毛细作用下从墙体潮湿一端进入，在暴露在大气中的另一端蒸发，因此，墙体空隙中的盐溶液浓缩后结晶产生膨胀，形成了结晶性腐蚀，造成了建筑材料的破坏。影响毛细水上升高度和上升速度的因素，主要有土的矿物成分、粒度成分、土颗粒的排列、孔隙的大小和水溶液的成分、浓度、温度等。

6) 盐渍土的起始冻结温度和冻结深度

盐渍土的起始冻结温度是指土中毛细水和重力水溶解土中盐分后形成的溶液开始冻

结的温度。起始冻结温度随溶液浓度的增大而降低,且与盐的类型有关。盐渍土的冻结深度,可以根据不同深度的低温资料和不同深度盐渍土中水溶液的起始冻结温度判定;也可以在现场直接测定。

4. 盐渍土含盐类型和含盐量对土的物理力学性质的影响

1) 对土的物理性质的影响

(1) 氯盐渍土的含氯量越高,液限、塑限和塑性指数越低,可塑性越低。资料表明,氯盐渍土的液限要比非盐渍土低2%~3%,塑限小1%~2%。随着含盐量的增大,盐渍土的液限含水率逐渐降低。当含盐量在2%以下时,盐分大多溶解在水中,只有很少的固体盐颗粒,对液限的影响较小。当含盐量逐渐增大时,固体颗粒盐逐渐增多,便开始影响吸附水量的变化。当含盐量增加到11%以后时,固体颗粒盐已经增加到一定的比例,液限下降的幅度也就趋于平缓。土中含有氯盐时,一般使土的天然孔隙比降低,土的密度、干重度提高,这是因为氯盐晶粒充填了颗粒间空隙的缘故。

(2) 氯盐渍土由于氯盐晶粒充填了土颗粒间的空隙,一般能使土的孔隙比降低,土的密度、干密度提高。但硫酸盐渍土由于Na_2SO_4的含量较多,Na_2SO_4在32.4℃以上时为无水芒硝,体积较小;当温度下降到32.4℃时,吸水后变成芒硝$Na_2SO_4 \cdot 10H_2O$,使体积变大;经反复作用后使得土体变松,孔隙比增大,密度减小。

2) 对土的力学性质的影响

(1) 盐渍土的抗剪强度与其含盐量有着密切的关系。

① 含盐量与抗剪强度的关系:在盐渍土中,盐分起着胶结和填充的作用,因此当土的含水量一定时盐渍土的抗剪强度与盐渍土的含盐量有很大关系。据研究表明,对于非饱和盐渍土和相同固体颗粒体积的非盐渍土来说,当盐渍土所含盐分较少以至于土中孔隙水足以充分溶解所含盐分时,其固体颗粒会相对于非盐渍土减少,从而导致其密实度降低,则在这种情况下,盐渍土的抗剪强度会随着含盐量的增加而降低。但当含盐量增加到一定程度时,会使土中孔隙水达到饱和状态,所以多余的盐分会以结晶的形式存在于土层之中,起着胶结作用而成为骨架的一部分,从而增大了盐渍土的内摩擦角及黏聚力,则其抗剪强度也会随着含盐量的增加而增大,这个含盐量的临界点称为临界含盐量。

② 含水量与抗剪强度的关系:当盐渍土中的含盐量一定时,其抗剪强度与土中含水量有很大关系。当含水量增大时,盐渍土中的可溶盐固体颗粒会溶解于水,使得原本起着胶结作用的固体盐颗粒消失,土颗粒间的胶结程度降低,抗剪强度随着降低。含水量降低时,盐渍土中的盐分析出结晶成为固体颗粒盐,加强土颗粒之间的连结力,从而增大了盐渍土的抗剪强度。

(2) 由于盐渍土具有较高的结构强度,当压力小于结构强度时,盐渍土几乎不产生变形,但浸水后,盐类等胶结物软化或溶解,模量有显著降低,强度也随着降低。

(3) 地下水位和盐渍土的含盐量对土的压缩性影响很大,在地下水位以上,硫酸盐渍土土层和氯盐渍土土层均属于中等压缩性土,随着含盐量的增加,其压缩性会有所增大;在地下水位以下,硫酸盐渍土土体呈现软塑或流塑状态,成为压缩性比较大的软土地基。

(4) 氯盐渍土的力学强度与总含盐量有关,总的趋势是总含盐量增大,强度随着增大。当总含盐量在10%范围内时，载荷试验比例界限(P_0)变化不大，超过10%后P_0有明显提高。原因是土中氯盐含量超过临界溶解含盐量时，以晶体状态析出，同时对土粒产生胶结作用，使土的强度提高；相反，氯盐含量小于临界溶解含盐量时，则以离子状态存在于土中，此时对土的强度影响不太明显。

硫酸盐渍土的总含盐量对强度的影响与氯盐渍土相反，即盐渍土的强度随总含盐量增加而减小。原因是硫酸盐渍土具有盐胀性和膨胀性。资料表明，当总含盐量为1.0%~2.0%时，即对载荷试验比例界限(P_0)产生较明显的影响，且P_0随总含盐量的增加而很快降低；当总含盐量超过2.5%时，其降低速度逐渐变慢；当总含盐量等于12%时，可使P_0降低到非盐渍土的一半左右。

（五）盐渍土防治措施

盐渍土分布区的道路路基和建筑物地基还受到盐渍土胀缩破坏或腐蚀。含盐量高的盐渍土路基还会因盐分溶解导致地基下沉。为减少或消除危害，一般采取以下防治措施。

1. 控制路基填料含盐量及密实度

采用盐渍土填筑路基，要对含盐量严格按照规范进行控制。含盐量超过规定的界限值后，填土难以夯实到最佳密度，强度也就无法满足设计要求。

2. 控制路基高度

盐渍土地区地下水位浅，当路基填土缺少切断毛细水的渗水性材料时，填筑的路基有再度盐渍化、冻胀和翻浆冒泥的可能。

3. 隔断毛细水

当盐渍土地区填筑困难，不易用提高路基高度的方法来消除毛细水影响时，可采用隔断毛细水措施。比如用渗水土隔断层、沥青胶砂土隔断层、土工纤维材料隔断层等，防止盐溶液对建筑材料造成腐蚀。

4. 化学加固法

如果是硫酸盐渍土，采用灌注氯化钡和氯化钙的方法，也能收到良好的效果。化学法加固盐渍土，优点是施工安全，不干扰行车，工序简单，劳动强度小等。

六、红黏土

（一）概述

红黏土是指碳酸盐岩系出露区的岩石，经红土化作用形成的棕红色、褐黄色等色的高塑性黏土，其液限一般大于或等于50%，上硬下软，具明显的收缩性，裂隙发育。经再搬运、沉积后仍保留红黏土基本特征，液限大于45%小于50%的土称为次生红黏土。

红黏土的形成，一般应具备气候和岩性两个条件。气候变化大，年降水量大于蒸发量，潮湿的气候形成酸性介质环境，有利于岩石的机械风化和化学风化的进行；岩性主要为碳酸盐类岩石，当岩层褶皱发育、岩石破碎时，更易形成红黏土。

（二）红黏土的分布

红黏土主要为残积、坡积类型，也有洪积类型，其分布多在山区或丘陵地带。这种受形成条件所控制的土，为一种区域性的特殊性土。我国红黏土主要分布在南方，以贵州、云南、广西分布最为广泛和典型,其次在安徽、川东、粤北、鄂西和湘西也有分布。在西部,主要分布在较低的溶蚀夷平面及岩溶洼地、谷地;在中部,主要分布在峰林谷地、孤峰准平原及丘陵洼地;在东部,主要分布在高阶地以上的丘陵区。红黏土厚度的变化与原始地形和下伏基岩面的起伏变化密切相关,分布在盆地或洼地时,其厚度变化大体是边缘较薄,向中间逐渐增厚;分布在基岩面或风化面上时,则取决于基岩起伏和风化层深度。当下伏基岩的溶沟、溶槽、石芽等较发育时,上覆红黏土的厚度变化极大,常仅咫尺之隔,竟相差10m之多。就地区论,贵州的红黏土厚约3~6m,超过10m者较少;云南地区一般为7~8m,个别地段可达10~20m;湘西、鄂西、广西等地一般在10m左右。另外,我国北方红黏土零星分布在一些较温湿的岩溶盆地,如陕南、鲁南和辽东等地,多为受到后期营力的侵蚀和其他沉积物覆盖的早期红黏土。

(三) 红黏土组成成分

红黏土的组成成分与其母岩、气候环境及风化作用强度有着密切关系,即使是石灰岩,其中的碳酸盐矿物成分、自生的非碳酸盐矿物及陆源碎屑矿物的种类及含量也不尽相同。不同地方的红黏土因其气候环境不同,如温度、湿度等,红土化作用强度也不相同,因而不同地方的红黏土在化学成分和矿物成分上表现出明显差异。

1. 粒度与化学成分

在红黏土的粒度组构成中,细颗粒占绝对优势,小于0.005mm的黏粒含量为60%~80%,其中小于0.002mm的胶粒占40%~70%,因而可以看出红黏土具有很高的分散性。

红黏土的化学成分以氯化物和氢氧化物为主,其中尤以铝、铁和硅的氧化物含量最高。它们多以游离的氧化物赋存,其中游离氧化物Fe_2O_3可以晶态(赤铁矿)、微晶态(针铁矿)和胶态(羟铁矿)三种物态赋存,氧化铁的赋存状态及其含量决定了红黏土的颜色,直接反映了红土化作用的强度,其中晶态的赤铁矿含量越高,红黏土的颜色越红,红土化作用强度也越大;而羟铁矿的含量越高,土的颜色越浅,表明红土化作用强度越弱。这进一步表面,红黏土的工程性质与其颜色有密切关系,颜色越深(红),其工程性质也就越好。

2. 红黏土的矿物成分与结构

1) 次生的具有晶质结构的黏土矿物

黏土矿物的含量一般占红黏土的40%~50%,其中主要包括高岭石、绿泥石、蛭石、伊利石等,有时还可见到少量的蒙脱石。由表4-22可知,红黏土中的黏土矿物以水稳定性矿物高岭石、绿泥石为主,其次为亚水稳性的伊利石、蛭石和不含或少含有非水稳性的蒙脱石。

表4-22 我国部分地区红黏土的主要物质组成

地区	颜色	主要黏土矿物	pH值	游离氧化物			游离氧化铁	非黏土矿物
				Fe_2O_3	Al_2O_3	SiO_2	赋存状态	
贵州贵阳(1)	黄棕色	伊利石、高岭石、绿泥石	7.0	8.80	3.16	2.27	胶态(羟铁矿)	

续表

地区	颜色	主要黏土矿物	pH值	游离氧化物			游离氧化铁	非黏土矿物
				Fe_2O_3	Al_2O_3	SiO_2	赋存状态	
广西贵县	棕红色	高岭石、绿泥石、伊利石	7.0	10.70	3.11	3.50	胶态（羟铁矿）	
云南昆明	深红色	高岭石、绿泥石、伊利石	5.6	10.14	6.43	2.08	微晶态（针铁矿）晶态（赤铁矿）	
湖南宜章	棕红色	绿泥石(30%)、伊利石(15%)、高岭石(10%)					微晶态（针铁矿15%）	石英碎屑（30%±）
贵州贵阳(2)	浅红色	高岭石(42%)、蛭石(35%)、水铝石(7%)、伊利石(6%)	10.00					
贵州贵阳(3)	浅红色	高岭石(39%)、蛭石(32%)、伊利石(11%)、水铝石(8%)	10.00					

2) 次生的非晶质黏土矿物

红黏土中次生的非晶质黏土矿物，包括水铝英石、氧化铁、氧化铝、氧化硅及其水化物，它们是不发生X射线衍射峰的黏胶物质，其中又以游离铁为主，这也是与其他黏土的重要区别之一。这些无定性物质一般具有很大的表面积，化学活性很高，不稳定，可以在一定条件下老化。

3) 可溶性的盐类矿物及有机质

可溶性的盐类矿物主要有重碳酸盐，其次为钙、镁的硫酸盐和氯化物。它们溶解后，多以阴、阳离子存在于红黏土的孔隙水溶液中。红黏土中的有机质含量可达0.35%左右，其主要成分有纤维素、有机酸、腐殖质等，其中腐殖质绝大多数与矿物颗粒结合形成有机—无机复合体。

（四）红黏土的基本工程地质特征

1. 红黏土的物理性质

（1）红黏土中黏土矿物虽然缺乏强亲水性的蒙脱石，但因其粒度组成的高分散性，因而反映在表征其塑性的液限w_L和塑性指数I_p以及表征密度的孔隙比e都很高。以致有的公路部门将高含水量、高塑性、高孔隙比合称为"三高土"。液限一般大于50，含水率为10%左右，孔隙比为0.5~0.7，干容重为16~17kN/m³，塑性指数为11~16。研究表明，风干脱水对红黏土的液限、塑限没有明显影响，因此，对含水量较高的红黏土作为路基填料，翻晒后虽然含水量降低了，但是并不能改变其塑性的大小。此外，作为路基填料，红黏土在达到压实度时的最佳含水量也远远高于一般黏性土。

（2）天然红黏土的饱和度S_r多在90%以上，使红黏土成为两相分散系，含水量和孔隙比呈现出良好的线性关系。红黏土的含水量较高、饱和度大，这显然与其较强的滞水性有关，其黏粒含量高、孔隙比较高、孔隙多而小，因此黏粒表面形成了较多的吸附水。

（3）红黏土的各种指标的变化幅度很大，如含水率w、塑限w_p、液限w_L、孔隙比e等及其对应的力学指标变化均较大（表4-23）。

表 4-23　各地区红黏土的 w_L、w_p、e 指标值

地区		南方								北方
省区		云南	贵州	广西	四川	湖北	湖南	广东	皖南	山东
w_L	界限	50~80	40~110	39~92	35~85	39~81	40~80	25~90	40~65	33~60
	中值	63	73	68	58	63	65	55	54	42
w_p	界限	29~50	20~50	20~43	20~40	20~45	20~50	17~50	18~30	17~30
	中值	37	35	35	30	28	29	24	29	19
e	界限	0.80~1.80	0.80~2.00	0.80~1.70	0.70~1.80	0.70~1.80	0.85~1.30	0.60~1.40	0.70~1.20	0.60~0.90
	中值	1.38	1.36	1.10	1.10	1.20	1.05	0.97	0.88	0.75

(4) 渗透性差，可视为不透水层。在无压条件下充分浸水，胀限含水量只比天然含水量增加了 1%~3%，足见其渗透性差。

(5) 一般黏性土在浸水和失水后，由于黏土片间的水膜厚度减薄，都会表现出一定的胀缩性。阳离子交换的结果会使黏土矿物周围结合水的扩散层水膜厚度发生改变，使黏土表现出胀缩性，这种特性对红黏土也不例外。其胀缩性仅次于膨胀土，而比一般黏土显著。

2. 红黏土的力学性质

红黏土虽然内摩擦角 φ 小，但黏聚力 c 大，无侧限抗压强度（达 200~400kPa）比软土高数倍至十余倍，因此具有较高的抗剪强度，承载力也较高；其孔隙比大，但压缩系数却甚小，说明红黏土的力学指标不同于一般黏土和其他特殊土，而具有独自的特点和相关规律。

红黏土的高孔隙、低压缩、高塑性、高承载力的工程特性是由红黏土较为独特的结构所决定的。研究表明红黏土的强度主要由游离氧化铁所形成的铁质胶结作用产生，红黏土中的游离氧化铁以胶态和微晶两种形式赋存。红黏土的结构连接强度不仅取决于土中所含游离氧化铁的多少，更重要的是游离氧化铁存在的物态形式，红黏土中的游离氧化铁含量越高，其力学指标越高，土中晶质的氧化铁对胶态的氧化铁比值越高，其力学指标越高。

3. 红黏土的裂隙性与胀缩性

(1) 红黏土的裂隙性：处于坚硬和硬塑状态的红黏土层。由于胀缩作用形成了大量裂隙。裂隙发育深度一般为 3~4m，已见最深者达 8.0m。裂隙面光滑，有的带擦痕、有的被铁锰质浸染，裂隙的发生和发展速度极快，在干旱气候条件下，新挖坡面数日内便可被收缩裂隙切割得支离破碎，使地面水易侵入，土的抗剪强度降低，常造成边坡变形和失稳。而在雨季湿润气候条件下，裂隙又可因红黏土的吸水膨胀而闭合，如此反复胀缩，使红黏土的结构强度几乎丧失，抗剪强度也大大降低，这是红黏土路堑边坡长期稳定性低的主要原因。

(2) 红黏土的胀缩性：有些地区的红黏土具有一定的胀缩性，如贵州的贵阳、遵义、铜仁，广西的桂林、柳州、来宾、贵县等。这些地区由于红黏土地基的胀缩变形，

致使一些单层(少数为2~3层)民用建筑物和少数热工建筑物出现开裂破坏,其中以广西地区较为严重,贵州地区较轻,有些地区红黏土的胀缩性很轻微,可不作膨胀土对待。红黏土的胀缩性能表现为以缩为主。即在天然状态下膨胀量微小,收缩量较大,经收缩后的土试样浸水时,可产生较大的膨胀量。

(3) 红黏土中的地下水特征。红黏土的透水性微弱,其中的地下水多为裂隙性潜水和上层滞水,它的补给来源主要是大气降水,基岩岩溶裂隙水和地表水体,水量一般均很小。在地势低洼地段的土层裂隙中或软塑状态、流塑状态土层中可见土中水,水量不大,且不具统一水位。红黏土层中的地下水水质属重碳酸钙型水,对混凝土一般不具腐蚀性。

(五) 红黏土的工程地质问题

红黏土含水率虽高,但土体一般仍处于硬塑状态或坚硬状态,而且具有较高的强度和较低的压缩性。在孔隙比相同时,它的承载力约为软黏土的2~3倍。因此红黏土一般可作为建筑物地基,但也存在一些问题。

(1) 红黏土受水浸湿后体积膨胀,干燥失水后体积收缩而具有胀缩性。红黏土遇水后膨胀量小,而失水后收缩量大,易引起地基表层剧烈干缩并迅速龟裂,对施工不利;有些地区的红黏土具有竖向裂隙,易产生朝向建筑物的临空面失稳问题(图4-43)。

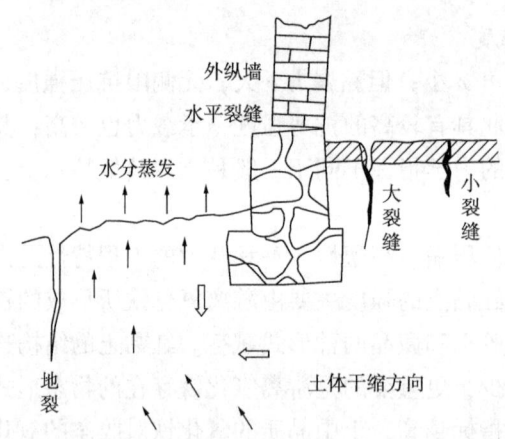

图4-43 因外墙基土收缩、基础向外扭转,墙体呈水平裂缝

(2) 红黏土厚度分布不均,其厚度与下伏基岩面的状态和风化深度有关。常因石灰岩表面石芽、溶沟等存在,使得上覆红黏土的厚度短距离内相差悬殊,易引起地基不均匀沉降或侧向位移,影响建筑物的安全。

(3) 红黏土沿深度从上向下含水率增加、土质有由硬至软的明显变化。接近下卧基岩面处,土常常呈软塑状态或流塑状态,其强度低,压缩性较大。

(4) 红黏土地区岩溶现象一般较为发育。由于地表水和地下水作用,在隐伏岩溶上的红黏土层常有土洞存在,从而影响场地的稳定性。

(六) 红黏土地区地基处理

红黏土虽然强度较高,压缩性较小,但因与岩溶伴生,且含水量、液限均较一般黏土高,具有胀缩性等,无论是作为路基填料、还是作为人工边坡,常会遇到各种各样的问题，常用的处理措施有以下几种。

（1）垫层置换法。路堑地段的红黏土地基，一般位于红黏土土坡、丘的下部，含水量往往超过了最佳含水量，因此很难达到95%的压实度。当施工期间的气候条件不利时，可采用垫层换填处理，即将路基基底超挖不小于30cm的厚度，改用其他好黏土、砂石、灰土、粉煤灰等材料辅填碾压密实后形成置换垫层，并做好防水处理，然后再在其上进行路面工程施工。这样不仅解决了压实度的问题，进一步提高路基强度，而且可消除红黏土的膨胀性对路面的影响。

（2）土质改良法。对以缩为主，具有中等膨胀性或液限大于55%、含水量大于塑限的红黏土或天然稠度在0.9~1.0的红黏土填料可参照膨胀土地基（换填、石灰、黏性土固化剂、水泥等改性）的某些处理方法和工程经验进行处理。

（3）人工边坡治理。由于新开挖出来的人工边坡往往在尚未进行边坡防护和绿化之前的一年、两年，甚至几个月时间内就出现了失稳破坏。因此需进行合理地坡率设计、坡面防护及边坡支挡，如挡土墙、土钉支护、微型桩支护、抗滑桩支护、复合支护等。

（4）岩面起伏大、易产生不均匀沉降的地基，可采用大直径嵌岩桩或墩基，穿越红黏土层。

（5）陡坡地红黏土侵蚀严重，应恢复和保护植被；已垦殖的陡坡耕地，应退耕种植林草，控制水土流失。

七、填土

（一）概述

填土是一定的地质、地貌和社会历史条件下，由于人类活动而堆填的土。填土在堆填方式、组成成分、分布特征及其工程地质性质等方面，表现出一定的复杂性。在一般的岩土工程勘察与设计工作中，如何正确评价、利用和处理填土层，将直接影响到基本建设的经济效益和环境效益。

（二）填土的工程地质问题

根据《建筑地基基础设计规范》（GB 50007—2011），填土可划分为素填土、杂填土、冲填土及压实填土四类。不同类型的填土，可能遇到的工程地质问题不同。

1. 素填土

素填土是由碎石、砂土、粉土或黏性土等一种或几种材料组成的填土。

作为地基应注意的工程地质问题：（1）素填土的密实度和均匀性；（2）素填土地基的不均匀性。

2. 杂填土

杂填土是由含有大量杂物的填土，如建筑垃圾土、工业废料土、生活垃圾土等。以生活垃圾和腐蚀性及易变性工业废料为主要成分的杂填土，一般不宜作为建筑物地基；对以建筑垃圾或一般工业废料主要组成的杂填土，采用适当措施处理后可作为一般建筑物地基。

杂填土作为地基应注意的工程地质问题：（1）不均匀性：颗粒成分、密实度和平面分布及厚度的不均匀性；（2）工程地质性质随堆填时间而变化；（3）结构松散、干或稍湿的杂填土一般具有浸水湿陷性；(4)含腐殖质及水化物问题。

3. 冲填土

冲填土，又称吹填土，是由水力冲填泥砂形成的沉积土，即在整理和疏浚江河航道时，有计划地用挖泥船，通过钻井泵将泥砂夹大量水分，吹送至江河两岸而形成的一种填土。在我国长江、上海黄浦江、广州珠江两岸，都分布有不同性质的冲填土。

冲填土(吹填土)的工程地质问题：(1)冲填土的颗粒组成和分布规律与所冲填泥砂的来源及冲填时的水力条件有关系。应注意可能造成的不均匀性。(2)冲填土的含水量大，透水性较弱，排水固结差，一般呈软塑状态或流塑状态。(3)冲填土一般比同类自然沉积饱和土的强度低，压缩性高。

4. 压实填土

压实填土是按一定标准控制材料成分、密度、含水量，分层压实或夯实而成的土。压实填土压实时应保证压实质量，保证其密实度，有关质量检验标准与工作要求可参见《建筑地基基础设计规范》(GB 50007—2011)。

(三) 防治工程措施

(1) 夯实填土时，要控制填土的含水量，避免在含水量过大的原状土上进行回填。填方区如有地表水时，应设排水沟，如有地下水应降低至基底。

(2) 可用干土、石灰粉等吸水材料均匀掺入土中降低含水量，或将橡皮土翻松、晾干、风干至最优含水量范围，再夯(压)实。

复习思考题

1. 何谓土的工程分类？
2. 《土的工程分类标准》主要考虑了有哪几方面的指标因素？
3. 第四纪土有哪些特征？残积土、坡积土、洪积土、冲积土、淤积土、冰积土、风积土各有哪些特点？
4. 土的组成及结构构造对土的工程地质性质有什么影响？
5. 土的矿物成分有哪些？土的粒度成分怎样划分？土中的水有哪些类型？
6. 土的结构和构造有哪些类型？各种类型的特点是什么？
7. 黏性土的膨胀、收缩和崩解特性对工程的影响？
8. 土压缩变形的特点与机理是什么？压缩性指标有哪些？土的抗剪强度的特点与机理是什么？抗剪强度指标有哪些？
9. 我国特殊土的主要类型有哪些？它们各自最突出的特点是什么？
10. 软土、湿陷性黄土、膨胀土、冻土和填土的工程特性及处理措施有哪些？
11. 某饱和土样在试验室测得物理性质指标值为：含水率 $w=38.0\%$，土粒相对密度 $G_s=2.66$。求天然容重 γ，干容重 γ_d，孔隙比 e，孔隙度 n ($g=10\text{m/s}^2$)。

第五章 地质构造与工程地质评价

> **本章提要**
>
> **主要内容**：地壳运动；地层与接触关系；水平构造的工程地质评价；岩层产状；单斜构造的工程地质评价；褶皱构造类型；褶皱构造的工程地质评价；节理野外观测与地质评价；节理构造的工程地质评价；断层类型；断层的构造的工程地质评价；活断层构造的工程地质评价；地震构造的工程地持评价。
>
> **难点与重点**：地层接触关系；水平构造的工程地质评价；单斜构造的工程地质评价；褶皱构造的工程地质评价；节理构造的工程地质评价；断层构造的工程地质评价；活断层构造的工程地质评价；地震构造的工程地质评价。

地壳运动又称构造运动，是一种机械运动，涉及的范围包括地壳及上地幔上部(即岩石圈)，可分为水平运动和垂直运动。水平方向的构造运动使岩块相互分离裂开或是相向聚汇，发生挤压、弯曲或剪切、错开；垂直方向的构造运动则使相邻块体做差异性上升或下降。

构造运动在岩层和岩体中遗留下来的各种构造形迹，如岩层褶曲、断层等，称为地质构造，即地质构造是地壳运动的产物。地质构造的规模有大有小，大的如构造带，可以纵横数千公里，小的如岩石片理等，它们都是地壳运动造成的永久变形和岩石发生相对位移的踪迹。

第一节 地层

一、概述

地层学研究的基本资料是在地质时期中形成的岩石记录。凡是成层岩石统称为岩层，当涉及探讨它们的先后顺序、地质年代和组成填图单位时，就称为地层。更明确地讲，地层是指具有某些共同特征和属性，与相邻岩层存在明显差异、具有一定地质年代的岩层或岩石组合。所以，地层除具有一定的形体和岩石内容外，还有时间顺序的涵义。

地层就像一部万卷巨著，记录和保存了从地球形成以来地球发展和演化的历史。地层中又蕴藏着丰富的沉积矿产资源，如煤、石油、天然气、煤层气和铀、铁、锰、铝土矿、钾盐、磷矿石膏等近百种金属和非金属矿产。地层又是地下水储藏的场所和地下水运移的通道。所以，研究地层、确定地层层序、进行地层划分和对比，对地质科学、地质工作的开展和寻找、开发矿产资源以及国民经济建设来讲都是十分重要的基础工作。

二、地质年代

地球自形成以来，在4600Ma的漫长历史中经历了种种发展和演化，确定其发展阶段及各种地质事件的时间是地质学研究的重要任务之一。为了便于全球对比，必须要有统一的时间系统，包括统一的方法和标准。在地质学中，地质年代有两层含义：地质体形成或地质事件发生的先后顺序及地质体形成或事件发生距今的年龄。前者称为相对地质年代，主要是根据生物界的发展与演化（以化石为依据），把整个地质历史划分为一些不同的历史阶段，借以展示岩石的新老关系；后者称为绝对地质年代，主要是通过岩石矿物中所含的放射性同位素的自然衰变规律来测定，故又称为同位素年龄。在描述地质体或地质事件的年代时，两者都是不可缺少的。只有将两者结合，才能全面地认识地质事件及地球、地壳演变时代，地质年代表正是在此基础上建立起来的。

（一）相对地质年代的确定

岩石是地质历史演化的产物，也是地质历史的记录者，无论是生物演变历史，还是构造运动历史、古地理变迁历史等都会在岩石中留下各自的烙印。因此，研究地质年代必须研究岩石中所包含的年代信息。确定岩石的相对地质年代主要是依据岩层的沉积顺序、生物演化和地质体之间的相互关系，即所谓的地层层序律、生物演化律和地质体之间的切割律或穿插关系。

1. 地层层序律

地层形成时的状态是水平或近于水平的，且二维延展直至变薄、尖灭。原始产出的地层具有年代较老的地层在下、年代较新的地层叠覆在上的规律，这就是后来著名的地层层序律或地层叠覆律[图5-1(a)]。但岩层因构造运动而发生倾斜但未倒转时，倾斜面以上的岩层新，倾斜面以下的岩层老[图5-1(b)，图5-1(c)]。此时应要仔细研究沉积岩的泥裂、波痕、递变层理、交错层理等原生构造来判别岩层的顶、底面(图5-2)。

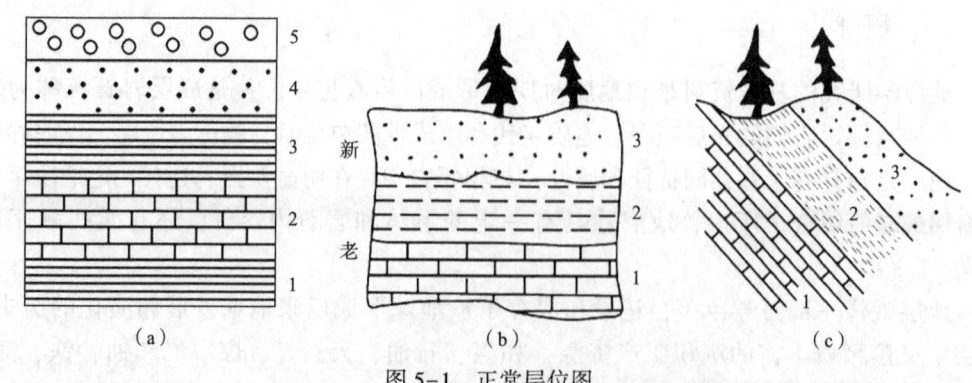

图5-1　正常层位图
1~5代表岩层由老至新；1、2、3依次从老到新

2. 生物演化律

地质历史时期的生物被为古生物。埋藏在岩层中的古代生物遗体或遗迹称为化石。动物的骨骼、甲壳、足迹、蛋、粪便，以及植物的根、茎、叶或其痕迹均可成为化石，而对地质历史上的生物的研究主要是依据化石。

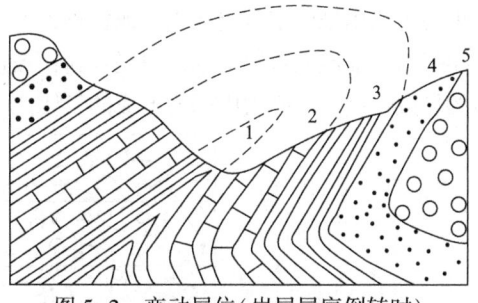

图 5-2　变动层位（岩层层序倒转时）
1~5 代表岩层由老至新

无数的事实证明，一切事物包括无机界和有机界，都在不断地变化和发展，这种变化和发展又是向前的和不可逆的。这一点在生物界中表现得更为清楚和明显。

古生物演化主要具有四个方面的特点：

（1）生物演变的总趋势是从简单到复杂、从低级到高级不断发展的，因而各个地质历史时期有不同的生物种属。因此，不同地质时期的地层中，所含化石群的面貌不同。一般说来，越老的地层中所含生物越原始、越简单，越低级，年代越新的地层中所含生物越进步、越复杂、越高级。世界上发现的最古老化石是简单的菌类化石，较新且复杂的化石则是被子植物和哺乳动物化石。

（2）古生物的演化过程不是均一的和等速的，而是缓慢的量变和急速的质变交替出现，在质变中生物的大量绝灭和突发演化，形成了生物演化的阶段性。这种阶段性的存在与岩石圈的发展演变具有阶段性和周期性密切相关。岩石圈演变的激烈时期，往往伴随着强烈的构造运动和岩浆活动，从而引起自然环境的巨大变化，这必然会促使生物界面貌发生巨大的变化，导致有些古生物种属绝灭，有些古生物种属出现。地球上的古植物演变大致经历了菌藻类、藻类、孢子植物、裸子植物、被子植物几个演化阶段，古动物也经历了无脊椎动物、鱼、两栖动物、古爬行动物、爬行动物（恐龙）、哺乳动物的几个演化阶段。

（3）古生物演化具有不可逆性，即以往出现过的生物种属灭绝后，在以后的演化过程中绝不会重复出现；以往某种生物的某些器官或内部结构消失后，在以后的演化过程中也绝不会再出现。

（4）生物对环境的适应有较大的宽容度，并具有多种方式的迁移能力。在同一个地质历史时期，生物界的总貌具有全球的一致性，这就使得进行全球性地层的对比成为可能。

若将地层层序律与生物演化律的概念结合起来，就形成了生物层序律或化石层序律的概念。这就是早在 19 世纪初期，被誉为英国地层之父的史密斯（William Smith）提出来的著名定律：不同时代的地层中具有不同的古生物化石或化石组合，相同时代的地层中具有相同或相似的古生物化石组合；古生物化石组合的形态、结构越简单，则地层的时代越老，反之则越新。它不仅可以确定地层的先后顺序，还可以确定地层形成的大致时代。

3. 切割律或穿插关系

构造运动或岩浆活动可能导致不同时代的岩层与岩层之间、岩层与岩体之间、岩体与岩体之间出现彼此切割穿插关系，依据这些关系推断岩体或岩层的相对地质年代的方法叫构造地质学方法，具体推断方法是切割者新，被切割者老，故又叫地质体切割律（图 5-3）。这一原理还可以用来确定有侵入关系或包裹关系的任何两地质体或地质界面的新老关系，即侵入者年代新，被侵入者年代老；包裹者新，被包裹者老。如侵入岩中捕虏体的形成年代比侵入体的形成年代老；砾岩中砾石形成的年代比砾岩的形成年代老。

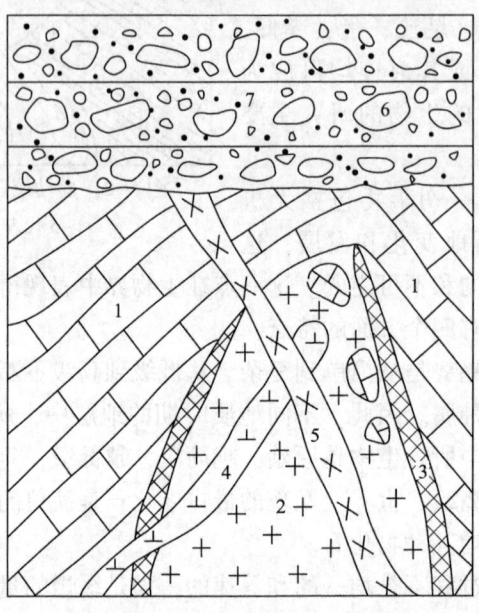

图 5-3 运用切割律确定岩石形成顺序

1—石灰岩，最早形成；2—花岗岩，形成晚于石灰岩，并有石灰岩捕虏体；3—硅卡岩，形成时间同花岗岩；4—闪长岩，晚于花岗岩形成；5—辉绿岩，晚于闪长岩形成；6—砾石，早于砾岩形成；7—砾岩，最晚形成

（二）绝对地质年代（同位素年代）的确定

相对地质年代只表示了地质事件或地层的先后顺序，即使是利用古生物化石组合的方法，也只能了解它们的大致时代。在探索地质发展历史的过程中，人们除知道各种地质事件的先后顺序及大致时代外，迫切地需要知道矿物、岩石或地质事件所发生的确切时间。所以，以年为单位来测定绝对地质年龄长期以来深受地球科学界的重视。

1896年，具有天然放射性的铀被法国物理学家贝克勒尔（H. Becquel，1852—1908年）发现，随后英国物理学家卢瑟福（L. Rutherford，1871—1937年）于1903年提出放射性元素的原子会蜕变，即自行分裂为另外的原子，并在以后的实验中得到证实。因此，自然界的矿物和岩石一经形成，其中所含有的放射性同位素就开始以恒定的速度蜕变，如同天然时钟一样，记录着它们自身形成的年龄。当知道了某一放射元素的蜕变速度（$T_{1/2}$）后，那么含有这一元素的矿物晶体自形成以来所经历的时间（t），就可根据这种矿物晶体所剩下的放射性元素（母体同位素）的总量（N）和蜕变产物（子体同位素）的总量（D）的比例计算出来。这就为测定矿物、岩石或地质事件所发生的时间找到了科学的方法，测得的年龄称为同位素年龄或绝对年龄。

三、地质年代表

根据地层形成顺序、生物演化阶段、构造运动、古地理特征以及同位素年龄测定，对全球性地层进行划分和对比，综合得出全球地质年代表（表5-1）。

表 5-1　地质年代表

地质年代（地层系统及代号）			同位素年龄值, Ma	生物界		构造阶段及构造运动	
宙（宇）	代（界）	纪（系）		植物	动物		
显生宙（宇）Ph	新生代（界）Kz	第四纪（系）Q	2	被子植物繁盛	出现人类	新阿尔卑斯构造阶段	（喜马拉雅构造阶段）
		新近纪（系）N	26		哺乳动物及鸟类繁盛		
		古近纪（系）E	65			老阿尔卑斯构造阶段	燕山构造阶段
	中生代（界）Mz	白垩纪（系）K	137	裸子植物繁盛	爬行动物繁盛		
		侏罗纪（系）J	193				印支构造阶段
		三叠纪（系）T	230	蕨类及原始裸子植物繁盛	两栖动物繁盛		
	古生代（界）Pz	二叠纪（系）P	283			（海西）华力西构造阶段	
		石炭纪（系）C	350		鱼类繁盛		
		泥盆纪（系）D	400	裸蕨植物繁盛			
		志留纪（系）S	435		无脊椎动物继续演化阶段	加里东构造阶段	
		奥陶纪（系）O	500	藻类及菌类繁盛	海生无脊椎动物繁盛		
		寒武纪（系）∈	570				
元古宙（宇）Pt	晚元古代（界）Pt₃	震旦纪（系）Z	800		裸露无脊椎动物出现	晋宁运动	
			1000			吕梁运动	
	中元古代（界）Pt₂		1900		生命现象开始出现		
	早元古代（界）Pt₁		2500			五台运动 阜平运动	
太古宙（宇）Ar	太古代（界）Ar		4600			地球形成	

表 5-1 中将地质历史划分为太古宙、元古宙和显生宙三大阶段，宙再细分为代，代再细分为纪，纪再细分为世。每个地质时期形成的地层，又赋予相应的地层单位，即宇、界、系、统，分别与地质历史宙、代、纪、世相对应。它们经国际地层委员会通过并在世界通用。在此基础上，各国结合自己的实际情况，都建立了自己的地层年代表。

我国在区域地质调查中常采用多重地层划分原则，即除上述地层单位外，主要使用岩石地层单位。

岩石地层单位是以岩石学特征及其相对应的地层位置为基础的地层单位。没有严格的时限，往往呈现有规则的穿时现象。岩石地层最大单位为群，群再细分为组，组再细分为段，段再细分为层。

群：包括两个以上的组。群以重大沉积间断或不整合界面划分。

组：以同一岩相，或某一岩相为主，夹有其他岩相，或不同岩相交互构成。其中，岩相是指岩石形成的地理环境，如海相、陆相、潟湖相、河流相等。组是最常使用的地层单位，它是根据一定地区的岩石性质和岩层组合特征为基本划分、以代表性地层剖面的地名来命名的。一定区域范围内地区同一名称的组具有可对比的岩性和层序特征；同一时代不同名称的组的岩性特征和层序差别明显。比如同属四川地区的三叠纪中统的地层岩组，在盆地称雷口坡组（T_2l），以碳酸岩地层为主；在汶川一带山区称杂谷脑组（T_2z），以变质碎屑岩为主。

段：段为组的组成部分，由同一岩性特征构成。组不一定都划分出段。

层：段中具有显著特征，可区别于相邻岩层的单层或复层。

第二节　地壳运动

一、概述

地壳岩石圈自形成以来一直不停地运动着。地壳运动（构造运动）使地壳产生褶皱、断裂等各种地质构造，引起海、陆分布变化、地壳隆起和凹陷，以及形成山脉、海沟，产生火山、地震等的基本原因。按时间顺序，将新近纪以前的构造运动称为古构造运动，新近纪以后的构造运动称为新构造运动，人类历史时期发生的构造运动称为现代构造运动。

地壳运动引起地壳岩石变形和变位，这种变形、变位被保留下来的形态被称为地质构造。地质构造有两种主要类型：褶皱和断裂。地壳运动的基本形式有两种，即水平运动和垂直运动：

（1）水平运动指地壳沿地表切线方向产生的运动。主要表现为岩石圈的水平挤压或拉伸，引起岩层的褶皱和断裂，可形成巨大的褶皱山系、裂谷和大陆漂移等。如印度洋板块挤压欧亚板块并插入欧亚板块之下，使五千万年前还是一片汪洋的喜马拉雅山地区逐渐抬升成现在的世界屋脊。

（2）垂直运动指地壳沿地表法线方向产生的运动。主要表现为岩石圈的垂直上升或下降，引起地壳大面积的隆起和凹陷，形成海侵和海退等。如台湾高雄附近的珊瑚灰岩，更新世以来，已被抬升到海面上 350mm 高处；现在的江汉平原，从新近纪以来，下降了 10000 多米，形成巨厚的沉积层。

水平运动和垂直运动是紧密联系的，在时间和空间上往往交替发生。

一般情况下，地壳运动是十分缓慢的，人们甚至难以察觉。如喜马拉雅山脉从海底上升到海平面上 8000 多米的高山，每万年平均才上升 2.4cm，但其长期的积累却是惊人的。有时，地壳运动可以以十分剧烈的方式表现出来，如地震、火山喷发等。1976 年 7 月 28 日的唐山大地震，造成极震区 70%～80% 的建筑物倒塌或严重被坏，死亡 20 余万人；2008 年 5 月 12 日的汶川 8.0 级地震，造成山体岩层破裂，地表破碎，植被遭到严重破坏，崩塌、滑坡、泥石流等多种次生灾害发生，接近 7 万人遇难。2024 年 4 月 3 日的台湾 7.3 级地震，造成山体崩塌、房屋倾斜，甚至引发巨地海啸，造成 4 死 711 伤。

自地质学诞生的一百多年来，人们先后提出过不同的假说以解释地壳运动的原因和运动机制，如对流说、均衡说、地球自转说和板块运动说等。目前，地质学中占主导地位的是板块运动学说。

板块运动学说是在大陆漂移说和海底扩张说的基础上提出来的。该学说认为地球在形成过程中，表层冷凝成地壳，以后地球内部热量在局部聚集成高热点，并将地壳胀裂成六大板块(图 5-4)。各大板块之间由大洋中脊和海沟分开，地球内部高热点热能通过大洋中脊的裂谷得以释放。热流上升到大洋中脊的裂谷时，一部分热流遇海水冷却，在裂谷处形成新的洋壳；另一部分热流则沿洋壳底部向两侧流动，从而带动板块漂移。故在大洋中脊不断形成新的洋壳，而在海沟处地壳相互挤压、碰撞，有的抬升成高大的山系，有的插入到地幔内熔融。在挤压碰撞带，因板块间的强烈摩擦，形成局部高温和积累了大量的应变能，常构成火山带和地震带。各大板块中还可划分出若干次级板块，各板块在漂移中因基底黏着力不同，使运动速度不一，同样可引起地壳变形、变位。

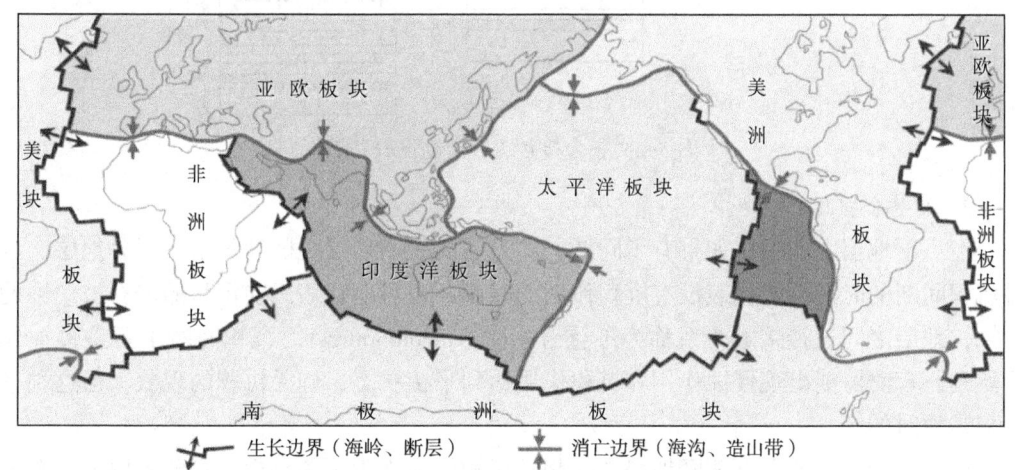

图 5-4 板块运动与六大板块示意图(据萨维尔·勒皮雄, 1968)

二、地层接触关系

地层的接触关系是指不同地质时代所形成的地层在纵向上的相互关系。

一个地区的地层之间在空间上的接触形式和时间上的发展状况，直接从一个侧面记录了该地区地壳运动的发生和演化历史。因此，通过地层接触关系的研究，可以追索地壳运动的性质、特点和演化历史，确定地质构造的形成时期和岩浆活动时期，同时对研究古地理演化、寻找某些矿床以及解决其他有关地质问题等都具有重要意义。

（一）地层接触关系类型

由于地壳运动很复杂，因而反映地壳运动的地层接触关系也是多种多样、错综复杂，但是基本上可以分为整合和不整合两种类型。

1. 整合接触

地层连续分布，没有地质时代上的间断，这种上、下地层之间的接触关系称为整合接触（conformity）。

整合接触主要有以下特征：(1) 上、下地层在沉积层序上没有间断，为连续沉积；(2) 岩性或所含化石都是一致的或递变的；(3) 产状是基本一致。

地层的整合接触反映了在形成这两套地层的地质时期，该地区地壳处于持续地缓慢下降状态，或虽有短期上升，但是沉积作用不曾间断，或者地壳升降与沉积处于相对稳定状态，沉积物一层层地连续沉积，没有发生显著的构造运动，这样就形成了两套地层的整合接触关系。

整合接触的沉积过程（图 5-5）所反映的地壳构造运动状态是：下降沉积→下降沉积，后期沉积物覆盖前期沉积物。

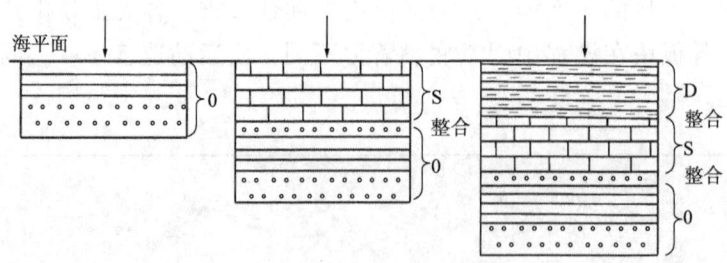

图 5-5 整合接触的形成过程示意图

2. 不整合接触

上、下地层间的层序如果有了间断，即先后沉积的地层之间缺失了一部分地层。这种沉积间断的时期可能代表没有沉积作用的时期，也可能代表以前沉积的岩石被侵蚀的时期，地层之间这种接触关系称为不整合接触（unconformity）。沉积间断主要是侵蚀作用所致，有时可能出现侵蚀作用和沉积作用达到平衡状态，即无沉积的现象，但这种平衡多是暂时的。

以不整合接触的上下两套地层之间相互接触的面称为不整合面。不整合面上常有风化剥蚀的痕迹。不整合面以下的岩系称为下伏岩系，不整合面以上的岩系称为上覆岩系，其上覆和下伏的两套岩系有时也称为不整合的上、下两盘。不整合面在地面的出露线称为不整合线，它是一种重要的地质界线。

根据不整合面上、下两套地层的产状及其所反映的地壳运动特征，不整合可进一步分为三大基本类型，即平行不整合（也称假整合）、角度不整合（即狭义的不整合）和非整合接触。

1) 平行不整合

(1) 平行不整合的概念。

平行不整合（parallel unconformity）也叫假整合（disconformity），是指不整合面上、下两套地层的产状基本一致的一种接触关系（图5-6）。

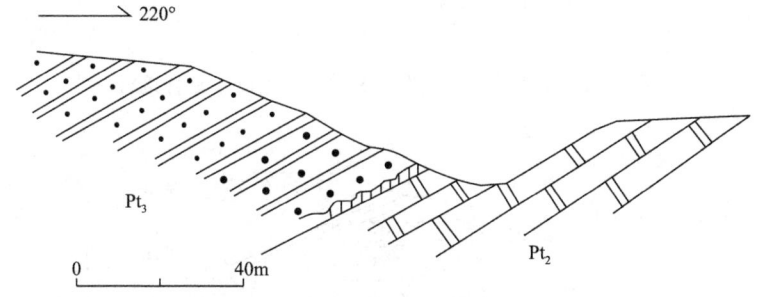

图5-6　北京西山上元古界与中元古界之间的平行不整合接触（据谭应佳等，1987）

(2) 平行不整合的特征。

① 上、下两套地层的产状彼此平行。

② 存在地层缺失（不整合面）：因两套地层之间缺失了一些地质时代的地层，说明在这段时期发生过沉积间断，这两套地层之间的接触面（沉积间断面），即不整合面，代表这个没有沉积的侵蚀时期。

③ 不整合面上存在底砾岩、古风化壳、古土壤层：不整合面也称剥蚀面，在这个面上常有底砾岩（其砾石为下伏地层的岩石碎块），有时还保存着古风化壳或古土壤层。

④ 不整合面平整或起伏：不整合面有平整的，也有高低起伏的，它反映了上覆新地层沉积前的古地貌形态。

(3) 平行不整合的形成过程。

平行不整合的形成是由于地壳在一段时期处于上升，而在上升过程中地层又未发生明显褶皱或倾斜，只是露出水面发生沉积间断和遭受剥蚀。经过一段时期后又再次下降接受新的沉积，从而使上、下地层之间缺失了一部分地层，但彼此的产状却是基本平行的。

形成过程为：下降沉积→上升、沉积间断和遭受剥蚀→再下降、再沉积（图5-7）。

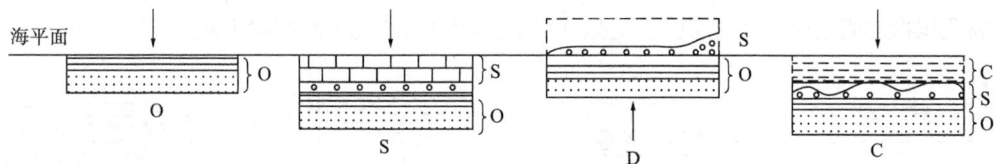

图5-7　平行不整合的形成过程示意剖面图

2）角度不整合接触

（1）角度不整合的概念。

角度不整合（angular unconformity）即狭义的不整合，是指不整合面上下两套地层之间不仅缺失一部分地层，而且上下地层的产状也不平行，而是呈交截接触，即产状呈明显的角度接触（图5-8、图5-9）。

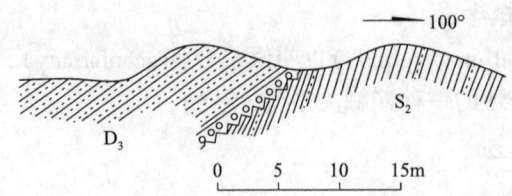

图5-8　江西湖口地质剖面S_2与D_3角度不整合接触

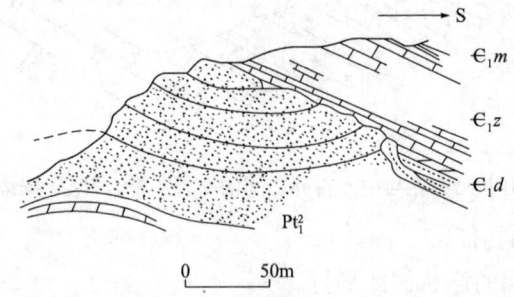

图5-9　河南登封下寒武统与嵩山群之角度不整合接触（据马杏垣等，1981）

（2）角度不整合的特征。

① 上、下两套地层之间缺失部分地层；

② 上、下两套地层产状不相同，下伏地层通常遭到过更强烈的构造变形；

③ 不整合面上常有底砾岩、古风化壳、古土壤层等；

④ 上覆的较新地层的底面通常与不整合面基本平行，而下伏的较老地层层面则被不整合面截交。

不整合面与下伏岩层层面所构成的锐角称为不整合角。由于下伏较老地层在各处的起伏状态不同，遭受的剥蚀程度也不同，所以同一个不整合面的不整合角在不同地区可以不同。

（3）角度不整合的形成过程。

角度不整合的形成过程可以概括为：下降、接受沉积→褶皱上升（常伴有断裂变动、岩浆活动、区域变质等）、沉积间断、遭受风化剥蚀→再次下降、再次接受沉积（图5-10）。由于新沉积物形成之前，老岩层已遭受强烈变动，所以新老地层的产状不同。

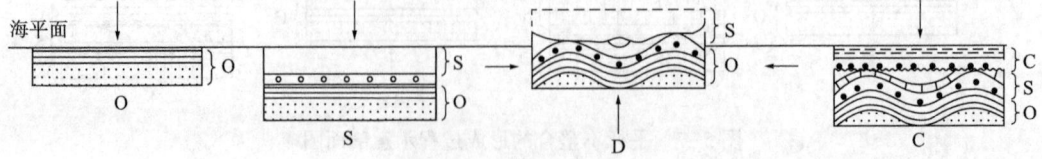

图5-10　角度不整合的形成过程示意剖面图

因此，角度不整合的存在，反映了该地区在上覆地层沉积之前曾发生过褶皱、上升等重要构造事件。

3）非整合接触

非整合接触（Nonconformity Contact）是专指层状沉积岩覆盖于侵入岩和深变质岩形成的剥蚀面上而形成的不整合关系，即岩体与围岩的接触关系，代表较深或时间较长的剥蚀期。

岩体与围岩的接触关系有侵入接触和沉积接触两种（图5-11）。

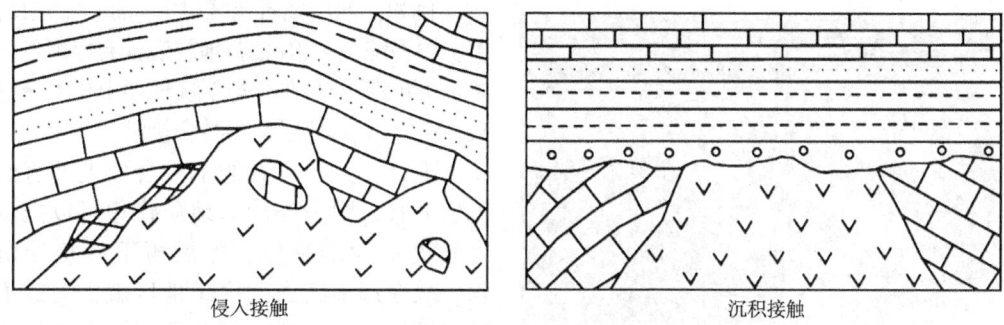

图5-11 岩体与围岩的接触关系

（1）侵入接触。

侵入接触（intrusive contact）通常是由岩浆侵入地壳之中而形成的。被岩浆侵入的围岩不仅有岩浆岩、火山岩和变质岩，而且也有侵入岩。侵入接触的特征主要表现如下：

① 岩体切割围岩，接触带有烘烤、接触变质现象或矿化蚀变现象；
② 岩体中有围岩的碎块落入（即捕虏体），边缘有冷却边；
③ 主岩体边部有岩脉、岩枝穿切围岩；
④ 岩浆活动的时间是在围岩形成以后，即侵入体比被侵入的围岩年轻。

（2）沉积接触。

沉积接触（sedimentary contact）是指岩体经风化剥蚀后，又有沉积物质堆积其上。显然，不整合面之下岩体的年代老于上覆沉积岩层的时代。沉积接触的特征主要表现如下：

① 岩体与上覆围岩的接触带没有冷凝边、烘烤、接触变质等现象；
② 岩体内的原生构造、岩脉、矿脉被沉积层所截断；
③ 岩体顶部有风化剥蚀面或风化壳；
④ 上覆岩层底部有岩体碎块或砾石。

（二）不整合存在的标志

不整合是地壳运动的产物。地壳运动可以引起自然地理环境的变化，从而影响沉积成岩作用的变化和生物界的演化；同时地壳运动又与岩石变形、岩浆活动及区域变质等地质作用密切相关。因此，这些与地壳运动有关的地质作用所产生的现象，都可作为确定不整合的直接或间接标志。

1. 地层古生物方面的标志

上下地层中的化石所代表的时代相差较远或二者的化石反映在生物演化过程中存在不连续现象（包括种、属的突变），或二者的生物群迥然不同。这些都说明该区在下伏地层沉积后由于地壳运动使自然地理环境发生了根本变化。根据化石和区域地层对比，可以确定两套地层之间缺失某些层位，而又证明其不是断层所致，则可确定不整合的存在。

2. 沉积方面的标志

上下地层在岩性和岩相上的截然不同，两套地层之间有一个较平整的或起伏不平的剥蚀面，其上还可能保存着古风化壳，古土壤层或与古风化壳有关的各种沉积矿床，如铁、锰和铝土矿等。另外，上覆地层的底部常有由下伏地层的碎块，砂砾组成的底砾岩层，其分布于水进层序的底部，厚度一般不大。此为确定不整合存在的重要沉积标志。

图 5-12 四川峨眉地区川主剖面中不整合面上的底砾岩

例如，四川峨眉地区川主剖面(图 5-12)中上白垩统夹关组(K_2j)地层底部有厚度约为 80cm 的底砾岩存在，与下伏地层上侏罗统蓬莱镇镇组(J_3p)地层呈不整合接触。

但是，并非所有的不整合面上都有底砾岩分布。因为外动力地质作用可以把剥蚀面夷平为准平原，然后再下降接受沉积，故在远离高山的平坦地区就少见或不见底砾岩。底砾岩一般分布于被剥蚀高地周围。另外，下伏地层的岩石类型对底砾岩的存在与否也有影响。如下伏岩石是片麻岩或花岗岩等富含长石的岩类时，不整合面上常有高岭土层或长石砂岩层。

上下两套地层中的重矿物成分和含量显著不同，即重矿物组合发生突变，表明沉积物来源和沉积环境发生了改变，这常常是不整合存在的标志。

在地层剖面中，在平面图上，不整合往往造成同一时代的地层与不同时代的老地层接触。相邻地层在岩性和岩相上截然不同，这可能是不整合所致，也可能是断层所致，要注意二者的区别。在平面图上，不整合往往造成同一时代的地层与不同时代的老地层接触。若一套较新的沉积岩层覆盖在岩浆岩体或变质岩之上，中间无过渡层，上覆岩系未遭受变质，说明二者之间经历过较长期的沉积间断。

3. 构造方面的标志

角度不整合的构造标志主要表现在上下两套地层产状不一致，这在地震剖面上也有明显的反映。

另外，褶皱形式的明显差异及上下岩层褶皱强弱的不同或上下岩层的构造线方向截然改变，都可能是不整合的表现。图 5-13 中，表示 $O_1—S_2$ 与 $D_2—C_1$ 两套地层的构造线方向截然不同，两者间为角度不整合接触关系。

一般来说，不整合面以下的地层总比上覆的新地层受到的构造变形次数多，所以下伏较老地层的构造要复杂些。但是也要注意，影响褶皱型式、变形程度和断裂构造发

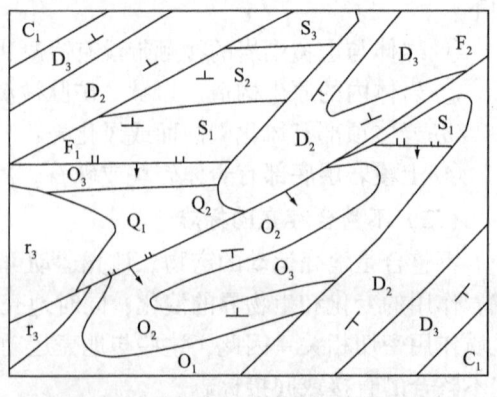

图 5-13 陆谷地区地质图(1∶200000)

育的因素很多，如岩石的物理—力学性质不同而引起的变形差异等，故构造复杂程度的差异只能作为确定不整合的参考，因而在运用构造方面的标志时要从多方面考虑，综合分析。

4. 岩浆活动和变质作用方面的标志

不整合面上、下两套地层是在地壳发展的不同阶段形成的，所以它们常各有相伴生或不同特点的岩浆活动和变质作用（图5-14）。侵入岩体与一套地层呈侵入接触，而又被另一套地层沉积覆盖，则两套地层是不整合接触关系。两套区域变质程度差别很大的地层相接触，它们之间如不是断层接触关系，则是不整合接触关系。

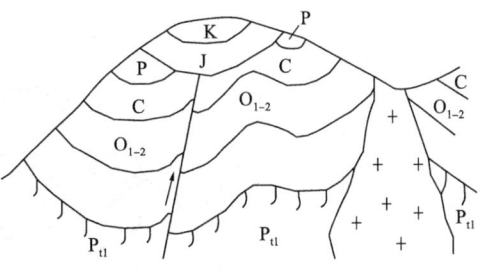

图5-14 不整合的表现示意图

图5-14中侏罗系与下伏地层之间有沉积间断，且上下产状不同，为一角度不整合。不整合上、下变形程度不同，上弱下强；岩浆活动也不同，上覆地层中无岩浆侵入。下伏地层中有断层发育。

5. 同位素年龄方面的标志

如果上下两套相邻的地层经同位素测定后，年龄相差甚远，可根据年龄确定二者之间存在不整合。

以上从几个不同方面介绍了不整合存在的标志。地层接触关系的研究，是一项综合性的工作，它包含许多理论问题和实际问题，工作中要格外慎重。要注意构造地质方面的资料、地层、岩石岩相古地理、古生物及同位素地质等方面的资料，进行综合分析以免出现片面性。

（三）不整合接触在地质图和剖面图上的表现

1. 平行不整合在剖面图和地质图上的表现

由于不整合面上下两套地层产状彼此平行，不整合面因长期受风化剥蚀而被夷平为较平坦的面，所以在地质图和剖面图上不整合面与其上下两层产状一致，即倾向、倾角相同。其地质界线与整合的地质界线相似（图5-15和图5-16）。

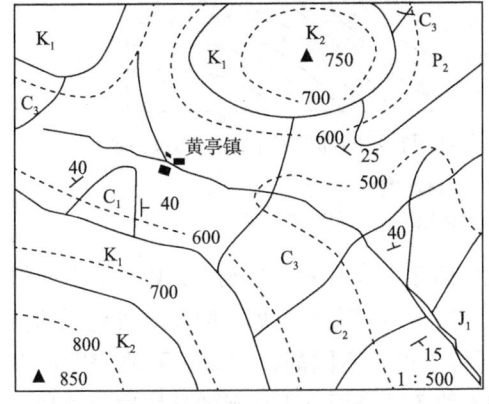

图5-15 平行不整合、角度不整合的平面表现

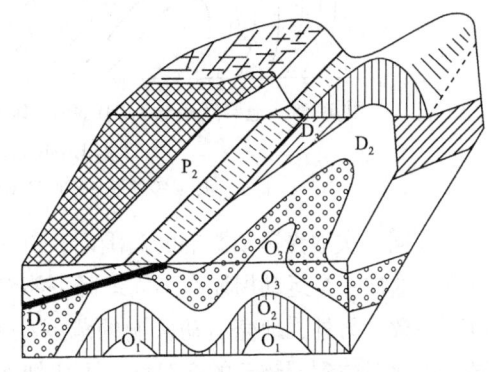

图5-16 平行不整合和角度不整合立体示意图

2. 角度不整合接触在地质图和剖面图上的表现

不整合面上下地层的产状有较明显差异，其间还缺失部分地层，上覆地层的底面（即代表不整合面）的界线（即不整合线）与下伏地层的界线相交截（图5-15至图5-17）。

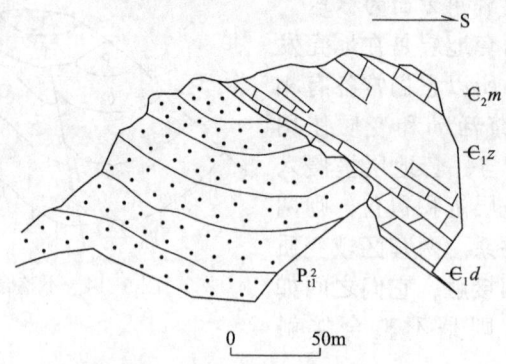

图5-17　河南登封下寒武统与嵩山群之间的角度不整合接触

（四）不整合形成时代的确定

不整合的形成时代，通常是根据不整合面下伏地层中最新的一层时代为下限，以上覆地层中最老一层的时代为上限，其间所缺失的那部分地层所代表的时代，就是不整合的形成时代。一般来说，形成角度不整合的时期，即为构造运动相对剧烈的时期，这一时期代表一个"褶皱幕"（或称为造山幕）。

由于构造运动发展的不均衡性和阶段性，可以反映在地层接触关系的复杂性上，因此，在确定不整合的形成时代时应注意以下四种情况：

如图5-18所示，上覆地层的底部一层与下伏的经过褶皱并被剥蚀的一套老地层相接触，不仅在不同地方（a、b、c、f）表现为不同角度的角度不整合或平行不整合，而且在不同地段与不同时代的地层相接触。在确定不整合的形成时代时，应以下伏地层的最新层位的时代为下限，取上、下限相隔最近的时代为不整合形成的时代。

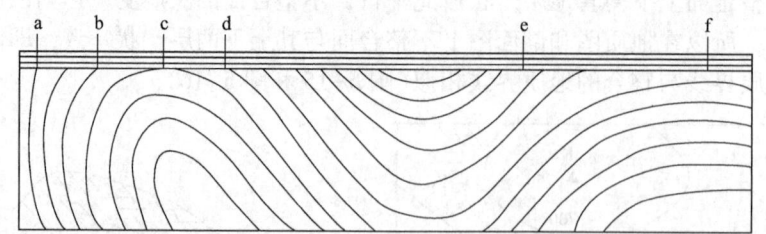

图5-18　地层经褶皱、剥蚀后与其上水平地层在不同部位所显示的接触关系
（据Dunbur和Rodgers，1957）
a、b、d、e等处上下地层呈不同角度接触；c和f处二者是平行的

在同一次地壳运动影响的范围内，首先发生褶皱、隆起并遭受剥蚀，以后又下降接受沉积。这样一个运动周期在不同地区可能有先有后，时间有长有短，因而缺失地层的多少也不一致。另外，地壳运动影响的范围在不同阶段也是不同的，表现的强弱程度也有差异。因此考虑到褶皱幕的穿时性，不要把不同地段不整合面上下接触的地层层位差异，或同期地壳运动在不同地方形成的不同类型的不整合，误以为是不同时期的地壳运动产物。

在一个较大的区域内，可能发生多次地壳运动，形成多个角度不整合和平行不整合，但不同地区的地层剖面中，不整合的次数不一定相同，因为在接近隆起的古陆方向，几个不整合往往逐渐归并，甚至在近古陆处归并成一个角度不整合。实际上它包含了多次地壳运动所经历的事件，其间缺失的地层也较多，沉积间断时间较长。

在不整合分布的区域内，下伏岩系的最新地层与上覆岩系的最老地层之间，不一定完全没有沉积，即地层的缺失有两种含义（图5-19）。一是"缺"，即当时没有沉积；二是"失"，指当时有沉积，后来被剥蚀掉了。要查明一个不整合所缺失的地层，哪些是"缺"，哪些是"失"，并非易事。因此，要根据广大区域的地层、岩相及古地理、构造和岩浆活动等方面的资料，进行对比和综合分析，才能较准确地确定出不整合所代表的地壳运动的时代，并对其影响范围、强弱程度及区域构造发展史作出正确的结论。

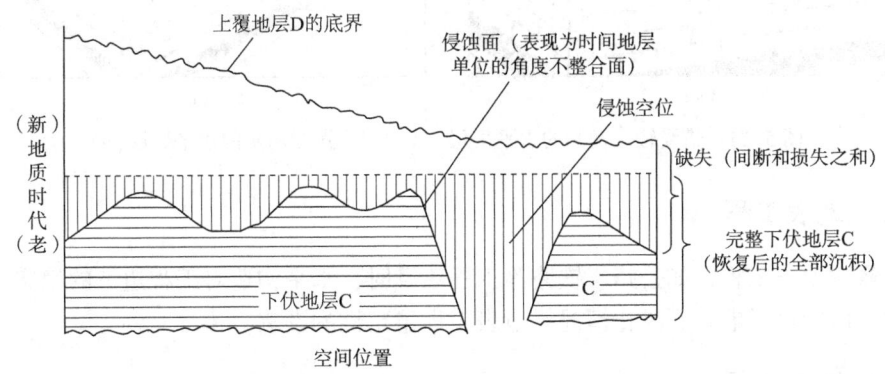

图5-19 两套地层C和D的角度不整合接触关系示意图（据Wheeler，1958，略有修改）

第三节 水平构造与工程地质评价

一、概述

成层的岩石称为岩层，受地质构造作用的影响，岩层的分布状态可以是水平、倾斜、直立的。

岩层面与水平面近平行的岩层。绝对水平的岩层很少见，习惯上将岩层面与水平面夹角小于5°的岩层都称为水平岩层，又称为水平构造（图5-20）。

图5-20 四川苍溪观音寨中侏罗统水平岩层素描图

水平岩层一般出现在构造运动轻微的地区或大范围内均匀抬升、下降的地区，一般分布在平原、高原或盆地中部。水平岩层中新岩层总是位于老岩层之上。当岩层受切割时，老岩层出露在河谷低洼区，新岩层出露于高岗上。在同一高程的不同地点，出露的是同一岩层，如图5-21所示。

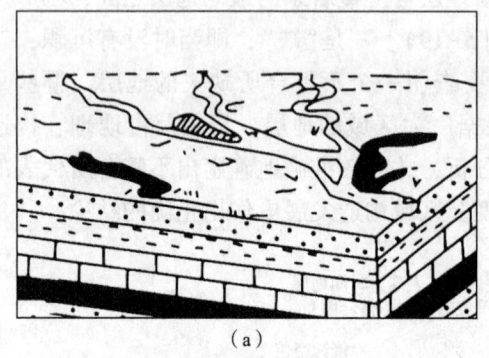
(a)

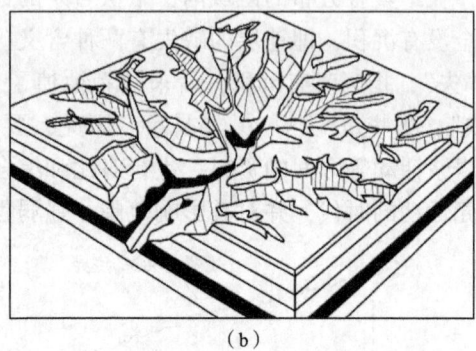
(b)

图 5-21　遭受轻微切割的水平岩层(a)和遭受强烈切割的水平岩层(b)

二、地表工程

在修建地表工程，如公路、铁路等工程建设时，水平构造对工程边坡的稳定一般是有利的，但应该考虑岩石风化情况对地表工程稳定性的影响。

三、地下工程

在修建地下工程时，需要考虑岩层的厚度、层间联结性等。

（1）若岩层薄，彼此之间联结性差且属于不同性质的岩层时，开挖硐室（特别是大跨度的硐室）常常发生塌顶、掉块现象，因为此时洞顶岩层的作用如同叠合梁，它很容易由于层间的拉应力达到极限强度而导致破坏（图5-22）。如果水平岩层具有各个方向的裂隙，则常常造成硐室大面积坍塌（图5-23）。

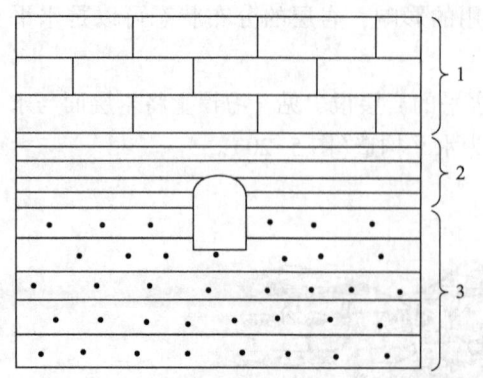

图 5-22　软硬相间的岩层中易发生塌方
1—石灰岩；2—页岩；3—砂岩

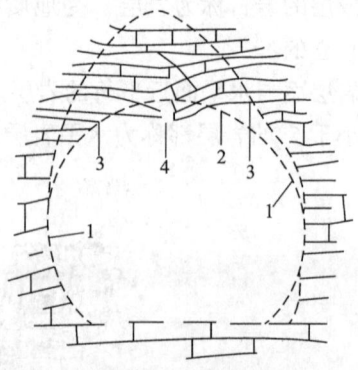

图 5-23　薄层状水平围岩破坏
1—设计地面；2—破坏区；3—崩塌；
4—弯曲、张裂及折断

（2）如果层间联结紧密、厚度大（即大于硐室高度2倍以上者）、不透水、裂隙不发育，又无断裂破碎带的水平岩体部位，岩层的承受力比较好。在这些地段选择硐室位置时，对于修建硐室是有利的。

因此，在水平岩层中布置地下工程时，应尽量使地下工程位于均质厚层的坚硬岩层中（图5-24）。若地下工程必须切穿软硬不同的岩层组合时，应将坚硬岩层作为顶板（图5-25），避免将软弱岩层或软弱夹层置于顶部，后者易于造成顶板悬垂或坍塌。软弱岩层位于地下工程两侧或底部也不利，容易引起边墙或底板鼓胀变形或被挤出。

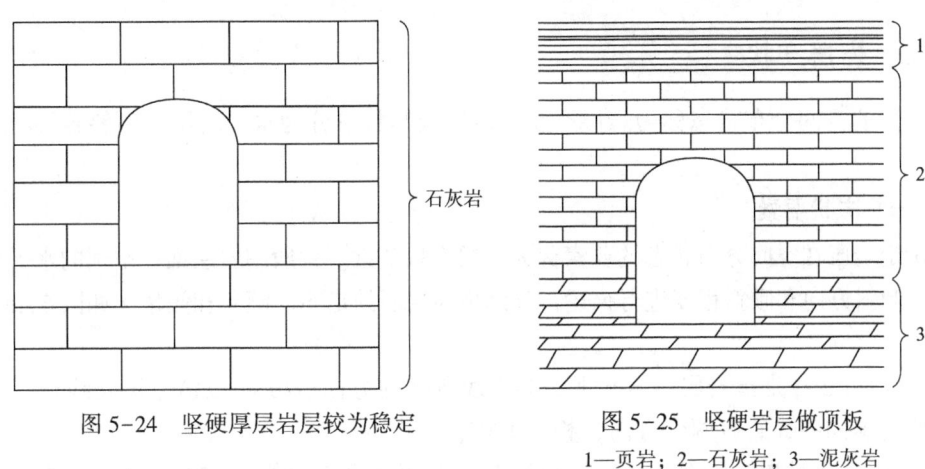

图5-24　坚硬厚层岩层较为稳定　　图5-25　坚硬岩层做顶板
1—页岩；2—石灰岩；3—泥灰岩

第四节　单斜构造与工程地质评价

一、概述

倾斜岩层是指岩层面与水平面有一定夹角的岩层，又称为单斜构造（图5-26）。自然界绝大多数岩层是倾斜岩层。倾斜岩层是构造挤压或大区域内不均匀抬升、下降，使岩层向某个方向倾斜而成的（图5-27）。一般情况下，倾斜岩层仍然保持顶面在上、底面在下、新岩层在上、老岩层在下的产出状态，称为正常倾斜岩层。当构造运动强烈，使岩层发生倒转，出现底面在上、顶面在下、老岩层在上、新岩层在下的产出状态时，称为倒转倾斜岩层。岩层的正常与倒转主要依据化石确定，也可依据岩层层面构造特征（如岩层面上的泥裂、波痕、虫迹、雨痕等）或标准地质剖面来确定（图5-28）。

图5-26　峨眉古近系名山组倾斜岩层

倾斜岩层按倾角 α 的大小又可分为缓倾岩层（$\alpha<30°$）、陡倾岩层（$30°<\alpha<60°$）和陡立岩层（$\alpha>60°$）。

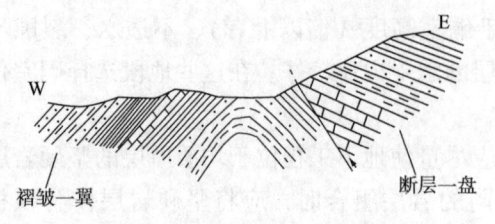

图 5-27 倾斜岩层—褶皱的一翼或断层的一盘

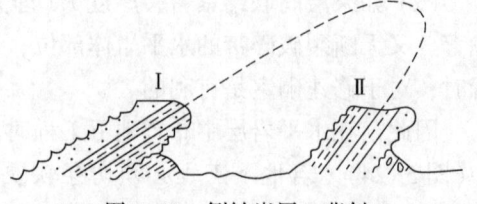

图 5-28 倒转岩层，背斜

Ⅰ—正常层序，波峰朝上；Ⅱ—倒转层序，波峰朝下

二、岩层产状

岩层的空间分布状态称为岩层产状。岩层按其状可分为水平岩层、倾斜岩层和直立岩层。

（一）产状要素

确定岩层在空间分布状态的要素称为岩层产状要素。一般用岩层面在空间的水平延伸方向、倾斜方向和倾斜程度进行描述，分别称为岩层的走向、倾向和倾角，如图 5-29(a) 所示。

走向（strike）是指岩层面与水平面的交线所指的方向（OB 和 OA），该交线是一条直线，称为走向线，它有两个方向，相差 180°。

倾向（dip）是指岩层面上最大倾斜线在水平面上投影所指的方向（OD'）。该投影线是一条射线，称为倾向线，只有一个方向，倾向线与走向线互为垂直关系。

倾角（dip angle）是岩层面与水平面的交角。一般指最大倾斜线与倾向线之间的夹角，又称真倾角，如图 5-29(b) 中的 α 角。

当观察剖面与岩层走向斜交时，岩层与该剖面的交线称为视倾斜线，如图 5-29(b) 中的 HD 和 HC。视倾斜线在水平面的投影线称为视倾向线（分别为 OD 和 OC），视倾斜线与视倾向线之间的夹角称为视倾角，如图 5-29(b) 中的 β 角。视倾角小于真倾角，视倾角与真倾角的关系为：

$$\tan\beta = \tan\alpha \cdot \sin\theta \tag{5-1}$$

式中　　α——岩层真倾角；

　　　　θ——视倾向线（即观察剖面线）与岩层走向线之间的夹角；

　　　　β_1、β_2——视倾角。

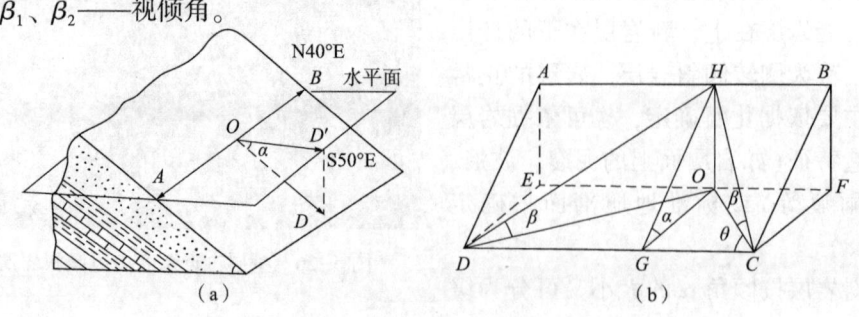

图 5-29 岩层产状要素及真倾角与视倾角的关系

(二) 产状要素的测量、记录和图示

1. 产状要素的测量

岩层各产状要素的具体数值，一般在野外用地质罗盘(geological compass)在岩层面上直接测量和读取。地质罗盘仪的构造如图5-30所示。

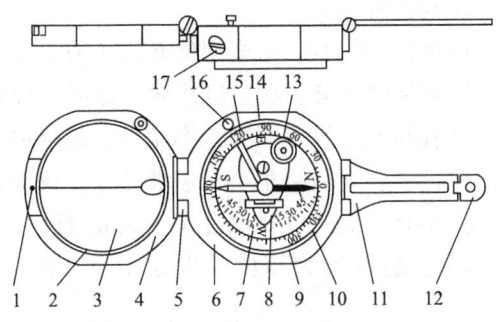

图5-30 地质罗盘仪构造

1—瞄准钉；2—固定圈；3—反光镜；4—上盖；5—连接合页；6—外壳；7—长水准器；8—倾角指示器；9—压紧圈；10—磁针；11—长照准合页；12—短照准合页；13—圆水准器；14—方位刻度环；15—拨杆；16—开关螺钉；17—磁偏角调整器

2. 产状要素的记录

由地质罗盘仪测得的数据，一般有两种记录方法，即象限角法和方位角法，如图5-31所示。

象限角法以东、南、西、北为分界标志，将水平面划分为4个象限，以正北或正南方向为0°，正东或正西方向为90°，再将岩层产状投影在该水平面上，将走向线和倾向线所在的象限以及它们与正北或正南方向所夹的

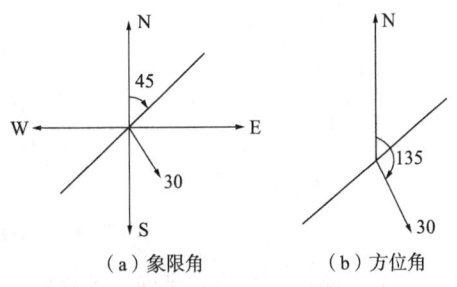

(a) 象限角　　(b) 方位角

图5-31 象限角法和方位角法

锐角记录下来。一般按走向、倾角、倾向的顺序记录。例如 N45°E∠30°SE，表示该岩层产状走向 N45°E，倾角30°，倾向 SE。

方位角法将水平面按顺时针方向划分为360°，以正北方向为0°，再将岩层产状投影到该水平面上，将走向线和倾向线与正北方向所向夹角度记录下来，一般按倾向、倾角的记录。例如135°∠30°，表示该岩层产状为倾向距正北方向135°，倾角30°。

3. 产状要素的图示

在地质图上，岩层产状要素是用符号来表示，常用的符号有：

⊥³⁰：长线表示走向线，短线表示倾向线，短线旁的数字表示倾角；

＋：表示直立岩层，长线表示走向，箭头指向较新岩层；

＋：表示水平岩层(倾角为0°~5°)；

⊥70°：表示倒转岩层，长线表示走向，箭头指向倒转后的倾向，即指向老岩层，度数为倾角数值。

用地质符号表示岩层的产状，长、短线必须按实际方位标绘在图上，且要与野外岩

层的产状一致,不能视为一个符号而随意绘在地质图上。岩层产状要素的符号和书写方式,在国内外的地质书刊和地质图上,并不完全相同,参阅文献资料时应予注意。

三、地表工程

在地表修建道桥时,遇到四种情况:

(1) 当岩层倾向与边坡坡向相同时,若岩层倾角大于或等于边坡坡角,一般是有利的[图 5-32(a)、(b)],但应特别注意,在云母片岩、绿泥石片岩、滑石片岩、千枚岩等松软岩石分布地区,坡面容易发生风化剥蚀,产生严重碎落坍塌,对路基边坡及路基排水系统会造成经常性的危害。若岩层倾角小于边坡坡角,特别在石灰岩、砂岩与黏土质页岩互层,且有地下水作用时,如路堑开挖过深,边坡过陡,或者由于开挖使软弱构造面暴露,都容易引起斜坡岩层发生大规模的顺层滑动,破坏路基稳定,是不利的[图 5-32(c)]。

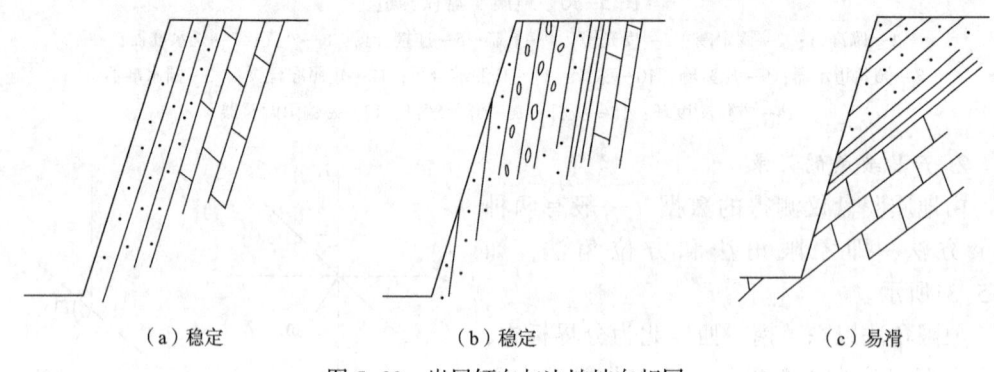

(a) 稳定　　　　　　(b) 稳定　　　　　　(c) 易滑

图 5-32　岩层倾向与边坡坡向相同

(2) 当路线垂直岩层走向,或路线与岩层走向平行但岩层倾向与边坡坡向相反时,一般认为对边坡的稳定是有利的[图 5-33(a)];若岩层中有节理存在,且节理面倾向坡外,同时节理的倾角小于坡度角时,则易发生倾向坡外的滑坡或崩塌落石[图 5-33(b)]。

(3) 当软弱结构面与坡面走向成斜交关系,其交角越小,稳定性越差。

(4) 如果是地表较陡的直立构造,对工程边坡的稳定是有利的(图 5-34),但均应该考虑岩石风化情况对地表工程稳定性的影响。

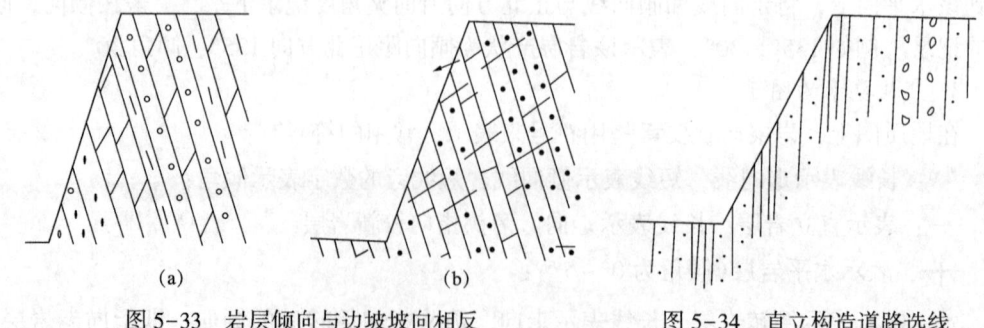

(a)　　　　　　(b)

图 5-33　岩层倾向与边坡坡向相反　　　图 5-34　直立构造道路选线

四、地下工程

岩层倾角大小和岩层性质是影响地下工程稳定性的关键因素。

1. 硐室轴线平行于岩层走向

在倾斜岩层中,当地下工程走向与岩层走向平行时,一般来讲是不利的。

1) 倾角较缓时

因为岩层完全被硐室切割,若岩层间缺乏紧密联结或洞身通过软硬相间,又有几组裂隙切割时,则在硐室两侧边墙所受的侧压力不一致,容易造成硐室边墙的变形。如顺倾向一侧的围岩(图 5-35 中 A)易于变形或滑动,造成很大的偏压,逆倾向一侧围岩(图 5-35 中 B)侧压力较小,有利于稳定。当隧道中线可能沿两种不同岩性的岩层走向通过时,应避免将隧道置于两种不同的岩层软弱构造(破碎)带(图 5-36 中 B),而宜将隧道置于岩性较好的单一岩层中(图 5-36 中 A)。

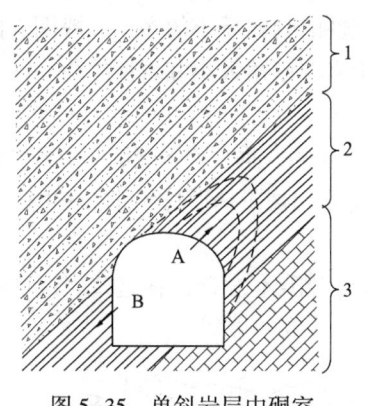

图 5-35 单斜岩层中硐室
1—砂砾岩;2—页岩;3—石灰岩

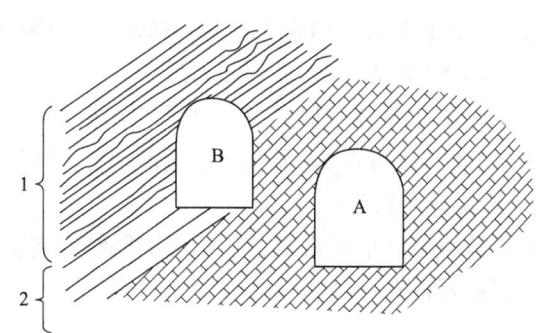

图 5-36 单斜岩层分界面处硐室
1—页岩;2—石灰岩

2) 倾角较陡时

倾角较陡时,坚硬岩层或地下水很少,地下工程一般是较稳定的;岩层薄又有软弱夹层,只要有少量的地下水活动,也会造成较大的地层压力,将有掉块和坍塌冒顶的可能。

在近似直立的岩层中,最好限制硐室同时开挖的长度,而采取分段开挖,一定要注意不能把硐室选在软硬岩层的分界线上(图 5-37)。特别要注意,不能将硐室置于直立岩层厚度与硐室跨度相等或者小于跨度的地层内(图 5-38),因为地层岩性不同,且有软弱夹层时(图 5-39),此处在地下水作用下更易促使洞顶岩层向下发生顺层滑动,破坏硐室,并给施工造成困难。若整个硐室位置处在厚层、坚硬、致密、裂隙又不发育的完整岩体内,其岩层厚度大于硐室跨度一倍或更大者,则情况例外。

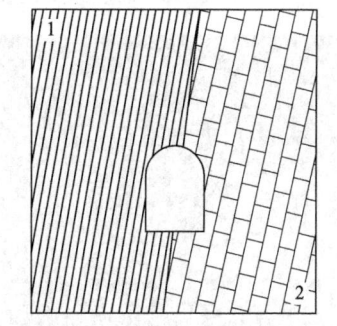

图 5-37 陡立岩层岩性分界面处硐室
1—页岩;2—石灰岩

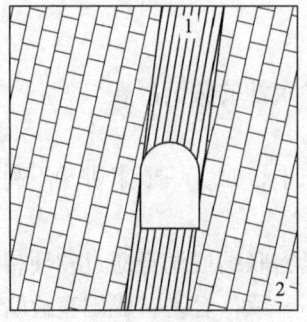 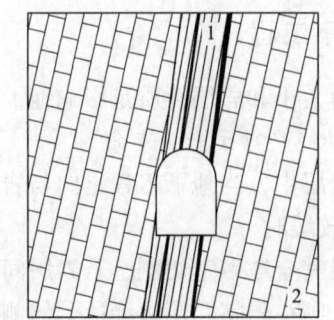

图 5-38　陡立岩层硐室跨度　　　　图 5-39　单斜构造倾角较陡中硐室
1—页岩；2—石灰岩　　　　　　　　1—页岩夹煤线；2—石灰岩

2. 当硐室轴线与岩层走向垂直时

因为在这种情况下，当开挖导洞时，由于导洞顶部岩石应力再分布的结果，断面形成一抛物线形的自然拱，因为由于岩层被开挖对岩体稳定性的削弱要小的多，一般围岩的稳定性较好，特别是对边墙稳定有利，其影响程度取决于岩层倾角大小和岩性的均一性。

1) 岩层倾角较平缓

硐室轴线与岩层倾斜的夹角较小，若岩性又属于非均质的、垂直或斜交层面节理裂隙又发育时，在洞顶就容易发生局部石块坍落现象，硐室顶部常出现阶梯形特征(图 5-40)。

2) 岩层倾角较陡

若岩性均一，结构紧密，各岩层间联结紧密，节理裂隙不发育，在这些岩层中开挖地下工程最好(图 5-41)。

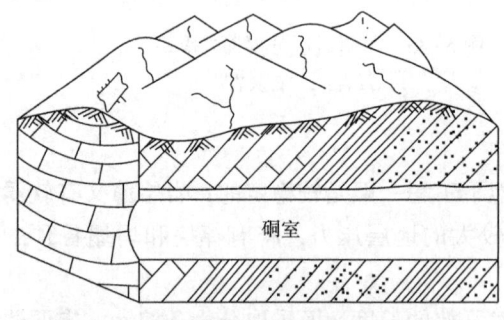 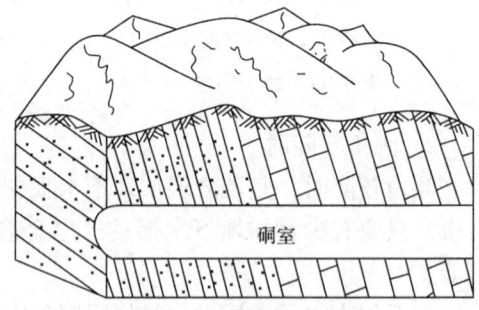

图 5-40　岩层倾角较缓　　　　　　图 5-41　岩层倾角较陡

图 5-42　峨眉下三叠统嘉陵江组直立岩层

3) 岩层直立

当岩层倾角等于 90°时称为直立岩层。绝对直立的岩层也较少见，习惯上将岩层倾角大于 85°的岩层都称为直立岩层(图 5-42)。直立岩层一般出现在构造强烈挤压的地区。

当隧道通过直立岩层时，其中线宜垂直于岩层的走向穿过，仍应避开不同岩层接触带(图 5-43)。当层状岩层较薄，并有软弱夹层，伴有微量地下水活动时,亦可产生不对称压力,在隧道开挖过程中,易产生坍塌,甚至会导致大的坍方,致使地面形成"天窗"(图5-44)。

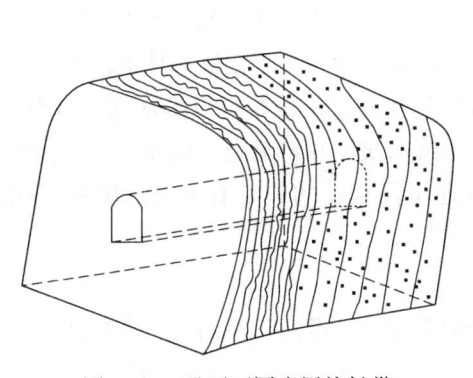 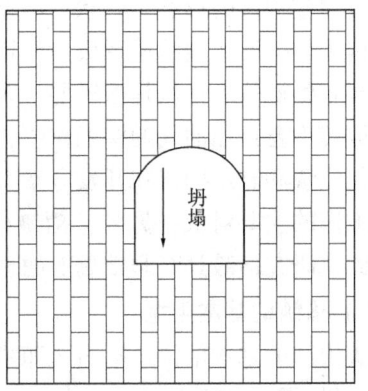

图 5-43　避开不同岩层接触带　　　　图 5-44　岩层直立易发生坍塌

第五节　褶皱构造与工程地质评价

一、概述

(一)褶皱

褶皱(folds)是指层状岩石的各种面(如层面、面理面等标志面)受力后所产生的弯曲变形现象,是岩石塑性变形的具体表现。或者说:原始产状的岩层,在构造运动产生的构造力作用下发生永久塑性变形所形成的一系列连续弯曲称为褶皱构造(图5-45、图5-46)。

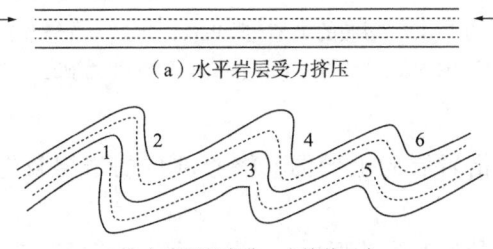

图 5-45　褶皱中背斜(1、3、5)与向斜(2、4、6)共存

图 5-46　峨眉上白垩统灌口组地层中发育的褶皱构造

褶皱属于不均匀连续变形的范畴，事实上它们也是这类变形中最普遍和最明显的一种。褶皱仅仅涉及层状岩石。

研究褶皱构造的形态、产状、类型、分布、组合及其形成机制等，对揭示一个地区的地质构造与生产实践的关系极为密切，许多矿产在成因或空间分布上受褶皱构造的控制，甚至有些矿体本身就是褶皱层，因此，在采矿中，预测褶皱矿体的储量对于制定开采计划极其重要；在油气勘探工作中，褶皱及其伴生构造中可以形成储集油气的圈闭，选择钻井位置和制定勘探和开发方案必须了解褶皱的几何形态及规模，所以褶皱构造也是勘探工作的主要对象；另外，褶皱构造还不同程度的影响着水文地质和工程地质条件，因此，研究褶皱具有非常重要的理论和实践意义。

（二）褶皱的基本类型

褶皱构造的基本单位是褶曲，即褶皱构造的单个弯曲。褶曲的基本形式有两种，即背斜和向斜(图5-47)。

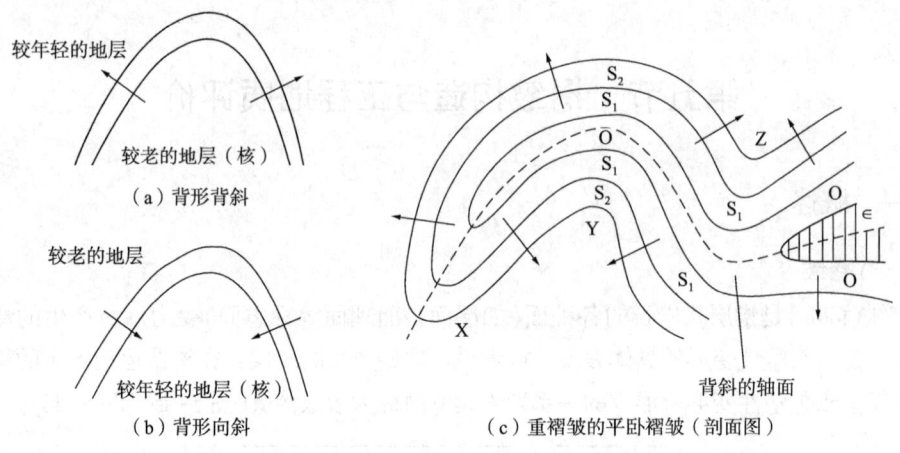

图 5-47　褶皱的类型(据 Park，1983，有修改)

X 是向形背斜；Y 是背形向斜；Z 是向形向斜；ϵ 是平卧背形之轴迹；↗指向地层变新方向

1. 背斜

背斜(anticline)是指岩层向上弯曲，核心部位的岩层较老，而向外侧岩层逐渐变新。

多数情况下，背斜的形态为背形(antiform)，称为背形背斜，简称背斜，是指岩层向上弯曲而凸向地层变新的方向，较老地层为核的褶皱[图5-47(a)]；但在某些复杂情况下，背斜的形态可以是向形(synform)，称为向形背斜；是指地层向下弯曲而凸向地层变新的方向，但核部仍为老地层的褶皱(图5-47 中的 X)。

2. 向斜

向斜(syncline)是指地层向下弯曲，核心部分的地层较新，外侧地层逐渐变老。

多数情况下，向斜的形态为向形，称为向形向斜，简称向斜，是指岩层向下弯曲而凸向地层变老的方向，较新地层为核的褶皱(图5-47 中的 Z)。但在有些复杂情况下，向斜的形态可以是背形，称为背形向斜，是指地层向上弯曲而凸向地层变老的方向，但核部仍为新地层的褶皱[图5-47(b)和(c)中的 Y]。也有一些褶皱面既不上凸也不下凹，而是呈侧向弯曲称为中性褶皱，其轴面近于直立或水平，且分不出背形或向形（图5-47中的 e）。

褶皱构造形成之后，由于后来受到风化剥蚀作用的破坏，背斜和向斜在地表出露特征有所不同（图5-48）。向斜在地面上的出露特征是从中心到两侧，岩层是由新到老的层序对称重复出露，而背斜在地面上的出露特征却恰好相反，从中心到两侧岩层是从老到新对称重复出露。

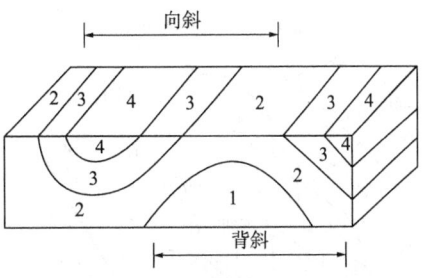

图5-48　背斜和向斜在剖面上和平面上的特征

左侧是向斜，右侧是背斜

（三）地形倒置

根据背斜和向斜的构造形态，一般有"背斜山，向斜谷"，此仅仅是指其构造形态而言，切不可理解为背斜向上拱一定成山，向斜向下弯就一定成谷。由于褶皱形成后在长期的风化剥蚀等外动力作用下，背斜轴部由于张裂隙发育，易于剥蚀，并逐渐低凹成谷，而向斜轴部岩石受挤压力，相对不易风化剥蚀，而成为山峰，二者与地形上的山和谷并不是对应关系，此现象称为"地形倒置（inversion of relief）"，即"背斜谷、向斜山"，也是很常见的（图5-49）。因此，决不能根据地形的高低来判断是背斜还是向斜。

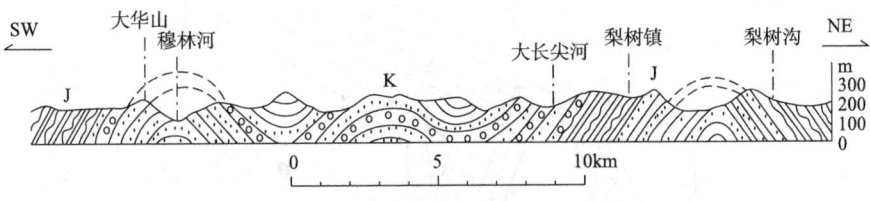

图5-49　吉林穆林河至梨树沟地质剖面（背斜谷，向斜山）

J—侏罗纪煤系；K—白垩纪砾岩及砂岩

二、褶皱几何要素

褶皱几何要素（geometric element）是指褶皱的各个组成部分。正确地描述褶皱形态是研究褶皱的基础，分析褶皱要素的特征并测量其产状，才能形象地恢复褶皱形态，因此，必须先弄清楚褶皱几何要素的组成及其相互关系。

褶皱要素主要有以下几种（图5-50）：

(1) 核部：泛指褶皱中心部位的地层，简称核（core）。含义与桃核、梨核等果实的核相似（图5-50、图5-51）。

在平面、剖面或地面（地表），位于褶皱中部的地层或岩层，均可称为核部（图5-51）；随着平面、剖面或褶皱在地面（地表）被风化剥蚀的程度不同，核部地层时代会有所变化。

(2) 翼部：系指褶皱核部两侧的地层，或指褶皱面比较平直的部分，又可称为两翼，简称为翼（limb），即曲率半径最大的区域（图5-50、图5-51）。

(3) 拐点：相邻背形和向形的共用翼上，褶皱面常呈"S"形弯曲，褶皱面不同凸向

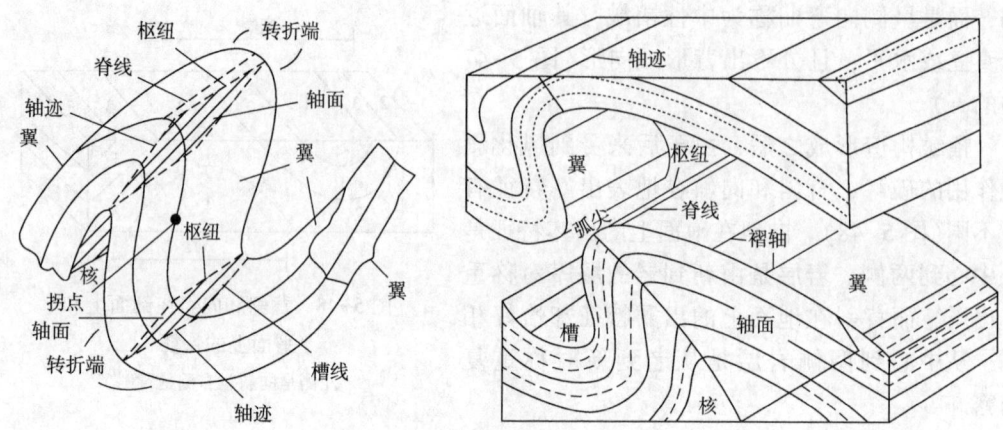

图 5-50　褶皱要素示意图

的转折点称为拐点(point of inflection)，即上凸与下凹部分的分界点(褶皱翼部曲率为零的点)。如果翼平直，则取其中点作为拐点(图 5-50)。

(4) 翼间角：在横剖面(或横截面、垂直于层面的切面)上，构成两翼的同一褶皱面的拐点切线的夹角称为翼间角(interlimb angle)，是正交剖面上两翼间的内夹角，即两翼相交的二面角(图 5-52)。

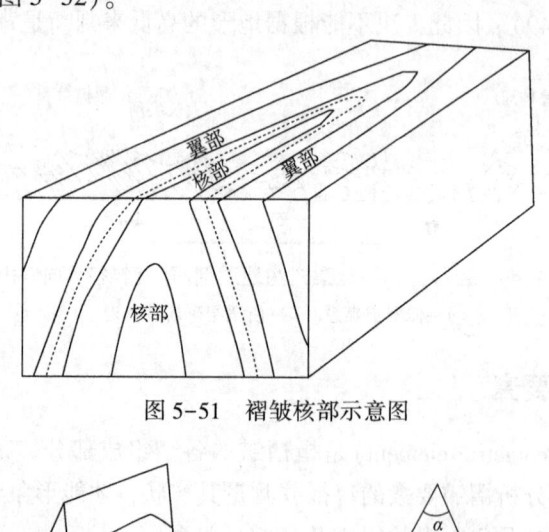

图 5-51　褶皱核部示意图

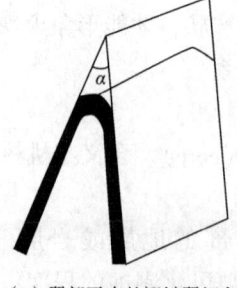 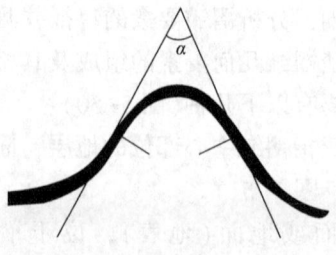

(a) 翼部平直的褶皱翼间角　　(b) 圆弧形褶皱的翼间角

图 5-52　褶皱翼间角

(5) 转折端：从褶皱的一翼向另一翼过渡的部分称为转折端(hinge zone，图 5-53)。对褶皱面来说的，在横剖面上，转折端常呈弧线形，但有时也可以是一点或直线，如尖棱褶皱和箱状褶皱。

（6）脊、脊线、脊面：背斜或背形的同一褶皱面的各个横剖面上的最高点称为脊（grest），又称顶，各个横剖面上脊的连线称为脊线（crest or culmination）；若干相邻褶皱面上的脊线联成的面称为脊面（crest plane，图 5-50），除直立背形外，其他类型的背形脊面和轴面都不重合。确定褶皱的脊和脊面的位置对石油和天然气的找矿勘探有重要意义。

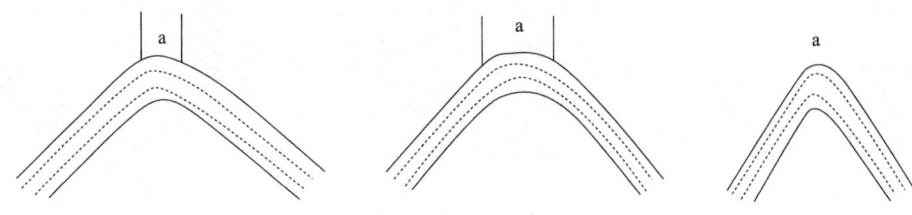

图 5-53　各种形状的褶曲转折端

（7）槽、槽线、槽面：向斜或向形的同一褶皱面的各横剖面上的最低点称为槽（trough），它们的连线，称为槽线（trough or depression）；若干相邻褶皱面上的槽线联成的面，称为槽面（trough plane），如图 5-50 所示。除轴面直立的向形外，其他各类向形的槽面和轴面都不重合。确定褶皱的槽和槽面的位置，对寻找和开发矿床和地下水等具有重要的意义。

（8）脊迹和槽迹：脊面或槽面与地面或任意平面的交线（图 5-50）。

（9）枢纽：同一褶皱面上最大弯曲点的连线称为枢纽（hinge line），而不是最高点的连线，亦即曲率半径最小的区域。枢纽可以是直线，也可以是曲线或折线；可以是水平的，也可以是倾斜的（图 5-50、图 5-54）。

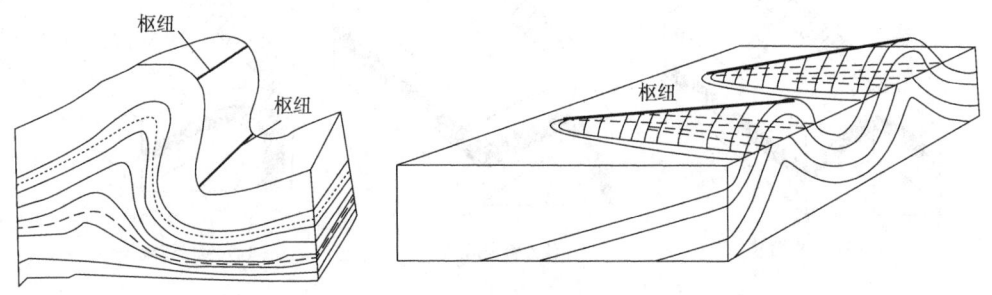

图 5-54　褶皱枢纽

（10）轴面：一个褶皱内各相邻褶皱面上的枢纽联成的面称为轴面（axial plane），又称枢纽面（图 5-50、图 5-55）。

如果褶皱两翼地层倾角基本一致或两翼厚度基本不变，则可以把轴面看成是翼间角的平分面，或者是大致平行褶皱两翼的对称面。

轴面可以是平面，也可以是曲面。轴面为平面的褶皱称为平轴面褶皱，反之则为曲轴面褶皱。既然轴面是一个面，所以轴面和任何构造面产状一样，可用走向、倾向和倾角这三要素来确定。一般无法直接测量，可通过赤平投影或翼间角和两翼产状来推断。

（11）轴迹：轴面与地面或任一平面（不一定是水平的）的交线称为轴迹（axial trace，图 5-50），又称为轴线（axial line）。

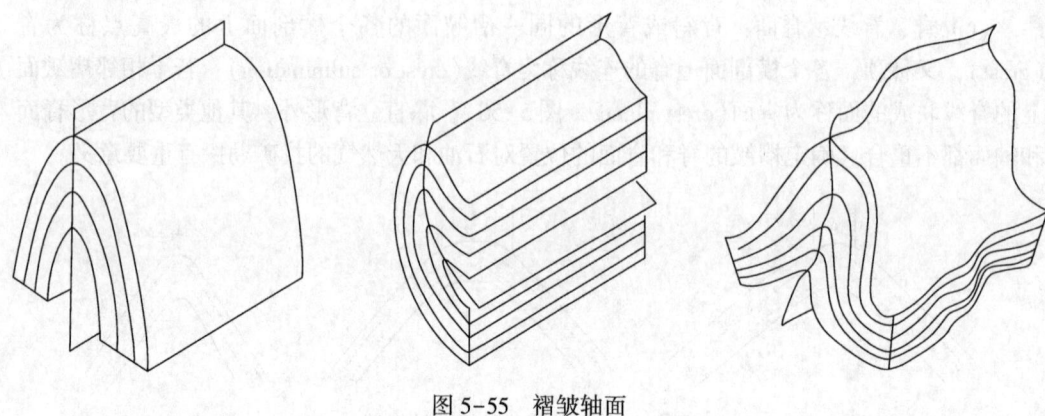

图 5-55 褶皱轴面

如果轴面是规则平面,则轴迹为一条直线;如果轴面是曲面,则轴迹是一条曲线。在平面上,轴迹的方向代表着褶皱的延伸、展布的方向。

三、褶皱类型

(一)根据轴面产状和两翼产状

直立褶皱(upright fold;erect fold;vertical fold):轴面近于直立,两翼倾向相反,倾角近于相等[图 5-56(a)],这种褶皱也称为对称褶皱。

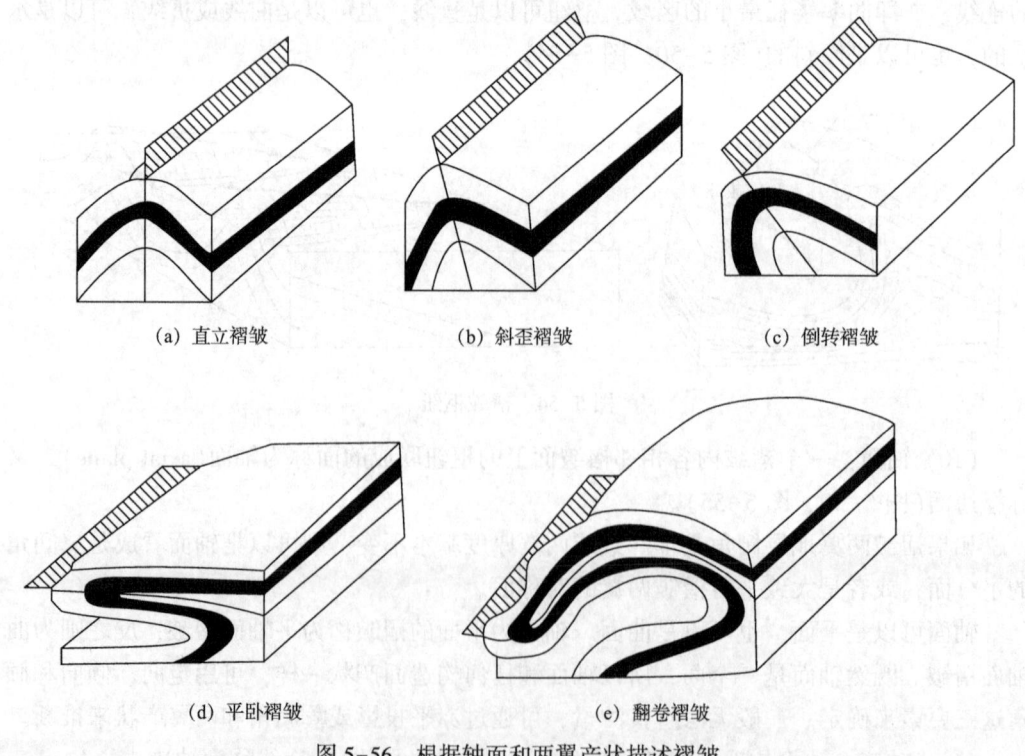

(a) 直立褶皱　　　　(b) 斜歪褶皱　　　　(c) 倒转褶皱

(d) 平卧褶皱　　　　(e) 翻卷褶皱

图 5-56 根据轴面和两翼产状描述褶皱

斜歪褶皱(inclined fold)：轴面倾斜，两翼倾向相反，倾角不等，即一翼陡，另一翼缓[图5-56(b)]，这种褶皱也可称为不对称褶皱。

倒转褶皱(overturned fold)：轴面倾斜，两翼向同一方向倾斜，倾角大小不等，其中一翼地层为正常层序(normal sequence)，也称为正常翼；另一翼地层为倒转层序(reversed sequence)[图5-56(c)]，也称为倒转翼。若两翼地层向同一方向倾斜，且倾角大小相等，这种倒转褶皱为一种特殊情况，可称为等斜褶皱或同斜褶曲(homocline fold)。

平卧褶皱(recumbent fold)：轴面近于水平，两翼地层产状也近于水平，其中一翼地层层序正常，而另一翼地层层序倒转[图5-56(d)]。

翻卷褶皱(overthrown fold)：轴面弯曲的平卧褶皱，即背斜的转折端向下，也是一翼正常，而另一翼倒转[图5-56(e)]。

轴面倾角的变化可以定性反映褶皱变形的强弱。一般来说，轴面倾角较大的变形程度相对较弱，倾角越缓，变形程度越大，平卧褶皱变形程度最大。

(二) 根据翼间角大小

根据翼间角的大小将褶皱描述为以下几类(图5-57)：

① 平缓褶皱(gentle fold)：翼间角120°~180°；

② 开阔褶皱(broad fold)：翼间角70°~120°；

③ 闭合(中常)褶皱(closed fold；normal fold)：翼间角30°~70°；

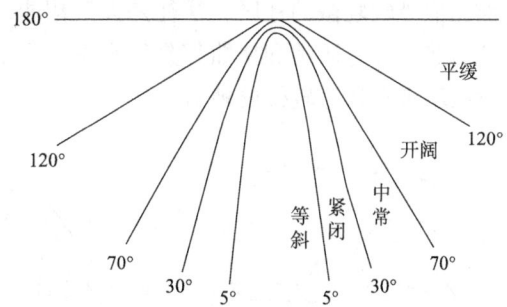

图5-57 不同翼间角的褶皱分类描述图

④ 紧闭褶皱(tight fold)：翼间角小于30°；

⑤ 等(同)斜褶皱(isoclinal fold)：翼间角近于0°，两翼近于平行，如倒转褶皱和平卧褶皱。

褶皱翼间角是褶皱横剖面形态分类的重要参数之一。翼间角的大小反映该褶皱的紧闭程度，亦反映了褶皱变形的程度，翼间角越小，一般变形程度越高，受挤压作用越强烈。

(三) 根据褶皱面的弯曲(转折端)形态

圆弧褶皱(curvilinear fold)：褶皱岩层(褶皱面)呈圆弧形弯曲或者是转折端呈圆弧形弯曲的褶皱[图5-58(a)]。圆弧的中点可看作褶皱的枢纽点。圆弧褶皱常是弧形的、连续的褶皱成正弦曲线形弯曲。

尖棱(锯齿状)褶皱(chevron fold)：两翼平直相交，转折端呈尖角(顶)状(往往只有一点)，且两翼等长，这种褶皱过去也称为脊形褶皱[图5-58(b)]。如两翼长度不等，可称"膝折褶皱"。具有狭窄的棱角状的转折端和平直翼的褶皱称为锯齿状或手风琴式褶皱。

箱形褶皱(box fold)和屉形褶皱(drawer fold)：有两个转折端，两个轴面。在两个转折端之间的岩层近于水平，而两翼岩层近于直立，两个轴面在核部相交，往往具有共轭关系。属背斜型褶皱时，顶部转折端平缓开阔，两翼陡峻，呈箱状，此种褶皱称为箱形褶皱[图5-58(c)]；属向斜型褶皱时，槽部转折端平缓开阔，两翼陡直，则称为屉形褶皱。

扇形褶皱(fan fold)：是一种特殊的倒转褶皱，转折端的褶皱面呈圆弧状，层序正常，两翼岩层层序均倒转，褶皱面呈扇形。背斜的两翼向轴面方向倾斜，而向斜的两翼却向两侧倾斜，通常由背斜构成的扇形褶皱称为正扇形构造，由向斜构成的扇形褶皱称为反扇形构造。这种褶皱的轴面可以直立，也可以歪斜，两翼倾角可以相等，也可以不等[图5-58(c)]。此种褶皱仅限于强烈挤压地区。

挠曲(flexure)：缓倾斜岩层中的一段突然变陡，表现出褶皱面膝状(台阶状)弯曲的现象[图5-58(d)]。

构造阶地(structural terrace)：陡倾斜褶皱岩层中一段突然变缓，形成台阶状弯曲[图5-58(e)]。构造阶地是在倾斜岩层中出现一段产状平缓甚至水平的岩层，而挠曲则是在相当平缓的岩层中出现一段产状较陡的岩层。它们均为发育不完全的褶皱，一般出现在褶皱较轻微的地区，往往是大型褶曲翼部的次一级构造，有时也可成为区域性的大型构造。构造阶地和挠曲都是发育不完全的褶曲，与其他类型的褶曲有一定的区别，一般是出现在褶皱轻微的地区。

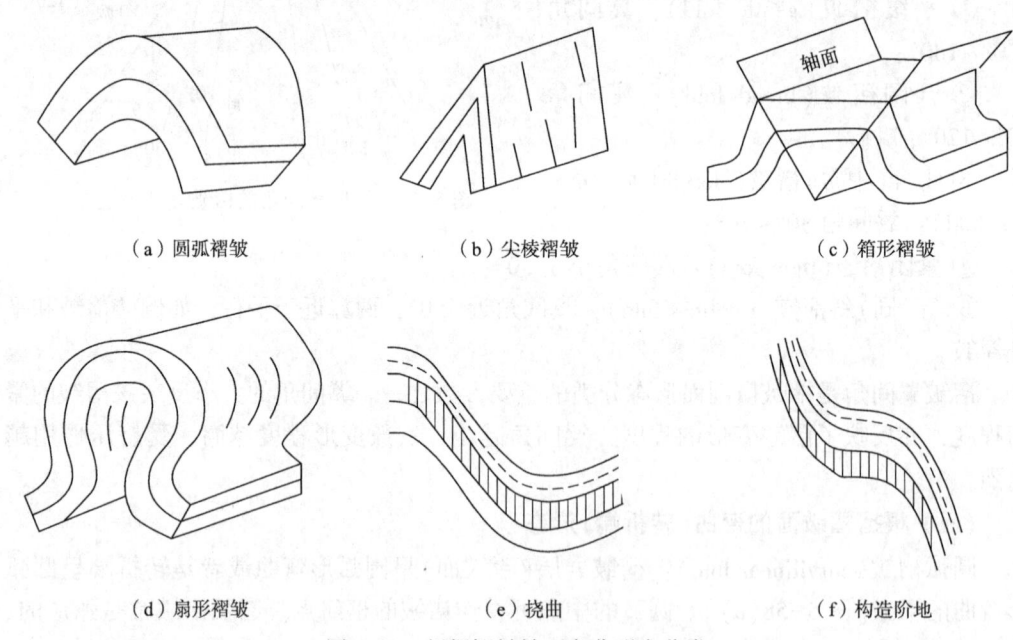

(a) 圆弧褶皱　　　　(b) 尖棱褶皱　　　　(c) 箱形褶皱

(d) 扇形褶皱　　　　(e) 挠曲　　　　(f) 构造阶地

图5-58　根据褶皱轴面弯曲形态分类

（四）地面上的褶皱形态的描述

根据褶皱的某一岩层(褶皱面)在地面(平面)上出露的纵向长度和横向宽度之比，可将褶皱描述为：

线状褶皱(linear fold)：长与宽之比超过10∶1的各种狭长形褶皱[图5-59、图5-60(a)]。

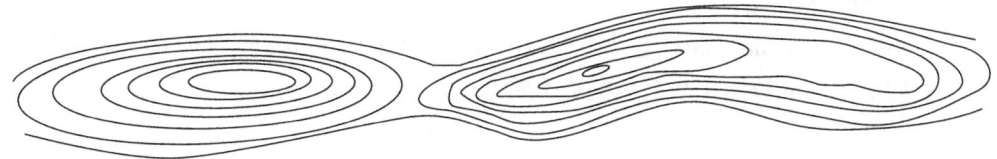

图 5-59　地形图上的线状褶皱

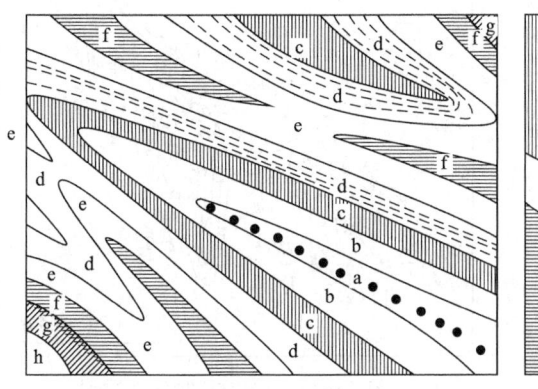

(a) 线状褶皱

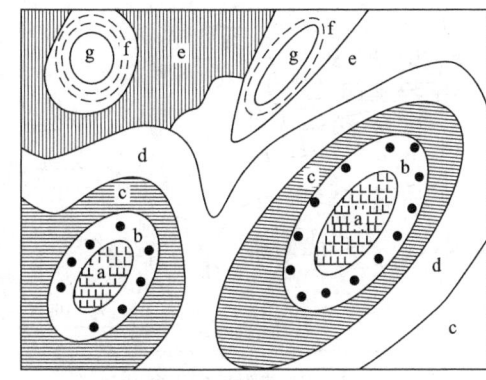

(b) 短轴褶皱（右侧）和等轴褶皱（左侧）

图 5-60　平面上不同形态的几种褶皱(a~h 表示地层层序)

短轴褶皱(brachy fold)：长宽之比介于 3∶1 到 10∶1 之间的褶皱构造，包括短轴背斜和短轴向斜[图 5-60(b)]。

穹隆构造(dome)：长与宽之比小于 3∶1 的背斜构造，褶皱层面呈浑圆形隆起，褶皱面自脊点向四周作放射状倾斜，常无法确定枢纽[图 5-61(a)]。

构造盆地(structural basin)：长与宽之比小于 3∶1 的向斜构造，褶皱面从四周向中心倾斜[图 5-61(b)]。

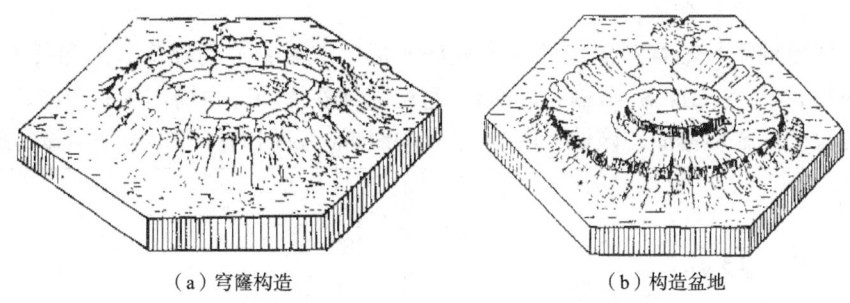

(a) 穹隆构造　　　　　　　　　　　(b) 构造盆地

图 5-61　穹隆构造和构造盆地

(五) 褶皱的组合型式

在地壳中，一个地区的褶皱大都不是孤立产出的，而是在一次构造运动影响下形成的一定的组合形式。在不同的地区，褶皱组合型式各不相同，这些组合型式往往同该地区的地质背景密切相关。

1. 褶皱在平面上的组合型式

从平面地质图或者构造图上，常见的褶皱组合类型有如下几种：

1）平行褶皱群

平行褶皱群(parallel folds)是一系列背斜和向斜相间平行排列(图5-62)，轴线彼此平行，它们显示出区域性水平挤压的应力特征。

2）枝状褶皱群

枝状褶皱群(dendritic folds)是一个主褶皱沿其延伸方向分为若干分枝小褶皱(图5-63)。

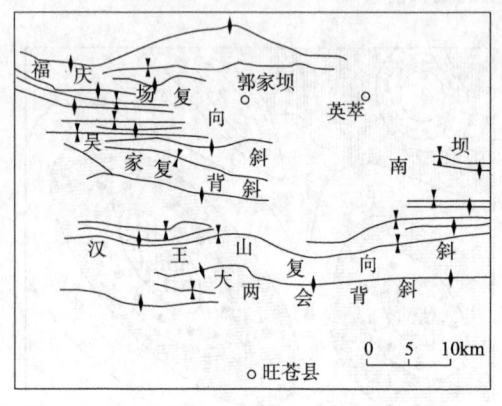

图5-62 四川旺苍附近的平行褶皱群

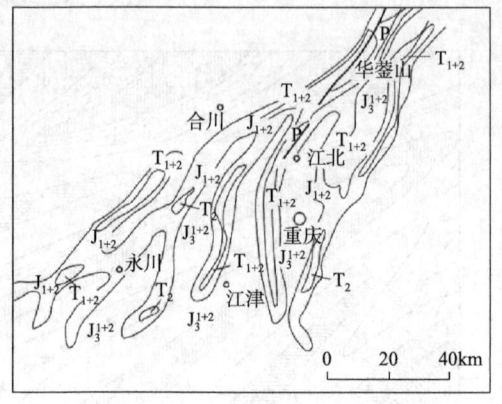

图5-63 川东重庆地区地质图

3）雁行褶皱群

雁行褶皱群(en-échelon folds)又称为斜列式褶皱，由一系列平行斜列的短轴背斜或向斜之轴线错开成斜列展布的褶皱构造，平面上轴线斜列分布，形如"雁行排列"，是褶皱构造常见的一种组合型式。

褶皱的这一组合型式一般认为是由于区域性水平力偶(扭应力)作用而形成的。图5-64为青海柴达木盆地中的红三旱一带的古近—新近系组成的一系列短轴背斜，由北西向南东斜列错开成雁行状的褶皱。

4）S形和反S形褶皱群

一系列短轴和长轴背斜组成的S形或反S形褶皱带，分别称为S形和反S形褶皱(S-shaped folds, revered S-shaped folds)。它是区域性扭动应力场作用的产物。图5-65为柴达木盆地反S形构造，该构造由11个背斜组成，背斜的排列形态呈明显的反S形。

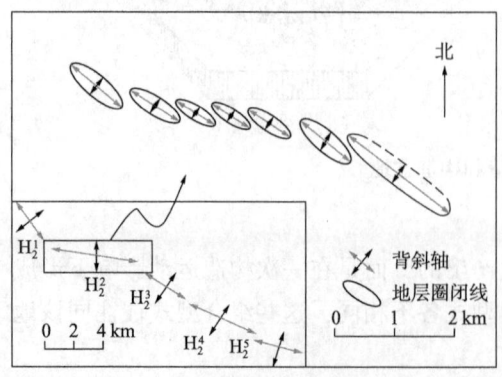

图5-64 青海柴达木盆地雁行褶皱
（据孙殿卿，1958）

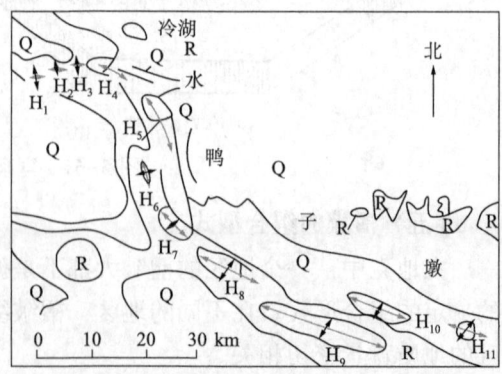

图5-65 青海柴达木盆地中的反S形褶皱
（据孙殿卿，1958）

5) 帚状褶皱群

帚状褶皱群（superimpesed folds）是一系列相间排列的背斜和向斜，呈弧形扫帚状排列。这类褶皱群向一端收敛，向另一端散开，这是区域性水平旋扭运动造成的。广西巴马帚状构造就是一典型实例（图 5-66）。

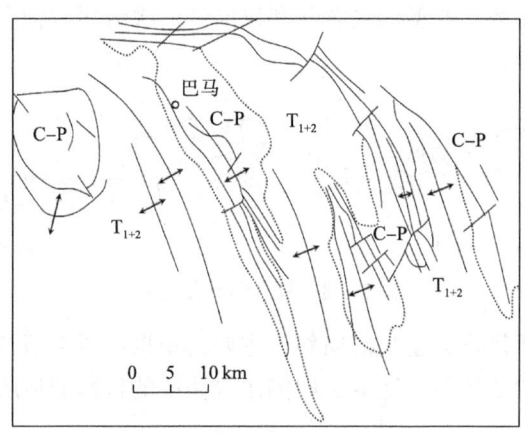

图 5-66　广西巴马帚状构造

（据广西区测队，1975）

6) 弧形(状)褶皱群

弧形(状)褶皱群（arc folds）是一系列褶皱呈弧形排列，这是区域性不均匀水平运动所引起的，典型实例如四川西部金汤地区的弧形(状)褶皱群（图 5-67）。

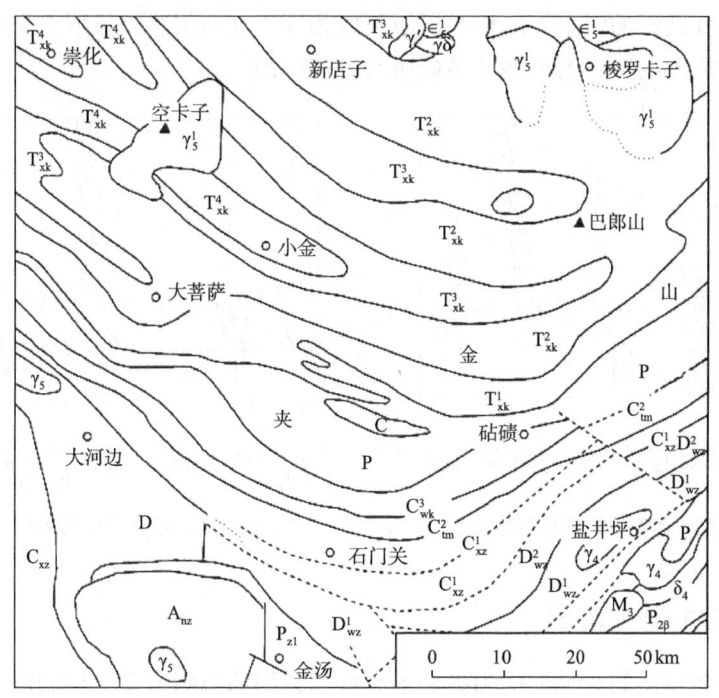

图 5-67　四川西部金汤附近地质图

（据四川省地质图，1964）

2. 褶皱在剖面上的组合型式

1) 复式褶皱

复式褶皱(compound folds)是由多个次级褶皱组成的巨大背斜或巨大向斜,分别称为复背斜(anticlinorium)或复向斜(synclinorium)。各次级褶皱与总体背斜和向斜常有一定的几何关系。一般认为,典型的复背斜和复向斜的次级褶皱轴面常向该复背斜或复向斜的核部收敛(图5-68)。

(a) 复背斜　　　　　　　　　　　(b) 复向斜

图 5-68　复背斜和复向斜

区别复式褶皱属于复背斜还是复向斜,主要是根据区域性新老地层的分布特征。如中央地带的次级褶皱的核部的地层老于两侧次级褶皱的核部的地层,则为复背斜,反之则为复向斜。

2) 隔档式褶皱和隔槽式褶皱

隔档式褶皱(ejective fold,又称梳状褶皱)由一系列平行的背斜和向斜相间排列而成,其中背斜窄而紧闭,形态完整清楚,呈线状延伸;而背斜之间的向斜开阔而平缓(图5-69)。

隔槽式褶皱(comb-shaped fold)也是由一系列相间排列的背斜和向斜相间排列而成,但是其中背斜和向斜的形态与隔档式褶皱正好相反,其向斜紧闭且形态完整,呈线状排列,而两向斜之间的背斜则平缓开阔成箱状(图5-70)。

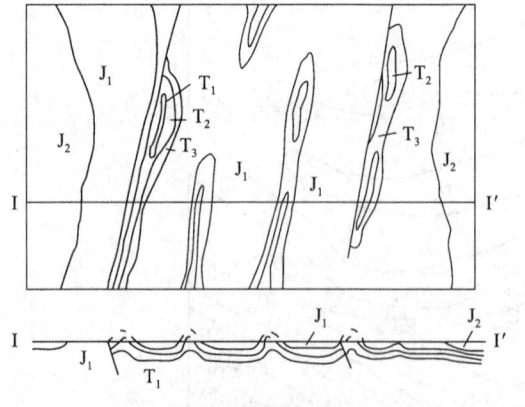

图 5-69　隔档式褶皱平面图和剖面图

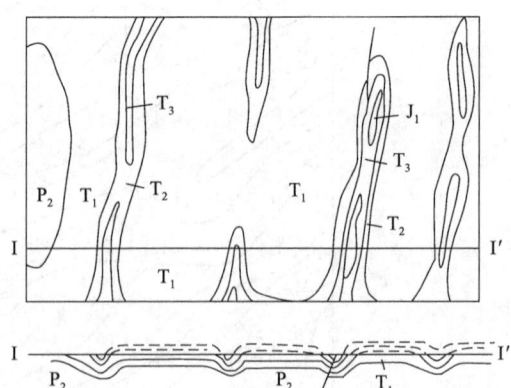

图 5-70　隔槽式褶皱平面图和剖面图

四、褶皱的野外观察

褶皱构造的背向斜与地形的山谷是不一样的,因为背斜遭受长期剥蚀,不但可以逐渐地被夷为平地,而且往往由于背斜轴部的岩层遭到构造作用的强烈破坏,在一定的外力条件下,甚至可以发展成为谷地(图5-49),故不能够完全以地形的起伏情况作为识别褶曲构造的主要标志。

对小型褶曲构造,可通过几个出露在地面的基岩露头进行观察;对大型褶曲构造,可采用穿越法和追索法进行观察。

穿越法,就是沿着选定的调查路线,垂直岩层走向进行观察。采用穿越法,可便于了解岩层的产状、层序及其新老关系。如果在路线通过地带的岩层呈有规律的重复出现,则必为褶曲构造。再根据岩层出露的层序及其新老关系,判断是背斜还是向斜。然后进一步分析两翼岩层的产状和两翼与轴面之间的关系,这样就可以判断褶曲的形态类型。

追索法,就是平行岩层走向进行观察的方法。采用追索法,可便于查明褶曲延伸的方向及其构造变化的情况,当两翼岩层在平面上彼此平行展布时为水平褶曲,如果两翼岩层在转折端闭合或呈"S"形弯曲时,则为倾伏褶曲。

穿越法和追索法,不仅是野外观察褶曲的主要方法,同时也是野外观察和研究其他地质构造现象的一种基本的方法。在实践中一般以穿越法为主,追索法为辅,根据不同情况,穿插运用。

五、褶皱形成时代的研究

对褶皱构造的分析研究,还应从时间上研究它的形成时代及发展历史。如今看到的褶皱构造,有的是在短暂的地质历史时期内形成的(一次构造运动的产物),有的是在漫长的地质历史时期内逐渐产生的(伴随沉积作用逐渐生长起来的产物),有的是在经历多次构造运动的复杂叠加而形成的。

研究褶皱构造形成时代最常用的方法是角度不整合分析法、岩性厚度分析法和同位素年龄测定法等。

(一)角度不整合分析法

根据地层不整合面的存在以及不整合面上、下褶皱形态是否连续一致,可以推断包括褶皱在内的各种构造的形成时代的上限和下限。如果不整合面以下的地层均褶皱,而其上的地层未褶皱,则褶皱运动应发生与不整合面下伏的最新地层沉积之后和上覆最老地层沉积之前。如果不整合面上、下地层均褶皱,而上下地层即不整合面的褶皱方式又都完全一致,则褶皱运动是后来发生的。如果不整合面上、下地层均褶皱,但褶皱方式、形态又都互不相同,则至少发生过两次褶皱运动。如果一个地区的地层有两个角度不整合面,且两个不整合面上、下地层均褶皱,则该区发生过三次或更多次褶皱运动。

图 5-71 所示存在两个不整合面:一是中—下侏罗统 J_{1+2} 与下伏地层的接触面;另一是古新统与下伏地层的接触面。根据褶皱形成时代的确定原则,本地区至少发生过两次构造运动(褶皱变动)。最下伏构造层经受两次褶皱作用,一次为晚二叠世

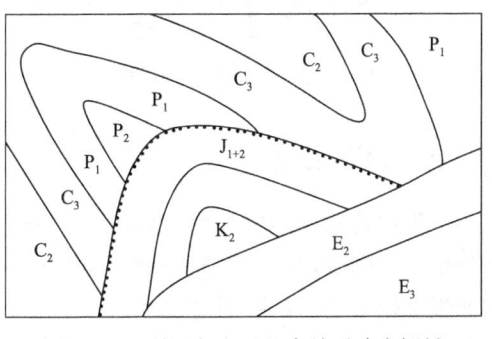

图 5-71 利用角度不整合关系确定褶皱

之后，早侏罗世之前；另一次发生在晚白垩世之后、古新世之前。中部构造层只经历了一次褶皱变动，即经过第二次构造运动形成褶皱。最上覆构造层，即古新统没有经受构造运动，故保持水平状态。

（二）岩性厚度分析法

这种方法主要用于同沉积背斜形成时代的确定。因为同沉积背斜是一边隆起变形、一边接受沉积的构造，所以褶皱隆起的时期和幅度直接反映在沉积物的厚度和岩性上。以图5-72为例，对这个同沉积背斜的分析可以判断，该背斜在1层沉积之前尚未隆起，背斜隆起时间是1—3层沉积时期，第4层沉积时背斜又停止隆起。4—8层则是在8层沉积后才有褶皱形成的。

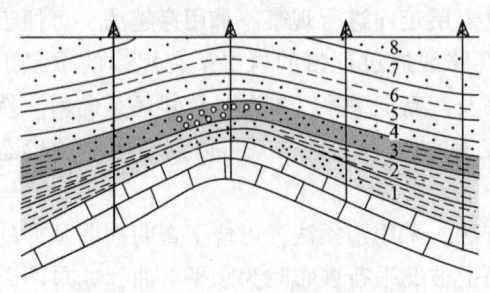

图 5-72　同沉积背斜剖面图

除此之外，褶皱的形成时代还可以根据与褶皱相接触的岩浆岩体（常侵入于背斜的核部）的同位素年龄来间接确定；也可以根据褶皱的重叠变形关系，分析多期褶皱的存在及各期褶皱的相对先后顺序。

六、地表工程

从地质构造条件看，在工程建设中往往遇到的是大型褶皱构造的一部分，无论是背斜还是向斜，在褶皱的翼部遇到的，基本上是单斜构造（图5-49）。所以，在实际工程中，倾斜岩层的产状与路线或隧道轴线走向的关系问题就显得尤其重要。

如在向斜地形地区修建地表工程时，向斜山两侧边坡对路基稳定性均为有利（图5-73中的1处）。反之，在背斜地形地区修建地表工程时，背斜山两侧边坡对路基稳定性极为不利（图5-74中的2处）。这一部分已经在5.4节进行了介绍，在此不再赘述。

图 5-73　向斜山有利情况

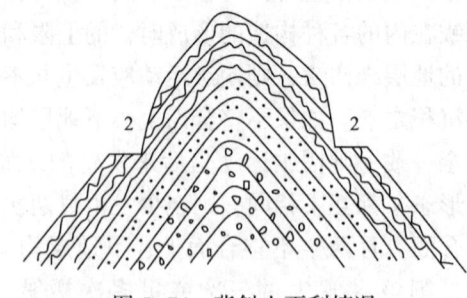

图 5-74　背斜山不利情况

七、地下工程

工程位置选择主要是由地层岩性、岩层产状、地质构造以及水文地质条件等方面综合分析来考虑确定。尽可能在地层岩性均一，层位稳定，整体性强，风化轻微，抗压与抗剪强度较大的岩层中通过。

当地下工程横穿向斜层，在向斜的轴部有时可遇到大量地下水的威胁和硐室顶板岩块崩落的危险。这是因为轴部的岩层遭受到挤压破碎，岩层倾向发生显著变化，同时也是岩层受应力最集中的地方，往往呈上窄下宽的倒插状态的楔形石块（图 5-75），组成倒拱形，因而使其轴部岩层压力增加，硐室顶板岩块最容易突然地崩落到硐室而产生岩体稳定性问题。另外由于轴部岩层破碎又弯曲呈盆形，在这些地带往往是大量承压地下水储存的场所，在向斜的轴部有时可遇到大量漏水、

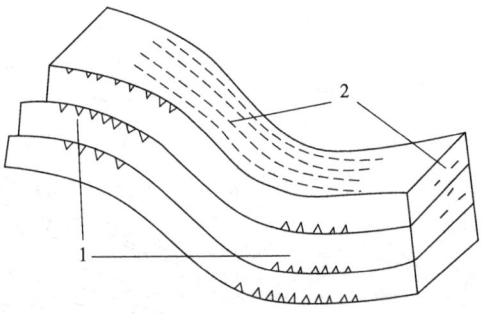

图 5-75 褶曲构造中的裂隙分布
1—张裂隙；2—剪裂隙

涌水事故，尤其在隧道工程中显得尤为突出，甚至有时会严重影响正常施工。因此，洞址不应选在褶皱（尤其是向斜）轴部地区（图 5-76），洞轴线应与褶皱轴线垂直或成大角度相交（图 5-77）。

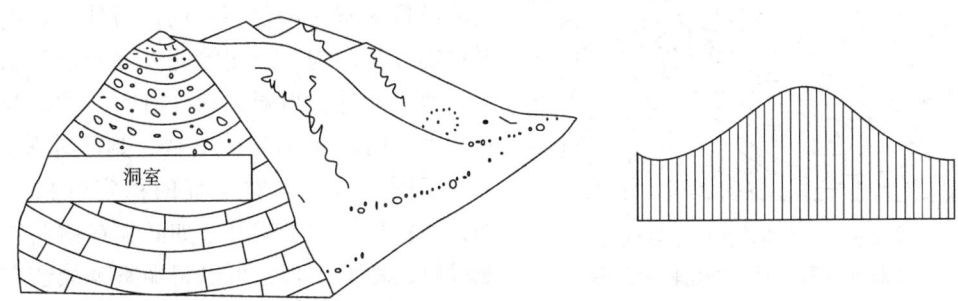

图 5-76 向斜地段硐室轴线上压力强度分布示意图

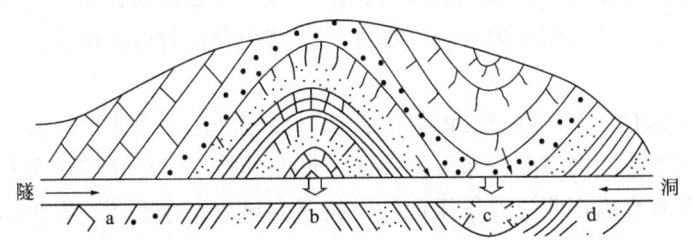

图 5-77 隧洞垂直穿过褶皱地层走向示意图
a—岩层面向开挖面倾斜；b—背斜轴部；c—向斜轴部；d—岩层背向开挖面倾斜

如果硐室轴线横穿背斜层，一般选线比较理想。由于背斜呈上拱形，虽岩层被破碎成上大下小的楔体（图 5-75），然犹如石砌的拱形结构，能很好地将上覆岩层的荷重传递到两侧岩体中去。因而地层压力既小又较少发生硐室顶部坍塌的事故。但应注意若岩层受到剧烈的动力作用会被压碎（图 5-78），则顶板破碎岩层容易产生小规模掉块。因此，当硐室穿过背斜层也必须进行支撑和衬砌。

隧道等深埋地下工程，褶曲地段硐室轴线与褶曲轴线重合时，一般应布置在褶皱翼部（图 5-79）。因为隧道通过均一岩层有利于稳定，而硐室置于背斜核部，从顶部压力来看，在背斜轴部岩层本身能形成自然拱圈，有利于围岩稳定，可以认为比通过向斜轴

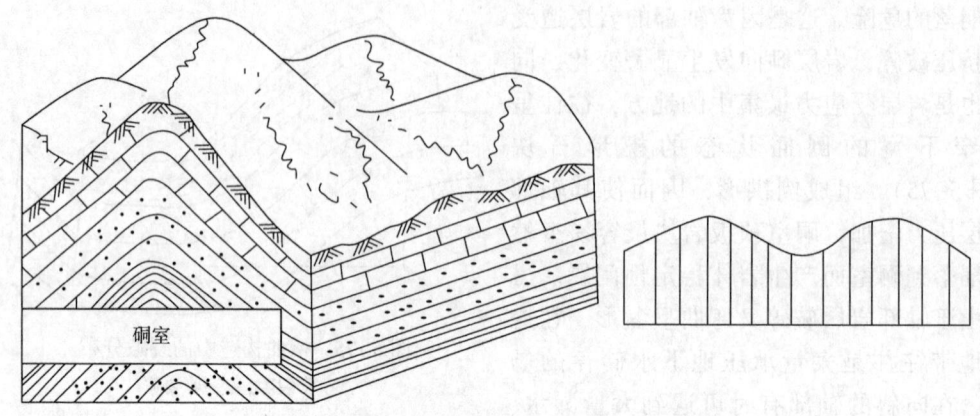

图 5-78　背斜地段硐室轴线上压力强度分布示意图

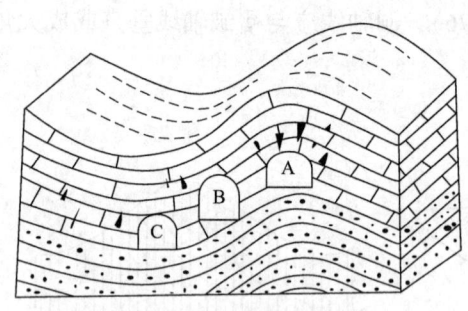

图 5-79　褶曲地段硐室轴线与
褶曲轴线重合时位置比较示意图

部优越；但另一方面，背斜轴部的岩层处于张力带，张裂隙发育，岩层破坏强烈，故在轴部设置硐室一般是不利的。另外，要避免硐室轴线从冲沟、山洼等地表水和地下水汇集的地段通过。当硐室轴线沿向斜轴线开挖时，由于向斜轴部岩体破碎，地下水富集，不利于围岩稳定，对工程的稳定性极为不利，硐室轴线应予避开。如必须在褶曲岩层地段修建地下工程，可以将硐室轴线选在背斜或者向斜的两翼。此时，顶部及侧部均处于受剪切力状态，在发育剪切裂隙的同时，由于地下水的存在，将产生动水压力，因而倾斜岩层可能产生滑动引起压力的局部加强。在结构设计时应该慎重分析，并采取加固措施。

地层中一些具有特殊工程意义的岩层，如易泥化夹层、含水层、含盐层等随地层的褶皱而褶皱，因而它们的空间分布规律受褶皱形态的控制，尽量应予避开，因为在顺倾向一侧的洞壁有时会出现明显的偏压现象，甚至会导致支撑破坏，发生局部坍塌或引起滑塌。

显然，褶皱的研究对于如何避开上述不利岩层，选择合理的建筑场地来说是一项关键性的基础工作。

第六节　节理构造与工程地质评价

一、概述

节理又称裂缝或裂隙，它们是岩石受力发生破裂，两侧的岩石沿破裂面没有发生明显位移的一种断裂构造（图 5-80）。

节理是地壳表层至中层构造层次内广泛发育的构造，因此，节理的研究在理论上和实践上都具有重要意义。

节理研究的理论意义在于节理与褶皱、断层和区域性构造密切相关，它的研究对认识和阐明区域地质构造及其形成和发展过程方面具有重要意义。

节理研究的实践意义在于：(1)节理是一种重要的控矿构造，是矿液、石油、天然气等运移通道和储集空间，其控制着矿体的形态；(2)地下水和石油的渗透性、含油性、含水性与节理发育的密度和开启性有关；(3)大量发育的节理常常引起水

图 5-80　四川峨眉下三叠统嘉陵江组发育的节理构造

工建筑物的渗漏和岩体的不稳定，为水库和大坝等工程带来隐患；(4)影响壮观而奇异的地貌景观的形成，具有旅游艺术价值；如张家界武陵园石林、石柱，云南路南石林，峨眉山金顶的舍身崖以及重庆北碚代家沟的猴儿石等；(5)采石工们利用节理控制的薄弱面来开采花岗岩、石灰岩和砂岩等；(6)节理脉作为建筑石材有一定的装饰功能，如纽约联合国总部大厦讲台。

二、节理的分类

3.5.2 节中已介绍结构面相关内容，节理属于结构面中的一种类型。关于节理，其形成的原因很多，根据其形成的地质原因有原生节理(primary joint)和次生节理(subsequent joint)两种基本类型。次生节理又分为构造节理(tectonic joint)和非构造节理(non-tectonic joint)两种。构造节理是指由构造运动产生的节理。构造节理的形成与分布规律性强，其方位和产状稳定，与其周围的地质构造(褶皱、断层及区域构造等)有成因上的联系。由非构造运动的外动力地质作用形成的节理称为非构造节理，又称外生节理。如岩石因温度变化引起体积不均匀的膨胀和收缩而产生的风化节理、冰川运动和冰劈作用形成的节理以及人工爆破等原因引起的节理均属于非构造节理。非构造节理的特点是一般发育范围不广，局限于一定岩层或一定深度之内(常局限于地表浅处)，或局限于某一现象附近，与各级各类构造无成因关系，产状和方位极不稳定。

相比原生节理和非构造节理，构造节理的分布范围广、影响程度大、发育规律性强，在理论和实践中更具研究意义。因此，本章主要讲述构造节理的内容。

(一)节理与相关构造的几何分类(classification of joint)

节理是一种小型构造，往往发育在其他较大型构造上，如褶皱构造和断裂构造，或作为它们的派生构造存在，并与岩层有一定的相关关系。

1. 根据节理与所在岩层的产状关系分类

如图 5-81 所示，节理可分为以下几种类型：

(1)走向节理(strike joint)：节理走向与所在岩层走向大致平行。

(2)倾向节理(dip joint)：节理走向与所在岩层走向大致垂直。

(3)斜向节理(oblique joint)：节理走向与所在岩层走向斜交。

(4) 顺层节理(bedding joint)：节理面大致平行于岩层层面，是一种特殊的走向节理。

以上分类适合于对发育在倾斜岩层地区的节理进行分类。

2. 根据节理走向与所在褶皱枢纽(褶皱轴或区域构造线方位)的关系

如图 5-82 所示，节理可分为以下几种类型：

(1) 纵节理(longitudind joint)：节理走向与褶皱枢纽大致平行。

(2) 横节理(transcurrent joint)：节理走向与褶皱枢纽大致垂直。

(3) 斜节理(oblique Joint)：节理走向与褶皱枢纽斜交。

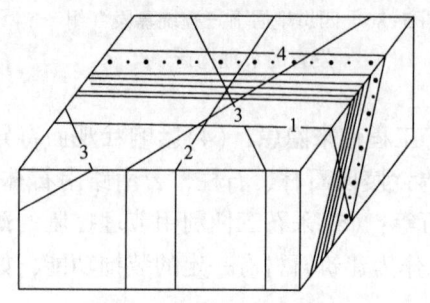

图 5-81 根据节理与所在岩层
产状关系的节理分类
1—走向节理；2—倾向节理；
3—斜向节理；4—顺层节理

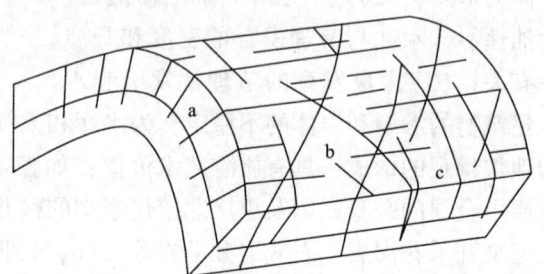

图 5-82 根据节理产状与褶皱轴向
关系的节理分类
a—纵节理；b—斜节理；c—横节理

以上分类适合于对发育在褶皱地区岩层中的节理进行分类。

在某些情况下，如对没有倾伏的褶皱而言，上述两种分类常常相吻合，即走向节理相当于纵节理，倾向节理相当于横节理。

3. 根据节理走向(延伸方向)分类

对于发育于水平岩层或近水平岩层中的节理，一般根据节理的走向进行分类，如北东向节理、南东向节理等。

(二) 节理的力学性质分类

节理是力作用下的产物，根据节理形成时的力学性质，可将节理分为张节理(tension joint)和剪节理(shear joint)两种类型。

1. 张节理

张节理是由于张应力超过了岩石的抗张强度而在岩体中产生的张破裂面，但应注意不只是拉伸才能形成张节理。

张节理的主要特征如下：

(1) 张节理产状不稳定，往往延伸不远即消失。单个张节理短而弯曲，若干张节理则常以侧列关系出现(图 5-83)。

(2) 张节理面粗糙不平，在垂直于张节理面的方向上往往有轻微的开裂，但节理面上一般没有擦痕(stria, slickenside)。

(3) 发育在砾岩、砂岩或含结核岩层中的张节理往往绕过砾石、粗砂粒和结核，一般不切穿,如切穿砾石、粗砂粒和结核,其破裂面也是凹凸不平(图5-84)。

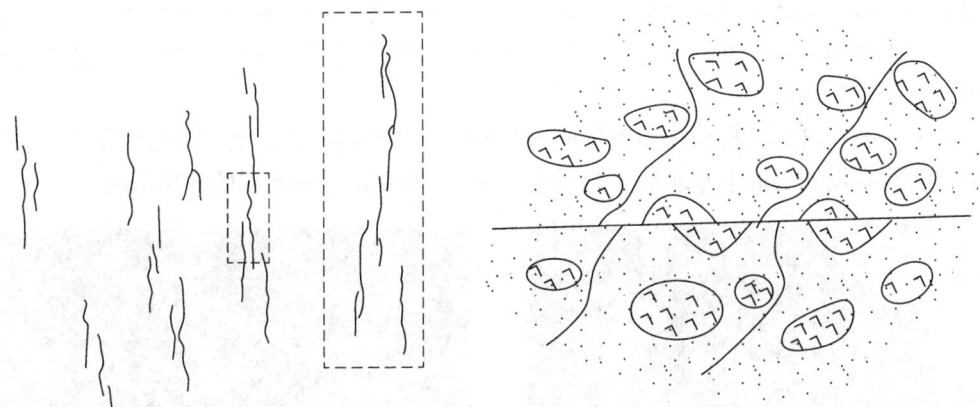

图5-83 砂岩中张节理的侧列现象
（据马宗晋等,1965）

图5-84 砾岩中的张节理与剪节理

(4)平面观察张节理,虽可看出总体走向,但却明显呈不规则的弯曲状(图5-85)或规则的锯齿状,后者是追踪先已形成的两组共轭剪切面而成(图5-86),故又称锯齿状追踪张节理。常呈单列或共轭雁列式张节理以及放射状或同心圆状的组合形式。

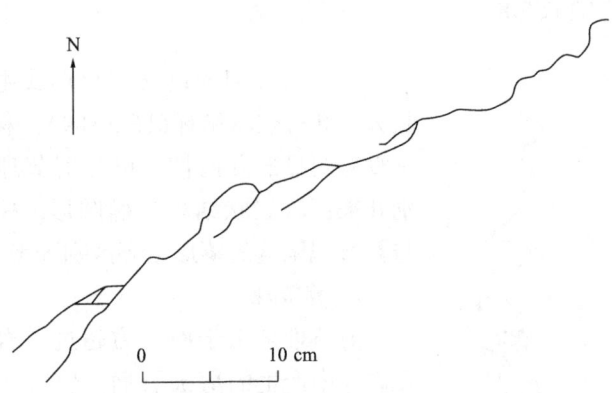

图5-85 宁芜侏罗系砂岩中的张节理平面素描

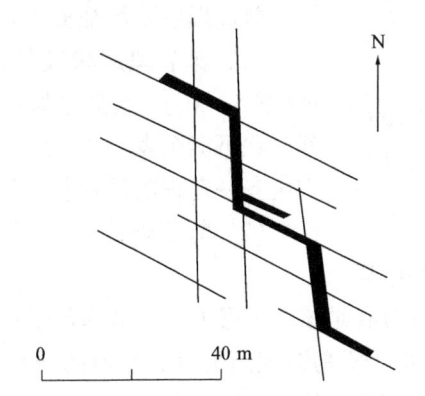

图5-86 江苏江宁受两组共轭剪节理控制的
锯齿状追踪张节理铁矿脉

（5）张节理两壁之间的距离较大，多开口，常被后期地质作用的物质所充填，形成各种脉体，形态呈楔形和扁豆形等，脉宽变化较大，脉壁不平直（图5-87）。

（6）张节理一般发育稀疏，节理间距较大，而且即使局部地段发育较多，也是稀密不匀，很少密集成带。

（7）一般在挤压和拉伸作用下形成的张节理彼此平行排列，而在剪切作用下形成的张节理，在平面或剖面上呈雁列排列（图5-88），如在正、逆断层的剪切滑动。

 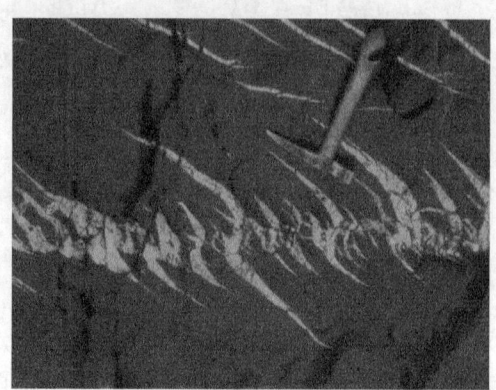

图5-87　峨眉川主上白垩统灌口组发育的张节理
（已被石膏脉充填）

图5-88　反S形雁列张节理

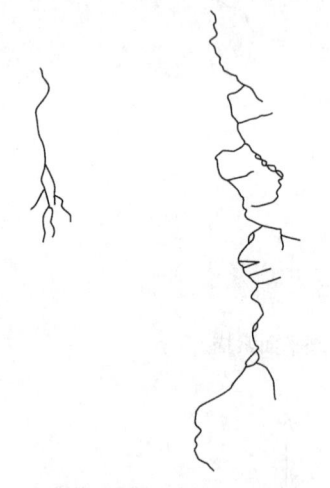

(a) 树枝状分叉　　(b) 杏仁状结环

图5-89　张节理的尾端变化形式
（据马宗晋等，1965）

（8）张节理的尾端变化形式主要有两种：树枝状分叉和杏仁状结环（图5-89）。树枝状分叉的小节理没有明显的方向性，可与剪节理尾端的节理叉区别开来；杏仁状结环呈椭圆形，棱角不明显，也可与剪节理尾端的菱形结环区别开来。

2. 剪节理

剪节理是由于剪应力超过了岩石的抗剪强度而在岩体中产生的剪破裂面，但应注意不只是剪切作用才能形成剪节理。

剪节理主要特征如下：

（1）剪节理产状较稳定，沿走向和倾向延伸较远（图5-80），但穿过岩性差别显著不同的岩层时，其产状可能会发生改变，此反映岩石性质对剪节理方位有一定程度的控制作用。

（2）剪节理面较平直光滑，这是由于剪节理是剪破岩层而不是拉破岩层的结果。

（3）在砾岩、角砾岩或含有结核的岩层中，剪节理常切过胶结物、砾石、结核或较大的矿物颗粒（图5-90）。由于沿剪节理面可以有少量的位移，因此常可借助被错开的砾石或结核来确定节理面两侧岩块的相对位移方向。

（4）剪节理面上常有剪切滑动时留下的擦痕和摩擦镜面，但由于一般剪节理沿节理面相对位移量不大,因此在野外必须仔细观察。擦痕可以用来判断节理两侧岩石相对移动的方向。

(5) 由于剪节理是由共轭剪切面发展而来的,一般是两组同时出现,相交成"X"形(因为常成对出现,故常称为共轭节理(图5-80)。

(6) 剪节理发育往往具有等距性,即相同级别的剪节理常有大致等距离的发育分布规律。

(7) 剪节理一般发育较密,即相邻两节理之间的距离较小,常密集成带,但也可疏密相间出现,其间距的大小又因岩性与岩层厚度的不同而变化,硬而厚的岩层中的剪节理间距大于软而薄的岩层(图5-91)。同时,剪节理发育的疏密还与应力作用情况有关。

(8) 剪节理常呈现羽列(feather joint or phumose joint)现象(图5-92),往往一条剪节理经仔细观察并非单一的一条节理,而是由若干条方向相同首尾相近的小节理呈羽状排列而成。小节理方向与整条节理延长方向之间为小于20°的夹角。

根据它们首尾邻接部分的两种重叠关系,羽列可分为左行羽列和右行羽列两种形式。若沿小节理走向观察,下方的每个小剪节理依次向左侧错开,为左行(或称左旋)羽列;反之,下方的每个小剪节理依次向右侧错开,为右行(或称右旋)羽列。呈羽列的小节理可以逐步连通起来,并进一步发展成为平移断层。左行羽列的剪节理发展成左行平移断层,右行羽列的剪节理发展成右行平移断层。

图 5-90　剪节理直切砾岩中的砾石

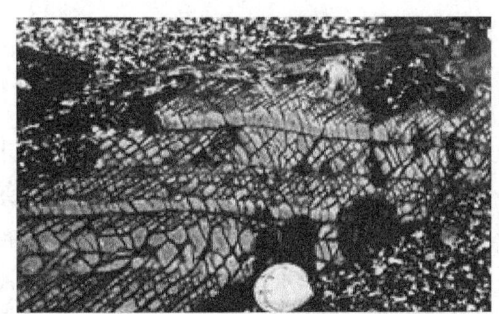

图 5-91　某地区不同岩性、不同厚度地层中发育的剪节理

(9) 剪节理两壁之间的距离较小,常呈闭合状。若被矿物充填时是平直闭合缝,脉宽较为均匀,脉壁较为平直。若后期因风化、地下水的溶蚀作用或后期应力作用方式的改变可以扩大剪节理的壁距。

(10) 剪节理的尾端变化有折尾、菱形结环、节理叉等三种形式(图5-93)。这三种尾端变化均反映了两组剪节理不同的组合方式,它们可以出现在同一露头上。

① 折尾:一条剪节理的尾端突然转折至另外一个方向,延展不远即消失。转折后的方向一般即为共轭节理系中另一组的延展方向。

② 菱形结环:一条节理的尾端或两条节理的衔接处,转折或分叉相连构成菱形结环。菱形结环的两个对边即为共轭剪节理系的两组节理。

③ 节理叉:一条剪节理的尾端发育有许多小节理,它们向两个方向分开,其间保持一定夹角,这两个方向小节理的方位就是共轭节理系中两组节理的方位。

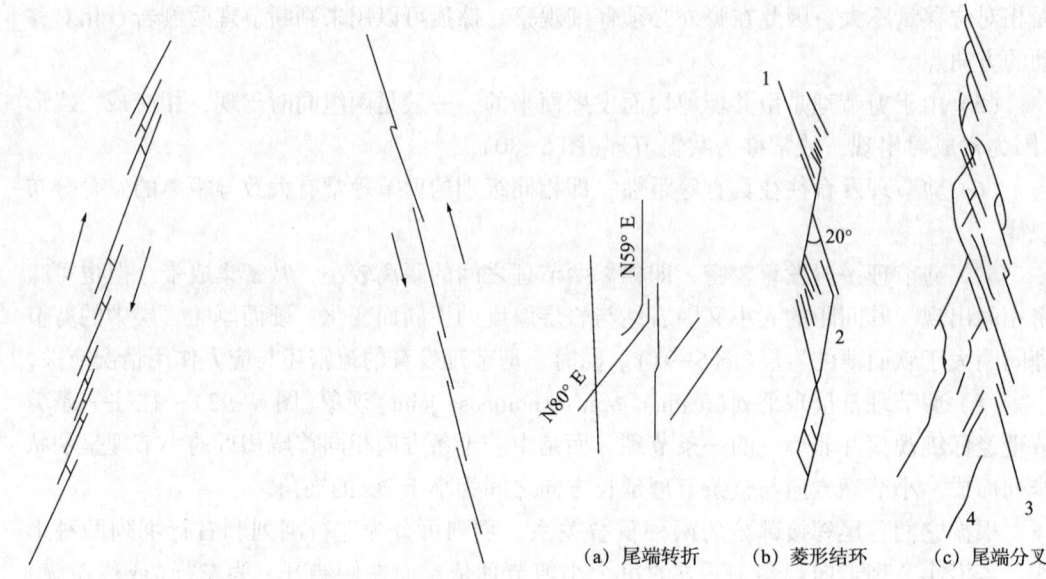

图 5-92　湖北黄陵背斜南部寒武系灰岩中剪节理羽列现象平面素描图（据马宗晋等，1965）左图为右行，右图为左行

图 5-93　剪切节理的尾端变化
1、2分别组成"X"剪节理系（据马宗晋等，1965）

三、节理的野外观测及室内研究

（一）节理的野外观测

节理在自然界虽然广泛发育，但是尚未形成一套系统的研究方法。研究方法因任务不同而异，但目前研究节理的基础则是系统的观察、测量统计，然后在统计的基础上，结合地质构造等有关资料、测试结果和模拟实验进行分析。

通常在工作之前，对航空照片和卫星照片进行解释，宏观地观察认识工作区节理的特点和规律，做到心中有数。航空照片和卫星照片上可确定节理的方向、产状及其与各级构造的关系、节理的组合型式及其变化、节理发育程度、展布范围和被充填的情况。

1．观察点的选定

观测点的选定取决于研究的目的和任务，一般不要求均匀布点，而是根据地质情况和节理发育情况布点，做到疏密适度。

选定观察点时还应注意到：

（1）露头良好，最好是将节理点选在既有平面又有剖面的露头上，要便于大量测量且又能收集到有关地质资料的地段，以利对节理的全面观察。

（2）露头面积一般不小于 $10m^2$，但也不要太大，最好是长宽一致的正方形，以照顾到不同方向发育的节理，避免统计偏差。

（3）构造特征清楚，岩层产状稳定。

（4）节理比较发育，节理组、节理系及其相互关系比较容易确定，且观测点要选择在重要的构造部位。

（5）一定地区各种不同的构造层、各类构造、岩体和岩石组合中的节理总是互有差异的，应尽可能在不同的构造层、不同的岩系、不同的岩性层中布点。因此，可划分不同的节理区域，分别进行测量统计。

2. 观测内容

节理的观测主要包括以下几个方面：

(1) 节理的成因类型、力学性质。

(2) 节理的组数、密度和产状。节理的密度一般采用线密度或体积节理数表示。线密度以"条/m"为单位计算。体积节理数用单位体积内的节理数表示。

(3) 节理的张开度、长度和节理面壁的粗糙度。

(4) 节理的充填物质及厚度、含水情况。

(5) 节理发育程度分级(表5-2)。节理的发育程度可以用节理线密度和裂隙率来定量反映岩石中节理的发育程度。节理线密度(u，joint density)内容见第3.5.2节。裂隙率(K_{tp}，crack ratio)是指单位面积上裂隙所占面积的百分比。表达式为：

$$K_{tp} = \frac{\sum I_b}{A} \tag{5-2}$$

式中　$\sum I_b$——裂隙面积的总和；

　　　A——所测量的岩石露头面积。

表 5-2　节理发育程度等级表

发育程度等级	基本特征	附注
节理不发育	节理1~2组，规则，为构造型，间距在1m以上，多为密闭节理。岩体切割成巨块状	对基础工程无影响，在不含水且无其他特殊不良因素时，对山体稳定性影响不大
节理较发育	节理2~3组，呈X形，较规则，以构造型为主，多数间距大于0.4m，多为密闭节理，部分为微张节理，少有充填物。岩体切割呈大块状	对基础工程影响不大，对其他工程建筑物可能产生相当影响
节理发育	节理3组以上，不规则，呈X形或米字形，以构造型或风化型为主，多数间距小于0.4m，大部分为张开节理，部分有充填物。岩体切割成小块状	对工程建筑物可能产生很大影响
节理很发育	节理3组以上，杂乱，以风化和构造型为主，多数间距小于0.2m，以张开节理为主，一般均有充填物。岩体切割呈碎石状	对工程建筑物产生严重影响

裂隙率除与节理线密度有关外，还与节理的闭合程度有关。节理闭合程度按裂隙宽度可分为：密闭的(<1mm)；微张的(1~3mm)；张开的(3~5mm)；宽张的(>5mm)。裂隙率越高，岩石的压缩性和透水性越大，抗剪强度越低。

(6) 节理的性质(properties of joint)。节理的延伸长度、张开性、节理面的粗糙程度、被充填与否及充填物类型等都直接影响岩石的稳定性和水文地质条件。就节理的工程力学性质而言，一般延伸长的比短的差；裂面平整的比粗糙的差；张节理比剪节理差；被泥质物充填者较被其他物质充填者差。对有些可能造成工程破坏或边坡失稳的节理，还要定量地测试抗剪强度指标。

3. 节理的测量和记录

在节理的观察点上，对上述各方面进行观察的同时，并要进行认真仔细地测量、计算和记录(表 5-3)。

表 5-3 节理的调查记录表

项目编号	岩石名称	岩石产状	所在的构造部位	节理产状			长度	宽度	条数	填充情况	节理成因类型
				走向	倾向	倾角					
1											
2											

(二) 节理测量资料的室内整理

在野外，通过观察节理所获得的大量原始资料，必须进行室内整理并编制相应的节理图件，然后结合地质图等图件进行分析研究，以探讨构造应力场及解决生产实际问题。为了简明清晰地反映不同性质节理的发育规律，需要将野外所测节理产状要素资料分成不同的组、系，予以整理绘图。节理资料的整理、统计和构造解析一般采用图表形式，主要有节理玫瑰花图、节理极点图、节理等密图(节理等值线图)、共轭节理求主应力轴图解等。本节重点介绍节理玫瑰花图。

1. 节理玫瑰花图

节理玫瑰花图(joint rose diagram)编制简便容易，反映节理方位趋势也比较明显，是统计节理的一种较常用的图件，这种图形似玫瑰花。但此种图件不能反映各种节理的确切产状，多用来定性而形象地反映节理走向、倾向及倾角的优势分布。

节理玫瑰花图分为三种：节理走向玫瑰花图、节理倾向玫瑰花图和节理倾角玫瑰花图。现分别介绍其编制方法。

1) 节理走向玫瑰花图

节理走向玫瑰花图主要反映节理的走向方位，并在半圆内作图，是将野外测得的节理走向资料，根据作图要求和地质情况，按其走向方位角的一定间隔分组，通过统计每组的节理数，计算每组节理平均走向而绘制的。如图 5-94 所示，从图上可一目了然地看出三个方位的节理最为发育，其走向为 N10°~20°E、N40°~50°W、N70°~80°E 三组。这种图不能反映各组节理的倾斜，因此，节理走向玫瑰花图多用于直立或近于直立产状为主的节理统计整理。为了表示不同性质的节理，可分别编制不同性质的节理走向玫瑰花图，或在一幅图上用不同色调分别表示

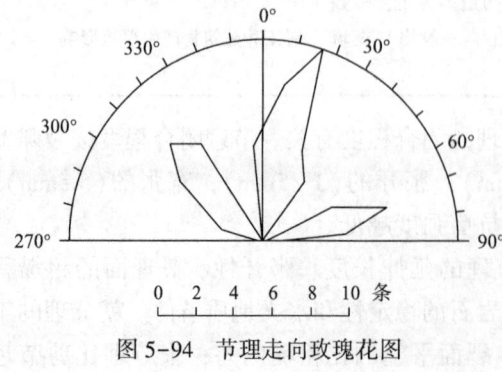

图 5-94 节理走向玫瑰花图

不同性质的节理。

2) 节理倾向玫瑰花图

在节理产状变化较大的情况下，共轭剪节理的统计整理则可用倾向玫瑰花图表示。节理倾向玫瑰花图，是按节理倾向资料分组，求出各组节理的平均倾向和节理数目，用圆周方位代表节理的平均倾向，用半径长度代表节理条数制作而成的，作法与节理走向玫瑰花图相同，但用的是整圆（图5-95）。

3) 节理倾角玫瑰花图

节理倾角玫瑰花图是按以上已分的节理倾向方位角的组，求出各组的平均倾角，用半径长度显示倾角大小，然后用节理的平均倾向和平均倾角作图，圆半径长度代表倾角，由圆心至圆周从0°~90°，找点和连线方法与倾向玫瑰花图相同（图5-95）。

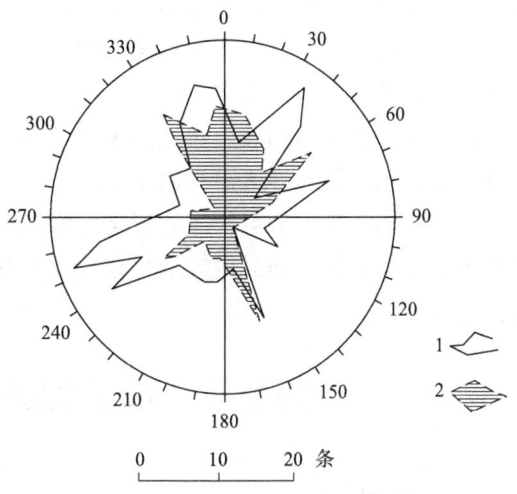

图 5-95　节理倾向、倾角玫瑰花图
1—倾向玫瑰花图；2—倾角玫瑰花图

倾向、倾角玫瑰花图一般重叠画在一张图上。作图时，在平均倾向线上，可沿半径按比例找出代表节理数和平均倾角的点，将各点连成折线即得，图上用不同颜色或线条加以区别（图5-95）。

四、节理构造的工程地质评价

节理的性质、长度、深度、密度对工程地质影响非常大。它不仅破坏岩体的稳定性，促进岩体风化速度，增加岩体的渗水性，因而使岩体的强度和稳定性降低。

岩体中的节理，在工程上除有利于开挖外，对岩体的强度和稳定性均有不利的影响。

（1）岩体中存在节理，破坏了岩体的整体性和连续性，影响了岩体的结构特性，促进岩体风化速度，增强了地下硐室和坑道顶板岩石垮塌的可能性，因而使岩体的强度、地基承载力和地下建筑围岩稳定性降低，施工的难度也响应增加。

（2）节理是地下水良好的通道，同时增强岩体的透水性，常常引起水工建筑物的渗漏和岩体的不稳定，为水库和大坝等工程带来隐患；节理的存在加速了岩石的溶解破坏，尤其是在可溶性岩石地区易形成溶洞，影响工程选址和设计施工。同时，节理还可能作为煤矿中瓦斯运移的重要通道。

（3）岩石边坡的稳定程度主要取决于节理的性质和组合特征，很多山崩、滑坡等边坡破坏都和节理有关：①节理倾向与坡面倾向一致时，且节理倾角小于坡面倾角时，易造成崩塌或滑坡；②节理被亲水矿物充填后易形成软弱结构面。

（4）节理发育，特别是当节理组比较多时，引起垮塌，影响施工，增加支护费用等。因此，选择洞址对应尽量避开节理发育。

(5) 在挖方和采石时，利用节理控制的薄弱面挖方采石可以提高工作效率，但在爆破时常因漏气而降低爆破作业的效果。

(6) 节理发育的岩层往往是良好的供水水源点。但当处于严寒环境时，冻胀作用会对工程建筑造成一定的危害。

(7) 节理常是石油和天然气的主要运移通道和储集空间，在某些致密的储集层中，节理几乎是唯一的运移通道和储集空间。

因此，当节理构造可能成为影响工程设计的重要因素时，应当对节理进行深入的调查研究，详细论证节理对岩体工程建筑条件的影响，采取相应措施，以保证建筑物的稳定和正常使用。

第七节 断层构造与工程地质评价

一、概述

岩石因受力而破裂，沿破裂面两侧岩块有明显位移的断裂构造称为断层（图5-96）。断层和节理就其力学性质而言，并无本质上的差别，断层往往是节理进一步发展而形成的。

图5-96 峨眉川主上白垩统灌口组地层发育断层，直接与新近系凉水井组地层接触

断层在地壳中广泛发育，但其规模大小不等，大者可沿走向延伸数百千米，常常形成裂谷和陡崖，如著名的东非大裂谷；小者只有几十厘米。断层是一种重要的地质构造，其发育破坏了岩层的连续性和完整性，对工程建筑的稳定性起着页面作用。地震与活动性断层有关，滑坡、隧道中大多数的塌方、涌水均与断层有关。

二、断层的几何要素

断层的几何要素，是指断层的组成部分及与阐明断层空间位置和运动性质有关的具有几何意义的要素。它包括以下几种。

（一）断层面

断层面（fault plane）是将岩体断开，被断岩块沿着它滑动的破裂面，简称断面，它是一种面状构造。它在局部地段可以是平面，但在较大范围内通常是不规则的曲面。和岩层产状一样，断层面的产状也用走向、倾向和倾角来表示（图5-97）。

规模较大的断层面常由一系列断裂面和次级破裂面组成的断层破碎带（fault fracture zone），如图5-97所示。

断层线（fault line）是指断层面与地面的交线，它是断层面在地表的出露线（图5-97）。

和岩层的地质界线一样，断层线的形态受地形、断层面产状的影响，其影响方式完全和"V"字形法则相同。因此，在大比例尺地质图上，可用"V"字形法则间接测定断层面的产状。

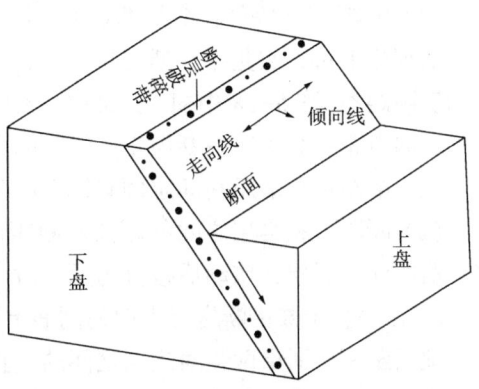

图 5-97　断层要素及产状

（二）断盘

断盘（fault wall）是在断层面两侧并沿断层面发生明显位移的岩块（图 5-97）。

如果断层面是倾斜的，则位于断层面上侧的一盘为断层的上盘，位于断层面下侧的一盘为断层的下盘。如果断层面是直立的，则可按断盘相对于断层线的方位来描述，如北东盘、南西盘、东盘、西盘等。根据断层两盘的相对滑动方向，将相对上升的一盘叫上升盘，而相对下降的一盘叫下降盘。上升盘和上盘，下降盘和下盘并不完全一致，两者不能混淆。

（三）位移

位移（displacement）是指断层相邻盘运动所产生的空间位置距离。断层位移即滑距和断距，有一定的方向和大小，理论上是可测量的（图 5-98）。

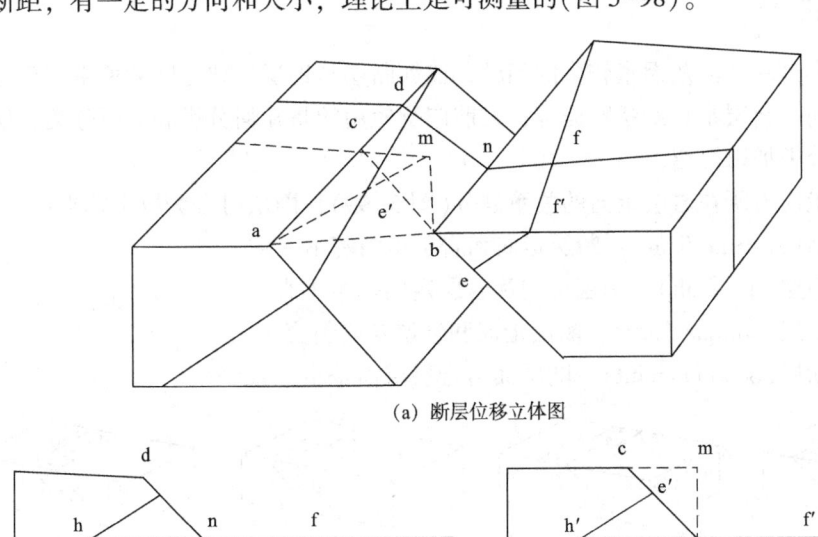

(a) 断层位移立体图

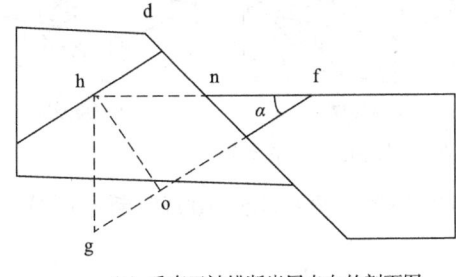

(b) 垂直于被错断岩层走向的剖面图

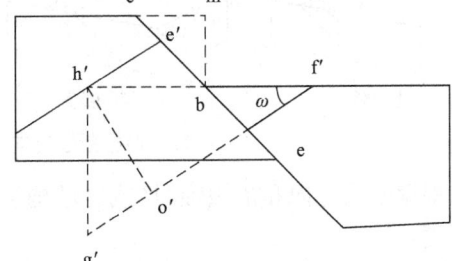

(c) 垂直于断层走向的剖面图

图 5-98　断层位移图（据 Billings）

ab—总滑距；ac—走向滑距；cb—倾斜滑距；am—水平滑距；ho、h′o′—地层断距；
hg、h′g′—铅直地层断距；hf、h′f′—水平地层断距；α—地层真倾角；ω—地层视倾角

(1) 滑距(总滑距)：断层两盘的实际位移距离叫滑距(slip of fault)。

从理论上讲，它是指在断层错动前的某一点，错动后分成的两个点(即相当点)之间的实际距离(图5-98中ab)，又称总滑距。

走向滑距：总滑距在断层走向线上的分量叫走向滑距(图5-98中ac)。

倾斜滑距：总滑距在断层倾斜线上的分量叫倾斜滑距(图5-98中cb)。

(2) 断距：相当层之间的距离叫断距(fault displacement)。这里的相当层是指断层错动前的同一岩层，错动后被分为两个对应层。不同方位剖面上的断距值不同。

① 在垂直于被错断岩层走向的剖面上[图5-98(b)]，可测得以下三种断距：

地层断距，断层两盘对应层之间的垂直距离[图5-98(b)中ho]。

铅直地层断距，断层两盘对应层之间的铅直距离[图5-98(b)中hg]。

水平地层断距，断层两盘相当层之间的水平距离[图5-98(b)中hf]。

② 在垂直于断层走向的剖面上[图5-98(c)]，可测得与垂直于岩层走向剖面上相当的各种断距，即h′o′、h′g′、h′f′。

同一岩层，当岩层走向与断层走向一致时，这三种断距值在两种剖面上均相等；当岩层走向与断层走向不一致时，除铅直地层断距在两个剖面上相等外，其余断距值不相等。

三、断层的分类

断层的分类是一个涉及因素较多的问题，比如断层与地层产状之间的关系、断层两盘相对运动方向、断层本身产状特征等，目前广泛使用的是几何分类和成因分类。现仅对常用的几何分类加以介绍。

根据断层走向与所在岩层走向的关系划分(图5-99)，断层可分为以下几类：

(1) 走向断层(strike fault)：断层走向和岩层走向基本一致。

(2) 倾向断层(dip fault)：断层走向和岩层走向基本垂直。

(3) 斜向断层(oblique fault)：断层走向和岩层走向斜交。

(4) 顺层断层(bedding gault)：断层面与岩层层面基本一致。

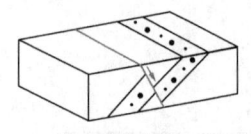 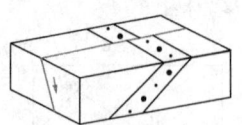 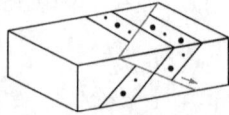 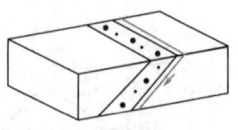

(a) 走向断层　　　　(b) 倾向断层　　　　(c) 斜向断层　　　　(d) 顺层断层

图5-99　根据断层走向与所在岩层走向的关系划分

根据断层走向和褶皱轴向(或区域构造线)的关系划分(图5-100)，断层可分为以下几类：

(1) 纵断层(longitudinal fault)：断层走向和褶皱轴向或区域构造线方向基本一致。

(2) 横断层(transverse fault)：断层走向和褶皱轴向或区域构造线方向近于直交。

(3) 斜断层(oblique fault)：断层走向和褶皱轴向或区域构造线方向斜交。

根据断层两盘的相对位移关系分类(图5-101)，断层可分为以下几类：

(1) 正断层(normal fault)：上盘相对下降，下盘相对上升的断层。
(2) 逆断层(thrust fault)：上盘相对上升，下盘相对下降的断层。
(3) 平移断层(strike-slip fault)：断层两盘沿断层面走向方向作水平位移，规模巨大的平移断层叫做走向滑动断层。

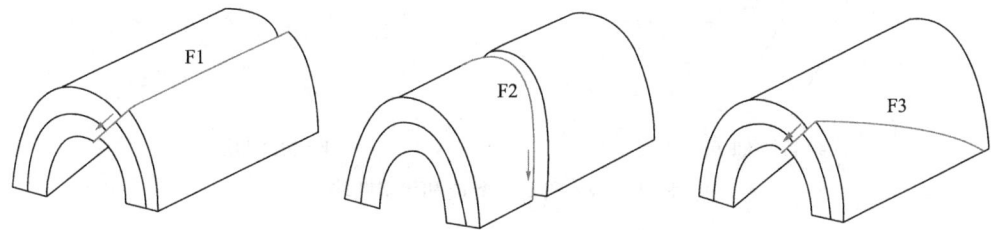

图 5-100　根据断层走向和褶皱轴向(或区域构造线)的关系分类
F1—纵断层；F2—横断层；F3—斜断层

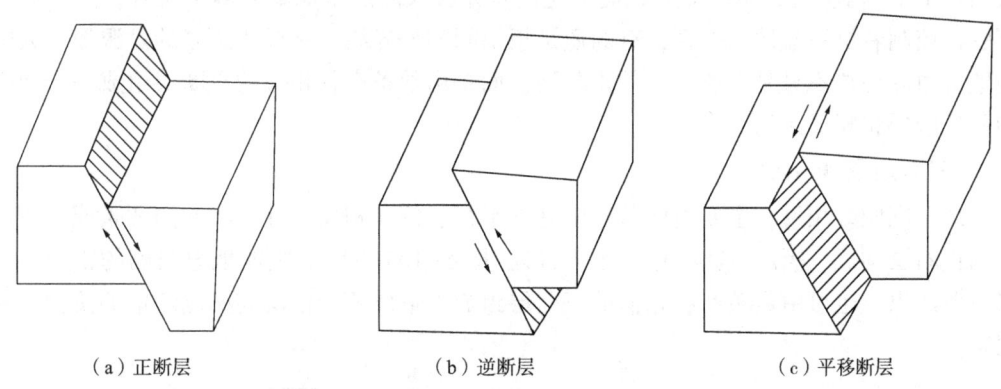

（a）正断层　　　　　　（b）逆断层　　　　　　（c）平移断层

图 5-101　按断层两盘相对运动划分的断层
断层面上的线条代表滑动方向

根据断层的力学性质分类，断层可分为以下几类：
(1) 压性断层(compressive fault)：是指由压应力引起的断层，其断裂面为压性结构面或称挤压面，一般认为逆断层属于这类断层。
(2) 张性断层(tensive fault)：是指由张应力引起的断层，其断裂面为张性结构面或称张裂面，一般认为大部分正断层属于这类断层。
(3) 扭性断层(tosional fault)：是指由扭应力引起的断层，其断裂面为扭性结构面或称扭裂面，一般认为平移断层属于这类断层。

四、断层的组合类型

断层很少孤立出现，一般由一些正断层和逆断层有规律地组合成一定形式，形成不同的断层带。断层带即断裂带，是一定区域内一系列方向大致平行的断层组合。常见的有阶梯状断层、地堑、地垒、叠瓦式构造等，这是分布较为广泛的几种断层组合类型。

（一）阶梯状断层(step fault)

由若干产状基本一致的正断层组成，各断层的上盘依次向同一方向断落，在剖面上看为阶梯状的断层组合形态，叫阶梯状断层[图 5-102(a)]。当断面呈弧形状时，阶梯状断层的断盘常沿弧形断裂面发生一定旋转而成阶梯状台斜断块[图 5-102(a)]，在地形上表现为单面山或山谷间列的景观。

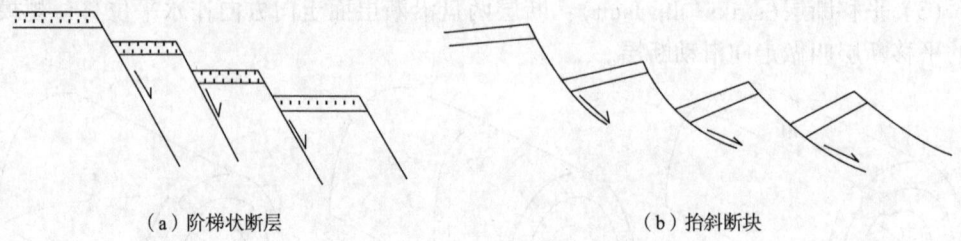

(a) 阶梯状断层　　　　　　　(b) 抬斜断块

图 5-102　阶梯状断层和抬斜断块

(二) 地堑(graben)

由走向基本平行、倾向相反、性质相同的两条或两条以上的正断层组成，断层之间共用一个下降盘[图 5-103(a)]。地堑规模差异较大。巨型地堑系属于裂谷，其边界及范围常控制着沉积盆地的发育，有的还是板块间的分界线，是板块扩张的发源地；大中型地堑边界往往不只是一条单一的正断层，而是由数条产状相似的正断层组成一个同向倾斜的阶梯状断层系列。

(三) 地垒(horst)

地垒则刚好相反，主要由两条走向基本平行、倾向相反、性质相同的两条或两条以上的正断层构成，断层之间共用一个上升盘[图 5-103(b)]。组成地垒两侧的正断层可以单条产出，也可由数条产状相似的正断层组成，形成两个依次向两侧断落的阶梯状断层带。

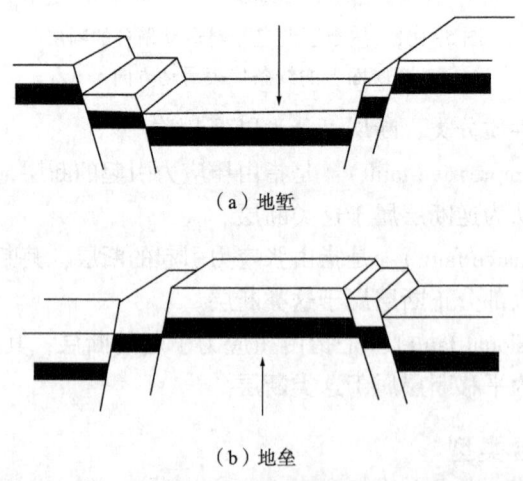

(a) 地堑

(b) 地垒

图 5-103　地堑与地垒

通常情况下，地堑和地垒相伴发育，且多发育于褶皱平缓地区，地堑在地貌上呈狭长的谷地或成串展布长条形盆地或湖泊，如国内的汾渭地堑和银川地堑(图 5-104)、国外的莱茵地堑和贝加尔湖地堑(图 5-105)等。地垒则常呈断块隆起山地，地堑比地垒发育更为广泛，地质意义也更为重要。

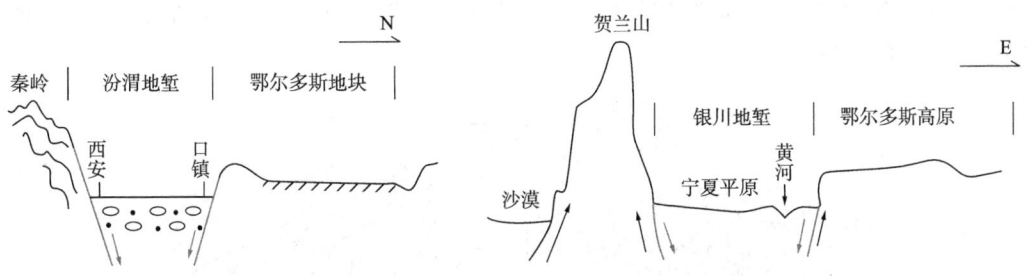

图 5-104 横穿汾渭地堑、银川地堑的构造剖面示意图

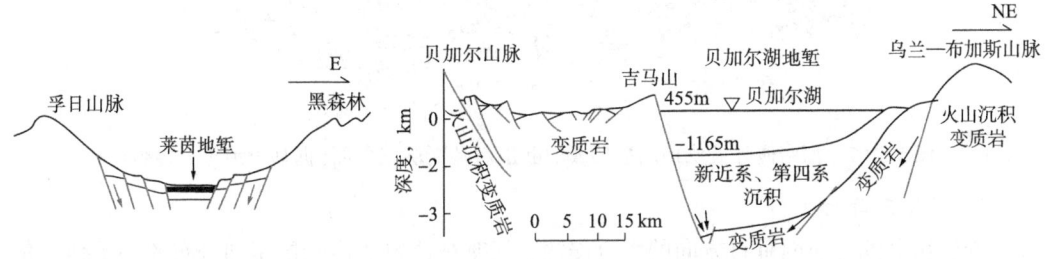

图 5-105 横穿莱茵地堑、贝加尔湖地堑的构造剖面示意图

(四) 叠瓦式逆冲断层

叠瓦式逆冲断层(imbricate structures)是逆冲断层最主要、最常见的组合形式。是由一系列产状大致相同的逆冲断层组成，各断层上盘依次向同一方向冲掩，剖面上呈叠瓦状(图5-106)。

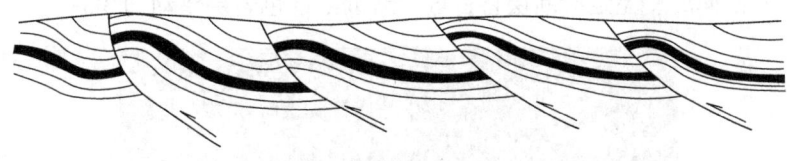

图 5-106 叠瓦状构造示意图

叠瓦状构造通常表现为前(上)陡后(下)缓，即凹面向上的弧形，各断层面倾角往下逐渐变缓，各条断层向深处有时收敛汇拢成一条主干大断层。

五、断层的野外识别

在野外，断层活动的特征会在产出地段的有关地层、构造、岩石及地貌等方向反映出来，即所谓的断层识别标志。识别断层有的是直接标志，如地质界线或构造线被错开，地层的重复与缺失，断层面和断层破碎带等标志等。有的是间接标志，如地貌水文标志等。

(一) 断层识别的地貌标志

1. 断层崖

在差异升降运动中，由于正断层两盘的相对滑动，上升盘的断层面常常在地貌上形成陡立的峭壁，称为断层崖，如云南滇池、华山的断层崖、峨眉山舍身崖以及河南偃师五佛山断层崖(图5-107)。有时沿着断层线，由于两侧岩石性质不同，在差异侵蚀作用下亦可形成陡坡或悬崖,叫断层线崖。断层崖不一定就是断层面,常常是断层面被剥蚀后退而形成的陡坡。

图 5-107　河南偃师五佛山断层形成的断层崖及断层三角面(据马杏垣等,1980)

2. 断层三角面

断层崖受到与崖面垂直方向的水流侵蚀、切割被改造成沿断层走向分布的一系列三角形陡崖,这种三角形陡崖,即为断层三角面,这种面有时候也可呈梯形面(图 5-107)。

3. 错断的山脊

有些山脉在延展方向上如遇有横向或斜向断层存在时,则组成山脉的各山脊便发生相互错开。错断的山脊往往是断层两盘相对位移所致,横切山岭走向的平原与山岭的接触带往往是一条较大的断层。如图 5-108 祁连山山脊被阿尔金左行走滑断层所错断,图 5-109 为北西向的皮羌走滑断层将古近—新近纪红色岩层错动约 3km。

图 5-108　祁连山山脊被阿尔金断裂错断(卫星影像)

图 5-109　北西向的皮羌走滑断层

4. 山岭和平原的突变

有的山脉在延长方向上突然中断，为山前平原所代替，形成山岭和平原的突变。山岭和平原的分界线反映有断层存在的可能，如图 5-110 所示的郯庐断裂带形成的平原与山地的线状分界线。

5. 串珠状的湖泊洼地

由断层活动引起的断陷常形成串珠状的湖泊和洼地。如北京玉泉山的泉水就是沿断层线上升的；陕西渭河地堑南侧沿秦岭北麓的大断层就有著名的临潼华清池、户县及眉县等一系列温泉出露；云南小江断裂带大致呈南北向，属于左旋走滑剪切断裂，沿小江断裂带分布着草海、嵩明湖、阳宗海、滇池及抚仙湖等一系列湖泊盆地呈南北向串珠状展布（图 5-111）。在区域地质构造上，有一条断裂带叫小江断裂带，大致呈南北向，属于左旋走滑剪切断裂。

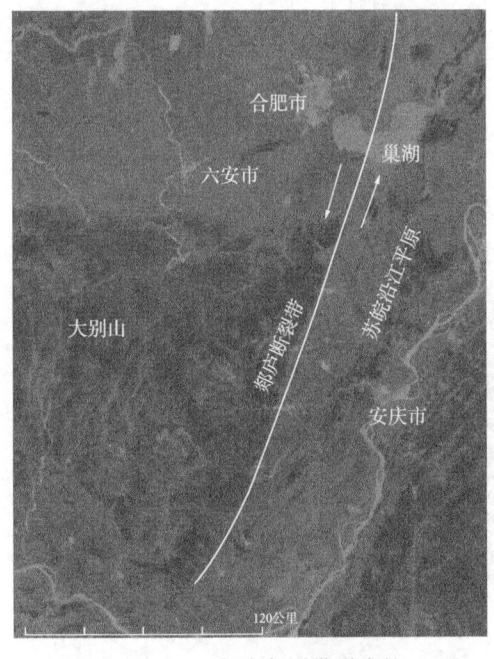

图 5-110　郯庐断裂带形成的
平原与山地的线状分界

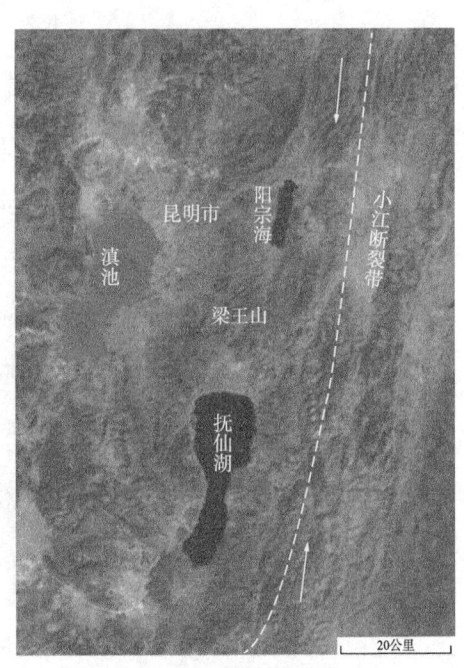

图 5-111　小江断裂带的
串珠状湖泊洼地

6. 泉水的带状分布

泉水的带状分布也为断层存在的标志，沿现代活动断层还会分布一系列温泉。如念青唐古拉山温泉，在羊八井一带，泉、上升泉、温泉顺北东走向一字排列（图 5-112）。

7. 水系特点

断层的存在往往影响水系的发育，河流遇断层有可能急剧转向，河谷也有可能被断层错开。如阿尔金断裂造成疏勒河发生左行偏转（图 5-113）。

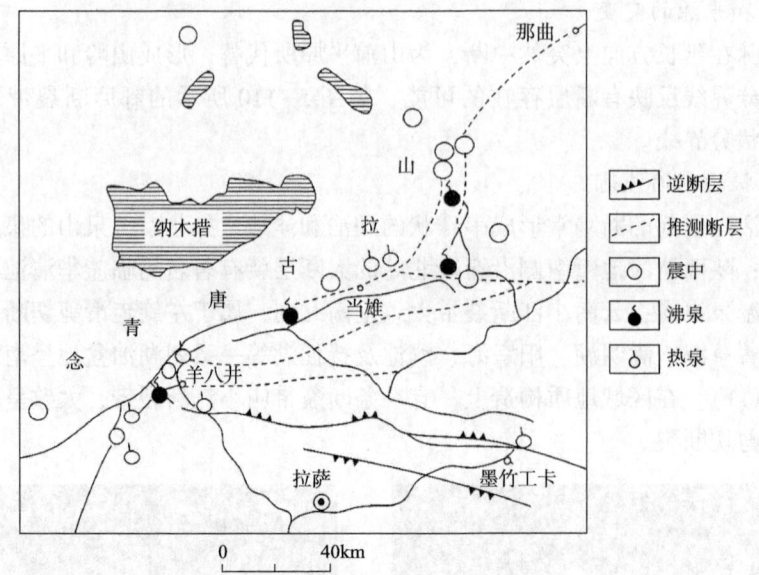

图 5-112　念青唐古拉山温泉与地震震中分布图(据宋鸿林，1978)

图 5-113　阿尔金断裂造成疏勒河左行偏转

8. 植物标志

植物有时候也可以作为参考。有时断层线两侧因岩性不同，土壤性质不同，生长着截然不同的植物群落，有时断层带为地下水富水带，生长着茂盛的或喜湿的植被。

（二）断层识别的构造标志

断层活动总是形成和留下许多构造现象，这些现象是判别断层可能存在的重要标志。

1. 构造线的不连续

断层可以造成构造线的不连续，主要表现为：早期形成的断层、地层、不整合线、侵入岩体与围岩的接触带、岩脉、褶曲轴线等被后期断层所切割，这种现象既可表现在平面上或剖面上，也可以在平面和剖面上同时表现出来，即突然中断或错开，则有断层存在（图 5-114）。

2. 构造强化现象

活动引起的构造强化是断层存在的重要依据，其中包括岩层产状的急变、节理化和劈理化带的突然出现、小褶皱急剧增加以及岩石挤压破碎、各种擦痕等。构造透镜体也是断层作用引起的构造强化的一种表现（图 5-115）。

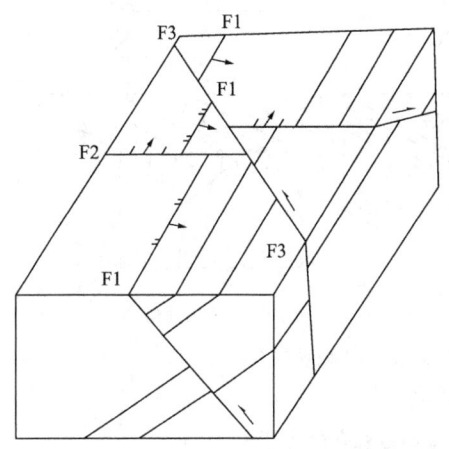

图 5-114 断层引起的构造不连续现象
F1—走向断层；F2—倾向断层；F3—斜向断层

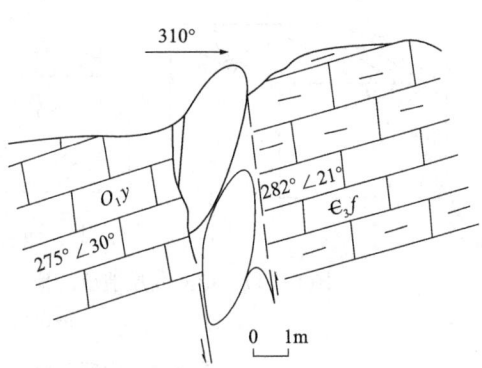

图 5-115 挤压断层带中的构造透镜体

3. 断层两侧的复杂小褶皱

断层带中或断层两侧，由于构造作用力的强烈作用，致使在断层附近发育有许多次级小褶皱，这些小褶皱通常是紧闭的（图 5-116），其在成因上与断层作用密切相关，并在几何上与断层有一定关系。一般产于较薄弱的岩层中。

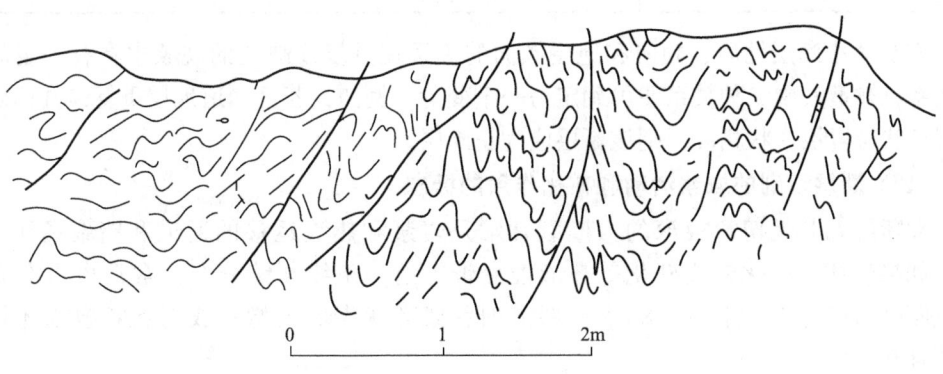

图 5-116 断层带附近的揉皱现象

（三）断层识别的地层标志

一套顺序排列的地层，由于走向断层的影响常常造成两盘地层的缺失和重复。缺失是指地层序列中的一层或数层在地面上缺失的现象。重复是原来顺序排列的地层部分或全部重复出现。由于断层的性质不同，断层与岩层的倾向、倾角不同，可以造成以下六种重复和缺失情况（图 5-117，表 5-4）。

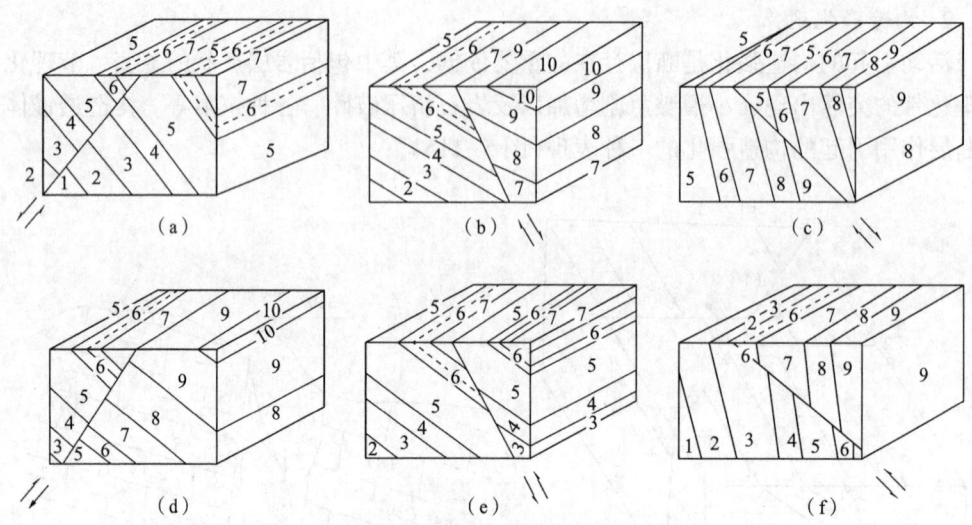

图 5-117　走向断层造成的地层重复(a、c、e)和缺失(b、d、f)

1—10 为不同地层

表 5-4　走向断层造成的地层重复和缺失

断层性质	断层倾斜与地层倾斜的		
	二者倾向相反	二者倾向相同	
		断层倾角大于岩层倾角	断层倾角小于岩层倾角
正断层	重复[见图 5-112(a)]	缺失[见图 5-112(d)]	重复[见图 5-112(e)]
逆断层	缺失[见图 5-112(b)]	重复[见图 5-112(c)]	缺失[见图 5-112(f)]
断层两盘相对动向	下降盘出现新地层	下降盘出现新地层	上升盘出现新地层

表 5-4 中断层性质、倾向和地层倾向的关系在重复或缺失的现象中具有一定的几何关系，知道其中二种关系便可确定另一个变量。例如，若已知道地层重复，并已确定断层产状与岩层产状相反，则该断层应为正断层。

（四）断层识别的岩浆活动和矿化作用的标志

大断层尤其是切割很深的大断裂常常是岩浆和热液运移的通道和储聚场所。因此，如果岩体、矿化带或硅化等热液蚀变带等沿一条线断续分布，常常指示有大断层或断裂带的存在(图 5-118)。一些放射状或环状岩墙也指示放射状断裂或环状断裂的存在。

（五）断层识别的岩相和厚度的标志

如果一个地区的沉积岩相和厚度沿一条线发生急剧变化，可能是断层活动的结果。断层引起岩相和厚度的变化有两种情况：一种是控制沉积盆地和沉积作用的同沉积断层的活动，引起沉积环境沿着断层发生明显变化，岩相和厚度因而发生显著差异(图 5-119)；另一种是断层的远距离推移，使相差很大的岩相带直接接触(图 5-120)。查明和确定断层是研究断层的基础和前提。在地质调查中，应注意观察、发现和收集指示断层存在的各种标志和迹象，同时结合其他地质条件和背景加以综合分析。

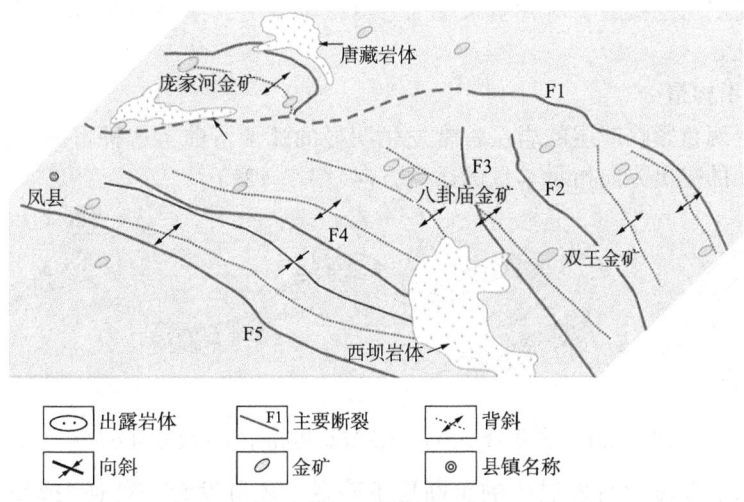

图 5-118 陕西凤太矿集区金矿模型图(据王颖维等,2022)

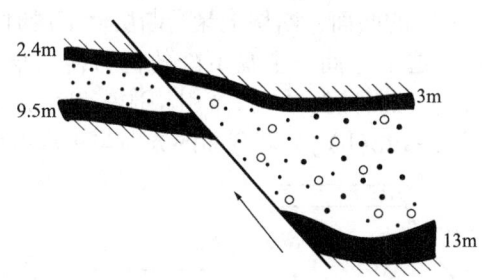

图 5-119 同沉积断层

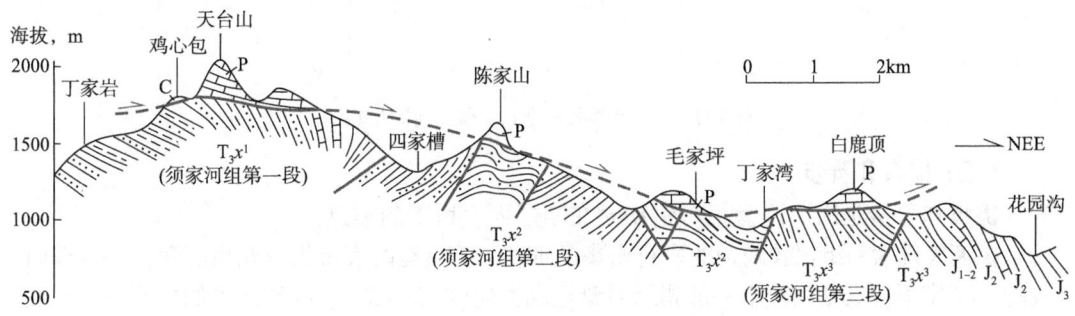

图 5-120 四川省彭州市龙门山前天台山—白鹿顶飞来峰构造剖面图

六、断层两盘相对运动方向的确定

断层运动是复杂的,一定规模的断层常常经历了多次脉冲式滑动。一条断层的活动性质或一定阶段的活动性质常常又具有相对稳定性,这种运动总会在断层面上或其两盘留下一定的痕迹,如擦痕等。

(一)两盘地层的新老关系

两盘地层的新老关系是判断断层相对错移的重要依据,对于走向断层,老地层出露盘常为上升盘。但如果地层倒转,或断层倾角小于岩层倾角时,则老地层出露盘是下降盘。如果横断层切割褶皱,对背斜来说上升盘核部变宽,下降盘核部变窄。对于向斜,情况刚好相反。

(二) 牵引构造

地层断层两盘紧临断层的岩层常常发生明显的弧形弯曲,这种弯曲叫做牵引褶皱。褶皱弧形弯曲的突出方向指示本盘的运动方向(图 5-121)。

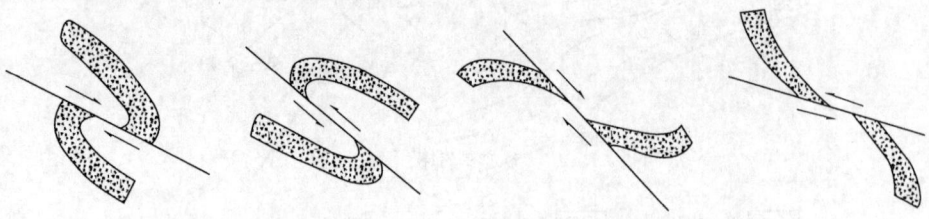

图 5-121　断层带中的牵引褶皱及其指示的两盘滑动方向

在水平岩层或缓倾斜岩层中的正断层下降盘,还可发育一种逆(或反)牵引构造,多以背斜形式出现,岩层弧形弯曲突出方向指示对盘的运动方向(图 5-122)。逆牵引褶皱是由于正断层面是一个上凹的曲面,断层上盘沿断层面下滑时,因向下断面倾角变小而在上部出现裂口,为弥合这个空间,上盘下降的拖力使岩层弯曲,从而形成逆(或反)牵引构造[图 5-122(a)]。这种逆(或反)牵引构造多发生在脆性岩层中,常会使岩层破裂而形成反向断层[图 5-122(b)],其弯曲的方向与正牵引构造刚好相反。

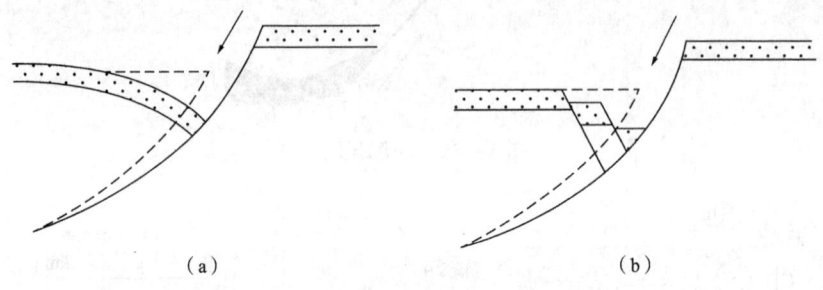

图 5-122　逆牵引构造(a)和反向断层(b)

(三) 擦痕和阶步

擦痕和阶步是断层两盘相对错动时在断层面上留下的痕迹。

擦痕表现为一组比较均匀的平行密集的细纹。擦痕有时表现为一端粗而深,一端细而浅的"丁"字形,其细而浅端一般指示对盘运动方向(图 5-123)。在硬而脆的岩石中,擦痕面常被磨光,有时附有铁质、硅质等薄膜,以致形成光滑如镜的面,称为摩擦镜面。

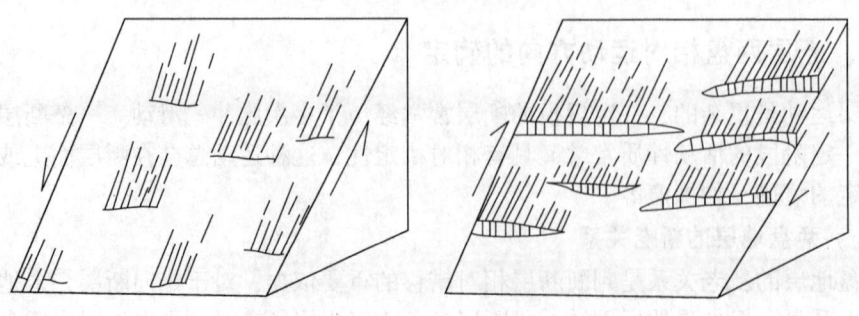

图 5-123　阶步(左)和反阶步(右)

阶步则表现为一组与擦痕大致垂直的陡坎[图 5-123(a)]。阶步也是断层两盘相对错动时在断层面上留下的痕迹。阶步的陡坎一般面向对盘的运动方向，但有时阶步的陡坎指示本盘运动方向，则称为反阶步[图 5-123(b)]。擦痕和阶步都能指示断盘运动方向。

（四）羽状节理

在断层两盘相对运动过程中，在断层一盘或两盘的岩石中常常产生羽状排列的张节理和剪节理。这些派生的节理与主断层斜交。

羽状张节理与主断层常成 45°相交，其锐角指示节理所在盘的运动方向（图 5-124）。

（五）断层两侧小褶皱

由于断层两盘的相对错动，断层两侧岩层有时形成复杂的紧闭小褶皱。这些小褶皱轴面与主断层常成小角度相交，其所交的锐角指示对盘运动方向。

（六）断层角砾岩

如果断层切断并挫碎某一标志性岩层或矿层，根据该层角砾在断层带内成规律性排列分布可以推断两盘相对位移方向。这些角砾变形的 AB 面与断层所夹锐角指示对盘运动方向，如图 5-125 中则指示上盘相对上升。

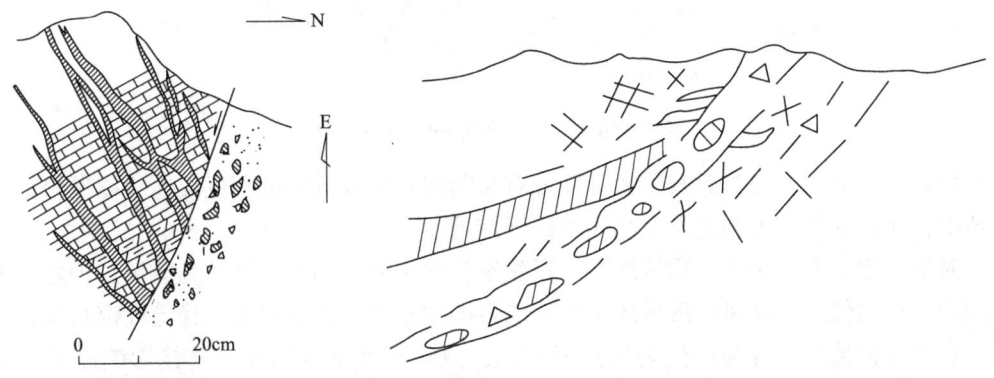

图 5-124　羽状张节理　　图 5-125　根据断层带中标志层角砾的分布推断两盘相对动向

七、断层构造的工程地质评价

在断层分布密集的断层带内，岩层一般都受到强烈破坏，产状紊乱，岩体裂隙增多、岩层破碎、风化严重、地下水多，从而降低了岩石的强度和稳定性，对工程建筑造成了种种不利的影响；同时，沟谷斜坡崩塌、滑坡、泥石流等不良地质现象发育。

因此，在确定路线布局、选择桥位和隧道位置时，要尽量避开大的断层破碎带。

路线布局：特别在安排河谷路线时，要特别注意河谷地貌与断层构造的关系；当路线与断层走向平行，路基靠近断层破碎带时，由于开挖路基，容易引起边坡发生大规模坍塌，直接影响施工和公路的正常使用。

桥址位置的选择：选择桥址时（图 5-126），应首先搞清楚地质构造，特别是在山区地质条件复杂地段，更是如此。因此桥址选址有以下原则：

（1）应选择在区域地质构造稳定性条件好，地质构造简单，断裂不发育的地段；

(2) 桥线方向应与主要构造线垂直或大交角通过；

(3) 当岩层产状倾向下游，其中又有软弱夹层时会因水的冲蚀影响基础的稳定性，如果软弱夹层较厚，会使基础受力不均，产生不均匀沉陷以致发生破裂现象；

(4) 桥墩和桥台尽量不置于断层破碎带上，因为断层破碎带降低了地基岩体的强度和稳定性，且断层上下盘的岩性也有可能不同，如果桥基位于断层破碎带，常易发生地面不均匀沉降或产生基础滑动，应加以特别处理，否则可能造成建筑物断裂或倾斜。

(5) 在高地震基本烈度区，尤其是在新构造运动强烈地区，一些断层还可能是活断层，产生强烈地震，在断裂带上发生新的移动，影响建筑物的稳定，因此，必须远离活动断裂和主断裂带。

(6) 当两种不同岩层接触，其接触面较陡时，桥基基础最好设计在单一岩层上，因为接触面一般是软弱带。

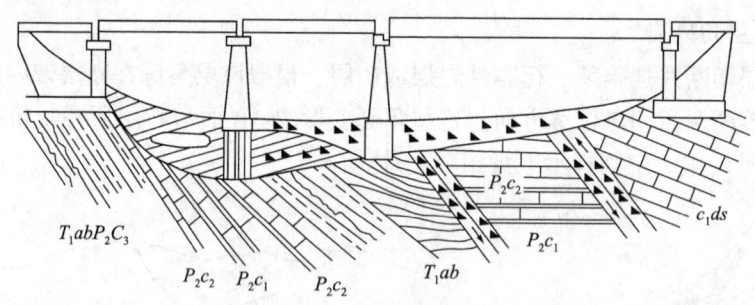

图 5-126　桥梁墩台避开断层破碎带

因此，勘测时，要注意查明桥基部分有无断层存在及其影响程度如何，以便根据不同情况，在设计基础工程时采取相应的处理措施。

对于隧道工程、矿井工程等地下工程建筑，由于岩层的整体性遭到破坏，加之地面水或地下水的侵入，易风化形成风化深槽和岩溶发育带，岩层强度和稳定性都很差，是最不利的一种情况，容易产生坍塌甚至冒顶，或地下水涌水问题，直接影响施工安全（图 5-127）。

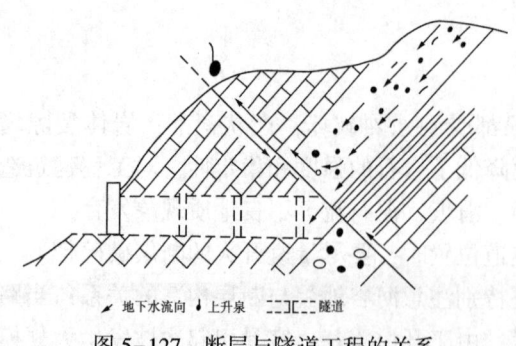

图 5-127　断层与隧道工程的关系

当隧道轴线与断层走向平行时，应尽量避免与断层破碎带接触（图 5-128 中 A），因为断层带的两侧岩层容易发生变位，导致硐室的毁坏，断层带中岩石又多为破碎的岩块及泥土充填，且未被胶结，最易发生崩落，同时亦是地表水渗漏的良好通道，故对地下工程危害极大；隧道横穿断层时（图 5-128 中 B），虽然只有个别段落受断层影响，但因地质及水文地质条件不良，必须预先考虑措施，保证施工安全；当断层破碎带规模很大，或者穿越断层带时，会使施工十分困难，在确定隧道平面位置时，要尽量设法避开大规模的断层破碎带。如果必须通过，应当特别谨慎，应采取防坍塌与漏水相结合的措施。

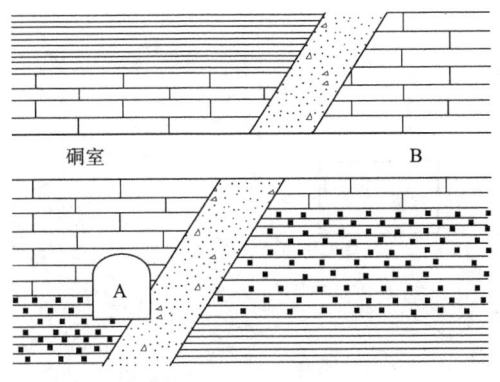

图 5-128　硐室轴线与断层线关系示意图

第八节　活断层构造与工程地质评价

一、新构造运动与活断层

构造运动一直处于持续不断的运动中，通常运动速度十分缓慢，感觉不明显。只有在岩石破裂或强烈地震时，才容易被人们察觉到。通常新近纪以前的构造运动称为古构造运动，新近纪以来发生的构造运动称为新构造运动。由于新、古构造运动发生年代不同，其表现特征和保留的证据也不相同。

活断层也称活动断裂，指现今仍在活动或者近期有过活动、不久的将来还可能活动的断层。其中后一种也称潜在活断层。活断层可使岩层产生错动位移或发生地震，对工程建筑造成很大的甚至无法抗拒的危害。例如宁夏石咀山红果子沟明代（约 400 年）长城错动是活断层蠕动造成的（图 5-129），长城边墙水平错开 1.45m（右旋），且西升东降垂直断距约 0.9m。断层蠕动还会导致地面产生地裂缝，如西安地裂缝斜贯西安市共有 11 条，最长者可达 10km 以上（图 5-130）。该地裂缝发现于 1959 年，至今仍在活动。西安地裂缝大多研究者认为是由于长安临潼断裂的张性蠕动引起，其运动性质以正断层为主，反映了最大主压应力轴垂直，引张轴（南北向）和中间应力轴均呈水平，导致大量建筑物开裂、道路变形，并切断地下管线、多次穿越陇海铁路线。

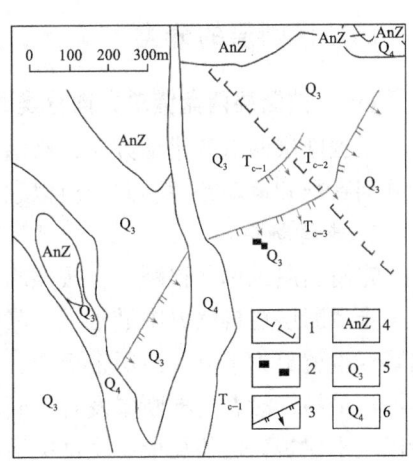

图 5-129　宁夏石咀山红果子沟长城错动处地质简图（据廖玉华，有修改）

1—长城；2—破屋；3—断层及陡坎；
4—前震旦系；5—晚更新世；6—全新世

关于"近期"活动断裂时限，国家标准 GB 50021—2001《岩土工程勘察规范[2009 年版]》中将在全新世地质时期（10000 年）内有过地震活动或近期正在活动，在将来（今后 100 年）可能继续活动的断裂称为全新活动断裂，并将全新活动断裂中近期（近 500 年）

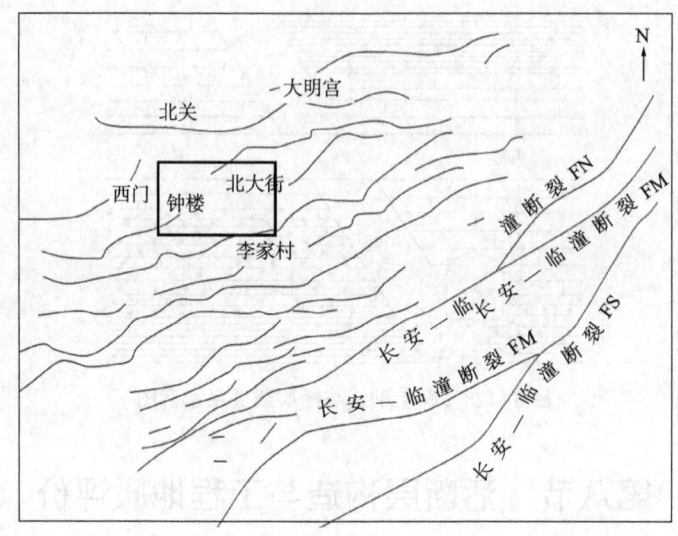

图 5-130 西安地裂缝简图

发生过地震，且震级 M>5 级的断裂，或在未来 100 年内预测可能发生 M≥5 级的断裂称为发震断裂。

当然，活断层运动不是经常发生的，其复发间隔有时长达几百年，甚至上千年。为了更好地评价活断层对工程建筑的影响，一般将工程使用期或寿期内(一般为 50~100 年)可能影响和危害其安全的活断层称工程活断层。

二、活断层的分类

(一) 按断层两盘错动方向分类

根据断层两盘的错动方向，将活断层分为走滑断层和倾滑断层。这两大类活断层由于几何特征和运动特性不同，所以它们对工程场地的影响也各异。

1. 走滑断层

走滑断层也称平移断层，按照断块运动方向又可分为左旋断层和右旋断层。

走滑断层在自然界中最常见，其特点是断层面近于直立，断层线平直，因此其地表出露线也就最为平直；断层带极窄，可形成直线形断崖，规模巨大，地貌特征明显。比如河流最易于沿着这种断层发育。断层中常蓄积有较高的能量，引发高震级强烈地震，所以土木建筑物也往往最易受这类活断层的威胁。如断层与坝轴线小角度斜交，由于断层错动而形成的心墙拉开宽度可以相当大(图 5-131)。世界上著名的走滑断层有美国西部的圣安德列斯断裂带(图 5-132)、土耳其安纳托利亚断裂带(图 5-133)、新西兰阿尔卑斯断裂带(图 5-134)等。我国的活断层也以走滑断层最多，主要分布在西南和西北地区，如塔里木断块南的阿尔金断裂(图 5-113)、川滇断块西界的红河

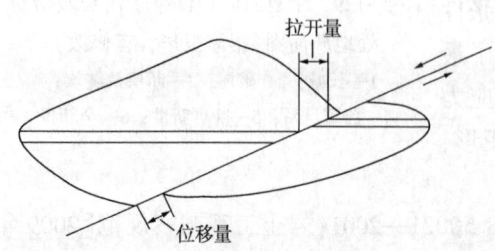

图 5-131 走向滑动活断层引起的心墙拉开

断裂(图 5-135)、青藏断块内部的鲜水河断裂、阿尼玛卿断裂(图 5-136)等。

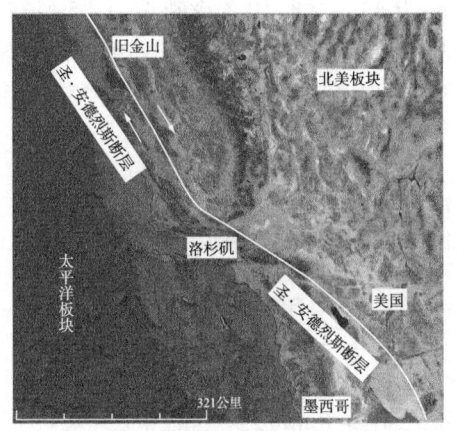

图 5-132　美国西部的圣安德列斯断裂带

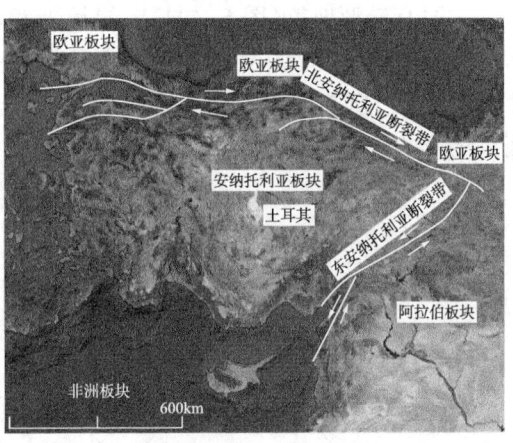

图 5-133　土耳其安纳托利亚断裂带

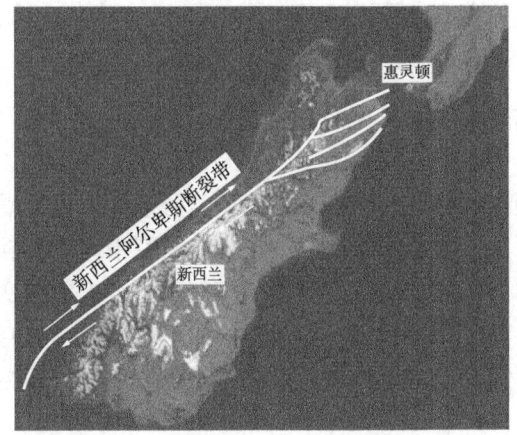

图 5-134　新西兰阿尔卑斯断裂带

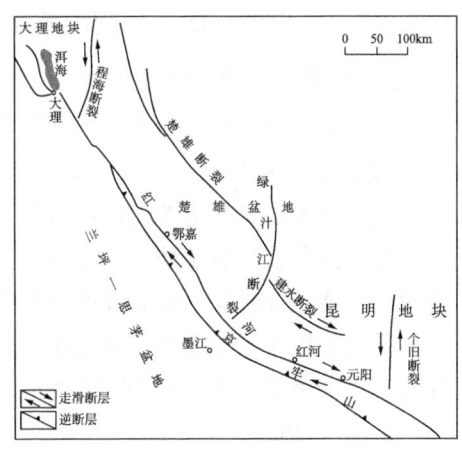

图 5-135　红河断裂

2. 倾滑断层

倾滑断层又分正断层和逆断层。其中倾滑断层以逆断层更为常见，多数是受水平挤压形成，断层倾角较缓(<45°)，断面呈舒缓波状，错动时由于上盘为主动盘，次生断裂往往较为发育，地表变形强烈、岩性破碎。

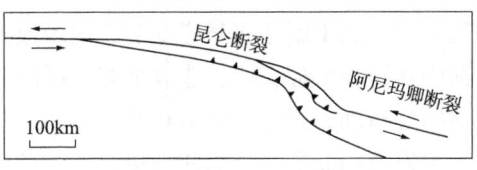

图 5-136　阿尼玛卿断裂

这类断层的规模可很大，长达数千公里，且断层带很宽。世界上许多大的地震都是伴随逆断层活动产生的，如环太平洋岛弧带一系列大的地震即是由太平洋板块向欧亚板块俯冲而产生。我国西部地区的喜马拉雅山、天山和祁连山等山前巨大的逆断层，频频发生地震。因此，这类断裂对建筑物危害较大。

倾滑断层中正断层，其断层面倾角较大(一般>45°)，呈参差状，断层带也较宽。由于上盘也为主动盘，故上盘岩体往往次生断裂发育，岩性破碎，地表变形强烈。太平洋、大西洋和印度洋的中脊即为世界上规模最大的活动正断层。大陆上著名的活动正断层有东非裂谷带、欧洲莱茵地堑(图5-105)等。我国的活动正断层主要分布于中东部地区，主要有汾渭地堑(图5-104)、银川地堑(图5-104)、太行山东缘断裂(图5-137)等。由正断层活动所产生的地震较之逆断层和平移断层要少很多，且地震震级相对也较小。逆断层、正断层和平移断层，它们的力学性质、几何特征和运动特性不同，对工程场地的影响也各不同。

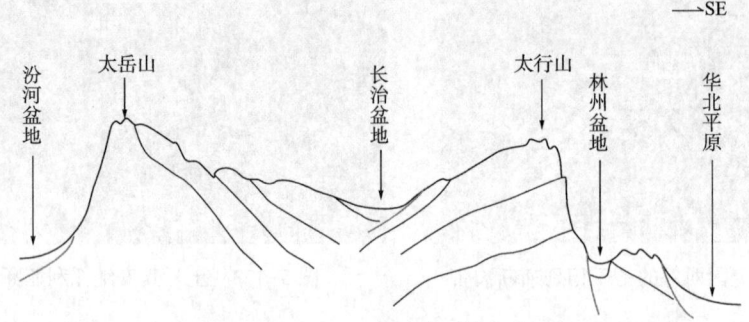

图5-137　太行山地质剖面示意图(据中国国家地理，2011)

（二）按断层的活动方式分类

根据断层的活动方式，将活断层分为蠕变型和突发型两类。

1. 蠕变型活断层

蠕变型活断层又称为蠕变断层或蠕滑型断层。它是沿断层面两侧岩层连续缓慢地滑动，不发生地震或只有少数微弱地震的活断层。主要发在围岩强度低，断裂带内含有软弱充填物，或孔隙水压、地温高的异常带内。断裂的锁固能力弱，不能积累较大的应变能，在受力过程中易于发生持续而缓慢地滑动。断层活动一般无较强的地震发生，有时可伴有小震。例如美国圣安德列斯断层南部加利福尼亚地段，几十年来平均位移速度为10mm/a(图5-132)。

2. 突发型活断层

突发型活断层又称地震断层或黏滑型断层。突发型活断层的围岩强度高，断裂带锁固能力强，能不断地积累应变能。而当应力达到一定强度极限时岩层突然发生滑动，迅速而强烈地释放应变能，造成地震。所以，沿这种断层往往有周期性的地震活动。突发性活断层错动相当快，可达0.5~1m/s。

突发型活断层又分为两种情况，一种情况是断层错动引发地震的发震断层，另一种情况是因地震引起老断层错动或产生新的断层。如1976年唐山地震时，形成一条长8km的地表错断，NE30°的方向穿过市区，最大水平断距达3m，垂直断距达0.7~1m，错开了楼房、道路等一切建筑(图5-138)。

三、活断层的活动方式

（一）活断层活动的继承性

研究资料表明，活断层绝大多数都是继承老断裂活动的历史而继续发展的，而且现今发生地面断裂破坏的地段过去曾多次反复地发生过同样的断裂活动，称为活断层的继

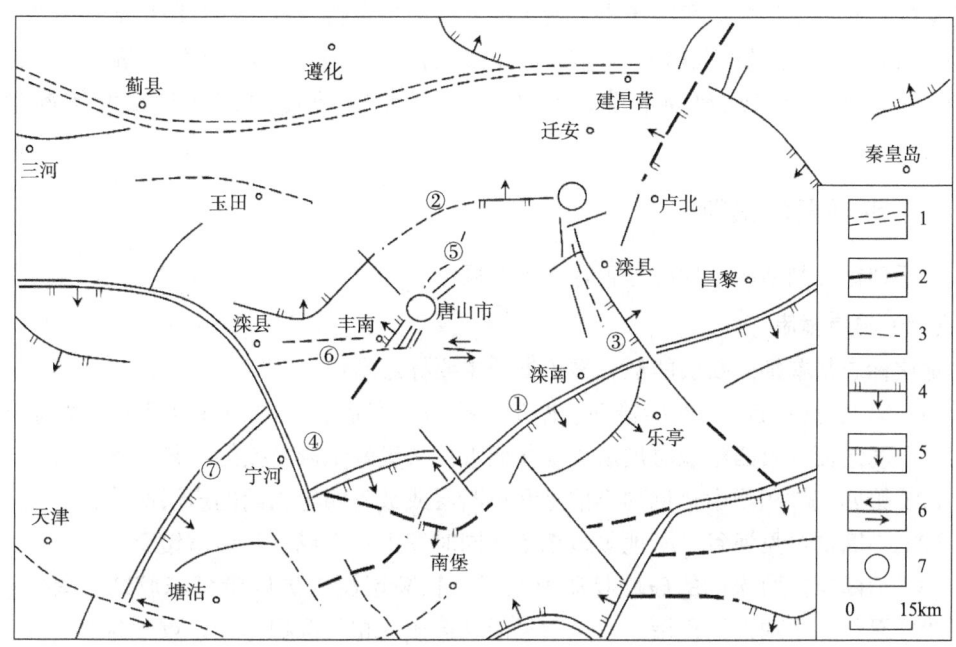

图 5-138　唐山地区断裂构造（1845.5.1—1991.10.5，有修改）
1—地壳断裂；2—基底断裂；3—盖层断裂；4—正断裂；5—逆断裂；6—水平剪切断裂；7—$M=7.0\sim7.9$；
①宁河—昌黎断裂；②丰台—野鸡坨断裂；③滦县—乐亭断裂；④蓟运河断裂；
⑤唐山断裂带；⑥丰台—丰南断裂；⑦沧东断裂

承性。尤其是区域性的深大断裂更为多见。

新活动的部位通常只是沿老断裂的某个段落发生，或是某些段落活动强烈，另一些段落则不强烈。活动方式和方向相同也是继承性的一个显著特点。形成时代越新的断层，其继承性也越强，如晚更新世以来的构造运动引起断裂活动持续至今。

（二）活断层活动方式与活动速率的相关性

活断层的活动方式不同，其错动速率有显著差异，其特点见上所述。但是，同一条活断层上的错动速率有显著差异，其断层错动速率也不均匀，如地震断层临震前速率可成倍剧增，而震后又趋缓，这一断层变形速率变化特征对地震预测有很大意义。

同样，同一条活断层，在不同区段有时可见不同的活动方式，如突发型活断层有时会伴有小的蠕动，而有些活断层大部分地段以蠕动为主，在其端部会出现黏滑。

活断层的错动速率有显著差异，蠕变型活断层错动速率大多相当缓慢，通常在年均不足 1mm 至几十毫米之间，而突发型活断层错动速度相当快，可达 $0.5\sim1\mathrm{m/s}$。

活断层的错动速率一般是通过精密地形测量（包括精密水准和三角测量）和研究第四纪沉积物年代及其错位量而获得的。

（三）活断层重复活动的周期性

地震断层两次突然错动之间的时间间隔，称为活断层的错动周期。由于活断层发生大地震的重复周期往往长达百年甚至数千年，已超出了地震记录的时间。因此要准确获得一些活断层上强震的重复时间间隔，必须加强史前古地震的研究。主要方法有：一是利用地震时保存在近代沉积物中的地质证据以及地貌记录，来判定断层活动的次数和每次活动的时代；二是根据我国历史上发生的地震记录资料获取一些活断层活动周期。我国科学家利用古地震研究获得一些活动大断裂的强震重复周期，如新疆喀什河断裂为 2000~2500 年，云南红河断裂北段为 150±50 年，宁夏海原南西华山北麓断裂约 1600 年。

四、活断层的识别

用下列标志判断一个地区是否存在活断层。

（一）地质标志

地质标志是鉴别活断层的最可靠依据。主要标志有：

(1) 第四纪（或近代）地层错动、断裂、褶皱、变形。如图 5-139 所示，太原呼延村某采石场剖面中第四纪地层被断层切断而直接与奥陶纪灰岩接触，是一条活断层。

(2) 第四纪堆积物中常见到小褶皱和小断层或被第四纪以前的岩层所冲断。

(3) 沿断层可见河谷、阶地等地貌单元同时发生水平或垂直位移错断。

(4) 活断层内由松散的破碎物质所组成，且断层泥与破碎带多未胶结。图 5-140 所示为宁夏红果子沟槽崩积楔，也是断层活动造成的相关沉积，也是重要标志。

(5) 沿断裂带出现地震断层陡坎和地裂缝，断层面或断层崖壁见有擦痕。

(6) 第四纪火山锥或熔岩呈线状分布。

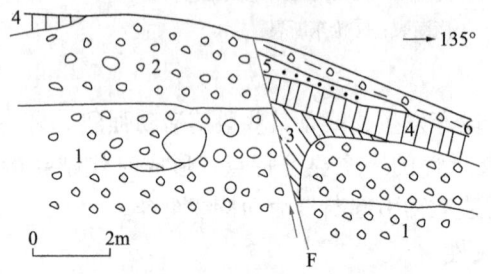 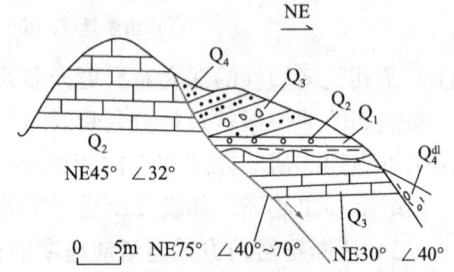

图 5-139　太原呼延村某采石场剖面　　图 5-140　宁夏红果子沟槽崩积楔

1—Q_3^{pe} 夹巨砾、粗砂的砾石层；2—Q_3^{pe} 含大砾石夹层的砾石层；3—Q_4^{ex} 砾石崩积楔；4—Q_4^{n} 黄土类土；5—Q_4^{ex} 黄土类土、砾石崩积楔；6—Q_4^{d} 砾石夹黄土类土

（二）地貌标志

一般而言，活断层的构造地貌比较清晰，许多方面的标志可作为鉴别依据。主标志有：

(1) 地形变化差异大，如在两种截然不同的地貌单元（如山岭和平原之间）直线相接部位，一侧为断陷区，另一侧为隆起区，二者的接触带往往是一条较大断裂。

(2) 山前的第四纪堆积物厚度大，山前洪积扇特别高或特别低，呈线性排列，与山体不相称。

(3) 在山前形成陡坎山脚，常有狭长洼地和沼泽；或者显著出现连续的断层崖或断层三角面。

(4) 断裂带有植物突然干枯死亡或生长特别罕见植物。
(5) 建(构)筑物、公路等工程地基发生倾斜和错开现象。
(6) 沿活动断裂带上滑坡、坍塌和泥石流等工程动力地质现象常呈线形密集分布。
(7) 山脊、河流阶地等突然发生明显错断或拐弯。

(三) 地震活动标志

(1) 在断层带附近有现代地震、地面位移和地形变及微震发生。
(2) 沿断层带有历史地震和现代地震震中分布,且震中呈有规律的线状分布。

(四) 水文与水文地质标志

(1) 水系呈直线状、格子状展布,河流、河谷等突然发生明显错断或拐弯,呈折线状。如青藏高原南东缘滇缅地块北东向南汀河走滑断裂带,错断怒江及南棒河并使之表现出系统左旋拐弯地貌特征(图5-141)。

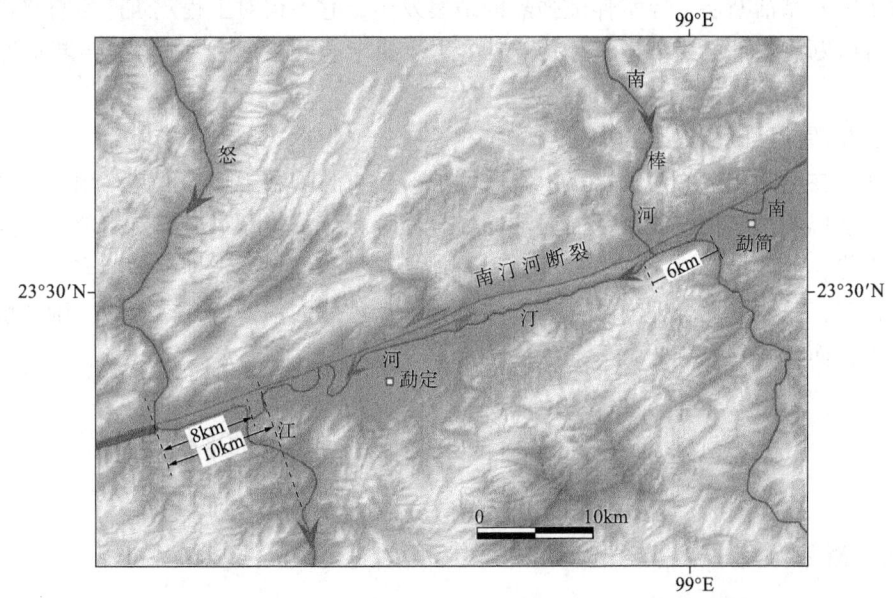

图5-141 南汀河活动断裂错断怒江和南棒河水系(据刘鸣等,2015)

(2) 泉、地热异常带、湖泊和山间盆地成线状(或串珠状)分布,若为温泉,则水温和矿化度较高,有时植被呈线状发育。

(五) 地球化学和地球物理标志

(1) 断层气和放射性异常。活断层活动过程中经常释放出一些气体(如 CO_2、H_2、He、Ne、Ar 等),一些微量元素(如 B、Hg、As、Br 等)含量显著增加。
(2) 沿断层出现重力、磁力和地温异常。

五、活断层对工程建筑的影响

活断层的地面错动和突发地震,都会对工程建筑物带来直接损害。所以在活断层发育地区进行建筑时,就必须对场址选择与建筑物形式和结构设计等方面进行慎重地研究,以保证建筑物安全可靠。

(1) 建筑物场址的选择一般应避开活动断裂带。

对于大坝和核电站这类重要的永久性建筑物，绝不能在活断层附近选择场地，否则失事后果极为严重。对于铁路、隧道、桥隧等线性工程必须要跨越活断层时，也应尽量使其高角度相交避开主断层。对于有些重大工程必须在活断层发育区修建时（如在西南地区修建水利枢纽），应在不稳定地块中寻找相对稳定的地段。同时，将建筑物场址布置在断层下盘，且远离大断裂主断面数公里以外为宜。

(2) 不同运动方式的活断层对建筑物的影响不同。

对于蠕变型的活断层，相对位移速率不大时，一般对工程建筑影响不大。当变形速率较大时会造成地表裂缝和位移，可能导致建筑地基不均匀沉陷，甚至造成建筑物拉裂破坏。对于海岸附近的工业民用建筑及道路工程，若断层靠陆地一侧长期下沉，且变形速率较大时，由于海水位相对升高，有可能遭受波浪及风暴潮等的危害。

对于突发型活断层，经常伴随强烈的地震发生，它不仅对工程建筑产生直接破坏作用，而且因断层错动的距离通常较大（多在几十厘米至几百厘米之间），错断道路和楼房等。

(3) 在活断层区的建筑物应采取与之相适应的建筑形式和结构措施。

例如，在活断层上修建的水坝不宜采用混凝土重力坝和拱坝，而宜采用土石坝。因为混凝土坝属刚性结构，如果活断层活动，会使混凝土体错裂形成开口裂隙，且这种裂缝难以维修，所以易造成大坝失事。而土石坝是一种柔性结构，坝体又相当宽厚，即使坝体被错开，只要采用合理的结构措施，使错动后坝体内不残留开口裂缝，则一般大坝不会失事，而且修复也方便。

第九节　地震构造与工程地质评价

一、概述

（一）地震本身大小的等级

震级大小由震源释放出的能量多少来决定。震级相差一级，能量相差约32倍。一次大地震释放出的能量是十分惊人的。到目前为止，世界上发生的震级最大地震是1960年智利M9.5级大地震，其释放的能量转化为电能，相当于一个122.5万千瓦的电站36年的总发电量。

（二）地震分级

一般认为，小于2级的地震为微震，2~4级称为有感地震，5~6级以上地震称为破坏性地震，7级以上地震称为强烈地震或大地震。

（三）地震烈度

地震烈度是指某地区地表面和建筑物受地震影响和破坏的程度。一次地震只有一个震级，而在不同地区有不同烈度。震中烈度最大，震中距愈大，烈度愈小。地震烈度的大小除与地震震级、震中距、震源深浅有关外，还与当地地质构造、地形、岩土性质等因素有关。

具体烈度等级划分是根据人的感觉,家具和物品所受震动的情况,房屋、道路及地面的破坏现象等因素进行综合分析而得到的。世界各国划分的地震烈度等级不完全相同,我国使用的是十二度地震烈度表(参见 GB/T 17742—2020《中国地震烈度表》)。

我国地震烈度表中将地震烈度根据不同地震情况分为Ⅰ~Ⅶ度,每一烈度均有相应的地震加速度和地震系数,以便烈度在工程上的应用。地震烈度小于Ⅴ度的地区,具有一般安全系数的建筑物是足够稳定的;Ⅴ度地区,一般建筑物不必采取加固措施,但应注意地震可能造成的影响;Ⅵ~Ⅸ度地区,建筑物损坏,必须按工程规范规定进行岩土工程勘察,并采取有效防震措施;Ⅸ度以上地区属灾害性破坏,其勘察设计要求需做专门研究,选择建筑物场地时应尽可能避开。

为了把地震烈度应用到工程实际中,地震烈度本身又可分为基本烈度、设防烈度和建筑场地烈度。

基本烈度是一个地区今后 50 年内,一般场地条件下,可能遭遇超越概率为 10% 的地震烈度。这是以当地的地质、地形条件和历史地震情况以及长期地震预报为依据的。

设防烈度是指抗震设计中实际采用的烈度,又称计算烈度或设计烈度。它是根据建筑物的重要性、永久性、抗震性及工程经济性等条件对基本烈度的调整。对于特别重要的建筑物,经国家批准,可提高烈度一度,例如特大桥梁、长大隧道、高层建筑等;对于重要建筑物,可按基本烈度设计,如各种铁道工程建筑物、活动人数众多的公共建筑物等;对于一般建筑物可降低烈度一度,如一般工业与民用建筑物。但是,为保证大量的Ⅶ度地区的建筑物都有一定抗震能力,基本烈度为Ⅶ度时,不再降低。对于临时建筑物,可不考虑设防。

建筑场地烈度是指在建筑场地范围内,由于地质条件、地形地貌条件及水文地质条件不同而引起对基本烈度的提高或降低。

二、地震波及其传播

地面以下岩层发生变形、破坏的地方称震源(seismic source)。从震源垂直向上到达地表,该位置称为震中(epicenterintensity)。震中到震源的距离称震源深度(hypocenter/focus)。地面上任何地方到震中的距离称震中距(epicentral distance)。震中距愈大,地震造成的破坏程度愈小,破坏最严重的是震中区,也称极震区。地面上地震影响相同地点的连线,称等震线(isoseismal line,图 5-142)。

地震发生时,震源处产生剧烈振动,以弹性波方式向四周传播,此弹性波称为地震波(seismic wave)。地震波在地下岩土介质中传播时称为体波(body wave)。体波到达地表面后,引起沿地表面传播的波称面波(surface wave,图 5-143)。

体波包括纵波和横波(图 5-144)。纵波又称为压缩波或 P 波(longitudinal wave),它是由于岩土介质对体积变化的反应而产生的,靠介质的扩张和收缩而传播,质点振动的方向与传播方向一致。纵波传播速度最快,平均为 7~13km/s。纵波既能在固体介质中传播,也能在液体或气体介质中传播。横波又称为剪切波或 S 波(transverse waves),

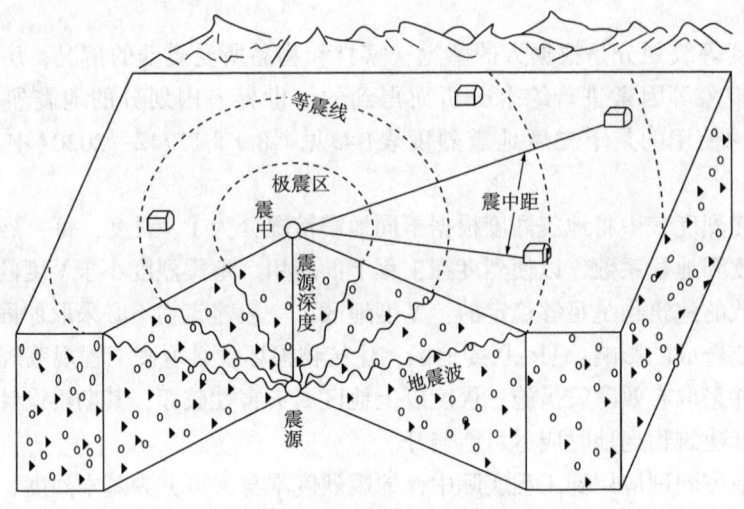

图 5-142 地震术语示意图

它是介质形状发生变化反应的结果，质点振动方向与传播方向垂直，各质点间发生周期性剪切振动。横波传播速度平均为 4~7km/s，比纵波慢。横波只能在固体介质中传播。

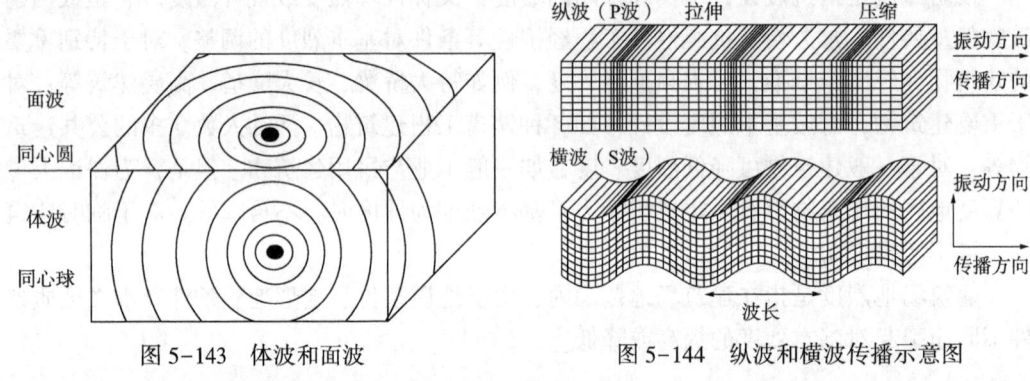

图 5-143 体波和面波　　　　图 5-144 纵波和横波传播示意图

面波只限于沿地表面传播，一般可以说是体波经地层界面多次反射形成的次生波，包括沿地面滚动传播的瑞利(Rayleigh)波和沿地面蛇形传播的勒夫(Love)波两种。面波传播速度最慢，平均速度约为 3~4km/s。

地震对地表面及建筑物的破坏是通过地震波实现的。纵波引起地面上、下颠簸，横波使地面水平摇摆，面波则引起地面波状起伏。纵波先到，横波和面波随后到达，由于横波、面波振动更剧烈，造成的破坏也更大。随着与震中距离的增加，振动逐渐减弱，破坏逐渐减小，直至消失。

三、地震的类型

地震按其成因可分为构造地震、火山地震、陷落地震和人工触发地震四类。

(一) 构造地震(tectonic earthquake)

构造地震是地壳运动引起的地震。地壳运动使组成地壳的岩层发生倾斜、褶皱、断裂、错动而引起的地震称为构造地震。构造地震时地球上分布最广、数量最多、活动频繁、延续时间较长、危害最为严重的一种地震，是地震研究的主要对象。世界上90%以上的地震和所有强烈的地震均属于构造地震，占地震总数的90%。

目前有仪器记录以来已记录到的最大构造地震震级为发生于1960年5月22的智利9.5级地震，该次地震造成地球一天的时间缩短了1.26μs，这次地震不仅引发了附近的火山喷发，还引起了巨大的海啸，对智利和太平洋沿岸地区都造成了严重的破坏和人员伤亡。另外发生于2008年5月12日的中国汶川的8.0级地震，又称"汶川大地震"，该次地震发生在四川龙门山逆冲推覆构造带上（图5-145），是中国成立以来破坏性最强、波及范围最广、灾害损失最重、救灾难度最大的一次地震。

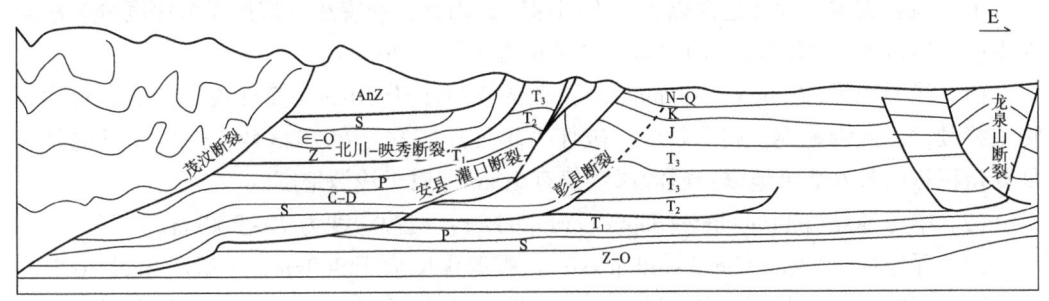

图5-145　四川龙门山逆冲推覆构造带构造特征示意图

（二）火山地震（volcanic earthquake）

火山地震是火山喷发引起的地震，往往由火山喷发时岩浆或气体对围岩的冲击所造成。火山地震影响范围一般不大，震中集中，震源浅，震级小且为数较少，占地震总数的7%。我国很少发生火山地震，它主要分布在南美洲和日本等地。

地震不一定引起火山喷发，但可能引发火山活动，而火山喷发一定会引起地震。据记载，1985至1990年间，长白山天池地区记录下的62次小震和震群活动，均属于火山地震。火山地震虽然震级小，影响范围也不大，但由于震源浅，破坏力也十分突出。如在五大连池火山群，仅1989年2月至8月之间就发生了4次中强震（震级分别是5.2级、5.4级、5.7级和4级），其中3月1日的5.7级地震造成了300多间房屋破坏，地面土层出现长10余米，宽1~2cm的多条裂缝。2023年12月16日发生在印度尼西亚的苏门答腊岛和爪哇岛之间的拉卡塔岛上的喀拉喀托火山（Krakatau），在爆发时引起的火山地震，激起海浪高达30m。

（三）陷落地震（collapse earthquake）

陷落地震是山崩、巨型滑坡或地面塌陷引起的地震。地面塌陷多发生在石灰岩分布地区，若地下溶蚀或潜蚀形成的各种岩溶洞穴不断扩大，上覆地表岩、土层顶板发生塌陷，就会引发地震。盐丘和松软地层经地下水冲蚀后，也能发生塌穴。陷落地震数量少，影响范围有限，破坏也就较小，约占地震总数的3%。

陷落地震在我国南方及西南喀斯特区域分布较为广泛，是一类低震级高烈度的地震，但在震中区可造成较大的震灾。

（四）人工触发（诱发）地震（artificially induced earthquake）

人工触发（诱发）地震是人类工程活动引起的地震。采矿、深井注液或抽液、大型水库的修建及蓄水、大规模人工爆破及地下核爆炸试验等都能引起地震。它多发生在水库或爆破点附近地区，震源深度较浅，最大的震级不超过6.5级。

如2020年1月6日，中国地震台网测定河南南阳市发生2.1级地震，此次地震为人工地震施工所致，目的为查明河南主要断层活动性特征，为全省城乡规划提供依据。所谓人工地震，是目前国内外非常成熟的地下成像探测技术，对查明深部地球物理特征、研究发震构造、实现"地壳透明"具有重要意义。且不会对周边建筑物和生活设施造成影响，更不会引发天然地震。随着近几十年来人类工程活动愈来愈多，规模愈来愈大，人工触发地震问题也已日益引起人们的关注。

不同地震震源一般在地面以下有不同深度，因此，地震还可按照震源深度分为浅源地震(0~70km)、中源地震(70~300km)和深源地震(>300km)。

(1) 浅源地震(shallow earthquakes)：震源深度小于70km，简称浅震。浅震对构筑物威胁最大。同级地震，震源越浅，破坏力越强。如发生在2023年12月18日的甘肃临夏州积石山县6.2级地震，震源深度仅有10km，属于浅源地震。

(2) 中源地震(intermediate-depth earthquake)：震源深度为70~300km。

(3) 深源地震(deep-focus earthquake)：震源深度大于300km，一般不超过700km。目前观测到震源深度最深的地震是1963年发生印度尼西亚伊里安查亚省北部海域的5.8级地震，震源深度达786km。

对于同级地震，震源越浅，破坏越大，波及范围越小，反之则反。破坏性地震一般是浅源地震。如1976年7月28日的唐山7.8级地震的震源深度为11km，而其强余震7.1级地震震源深度为10km。

四、地震分区

全世界发生构造地震的地区分布并不均匀，主要受地质构造条件控制，多分布在近代造山运动和地壳的大断裂带上，即地壳板块的边缘地带。因此多数地震主要分布在环太平洋地震活动带和地中海—中亚地震活动带两个地带。环太平洋带地震占全世界地震总数的80%以上。地中海—中亚带大致呈东西走向，与山脉延伸方向一致，从亚速尔群岛经过地中海、喜马拉雅地区，至我国云南、四川西部和缅甸等地，与环太平洋带相接。此带地震占全世界地震总数的15%左右。我国地震主要划分为五大地震区，也有在此五区上单独增划东北、南海地震区的。

(一) 青藏高原地震区

青藏高原地震区地处印度板块和欧亚板块接触带，包括兴都库什山、西昆仑山、阿尔金山、祁连山、贺兰山—六盘山、龙门山、喜马拉雅山及横断山脉东翼诸山系所围成的广大高原地域，涉及青海、西藏、新疆、甘肃、宁夏、四川、云南全部或部分地区。

本地震区是我国面积最大、地震最强、频度最高、活动性断裂分布最多的地震区。据统计，这里8级以上地震发生过9次，7~7.9级地震发生过78次，均居全国之首。其中2008年发生的8级汶川地震，即属于本区的四川龙门山地震带。

(二) 华北地震区

华北地震区地处太平洋板块和欧亚板块接触带，包括河北、河南、山东、内蒙古、山西、陕西、宁夏、江苏、安徽等省。它的地震强度和频度仅次于"青藏高原地震区",位居全国二。据统计,该地区有据可查的 8 级地震曾发生过 5 次,7~7.9 级地震曾发生过 18 次。加之它位于我国人口稠密,大城市集中,政治和经济、文化、交通都很发达的地区,地震灾害的威胁极为严重。1976 年发生的 7.8 级唐山地震即属于该区的华北平原地震带。

(三) 天山地震区

天山地震区主要为新疆地区的天山、阿尔泰山地区。天山地震区也是我国地震频发地区。据记载,天山地震区发生 7 级以上地震 21 次,其中,8 级以上地震 3 次。发生在 1902 年的阿图什地震为 8.2 级,是最近一次最大震级地震。

(四) 华南地震区

华南地震区也地处太平洋板块和欧亚板块接触带,地理上主要包括福建、广东,以及江西、广西邻近的一小部分。本区沿断裂带发生过多次破坏性地震,如沿长乐诏安断裂带,曾发生过 1604 年泉州海外 8 级大震和南澳附近的一系列强震;沿邵武—河源断裂带曾发生过河源 6.1 级(1962 年)地震和寻乌 5.8 级(1987 年)地震,政和-海丰断裂带也曾发生过破坏性地震,但总的强度比较低。

(五) 台湾地震区

台湾是发震频繁的区域,但以近海地震为多。近年来最大的岛内地震是 1999 年南投 7.6 级地震。

五、地震工程地质问题及安全性评价

(一) 地震引起的工程地质问题

1. 地表破坏

地震对地表造成的破坏可归纳为地面断裂、斜坡破坏和地基效应三种基本类型:

(1) 地面断裂:地震造成的地面断裂和错动,能引起断裂附近及跨越断裂的建筑物位移或破坏。

(2) 斜坡破坏:地震使斜坡失去稳定,发生崩塌、滑坡等各种变形和破坏,引起在斜坡上或坡脚附近建筑物位移或破坏。

(3) 地基效应:地震使建筑物地基的岩、土体产生振动压密、下沉、振动液化及疏松地层发生塑性流动变形,从而导致地基失效、建筑物破坏。

2. 地震力对建筑物的破坏

地震力是由地震波直接产生的惯性力。它作用于建筑物时,能使建筑物变形和破坏。地震力的大小取决于地震波在传播过程中振动所引起的加速度。地震力对地表建筑物的作用可分为垂直方向和水平方向两个振动力。竖直力使建筑物上下颠簸;水平力使建筑物受到剪切作用,产生水平扭动或拉、挤。两种力同时存在、共同作用,但水平力危害较大。地震对建筑物的破坏,主要是由地面强烈的水平晃动造成的,垂直力破坏作用居次要地位。因此在工程设计中,通常只考虑水平方向地震力的作用。

此外,地震对建筑物的破坏作用,还与振动周期有关。如果建筑物振动周期与地震周期相近,则引起共振,使建筑物更易破坏。

3. 地震次生灾害

地震可能引发的次生灾害主要有火灾、水灾、有毒气体泄漏及放射性污染、海啸等。地震可能导致燃气管道断裂、输电线路故障、核设施破坏而引发火灾及有害物质泄漏;地震能导致水库库坝破裂甚至崩溃,引发水灾;地震可能使山区的石块滚落江河中、堆积形成堰塞湖,对下游村镇形成威胁。海洋中的地震诱发海啸会带来比地震更大的破坏。2004年印度尼西亚苏门答腊岛附近海域8.7级特大地震引发的海啸,以及2011年日本地震诱发的海啸,均造成重大人员伤亡和财产损失。

(二) 地震安全性评价

地震安全性评价是地震工程地质工作的重要内容和成果,也是抗震工程设计的依据。国家制定有 GB 17741—2005《工程场地地震安全性评价》标准。根据工程建设重要性的不同,地震安全性评价的内容和要求有所区别,但一般都包括以下几个方面的内容。

1. 区域地震构造和地震活动环境

区域地震构造和地震活动环境是工程建设场地基本稳定的制约因素。根据规定,区域地震研究的主要工作是调查研究在建筑场地 150km 范围内地震活动历史和特征、断裂构造发育分布情况、活动断裂的活动情况、当前地应力活动特征和强度,预测未来本区域地应力活动水平,对该区域总体地震稳定性做出基本评价。

2. 近场地震构造和地震活动

近场地震构造和地震活动决定建筑场地地震灾害的严重程度。其重要工程是对场地附近 25km 范围内的地震活动、断裂发育、活动断裂特征、地应力活动进行实地勘察、核对,划分重点震害地区。

3. 重点场址区活动断裂及地震活动性分析

对重点场地的断裂(活动和非活动断裂)逐一实地调查,对其发育展布特征、断层性质、断层要素、断层活动性及证据逐一论述。对建筑场地及附近地区的地震活动的空间、时间分布特征,历史地震的影响,工程场址的地震环境做出综合评价。

4. 地震危险性分析

根据上述工作,划分潜在震源,确定地震活动参数和地震动衰减关系,进行地震危险性概率计算,为设计所采用参数提供具体成果。

潜在震源是根据地震重复性原则和地震构造类比原则划定的。根据这些原则得出本地区是否存在 6.5 级及以上发震源的结论。

六、地震灾害的防治措施

地震灾害简称震害。对震害的防治首先要研究工程地质条件影响到实际震害的强度,从而为合理选址和设计提供依据。

(一) 工程地质条件对震害的影响

1. 地形条件

地形对地震灾害的影响是一个复杂问题。从波的传播理论上讲,由于地形起伏形成的复杂几何边界，可引起地震波的折射、反射、绕射、衍射等现象，对地表上的某些点，可能形成波的叠加，强化了振动；也可能形成波的相互抵消，弱化了振动。

虽然如此，根据对震害的宏观现象和仪器观测数据的概括总结，地震灾害和地形的一些大致现象对建筑场地规划还是有参考价值的。调查分析发现，同一场地中，突出地形（孤立小丘、山脊等）的震害比相对平缓区域的震害严重，低洼地带则震害相对较轻。

2. 地层岩性

地质条件对震害的影响主要与地基刚度、土层厚度、软土夹层及液化层存在与否有关。

根据一定的震后调查分析，坐落在相对较软的地基上的建筑比坐落在较刚性地基上的建筑物在地震中破坏程度要严重。根据一些学者的研究，松散堆积层地基比坚硬岩石地基的场地烈度可以高1~2度。其主要原因是刚性地基抗变形能力强，地震动力响应的振幅和周期都弱于松软地基。

在相同地质条件下，土层越厚，震害越严重。主要原因是，土层的黏性特征，使得较软的土层对地震波传播周期有放大作用。地震波周期延长即频率降低，降低程度与土层厚度成正相关关系，因此更易和自振频率较低的建筑物形成共振，导致其破坏。这与建筑物越高越易破坏有些类似的效果。

软土层，特别是夹在地层中的软土夹层，对来自地下的地震波有一定的屏蔽作用。这归结于软土的饱水状态。由于水不能传递剪应力（横波），故软土层的存在起到对部分振动分量的过滤作用，减少了传达地面建筑物的能量。液化层降低震害的原理和软土相同。液化实质上是砂土进入饱和状态，起到部分过滤屏蔽横波的作用。

3. 覆盖层特征

覆盖层特征主要是指覆盖层厚度、软硬土层的结构、基岩面的起伏状态。一些观察表明，下伏基岩的起伏有利于降低地震加速度，提高地表建筑的安全度。单一土层厚度的影响如前所述，但砂卵石层作用有所不同：即便不存在液化，砂卵石层也会表现出降低地震加速度的效应，这可能与其更容易用剪切变形承担横波传递的能力有关。

4. 地质构造

地质构造对震害的影响主要是断裂的发育对震害的影响。由于地震释放的能量很容易引起区内断裂的移动，所以断裂附近的震害超过没有断裂经过的区域。需要说明的是，从地震发生的角度讲，发震断裂的安全性低于非发震断裂。但从地震已经发生、区内震害的程度讲，二者没有区别，因为震害大小是由地震造成的断裂的位移程度决定的。

5. 地下水

地下水对震害的影响虽说有屏蔽或减轻横波传递能量的作用，但在总体上，地下水的存在有弱化地表岩土层的刚度和强度、引起砂土液化等不良作用，和没有水的情况相比，还是不利的。因此，水位越浅，地下受水影响的岩土层越接近地表，对地面建筑的震害影响越重。

实际上，具体到一个地区的震害是上述各因素相互影响、相互制约、综合作用的结果。

（二）主要防治措施

1. 合理选址

一般应避免在强震或高烈度区修筑工程建筑。强震或高烈度地区原则上不规划修建大型居民区。对无法绕避的道路、供电、输送管道等基础设施，应根据工程地质条件的影响，选择震害较轻的区域和地形地层单元通过。

2. 加强预报

地震预报是迄今还没有有效解决的地震理论和应用技术难题。但是，在有地震活动的地基上的建筑物区加强地震台站的建设，通过地震前地壳应力和形变的变化，做出一定的预见性估计，不仅有利于临震避险，对防震抗震工程设计更具重要意义。

3. 合理设计

根据地震灾害调查和多年工程实践，提出了震害发生时工程建筑"小震不坏、中震可修、大震不倒"的工程设计原则。在结构形式的选择上，线路工程采用隧道通过地震区，少用路基，避免采用桥梁。对跨域河流、沟谷的桥梁，尽量采用易修复的简支梁桥。房屋建筑要加深基础、加厚墙体、采用轻型材料、加强框架连接。对非桩基的整体基础，应加强刚度和适当增设碎石缓冲垫层。

4. 强化施工

对抗震建筑，要提高施工质量，特别是结构连接的可靠性和安全性。

5. 采用新材料

跟踪新技术发展水平，尽量采用质轻、强度高的新型抗震建筑材料。

复习思考题

1. 观察下列剖面图（图5-146），分析在单斜构造中如何选择地下硐室位置。

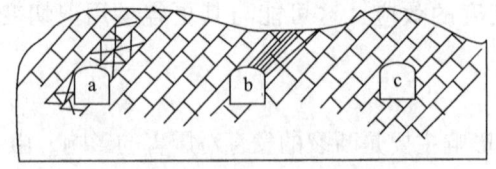

图5-146 某地区地质剖面示意图

2. 论述地质构造对道路边坡、隧道和桥基稳定性的影响。
3. 论述地质构造对输油管道选线的影响。
4. 分析褶皱区可能存在的工程地质问题
5. 一山区公路选线，如果在单斜谷中选线（图5-147），道线应选择在A还是B？如果在单斜山中选线（图5-148），两侧边坡的稳定性条件不同，选线应选择在A还是B？

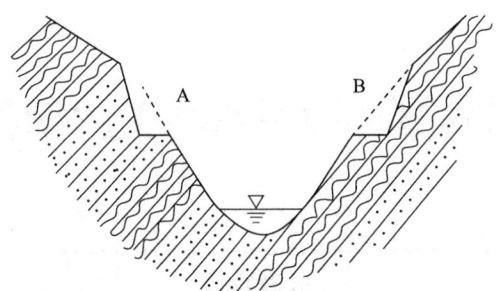

图 5-147 单斜谷道路选线

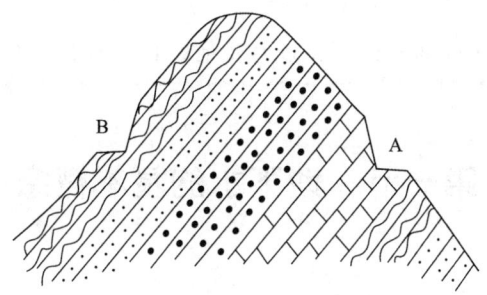

图 5-148 单斜山道路选线

6. 节理调查的内容有哪些?
7. 节理对岩体的强度和稳定性有哪些不利影响?
8. 简述断层构造的工程地质评价。
9. 简要分析场地工程地质条件对宏观震害的影响。

第六章 地下水与工程建设

> **本章提要**
>
> **主要内容**：地下水的基本概念；地下水类型；地下水的补给、径流与排泄；地下水与工程建设。
>
> **难点与重点**：地下水的补给、径流与排泄；地下水与工程建设

第一节 地下水的基本概念

一、岩石的空隙

地下水存在于岩石的空隙之中，地壳表层 10 km 以上范围内，都或多或少存在着空隙，特别是浅部 1~2km 范围内，空隙分布较为普遍。岩石的空隙即是地下水储存场所，又是地下水的渗透通道，空隙的多少、大小及其分布规律，决定着地下水分布与渗透的特点。

根据岩石空隙的成因不同，可把空隙分为孔隙(pore)、裂隙(fissure)和溶隙(solution crack)三大类(图 6-1)。

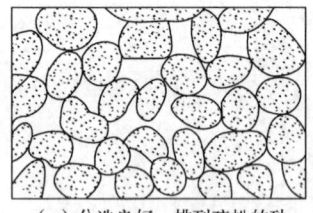
(a) 分选良好、排列疏松的砂

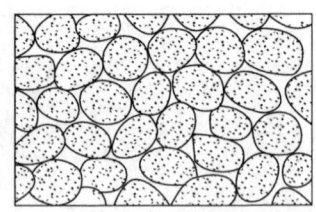
(b) 分选良好、排列紧密的砂

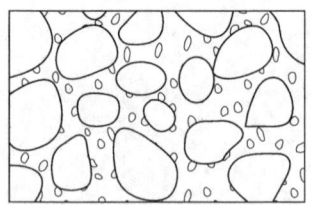
(c) 分选不良，含泥，砂的砾石

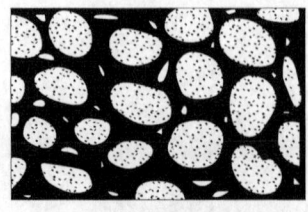
(d) 部分胶结的砂岩

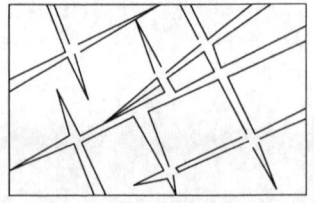
(e) 具有裂隙的岩石

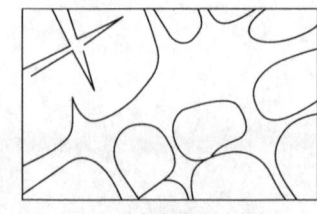
(f) 具有溶隙的可溶岩

图 6-1 空隙

根据水在空隙中的物理状态，水与岩石颗粒的相互作用等特征，一般将水在空隙中存在的形式分为五种，即气态水、结合水、重力水、毛细水、固态水。

重力水存在于岩石颗粒之间,结合水层之外,它不受颗粒静电引力的影响,可在重力作用下运动。一般所指的地下水,如井水、泉水、基坑水等就是重力水,它具有液态水的一般特征,可传递静水压力。重力水能产生浮托力、孔隙水压力。流动的重力水在运动过程中会产生动水压力。重力水具有溶解能力,对岩石产生化学潜蚀,导致岩石的成分及结构的破坏。重力水是本章研究的主要对象。

(一) 孔隙

松散岩石(如黏土、砂土、砾石等)中颗粒或颗粒集合体之间存在的空隙称为孔隙。孔隙发育程度用孔隙度(n)表示。所谓孔隙度,是孔隙体积(V_n)与包括孔隙在内的岩石总体积(V)的比值,用小数或百分数表示,即:

$$n = \frac{V_n}{V} \text{ 或 } n = \frac{V_n}{V} \times 100\% \tag{6-1}$$

孔隙度的大小主要取决于岩石的密实程度及分选性。此外,颗粒形状和胶结程度对孔隙度也有影响。岩石越疏松、分选性越好[图6-1(a)],孔隙度越大。反之,岩石越紧密[图6-1(b)]或分选性越差[图6-1(c)],孔隙度越小。孔隙若被胶结物充填[图6-1(d)],则孔隙度变小。

几种典型松散岩石的孔隙度的参考值列入表6-1。

表6-1 孔隙度的参考值

名称	砾石	砂	粉砂	黏土
孔隙度,%	25~40	25~50	35~50	40~70

(二) 裂隙

坚硬岩石受地壳运动及其他内外地质营力作用的影响产生的空隙,称为裂隙[图6-1(e)]。裂隙发育程度用裂隙率(K_t)表示,所谓裂隙率,是裂隙体积(V_t)与包括裂隙体积在内的岩石总体积的比值,用小数或百分数表示如下:

$$K_t = \frac{V_t}{V} \text{ 或 } K_t = \frac{V_t}{V} \times 100\% \tag{6-2}$$

(三) 溶隙

可溶岩(石灰岩、白云岩等)中的裂隙经地下水流长期溶蚀而形成的空隙称溶隙[图6-1(f)],这种地质现象称岩溶(喀斯特)。溶隙的发育程度用溶隙率(K_k)表示,所谓溶隙率(K_k),是溶隙的体积(V_k)与包括溶隙在内的岩石总体积(V)的比值,用小数或百分数表示如下:

$$K_k = \frac{V_k}{V} \text{ 或 } K_k = \frac{V_k}{V} \times 100\% \tag{6-3}$$

研究岩石的空隙时,不仅要研究空隙的多少,还要研究空隙的大小、空隙间的连通性和分布规律。松散土孔隙的大小和分布都比较均匀,且连通性好,所以,孔隙度可表征一定范围内孔隙的发育情况;岩石裂隙无论其宽度、长度和连通性差异均很大,分布也不均匀,因此,裂隙率只能代表被测定范围内裂隙的发育程度;溶隙大小相差悬殊,分布很不均匀,连通性更差,所以,溶隙率的代表性更差。

二、含水层与隔水层

岩石中含有各种状态的地下水,由于各类岩石的水理性质不同,可将各类岩石层划分为含水层(aquifer)和隔水层(impervious bed)。所谓含水层,是指能够给出并透过相当数量重力水的岩层。构成含水层的条件,一是岩石中要有空隙存在,并充满足够数量的重力水;二是这些重力水能够在岩石空隙中自由运动。隔水层是指不能给出并透过水的岩层。隔水层还包括那些给出与透过水的数量是微不足道的岩层,也就是说,隔水层有的可以含水,但是不具有允许相当数量的水透过的性能,例如黏土就是这样的隔水层。表6-2是常压下岩石按透水程度的分类。

表6-2 岩石按透水程度的分类

透水程度	渗透系数 K, m/d	岩石名称
良透水的	>10	砾石、粗砂、岩溶发育的岩石、裂隙发育且很宽的岩石
透水的	10~1.0	粗砂、中砂、细砂、裂隙岩石
弱透水的	1.0~0.01	黏质粉土、细裂隙岩石
微透水的	0.01~0.001	粉砂、粉质黏土、微裂隙岩石
不透水的	<0.001	黏土、页岩

三、地下水的物理化学性质

(一) 地下水的物理性质

地下水的物理性质有温度、颜色、透明度、气味、味道、导电性及放射性等。纯净的地下水应是无色、无味和透明的,当含有某些化学成分和悬浮物时其物理性质会改变。

(二) 地下水的化学成分

地下水沿着岩石的孔隙、裂隙或溶隙渗流过程中,能溶解岩石中的可溶物质,而且有复杂的化学成分。

(1) 主要气体成分。地下水中常见的气体有 N_2、O_2、CO_2、H_2S。一般情况下,地下水的气体含量,每升只有几毫克到几十毫克。

(2) 主要离子成分。地下水中的阳离子主要有 H^+、Na^+、K^+、NH_4^+、Ca^{2+}、Mg^{2+}、Fe^{3+} 和 Fe^{2+} 等;阴离子主要有 OH^-、Cl^-、SO_4^{2-}、NO_2^-、NO_3^-、HCO_3^-、CO_3^{2-}、SiO_3^{2-}、PO_4^{3-} 等。但一般情况下在地下水化学成分中占主要地位的是以下七种离子:Na^+、K^+、Ca^{2+}、Mg^{2+}、Cl^-、SO_4^{2-} 和 HCO_3^- 离子。它们是人们评价地下水化学成分的主要指标。

(3) 胶体成分与有机质。地下水中以未离解的化合物构成的胶体主要有 $Fe(OH)_3$、$Al(OH)_3$ 和 H_2SiO_3 等。

第二节 地下水的类型

地下水的分类方法很多,归纳起来可分为两类:一类是按地下水的某一特征进行分类,另一类是综合考虑了地下水的某些特征进行分类。这里仅介绍按埋藏条件和含水层空隙性质的综合分类法(表6-3)。

表6-3 地下水分类表

含水空隙类型 埋藏条件	孔隙水 (松散沉积物孔隙中水)	裂隙水 (坚硬基岩裂隙中水)	岩溶水 (可溶岩溶隙中水)
上层滞水	包气带中局部隔水层上的重力水,主要是季节性存在	裸露于地表的裂隙岩层浅部季节性存在的重力水	裸露岩溶化岩层上部岩溶通道中季节性存在的重力水
潜水	各类松散沉积物浅部的水	裸露于地表的坚硬基岩上部的裂隙中的水	裸露于地表的岩溶化岩层中的水
承压水	山间盆地及平原松散沉积物深部的水	组成构造盆地、向斜构造或单斜断块的被掩覆的各类裂隙岩层中的水	组成构造盆地、向斜构造或单斜断块的被掩覆的岩溶化岩层中的水

地下水按埋藏条件分为上层滞水(perched water)、潜水(phreatic water)和承压水(confined water),按含水层的空隙性质又分为孔隙水(pore water)、裂隙水和岩溶水。通过这两种分类的组合,便得出九类不同特点的地下水,如孔隙上层滞水、裂隙潜水、岩溶承压水等。

一、上层滞水、潜水、承压水

(一)上层滞水

包气带中局部隔水层之上的重力水称为上层滞水。上层滞水一般分布不广,埋藏接近地表,接受大气降水的补给,补给区域与分布区一致,以蒸发形式向隔水底板边缘排泄(图6-2)。雨季时获得补给,赋存一定的水量,旱季时水量逐渐消失,其动态变化很不稳定。上层滞水对建筑物的施工有影响,应考虑排水的措施。

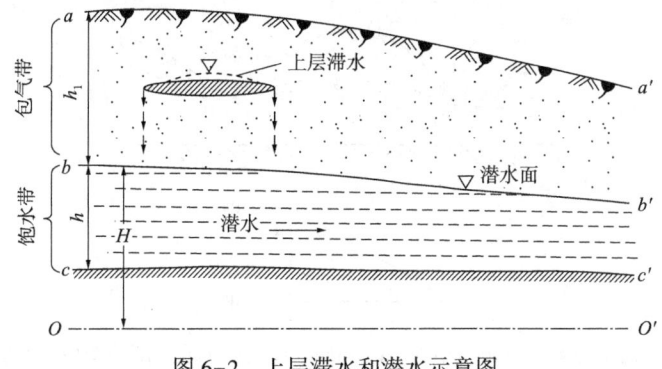

图6-2 上层滞水和潜水示意图
aa'—地面;bb'—潜水面;cc'—隔水层面;OO'—基准面

(二)潜水

埋藏在地面以下第一个稳定隔水层之上具有自由水面的重力水叫潜水。潜水主要分布于第四纪松散沉积层中,出露地表的裂隙岩层或岩溶岩层中也有潜水分布。

潜水的自由水面称潜水面(water table)。潜水面上任一点的高程称该点的潜水位(H),地表至潜水面的距离称潜水的埋藏深度(h_1),潜水面到隔水底板的距离为潜水含水层的厚度(h),见图6-2。

潜水具有自由水面,为无压水。它只能在重力作用下由潜水位较高处向潜水位较低处流动,运动速度每天数厘米或每年若干米,取决于潜水面的坡度和岩石空隙的大小。潜水面的形状主要受地形控制,基本上与地形一致,但比地形平缓。此外,潜水面的形状也和含水层的透水性及隔水层底板形状有关。在潜水流动的方向上,含水层的透水性增强或含水层厚度较大的地方,潜水面就变得平缓;隔水层底板隆起处,潜水厚度减小、潜水的补给区与分布区一致,主要由大气降水、地表水和凝结水补给,当承压水与潜水有联系时,承压水也能补给潜水。潜水常以泉或蒸发的形式排泄,其动态受气候影响较大,具有明显的季节性变化特征;潜水易受地面污染的影响。

潜水面常以潜水等水位线图表示。所谓潜水等水位线图,就是潜水面上标高相等各点的连线图(图6-3),绘制时将研究地区的潜水人工露头(钻孔、探井、水井)和天然露头(泉、沼泽)的水位同时测定,绘在地形等高线图上,连接水位等高的各点即为等水位线图。由于水位有季节性的变化,图上必须注明测定水位的日期。一般应有最低水位和最高水位时期的等水位线图。该图有以下用途。

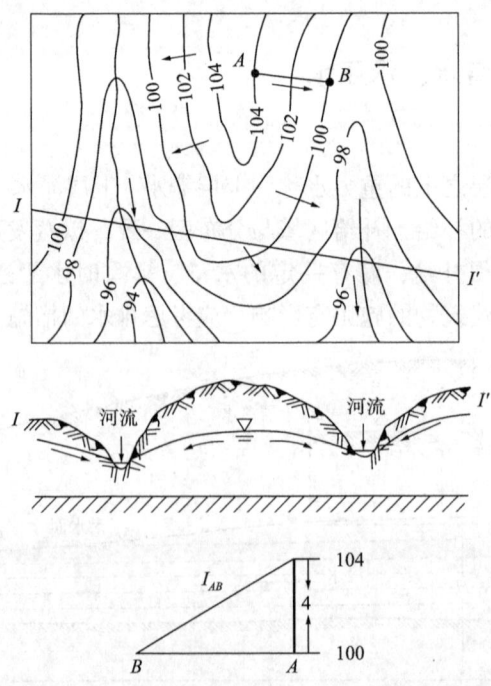

图6-3 潜水等水位线图(比例尺1:100000)及水文地质剖面图(I–I'剖面线)
图中箭头表示潜水流向和河水流向

1. 确定潜水流向

在等水位线图上，垂直于潜水等水位线从高水位指向低水位的方向，即为潜水的流向，如图6-3箭头所示的方向。

2. 计算潜水的水力坡度

地下水在空隙中运动时，受到空隙壁以及水质点自身的摩擦阻力，克服这些阻力保持一定流速，就要消耗能量，从而出现水头损失。所以，水力坡度（hydraulic gradient）可以理解为水流通过某一长度渗流途径时，为克服阻力，保持一定流速所消耗的以水头形式表现的能量。

水力坡度又称水力坡降或者水力梯度，可采用沿渗透途径水头损失与渗透途径长度的比值或在潜水流向上取两点的水位差与两点间投影在平面上的水平（直线）距离的比值表示（图6-3）。水力坡度记为I，即

$$I = \frac{H}{L} \tag{6-4}$$

式中　　I——水力坡度，无量纲；

　　　　H——渗透途径上两点的水位差（或落差），m；

　　　　L——渗透途径上两点的水平距离，即上下游过水断面间的水平距离，m。

在图6-3中，AB段潜水的水力坡度为：

$$I_{AB} = \frac{104-100}{1100} = 0.0036 \tag{6-5}$$

水力坡度大，单位距离间水位差大，流速快；反之，流速慢。

3. 确定潜水的埋藏深度

某一点的地形等高线标高与潜水等水位线标高之差即为该点潜水的埋藏深度。

4. 确定潜水与地表水之间的关系

如果潜水流向指向河流，则潜水补给河水（图6-4）；如果潜水流向背向河流，则潜水接受河水补给。

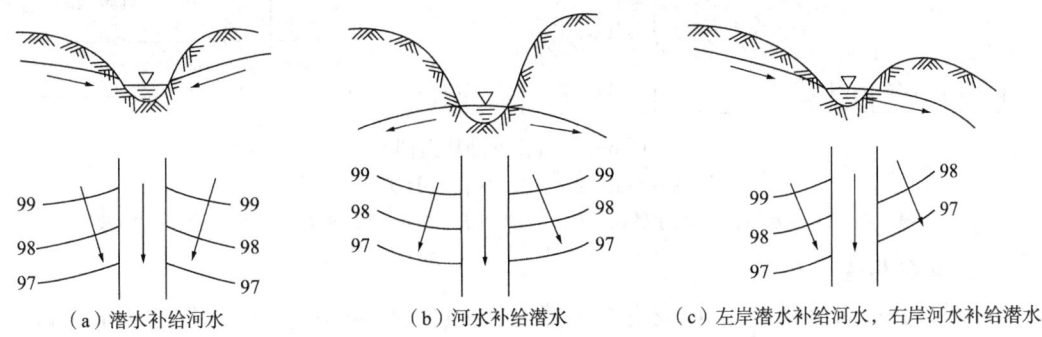

（a）潜水补给河水　　（b）河水补给潜水　　（c）左岸潜水补给河水，右岸河水补给潜水

图6-4　地表水（河流）与潜水之间的相互关系

5. 确定泉或沼泽的位置

在潜水等水位线与地形等高线高程相等处，潜水出露，这里是泉或沼泽的位置。

6. 推断含水层的岩性或厚度的变化

在地形坡度变化不大的情况下，若等水位线由密变疏，表明含水层透水性变好或含水层变厚。相反，则说明含水层透水性变差或厚度变小。

7. 确定给水和排水工程位置

水井应布置在地下水流汇集的地方，排水沟（截水沟）应布置在垂直水流的方向上。

潜水对建筑物的稳定性和施工均有影响。建筑物的地基最好选在潜水位深的地带或使基础浅埋，尽量避免水下施工。若潜水对施工有危害，宜用排水、降低水位、隔离（包括冻结法等）等措施处理。

（三）承压水

充满于两个稳定的隔水层间的重力水称为承压水。承压水的形成主要决定于地质构造条件。最适宜形成承压水的构造为向斜（或盆地）构造和单斜构造。

1. 向斜盆地

向斜盆地（syncline basin），又称自流盆地（artesian basin）。在向斜盆地（syncline basin）中承压含水层出露地表较高的一端称补给区（a），较低的一端称为排泄区（c），承压含水层上覆隔水层的地区为承压区（b）。承压含水层的上覆隔水层称隔水顶板，下伏隔水层称隔水底板。顶、底板间的距离为承压含水层的厚度（M）。在承压区，钻孔钻穿隔水顶板后才能见到地下水，此见水高程（H_1）（即隔水顶板底面的标高）称初见水位。此后，承压水在静水压力作用下沿钻孔上升到一定高度停止下来，此高程称承压水位（H_2）。承压水位高出隔水顶板底面的距离（H），称为承压水头，地面标高与承压水位的差值称地下水位埋深（h），见图 6-5。承压水位高于地表的地区称作自流区，在此区，凡钻到承压含水层的钻孔都形成自流井，承压水沿钻孔上升喷出地表。将各点承压水位连成的面称承压水面。

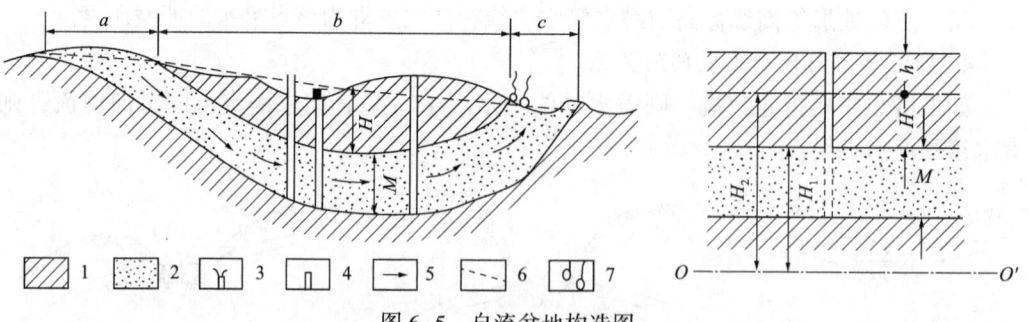

图 6-5　自流盆地构造图

a—补给区；b—承压区；c—排泄区

1—隔水层；2—含水层；3—喷水钻孔；4—不自喷钻孔；5—地下水流向；6—测压水位；7—泉

2. 单斜构造

单斜构造（自流斜地）的形成有两种情况。一种为断块构造，含水层的上部出露地表，为补给区，下部为断层所切，如断层带是透水的，则各含水层将通过断层发生水力联系或通过断层以泉水的形式排泄于地表，成为承压含水层排泄区[图 6-6(a)]。如果断层带是隔水的，此时补给区即排泄区，承压区位于另一地段[图 6-6(b)]。另一种情况是含水层岩性发生相变，含水层的上部出露地表，下部在某一深度处尖灭，含水层的补给区与排泄区一致，而承压区则位于另一地段(图6-7)。

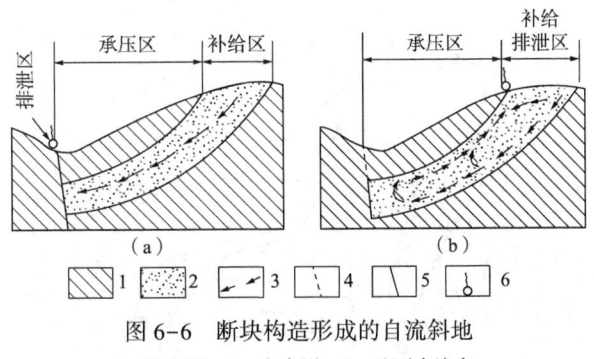

图 6-6 断块构造形成的自流斜地
1—隔水层；2—含水层；3—地下水流向；
4—不导水断层；5—导水断层；6—泉（上升泉）

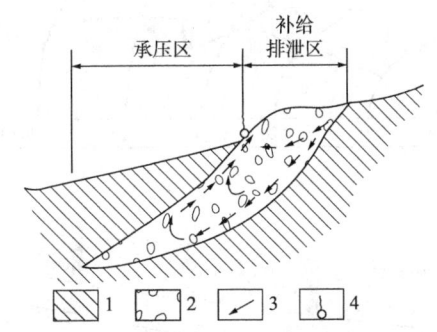

图 6-7 岩性变化形成的自流斜地
1—隔水层；2—含水层；3—地下水流向；4—泉（上升泉）

承压水不具自由水面，并承受一定的静水压力。承压含水层的分布区与补给区不一致，常常是补给区远小于分布区，一般只通过补给区接受补给。承压水的动态比较稳定，受气候影响较小。水质不易受地面污染。

承压水面在平面图上用承压水等水压线图表示。所谓等水压线图，就是承压水面上高程相等点的连线图（图6-8）。等水压线图上必须附有地形等高线和顶板等高线。

承压水等水压线图可以判断承压水的流向及计算水力坡度，确定初见水位、承压水位的埋深及承压水头的大小等。

承压水水头压力在有裂隙和大孔隙条件下可能引起基坑突涌，破坏坑底的稳定性。

二、孔隙水、裂隙水、岩溶水

（一）孔隙水

孔隙水存在于松散岩层的孔隙中，这些松散岩层包括第四系和坚硬基岩的风化壳。它多呈均匀而连续的层状分布。孔隙水的存在条件和特征取决于岩石的孔隙情况，因为岩石孔隙的大小和多少，不仅关系到岩石透水性的好坏，而且也直接影响到岩石中地下水量的多少以及地下水在岩石中的运动条件和地下水的水质。一般情况下，颗粒大而均匀，则含水层孔隙也大、透水性好，地下水水量大、运动快、水质好；反之，则含水层孔隙小、透水性差，地下水运动慢、水质差、水量也小。

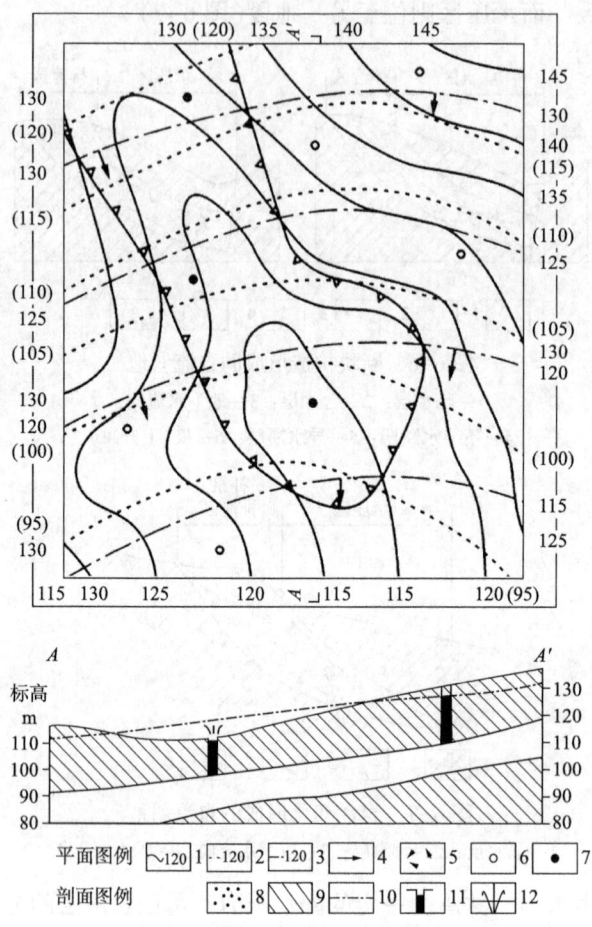

图 6-8 等测压水位线与含水层顶板等高线图及剖面图

1—地形等高线(m)；2—含水层顶板等高线(m)；3—等测压水位线(m)；4—地下水流向；5—承压自溢区；
6—钻孔；7—自喷孔；8—含水层；9—隔水层；10—承压水测压水位；11—非自流井；12—自喷孔(自流井)

孔隙水由于埋藏条件不同，可形成上层滞水、潜水或承压水，即分别称为孔隙上层滞水、孔隙潜水和孔隙承压水。

(二) 裂隙水

埋藏在坚硬岩石裂隙中的地下水称为裂隙水。它主要分布在山区和第四系松散覆盖层下面的基岩中，裂隙的性质和发育程度决定了裂隙水的存在和富水性。岩石的裂隙按成因可分为风化裂隙、成岩裂隙和构造裂隙三种类型，相应地也将裂隙水分为三种，即风化裂隙水、成岩裂隙水和构造裂隙水。

1. 风化裂隙水

赋存在风化裂隙中的水为风化裂隙水（图 6-9）。风化裂隙是由岩石的风化作用

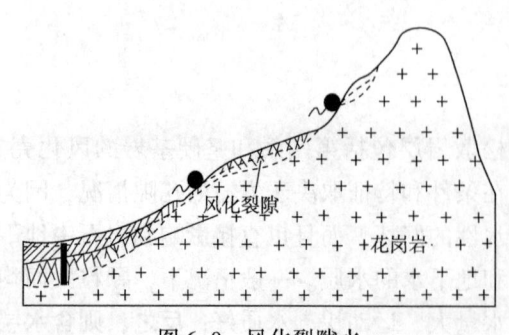

图 6-9 风化裂隙水

形成的，其特点是广泛地分布于出露基岩的表面，延伸短，无一定方向，发育密集而均匀，构成彼此连通的裂隙体系，一般发育深度为几米到几十米，少数也可深达百米以上。风化裂隙水绝大部分为潜水，具有统一的水面，多分布于出露基岩的表层，其下新鲜的基岩为含水层的下限。水平方向透水性均匀，垂直方向随深度而减弱。风化裂隙水的补给来源主要为大气降水，其补给量的大小受气候及地形因素的影响很大，气候潮湿多雨和地形平缓地区，风化裂隙水较丰富，常以泉的形式排泄于河流中。

2. 成岩裂隙水

成岩裂隙为岩石在形成过程中所产生的空隙，一般常见于岩浆岩中。喷出岩类的成岩裂隙尤以玄武岩最为发育，这一类裂隙在水平和垂直方向上，都较均匀，亦有固定层位，彼此相互连通。侵入岩体中的成岩裂隙，通常在其与围岩接触的部分最为发育（图6-10），而赋存在成岩裂隙中的地下水称为成岩裂隙水。

喷出岩中的成岩裂隙常呈层状分布，当其出露地表，接受大气降水补给时，形成层状潜水。它与风化裂隙中的潜水相似。所不同的是分布不广，水量往往较大，裂隙不随深度减弱，而下伏隔水层一般为其他的不透水岩层；侵入岩中的裂隙，特别是在与围岩接触的地方，常由于裂隙发育而形成富水带成岩裂隙中的地下水水量有时可以很大，在疏干和利用上，皆不可忽视，特别是在工程建设时，更应予以重视。

3. 构造裂隙水

构造裂隙是由于岩石受构造运动应力作用所形成的，而赋存于其中的地下水就称为构造裂隙水（图6-11）。由于构造裂隙较为复杂，构造裂隙水的变化也较大，一般按裂隙分布的产状，又将构造裂隙水分为层状裂隙水和脉状裂隙水两类。

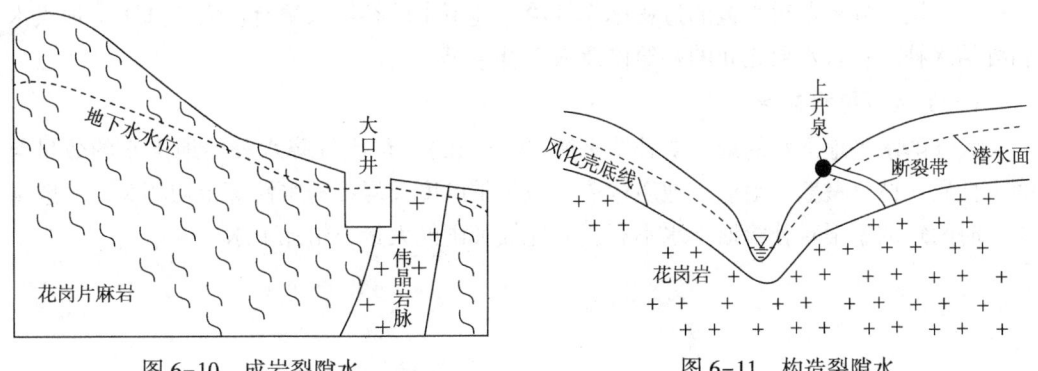

图6-10 成岩裂隙水　　　　　图6-11 构造裂隙水

层状裂隙水埋藏于沉积岩、变质岩的节理及片理等裂隙中。由于这类裂隙常发育均匀，能形成相互连通的含水层，具有统一的水面，可视为潜水含水层。当其上部被新的沉积层所覆盖时，就可以形成层状裂隙承压水。脉状裂隙水往往存在于断层破碎带中，通常为承压水性质，在地形低洼处，常沿断层带以泉的形式排泄。其富水性决定于断层性质、两盘岩性及次生充填情况。经研究证明，一般情况下，压性断层所产生的破碎带不仅规模较小，而且两盘的裂隙一般都是闭合的，裂隙的富水性较差。当遇到规模较大的张性断层时，两盘又是坚硬脆性岩石，则不仅破碎带规模大，且裂隙的张开性也好，富水性强。当这样的断层沟通含水层或地表水体时，断层带特别是富水优势断裂带兼具贮水空间、集水廊道及导水通道的功能，对地下工程建设危害较大，必须给予高度重视。

（三）岩溶水

埋藏于溶隙中的重力水称为岩溶水（喀斯特水）。岩溶水，可以是潜水，也可以是承压水。一般说来，在裸露的石灰岩分布区的岩溶水主要是潜水；当岩溶化岩层被其他岩层所覆盖时，岩溶潜水可能转变为岩溶承压水。

岩溶的发育特点也决定了岩溶水的特征。岩溶水具有水量大、运动快、在垂直和水平方向上分布不均匀的特性，其动态变化受气候影响显著，由于溶隙较孔隙、裂隙大得多，能迅速接受大气降水补给，水位年变幅有时可达数十米。大量岩溶水以地下径流的形式流向低处集中排泄，即在谷地或是非岩溶化岩层接触处以成群的泉水出露地表，水量可达每秒数百升，甚至每秒数立方米。

在土木工程建筑地基内有岩溶水活动，不但在施工中会有突然涌水的事故发生，而且对建筑物的稳定性也有很大影响。因此，在建筑场地和地基选择时应进行岩土工程勘察，针对岩溶水的情况，用排除、截源、改道等方法处理，如挖排水、截水沟，筑挡水坝，开凿输水隧洞改道等等。

第三节 地下水的补给、排泄与径流

一、地下水的补给

含水层自外界获得水量的过程称作补给。地下水的补给来源有：大气降水、地表水和凝结水补给；含水层之间的补给以及人工补给等。

（一）大气降水补给

大气降水是地下水的最主要补给来源（图6-12），但大气降水补给地下水的数量与降水性质、植物覆盖、地形、地质构造、包气带厚度及岩石透水性等密切相关，一般来说，时间短的暴雨对补给地下水不利，而连绵细雨能大量补给地下水。

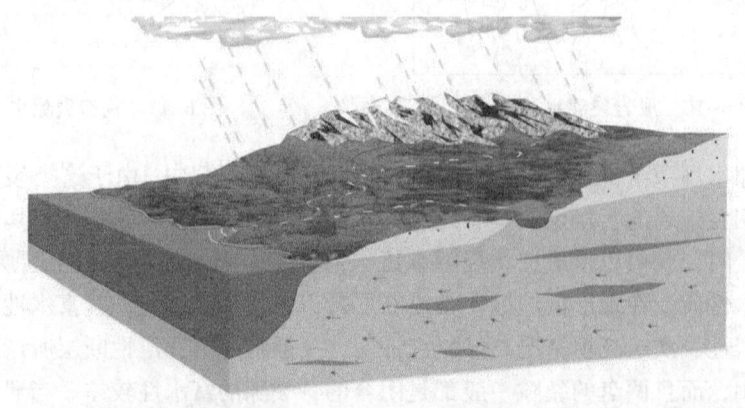

图6-12 大气降水补给

(二) 地表水补给

地表水体指的是河流、湖泊、水库与海洋等，地表水体可能补给地下水，也可能排泄地下水，这主要取决于地表水水位与潜水水位之间的关系(图 6-4)。地表水位高于地下水位，地表水补给地下水；反之，地下水补给地表水。

(三) 含水层之间的补给

深部与浅层含水层之间的隔水层中若有透水的"天窗"或由于受断层的影响，使上下含水层之间产生一定的水力联系时，地下水便会由水位高的含水层流向并补给水位低的含水层(图 6-13，图 6-14)。此外，若隔水层有弱透水能力，当两含水层之间水位相差较大时，也会通过弱透水层进行补给。例如，对某一含水层抽水时，另一含水层可以越流补给抽水井，增加井的出水量(图 6-15)。

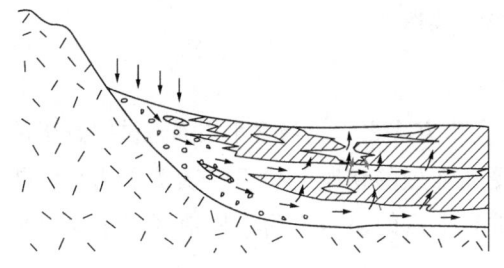

图 6-13 通过"天窗"及越流补给

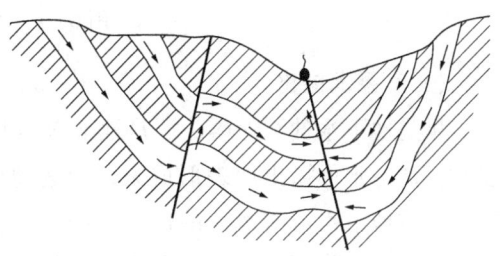

图 6-14 含水层之间通过断层补给

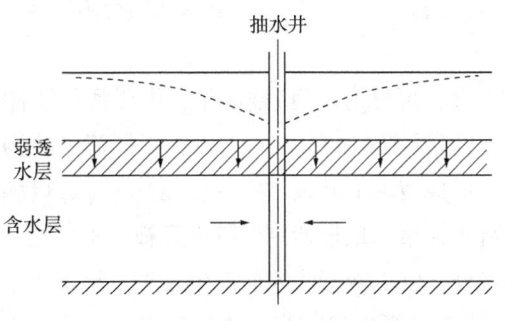

图 6-15 弱透水层越流补给抽水井

(四) 人工补给

人工补给包括灌溉水、工业与生活废水排入地下，以及专门为增加地下水量的人工方法补给。

二、地下水的排泄

含水层失去水量的过程称作排泄。地下水排泄的方式有蒸发、泉水溢出、向地表水体泄流、含水层之间的排泄和人工排泄等。

(一) 蒸发

通过土壤蒸发与植物蒸发的形式而消耗地下水的过程叫蒸发排泄(图 6-16)。蒸发量的大小与温度、湿度、风速、地下水位埋深、包气带岩性等有关，干旱与半干旱地区地下水蒸发强烈，常是地下水排泄的主要形式。

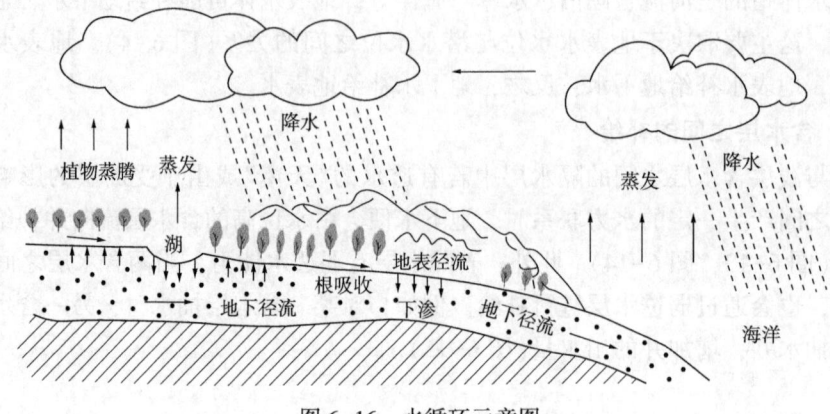

图 6-16 水循环示意图

（二）泉水溢出

泉是地下水的天然露头，是地下水排泄的主要方式之一。当含水层通道被揭露于地表时，地下水便溢出地表形成泉。山区地形受到强烈的切割，岩石多次遭受褶皱、断裂，形成地下水流向地表的通道，因而山区常有丰富的泉水；而平原地区由于地势平坦，地表切割作用微弱，故泉的分布不多。

按照补给含水层的性质，可将泉水分为上升泉（ascending spring）与下降泉（depressing spring）两大类（图 6-17）。上升泉由承压含水层补给，下降泉由潜水或上层滞水补给。

根据泉出露的地质条件，可分为：(1) 侵蚀泉，由于河谷和冲沟的切割，揭露潜水含水层而成的泉，称侵蚀下降泉[图 6-17(a)、(b)]；当河流和冲沟切穿了承压含水层顶板时，承压水便涌出地表，形成侵蚀上升泉[图 6-17(h)]。(2) 接触泉，地下水由含水层和其下面的隔水层接触处流出成泉，地形切割至隔水底板，称接触下降泉[图 6-17(c)]；在侵入体或岩脉与围岩接触处，常因冷凝收缩而产生裂隙，地下水沿此种接触带上升涌出地表成泉，称为接触上升泉。(3) 溢出（流）泉，岩石透水性变弱或为阻水结构阻挡，使地下水受阻，水位抬升，而涌出地表，形成溢出（流）下降泉[图 6-17(d)、(e)、(f)、(g)]，此种泉出口处地下水也为上升运动，应注意与上升泉区别。(4) 断层泉，承压含水层被断层切割，当断层导水时，地下水便沿断层上升至地表成泉[图 6-17(i)]，这种泉常沿断层成线状分布。(5) 接触带泉，岩脉或者岩浆岩侵入体与围岩的接触带，地下水沿冷凝收缩形成的导水通道出露[图 6-17(j)]。除上述常见的泉之外，尚有个别的，特定条件下形成的特殊泉，如响泉、间歇泉、毒泉等。

（三）向地表水泄流

当地下水位高于河水位时，若河床下面没有不透水岩层阻隔，那么地下水可以直接流向河流补给河水[图 6-4(a)，图 6-17]。其补给量又通过对上、下游两断面河流流量的测定计算。

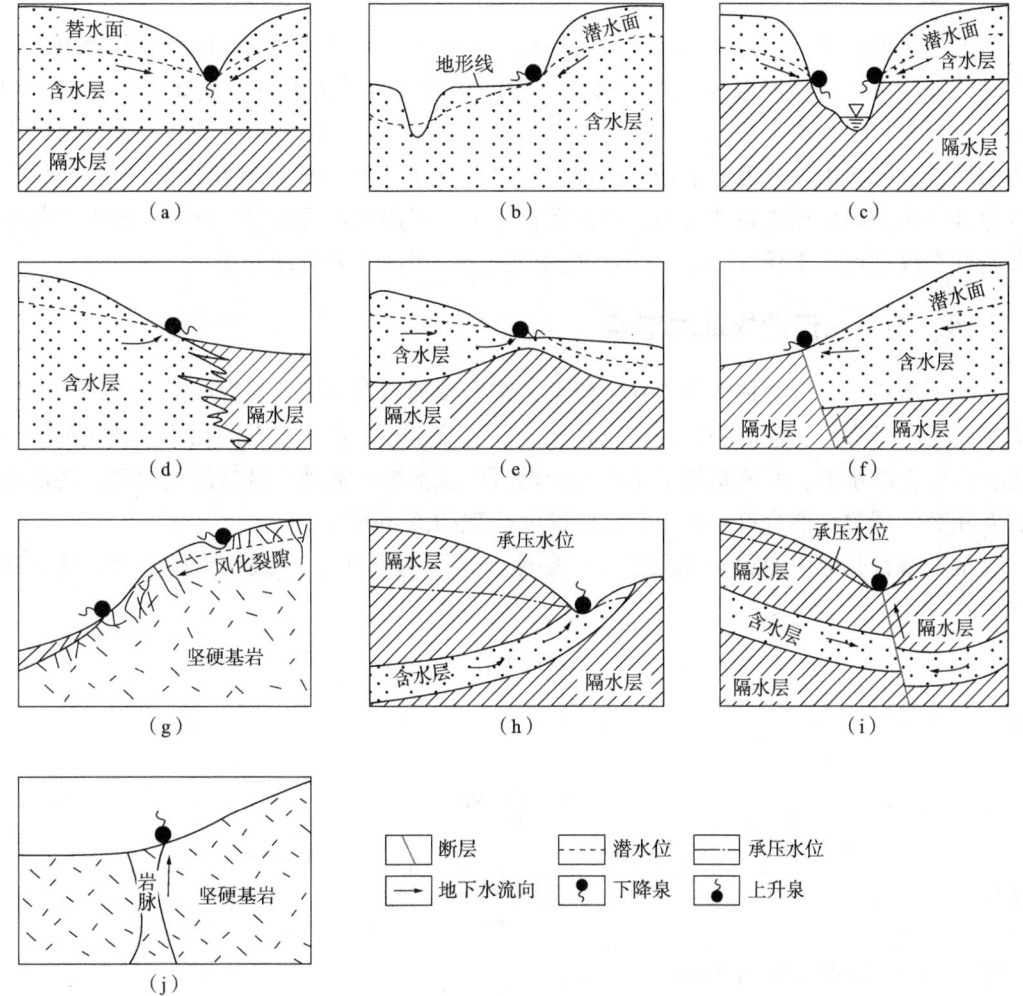

图 6-17 泉形成条件示意图

(四) 含水层之间的排泄

在前述的地下水补给一节中,曾提到含水层之间的补给,即一个含水层通过"天窗"、导水断层、越流等方式补给另一个含水层(图 6-14)。对后一个含水层来说是补给,而对前一个含水层来说是排泄。

(五) 人工排泄

抽取地下水作为供水水源和基坑抽水降低地下水位等,都是地下水的人工排泄方式。在一些地区人工抽水是地下水排泄的主要方式,如北京、西安等许多大中城市,地下水是主要供水水源。

三、地下水的径流

地下水由补给区流向排泄区的过程叫径流(runoff,图 6-16)。地下水由补给区流经径流区,流向排泄区的整个过程构成地下水循环的全过程。地下水径流包括径流方向、径流速度与径流量。

地下水补给区与排泄区的相对位置与高差决定着地下水径流的方向与径流速度；含水层的补给条件与排泄条件愈好、透水性愈强，则径流条件愈好。例如：山区的冲积物，岩石颗粒粗，透水性强，含水层的补给与排泄条件好，山区地势险峻，地下水的水力坡度大，因此山区的地下水径流条件好；平原区多堆积一些细颗粒物质，地形平缓，水力坡度小，因此径流条件较差。径流条件好的含水层其水质较好。此外，地下水的埋藏条件亦决定地下水径流类型：潜水属无压流动；承压水属有压流动。

四、地下水运动的基本定律

地下水在松散沉积物中沿着孔隙流动，在坚硬的岩石中沿着裂隙或溶隙中流动。地下水的运动有层流、紊流和混合流三种形式。层流是地下水在岩石的孔隙或微裂隙中渗透，产生连续水流；紊流是地下水在岩土的裂隙或溶隙中流动，具有涡流性质，各流线有互相交错现象；混合流是层流和紊流同时出现的流动形式。

地下水在孔隙中的运动(渗透)属于层流，遵循达西(Darcy)线性渗透定律，其公式如下：

$$Q = KAI \tag{6-6}$$

或

$$v = \frac{Q}{A} = KI \tag{6-7}$$

其中

$$I = \frac{h}{L}$$

式中　Q——渗透流量，m^3/d；

　　　A——过水断面的面积(包括岩石颗粒和空隙两部分的面积)，m^2；

　　　K——渗透系数，m/d；

　　　v——地下水渗透速度，m/d；

　　　I——水力坡度，也称为地降；

　　　h——水头损失；

　　　L——渗透长度。

地下水在多孔介质中的运动称为渗透或渗流。地下水的渗透符合达西定律。由式(6-7)可知：地下水的渗流速度与水力坡度的一次方成正比，也就是线性渗透定律。当$I=1$时，$K=v$，即渗透系数是单位水力坡度时的渗流速度。达西定律只适用于雷诺数$Re \leq 10$的地下水层流运动。在自然条件下，地下水流动时阻力较大，一般流速较小，绝大多数属层流运动。但在岩石的洞穴及大裂隙中地下水的运动多属于非层流运动。

(一) 渗流速度

在式(6-6)中，过水断面的面积包括岩石颗粒所占据的面积及空隙所占据的面积，而水流实际通过的过水断面面积A_1为空隙所占据的面积，即

$$A_1 = An \tag{6-8}$$

式中 n——孔隙度。

由此可知，v 并非地下水的实际流速，而是假设水流通过整个过水断面(包括颗粒和空隙所占据的全部空间)时所具有的虚拟流速。

(二) 渗透系数

渗透系数，又称水力传导系数(hydraulic conductivity，K)是表示含水层透水性能的重要水文地质参数。无论是开发利用地下水或油气，还是防治地下水的危害(如矿坑涌水、水库渗漏)，岩土渗透能力都具有重要意义。因此，常用渗透系数 K(m/s)常用来评价流体通过岩石的难易程度。岩石的透水性大小，主要取决于岩石中孔隙、裂隙、溶隙的大小和连通情况。孔隙大小与孔隙度大小是不同的两个概念。砂、砾石孔隙度约为 30%，但砂、砾之间的孔隙大，透水性好，渗透系数大；黏土孔隙度达 50%以上，但孔隙很小，水不易从中通过，渗透系数小，实际上可以认为是不透水的。

根据岩石的渗透系数可以预测基坑、隧道的涌水量大小。渗透系数 K 可通过实验室测定或现场抽水试验求得，常见岩石的渗透系数见表 6-4。一些松散岩石的渗透系数参考值列于表 6-5。

表 6-4 常见岩石的渗透系数

岩石名称	岩石渗透系数，ms		岩石名称	岩石渗透系数，ms	
	室内试验	现场试验		室内试验	现场试验
花岗岩	$10^{-7} \sim 10^{-11}$	$10^{-4} \sim 10^{-9}$	页岩	$10^{-9} \sim 5.0 \times 10^{-13}$	$10^{-8} \sim 10^{-11}$
玄武岩	10^{-12}	$10^{-2} \sim 10^{-7}$	石灰岩	$10^{-5} \sim 10^{-13}$	$10^{-3} \sim 10^{-7}$
砂岩	$3.0 \times 10^{-3} \sim 8.0 \times 10^{-2}$	$1 \times 10^{-3} \sim 3 \times 10^{-8}$	白云岩	$10^{-5} \sim 10^{-13}$	$10^{-3} \sim 10^{-7}$

表 6-5 松散岩石渗透系数的参考值

土名	渗透系数 K，cm/s	土名	渗透系数 K，cm/s
砾砂	$6.0 \times 10^{-2} \sim 1.8 \times 10^{-1}$	黄土	$3.0 \times 10^{-4} \sim 6.0 \times 10^{-4}$
粗砂	$2.4 \times 10^{-2} \sim 6.0 \times 10^{-2}$	黏质粉土	$6.0 \times 10^{-5} \sim 6.0 \times 10^{-4}$
中砂	$6.0 \times 10^{-3} \sim 2.4 \times 10^{-2}$	粉质黏土	$1.2 \times 10^{-6} \sim 6.0 \times 10^{-5}$
细砂	$6.0 \times 10^{-4} \sim 1.2 \times 10^{-3}$	黏土	$< 1.2 \times 10^{-6}$
粉砂	$6.0 \times 10^{-4} \sim 1.2 \times 10^{-3}$		

第四节 地下水开发、利用与保护

地下水作为水资源，具有地表水所不及的优点，例如：

(1) 分布广泛，即使在沙漠地区，虽无地表水却可能有地下水，其原因在于地下埋藏透水层，能够得到边缘山区大气降水及高山雪水的补给。

(2) 地下水通过岩层渗透而得到过滤，水质趋向洁净。地下水层中可能含有各种杂质、污染物和微生物，因此当地下水从该地下深处慢慢运移到地表下的岩石裂隙或土层孔隙中的过程中，经过岩土层的过滤，水质将越来越洁净，甚至不经净化或经简单净化即可供使用。

（3）地下水不易受到污染。但如果地下水一旦受到污染，因地下水流动极其缓慢，其具有不易发现和难以治理的特点会造成处理非常困难。

（4）地下水可形成的各种喀斯特地貌，是宝贵的风景资源。众所周知，中国是世界上喀斯特地貌分布面积最大的国家，但大多数分布在广西、云南和贵州等省区。因此，喀斯特地貌为我国可溶性岩石地区的旅游业带来无限生机，并且我国喀斯特地貌类型多样，是进行科学研究的宝贵财富。如广东肇庆七星岩、广西桂林山水和阳朔风光、云南路南石林风景、贵州省有兴义尼函石林及修文石林等石林区、四川九寨沟钙华滩流、湖南武陵源黄龙洞、浙江瑶琳仙境等。

（5）地下水含有某些特定化学元素，对人类健康有益。比如矿水，是一种含有某些特定的化学成分，对人体皮肤、人体机能具有一定疗效的地下水。当含有对人体健康有益的微量元素，且含量达国家指标，直接可饮用的地下水，可称为矿泉水。矿水和矿泉水是具有特殊价值的地下水。具有适当温度的矿水为温泉矿水，其外疗效果更佳。我国有许多温泉矿水产地，如南京汤山、安徽巢县、福建龙海、江西宜春等。

（6）地下热水是一种能源。最近几年，地热能的直接利用发展迅速，尤其是地热供热、温泉疗养、游乐等发展迅速，规模也在不断扩大，如在北京小汤山和河北省雄县等地均建立了温泉旅游疗养基地。在南方的湖南汝城县热水镇建立了以种植、养殖和培育良种的综合示范基地。云南腾冲热海风景区是我国中高温地热资源最丰富的地区之一，也是温泉观赏和洗浴的热门旅游地。地源热泵、地热供暖、温泉洗浴是我国地热能最直接的利用方式，直接利用规模连续多年居世界首位。利用地热发电可获得相当廉价的电力。早在1904年意大利就开始地热发电；日本、冰岛、新西兰、美国等国也相继开展地热能利用。世界上已发现几十个大型和中型地下热水田和蒸汽田。20世纪70年代以来，我国先后在西藏羊八井、郎久、那曲建设商业性地热发电站。但是，当地小水电站都是季节性的，每年只在丰水期发电3000~4000h，而枯水季节则不能满发或停发。2017年在云南瑞丽一期首次发电实验成功，但总体我国地热发电发展较慢，这也就造成了我国虽然温泉数量众多，地热资源极为丰富，但地热发电全球占比不足1%，地热发电在我国的发展规模却仍在"低谷"，因此其开发利用有广阔的前景。

（7）地下水封洞库储存石油和天然气，还能储存压缩空气。地下水封洞库是指在稳定地下水位以下一定深度岩体中开挖出的利用水封原理储存油气能源的地下空间系统。随着科技进步，我国国内第一座25万立方米的汕头LPG地下水封洞库，到国内第五座100万立方米的烟台万华LPG地下水封洞库，中国地下水封洞库建设在不断推进。特别是随着国家战略石油储备工程的大力推进，国家在各地布局了多座原油地下水封洞库。

我国地下水资源紧缺，面对供需关系紧张的现状，更要科学而合理地开发、利用和保护地下水，这是一个复杂且需要谨慎对待的过程。对于维护生态平衡、保障人类生活用水、促进社会经济可持续发展具有重要意义。

第五节　地下水与工程建设

地下水对工程建设影响很大，尤其体现在工程建设的初期阶段。地下水对工程建筑的不良影响主要有：降低地下水位会使软土地基产生固结沉降；不合理的地下水流动会诱发某些土层出现流砂现象和机械潜蚀；地下水对位于水位以下的岩石、土层和建筑物基础产生浮托作用；基坑开挖过程中可能会产生基坑突涌现象；隧道施工又可能会遇到涌水现象，甚至某些地下水对钢筋混凝土基础产生腐蚀。

因此，地下水是工程地质分析、评价和地质灾害防治的重要影响因素，我们有必要掌握地下水对工程建设的影响。

一、地下水位下降引起软土地基沉降

在松散沉积层中进行深基础施工时，往往需要人工降低地下水位。若降水措施选择不当，会使周围地基土层产生固结沉降，轻者造成邻近建筑物或地下管线的不均匀沉降，重者使建筑物基础下的土体颗粒流失，甚至掏空，导致建筑物开裂并危及安全使用。

如果抽水井滤网和砂滤层的设计不合理或施工质量差，则抽水时会将软土层中的黏粒、粉粒、甚至细砂等细小颗粒随同地下水一起带出地面，使周围地面土层很快产生不均匀沉降，造成地面建筑物和地下管线不同程度的损坏。另一方面，井管开始抽水时，井内水位下降，井外含水层中的地下水不断流向滤管，经过一段时间后，在井周围形成漏斗状的弯曲水面——降水漏斗。在这一降水漏斗范围内的软土层会发生渗透固结而造成地基土沉降。而且，由于土层的不均匀性和边界条件的复杂性，降水漏斗往往是不对称的，因而使周围建筑物或地下管线产生不均匀沉降，甚至开裂。

控制方法为：合理开采地下水；已开发的地区，对含水层进行回灌（图6-18）。

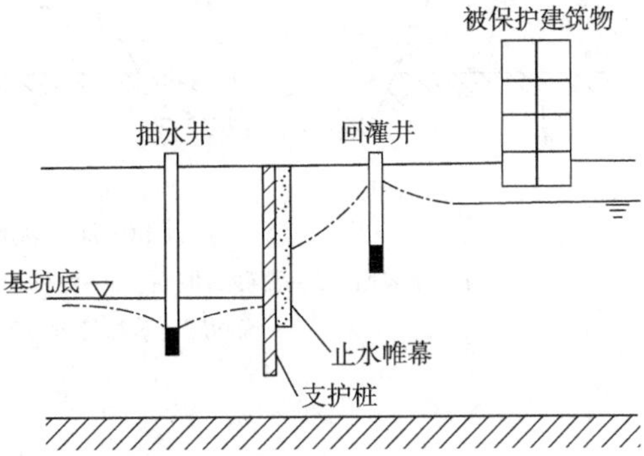

图6-18　对含水层进行回灌

二、动水压力产生流砂和潜蚀

地下水在土体中流动时，由于受到土粒的阻力，引起水头损失，从作用力与反作用力原理可知，水流经过时必对土颗粒施加一种渗流作用力。单位体积土颗粒所受到的渗流作用力称为渗流力或动水压力，用符号 $J(kN/m^3)$ 表示，它是一种体积力。动水压力是一个矢量，既有大小又有方向。

动水压力的方向和地下水流动方向一致。在图6-19中：(1) a 点动水压力方向与重力一致，促使土体压密，强度提高，有利于土体稳定；(2) b 点动水压力近乎水平，使土粒产生向下游移动的趋势，对稳定不利；(3) c 点动水压力与重力方向相反，土不仅受水的浮力，而且受动水压力的作用，有向上举的趋势，当动水压力等于或大于土体

的有效重度，土粒处于悬浮状态，并随地下水一起流入基坑。

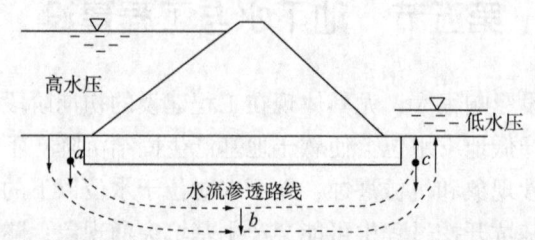

图 6-19　动水压力的大小和方向（虚线表示渗透水流的流线）

（一）流砂

当地下水自下往上流动时产生动水压力等于土体的有效重度时，土颗粒间的有效应力等于零，土粒处于悬浮状态，这种现象称为流砂。它与地下水的动水压力有密切关系。流砂现象的发生常是由于地下水位以下开挖基坑、埋设地下管道、打井等工程活动而引起的，所以流砂是一种工程地质现象。一般多发生在均质的细砂、粉砂、粉质黏土中。

流砂在工程施工中能造成大量的土体流动（图 6-20），致使地表塌陷或建筑物的地基破坏、基础滑移、沉降、坍塌、悬浮等危害，能给施工带来很大困难，或直接影响建筑工程及附近建筑物的稳定（图 6-21）。但有时在有地下水出露的斜坡、岸边、地表面或岩相变化处（尖灭层、透镜体）等也会发生。因此，必须进行防治。

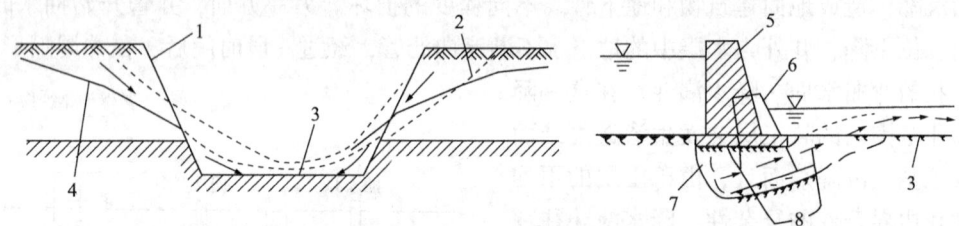

图 6-20　流砂破坏示意图

1—原坡面；2—流砂后坡面；3—流砂堆积物；4—地下水位；5—建筑物原位置；
6—流砂后建筑物位置；7—滑动面；8—流砂发生区

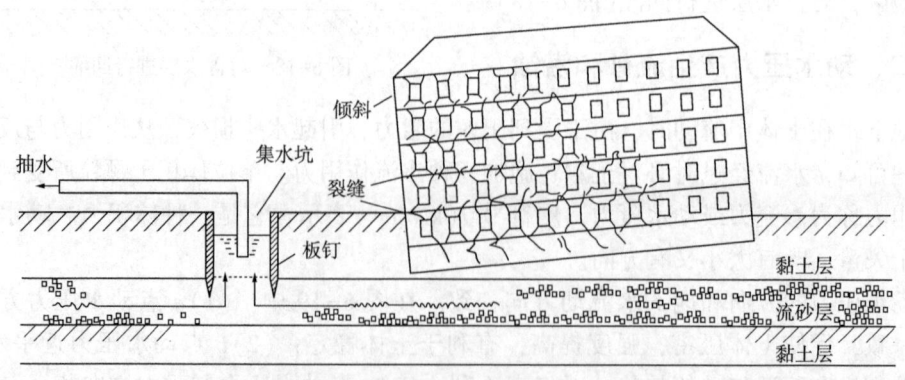

图 6-21　流砂涌向基坑引起房屋不均匀下沉

1. 流砂发生的条件

(1) 岩性：土层由均质的颗粒组成，小于 0.1mm 的颗粒含量在 30%~35% 以上，土中含有较多的片状、针状矿物(如云母、蒙脱石等)。一般不均匀系数 $C_u<10$ 易产生流砂。因此，流砂现象极易发生在细砂、粉砂和亚黏土中，但是否发生流砂现象，还取决于一定的外因条件。

(2) 水动力条件：水力梯度较大时，动水压力超过了土颗粒的重量时，就能使土颗粒悬浮流动，发生流砂。

(3) 砂土孔隙度(n)愈大，愈易产生流砂。

(4) 土的渗透系数(K)愈小，排水越不畅，易产生流砂。

2. 防止流砂的方法

在基坑开挖中，防治流砂应从"治水"着手。防治流砂的基本原则是减少或平衡硐室压力；设法使动水压力方向向下；截断地下水流等。

(1) 减小动水压力。①打板桩法：将板桩打入坑底下面一定深度，增加地下水从坑外流入坑内的渗流长度以减小水力坡度，同时可以起到加固坑壁的作用(图 6-22)。但应特别注意如果采取打板桩这种措施，在设计、施工过程中一定按照规范规定进行，否则可能会出现图 6-23 所示的一系列问题。②地下连续墙法：是在基坑周围先浇灌一道混凝土或钢筋混凝土的连续墙，主要作用是支撑土壁、截水并防止流砂产生。

(2) 消除或平衡动水压力：①抢挖法：组织分段抢挖，使挖土速度超过冒砂速度，挖到标高后立即铺竹筏或芦蓆，并抛大石块以平衡动水压力，压住流砂，此法可解决轻微流砂现象。②水下挖掘法：不排水施工，在基坑(沉井)中用机械在水下挖掘，这样坑内水压力与地下水压力平衡，消除动水压力，为了增加砂的稳定，也可向基坑中注水并同时进行挖掘，从而防止流砂产生。③人工降低地下水位法：即采用井点降水法(如轻型井点、管井井点、喷射井点等)，使地下水位降低至基坑底面以下，地下水的渗流向下，则动水压力的方向也向下，从而水不能渗流入基坑内，可有效防止流砂的发生。因此，此法应用广泛且较可靠。

(3) 土层加固处理：如冻结法、注浆法、化学加固法、加重法、爆炸法等。其中冻结法是指开挖前，人工制冷将开挖工程周围的岩土层冻结成为封闭的冻结圈，临时加固地层，抵抗地压，阻止地下水渗流，然后在冻结圈的保护下进行正常施工，就像给施工岩土插上电，使之变成一座临时"大冰箱"。比如，广东地铁九号线采用冻结法加固土体，然后在隧道内暗挖联络通道。

(4) 枯水期施工法：在枯水期，地下水位较低，基坑内外水位差较小，动水压力小，不易产生流砂。

(5) 在基坑开挖过程中，局部地段出现流砂时，应立即抛入大块石头等，以克服流砂的活动。

(6) 尽量利用可能发生流砂土层的上部土层作为天然地基。当天然地基不满足地基承载力等时，可采用桩基穿过流砂层。

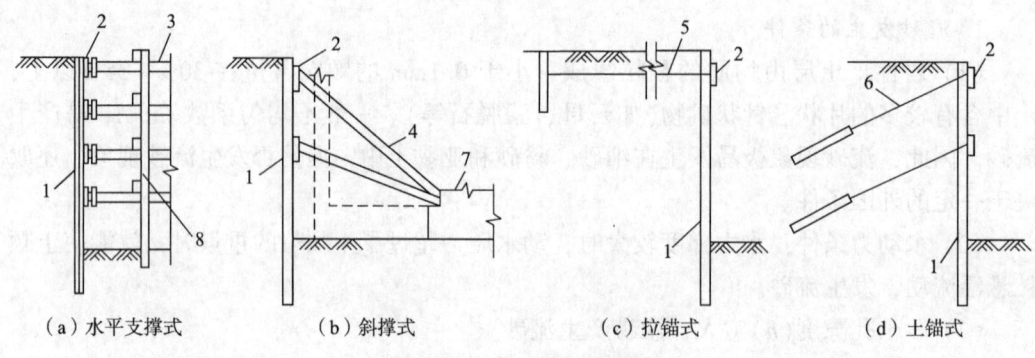

(a) 水平支撑式　　(b) 斜撑式　　(c) 拉锚式　　(d) 土锚式

图 6-22　常见的板桩支撑

1—板桩墙；2—围檩；3—钢支撑；4—斜撑；5—拉锚；6—土锚杆；7—先施工的基础；8—竖撑

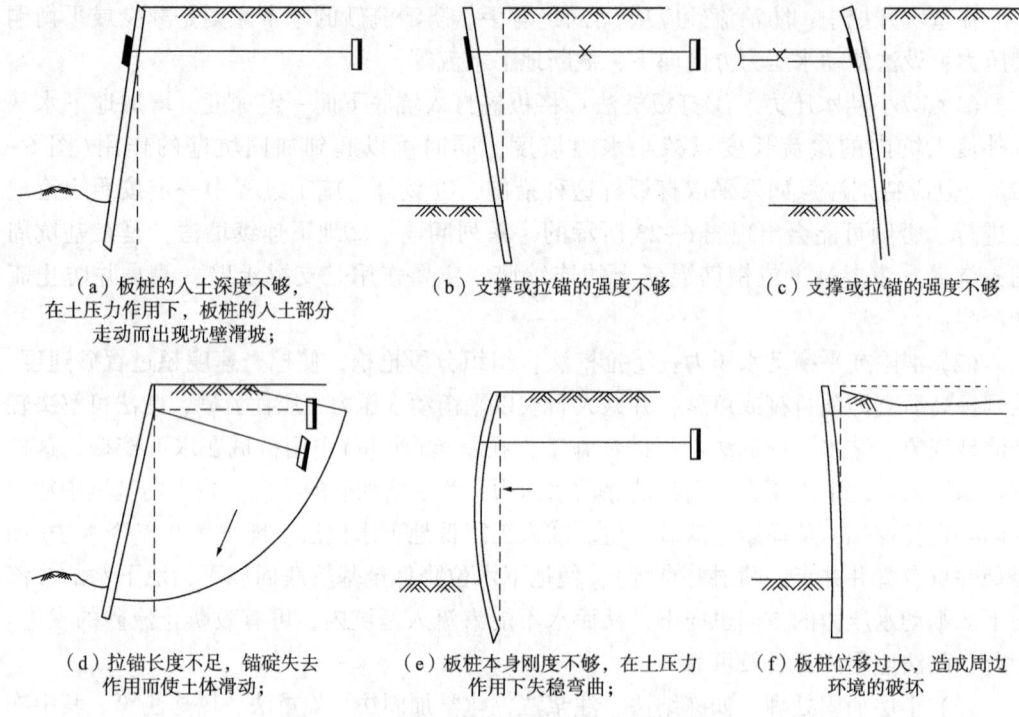

(a) 板桩的入土深度不够，在土压力作用下，板桩的入土部分走动而出现坑壁滑坡；　　(b) 支撑或拉锚的强度不够　　(c) 支撑或拉锚的强度不够

(d) 拉锚长度不足，锚碇失去作用而使土体滑动；　　(e) 板桩本身刚度不够，在土压力作用下失稳弯曲；　　(f) 板桩位移过大，造成周边环境的破坏

图 6-23　打板桩常出现的问题

(二) 潜蚀

潜蚀是指在渗流作用下，单个土颗粒发生独立移动的现象。潜蚀普遍发生在不均匀的砂层或河卵(砾石)层中，细粒物质从粗粒骨架孔隙中被渗透带走，使土层的孔隙和孔隙度增大，强度降低，发展下去会呈现"架空结构"，甚至造成地面塌陷。潜蚀作用可分为机械潜蚀和化学潜蚀两种。机械潜蚀(又称管涌)是指土粒在地下水的动水压力作用下受到冲刷，将细小颗粒冲走，岩石的孔隙变大，强度降低，甚至变形破坏，形成一种能穿越地基的细管状渗流通道，使地基或坝体变形、失稳、危及安全；化学潜蚀是指地下水溶解土中的易溶盐分，使土粒间的结合力和土的结构破坏，土粒被水带走，形成洞穴的作用。可见，潜蚀破坏一般有个时间发展过程，是一种渐进性质的破坏，但这两种作用一般是同时进行的。

在地基土层内如具有地下水的潜蚀作用时,将会破坏地基土的强度,形成空洞,产生地表塌陷,影响建筑工程的稳定(图6-24)。在我国的黄土层及岩溶地区的土层中,常有潜蚀现象产生,修建建筑物时应予注意。

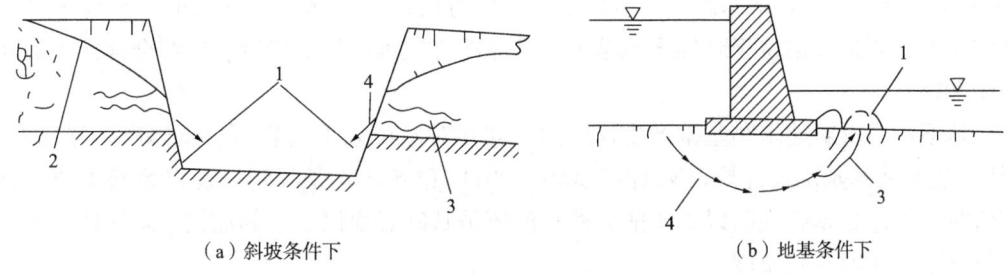

(a)斜坡条件下　　　　　　　　　(b)地基条件下

图6-24　潜蚀破坏示意图
1—潜蚀堆积物；2—地下水位；3—潜蚀通道；4—渗流方向

1. 潜蚀发生的条件

(1) 岩性：多发生在不均匀的砂砾土中,即土由粗颗粒(粒径为D)和细颗粒(粒径为d)组成,其特征是颗粒大小差别较大($D/d>10$),往往缺少某种粒径,孔隙直径大且相互连通。

(2) 足够的水动力条件：一般当土层的不均匀系数$d_{60}/d_{10}>10$时,两相互接触的土层渗透系数之比$k_1/k_2>2\sim 3$时,渗透水流的水力坡度(I)大于5时,均易产生潜蚀。

2. 防止潜蚀的方法

(1) 改变水动力条件,即降低水力梯度,使其小于临界水力梯度,如打板桩、设反滤层等措施。对于重大工程,应尽量由试验确定。

(2) 改善岩土的性质,即增加岩石密度或降低渗透性能,如压密、打桩、化学固结等处理措施。

对潜蚀的处理的这些措施应根据当地的具体地质条件分别或综合采用。

(三)流砂与潜蚀的关系

流砂和潜蚀都是由于动水压力所引起的,但在以下几个方面体现出不同：

(1) 现象：流砂土体局部范围的颗粒同时发生移动；潜蚀土体内细颗粒通过粗粒形成的孔隙通道移动。

(2) 位置：流砂只发生在水流渗出的表层；潜蚀可发生于土体内部和渗流溢出处。

(3) 土类：流砂只要渗透力足够大,可发生在任何土中；潜蚀一般发生在特定级配的无黏性土或分散性黏土。

(4) 历时：流砂破坏过程短；潜蚀破坏过程相对较长。

(5) 后果：流砂导致下游坡面产生局部滑动等；潜蚀导致结构发生塌陷或溃口。

三、地下水的浮托作用

地下水对位于水位以下的岩土体产生静水压力,并产生浮托力。比如,当建筑物基础底面位于地下水位以下时,地下水对基础底面产生静水压力,即产生浮托力。浮托力减少地基对基础底面的正压力,即减小对基础滑动的抗滑力,严重影响基础的抗滑稳定性。

如果基础位于粉土、砂土、碎石土和节理裂隙发育的岩石地基上,则按地下水位100%计算浮托力;如果基础位于节理裂隙不发育的岩石地基上,则按地下水位50%计算浮托力;如果基础位于黏性土地基上;其浮托力较难确切地确定,应结合地区的实际经验考虑。

地下水不仅对建筑物基础产生浮托力,同样对水位以下的岩石、土体产生浮托力。所以《建筑地基基础设计规范》(GB 50007—2011)第 5.2.4 条规定:确定地基承载力特征值时,无论是基础底面以下土的天然重度还是基础底面以上土的加权平均重度,地下水位以下一律取有效重度。

四、基坑突涌

当基坑下部有承压含水层时,开挖基坑减小了底部隔水层的厚度。当隔水层较薄经受不住向上承压水头压力作用时,承压水的水头压力会冲破基坑底板,这种工程地质现象称为基坑突涌。基坑突涌将会破坏地基强度,同时给施工带来很大困难。基坑突涌是实际工程中经常遇到的问题。

为避免基坑突涌的发生,必须演算基坑底层的安全厚度 M。基坑底层厚度与承压水头压力的平衡关系式为:

$$\gamma M = \gamma_w H \tag{6-9}$$

式中　γ、γ_w——分别为黏土的重度和地下水的重度,kN/m^3;

　　　H——相对于含水层顶板的承压水头值,m;

　　　M——基坑开挖后黏土层的厚度,m。

所以,基坑底部黏土层的厚度必须满足式(6-10):

$$M > \frac{\gamma_w}{\gamma} H \tag{6-10}$$

如图 6-25 所示,如果 $M < \frac{\gamma_w}{\gamma} H$,为防止基坑突涌,则必须对承压含水层进行预先排水,使其承压水头下降至基坑底能够承受的水头压力,而且,相对于含水层顶板的承压水头 H_w 必须满足式(6-11):

$$H_w < \frac{\gamma}{\gamma_w} M \tag{6-11}$$

式中　H_w——含水层顶板的承压水头,m。

发生基坑突涌,一般采取以下防治措施:

(1)预排水进行降压:当开挖基坑底部承压含水层以上的覆土不足以抵抗承压水头,且又不适合采取隔断承压水,此时可采用降压排水,比如降压井降低承压水的水头。但应注意的一点是,不易过量抽取基坑下部的承压水,否则易造成基坑周边建筑沉降开裂。

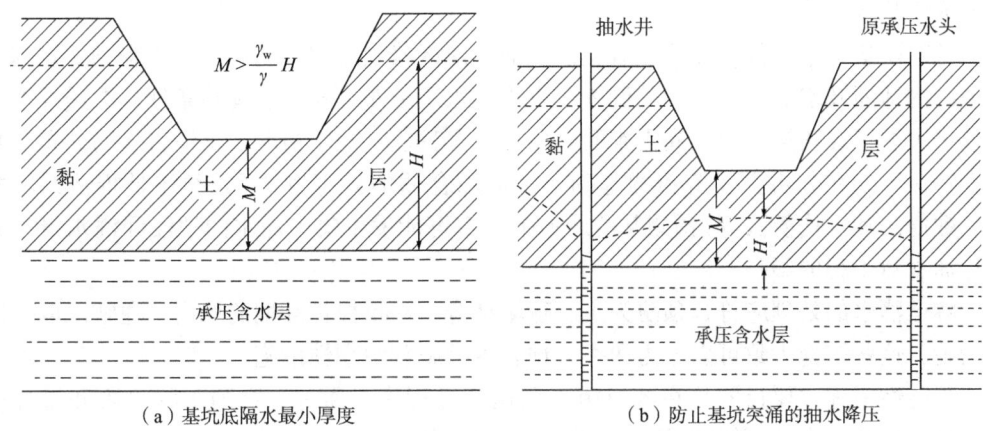

(a) 基坑底隔水最小厚度　　　　　(b) 防止基坑突涌的抽水降压

图 6-25　基坑突涌

(2) 阻断基坑内外承压水水力联系：对于承压含水层埋藏深度较浅的工程，设置较深的地下连续墙等隔水帷幕，穿越承压含水层，进入不透水层一定深度，隔断基坑内外承压水的水力联系。

(3) 对基底进行加固处理，可采用化学注浆法或高压旋喷注浆法，即通过对基底隔水土层加固，形成具有一定厚度和强度的隔水底板利用压力平衡防止突涌发生。

五、隧道涌水

隧道涌水是指在隧道施工过程中，地下水通过裂隙、断层、溶洞等自然或人为形成的通道，向隧道内部大量涌入的现象。量大、势猛且突发的涌水，也可称为突水，是隧道施工中常见的水文地质灾害之一。例如，成昆铁路，全线有 415 座隧道，施工期间约有 93.5% 的隧道发生过不同程度的水害，其中涌水量超过 $10000\text{m}^3/\text{d}$ 的有 8 座。

隧道开挖中的涌水，根据其发生位置和测定位置，可分为掌子面涌水、区间涌水和洞口涌水 3 类(图 6-26)。

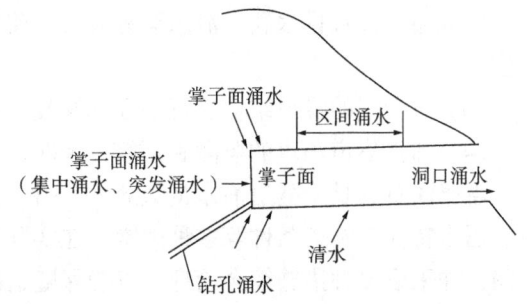

图 6-26　隧道涌水发生的位置

隧道涌水的原因主要有以下几种：
(1) 地下水丰富：隧道施工区域地下水丰富，含水层厚度大，地下水位高，为隧道涌水提供了水源。(2) 地质构造复杂：隧道穿越的地质构造复杂，如存在断层、破碎带、节理裂隙等，为地下水的流动提供了通道。据中国煤矿的调查资料，90%以上的突发性涌水发生在断层破碎带中。(3) 施工影响：隧道施工时，破坏了原有的地层结构，改变了地下水的流向和压力分布，导致地下水向隧道内涌出。

因此，隧道涌水造成的危害很多，比如隧道涌水可能导致施工面湿滑，增加施工难度和危险性，影响施工安全；隧道涌水可能对隧道衬砌和排水系统造成破坏，影响隧道结构的稳定性和耐久性，影响工程质量；隧道涌水还可能导致地下水位下降，对周边环境造成影响等。

针对隧道涌水事故,在可能有突发性涌水地区修建工程,需要进行工程场地及其毗邻地区的地质及水文地质环境的调查,查明含水层分布、厚度、埋藏条件、渗透性能以及补排关系。在喀斯特地区尚需查明喀斯特发育程度、充填情况、喀斯特水的分布及其运动特征等。在分析上述资料的基础上,选用合适的计算方法(如类比外推法、解析法、数值法和水均衡法等)预测基坑或地下硐室可能发生集中涌水的地段和涌水量,并评价涌水对工程的影响。

隧道涌水的处理应符合预防为主、疏堵结合、注重保护环境的原则。通常采取一系列措施,这些措施大致可以分为两类:预防性措施和治理性措施。

预防性措施主要目的是在隧道施工和运营过程中,通过一系列工程手段和管理措施,降低涌水发生的可能性或减轻其影响。具体包括:

(1) 隧道设计时,应充分考虑地质条件和水文地质条件,优化隧道线路和开挖方法,避免穿越富水地层或破碎带。

(2) 加强隧道施工过程中的地质预测和监控,及时发现并处理可能存在的涌水隐患。

(3) 在隧道周围设置防水帷幕或注浆加固地层,提高隧道围岩的抗渗性和承载能力。

(4) 加强隧道排水系统的设计和施工,确保排水通畅,防止涌水积聚。

治理性措施主要是在涌水发生后,通过一系列紧急处理和长期治理措施,控制涌水范围、降低涌水量并修复受损部分。具体措施包括:

(1) 采用注浆、冻结等封堵技术对涌水源头进行封堵,阻止涌水继续涌入隧道。

(2) 通过设置排水孔、泄水洞等方式,将涌水引入预设的排水系统,降低隧道内的水位。

(3) 对受损的隧道结构进行加固和修复,确保隧道的安全性和稳定性。

(4) 加强隧道涌水的监测和预警,及时发现并处理新的涌水隐患。

需要注意的是,隧道涌水的处理是一个复杂且长期的过程,需要综合考虑地质条件、涌水特征、施工条件等多种因素。在实际工程中,应根据具体情况制定合适的处理方案,并采取多种措施综合治理,以确保隧道的安全和稳定。

六、地下水对钢筋混凝土的腐蚀

钢筋混凝土作为一种结构材料,广泛应用于桥梁、隧道和堤坝等结构中,是一种耐久性很好的材料。当地下水中某些化学成分含量过高时,水对建筑材料有腐蚀性。如长期处于地下水作用下的建筑物,如桥梁、堤坝、隧道等,可能会出现混凝土开裂、剥落等腐蚀现象。这种混凝土结构遭受地下水腐蚀的情况很多,如成昆铁路有多座隧道出现地下水对混凝土的腐蚀。这也就造成许多隧道洞、桥梁等使用不到十年,普遍出现混凝土开裂、剥落等腐蚀现象,严重影响结构的耐久性和安全性。

地下水对混凝土建筑材料的腐蚀是一项十分复杂的物理化学过程,对建筑材料的耐久性影响较大。比如,硅酸盐水泥遇水硬化,并且形成 $Ca(OH)_2$、水化硅酸钙 $CaO \cdot$

$SiO_2·12H_2O$、水化铝酸钙 $CaO·Al_2O_3·6H_2O$ 等,这些物质往往会受到地下水的腐蚀。根据地下水对建筑结构材料腐蚀评价标准,可将腐蚀类型分为三类:

(1) 分解类腐蚀。

地下水中含有 CO_2 和 HCO_3^-,CO_2 与混凝土中的 $Ca(OH)_2$ 作用,生成碳酸钙沉淀,其化学反应式为:

$$Ca(OH)_2 + CO_2 \longrightarrow CaCO_3\downarrow + H_2O \tag{6-12}$$

由于 $CaCO_3$ 不溶于水,它可填充混凝土的孔隙,在混凝土周围形成一层保护膜,能防止 $Ca(OH)_2$ 的分解。但是,当地下水中 CO_2 的含量超过一定数值,而 HCO_3^- 的含量过低,则超量的 CO_2 再与 $CaCO_3$ 反应,生成重碳酸钙 $Ca(HCO_3)_2$ 并溶于水,其化学反应式为:

$$CaCO_3 + H_2O + CO_2 \rightleftharpoons Ca^{2+} + 2HCO_3^- \tag{6-13}$$

上述这种反应是可逆的:当 CO_2 含量增加时,平衡被破坏,反应向右进行,固体 $CaCO_3$ 继续分解;当 CO_2 含量变少时,反应向左进行,固体 $CaCO_3$ 沉淀析出。如果 CO_2 和 HCO_3^- 的浓度平衡时,反应就停止。所以,当地下水中 CO_2 的含量超过平衡时所需的数量时,混凝土中的 $CaCO_3$ 就被溶解而受腐蚀,这就是分解类腐蚀。将超过平衡浓度的 CO_2 叫侵蚀性 CO_2。地下水中侵蚀性 CO_2 愈多,对混凝土的腐蚀愈强。地下水流量、流速都很大时,CO_2 易补充,平衡难建立,因而腐蚀加快。另一方面,HCO_3^- 离子含量愈高,对混凝土腐蚀愈强。

如果地下水的酸度过大,即 pH 值小于某一数值,那么混凝土中的 $Ca(OH)_2$ 也要分解,即为一般酸性腐蚀,其化学反应式为:

$$Ca(OH)_2 + 2H^+ \longrightarrow Ca^{2+} + 2H_2O \tag{6-14}$$

特别是当反应生成物为易溶于水的氯化物时,对混凝土的分解腐蚀很强烈。

分解类腐蚀的评价指标为 CO_2、HCO_3^- 和 pH 值。

(2) 结晶类腐蚀。

如果地下水中 SO_4^{2-} 的含量超过规定值,那么 SO_4^{2-} 将与混凝土中的 $Ca(OH)_2$ 起反应,生成水化硫铝酸钙,这是一种铝和钙的复合硫酸盐,习惯上称为水泥杆菌。由于水泥杆菌结合了许多的结晶水,因而其体积比结合前增大很多,约为原体积的 221.86%,于是在混凝土中产生很大的内应力,使混凝土的结构遭受破坏。这种结晶类腐蚀并不是孤立进行的,它常与分解类腐蚀作用相伴生,往往有分解类腐蚀作用时能促进结晶类腐蚀作用的进行。

水泥中 $CaO·Al_2O_3·6H_2O$ 含量少,抗结晶腐蚀强,因此,要想提高水泥的抗结晶腐蚀,主要是控制水泥的矿物成分。

结晶类腐蚀的评价指标为 SO_4^{2-}。

(3) 结晶分解复合类腐蚀。

当地下水中 NH_4^+、NO_3^-、Cl^- 和 Mg^{2+} 的含量超过一定数量时,与混凝土中的 $Ca(OH)_2$ 发生反应,例如:

$$MgSO_4+Ca(OH)_2 \longrightarrow Mg(OH)_2+ CaSO_4 \quad (6-15)$$
$$\text{(硬石膏)}$$
$$MgCl_2+Ca(OH)_2 \longrightarrow Mg(OH)_2+ CaCl_2 \quad (6-16)$$

$Ca(OH)_2$ 与镁盐作用的生成物中，除 $Mg(OH)_2$ 不易溶解外，$CaCl_2$ 则易溶于水，并随之流失；硬石膏 $CaSO_4$ 一方面与混凝土中的水化铝酸钙反应生成水泥杆菌，其化学反应式为：

$$CaO \cdot Al_2O_3 \cdot 6H_2O+3CaSO_4+25H_2O \longrightarrow 3CaO \cdot Al_2O_3 \cdot 3CaSO_4 \cdot 3H_2O \quad (6-17)$$

另一方面，硬石膏遇水后生成二水石膏，其化学反应式为：

$$CaSO_4+2 H_2O \longrightarrow CaSO_4 \cdot 2H_2O \quad (6-18)$$

二水石膏在结晶时，体积膨胀，破坏混凝土的结构。

结晶分解复合类腐蚀的评价指标为 Mg^{2+}、NH_4^+、Cl^-、SO_4^{2-}、NO_3^-。

综上所述，地下水对混凝土建筑物的腐蚀是一项复杂的物理化学过程，在一定的工程地质与水文地质条件下，对建筑材料的耐久性影响很大。当有足够经验或充分资料认定工程场地及其附近的地下水(地表水)和土对建筑材料为微腐蚀性时，可不进行取样试验。否则，应取水或土样进行试验。

地下水对混凝土腐蚀的程度取决于地下水环境和地下水中腐蚀性化学成分的含量，如 HCO_3^- 和 OH^- 的过量存在会导致混凝土的分解性腐蚀。因此，为了评价地下水对建筑结构的腐蚀性，必须在现场同时采两个水样，一个水样重1kg，另一个水样重0.3~0.5kg，并加 $CaCO_3$ 粉3~5g。两个样在现场立即密封后送试验室分析，分析项目有pH值、游离 CO_2、侵蚀性 CO_2、Ca^{2+}、Mg^{2+}、K^+、Na^+、NH_4^+、Fe^{3+}、Fe^{2+}、Cl^-、SO_4^{2-}、HCO_3^-、NO_3^-、总硬度和有机质。根据水样的化学分析结果，对照国家标准 GB 50021—2001《岩土工程勘察规范[2009版]》进行地下水侵蚀性评价。评价时还应当考虑建筑物场地的环境类别和含水层的透水性。

混凝土所处的地下水环境可以分为3类：Ⅰ类为混凝土处于强透水层中，强透水层指细砂、中砂、粗砂、砾砂等透水环境极强的含水层；Ⅱ类为混凝土处于弱透水层中，且具有干湿交替作用，弱透水层指粉砂及颗粒小于粉砂的含水层；Ⅲ类为混凝土处于弱透水层，且不具有干湿交替作用。具体评价标准分别见表6-6、表6-7和表6-8。

表6-6 分解类腐蚀评价标准

腐蚀等级	酸性腐蚀 pH 值		碳酸性腐蚀 CO_2 含量，mg/L		微矿化水型腐蚀 HCO_3^{-1} 含量，mg/L
	强透水层	弱透水层	强透水层	弱透水层	
无腐蚀	>6.5	>6.0	<15	<30	>61
弱腐蚀	6.5~6.0	6.0~5.0	15~30	30~60	61~30.5
中等腐蚀	6.0~5.0	5.0~4.0	30~60	60~100	<30.5
强腐蚀	<5.0	<4.0	>60	>100	

表 6-7　结晶类腐蚀评价标准

腐蚀等级	SO_4^{2-}在地下水中的含量，mg/L		
	Ⅰ类地下水	Ⅱ类地下水	Ⅲ类地下水
无腐蚀	<250	<500	<1500
弱腐蚀	250~500	500~1500	1500~3000
中等腐蚀	500~1500	1500~3000	3000~5000
强腐蚀	1500~3000	3000~5000	5000~10000

表 6-8　结晶分解复合类腐蚀评价标准　　　　　　单位：mg/L

腐蚀等级	Ⅰ类地下水		Ⅱ类地下水		Ⅲ类地下水	
	$Mg^{2+}+NH_4^+$	$Cl^-+SO_4^{2-}+NO_3^-$	$Mg^{2+}+NH_4^+$	$Cl^-+SO_4^{2-}+NO_3^-$	$Mg^{2+}+NH_4^+$	$Cl^-+SO_4^{2-}+NO_3^-$
无腐蚀	<1000	<3000	<2000	<5000	<3000	<10000
弱腐蚀	1000~1500	3000~5000	2000~3000	5000~8000	3000~4000	10000~20000
中等腐蚀	1500~2000	5000~8000	3000~4000	8000~10000	4000~5000	20000~30000
强腐蚀	2000~3000	8000~10000	4000~5000	10000~20000	5000~6000	30000~50000

综上所述，地下水对钢筋混凝土的腐蚀是一个多因素影响的复杂过程，涉及多种化学成分的作用。了解和评估地下水的腐蚀性对于保护建筑结构免受损害至关重要。

从地下水对混凝土的腐蚀机理出发，防治措施主要包括提高混凝土的密实性、混凝土结构物表面防护处理与改善混凝土自身的抗腐蚀性能等方法：

（1）提高混凝土密实性，可以选用高密实度混凝土配方设计，提高混凝土的抗渗编号。也可以使用新型混凝土，如钢纤维混凝土、长寿命混凝土和高分子混凝土等。

（2）表面防护处理，可以切断腐蚀介质的入渗通道。可以喷涂具有强渗入性的水性水泥密封剂来封闭混凝土结构内的气孔与孔隙、毛细管及通道，进而提高混凝土的密实性。也可以选用高密实性水泥砂浆多层抹面技术来封闭混凝土结构。另外，在混凝土表面涂抹防水、防腐蚀涂料可以防止或减缓混凝土的腐蚀。在可能产生生物的硫酸、硫酸盐腐蚀的环境下，在混凝土中加入抗生物杀菌剂，可有效地增强混凝土的抗生物腐蚀性能。针对不同的腐蚀类型，采用一种或多种防治措施。

（3）分解类腐蚀，主要以提高混凝土的密实性和混凝土结构物表面防护处理进行防治；结晶类腐蚀主要以提高混凝土自身的抗腐蚀性能和混凝土结构物表面防护处理进行防治；结晶分解复合类腐蚀主要以提高混凝土的密实性、改善混凝土自身的抗腐蚀性能和混凝土结构物表面防护处理进行防治。

复习思考题

1. 岩石中有哪些形式的水，重力水有哪些特点？
2. 地下水的物理性质包括哪些内容？地下水的化学成分有哪些？地下水中分布最广、含量较多的 4 种阳离子和 3 种阴离子是什么？
3. 地下水按埋藏条件可以分为哪几种类型？它们有哪些不同？试简述之。

4. 地下水按含水层空隙性质可以分为哪几种类型？它们有哪些不同？试简述之。
5. 地基沉降的原因是什么？
6. 潜蚀和流砂与动水压力有什么关系？
7. 产生基坑突涌的原因是什么？
8. 设某承压含水层相对于含水层顶板的承压水头 $H_0 = 15$m，基坑开挖后黏土层距含水层顶板厚度 $M_1 = 5$m，试问基坑是否安全？若需降水，其承压水头临界值是多少？
9. 某建筑场地的地下水为承压水，承压水位比含水层顶板高 15m，进行基坑开挖后，基坑底部黏土层容重是 $16kN/m^3$，基坑底面距离含水层顶板 5m，请判断该基坑工程是否安全？若不安全，应采取何种措施？
10. 地下水对钢筋混凝土的腐蚀可分为哪几种类型？
11. 试述地下水与土木工程建设的关系。

第七章 不良地质作用及防治

> **本章提要**
>
> **主要内容**：风化作用及其类型；岩石风化与工程；崩塌、落石与岩堆概念和区别以及对工程影响；滑坡发生条件及影响因素；滑坡分类；滑坡稳定性分析；滑坡防治原则及措施；泥石流概念；泥石流形成条件；泥石流沟地区选线；泥石流防治原则及措施；岩溶与土洞工程地质问题及防治。
>
> **难点与重点**：崩塌、落石与岩堆对工程影响；滑坡稳定性分析及滑坡防治原则、措施；泥石流形成条件；泥石流沟地区选线；泥石流防治原则及措施；岩溶与土洞工程地质问题及防治。

不良地质作用(adverse geologic action)，指在地壳表层，由于地质作用或人类活动所引起的地表和地下岩体的各种变形及运动，对工程建设具有危害性的地质作用。本章就常见的不良地质作用，如岩石风化作用、河流地质作用、滑坡与崩塌、岩溶与土洞等，重点阐述其作用特点、形成规律和对工程建设的不良影响及所采取的防治措施。

第一节 岩石风化作用对工程影响及防治

一、风化作用的类型

风化作用是指岩石长期暴露在地表或浅埋地下，经受太阳辐射、大气、水及生物等作用，使岩石结构逐渐破碎、疏松或矿物发生次生变化的作用。岩石自形成之后，在时间的长河中一直经受着变化。风化作用主要发生在陆地上，向下逐渐减弱直至停止，也可发生在湖底和一定深度的海底。

根据风化作用的因素和性质，风化作用的类型主要包括物理风化作用、化学风化作用和生物风化作用三种基本类型。

（一）物理风化作用

物理风化作用(physical weathering)是指岩石或矿物主要发生机械破碎，而化学成分不改变，也没有形成新矿物的作用，亦称机械风化作用(mechanical weathering)。

物理风化作用的方式主要有岩石的释荷（卸载）作用、温差作用、冰劈作用、盐类的结晶与潮解作用等。物理风化的总趋势是使基岩崩解，产生碎屑物质，其中包括岩石碎屑和少数矿物碎屑等。一般来说，在严寒的极地、气候干燥且温度变化剧烈的沙漠地带及温带的高山区，物理风化起着主导作用。

（二）化学风化作用

化学风化作用（chemical weathering）是指在氧、水和溶于水中的各种酸的作用下，基岩遭受氧化、水解和溶滤等化学变化，使其分解而产生新矿物的作用。

化学风化作用的方式主要包括溶解作用、水化作用、水解作用、碳酸化作用、氧化作用。化学风化作用不仅使基岩破碎，而且使其矿物成分和化学成分发生本质的改变。化学风化作用主要发生在潮湿、温暖的环境中，作用广泛而强烈，是自然界主要的风化作用之一。

（三）生物风化作用

生物风化作用（biological weathering）实质上是由生物活动对基岩所引起的物理或化学的破坏作用。生物对岩石的破坏方式既有机械作用，如根劈作用（root splitting），又有化学作用和生物化学作用；既有直接的作用，也有间接的作用。

以上三类风化作用及其多种风化方式都具有其独立意义。但是，在许多情况下，物理风化、化学风化和生物风化三种作用并不是彼此孤立存在，它们是同时存在、相互联系、相互促进、相互影响的。

二、影响风化作用的主要因素

影响风化作用的主要因素有母岩成分、气候和地形等。

（一）母岩成分

母岩成分是决定风化作用及其产物性质的根本因素。在风化带中，各种造岩矿物抵抗风化作用的能力不同，它们组成的岩石抗风化能力也相差较大。常见矿物的风化特征如下所述：

石英是沉积岩的主要造岩矿物，它在风化作用中稳定性极高。在长期的风化作用以及搬运和沉积作用过程中，风化稳定性较低的一些矿物就逐渐破坏从而相应地减少了，而风化稳定性高的石英却逐渐相对地富集起来。因此，石英就成了碎屑沉积岩最主要的造岩矿物。

长石风化稳定性次于石英。在长石中，钾长石的稳定性较高，中性斜长石又次之，多钙的基性斜长石稳定性最低。因此，在沉积岩中钾长石多于斜长石，基性斜长石很少见到。长石在风化过程中形成水云母、高岭石、铝土矿、蒙脱石、蛋白石、各种沸石、绿帘石、黝帘石、方解石等。

在云母类中，白云母的抗风化能力较强，只在较强风化作用中，白云母才会风化，所以它在沉积岩中相当常见。黑云母的稳定性较低，风化时常形成水云母和绿泥石，最终变为褐铁矿、高岭石等黏土矿物。

橄榄石、辉石、角闪石等铁镁硅酸盐矿物，它们的稳定性比石英、长石、云母都低得多，其中以橄榄石最易风化分解，辉石次之，角闪石又次之。这些矿物在风化剥蚀产物中保留较少，故在沉积岩中较少见。它们在风化带中形成褐铁矿、蛋白石等。

碳酸盐矿物，如方解石、白云石等，稳定性甚小，很易溶解于水并顺水转移，因此在碎屑沉积岩中很难看到它们。只有在干旱的气候条件下，距母岩很近的快速搬运和堆积中，才可能看到由它们组成的岩屑。

黏土矿物，如高岭石、蒙脱石、水云母等，本来就是在风化条件下或者沉积环境中生成的，因此相当稳定。但是在一定的条件下，它们也还要发生变化，转变为更加稳定的矿物，如铝土矿、蛋白石等。

硫酸盐矿物（如石膏、硬石膏）、硫化物矿物（如黄铁矿）、卤化物矿物（如石盐）等，它们的稳定性最低，最易溶于水中，呈溶液状流失走。

（二）气候

降水量和温度是影响风化的气候因素。雨量控制着化学风化不可少的水的多少，而温度则影响化学反应的速度、植物的数量和类型（图7-1）。在气候严寒或干燥地区，液态水少，以物理风化作用为主，生物风化作用和化学风化作用极微弱。岩石破碎成大小不等的碎屑。岩石碎屑风化不深，基本残留原来岩石的面貌。在气候潮湿炎热的地区，气温高，液态水充足，生物风化作用和化学风化作用都极为强烈，形成大量残余黏土。在有利条件下，风化作用形成的残积物和土壤组成的土壤层均较厚。

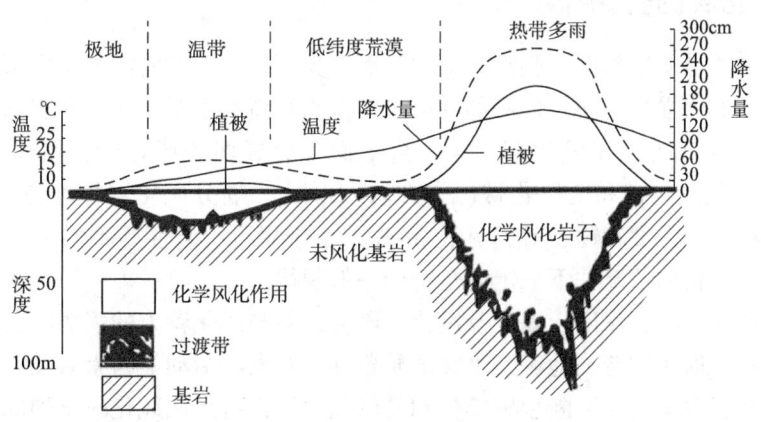

图7-1 不同气候带风化作用的强度（据汉布林，1980）

（三）地形

地形条件对风化作用的影响主要表现在：地形对气候局部变化的影响；山坡的陡缓会对地下水位、植物生长等有影响；阴坡和阳坡接受阳光的强度、日照的时间以及植被的发育程度不同。

三、岩石的风化产物

岩石的风化产物按其性质大致可归纳为三类。

（一）碎屑物质

碎屑物质主要是指母岩的岩石碎屑或矿物碎屑。在风化作用的早期以及从母岩区剥蚀不久的阶段，这种碎屑物质最发育。到后期阶段，这种物质就减少，只有那些稳定性最高、极难风化的石英等才保留了下来。这种碎屑物质在初始阶段大部分残留在母岩区，后来就可能被各种营力搬运走。

（二）新生成的矿物

新生成的矿物主要是指在化学风化作用过程中新生成的一些矿物，如水云母、高岭石、蒙脱石、蛋白石、铝土矿、褐铁矿等，它们以黏土矿物为主。这些物质在初始阶段也大都存在于母岩的风化带中，所以常称为"化学残余物质"。后来，它们也将被各种营力搬运走。

（三）化学溶解物质

化学溶解物质主要是指母岩在化学风化作用过程中形成的较易溶解的成分和胶体，如 Cl、S、Ca、Na、Mg、K、Si、Fe、Al、P 等。这些物质大都呈真溶液或胶体溶液状态顺水流走，转移至远离母岩区的湖泊或海洋中去。

矿物、岩石经过物理风化和化学风化作用而残留下的松散物质即残积土（物），它为生物活动提供了有利条件。残积土再经生物风化，便使这些松散无机物中含有生物生长必不可少的有机物——腐殖质。这种既有腐殖质，又具有矿物质、水和空气的松散物质，称为土壤，它是各种风化作用的综合产物，其中以生物风化作用为主。关于残积土（物）的内容见第四章第四节。

四、风化层（壳、带）

岩石风化总是从出露面、临空面、裂隙面首先开始，逐渐向深处及内部发展，地表风化我国成都最为强烈，向岩体深部则逐渐轻微直至新鲜岩石，从而在表面形成一个风化层，也称为风化壳。在风化剖面上，自下而上分成四个风化带：微风化带、中等（弱）风化带、强风化带和全风化带（已接近残积土）。划分风化层标准是矿物的颜色、结构、破碎程度、强度和锤击等，见表 3-10。由于岩石中岩性并不均一，且有断裂存在，所以岩石风化的情况并不一定完全符合一般规律。

岩石的风化程度、深度、速度及风化壳厚度，除与风化营力的强弱有关外还与地区的气候、岩性、地质构造、地貌、水文地质条件以及人类活动等因素有关。岩石风化厚度一般为数米至数十米，沿断裂破碎带和易风化岩层，可形成风化较剧烈的岩层。断层交会处还可形成风化囊。在这两种情况下深度可超过百米。

风化层（壳、带）的存在是岩体中的薄弱带，强度低，稳定性差，如有渗水，就会变成泥化夹层或夹泥层。风化层（壳、带）对岩体工程影响很大，许多滑坡、崩塌等不良地质现象大部分都是在风化作用的基础上逐渐形成和发展起来的，其界线在工程建筑中是一项重要的工程地质资料，是确定岩基持力层、基坑开挖、挖方边坡坡度以及采取相应的加固措施的依据之一，应予以特别重视。但风化界线的确切划分目前尚无有效方法，只能根据当地的地质条件并结合实践经验予以确定。

五、岩石风化作用的勘察评价

风化作用改变岩体性质的实质就是：(1)岩体完整性进一步遭到破坏。风化不仅使岩体原有裂隙扩大，还产生了新的风化裂隙，使岩体逐渐破碎，分裂成碎块、碎片，进而分解成砂粒、粉粒甚至黏粒。(2)岩石的矿物成分和化学成分发生变化。在化学风化作用下，岩石中原生矿物经水解、溶解及氧化等反应，形成新的次生矿物。(3)岩体的工程地质性质发生变化。岩体经风化后，岩石的抗水性降低而亲水性增高，其次，透水性增强，表现出膨胀、崩解和泥化等性质。

以上三方面的变化，使岩体力学强度降低，压缩性加大。因此，在勘察中应查明的内容如下：

(1) 查明风化程度，确定风化层的工程地质性质，以便考虑建筑物的结构和施工方法。

(2) 查明风化厚度和分布，以便选择最适当的建筑地点，合理地确定风化层的清基和刷方的土石方量，确定加固处理的有效措施。比如断层带属于裂隙密集带，常常差异风化为囊状，选择建筑地点时应着重考虑其对工程建筑的安全影响(图7-2)。

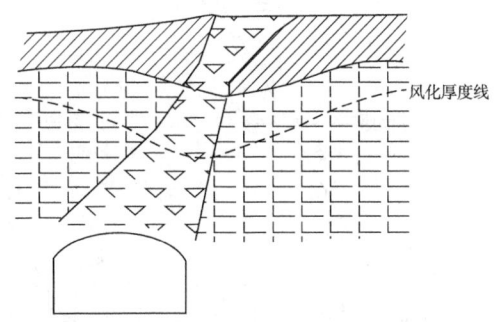

图7-2 断层破碎带影响建筑物选址

(3) 查明风化速度和引起风化的主要因素，对那些直接影响工程质量和风化速度快的岩层，必须制定预防风化的正确措施(图7-3)。

(4) 对风化层的划分，特别是黏土的含量和成分(蒙脱石、高岭石、水云母等)进行必要分析，因为它直接影响地基的稳定性。

图7-3 峨眉山组砂泥岩互层处的照片

六、岩石风化的防治措施

由于岩石体风化作用能降低岩石体的强度，影响边坡及建筑物地基的稳定，因此，在工程上岩石体风化治理措施主要采取挖除和防治两种措施。

(1) 挖除方法：适用于风化层较薄的情况，当厚度较大时通常只将严重影响建筑物稳定的部分挖除。挖除深度是根据风化岩的风化程度风化裂隙、风化岩的物理力学性质和工程要求等来确定。挖除风化岩石的缺点是困难且耗时，因此宜少挖。

(2) 防治方法：这种方法是采取制止风化作用继续发展，或采用人工方法加固风化岩的措施。防治风化的方法很多，主要有抹面法、胶结灌浆法、喷浆法和排水法。

① 抹面法：覆盖防止风化营力入侵的材料，如将二合土(石灰、矿渣)、三合土(水泥、石灰、矿渣)、水泥砂浆、沥青、黏土等均匀地摊在坡面上，经压实、提浆、

抹光后形成的一种保护层(图7-4)。适用于易风化的软质岩石挖方边坡,岩石表面较完整无剥落。

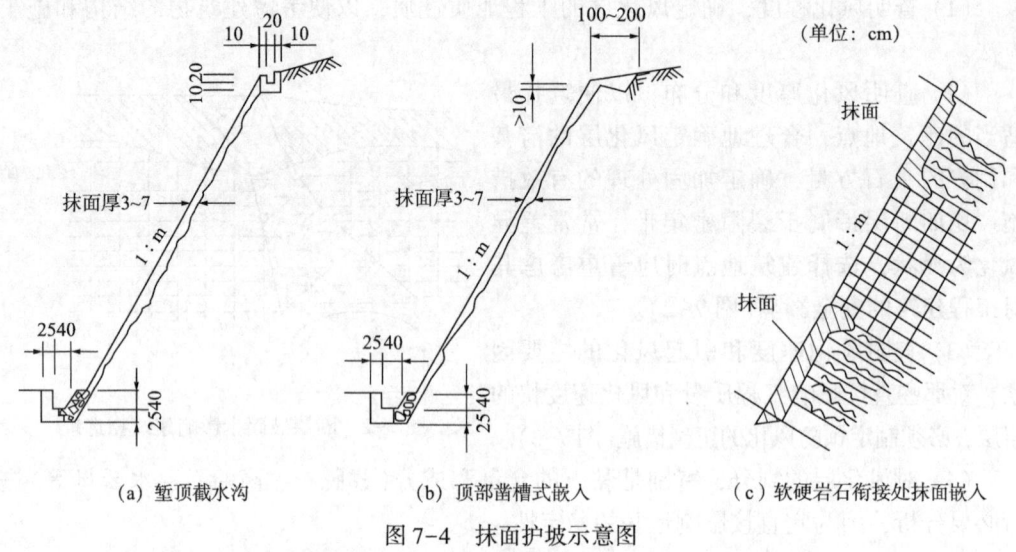

(a) 堑顶截水沟　　(b) 顶部凿槽式嵌入　　(c) 软硬岩石衔接处抹面嵌入

图 7-4　抹面护坡示意图

② 胶结灌浆法：灌注胶结和防水的材料,如水泥、沥青、水玻璃、黏土等浆液,使其起到封闭和胶结岩石裂隙,借助水泥砂浆或混凝土的黏结性把有裂缝的岩石黏结成整体,阻止岩石进一步风化,提高强度和稳定性的作用。这种方法主要针对新开挖岩体的防治,多半需要施加压力才可灌入。

③ 喷浆法：对易风化,但尚未严重风化的岩石边坡,为防止进一步风化,可在岩面上喷射一层水泥砂浆(厚3cm)或混凝土形成保护层。

④ 排水法：因为水是风化作用的活跃因素之一,为了减少具有侵蚀性的地表水和地下水对岩石中可溶性矿物的溶解及对岩石强度的影响,需整平地区,加强排水,适当做一些排水工程。通过隔绝水来减弱岩石的风化速度。

第二节　崩塌对工程影响及防治

一、概述

崩塌是一种山区公路、铁路常见的病害现象。由崩塌带来的损失,不单单是建筑物损坏的直接损失,且常因崩塌导致的交通中断,给运输带来重大损失。

(一) 基本概念

崩塌(rock fall)指陡峻或极陡斜坡上,某些大块或巨块岩块,在重力作用下,突然向下崩落或滑落,顺山坡猛烈地翻滚跳跃,岩块相互撞击破碎,最后堆积于坡脚的一种现象(图7-5)。危岩体是指位于陡峭山坡上、被裂缝分开的块石,这些块石有的规模很大,有的只是陡坡上的一块孤石。危岩体受到振动或暴雨影响,可能从陡峭的山坡上坠落;有时刮大风也可能把不稳定的孤石吹落下来。落石是指斜坡上个别岩块在重力作用下脱离坡体掉落的现象。

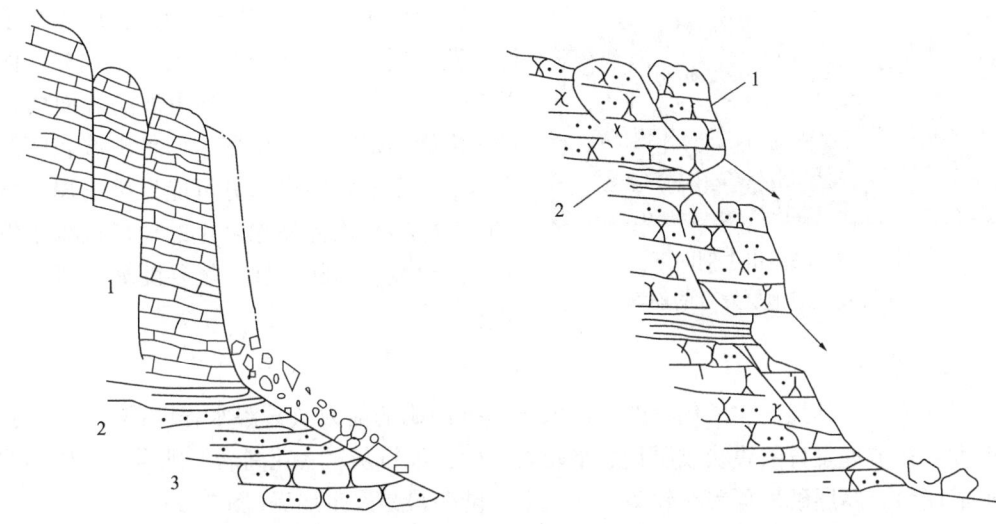

(a) 坚硬岩石组成的斜坡前缘卸荷裂隙导致崩塌示意图
1—石灰岩；2—砂页岩互层；3—砂岩

(b) 软硬岩石层的陡坡局部崩塌示意图
1—砂岩；2—页岩

图 7-5　崩塌、落石示意图

崩塌按发生的地貌部位和崩塌方式又可分为山崩、塌岸。山崩是山岳地区经常发生的一种大规模崩塌现象，山崩时大石块和小岩屑同时坠落，崩塌堆积物能达数十万立方米。山崩常阻塞河流、毁坏森林和村镇(图 7-6)。河岸、湖岸或海岸的陡坡，由于河水、湖水或海水的冲蚀，或地下水的溶蚀作用，在岸坡的水面位置常被掏空，使岸坡上部物体失去支持而发生崩塌，称为塌岸(图 7-7)。

图 7-6　汶川七盘沟下游干河沟

图 7-7　四川峨眉河凹岸发生塌岸

(二) 崩塌的特点

崩塌主要有四个特点：(1)崩塌的速度快，发生猛烈；(2)崩塌体的运动不沿固定的面或带发生；(3)崩塌体在运动后，其原来的整体性遭到完全破坏；(4)崩塌的垂直位移大于水平位移。

二、崩塌的形成条件及影响因素

崩塌发生的条件主要包括地形地貌、岩性、构造以及其他一些自然因素。

图 7-8 峨眉川主剖面下
白垩统夹关组地层发育的崩塌

（一）地形地貌

险峻陡峭的山坡是产生崩塌的基本条件。发生崩塌的山坡坡度一般大于 45°，而以 55°~75°者的居多。另外山坡的表面构造对发生崩塌也有很大作用，如果山坡表面凹凸不平，则沿着突出部分可能发生崩塌、落石（图 7-8）。因此崩塌发生的地形地貌条件主要是岸坡、高陡山坡、峡谷陡坡、河岸凹岸等。

（二）岩性

岩性不同，其强度、风化程度、抗风化和抗冲刷的能力及其渗水程度都是不同的。一般发生在节理发育的块状或层状的坚硬岩体中，如石灰岩、花岗岩、砾岩、砂岩等均可形成崩塌。厚层硬岩覆盖在软弱岩层之上的陡壁最易发生崩塌（图 7-9）。

（三）构造

崩塌发生的构造条件主要包括岩层的倾向倾角、节理发育、软弱结构面等因素。当各种构造面，如岩层层面、断层面、错动面、节理面、不整合面等，或软弱夹层倾向临空面且倾角较陡时，往往会构成崩塌的依附面（图 7-10）。

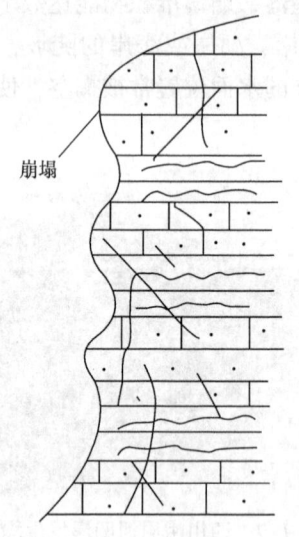

图 7-9 软硬岩层互层，软岩风化引起崩塌

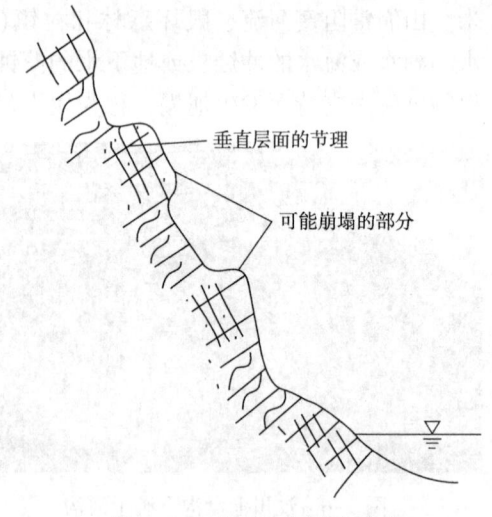

图 7-10 节理与崩塌的关系

（四）其他因素

（1）气候的影响也很大，如温差大、降水多、风大风多、冻融作用及干湿变化强烈，容易发生崩塌。

（2）在暴雨或久雨之后，水分沿裂隙渗入岩层，降低了岩石裂隙间的黏聚力和摩擦力，增加了岩体的重量，更加促进崩塌的产生。

（3）水流冲刷坡脚，削弱了坡体支撑能力，使山坡上部失去稳定。

(4) 地震：地震会使土石松动，引起大规模的崩塌。

(5) 人为因素的影响，如在山坡上部增加荷重、大爆破的震动等都可能引起崩塌。修建建筑、公路等开挖边坡过深、过陡，或者由于建筑切割了山坡下部使软弱结构面暴露，都会使边坡上部岩体失去支撑，引起崩塌。1980年6月3日凌晨5时35分发生在湖北省远安县盐池河崩塌（图7-11），16s内摧毁矿务局机关全部建筑物和坑口设施，导致284人死亡。

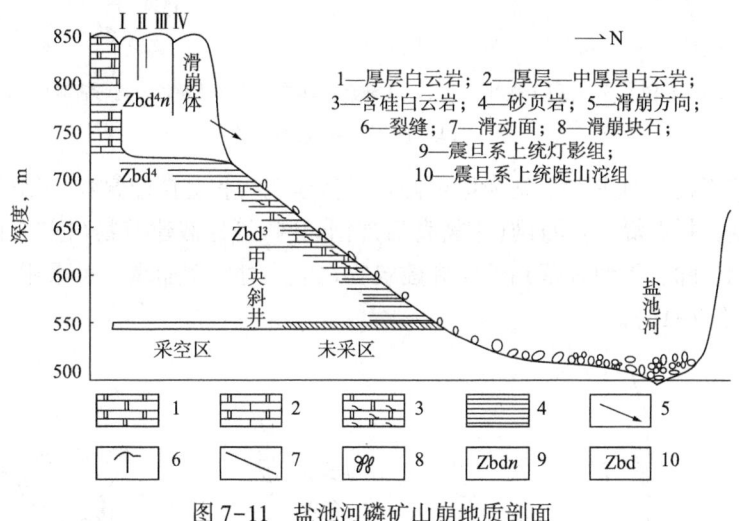

图7-11 盐池河磷矿山崩地质剖面

三、崩塌的防治措施

崩塌的防治措施主要有清除危石、胶结岩石裂隙、引导地表水流、支护加固等，以避免岩石强度迅速变化，防止差异风化等，具体如下：

(1) 坡面防护：对于微风化斜坡表面进行清理，采用砌石护面防止继续风化（图7-12）。

(2) 清除危岩：清除斜坡上有可能要崩落的危岩或孤石，可采取爆破、打楔，将陡崖削缓，并清除易坠的岩石，防患于未然（图7-13）。

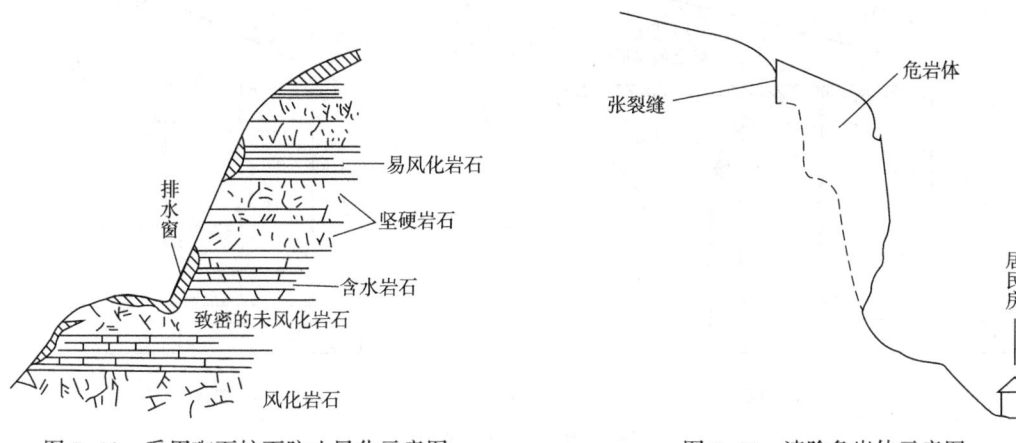

图7-12 采用砌石护面防止风化示意图　　图7-13 清除危岩体示意图

（3）支护加固：采取支护墙、锚杆、嵌补、灌浆或勾缝、支撑垛、钢筋插别等方法支撑加固可能崩落的岩体。比如对坡面深凹部分可进行嵌补，对危险裂缝进行灌浆或勾缝(图7-14)。

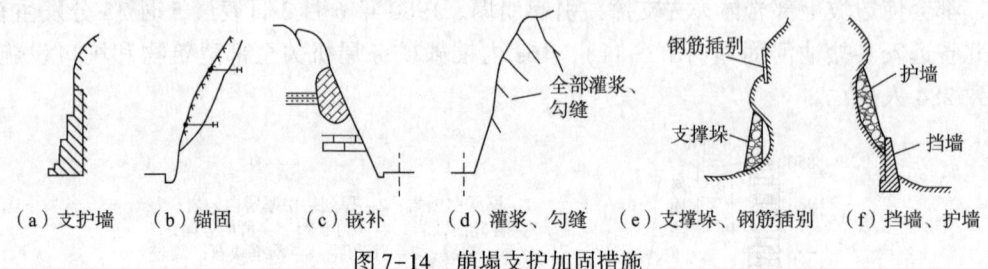

(a)支护墙　(b)锚固　(c)嵌补　(d)灌浆、勾缝　(e)支撑垛、钢筋插别　(f)挡墙、护墙

图7-14　崩塌支护加固措施

（4）拦挡工程。对中、小型崩塌可修筑拦截建筑物和遮挡建筑物。修落石平台、落石槽、挡石墙、拦石堤、拦石网(钢轨背后加钢丝网)等拦截建筑物(图7-15)，拦挡崩落石块，定期清除，不使其落到道路和建筑物之上。对大型崩塌，可采用明洞或棚洞等遮挡建筑物(图7-16)。

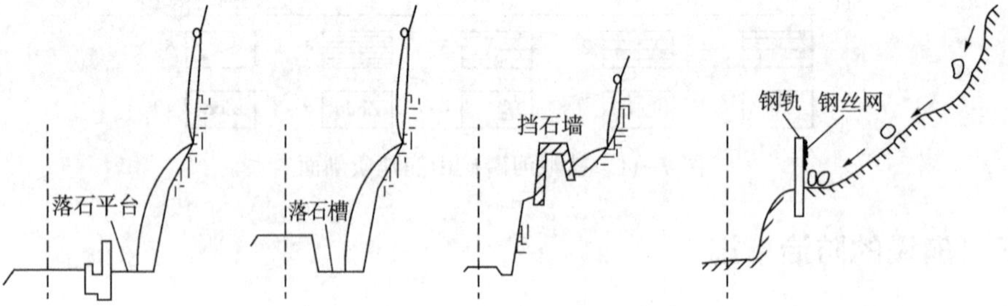

(a)落石平台　(b)落石槽　(c)挡石墙　(d)拦石网

图7-15　拦截建筑物

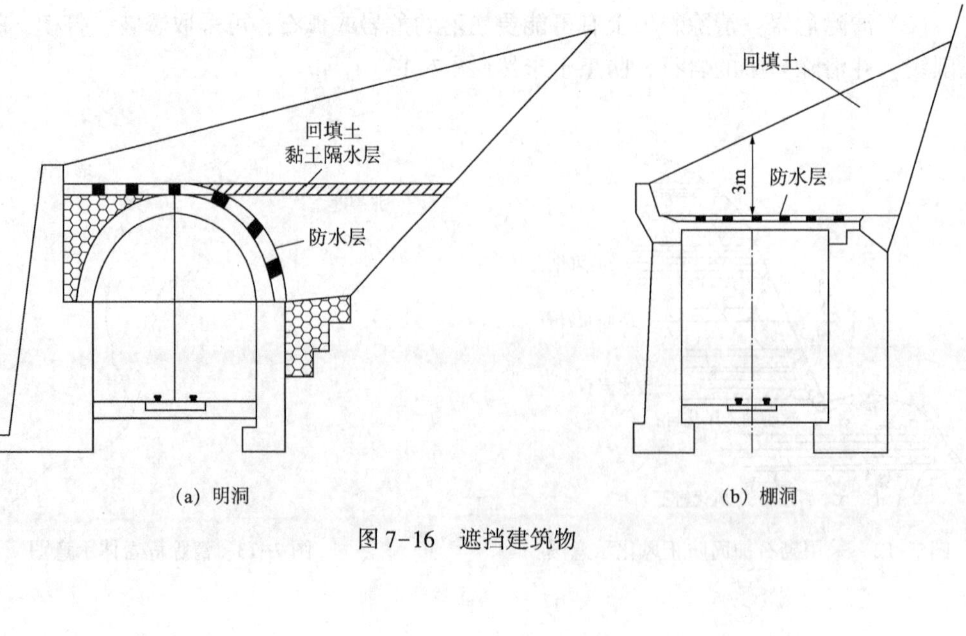

(a)明洞　(b)棚洞

图7-16　遮挡建筑物

(5) 排水工程。

① 在可能发生崩塌区的外围修"人"字形截水沟，不使地表水流入崩塌区。

② 崩塌地段地表用水泥砂浆或黏土封堵裂缝，防止雨水和其他水进入。

③ 用塑料布或防水土工布覆盖张裂缝，防止雨水、地表水进入。

(6) 绕避。对可能发生大规模崩塌的地段，若大型工程人不能解决时，根据当地具体情况，可采取绕避方案，或将线路内移以隧道通过，或将线路改移到河谷对岸(图 7-17)。大型崩塌应在勘测阶段查明并绕避，以免造成重大损失。

(7) SNS 柔性防护系统技术。

SNS(safety netting system)柔性防护系统起源于欧洲，已有 100 多年历史。它是以高强度柔性网(钢丝绳网、环形网、高强度钢丝格栅)作为主要构成部分，并以覆盖(主动防护)和拦截(被动防护)两大基本类型来防治各类斜坡坡面崩塌落石、风化剥落等地质灾害，使用寿命 50~100 年，适用于永久性工程建设。自 1995 年引入中国以来，已成功地应用于国内铁路、公路、水电站、矿山和市政工程的上千个边坡工点，解决了传统防治措施难以解决的大量难题。

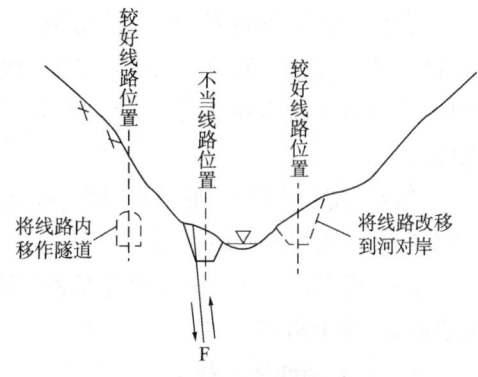

图 7-17　绕避崩塌危险区方案

SNS 柔性防护系统与传统刚性结构的防治方法的主要差别在于该系统本身具有的柔性和高强度，更能适应于抗击集中荷载和高冲击荷载。该系统包括主动系统和被动系统两大类型。SNS 主动柔性防护网是以钢丝绳网为主的各类柔性网覆盖包裹在所需防护斜坡或岩石上，以限制坡面岩石土体的风化剥落或破坏以及围岩崩塌(加固作用)。SNS 被动柔性防护网是采用锚杆、钢柱、支撑绳和拉锚绳等固定方式将金属柔性网以一定角度安装在坡面上，形成栅栏形式的拦石网，将落石控制于一定范围内运动(围护作用)。

与传统的拦截式刚性建筑物的主要差别在于系统的柔性和强度足以吸收和分散崩岩能量并使系统受到的损伤最小。该系统既可有效防止崩塌灾害，又可以最大限度地维持原始地貌和植被，保护自然生态环境。主要应用于海、河、渠治理，边坡防护，泥石流、膨胀土治理，水利、道路挡墙、拦渣、弃渣坝，山体防护，加固抢险，混凝土及管道接缝防渗，软基处理。

四、岩堆

(一) 基本概念

岩堆是指由碎落、崩塌和落石在山坡的低凹处或坡脚形成的疏松堆积体，其规模一般都不大，面积不超过几百平方米。几个岩堆连接在一起形成倒石裾。

(二) 岩堆的工程地质特征

(1) 位置及形状：岩堆一般位于高陡崩塌斜坡的坡脚处。岩堆的形态规模不等，视崩塌陡崖的高度、陡度、坡麓基坡坡度的大小而定。基坡陡，在崩塌陡崖下多堆积成锥形；基坡缓，多呈较开阔的扇形。在深切峡谷区或大断层下，由于崩塌普遍分布，很多岩堆彼此相接，沿陡崖坡麓形成带状。

（2）表面坡度：岩堆大都为近期堆积，其表面坡度接近于组成物质在干燥状态下的天然休止角，浸入水容易发生局部或整体移动。

（3）结构：岩堆一般内部结构松散，物质大小混杂、棱角明显；孔隙率大且不均匀，在荷载作用下易发生不均匀沉降。一般较大的岩块可以滚落到岩堆的边缘部位，而较小的碎屑多堆积在岩堆的顶部。较粗大的岩屑分布在岩堆的下部，向上逐渐变细。这是因大的岩块较重，沿山坡向下崩塌时产生很大动能，克服各种障碍而滚得很远。

（4）构造：岩堆内部常具有向外倾斜的层理，在外力作用或其他作用的扰动下，容易发生表层或层间滑动变形。

（5）基底：岩堆一般坐落在基岩斜坡上，上陡下缓，与水作用后，岩堆可能沿基底（原地面）发生滑移。

（三）岩堆的活动状态

岩堆可分为正在发展的、趋于稳定的和稳定的岩堆三种类型。

（1）正在发展的岩堆：山坡基岩裸露，坡面参差不齐，有新崩落痕迹，常有落石和碎落。岩堆表面呈直线形，坡角近于天然休止角。坡面无或少有植物生长，堆积的岩块大部分颜色新鲜。内部结构松散，岩块间无胶结现象，孔隙度大。表层松散零乱，人行岩堆上有石块滑落。

（2）趋于稳定的岩堆：岩堆上方的基岩大部分已稳定，具有平顺的轮廓，仅有个别的落石和碎落。岩堆坡面近于凹形，大部分已生长植物。岩堆的石块大部分颜色陈旧，仅个别地点有颜色新鲜的石块零星分布。岩堆内部结构密实或中等密实，但表层还是松散的，由于植物生长已不致散落，岩堆坡度稍陡于天然休止角。

（3）稳定的岩堆：岩堆上方的基岩已稳定，坡度平缓，不稳定的岩块已完全剥落，岩堆表面呈凹形，已长满植物，无颜色新鲜的岩块。岩堆体胶结而密实，大孔隙已被充填。有些地方因表层失去植被覆盖而有水流冲刷的痕迹。

（四）岩堆的防治原则及措施

岩堆地带选线应先调查勘测岩堆的规模和稳定程度，对处于发展阶段的岩堆，且为大中型崩塌，以绕避为宜；若绕避有困难，应选择基底条件较好的部位通过，同时进行方案比选。

对于中、小型岩堆，已趋停止或已停止发展的岩堆，线路通过岩堆时应采取一定措施：

（1）排水。水对岩堆稳定性有一定影响，应排除岩堆附近的地表水和地下水。

（2）线路位置选择。以路堤通过时，路堤位置宜选在岩堆下部或坡脚(图7-18)；以路堑通过时，位置应选在岩堆顶部(图7-18)。

（3）在岩堆上的线路，应尽量少填少挖(图7-19)。填方底部原地面应做成台阶形以防填土路基滑动。在线路上、下均应设置挡土墙，但应注意挡土墙和岩堆的整体稳定性问题和发生不均匀沉降问题。

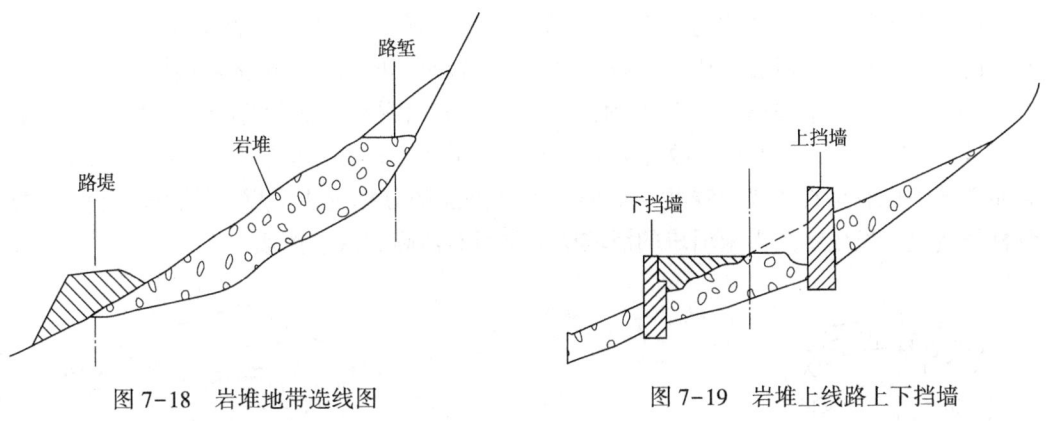

图 7-18　岩堆地带选线图　　　　图 7-19　岩堆上线路上下挡墙

第三节　滑坡对工程影响及防治

一、概述

滑坡(landslide)是指斜坡上的岩土体主要在重力作用下，沿斜坡内某一(几)个滑动面(或带)作整体下滑的过程(图 7-20)。

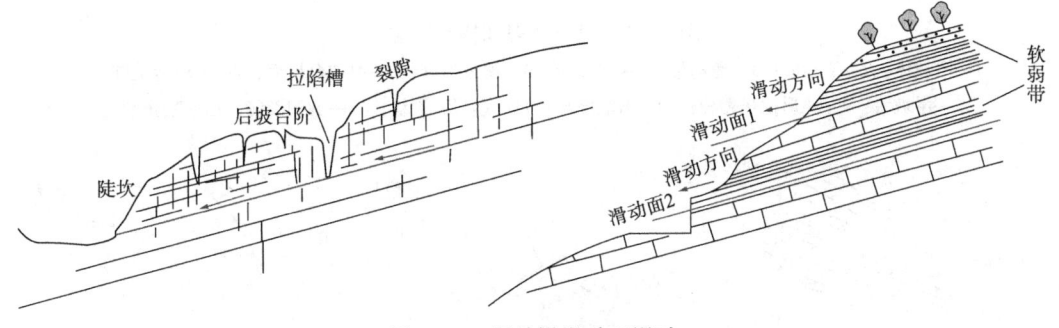

图 7-20　滑坡沿滑动面滑动

滑坡主要有四个特点：(1)滑动体移动的整体性；(2)滑动体沿着一个或几个软弱面或"带"滑动；(3)滑动速度较缓慢；(4)滑动水平位移大于垂直位移。

如果滑坡滑动速度开始很快，表层发生翻滚现象，则为崩塌性滑坡。

滑坡几何形态要素有滑坡体、滑动面、滑动带、滑坡床、滑坡壁、滑坡台地面、滑坡鼓丘、滑坡舌、滑坡裂缝及滑坡主轴等(图 7-21)：

(1) 滑坡体。沿滑动面(带)向下滑动的那部分岩土体称为滑坡体，简称滑体。

(2) 滑动面、滑动带、滑动擦痕。滑坡体沿其下滑的面称为滑动面(图 7-20，图 7-22)；许多滑坡滑动时在滑动面上形成一层剪切揉皱结构被破坏的软弱带，厚度数毫米至数米，称为滑动带(图 7-21)；滑动面上滑坡体与不动体之间因相互摩擦而形成的痕迹称为滑动擦痕，可以用来指示滑坡滑动的方向。

(3) 滑坡床。滑动面(带)下稳定不动的岩土体。有些滑坡的滑动面(带)可能不止一个，在最后滑动面以下稳定的岩土体称为滑坡床，简称滑床。

(4) 滑坡周界。滑坡体与周围稳定不动的岩土体的分界线称为滑坡周界。其圈定了滑坡的范围，在多个滑坡构成的滑坡区内，它可以是不同滑动块体的界线。

(5) 滑坡壁。滑坡体上部与不动体脱离的分界面露在外面的部分，高数米至数十米，坡度55°~80°，似壁状，故称为滑坡壁。在平面上多呈围椅状(环谷状、马蹄状)，岩质滑坡中也有呈直线或折线状。滑坡最上部高陡部分称为主滑壁(即滑坡后壁)，两侧称为侧壁。发生不久尚未坍塌的滑坡壁上常留有清晰的滑动擦痕。

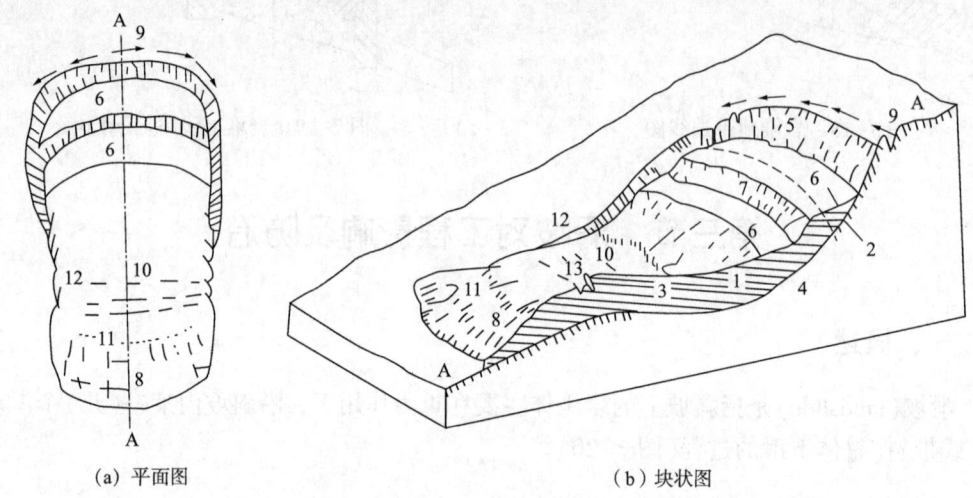

图 7-21 滑坡形态和构造示意图
1—滑坡体；2—滑动面；3—滑动带；4—滑坡床；5—滑坡后壁；6—滑坡台地面；7—滑坡台地陡坎；
8—滑坡舌；9—环形拉张裂缝；10—滑坡鼓丘；11—扇形张裂缝；12—剪切裂缝；13—鼓张裂缝

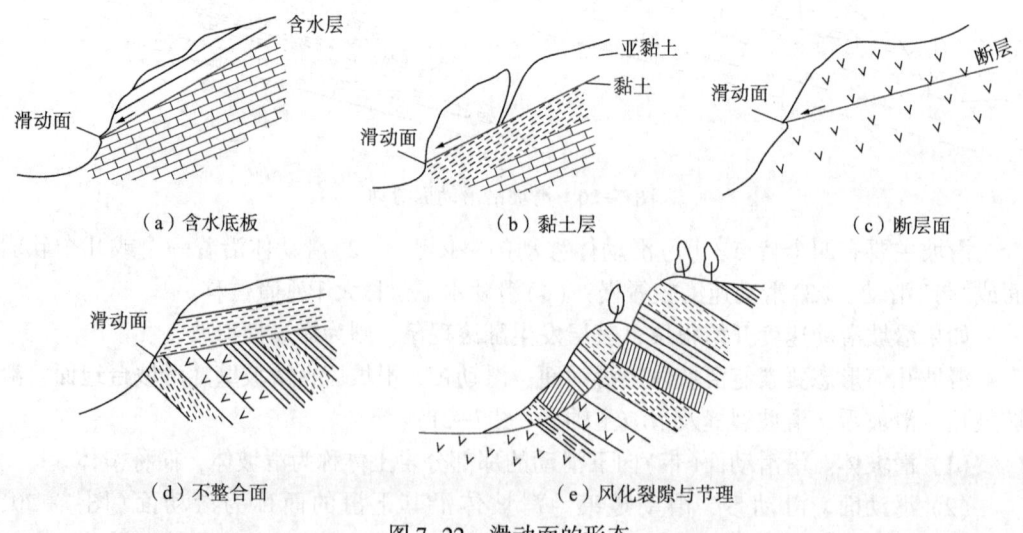

图 7-22 滑动面的形态

(6) 滑坡阶地(台地、台阶)。由于滑坡体上、下各段运动速度的差异，滑坡体断开或沿不同滑动面多次滑动，在滑坡上构成多级台阶，称为滑坡阶地。每一滑坡阶地由滑坡平台及陡壁组成。宽大的台面即为滑坡平台，有时该平台具有向山缓倾反向坡，称为反坡平台，是滑坡的一个典型地貌特征，尤其是沿弧形面旋转滑动的滑坡。

(7) 滑坡洼地和滑坡湖。滑坡滑动后，滑坡体与主滑壁之间拉开形成沟槽或陷落成"地堑"状，相邻土楔向山反倾形成四周高、中间低的洼地，称为滑坡洼地。当滑坡壁向外渗水或地表水汇集于洼地中形成溃泉地或水塘时，就成为滑坡湖。

(8) 滑坡剪出口。滑动面最下端与原地面相交剪出的破裂口称为滑坡剪出口，简称滑坡出口。在滑坡大滑动之前表现为地面隆起、翘出，或建筑物被剪断，大滑动之后常被埋入滑坡体之下。

(9) 滑坡舌、滑坡鼓丘。滑坡体前缘形如舌状伸入沟堑或河道中的部分称为滑坡舌。滑坡鼓丘是指滑坡体前缘受阻，被挤压鼓起成丘状的部分。滑坡鼓丘常常为垂直滑动方向的一条或数条土垄。

(10) 滑坡裂缝。在滑坡运动时，由于滑坡体各部分的滑动速度不均匀，在滑坡体内部及表面形成的裂缝。根据受力情况，滑坡裂缝分为环状拉张裂缝、剪切裂缝、鼓张裂缝和扇形张裂缝。环状拉张裂缝是指在滑坡体将要滑动时，由于拉力的作用，在滑坡体的上部产生一些张口的环状裂缝。剪切裂缝是指滑坡体两侧和相邻的不动岩土体发生相对位移时，会产生剪切作用，形成与滑动方向大致平行的裂缝，又称羽状裂缝。鼓张裂缝是滑坡体在下滑过程中，如果滑动受阻或上部滑动比下部快，则滑坡体下部会向上鼓起并开裂。鼓张裂缝通常是开口的，其延伸方向大体上与滑动方向垂直。扇形张裂缝是指滑坡体向下滑动时，滑坡舌向两侧扩散，形成放射状的张开裂缝，又称放射状张裂缝，这是滑坡抗滑段受压的标志。

(11) 滑坡主轴（主滑线）。滑坡主轴是滑坡体滑动速度最快的纵向线，代表整个滑坡的滑动方向，可以是直线，也可以是折线。一般滑坡体的中部运动速度较快，滑坡体两侧因受摩阻力较多而运动速度较慢。按照一定间隔在滑坡体上取不同剖面，测出剖面上每一点的运动速度，将不同剖面上速度最大的点连接起来，即为滑坡主轴。图7-23中，滑坡主轴为13、21、31折线，箭头的长短表示速度的大小。

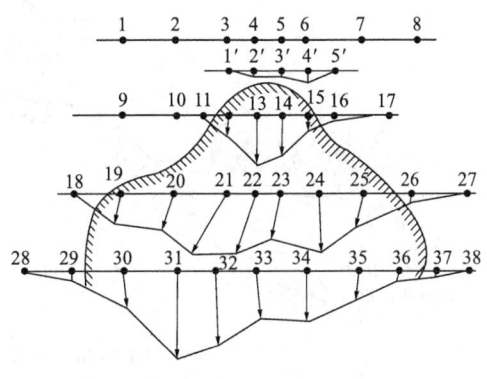

图7-23 滑坡运动矢向平面图

只有发育完全的新生滑坡才同时具备以上滑坡诸要素，并非所有滑坡都是如此。

二、滑坡的发育过程

滑坡的发生是一个长期的变化过程，其发育过程一般划分为三个阶段：蠕动变形阶段、滑动破坏阶段和渐趋稳定阶段。

（一）蠕动变形阶段

蠕动变形阶段是指从斜坡的稳定状况受到破坏、坡面出现裂缝，到斜坡开始整体滑动之前的这段时间。出现的滑坡前兆现象为斜坡后缘拉张裂缝不断加宽、两侧相继出现剪切裂缝、坡脚附近出现鼓张裂缝、滑坡出口附近潮湿渗水且逐渐变混浊。蠕动变形阶段的持续时间与斜坡中应力集中和分异的速度以及外力作用的强度有关，一般持续时间较长。

(二) 滑动破坏阶段

在此阶段内，岩体已完全破裂，滑动面已形成，滑体与滑床完全分离。出现的滑坡征兆现象为裂缝错距加大，后缘拉张主裂缝连成整体，两侧羽状裂缝撕开，斜坡前缘出现大量放射状鼓张裂缝、挤压鼓丘，滑动面出口地方常常有浑浊泥泉水出露。滑坡在整体往下滑动的时候，滑坡后缘迅速下陷，滑坡壁越露越高，滑坡体分裂成数块，并在地面上形成阶梯状地形，滑坡体上的树木东倒西歪地倾斜，形成"醉汉林"，同时滑坡体上的建筑物严重变形以致倒塌毁坏。此时滑坡的位移速率是不断加大的，且持续时间很短。

(三) 渐趋稳定阶段

经剧滑之后，滑坡体重心降低，能量消耗于克服前进阻力和土体变形中，位移速度越来越慢，并趋于稳定。滑动停止后，岩土体变得松散破碎，透水性加大，含水量增高。滑坡停息以后，在自重作用下，岩土体逐渐压实，地表裂缝逐渐闭合。

经过若干时期后，滑坡体上的东倒西歪的"醉汉林"重新垂直向上生长，但其下部已不能伸直，因而树干呈弯曲状，有时称它为"马刀树"，这是滑坡趋于稳定的一种现象(图7-24)。当滑坡体上的台地已变平缓，滑坡后壁变缓并生长草木，没有崩塌发生；滑坡体中岩土压密，地表没有明显裂缝，滑坡前缘无水渗出或流出清凉的泉水时，就表示滑坡已基本趋于稳定。

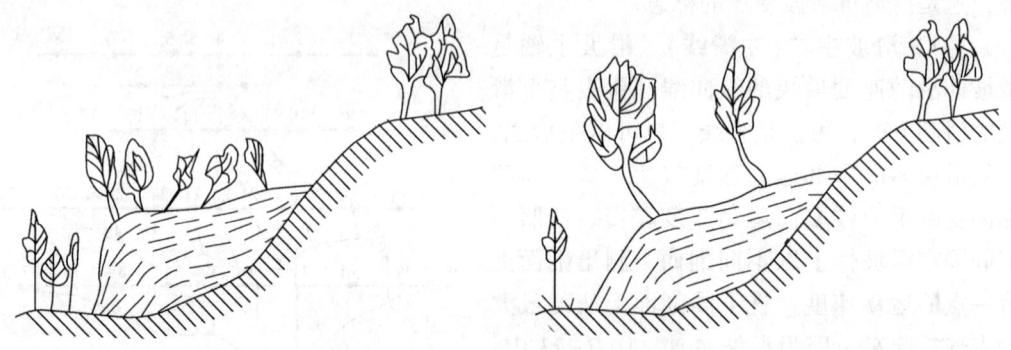

图7-24 醉汉林(左)和马刀树(右)

需要指出的是，不同滑坡发育过程的阶段性表现并不相同，主要取决于滑动面的特征以及外力作用的方式和强度。有的滑坡发育过程非常缓慢，长达几年或几十年，三个发育阶段完整分明；有的滑坡发育过程非常急促短暂，只有短短几天时间甚至几分钟；有的滑坡则具有长期反复活动或周期性活动的特点，经过多次活动才达到最终稳定。因此，只有掌握滑坡发育活动过程和活动特点，可以更科学地对其进行监测、预报和预防。

三、滑坡的影响因素

影响滑坡的因素主要有两方面：一是地质条件与地貌条件；二是内外营力(动力)和人为作用的影响。

第一个方面主要与以下几个因素有关：

(1) 岩性。

岩、土体是产生滑坡的物质基础。一般说，松散堆积层和基岩都有可能构成滑坡体(图7-25)。松散堆积层的滑坡主要和黏土有关，特别是和蒙脱石、伊利石和高岭石等黏土矿物的关系更为密切，尤其以蒙脱石的影响最大。另外，我国黄土类土分布广泛，特别是裂隙发育的黄土组成的斜坡，当边坡很平缓时仍能发生滑动破

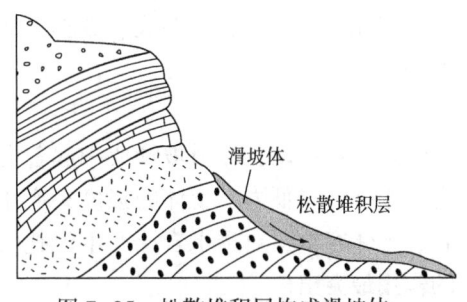

图7-25 松散堆积层构成滑坡体

坏，其稳定性决定于黄土的密实程度和结构特征。对于基岩滑坡来说，主要与页岩、泥岩、泥灰岩、云母片岩、滑石板岩、千枚岩等及软硬相间的岩层所构成时，由于这类岩石特殊的物理和化学性质，容易发生滑动破坏。

(2) 构造。

组成斜坡的岩、土体只有被各种构造面切割分离成不连续状态时，才有可能产生向下滑动的条件。同时，构造面也为降雨等水流进入斜坡提供了通道。故各种节理、断层、不整合面、层面发育的斜坡，特别是当这些软弱结构面倾向与坡向一致时最易发生滑坡(图7-22)。

(3) 地形地貌。

斜坡的高度、坡度及斜坡的形态、成因与斜坡的稳定性都有着密切的关系。在斜坡地质条件基本相同的条件下，高陡斜坡比低缓斜坡更容易发生滑坡。斜坡的形态、成因反映了斜坡的形成历史、稳定程度和发展趋势。对其进行分析，有助于了解滑坡的形成和发展。斜坡形态特征影响滑坡的形成(图7-26)。对于直线形斜坡，如果是由单斜岩层构成，当斜坡的坡向与岩层层面一致时，尤其是在开挖路基后，在不利岩性及水文地质条件下，很容易发生大规模的顺层滑坡；在气候干寒，物理风化强烈地区，山体岩性松软或者岩体破碎的直线形斜坡也容易发生滑动。凸形坡往往由于新构造运动加速上升，河流强烈下切，当斜坡发生形变时也会形成滑坡。凹形坡如分布在松软岩层中，往往易形成大规模的滑坡现象，此时的凹形坡坡面往往就是古滑坡的滑动面。阶梯形坡中的，若是由于山坡曾经发生过大规模滑坡变形，由滑坡台阶组成的次生阶梯状斜坡，往往坡脚处受到强烈冲刷或者不合理切坡，又或受到地震影响时，可能会引起古滑坡复活。

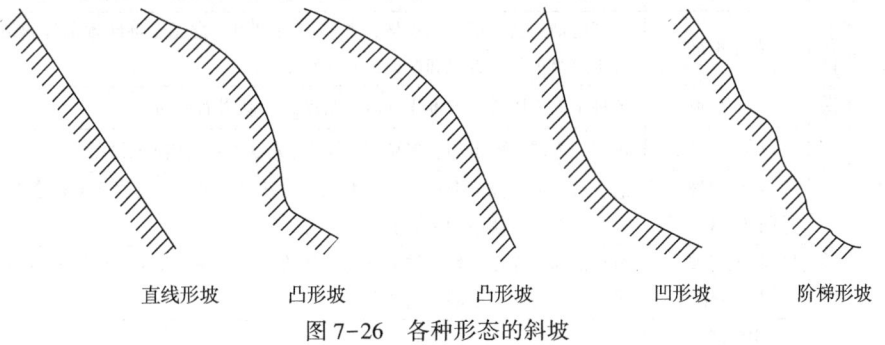

图7-26 各种形态的斜坡

另外，山间缓坡地段，容易汇集地表水和地下水；山区河流凹岸易被河水冲刷和淘蚀；黄土地区高阶地前缘斜坡坡脚部位，常被水浸润；这些地段均易形成滑坡。

因此，坡度大、高差大、坡脚受冲刷以及下陡中缓上陡坡形的斜坡是易发滑坡的坡形条件。

（4）地下水。

地下水活动，在滑坡形成中起着主要作用（图7-27）。它的作用主要表现在：软化岩、土体，降低岩、土体的强度，产生动水压力和孔隙水压力；潜蚀岩、土体，增大岩、土体容重，对透水岩层产生浮托力等。尤其是对滑面（带）的软化作用和降低强度的作用最突出。

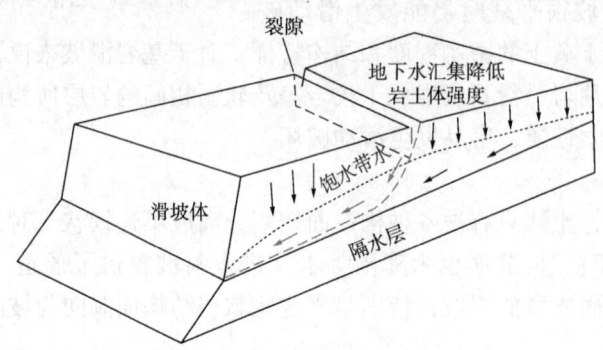

图7-27　地下水对滑坡的作用

第二个方面主要是地震和人类的工程活动。地震的强烈作用使斜坡土石的内部结构发生破坏和变化，斜坡岩、土体就更容易发生变形，最后就会发展成滑坡；不合理的开挖边坡、坡体上部堆载、矿山开采、工程爆破、水库蓄（泄）水等都可诱发滑坡。除此之外，诱发滑坡发生的因素还有：降雨、融雪、地表水的冲刷、浸泡、河流等地表水体对斜坡坡脚的不断冲刷；海啸、风暴潮、冻融等作用。

四、滑坡分类

滑坡可从不同角度进行分类，具体见表7-1。

表7-1　滑坡类型及其特征表

划分依据	名称类型		滑坡的特征
按滑坡物质组成	覆盖层滑坡	黏性土滑坡	黏性土本身变形滑动，或与其他成因的土层接触面或沿基岩接触面而滑动
		黄土滑坡	不同时期的黄土层中的滑坡，并多群集出现，常见于高阶地前缘斜坡上，或黄土层沿下伏古近纪和新近纪岩层滑动
		碎石滑坡	各种不同成因类型的堆积层内滑动或沿基岩面滑动
		风化壳滑坡	风化壳表层间的滑动。多见于岩浆岩（尤其是花岗岩）风化壳中
	基岩滑坡	顺层滑坡 [图7-28(a)]	沿岩层面或裂隙面滑动，或沿堆积层与基岩交界面或基岩间不整合面等滑动，大都分布在顺倾向的山坡上
		切层滑坡 [图7-28(b)]	滑动面与岩层面相切，常沿倾向山外的一组断裂面发生，滑坡床多呈折线状，多分布在逆倾向岩层的山坡上
		均质滑坡 [图7-28(c)]	发生在同一岩性的岩体或土体中的滑坡，滑动面均匀光滑
	特殊滑坡		如融冻滑坡、陷落滑坡等

续表

划分依据	名称类型	滑坡的特征
按主滑面成因	堆积面滑坡	以松散堆积物和下伏基岩之间界面为滑动面的滑坡
	层面滑坡	以沉积作用、变质作用以及火山喷发所形成的各种岩层分界面为滑动面的滑坡
	构造面滑坡	以地质构造作用形成的各种面，以及岩浆岩侵入体与围岩的接触面和岩浆岩冷凝过程中形成的节理面为滑动面的滑坡
	同生面滑坡	这种面仅产生在较均质的土体中，它不依附任何先期结构面，主要是因坡体中应力和土体强度条件改变而出现的新剪切面，滑坡与该剪切面同步形成，故称为同生面，此类滑坡通常规模较小
按滑坡体厚度（图7-29）	浅层滑坡	滑坡体厚度在10m以内
	中层滑坡	滑坡体厚度约为10~25m
	深层滑坡	滑坡体厚度约为25~50m
	超深层滑坡	滑坡体厚度超过50m
按滑坡体体积（图7-30）	小型滑坡	$<10\times10^4 m^3$
	中型滑坡	$(10\sim100)\times10^4 m^3$
	大型滑坡	$(100\sim1000)\times10^4 m^3$
	特大型滑坡	$(1000\sim10000)\times10^4 m^3$
	巨型滑坡	$>10000\times10^4 m^3$
按形成年代	新滑坡	现今正在发生滑动的滑坡
	老滑坡	全新世以来发生的滑坡，现今整体稳定的滑坡
	古滑坡	全新世以前发生滑动的滑坡，现今整体稳定的滑坡
按发生后的活动性	活滑坡	发生后仍在继续活动的滑坡。后壁及两侧有新鲜擦痕，体内有开裂、鼓起或前缘有挤出等变形迹象，其上偶有旧房遗址、幼小树木歪斜生长等
	死滑坡	发生后已停止发展，一般情况下不可能重新活动，坡体上植被茂盛，常有老建筑
按形成原因	工程滑坡	由于施工开挖或加载等人类活动引起的滑坡，还可细分为： (1) 工程新滑坡：由于开挖坡体或建筑物加载所形成的滑坡。 (2) 工程复活古滑坡：原已存在的滑坡，由于工程扰动引起复活的滑坡
	自然滑坡	由于自然地质作用产生的滑坡。按其发生相对时代早晚又可分为古滑坡、老滑坡和新滑坡
按力学条件	推移式滑坡 [图7-31(a)]	上部岩层滑动挤压下部产生变形，滑动速度较快，多呈楔形环谷外貌，滑体表面波状起伏，多见于有堆积物分布的斜坡地段
	牵引式滑坡 [图7-31(b)]	下部先滑使上部失去支撑而变形滑动。一般速度较慢，多呈上小下大的塔式外貌，横向张性裂隙发育，表面多呈阶梯状或陡坎状，常形成沼泽地
	平移式滑坡 [图7-31(c)]	这种滑坡滑动面一般较为平缓，始滑部位分布于滑动面的许多点，这些点同时滑移，然后逐渐发展连接起来
	混合式滑坡 [图7-31(d)]	这种滑坡是始滑部位上、下结合，共同作用。混合式滑坡是比较常见的

上述分类均各自成系统，但也存在某些横向的内在联系，如破碎岩层滑坡常为构造面滑坡等。根据勘测阶段及对滑坡的认识不同，可以单独定名或综合定名。总的来说，按滑体的物质组成分类是基础，有利于滑坡的防治；按主滑面成因类型分类有利于滑坡的预测和预防；按滑体厚度分类有利于滑坡的整治。

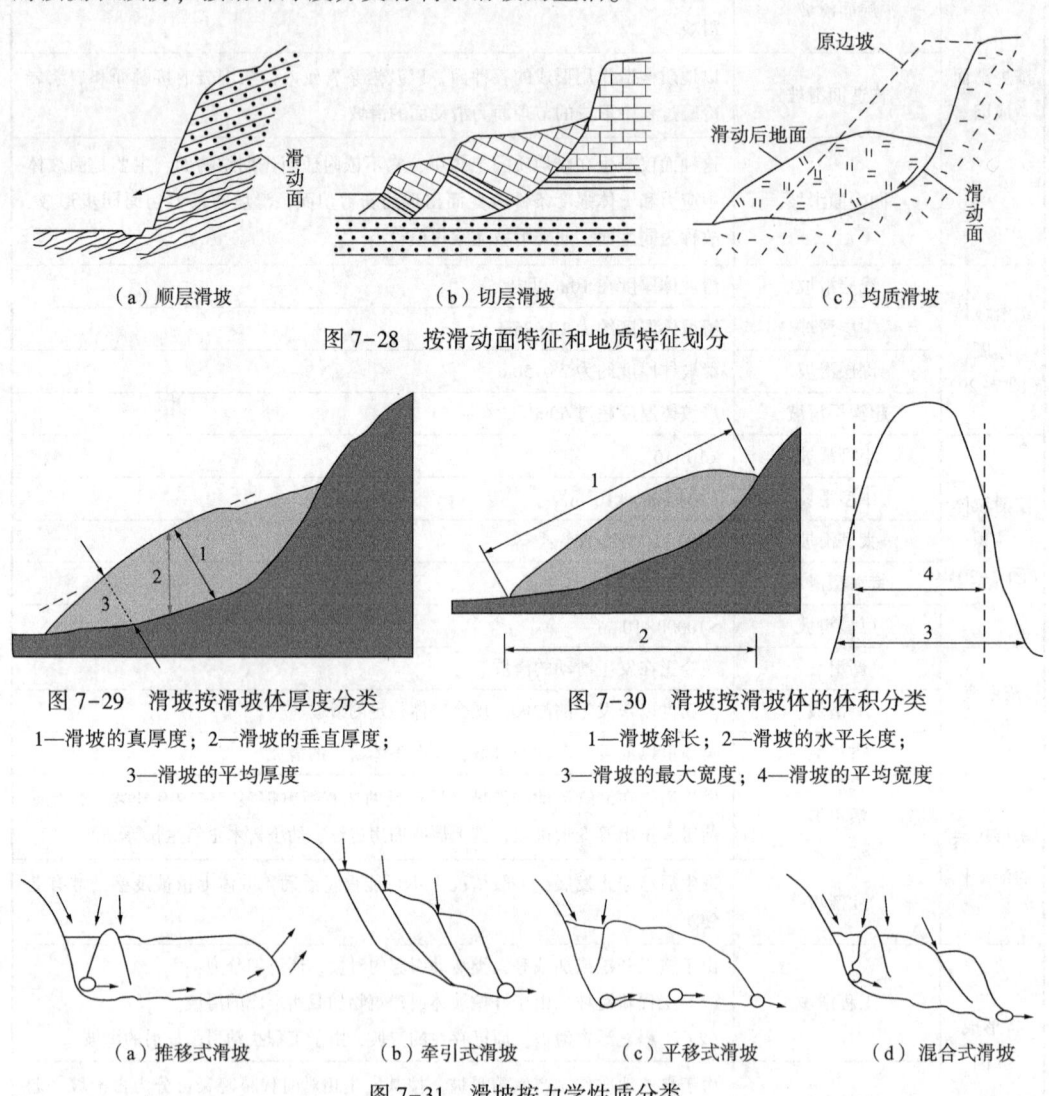

(a) 顺层滑坡　　　　(b) 切层滑坡　　　　(c) 均质滑坡

图 7-28　按滑动面特征和地质特征划分

图 7-29　滑坡按滑坡体厚度分类
1—滑坡的真厚度；2—滑坡的垂直厚度；
3—滑坡的平均厚度

图 7-30　滑坡按滑坡体的体积分类
1—滑坡斜长；2—滑坡的水平长度；
3—滑坡的最大宽度；4—滑坡的平均宽度

(a) 推移式滑坡　　(b) 牵引式滑坡　　(c) 平移式滑坡　　(d) 混合式滑坡

图 7-31　滑坡按力学性质分类

五、判别滑坡的标志

斜坡在滑动之前，往往有一些先兆现象，如地下水位发生显著变化，干涸的泉水重新出水并且混浊，坡脚附近湿地增多，范围扩大；斜坡上部不断下陷，外围出现弧形裂缝，坡面上的树木逐渐倾斜，建筑物也开始开裂变形；斜坡前缘土石开始零星掉落，坡脚附近的土石被挤紧，并出现大量鼓张裂缝等。

斜坡滑动之后，也会同样出现一系列的变异现象，这都为我们提供了判别滑坡的标志。主要有以下几种标志。

(一) 地物地貌标志

滑坡在斜坡上常呈圈椅状、马蹄状地形，或使斜坡上出现异常台阶及斜坡坡脚侵占河床(如河床凹岸反而稍微突出或有残留的大孤石)等现象(图 7-32)。滑坡体上常有鼻状鼓丘或多级错落平台，其高程和特征与外围阶地不同。滑坡体两侧可见羽毛状剪切裂缝，且常形成沟谷，并有双沟同源现象(图 7-33)。有些岩质滑坡体在向下滑动过程中，由于前缘剪出口处受到坚硬基岩的阻挡，滑坡舌部位会向上翘起，形成"前缘反翘"的地形。有的滑坡体上还有积水洼地、地面裂缝、醉汉林、马刀树、房屋倾斜和开裂、管线路工程变形等现象(图 7-34)。这些标志是滑坡最直观的特征。

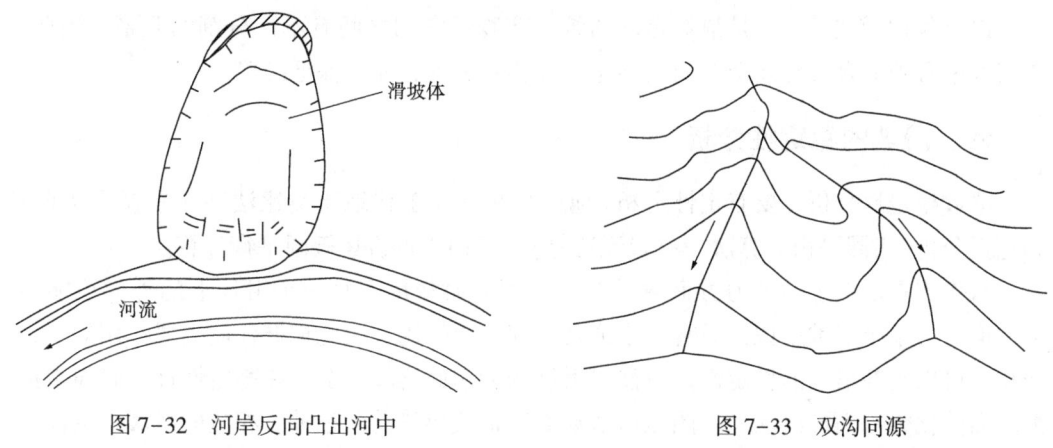

图 7-32 河岸反向凸出河中　　　　　　　图 7-33 双沟同源

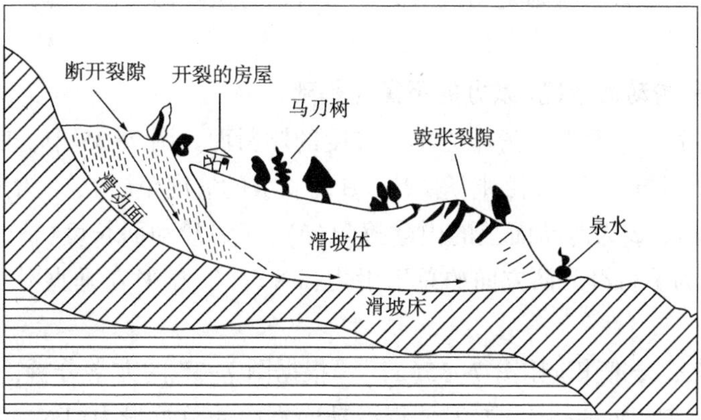

图 7-34 滑坡特征

(二) 岩土结构标志

滑坡范围内的岩土常有扰动松脱现象。基岩层位、产状特征与周围岩土体有不连续现象，如明显的产状变化、大段孤立岩体掩覆在松散堆积层之上，有时局部地段新老地层呈倒置现象，常与断层混淆。如果是岩质古滑坡中有呈块状或巨厚层状的岩体，很容易被误认为基岩出露，实则为滑坡体堆积物，称为"假基岩"。常见有泥土、碎屑充填或未被充填的张性裂缝，普遍存在小型坍塌。

(三) 水文地质标志

斜坡含水层的原有状况常被破坏，使滑坡体成为复杂的单独含水体，有时发生潜水位不规则和流向紊乱的现象。在滑动带前缘常有成排的泉水溢出(滑坡泉),同时在滑坡周界裂缝的两侧、滑坡洼地和滑坡舌部位常常有喜水植物茂盛生长。正在滑动的滑坡,其溢出处的地下水多为浑浊状;已停止滑动的滑坡,其溢出处地下水多为清水,但溢流点下游多有泥砂沉积,有时还有湿地或沼泽生成。

(四) 滑坡边界及滑坡床标志

滑坡后缘常见陡壁,陡壁上有顺坡向擦痕,前缘土体常被挤出或呈舌状凸起、岩土堆或小型坍塌;滑坡两侧常以沟谷或裂缝或陡坎为界;滑坡床常具有塑性变形带,其内多由黏性物质或黏粒夹磨光角砾组成;滑动面很光滑,其擦痕方向与滑动方向一致。

以上各种滑坡标志,是滑坡运动的统一产物,它们之间有不可分割的联系。因此,在实践中必须综合考虑几个方面的标志,并相互验证,才能保证准确。

六、滑坡的稳定性分析

滑坡稳定性分析主要有定性分析(地质分析法、工程地质类比法和赤平投影法等)和定量分析(极限平衡计算法、有限元法等)。下面重点讲述极限平衡计算法。

从作用在滑坡上的外力方面着手分析,因同时作用于每一个滑坡上的外力可能很多,但对于某个滑坡来说,只有一个或几个起主要作用,因此把握住起主要作用的外力变化,可以判断滑坡的稳定性。自然界滑坡的滑动面比较复杂,在稳定性计算时通常把滑动面简化为平面形滑动面、圆弧形滑动面和折线形滑动面三种,相应的滑坡稳定性计算也有三种方法。计算的原则是用抗滑力矩与滑动力矩的比值作为稳定系数来评价滑坡的稳定性。

(一) 平面形滑动面情况(以力的平衡为基础)

滑坡的滑动面为平面形,滑床为单一坡度的倾斜面。图7-35中,W 为滑坡体重量(kN),α 为滑动面与水平面间的倾角(°),β 为斜坡的坡度角(°),c 为滑动面单位长度土的黏聚力(kPa),φ 为滑动面土的内摩擦角(°),l 为滑动面长度(m),f 为滑动面上的摩擦系数,T 为平行滑动面方向的总下滑力(kN),N 为 W 在垂直滑动面方向的分量(kN)。

(1) 主滑带 c、φ 值相同[图7-35(a)]。根据图7-35的力学分析,$N=W\cos\alpha$,$T=W\sin\alpha$,$f=\tan\varphi$,$T'=N\tan\varphi+cl$。T' 为平行滑动面方向的总抗滑力(kN),F_s 为滑坡的整体稳定系数。F_s 为滑动面上的总抗滑力 T' 与岩土体重力 W 所产生的总下滑力 T 之比:

$$F_s=\frac{总抗滑力}{总下滑力}=\frac{T'}{T}=\frac{cl+Nf}{T}=\frac{W\cos\alpha\tan\varphi+cl}{W\sin\alpha} \tag{7-1}$$

(2) 主滑带各段 c、φ 值不相同[图7-35(b)]:

$$F_s=\frac{总抗滑力}{总下滑力}=\frac{T'}{T}=\frac{\sum_{i=1}^{n}(N_i f_i+c_i l_i)}{\sum_{i=1}^{n}T_i}=\frac{\sum_{i=1}^{n}(W_i\cos\alpha_i\tan\varphi_i+c_i l_i)}{\sum_{i=1}^{n}W_i\sin\alpha_i} \tag{7-2}$$

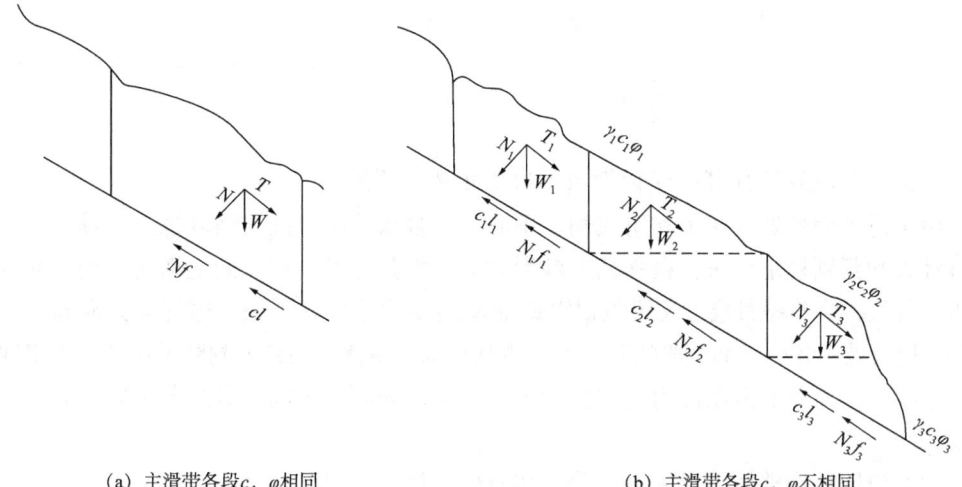

(a) 主滑带各段 c，φ 相同　　　　　　(b) 主滑带各段 c，φ 不相同

图 7-35　作用在计算断面各块土体上的主要力系

(二) 圆弧形滑动面情况(以力矩的平衡为基础)

设滑动面中心为 O，图中 OO' 为通过圆心的铅直线，圆弧半径为 R 的均质土滑坡(图 7-36)。

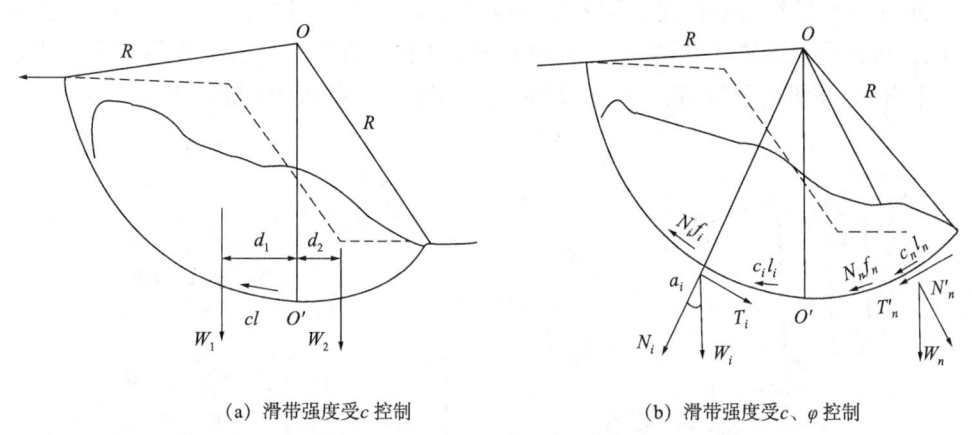

(a) 滑带强度受 c 控制　　　　　　(b) 滑带强度受 c、φ 控制

图 7-36　作用在计算断面任一块土体的主要力系(圆弧滑面滑坡)

(1) 滑带强度受 c 控制[图 7-36(a)]：

$$F_s = \frac{总抗滑力矩}{总下滑力力矩} = \frac{W_2 d_2 + clR}{W_1 d_1} \tag{7-3}$$

式中　W_1、W_2——下滑及抗滑体的重量，kN；

　　　d_1、d_2——下滑及抗滑体的重心至通过圆心垂线间的距离，m；

　　　c——滑面土的黏聚力，kPa；

　　　l——弧长，m；

　　　R——圆弧半径，m。

(2) 滑带强度受 c、φ 控制[图 7-36(b)]：

$$F_s = \frac{\sum_{i=1}^{n}(N_i f_i + c_i l_i)R + T'_n R}{\sum_{i=1}^{n-1} T_i R} = \frac{\sum_{i=1}^{n}(N_i \tan\varphi_i + c_i l_i) + T'_n}{\sum_{i=1}^{n-1} T_i} \qquad (7-4)$$

（三）折线形滑动面情况（以滑坡推力的正负为基础）

由于滑动面各处的倾角和组成物质不同，其含水情况和抗剪强度也有差异，因此在进行计算和判别稳定性时，在平面上顺滑动方向将其分条，在立面上横切滑动方向将其分级、分层，在每条每层上又可根据滑动面倾角变化分成若干块。这样先判断每条、每级和每层滑坡中各个局部块段的稳定性，再从局部与整体的关系上判断滑坡整体稳定性。

对于一个简单的滑动面为折线形滑坡，按滑动面倾角不同可分成若干段。并作如下假设：

(1) 滑坡体作整体下滑或每一分段作整体下滑。

(2) 整个滑动面为折线，每一分段滑动面为直线。

(3) 滑坡推力作用方向平行于滑面。作用在块间分界面上的推力按矩形分布。以集中力表示推力时，来自上一段的推力作用在两段分界面的中点。

(4) 顺滑坡主轴方向取 1.0m 宽的土条作为计算的基本断面，其两侧的摩擦力不计。

此时考虑滑坡推力的传递，即采用分段的力学分析，沿折线滑面的转折处划分成若干块段，从上至下逐块计算推力，每块滑坡体向下滑动的力与岩土体阻挡下滑力之差（剩余下滑力）逐级向下传递，最后一段推力为整个滑坡的推力（图 7-37）。

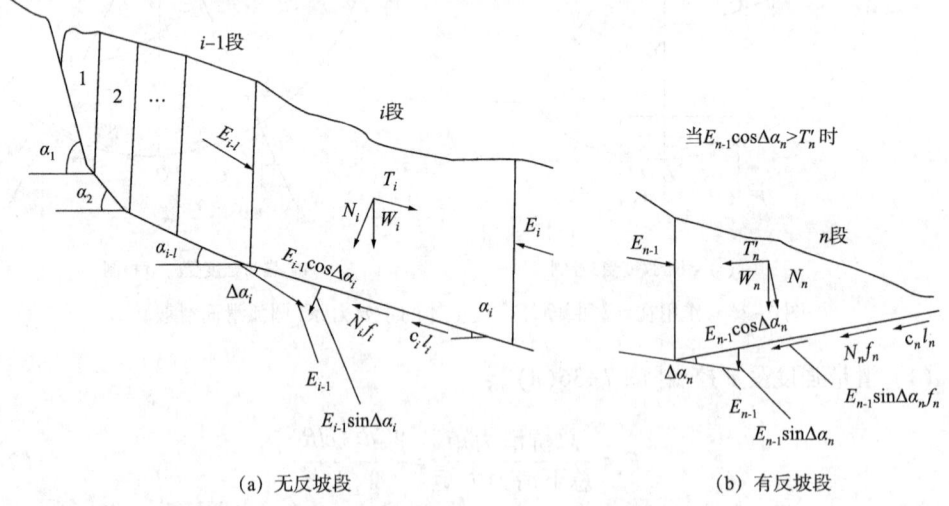

(a) 无反坡段　　　　(b) 有反坡段

图 7-37　作用在计算断面任一块体上的主要力系分段稳定系数（折线滑面滑坡）

(1) 无反坡段时[图 7-37(a)]：

$$F_s = \frac{N_i f_i + c_i l_i + E_{i-1}\sin\Delta\alpha_i f_i}{T_i + E_{i-1}\cos\Delta\alpha_i} \qquad (7-5)$$

其中

$$E_i = W_i \sin\alpha_i - (W_i \cos\alpha_i \tan\varphi_i + c_i l_i) + E_{i-1}\psi_i \qquad (7-6)$$

$$\psi_i = \cos\Delta\alpha_i - \sin\Delta\alpha_i \tan\varphi_i$$

式中　E_i——第 i 条块的滑坡推力，kN；

　　　ψ_i——传递系数。

（2）有反坡段时[图 7-37(b)]：

$$F_s = \frac{N_n f_n + c_n l_n + E_{n-1}\sin\Delta\alpha_n f_n + T'_n}{E_{n-1}\cos\Delta\alpha_n} \tag{7-7}$$

$$E_n = E_{n-1}\cos\Delta\alpha_n - (N_n f_n + c_n l_n + E_{n-1}\sin\Delta\alpha_n f_n + T'_n) \tag{7-8}$$

最末一段的 F_s 值作为整体稳定系数值。反坡段的 T'_n 力，其实质为抗力，应按照抗滑力考虑。

这里需要注意：当 E_i 为正值时，说明滑坡体有下滑力，是不稳定的，应传给下一条块；E_i 为负值时，表示第 i 条块以上滑坡体处于稳定状态，E_i 不能传递，即下条块计算时按上一条块的推力为零考虑；E_i 为零时，第 i 条块以上滑坡体也是稳定的。

在计算滑坡整体稳定系数的同时，还需考虑附加力的影响：①滑坡体上的外荷载加在相应的滑块自重之中；②对于水库岸坡等地带的滑坡，应考虑动水压力和浮力；③在地震烈度大于 7 度的地区，应考虑地震力的作用。

滑坡稳定状态根据 GB/T 32864—2016《滑坡防治工程勘查规范》确定，见表 7-2。

表 7-2　滑坡稳定状态划分

滑坡稳定性系数 F_s	$F_s < 1.00$	$1.00 \leq F_s < 1.05$	$1.05 \leq F_s < 1.15$	$F_s \geq 1.15$
滑坡稳定状态	不稳定	欠稳定	基本稳定	稳定

在实际计算中，如同其他的工程设计一样，公式中不可能将所有影响滑坡推力的所有因素均包括在内，再加上取得的计算资料不可能完全准确，为了弥补这些不足，常需要在计算中加上适当的安全系数 K，因此，式(7-8)变为：

$$E_i = KT_i - N_i f_i - c_i l_i + E_{i-1}\psi_i = KW_i\sin\alpha_i - (W_i\cos\alpha_i \tan\varphi_i + c_i l_i) + E_{i-1}\psi_i \tag{7-9}$$

滑坡推力计算公式中的安全系数 K，实质上是为了弥补一些暂时难于搞清和考虑不到的因素，综合考虑后，从保证工程安全的角度出发认为给定的一个大于 1 的安全储备系数。从概念上说，它有别于稳定系数 F_s。安全系数 K 可根据《工程地质手册（第五版）》确定。对工程滑坡取 1.25，对自然滑坡和工程古滑坡的滑坡推力安全系数应按滑坡破坏后果严重性、稳定性状况整治的难度以及荷载组合等因素综合考虑；对破坏后果很严重、难以处理的滑坡宜取 1.25，较易处理的滑坡可取 1.20；对破坏后果严重的滑坡可取 1.15 左右；对破坏后果不严重、难以处理的滑坡宜取 1.10，较易处理的滑坡可取 1.05；特殊荷载组合时，可根据现行有关标准和工程经验适当降低采用。

七、滑坡的防治原则及措施

（一）滑坡的防治原则

滑坡防治原则就是科学有据、技术可行、经济合理、安全可靠。就是要在符合经济效益的前提下,针对引起滑坡滑动的因素,采取相应工程措施,阻止滑坡滑动。

防治措施以防为主、整治为辅;查明影响因素,采取综合整治方案;考虑工程重要性、经济原则,争取一次性根治,不留后患。

(二)滑坡的防治措施

滑坡的具体防治措施如下:

1. 绕避

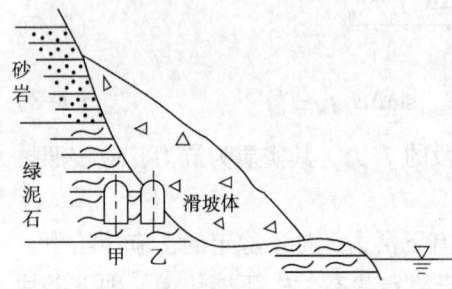

图7-38 滑坡地区隧道位置选择示意图

对于大型滑坡或滑坡群的防治,由于工程量大,防治工程造价高,工期较长,即使是采用坚固的建筑物,也经受不了大型滑坡的破坏,故在线路选线或者桥基选址阶段必须设法以绕避为主。对于线路在较大滑坡地段通过,而线路位置可局部移至稳定山体内,以隧道方案在滑床下通过(图7-38),或在滑坡前缘外以旱桥通过(图7-39),也可以跨河将线路放在对岸较稳定地段(图7-40)。

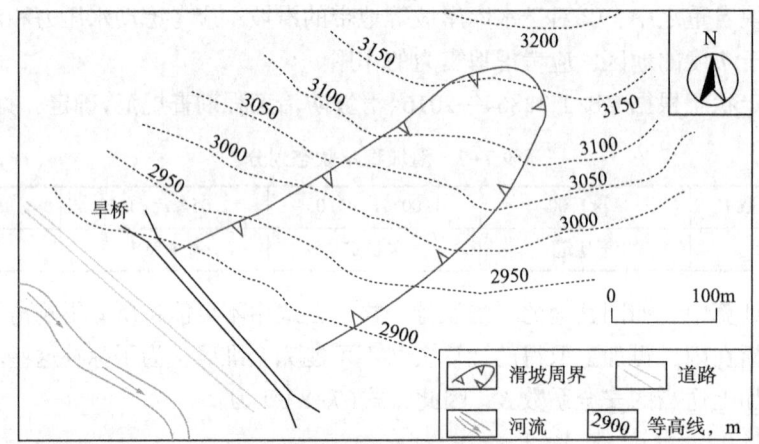

图7-39 在滑坡前缘以旱桥通过

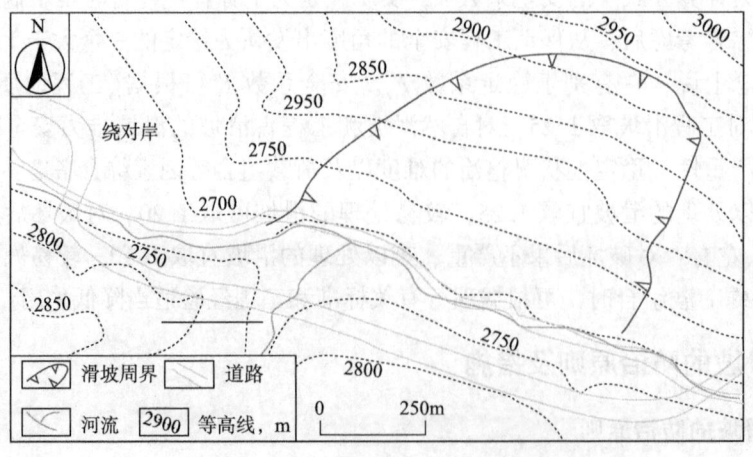

图7-40 跨河将线路放在对岸较稳定地段

2. 排水

滑坡的形成和发展往往和滑坡地表水和地下水的活动有密切关系，有的还是滑坡发生的主要因素。因此，滑坡截排水工程与支挡工程具有同样重要性，其对滑坡的影响不容忽视，它不仅减小滑坡推力，提高滑带土的抗剪强度，而且可以改变抗滑工程建筑物的受力条件。

1) 排除地表水

排出和拦截滑坡地表水是整治滑坡的辅助措施之一，而且是先行措施。设置排水系统来排除地表水(图7-41)，对治理各类滑坡都是适用的，对治理某些浅层滑坡，效果尤其显著。常用的地表排水方法，是在滑坡可能发展的边界5m以外，设置一条或数条环形截水沟，用以拦截旁引自斜坡上部流向斜坡的水流。通常，沟深和沟底宽度都不小于0.6m，铺砌时先砌沟壁，后砌沟底，以增加其坚固性。

为了防止滑坡体上的地表水流下渗，在滑坡体上应充分利用自然沟谷，布置成树枝状排水系统，使水流得以汇集旁引(图7-41)。树枝状排水沟的主沟应布置成与滑坡滑动方向基本一致，支沟与滑坡移动方向斜交30°~45°。

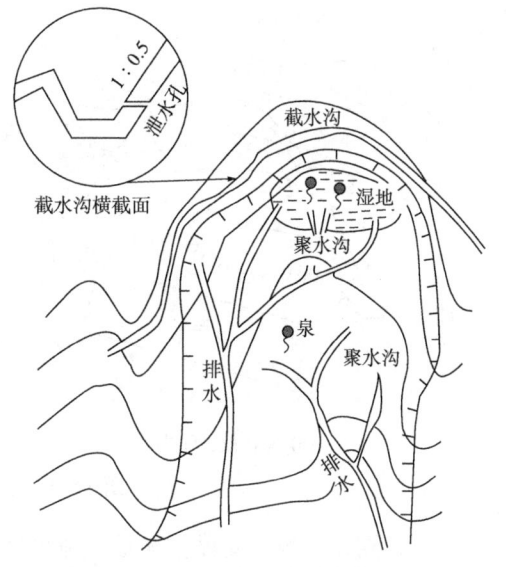

图7-41 滑坡地区地表排水布置

支沟间距一般为20~30m。如地形条件许可，在滑坡边缘还可修筑明沟，直接向滑坡两侧稳定地段排水。如果滑坡体内有湿地和泉水露头，则需修筑渗沟与明沟相配合的引水工程；在地表水下渗为滑坡主要原因的地段，还可修筑不同的防渗工程。当地表出现裂缝或滑坡体松散易于地表水下渗时，都要及时进行平整夯实，以防地表水渗入。另外，在滑坡地区进行绿化，尤其是种植阔叶树木，也是配合地表排水、促使滑坡稳定的一项有效措施。

2) 排除地下水

地下水通常是诱发滑坡的主要因素，排除有害的地下水，尤其是滑带水，成为治理滑坡的一项有效措施。滑坡地下排水系统包括盲沟、盲洞、垂直钻孔群排水、仰斜孔排水、竖井—平孔联合排水、井点抽水、虹吸排水、孔洞联合排水等。其中深盲沟和盲洞，由于造价较高、施工困难，效果又不太稳定，一般很少采用。而如平孔排水—平孔联合排水和孔洞联合排水在日本、美国已经普遍采用，造价低，效果好；但国内往往受钻机限制使用较少，但随着国内钻机的发展，这些排水工程也在逐渐推广。

(1) 盲沟。

盲沟，也叫渗沟。按其所起作用，分为截水盲沟、支撑盲沟和边坡渗沟。

① 截水盲沟。截水盲沟设置于滑坡可能发展范围5m以外的稳定地段，与地下水流向垂直，一般作环状或折线形布置，目的在于拦截和旁引滑坡范围以外的地下水(图7-42)。

这种盲沟由集水和排水两部分组成，断面尺寸由施工条件决定，沟底宽度一般不小于1m。盲沟的基底要埋入补给滑带水的最低一层含水层之下的不透水层内。为了维修和清淤的方便，在截水盲沟的转折点和直线地段每隔30~50m，都要设置检查井。

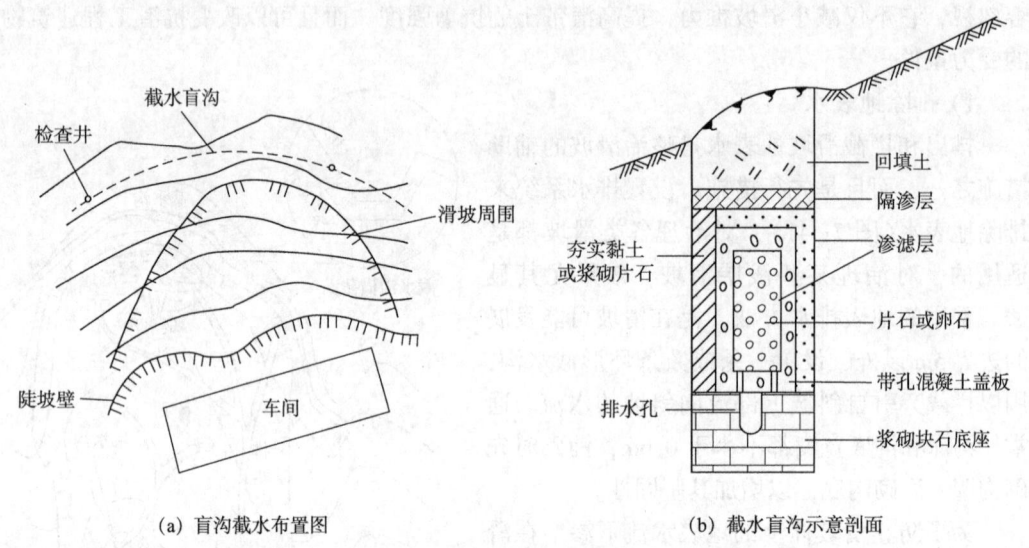

图7-42　地下水排水—截水盲沟

② 支撑盲沟。支撑盲沟是一种兼具排水和支撑作用的工程设施。对于滑动面埋藏不深，滑坡体有大量积水，或地下水分布层次较多、难于在上部截除的滑坡，可考虑采用修建盲沟的办法来进行治理。支撑盲沟布置在平行于滑坡滑动方向有地下水露头处，从滑坡脚部向上修筑。有时在上部分岔成支沟，支沟方向与滑动方向成30°~45°交角（图7-43）。支撑盲沟的宽度根据抗滑需要、沟深和便于施工的原则来确定，一般采用2~4m。盲沟基底应砌筑在滑动面以下0.5m的稳定地层中，修成2%~4%的排水纵坡。如果滑坡推力较大，可考虑采用支撑盲沟与抗滑挡墙结合的结构形式，这种联合形式的防治效果更好（图7-44）。

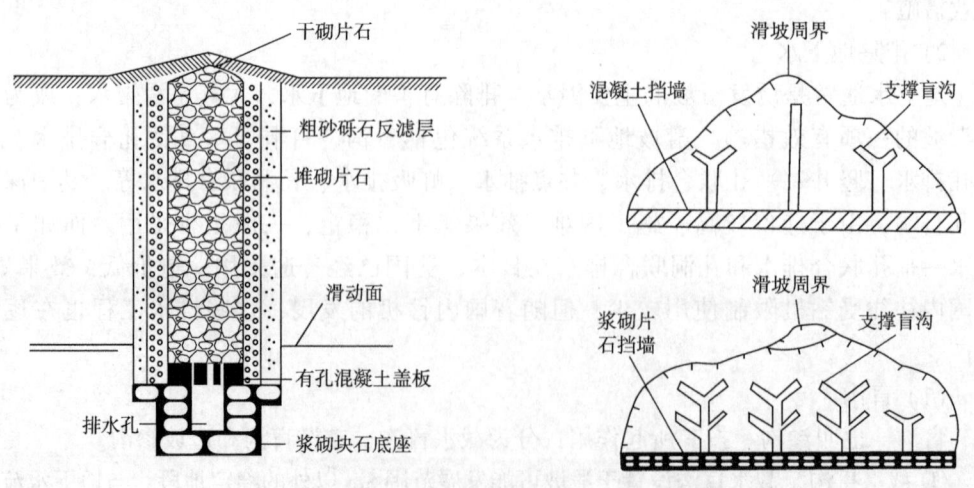

图7-43　地下排水—支撑盲沟构造（左）及其平面布置（右）

③边坡渗沟。边坡渗沟(slope seepage)的作用主要是排出滑坡体前缘的边坡壤中水或上层滞水,疏干边坡,提高土体的抗剪强度,防止因含水量过大而造成滑坡头部坍塌削弱滑坡的稳定性。边坡渗沟的平面形状,有单个直线形的,有分叉的,也有拱形的(图7-45)。边坡渗沟一般布置在滑坡体前缘的边坡上,具体位置和间距取决于地下水的分布、流量、岩土的性质,在泉水出露处的湿地处必须设置渗沟。边坡渗沟适用于坡度不陡于1∶1的土质路堑边坡,也常用于加固潮湿的容易发生表面坍塌的土质路堤边坡。边坡渗沟纵断面图见图7-46。

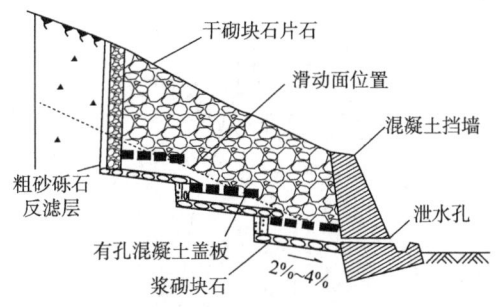

图7-44 支撑盲沟—抗滑挡墙联合结构

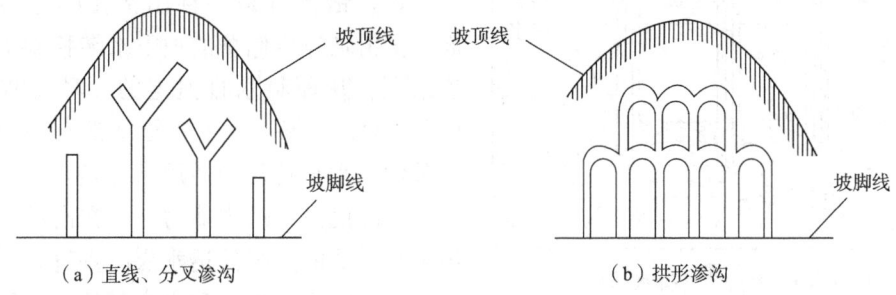

图7-45 边坡渗沟

(2) 盲洞。

盲洞也叫泄水隧洞(图7-47)。盲洞必须设在滑床以下,并考虑滑面可能向下发展的界限,以免因滑坡体滑动而被破坏。盲洞根据其作用分为截水盲洞、排水盲洞和疏干盲洞。当滑坡地下水的补给来自滑坡体外时,用截水盲洞在滑坡体以外的上方,或一侧将地下水截断,以免地下水补给滑动带(图7-48)。其轴线大致垂直于地下水流向。当滑坡体内有积水,需用排水盲洞将其排走。当老滑坡整体处于稳定状态,而较厚头部有壤中水活动,降低头部抗滑能力时,则在头部顺滑动方向设数条盲洞疏干滑坡体。

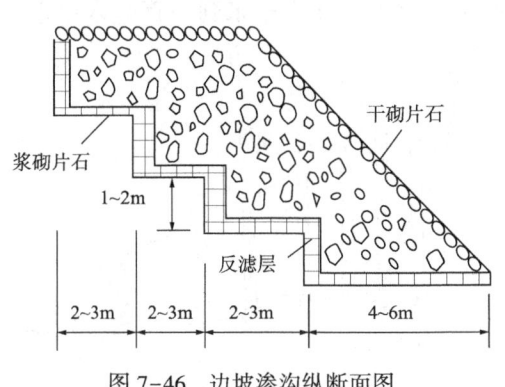

图7-46 边坡渗沟纵断面图

图7-47 盲洞施工

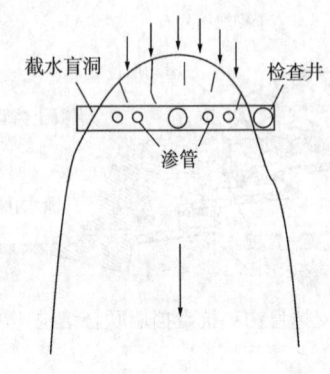
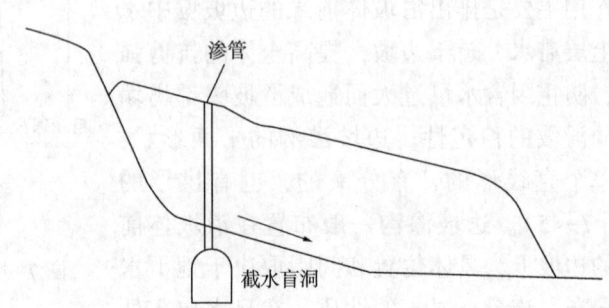

图 7-48 截水盲洞

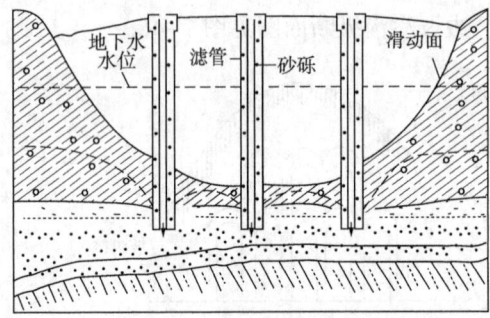

图 7-49 垂直孔群排水结构图

(3) 垂直钻孔群。

垂直钻孔群是一种用钻孔群穿透滑动面，把滑坡体内储藏的地下水转移到下伏强透水层，从而将水排泄走的一种工程措施（图 7-49）。每一种工程措施都有一定的适用条件，垂直孔群的适用条件是：滑坡体土石的裂隙度高、透水能力强、在滑动面下部不再有排泄能力强的透水层。垂直孔群一般是在地下水集中地区和供水部位，采用成排排列的方式进行布置。每排孔群的方向应垂直于地下水的流向。排与排的间距约为孔与孔间距的 1.5~5 倍。排水钻孔的孔径，要求每孔的设计最大出水量应大于钻孔实际涌水量。为了达到钻孔排水的目的，每个钻孔都必须打入滑动面以下的强透水层中，并且要求在每孔钻进终了时，都要安设过滤管，在过滤管外充填砂砾过滤层。对不设过滤管的钻孔，应该全部充填砂砾。在孔口应设置略高于地面的防水层。

(4) 仰斜孔群。

仰斜孔群是一种用近于水平的钻孔把地下水引出，从而达到疏干滑坡体、使滑坡稳定的措施。仰斜排水孔的位置，可按滑体地下水分布情况，布置在汇水面积较大的滑面凹部。孔的仰斜角度应按滑动面倾角以及稳定的地下水面位置而定，一般采用 10°~15°。孔径的大小由施工机具和孔壁加固材料决定，可以从几十毫米到一百毫米以上。如果仰斜排水孔作为长期的排水通道使用，那么孔壁就需要用镀锌铜滤管、塑料滤管或竹管加固，也可用风压吹砂填塞钻孔。当含水土层(如黄土)渗透性差时，可采用砂井—仰斜排水孔联合排水措施，以砂井聚集滑坡体内的地下水，用斜孔穿连砂井并把水排出（图 7-50）。在这种排水措施中，原则上斜孔应打在滑动面以下。砂井的井底以及砂井与斜孔的交接点，也要低于滑动面砂井中的充

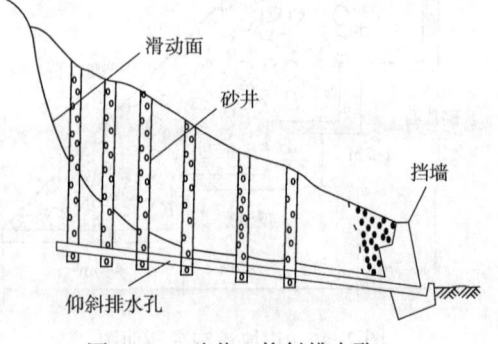

图 7-50 砂井—仰斜排水孔

填料，应保证孔隙水可以自由流入砂井，而砂井又不会被细粒砂土所淤积。

3. 支挡工程

由于失去支撑而引起的滑坡，或滑床陡、滑动快的滑坡，采用修筑支挡工程的办法，改善滑坡体力学平衡条件，减小下滑力，增大抗滑力，使滑坡迅速恢复稳定(图 7-51)。在滑坡体下部修筑抗滑片石垛、抗滑墙、抗滑桩和锚固工程等。

1) 抗滑片石垛

抗滑片石垛是一种用垒砌石块的方法来阻止滑坡体下滑、达到稳定滑坡目的的工程措施(图 7-52)。对于适宜采用抗滑垛的中、小型滑坡，又有足够的场地和廉价的石料时，就可采用这种工程措施。

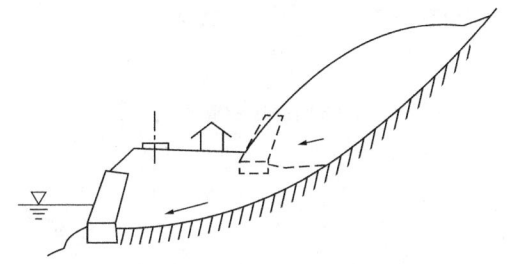

图 7-51 滑坡支挡加固

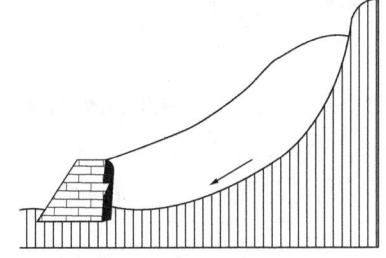

图 7-52 抗滑片石垛

抗滑片石垛的基础必须埋置于可能形成的滑面以下 0.5~1.0m 处，一般都用浆砌片石或混凝土做成厚约 0.5m 的整体基础。抗滑片石垛的顶宽一般不小于 1.0m，垛的高度应高出可能向上产生滑动面的位置，垛的外侧坡度通常为 1:0.75~1:1.25。码砌石块时，必须平行于基底分层砌筑，石块间尽可能相互咬紧。为了保证片石垛具有良好的透水性能，在垛后需要置放砂砾滤层。

这种措施不适宜用来治理下滑力较大的大、中型滑坡。对于强地震区的滑坡，由于片石垛本身结构松散，这种措施同样不宜采用。

2) 抗滑挡墙

抗滑挡墙是一种阻挡滑坡体滑动的工程措施(图 7-53)。对于小型滑坡，可直接在滑坡下部或前缘修建抗滑挡土墙，基础埋入完整稳定的岩层或土层的一定深度。挡墙背后应设置顺墙的渗沟以排除墙后的地下水，同时在墙上还应设置泄水孔，以防止墙后积水泡软基础。对于中、大型滑坡，可分级布设抗滑挡土墙，且常与排水工程、刷土减重工程等整治措施联合适用。

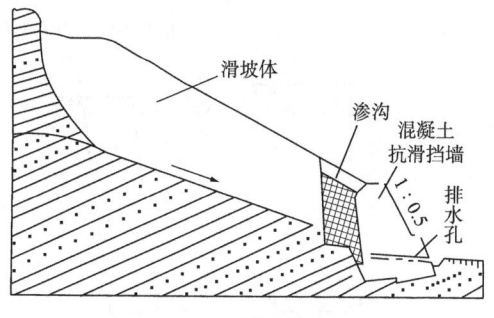

图 7-53 抗滑挡墙

抗滑挡墙按结构形式分为重力式抗滑挡土墙、锚杆式抗滑挡土墙、加筋土抗滑挡土墙和板桩式抗滑挡土墙(图 7-54)。常用的重力式抗滑挡土墙按照墙背倾斜形式分为俯斜式挡土墙、仰斜式挡土墙、垂直式挡土墙、衡重式挡土墙及其他组合式挡土墙(图 7-55)。按照材料可分为浆砌条石抗滑挡土墙、混凝土抗滑挡土墙、钢筋混凝土抗滑挡土墙和加筋土抗滑挡土墙。

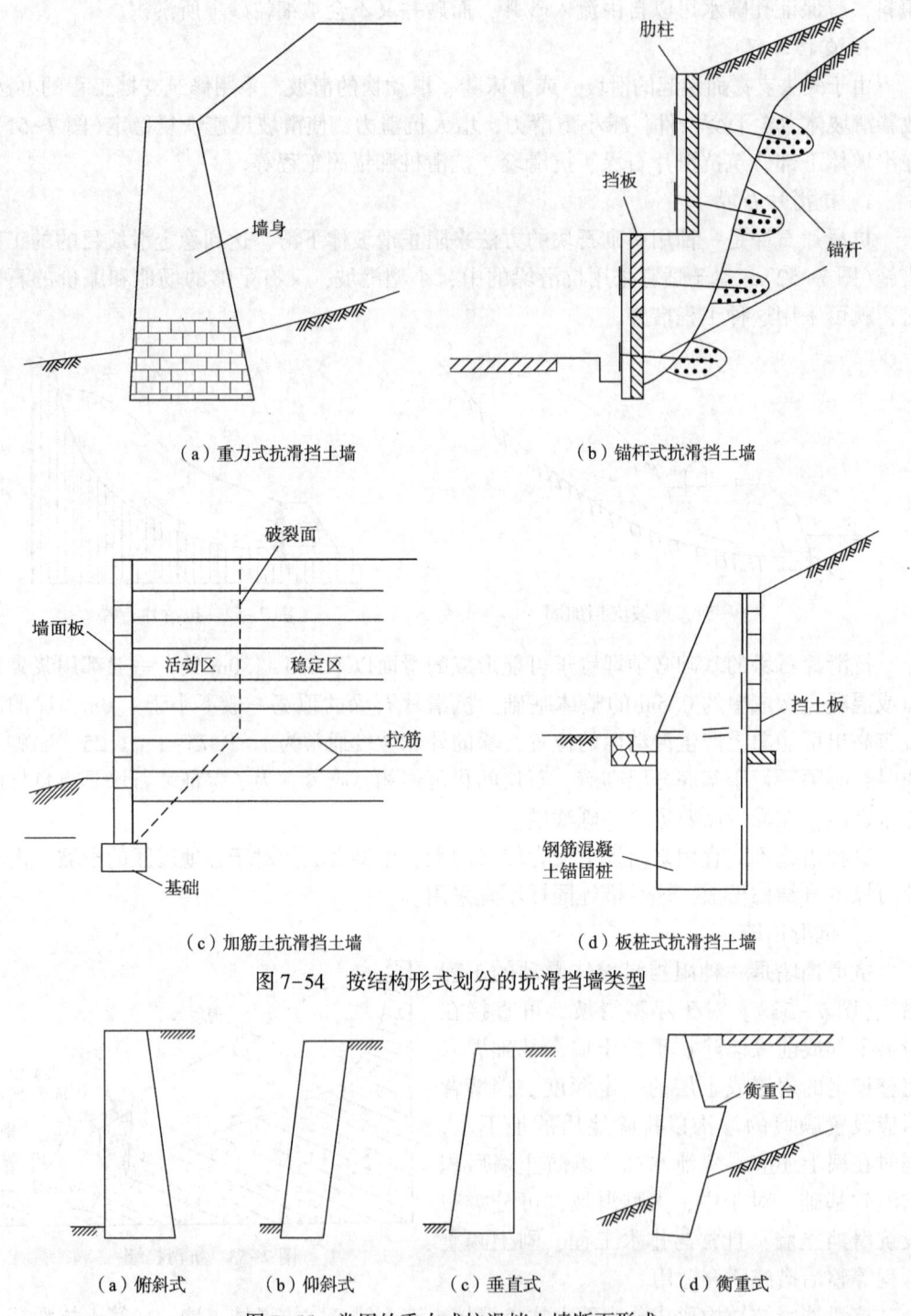

图 7-54 按结构形式划分的抗滑挡墙类型

图 7-55 常用的重力式抗滑挡土墙断面形式

3) 抗滑桩

抗滑桩用来治理滑坡,既要保证桩不被剪断、推弯或推倒,也要保证桩间土体不会从桩间滑走或因桩高不够导致土体从桩顶滑出。抗滑桩应设置在滑体中下部,滑动面接近于水平,而且也是滑动层较厚的部位。一定要保证桩身有足够的强度和锚固深度、桩高和桩间距离都要适当(图7-56)。抗滑桩平面布置见图7-57。

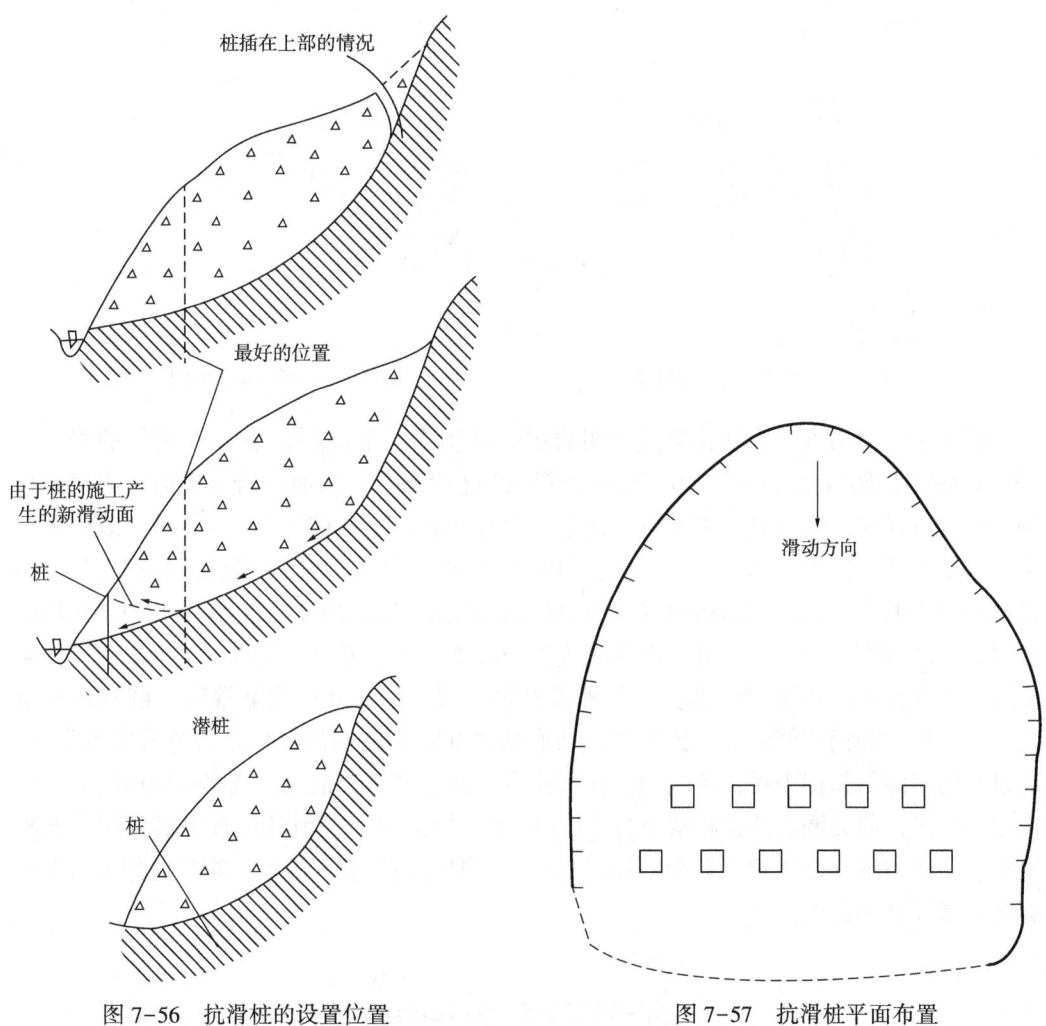

图7-56 抗滑桩的设置位置　　　　图7-57 抗滑桩平面布置

4) 锚固

利用穿过软弱结构面、深入至完整岩体内一定深度的钻孔,插入钢筋、钢棒、钢索、预应力钢筋及回填混凝土,借以提高岩体的磨擦阻力、整体性与抗剪强度,这种措施统称为锚固。

(1) 锚杆喷射混凝土联合支护(图7-58):简称锚喷结构或锚喷支护,即喷射混凝土与锚杆相结合的一种支护结构,也称喷锚支护。

(2) 锚杆。锚杆是指钻凿岩孔,然后在岩孔中灌入水泥沙浆并插入一根钢筋,当砂浆凝结硬化后钢筋便锚固在围岩中,借助于这种锚固在围岩中钢筋能有效地控制围岩或浅部岩体变形,防止其滑动和坍塌,这种插入岩孔,锚固在围岩中从而使围岩或上部岩体起到支护作用的钢筋称为"锚杆"(图7-59)。锚杆的方向和设置深度应视斜坡的结构特征而定。

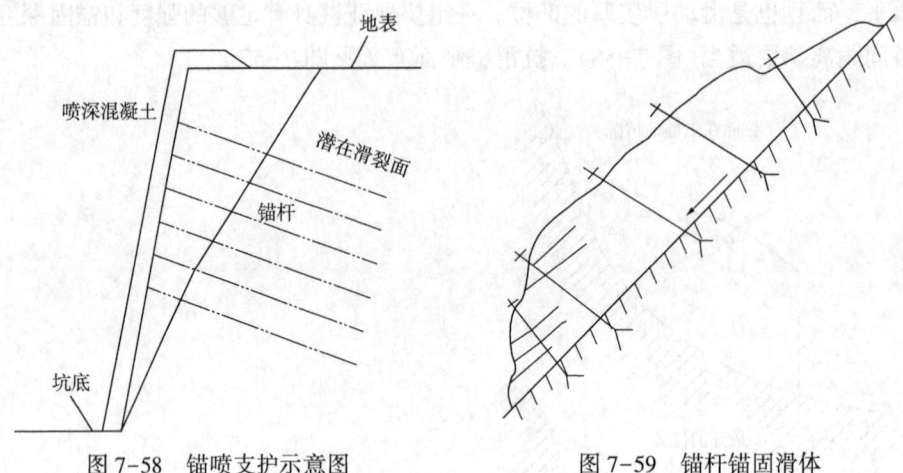

图 7-58　锚喷支护示意图　　　　图 7-59　锚杆锚固滑体

（3）预应力锚索。由钻孔穿过软弱岩层或滑动面，把(锚杆)锚固在坚硬的岩层中(称内锚头)，然后在另一个自由端(称外锚头)进行张拉，从而对岩层施加压力对不稳定岩体进行锚固，这种方法称预应力锚索，简称锚索(图 7-60)。锚索结构一般由内锚头、锚索体和外锚头三部分共同组成。内锚头又称锚固段或锚根，是锚索锚固在岩体内提供预应力的根基，按其结构形式分为机械式和胶结式两大类，胶结式又分为砂浆胶结和树脂胶结两类，砂浆式又分二次灌浆式和一次灌浆式。外锚头又称外锚固段，是锚索借以提供张拉吨位和锁定的部位，其种类有锚塞式、螺纹式、钢筋混凝土圆柱体锚墩式、墩头锚式和钢构架式等；锚索体，是连结内外锚头的构件，也是张拉力的承受者，通过对锚索体的张拉来提供预应力。锚索体由高强度钢筋、钢纹线或螺纹钢筋构成。国内应用较多，如元磨高速公路滑坡(图 7-61)和会同县中心街滑坡治理中都采用了此种锚索。预应力锚索是一种较复杂的锚固工程，需要专门知识与经验，施工监理人员应具有更丰富理论和经验。

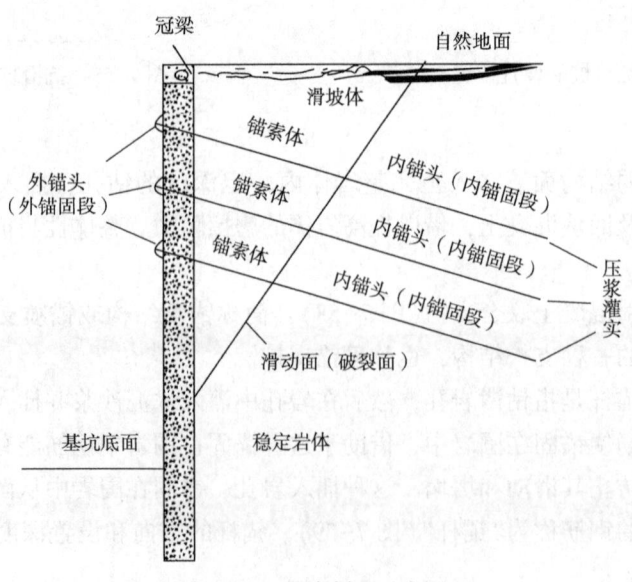

图 7-60　锚索剖面示意图

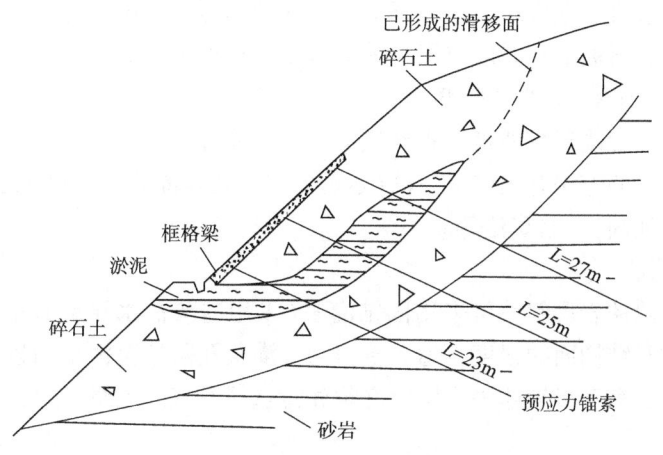

图 7-61 元磨高速公路滑坡预应力锚索治理

4. 减重反压

当一个滑坡处于头重脚轻的状况下，而在前方又有一个可靠的抗滑地段时，采取在滑坡体上部减重或坡脚处反压的办法，使滑坡的外形得以改变，重心得以降低，可以使滑坡的稳定性得到根本的改善（图 7-62）。曾经有人计算过，如果将滑动土体积的 4% 从坡顶转移到坡脚，那么滑坡的稳定性就可增大 10%。例如，2005 年四川丹巴县建设街后山滑坡纵长约 270m，宽 200m，滑体厚度平均 30m，前后缘高差接近 200m，总体积 $(150\sim230)\times10^4m^3$。在滑坡治理中，在前缘紧急放置沙袋压脚，有效减缓了滑坡变形滑移，避免了一场灾难（图 7-63）。如果滑坡没有一个可靠的抗滑地段，则减重只能减小滑坡的下滑力，不能达到稳定滑坡的目的。因此，用减重的方法治理滑坡时，常常需要与下部的支挡措施相配合。

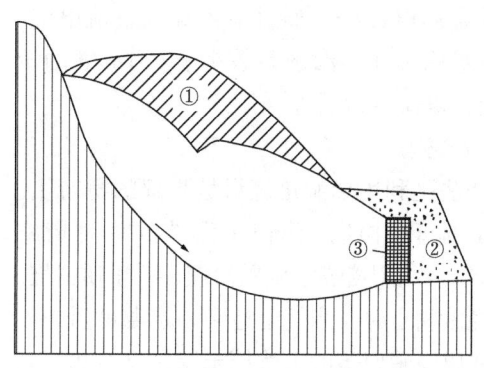

图 7-62 用减重与反压法治理滑坡图
①减重；②反压；③挡墙

图 7-63 四川丹巴滑坡前缘沙袋压脚

削坡或坡脚加载工程实际上是一种降低滑坡驱动力或增加有效抗滑力的直接工程措施。削坡减重工程设计时，重点是减重。削坡减重要在滑坡稳定性分析基础上，正确确定削坡位置、下坡减重方量，以达到治理滑坡的目的。滑坡治理的削坡减重和坡脚的加载反压是经常联合使用的。

削坡减重及坡脚加载反压工程,不需砌石或别的圬工,设计施工简单,通常又比较经济实用,所以在滑坡治理时应有限考虑能否使用这种工程措施。

5. 改善滑动面(带)的岩土性质

用物理化学方法改善滑坡带土石性质,这样可通过改良岩土体的强度性能增强斜坡的抗滑能力。常用的方法有固结灌浆法(水泥灌浆、化学灌浆、爆破灌浆)、电渗法(电渗排水、电化学加固)、焙烧法等。

1)固结灌浆法

对于发育裂隙的岩质斜坡可采用固结灌浆(采用硅酸盐水泥或有机化合材料)等措施,以提高坡体和结构面的强度,增大抗滑力。灌浆孔需钻至滑动面以下 3~5m,并且应避免将地下水封存于滑坡体内,同时必须注意选择适宜的灌浆压力,否则反而促进斜坡变形。

爆破灌浆法是一种用炸药爆破破坏滑动面,随之把浆液灌入滑带中以置换滑带水并固结滑带土,从而达到使滑坡稳定的一种治理方法。目前这种方法仅用于小型滑坡。施工步骤是:首先用钻孔打穿滑动带,在钻孔中爆破。使滑坡床岩层松动;再将带孔灌浆管打入滑带下 0.15m,在一定的压力下将浆液压入,使其在滑动带中将裂缝充满,形成一个稳定土层,借以增大滑带土的抗滑能力。在我国黄土区的一些滑坡,曾用石灰、水泥和黏土浆液压注裂缝的方法来加固滑带土,取得了一定的成效。

2)电渗法

电渗法是利用电场作用而把地下水排除,达到稳定滑坡的一种方法。这种方法最适用于粒径 0.05~0.005mm 的粉质土的排水,因为粉土中所含的黏土颗粒在脱水情况下就会变硬。施工的过程是:首先将阴极和阳极的金属桩成行地交错打入滑坡体中,然后通电和抽水。一般以铁或铜桩为负极,铝桩为正极。通电后水即发生电渗作用,水分从正极移向由一花管组成的负极,待水分集中到负极花管之后,就用水泵把水抽走。

电化学加固法是在地基土中打入一定数量的金属电极杆,通过电极导入直流电流,使水分从阴极排走,从而使土固结。电化学法一般用于加固渗透系数小于 0.1m/d 的淤泥质地基。但此法昂贵,需由专门的设备作试验,确认有效后才采用。

3)焙烧法

焙烧法是利用导洞焙烧滑坡脚部的滑带土,使之形成地下"挡墙"而稳定滑坡的一种措施(图 7-64)。利用焙烧法可以治理一些土质滑坡。用煤焙烧砂黏土时,当烧土达到一定温度后,砂黏土会变成坚硬似砖的天然挡土墙,具有相当高的抗剪强度和抗水性,同时地下水也可从被烧的土裂缝中流入坑道而排出。我国铁路线上某些滑坡曾采用过这种方法,并取得良好效果。

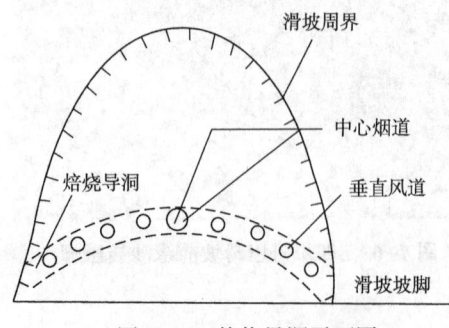

图 7-64 焙烧导洞平面图

需要说明的是,运用物理化学方法改善滑带土石性质借以提高滑坡稳定性的治理方法,目前尚处于试验阶段,在滑坡治理中并未被广泛采用。在实际工作中,应根据滑坡的性质、类型、自然地质条件、当地的材料供应情况等条件,综合分析,合理确定。

6. 边坡的生态防护技术

20世纪80年代土木工程师们关心的是边坡的稳定，把边坡当成没有生命的有失稳倾向的土体或岩体。随着人们环保意识的提高，也随着相关学科(如恢复生态学、水土保持工程学等)的发展，人们越来越意识到在进行边坡防护的同时，对边坡原有植被进行恢复的必要性和可行性。利用生物(主要是植物)，单独或与其他构筑物配合对边坡进行防护和绿化，已成为工程界努力追求的目标。边坡进行必要的工程防护能尽量恢复原有植被，这种双重需要催生了一门新的学科——边坡防护与绿化，简称"边坡绿化"。

近十多年来人们开发出了多种既能起到良好边坡防护作用，又能改善工程环境、体现自然环境优美的边坡植物防护新技术，与传统的坡面工程防护措施共同形成了边坡工程植物防护体系。

根据不同的边坡土质条件，采用不同的施工方法和施工工艺可将边坡植物防护技术分为：(1)人工种草护坡；(2)平铺草皮护坡；(3)液压喷播植草护坡；(4)土工网植草护坡；(5)OH液植草护坡；(6)行栽香根草护坡；(7)蜂巢式网格植草护坡；(8)客土植生植物护坡；(9)喷混植生植物护坡。各类边坡植物防护技术的主要作用及应用条件各不相同。

随着边坡植物防护技术的推广应用，各类边坡植物防护技术已发展成为公路、铁路绿色通道建设中的重要组成部分，但也存在一些难点问题，如边坡植草的退化、喷播时的植物种子配比与最终植物状态、干旱对土体很薄的坡面植物构成威胁。

第四节　泥石流对工程影响及防治

一、概述

泥石流(debris flow)是指在山区一些流域内，主要是在暴雨降落时所形成的、并由固体物质(石块、砂砾、黏粒)所饱和的暂时性山地洪流，具有暴发突然、运动快速、历时短暂和破坏力极大的特点。

泥石流在我国许多山区都有不同程度地爆发，其中尤以西藏东南部和川滇黔等山区最为严重，受害最大的是铁路、公路等交通线路。2010年8月7日，甘肃舟曲造成1471人遇难，294人失踪的特大山洪泥石流，拉开了震后泥石流暴发的大幕。2010年8月12日，四川汶川、什邡、都江堰等地连降暴雨引发泥石流、塌方灾害，有13人因灾死亡，59人失踪，两万多人被紧急转移，2000多间房屋受损，121间倒塌。2022年8月13日，四川彭州龙槽沟突发泥石流造成7死8伤。2023年12月18日23时59分，甘肃临夏州积石山县发生6.2级地震。这次地震不仅造成了房屋倒塌、道路损坏等常见的灾害后果，还导致了罕见的泥石流事件，给当地居民的生活带来了巨大的冲击。

二、泥石流的形成条件

泥石流的形成必须具备有丰富松散的固体物质、陡峻的地形条件和充沛的水动力条件。

(一) 丰富松散的固体物质

在形成区内有大量易于被水流侵蚀冲刷的疏松土石堆积物,是泥石流形成的最重要的条件。地质条件决定了这些松散固体物质的来源。若形成区的物质供应区内有大量松散堆积物质且分布广、厚度大、结构松软、层理发育或岩石风化剧烈;泥石流流域具有不良地质构造,如断层、裂隙、劈理、片理、节理等发育,岩石遭受剧烈切割破碎,从而产生大量滑坡、崩塌等现象,或人类活动造成大量松散物质,如废泥土或石渣等,给泥石流发生提供了丰富的物质资源。

(二) 陡峻的地形条件

泥石流流域具有形成区、流通区和堆积区(又称沉积区),如图7-65所示。形成区(中上游)多为三面环山、一面出口的半圆形宽阔地段,周围山坡陡峻,沟谷纵坡降可达30°以上。斜坡常被冲沟切割,且崩塌、滑坡发育;坡体光秃,无植被覆盖,这样的地形,有利于汇集周围山坡上的固体物质。形成区又可分为汇水动力区和物质供给区;流通区(中下游)多为狭窄而深切的峡谷或冲沟,谷壁陡峻而纵坡降较大,常出现陡坎和跌水,泥石流进入本区后极具冲刷能力。流通区形似颈状或喇叭状;堆积区(下游)一般位于沟口外或山间盆地的边缘,地形较平缓。泥石

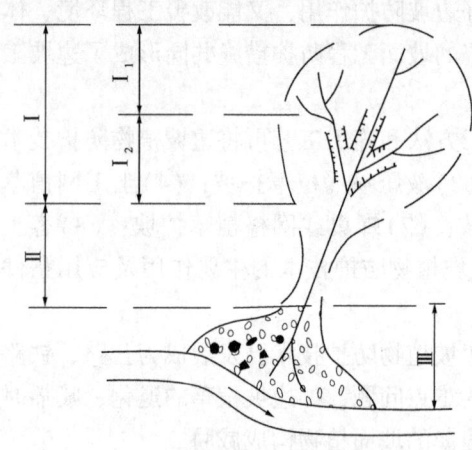

图 7-65 泥石流流域分区示意图
Ⅰ—形成区(Ⅰ$_1$—汇水动力区;
Ⅰ$_2$—固体物质供给区);Ⅱ—流通区;Ⅲ—堆积区

流至此速度急剧变小,最终堆积下来,形成扇形、锥状堆积体,有的堆积区还直接为河漫滩或阶地。

(三) 充沛的水动力条件

泥石流形成必须有强烈的地表径流,地表径流是暴发泥石流的动力条件。泥石流的地表径流来源于短时间内有强度较大的暴雨或冰川和积雪的强烈消融,或高山湖泊、水库的突然溃决等。因此,在时间上多发生在降雨集中的雨季或高山冰雪消融季节,主要是在每年的夏季。如1953年7月29日午夜所爆发黏性冰川泥石流(图7-66),冲出固体物质达1100余万立方米,龙头高达40m,出沟后阻河成湖。此次泥石流夺走了古村140余位村民的生命,冲埋了8户民房及大片耕地。

除此之外,人类的各项工程活动实施不当时也可促进泥石流的发生、发展、复活或加重其危害程度。比如山区滥伐森林、不合理开垦土地、破坏植物和生态平衡,造成水土流失,并产生大面积山体崩塌和滑坡;开矿采石、筑路中任意堆放弃渣等都直接或间接地为泥石流提供了固体物质来源和地表流水迅速汇聚的条件。

三、泥石流的分类

因泥石流产生的地形地质条件有差别,故泥石流的性质、物质组成、流域特征及其危害程度等,也随地形地质的不同而变化。如:我国西北黄土高原以泥流为主,而泥石

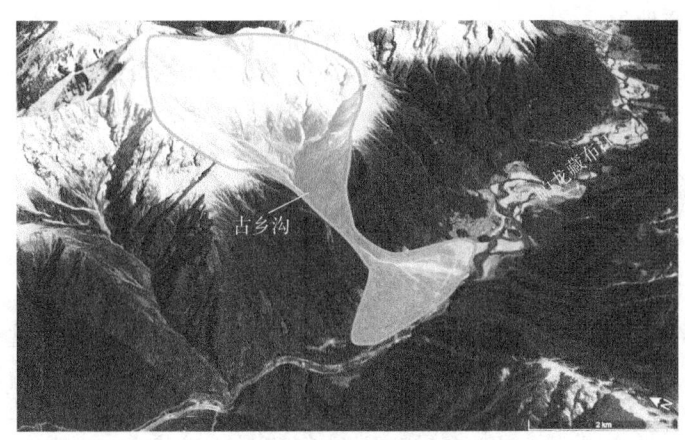

图 7-66　古乡泥石流流域

流相对少些；在西南山区泥石流最为常见。因此，对泥石流类型的划分目前尚未统一，仍处于探索中。有的按泥石流所含的固体物质成分来分类；有的按其地貌特征分类；有的按泥石流的流体性质分类；有的还可以按其规模来分类等等。不论何种分类，其出发点都力求基本反映泥石流的特征和为防治提供依据。现概略地介绍一下。

（一）按所含固体物质成分分类

泥石流按其物质组成可分水石流、泥石流及泥流三类。

（1）水石流(water-stone debris)：是指由水和大小不等的砂粒、石块组成，黏性土含量较少（<10%）。水石流主要分布在石灰岩、石英岩、大理岩、白云岩、玄武岩及坚硬砂岩地区。在我国，主要分布在干燥、寒冷且以物理风化为主的北方地区和高海拔地区。

（2）泥石流(debris flow)：是指由大量黏性土和粒径不等的砂粒、石块组成，是一种比较典型的泥石流类型。全世界的山区，尤其是基岩裸露剥蚀强烈的山区产生的泥石流，多属于这种类型。在我国主要出现在温暖、潮湿、化学风化强烈的南方地区，如西南、华南等地。

（3）泥流(mud flow)：是指以黏性土、粉土为主（约占80%~90%），含少量砂粒、石块、黏度大、呈稠泥状。泥流的黏度较大，有时出现大量泥球。在我国，主要分布在西北黄土高原地区。

（二）按照流体特征

泥石流按照流体特征可分为黏性泥石流和稀性泥石流。

（1）黏性泥石流(viscous debris flow)：是指含大量黏性土的泥石流或泥流。其黏性大，固体物质占40%~60%，最高达80%，其中的水不是搬运介质，而是组成物质，稠度大，石块呈悬浮状态，暴发突然，持续时间亦短，破坏力大。

（2）稀性泥石流(diluent debris flow)：是指以水为主要成分，黏性土含量少，固体物质占10%~40%，有很大分散性，也称紊流型泥石流。水为搬运介质，石块以滚动或跃移方式前进，具有强烈的下切作用。其堆积物在堆积区呈扇状散流，停积后似"石海"。

(三)按发育地貌

泥石流按发育地貌(流域特征)可分为坡面型泥石流和沟谷型泥石流(图7-67)。

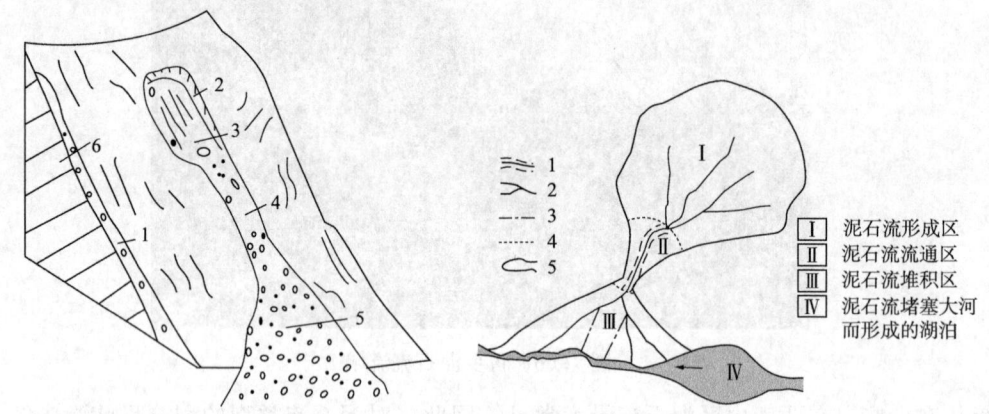

(a)坡面型泥石流
1—残坡积层；2—崩塌后壁；3—崩塌及泥石流形成区；
4—泥石流流通区；5—泥石流堆积区；6—基岩

(b)沟谷型泥石流
1—峡谷；2—有水沟床；3—无水沟床；
4—分区界线；5—流域界线

图7-67 泥石流按照流域地貌特征划分

(1)坡面型泥石流(debris flow on slope)：是指河谷上切出小型泥石流沟，流域为长方形，一般没有支沟，沟道纵坡很大，形成区常与堆积区相连，形成的堆积范围很小，一般面积小于 $0.5km^2$，坡度较陡，堆积形态一般与大河所在区段无关。固体物质来源主要为沟岸塌滑或坡面侵蚀。

(2)沟谷型泥石流(cleuch debris flow)：是指有完整流域形态，流域面积较大，一般面积大于 $0.5km^2$，上宽下窄，有支沟发育，分为形成区、流通区和堆积区。堆积区中往往冲(洪)积扇较发育，形态与所处大河区段有关。固体物质来源主要为流域崩塌、滑坡、沟岸坍塌、支沟洪积扇等。

四、泥石流的运动

(一)泥石流的径流特征

从运动角度来看，泥石流是水和泥沙、石块组成的特殊流体，属于一种块体滑动与携沙水流运动之间的颗粒剪切流。因此，泥石流具有特殊的流态、流速、流量及运动特征。

1. 流态特征

泥石流是固相、液相混合流体，随着物质组成及稠度的不同，流态也发生变化。

细颗粒物质少的稀性泥石流，流体容重低、黏度小、浮托力弱，呈多相不等速紊流运动的石块流速比泥沙和浆体流速小，石块呈翻滚、跃移状运动。这种泥石流的流向不固定，容易改道漫流，有股流、散流和潜流现象。

含细颗粒多的黏性泥石流，流体容重高、黏度大、浮托力强，具有等速整体运动特征及阵性流动的特点。各种大小颗粒均处于悬浮状态，无垂直交换分选现象。石块呈悬浮状态或滚动状态运动。泥石流流路集中，不易分散，停积时堆积物无分选性，并保持流动时的整体结构特征。

2. 流速、流量特征

泥石流流速不仅受地形控制，还受流体内外阻力的影响。由于泥石流携带较多的固体物质，本身消耗动能大，故其流速小于洪水流速。稀性泥石流流经的沟槽一般粗糙度比较大，故流速偏小。黏性泥石流含黏土颗粒多，颗粒间黏聚力大，整体性强，惯性作用大，故与稀性泥石流相比，流速相对较大。

泥石流的流速计算，可分两种情况分析。

1) 稀性泥石流流速的计算

稀性泥石流流速可按照下式进行计算：

$$v_m = \frac{m_m}{\alpha} \cdot R_m^{2/3} \cdot I^{1/2} \tag{7-9}$$

其中

$$R_m = \frac{F}{x}$$

$$\alpha = (\varphi G_m + I)^{1/2}$$

式中　v_m——泥石流断面平均流速，m/s；

　　　R_m——泥石流流体水力半径，m；

　　　F——洪水时沟谷过水断面积，m²；

　　　x——湿周，m；

　　　α——阻力系数；

　　　I——泥石流水面纵坡，%；

　　　m_m——泥石流粗糙系数，见表7-3。

表7-3　泥石流粗糙系数值 m_m

沟床特征	m_m 极限值	m_m 平均值	坡度
粗糙率最大的泥石流沟槽，沟槽中堆积有难以滚动的棱石或稍能滚动的大石块。沟槽被树木(树干、树枝及树根)严重阻塞，无水生植物。沟底以阶梯式急剧降落	3.9~4.9	4.5	0.375~0.174
粗糙率较大的不平整泥石流沟槽，沟底无急剧突起，沟床内均堆积大小不等的石块。沟槽被树木所阻塞，沟槽两侧有草本植物，沟床不平整，有洼坑，沟底呈阶梯式降落	4.5~7.9	5.5	0.199~0.067
较弱的泥石流沟槽，但有大的阻力。沟槽由滚动的砾石和卵石组成，沟槽常因稠密的灌丛而被严重阻塞，沟槽凹凸不平，表面因大石块而突起	5.4~7.0	6.6	0.187~0.116
流域在山区中下游的泥石流沟槽，沟槽经过光滑的岩面；有时经过具有大小不一的阶梯跌水的沟床，在开阔河段有树枝、砂石停积阻塞，无水生植物	7.7~10.0	8.8	0.220~0.112
流域在山区或近山区的河槽，河槽经过砾石、卵石河床，由中小粒径与能完全滚动的物质所组成，河槽阻塞轻微，河岸有草本及木本植物，河底降落较均匀	9.8~17.5	12.9	0.090~0.022

2) 黏性泥石流流速计算

黏性泥石流流速可按照下式进行计算：

$$v_m = \frac{1}{n} \cdot R_m^{3/4} \cdot I^{1/2} \tag{7-10}$$

式中　n——泥石流粗糙率，一般取 0.45。

泥石流流量过程线与降水过程线相对应，常呈多峰型。暴雨强度大，降雨时间长，则泥石流流量大；弱泥石流沟槽弯曲，易发生堵塞现象，则泥石流阵流间歇时间长，物质积累多，崩溃后积累的阵流流量大。

泥石流流量沿流程是有变化的，在形成区流量逐步增大，流通区较稳定，堆积区流量则沿程逐渐减少。

泥石流流量可按下式进行计算：

$$Q_m = F_m \cdot v_m \tag{7-11}$$

式中　Q_m——泥石流流量，m^3/s；

　　　F_m——泥石流流体的横断面面积，m^2；

　　　v_m——泥石流流速，m/s。

3. 泥石流的直进性和爬高性

与洪水相比，泥石流具有强烈的直进性和冲击力。泥石流黏稠度越大，运动惯性也越大，直进性就越强；颗粒越粗大，冲击力就越强。因此，泥石流在急转弯的沟岸或遇到阻碍物时，常出现冲击爬高现象。在弯道处泥石流经常越过沟岸，摧毁障碍物，有时甚至截弯取直。

4. 泥石流漫流改道

泥石流冲出沟口后，由于地形突然开阔，坡度变缓，因而流速降低，携带的物质逐渐堆积下来。但由于泥石流运动的直进性特点，首先形成正对沟口的堆积扇，从轴部逐渐向两侧漫流堆积；待两侧淤高后，主流又回到轴部。如此反复，形成支岔密布的泥石流堆积扇。

5. 泥石流的周期性

在同一个地区，由于暴雨、洪水的季节性变化以及地震活动等因素的周期性影响，泥石流的发生、发展也呈现出周期性，且其活动周期与暴雨、洪水的活动周期大体相一致。当暴雨、洪水两者的活动周期是与季节性相叠加，常常形成泥石流活动的一个高潮。

五、泥石流防治原则及防治措施

（一）泥石流防治原则

由于泥石流是一种水、泥、石的混合物，其来势突然、凶猛，冲刷力和摧毁力强，故防治泥石流的原则以防为主，兼设工程措施。

（二）泥石流地区选线方案

山区道路选线一般都是利用山坡坡脚至河岸间的坡地或阶地，沿河前进，穿越泥石流地区是难以避免的现象。如何合理地选择交通线路的位置就成了一个十分重要的问题。如果选线不当，轻则可能造成很多泥石流病害工点，重则整段线路无法正常使用，为此付出的代价是无法估量的。从根本上讲，掌握泥石流的独有特征和其发生发展规律，选择好线路的位置是防治泥石流的最有效措施。

一般来说，道路工程通过泥石流区，应遵循以下原则：(1)绕避处于发育旺盛期的特大型、大型泥石流或泥石流群，以及淤积严重的泥石流沟；(2)远离泥石流堵河严重地段的河岸；(3)线路高程应考虑泥石流发展趋势；(4)峡谷河段以高桥大跨通过；(5)宽谷河段，线路位置及高程应根据主河床与泥石流沟淤积率、主河摆动趋势确定；(6)线路跨越泥石流沟时，应避开河床纵坡由陡变缓和平面上急弯部位，不宜压缩沟床断面，改沟并桥或沟中设墩，桥下应留足净空；(7)严禁在泥石流扇上挖沟设桥或作路堑。

泥石流形成区，由于地形开阔且坡体极不稳定，一般不允许线路通过。流通区通过的线路，要修建跨越桥，此处地形狭窄，工程量较小，但因冲刷强烈，桥梁易受损坏，所以只有当线路有足够的高程、沟壁又稳定的情况下才能通过。堆积区可由扇前绕避、扇后绕避及扇身通过几种方案加以比较。因此，在泥石流地段选线，要根据泥石流的规模大小、活动规律、处治难易、路线等级和使用性质，分析路线的布局，选取合理的布线方式。通常有五种方案可供比选（图7-68）：(1)通过流通区的路线[图7-68(a)]，因沟床比较稳定，冲淤变化不大，可采用桥跨越，以单孔桥跨方式通过为宜，但应注意沟口两侧路堑边坡容易发生崩塌、滑坡等地质灾害，流通区易发育成堆积区；(2)通过洪积扇顶部的路线[图7-68(b)]，这种方式是较为理想的线路选择，应注意在沟口两侧易滑坡；(3)通过洪积扇外缘的路线[图7-68(c)]，一般较好，但要注意堆积扇逐年向下延伸，淤埋路基，加上河床易于摆动，路基有可能遭受水毁的威胁；(4)绕道走对岸的路线[图7-68(d)]，对泥石流分布集中、规模较大、发生频繁、危害严重的地段，经经济和技术比较，在有条件情况下，也是一种适宜的措施，但工程造价高(需架桥两座)，所形成的工作量较大；(5)用隧道穿过洪积扇的方案[图7-68(d)]，这种方案工程造价高，但同样具备安全性能高的特征；(6)通过洪积扇中部的路线[图7-68(e)]，注意这种方案难以克服排导沟逐年淤积问题。它适用于泥石流流量不大，经全面考虑基础上，可在洪积扇中部以桥梁或过水路面的形式通过，但应充分考虑两端路基的安全措施。

（三）泥石流的防治措施

对于大型的严重发育的泥石流地段，一般绕避为好。无法绕避的，在调查泥石流活动规律后，再选择合适的防治措施，具体措施如下。

1. 生物措施

生物措施就是要进行水土保持，维持较优化的生态平衡，包括恢复植被和合理耕牧。水土保持常常在上游进行，包括平整山坡、种植草皮、植树造林等，巩固土壤不受冲刷、减少水土流失，以维持较优化的生态平衡。

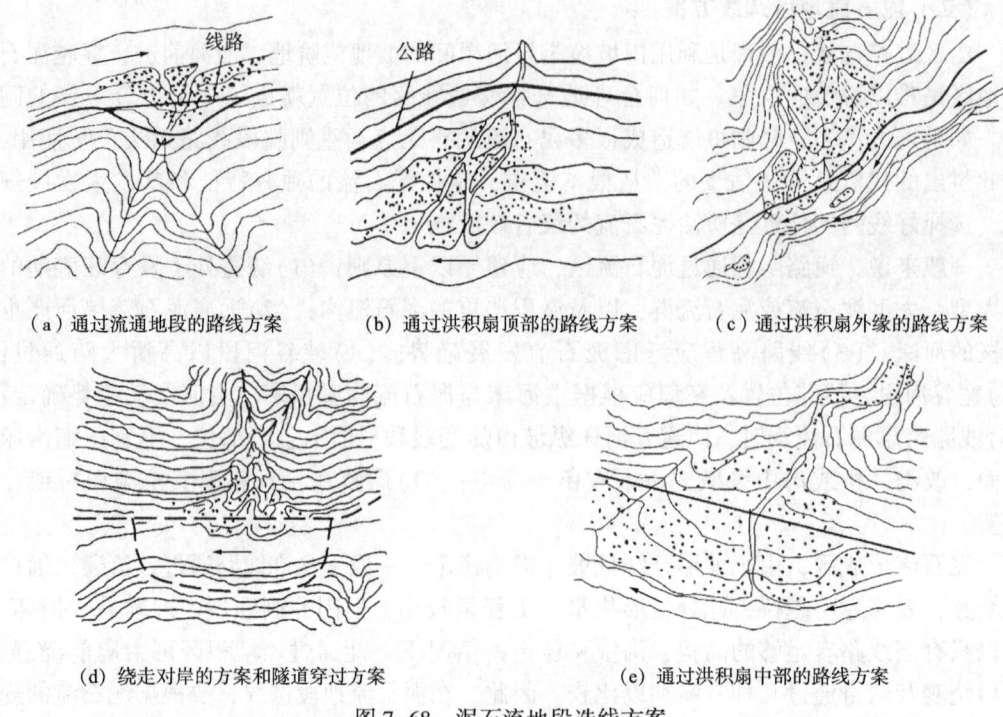

(a) 通过流通地段的路线方案　　(b) 通过洪积扇顶部的路线方案　　(c) 通过洪积扇外缘的路线方案

(d) 绕走对岸的方案和隧道穿过方案　　(e) 通过洪积扇中部的路线方案

图 7-68　泥石流地段选线方案

2. 工程措施

(1) 跨越工程：提高工程建筑的标高，如修建桥梁、涵洞，从泥石流沟的上方跨越通过，让泥石流在其下方排泄，用以防避泥石流，这也是交通部门常用的措施。

(2) 穿过（排放）工程：修建护路明洞[图 7-69(a)]、渡槽[图 7-69(b)]、护路廊道[图 7-69(c)]等，从泥石流的下方通过，而让泥石流从其上方排泄。也可将工程建筑向山内以隧道方案通过，这又是交通部门通过泥石流区域一常用的主要工程方式。

(3) 防护工程：在沟头、岸边等易发生坍塌、滑坡地段设一定的防护工程建筑，加固土层、稳定边坡，以防岩土冲刷和崩塌，尽力减少固体物质来源。防护工程主要有护坡、挡墙和丁坝等。

(4) 拦截工程：在泥石流沟中修建各种拦渣坝，如石笼坝、拦渣坝、停淤场等，以拦截或停积泥石流中的石块、泥砂等固体物质，减轻泥石流的动力作用。

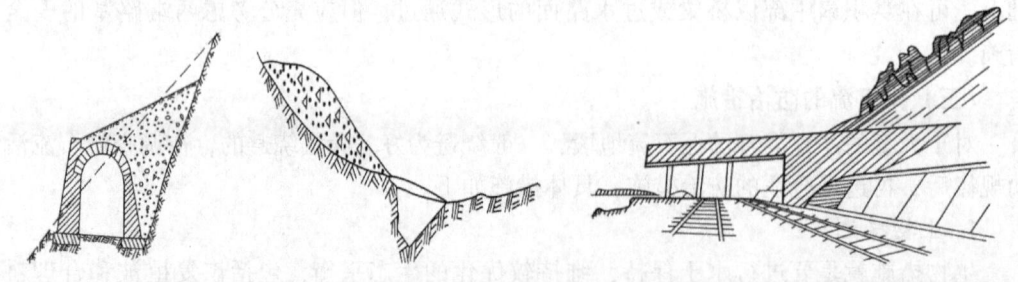

(a) 防治泥石流用的护路明洞　　(b) 渡槽引导泥石流越过道路上空　　(c) 路堤上方排放泥石流的钢筋混凝土护路廊道

图 7-69　穿过（排放）工程

(5) 滞流工程：在泥石流沟中修筑各种低矮拦挡坝，又叫谷坊坝(图 7-70)。由于在一条沟道内往往需梯级修筑多座谷坊，形成谷坊群。泥石流可以漫过坝顶。坝的作用是拦蓄泥沙石块等固体物质，减小泥石流的规模；固定泥石流沟床，防治沟床下切和各种坍塌；平缓纵坡，减小泥石流流速。

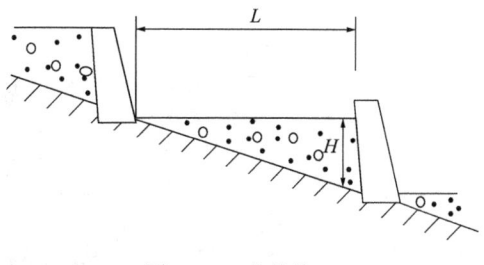

图 7-70 谷坊坎
H—谷坊高度(m)；
L—相邻两座谷坊的水平距离(m)

(6) 排导(导流)工程：在下游堆积区，沟床变迁大，防止泥石流漫流改道，同时线路长、冲刷、淤积严重，设置排导措施使泥石流顺利排除以保护附近的居民点、工矿点和交通线路。如修筑泄洪道、导流堤、排导槽、急流槽等设施以固定沟槽，约束水流，改善沟床平面等(图 7-71)。

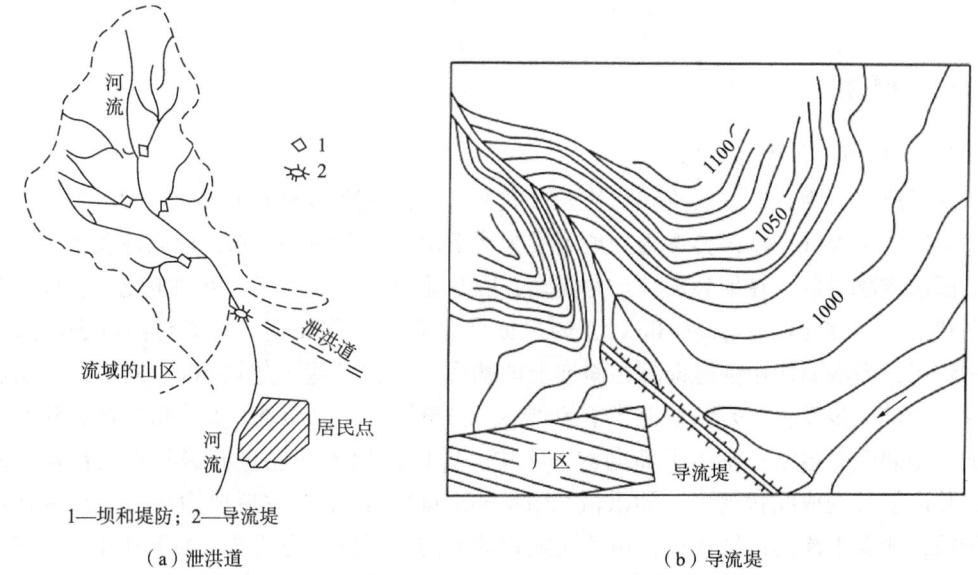

1—坝和堤防；2—导流堤

(a) 泄洪道　　　　　　　　(b) 导流堤

图 7-71 泥石流的排导措施

对于防治泥石流，常采用多种措施相结合，进行综合治理，比用单一措施更为有效，更为经济。如黑水县芦花沟泥石流，位于四川省阿坝藏族羌族自治州黑水县，黑水县城—芦花镇坐落在芦花沟泥石流堆积扇上(图 7-72)。20 世纪 80 年代，黑水县政府对芦花沟泥石流进行了综合治理，治理工程于 1984 年 4 月破土动工，到 1987 年 10 月竣工。工程以 50 年一遇泥石流为设计标准，100 年一遇泥石流为校核标准。泥石流综合治理工程措施为以排为主，排导、拦蓄、稳坡、停淤等措施相结合，并辅以截水排流。主要工程项目是，排导槽 465m，停淤场 1 座(库容 $7×10^4 m^3$)、拦砂坝 8 座、潜坝 4 座(总拦淤库容量约 $3×10^4 m^3$)、截水沟 1km；同时营造水源涵养林和水土保持林，实行退耕还林、封山育林等生物措施。芦花沟泥石流治理工程形成了完整的防灾减灾工程体系，工程竣工后防灾减灾效果极佳，有效地保护了县城上万人民的生命财产安全。

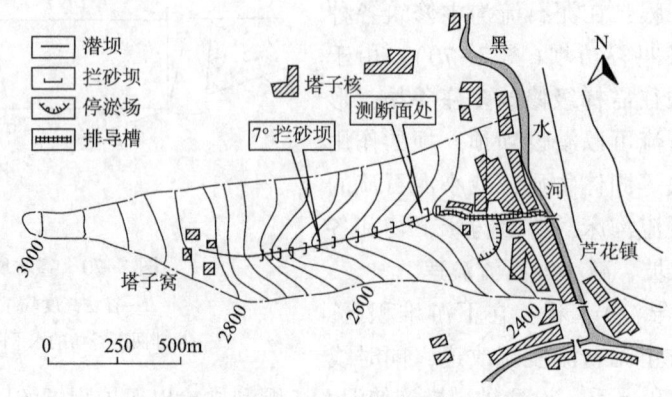

图 7-72 黑水县芦花沟泥石流防治工程

第五节 河流作用对工程影响及防治

一、概述

(一) 片流、洪流和河流

地面流水分为片流、洪流和河流三大类型。从大气降落的雨水或冰雪融水中一部分通过蒸发回到大气，一部分渗透到地下成为地下水，其余约 1/3 水体形成地表水流。起初，雨水或冰雪融水在地表斜坡均匀流动，因其流速小、水层薄、无固定流向，成为薄层网状细流，称为片流(sheet flow)，因呈面状分布，又称面流。片流对斜坡表面进行洗刷作用，当洗刷作用强时即剥蚀斜坡上的物质，形成一些不超过 50cm 的细沟。洪流是片流的进一步发育，是斜坡上沟槽的雏形。沟槽雏型一旦出现，其水层增厚，流水量增加，冲刷能力增强，水层不断向沟槽集中，并以其较大的能量刷深和扩大沟槽，此时，片流就转变成线状流水，即洪流(flood current)。沟槽就发展成为沟谷。沟谷在洪流阶段，随着洪流的侵蚀作用，由片流发育的细沟不断演变为切沟、冲沟和坳沟。进入坳沟阶段，侵蚀沟已进入衰亡阶段。片流和洪流主要受大气降水补给，雨后水量大，无雨沟谷干涸，水流时断时续，称为暂时性流水(intermittent river)，往往在降雨或降雨后的一段时间内形成。

河流(stream, river)是指具有固定水道的常年性线状流水，又称经常性流水。河流与人类的生活、生产有着极其密切的关系。人类文明的发展离不开河流，由河流形成的肥沃冲积平原，正是人类文明的发源地。一个国家有属于自己的具有千年历史的河流，而我们国家的黄河代表了中国的文明，孕育着中华民族。河流又是陆地上最活跃的地质营力，其地质作用是陆地上最强烈的外动力地质作用，它贯穿于河流地貌的全过程，无时无刻不在塑造着陆地形态，改变着地球的外貌。

(二) 河谷的几何要素

河谷横剖面形态要素包括谷底(valley floor)和谷坡(valley slope)两大部分(图 7-73)。河谷底部平缓的部分称为谷底。高出谷底两侧的斜坡称为谷坡。

谷底包括河床(stream bed)及河漫滩(flood plain)。经常有流水占据的部分称为河床。在河床两侧常形成堤状地形，称为天然堤(natural dam)。河漫滩是经常被洪水淹没的谷底部分。谷坡上常发育有洪水不能淹没的阶地(river terrace)，阶地是被抬升的古老的河谷谷底。谷坡与谷底的交接处称为坡麓(valley side)。谷坡上部的转折处称为谷缘(valley shoulder)。

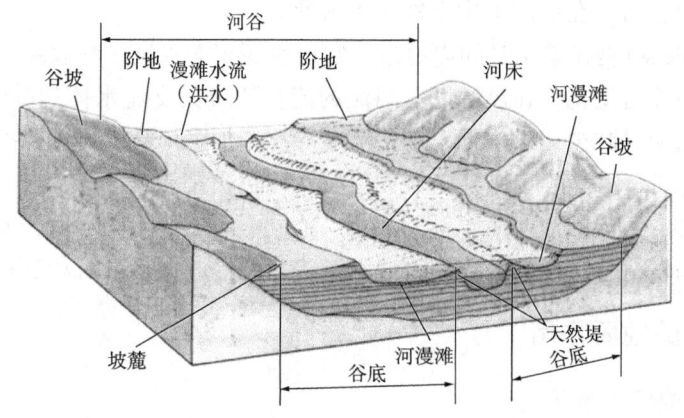

图7-73 河谷横剖面形态要素

(三) 河谷的横剖面形态

河谷按横剖面形态分为三类(图7-74)：(1)"V"形谷(V-shaped vally)，谷坡很陡，谷底狭窄，甚至无平坦的谷底，以致河床直接嵌在谷坡之间。"V"形峡谷中流水湍急，如金沙江虎跳峡"V"形峡谷。(2)"U"形谷，谷底较宽阔，谷坡较陡，坡麓明显。(3)碟形谷，谷底平坦而宽阔，其宽度可达数千米甚至数十千米，谷坡缓，没有明显的坡麓。

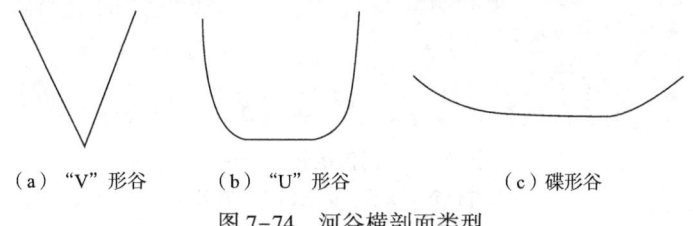

(a) "V"形谷　　(b) "U"形谷　　(c) 碟形谷

图7-74 河谷横剖面类型

(四) 河流的动能

河流动能是河流地质作用的水力能量，动能的大小可以综合反映河流地质作用的强弱和特征。

河流动能可用下式表示：

$$E = \frac{1}{2}mv^2 \tag{7-12}$$

式中　E——动能；
　　　m——流量，m³/s；
　　　v——流速，m/s。

流速(flow velocity)取决于以下因素：(1)河床的坡度，坡度陡则流速快，坡度缓则流速慢。河流上游一般位于崇山峻岭之中，这里坡度大，流速快；河流入海处，河床坡度极小，流速很慢。(2)河床的横剖面(transverse profile)形状和大小。(3)负荷(load)的类型，河流所携带的固体物质称为河流负荷。不同地区的河流及同一河流的不同河段，其负荷类型不同。如山区河流的负荷主要是巨砾、砾、粗砂，平原区河流的负荷主要是砂、粉砂及泥质物。不同类型的负荷影响河床的粗糙度(roughness)，对流水产生不同程度的摩擦阻力，在一定程度上影响到流速。

流量(discharge)是在单位时间内通过一定过水面积的水量。它取决于流域面积和降水量，并随季节而有变化。在洪水期，河流的流量通过其支流水体的补给而急剧增加，在枯水期，流量明显减少。洪水期增加的流量除用于加强河流的侵蚀和搬运能力从而加深、加宽其河床外，必然会提高流速以便使其水体更快排泄。

由上述可知，河流的动能对于不同河流，或同一河流的不同河段，或同一河段在不同时期都会有所变化。在动能的作用下，河流进行侵蚀、搬运、沉积三种地质作用。

二、河流的地质作用

(一) 河流的侵蚀作用

河流的侵蚀作用(erosion)是指河水在流动过程中对地表的破坏作用，又称为河流的剥蚀作用(图7-75)。

图 7-75　河流的侵蚀作用
①紫红色砂质页岩；②灰白色砂屑灰岩

侵蚀作用方式主要有以下三种方式：(1)溶蚀作用(dissolution)，是指河水以溶解方式使河谷破坏的作用。主要见于由碳酸盐及盐类岩石组成的地区。(2)水力作用(hydraulic action)，是指依靠河水的机械冲击力使河谷破坏的作用。就山区的石质河谷而言，常因其流速大，流水冲入岩石裂隙并产生强大压力，促使岩石崩裂。对于由松散沉积物构成的河谷而言，其破坏性更大。(3)磨蚀作用(abrasion)，是指河水以水流所携带的泥沙砾石作为工具磨损河谷，使其加宽变深，从而破坏河谷。磨蚀作用可以使河流中的砾石及碎屑的棱角被磨去而逐渐变圆、变细。在暴雨及洪水季节，河流的中上游地区磨蚀作用更为明显。

河流的侵蚀分为机械侵蚀和化学侵蚀，其中溶蚀作用属于化学侵蚀，水力作用和磨蚀作用属于机械侵蚀。河流的侵蚀以机械侵蚀作用占主导地位。按侵蚀方向可分为下蚀作用和侧蚀作用。

1. 河流的下蚀作用

下蚀作用(vertical erosion)是指河水及携带的碎屑物质在水流作用下垂直向下侵蚀河谷底部岩石，使河谷不断加深的作用，也称垂直侵蚀作用或底蚀作用(bottom erosion，图7-76)。

图7-76　金沙江虎跳峡下蚀作用

河流下蚀作用的原因主要有：(1)顺坡而下的流水具有垂直向下的运动分量，从而产生冲击力。坡度越陡，下蚀能力越强。(2)在河底滚动和跳跃的砾和砂互相碰撞与摩擦，同时不断撞击河底，尤其是山区河流因巨砾不断撞击，河底加深很快，在洪水期尤其明显。此外，河水中的砂、砾在互相碰撞与摩擦过程中还不断变细、变圆。(3)锅穴作用(kettle action)是由流水中急速旋转的涡流所引起的，它促使砾石像钻具一样作用于河底[图7-77(a)]。河底上被钻出的坑称为锅穴[pot-holes，图7-77(b)]。

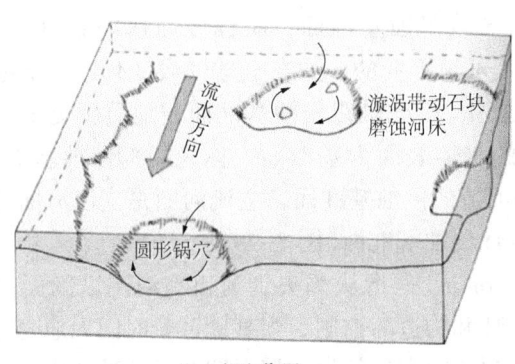
(a) 锅穴作用

(b) 锅穴

图7-77　锅穴作用及其形成的锅穴

一般地说，河流下蚀作用明显地表现在一条河流的上游区或河流发育的幼年期。河流下蚀作用结果往往会形成"V"形峡谷、急流(torrent)、瀑布(waterfall)、溯源侵蚀(up stream erosion)和河流袭夺(river capture)等现象。在河流的上游，河床纵坡降大，水流速度快，底蚀作用表现得最为强烈。强烈的底蚀使河谷不断被加深，常常造成V字形河谷，称为峡谷。上游河流在底蚀作用过程中，受岩性、构造等条件的影响，使谷底变得坎坷不平或呈阶梯状，在河床上形成急流和瀑布。河床坡降较大，岩性坚硬不平的河段，河水湍急者称为急流。河床坡降落差大，水流表现为明显的跌水现象，称为瀑布。瀑布并不是永存的，瀑布的跌水会将瀑布底下的河床淘深、淘空，导致上部岩石崩落，于是瀑布向上游方向退移。在河流上游大多有跌水，那里的下蚀力最大。与瀑布后退一样，河谷因源头后退而向上游推进，这个过程称为河流向源侵蚀，又称为溯源侵蚀。河流通过向源侵蚀来增加其长度。当两条河流向同一个分水岭向源侵蚀时，向源侵蚀速度快的河流，会将侵蚀慢的河流的水夺走，这种现象称为河流袭夺(river capture)。如图7-78所示，因B河床比A河床低，河流B溯源侵蚀进入河流A的河谷内，河流B把河流A的水夺走。河流 B 叫袭夺河(pirate river)，河流 A 下游叫断头河(beheaded river)。河流 A 上游（被袭夺的）称为改向河(diverted river)或被夺河(captured river)。被夺河与袭夺河相交处，河流流向极不自然，往往呈现突然转弯的现象，称为袭夺湾(elbow of capture)。

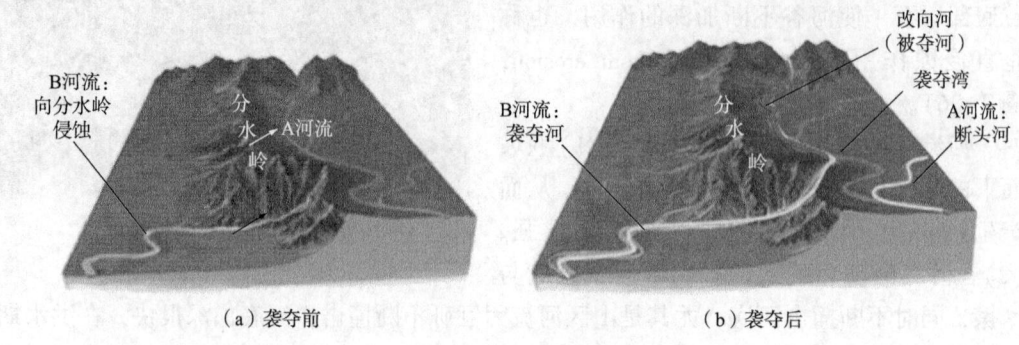

图 7-78　河流袭夺现象

入海的河流不会无止境的下蚀，当其下蚀深度达到海平面时，河谷坡度消失，流水运动停止。因此，海平面高度是入海河流下蚀深度的下限。海平面及由海平面向大陆内引伸的平面称为最终侵蚀基准面或区域侵蚀基准面，简称侵蚀基准面(base level of erosion)。必须注意，海平面位置不是永恒不变的，如在全球气候变化影响下冰川体积发生变化，从而影响全球海平面的位置，因此最终侵蚀基准面在地质历史上是不固定的。不直接入海的河流以其所注入的水体表面为基准面，称为局部侵蚀基准面(local base level of erosion)。如湖面是入湖河流的侵蚀基准面，主流河面是支流河面的侵蚀基准面，所以局部侵蚀基准面又称地方性侵蚀基准面(图 7-79)。

河流的纵剖面(river longitudinal profile)是指从源头到河口，河流纵剖面呈线状展布，其曲线总体下凹，起伏形态受岩性和构造的控制。当某地区长时间无地壳运动、海平面和气候变化不大时，河流将削去河道中突出部位、填平凹坑，这种变化称为河流的均夷化(graded)。均夷化后的河流纵剖面是一条平滑的下凹曲线，称为河流的平衡剖面(river balanced section，图 7-79)。

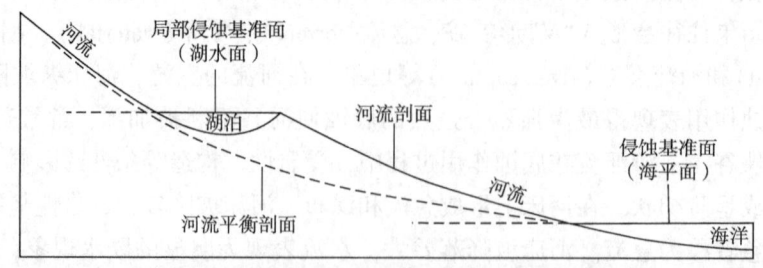

图 7-79　侵蚀基准面和局部侵蚀基准面之间的关系

2. 河流的侧蚀作用

河流以自身的动力以及其搬运的泥沙侵蚀河谷的两侧或谷坡，使河谷横向迁徙，谷坡后退、河谷扩宽的作用称为河流的侧蚀作用，简称侧蚀(lateral erosion)，又称旁蚀(图 7-80)。侧蚀作用主要出现在河流中、下游或河流发育的中、老年期，这时河谷坡降变缓、下蚀作用处于次要地位。

图 7-80 河流的侧蚀作用

侧蚀的原因主要有两个方面。

(1) 弯道处的离心力。

弯道离心力就是指流水在河流弯曲部位因惯性作用而产生的离心力。平直的河流很少,河道多是弯曲的。即便是平直的河道也会因水体的运动而向弯道发展。

河流产生侧蚀作用的原因是单向环流的表流对河岸的冲刷作用。水质点作单向的螺旋形运动的水流,称为单向环流。当水流进入弯曲河段时,河水在弯道离心力的作用下,水质点向凹岸(convex bank)偏离,造成凹岸(深水区)一侧水面抬高,凸岸(conver bank)水面降低,这时两岸出现水位差,产生横比降,引起自凹岸向凸岸的横向力,在弯道流水断面的垂线上,水质点的流速随深度而逐渐减小,故垂线上各点的离心力在表层最大,向下逐渐减小。在水体上层,离心力大于横向力,合力向右,水质点向右移动;在水体下层,离心力小于横向力,合力向左,水质点向左运动,横向力和离心力只是在中偏下的水体部分可达到平衡。这样便形成了横向环流[图 7-81(a)]。在平面上,河流的主流线偏向于凹岸[图 7-81(b)],水质点的运行是螺旋形的。由于横向环流的作用,使凹岸侵蚀,侵蚀下来的物质随横向环流向凸岸搬运;在凸岸,因底流向上运动,流向表层,其能量逐渐减弱,物质便在此发生沉积形成点沙坝(point bar,图 7-82)。

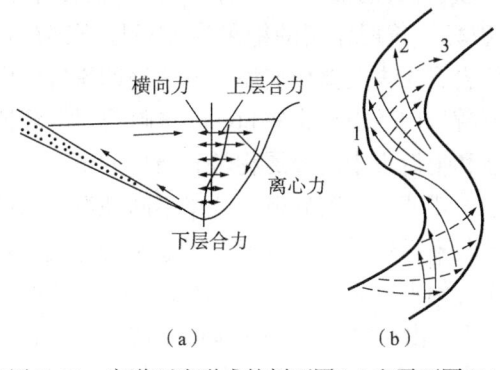

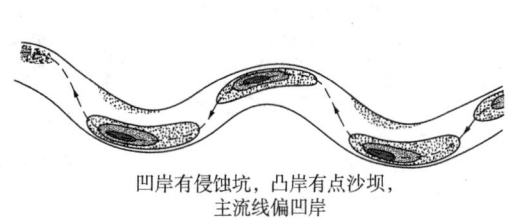

图 7-81 弯道环流形成的剖面图(a)和平面图(b)
1—流向;2—表层水流;3—底层水流

图 7-82 曲流河弯道示意图

（2）科里奥利力的作用

科里奥利力（Coriolis force），简称科氏力，是由地球自转引起的，又称为地球偏向力（图 7-83）。地球上一切运动着的物体，都将产生运动方向上的偏离。在科里奥利力的作用下，水体运动的方向也要发生偏离，在北半球运动的水体偏向前进方向的右侧，在南半球运动的水体偏向前进方向的左侧。

在河流弯道，离心力和科氏力同时作用。河流右弯处，离心力和科氏力方向相反，互相抵消一部分，故对凹岸侵蚀力减弱。河流左弯处，二力方向一致，对凹岸侵蚀力增强（图 7-84）。此外，凹岸的最大侵蚀点和凸岸的最大堆积点并不是在它们的顶部而是偏于前方。这样，随着横向环流不断作用，不仅是弯道幅度逐渐增大，而且弯道位置也不断向下游方向迁移。

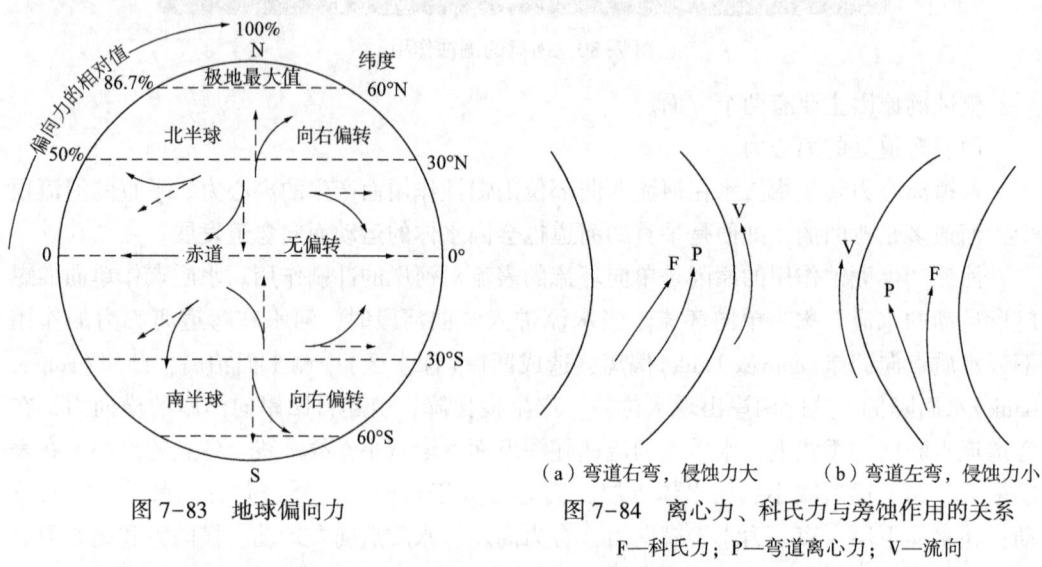

图 7-83　地球偏向力

图 7-84　离心力、科氏力与旁蚀作用的关系
F—科氏力；P—弯道离心力；V—流向

河流侧蚀作用结果：河流弯道向下游迁移，将会不断变长、变宽并变弯。主要体现在以下几方面：（1）可使河谷形态发生改变，由早期阶段，河谷横剖面呈"V"形，随着弯道的发展，到后期阶段，河谷横剖面逐渐变成"U"形，并最终演变为碟形，这时谷底会慢慢发展为冲积平原（alluvial plain）。（2）形成自由河曲。在单向环流主流线偏移产生的侧蚀作用下，凹岸受到冲刷而受到强烈破坏。长期作用的结果导致谷坡下部被掏空，上部岩石失去支撑而崩塌，逐渐地凹岸谷坡向凹岸偏下游方向后退（图 7-86）。与此同时，环流又将侧蚀和上游带来的碎屑物带到凸岸的下游侧沉积下来。由于凹岸不断后退，凸岸不断地沉积而前伸，河道曲率不断增加，河流变得越来越弯曲，这种河流称为河曲（meander），如果是极度弯曲的河谷，则称为自由河曲（free meander，图 7-85），也叫蛇形河。自由河曲中，河弯迥环的地带称为河曲带（meander zone）。自由河曲使得河流长度增加、坡

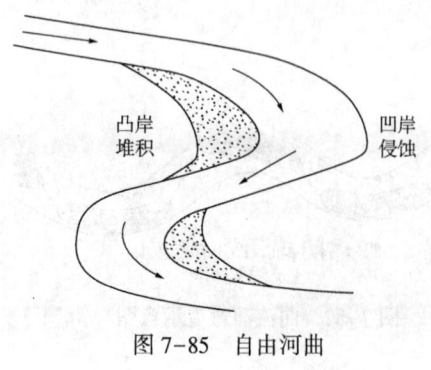

图 7-85　自由河曲

度降低、流速降低,也称曲流河。(3)形成牛轭湖。当河弯的弯曲度逐渐变大时,两个相邻河弯日益靠近,使两个河弯间的陆地变成细颈状。在洪水期,被洪水冲破河弯颈取直道前进,造成河流的天然截弯取直(cut-off)。正是这种取直现象使河曲带不可能无止境地加宽。河水从上游一个河弯直接流入下一个河弯。它们之间的河弯不再有河水流通。河道截弯取直以后原来的河弯被废弃,并堵塞成湖,外形似牛轭,称为牛轭湖(ox-bow lake,图7-87,图7-88)。

图7-86 峨眉山市川主河与龙门洞河两河交汇处,凹岸不断垮塌

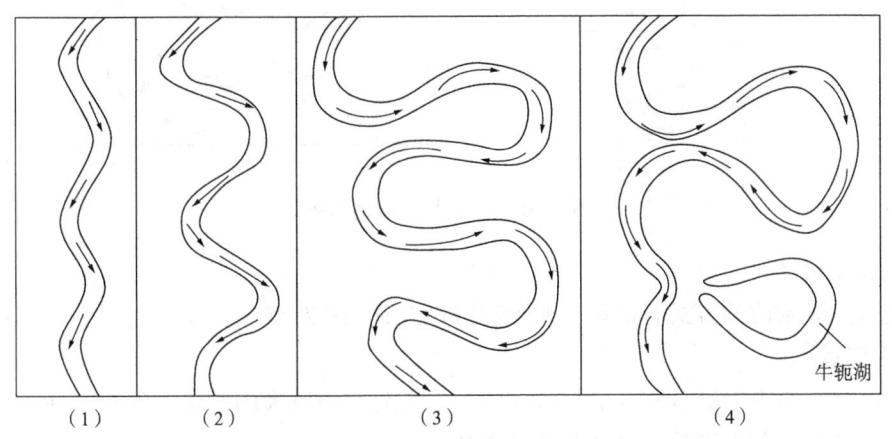

图7-87 牛轭湖的形成过程示意图

(二)河流的搬运作用

河流将所携带的物质从一个地方搬至另一个地方的过程称为搬运作用。

河流所搬运的物质包括砾石、砂、粉砂、黏土等各种粒径的机械碎屑物和溶于水的呈真溶液和胶体状态的物质。河流对机械碎屑物的搬运作用称机械搬运,对呈溶解状态的真溶液和胶体物质的搬运称化学搬运(或溶运)。

1. 流水质点的运动方式

流体具有两种流动形式。一种是质点呈平行层状,不互相混合,流动的层与层之间

图 7-88　长江下游形成的牛轭湖

界线不交错，称为层流[laminar flow，图 7-89(a)]；另一种是质点以复杂的流线型式交错，质点相互混合，称为紊流[turbulent flow，图 7-89(b)]。河水的流动形式基本都是紊流，只有在流速非常缓慢，或水很浅，河谷底平滑时可发生层流。流水由于具有紊流性质，才能对碎屑物进行有效的搬运。

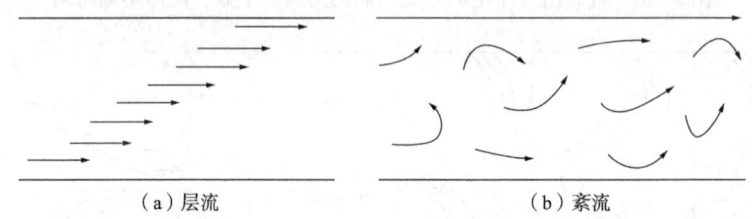

(a) 层流　　　　　　　　　　(b) 紊流

图 7-89　层流与紊流剖面图

2. 搬运方式

流水搬运物质的方式有拖运、悬运和溶运三种(图 7-90)。

1) 拖运

拖运又称牵引搬运(traction transport)，是指河谷中巨大的石块、砾石、砂，随着河水流动，在河底部以滚动、滑动和跳动方式搬运。

从实验可知，当水流速度较小时，只有少数颗粒沿槽底滚动和滑动。随着流速加大，便有较多颗粒在槽底移动，并互相碰撞；有些颗粒因碰撞被流水推举向上并向前。同时，因紊流涡漩作用的上举力也使部分颗粒短暂上浮后再落下来，呈跳跃式前进。

2) 悬运

悬运(suspension transport)是指河流中的粉砂和黏土由于颗粒的细小悬浮在水流中，随着流水前进。

实验表明，如在清水中撒入黏土和粉砂，它们很快散开，水变混浊，而且每个颗粒运动的途径都是不规则的。此外还表明，当颗粒的沉降速度小于平均流速的 8% 或流水的平均流速大于颗粒沉降速度的12倍以上时,颗粒就能成为自由悬浮状态。粉砂和黏土在流水中因紊流运动,一般都保持着悬浮状态,只有当紊流停止时,它们才能沉落下来。

3) 溶运

溶运(solution transport)是指一些易溶岩石及矿物成分溶解于河水中,以离子状态被水搬运。

每升河水中溶解的盐类物质约为150~300mg,其中以钙、镁的碳酸盐类最多,达盐类总量的7%左右,而钾、钠的氯化物较少。在沙漠地区河流中NaCl及$CaSO_4$的含量显著增高。

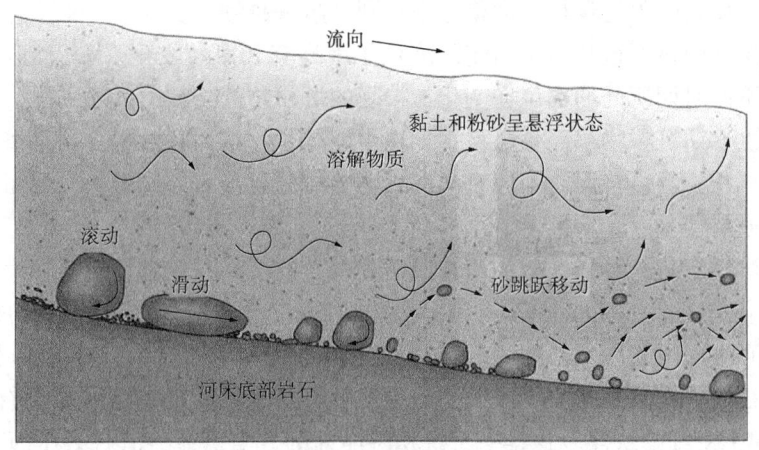

图7-90 流水搬运物质的方式

(三) 河流的沉积作用

1. 沉积作用概述

河流的沉积作用是指在河流动能降低或化学条件改变时,河流搬运物沉积下来的过程。

尽管河流搬运物有化学溶运物和机械碎屑物两种,但河流的化学沉积在河谷内几乎不发生,仅在河口处(河流入海、入湖处)有沉积产生。大量的河流沉积物是机械碎屑物,即河流的沉积作用以机械沉积作用为主。至于河流中的生物堆积则由于河流中的生物堆积量有限,河谷上也不易保存,所以可忽视。

2. 沉积发生的原因及场所

河流的机械沉积作用发生的原因主要是河流动能降低。沉积作用发生的主要场所有:(1)河流汇入其他相对静止的水体处,如河流流入海洋、湖泊以及支流进入主河处,河流的流速明显降低,引起河流沉积;(2)河谷明显变缓处,如河流由"V"形峡谷进入"U"形谷,再进入碟形谷或者是山区河流进入平原区,河谷由陡变缓,由窄变宽,河水动能降低,引起河流沉积;(3)河曲转弯处的凸岸,也是河流发生沉积的场所。

3. 冲积物的特征

冲积物(alluvium)是指河流的沉积物。冲积物都是在流动的水体中以机械方式沉积的碎屑物。与其他外营力相比，冲积物的总体特征有以下几点：

（1）由碎屑物组成，主要为砂、粉砂、黏土，山区河流沉积可出现较多砾石，而且长条状的扁平砾石的最大扁平面倾向指向河流上游方向，相互成叠瓦状排列。

（2）分选性较好，这是由于流水搬运能力的变化比较有规律。长时间稳定的河流水动力，把原来颗粒大小、轻重混杂的搬运物，按比重和大小分别集中的过程称为分选作用。经分选后的碎屑物在大小趋于基本一致，达到分选良好的程度。随着搬运距离的增长，碎屑物的分选性会越好。

（3）磨圆度较好，较粗的碎屑物质，在搬运过程中相互之间以及碎屑物与河底之间不断摩擦，变圆滑的过程称为磨圆磨细作用。如河谷中的卵石，常常是相当圆滑的。随着搬运距离额增长，碎屑颗粒被磨得越来越圆、越来越细。

（4）成层性明显，这是由于河流的沉积作用具有规律性变化。如因河谷侧向迁移，同一地点在不同时期所处的部位在变化，接受的沉积物的特征也就不一样。此外就同一地点而言，洪水期沉积物粗而且数量多，枯水期沉积物细而且数量少；夏季沉积物颜色较淡，冬季沉积物颜色较深，不同时期沉积物的成分也会有差别等等。因而在沉积物剖面上表现了成层现象。

（5）韵律性清楚，特征类似的两种或两种以上的沉积物在剖面上有规律的交替重复出现，称为韵律性（rhythmicity）或旋回性（cyclicity），每一次重复就形成一个韵律（rhythm）。河流沉积常具有韵律性。如一个完整的韵律可以包括下部较粗粒的河床沉积、中部细粒的堤岸沉积及上部以泥质为主的河漫沉积，从而构成一个具有典型"二元结构"的、向上变细的层序。这样一个沉积层序即为一个韵律，其代表了河谷在一次侧向迁移过程中逐次沉积的产物。如河谷反复进行侧向迁移，就可以形成若干个韵律。

（6）具有流水成因的沉积构造，河流沉积物中常见有特征性的波痕、交错层理等原生构造。波痕多为非对称型波痕，交错层理主要呈单向倾斜。

4. 主要的沉积地形

河流发育的不同阶段或河流的不同河段的机械沉积作用和沉积物的特点是不相同的。一般来说，河流上游侵蚀作用强烈，是支流汇集地带，沉积作用不强烈。上游河道较平直，河谷陡峻，河谷内有粗大的砂砾的暂时堆积。当河流流出山区，较多的碎屑沉积物堆积，形成冲积扇。河流中下游河段，河道平缓，弯曲度较大，是河流沉积的主要场所之一。常见的沉积地形有以下几种。

1）心滩

河水从窄束段流入开阔段时，流速减小，致使较粗部分在河底中部淤积，逐渐形成心滩（channel bar），形态呈梭形，长轴平行于流水方向。

心滩形成的主要原因是河流在开阔处流速变小，较粗碎屑在河底中部淤积，产生雏形心滩，随着过水断面缩小，水流速度增大，导致主流线偏向两岸，使得两岸遭受冲刷而后退，从而产生环流（circulation），此时，表层水流由中间向两岸流动，底层水流从两侧向中间流动，形成两股环流，促进河谷中部沉积的发生。随着雏形心滩周围及顶部不断淤积而不断扩大增高，最终转变为心滩（图7-91）。心滩主要特征是洪水期被淹没，枯水期露出水面，如中乐山大佛前方三河交汇处形成的心滩（图7-92）。如心滩堆积有大量沉积物而高出水面并进一步扩大，则称为江心洲。江心洲的特点主要是洲头不断侵蚀，洲尾不断沉积，且缓慢向下游移动。在移动过程中，几个小州可能合并成一个大洲，江心洲也可能向岸靠拢与河漫滩相联结。因江心洲高出年平均水位，所以只有在特大洪水时才会被淹没。随着植物覆盖率增

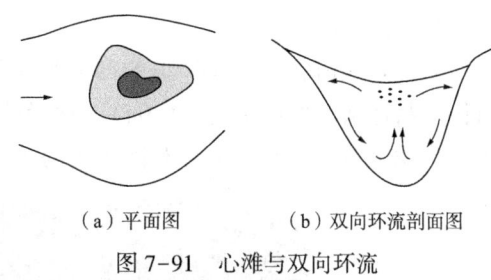

(a) 平面图　　(b) 双向环流剖面图

图7-91　心滩与双向环流

大，使水流流速显著减小，挟沙力明显降低，更促使洲面沉积抬高。如乐山大佛前岷江、青衣江、大渡河三江汇合处的扑风洲即为江心洲(图7-92)，其他如南京八卦洲、湘江橘子洲等。

图7-92　乐山大佛前三江交汇形成的心滩和江心洲

2) 边滩

单向环流将凹岸淘蚀的物质带到凸岸沉积形成的小规模沉积体称为边滩(point bar)，即点沙坝(图7-93，图7-94)。边滩洪水期被淹没，枯水期露出水面。

图7-93　边滩

3) 河漫滩

河谷外侧河谷底部较平坦的部分称为河漫滩(flood plain)，它是边滩加宽加高，且面积不断加增大的结果(图7-94)。河漫滩枯水期露出水面，洪水期水漫溢出河谷而被淹没。我国黄河、长江下游有极宽阔的河漫滩。

图 7-94　边滩、河漫滩

当洪水在滩面漫溢时，水流分散，流速降低，加上滩面生长的植物阻碍着洪水的流动，使泥质和粉砂等较细物质在河漫滩上沉积下来，这种沉积物称为河漫滩沉积物(flood plain deposit)。在河漫滩沉积物之下，常出现砂和砾石等较粗的沉积物，它们是早先在河底及边滩中沉积的河谷沉积物，是河谷曾在谷底上迁移的遗迹。河漫滩沉积物和下面的河谷沉积物一起构成了河漫滩二元结构(图7-95)。河漫滩二元结构是丘陵及平原地区河流堆积物的普遍特征。

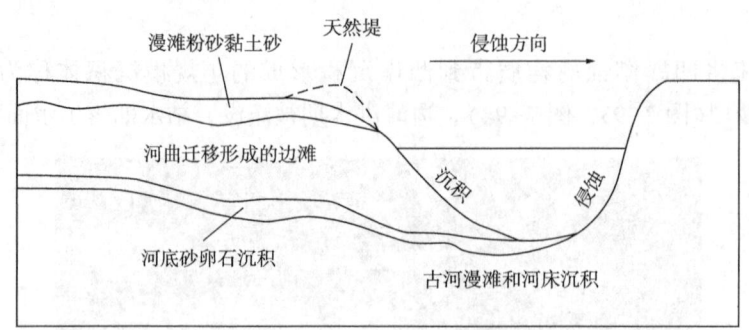

图 7-95　河道及河谷沉积物剖面示意图

4) 冲积平原

由于河谷往复摆动，河漫滩不断发展扩大，相邻的河漫滩连成一片，从而形成广阔的冲积平原，即主要由河流冲积物所组成的平原，如长江中下游平原和成都平原等均为冲积平原。

5) 天然堤

沿河谷两侧常产生堤状地形，称为天然堤(natural dam)，又称自然堤。其形成是因为洪水期,河水从河谷溢出至河漫滩时,因水深骤然变小、流速降低,河水中携带的较粗的碎屑物质首先沿最靠近河谷两侧的河漫滩上沉积下来。经过若干次洪水后,形成天然堤(图7-96)。

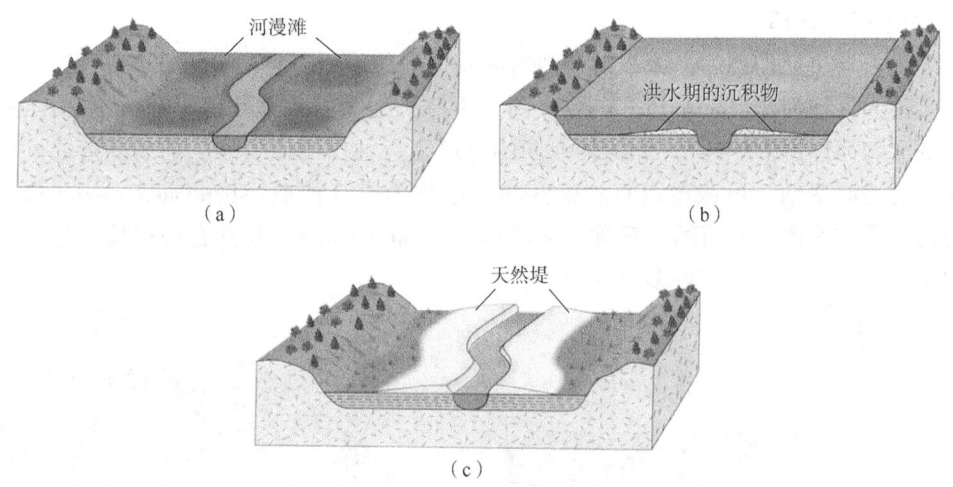

图7-96 天然堤的形成

6) 三角洲

在河口部位,因河道平缓,地形开阔,水流分散,流速降低,动能减小,形成的大规模沉积体平面上呈三角形称为三角洲(delta),如我国的长江三角洲。

三角洲的形成条件有三个:(1)有充足的沉积物来源;(2)河口处坡度较小,易于沉积;(3)水动力较小,沉积物易于保存。三角洲的形态主要有鸟嘴状(一条河流入海者,如长江)、鸟足状(若干条河流入海者,如密西西比河)、扇形(许多条河流入海者,如黄河)。

三、构造运动对河流地质作用的影响

构造运动对河流地质作用的方式及特点有很重大的影响。对于一个构造运动相对稳定的区域,河流的地质作用往往经历这样一个发展阶段:初期阶段(幼年期),河流以下蚀作用为主,原始地面被切割破坏。高山峻岭被切割为深深的"V"形峡谷,并形成急流和瀑布,这也相当于一条河流的上游段。中期阶段(壮年期),相当于河流的中游段。此时河流的下蚀作用减弱,侧蚀作用逐渐增强,形成曲流,河谷变成"U"形。同时河谷内出现心滩、边滩、漫滩等沉积地形。晚期阶段(老年期),相当于河流的下游段,这时河谷的坡降非常小,地面的起伏也小,河流动能主要消耗在对河谷两侧谷底沉积物的侧蚀,而不加宽河谷,结果使河谷不断迂回摆动,形成牛轭湖和蛇曲。河谷的侧蚀作用和沉积作用在此时也达到暂时的平衡,河谷纵剖面达到河流平衡剖面。达到此状态的河流称为均夷河流(graded stream)。河流在外界条件保持稳定的状态下总是力图向均夷化(gradation)方向发展,标志着河流下蚀能力在衰减。

但地壳并非长期处于稳定状态,当构造运动引起地壳上升、海平面下降或者是气候发生变化时,造成河谷抬高或者侵蚀基准面的降低,河流重新获得新的能量,河流的地

质作用也就会发生改变,由以侧蚀和沉积为主转为以下蚀为主的地质作用,此现象称为去均夷化作用(degradation)或河流返老还童。

发生去均夷化作用后,河流将塑造成深切河曲与河流阶地。

（一）深切河曲

发生去均夷化作用后,原来的自由河曲获得新的能量,在原有河谷上深切出新河谷的河流称为深切河曲(incised meander,图7-97),如美国犹他州的绿河(green river)形成的的深切河曲(图7-98)。如深切河曲的弯道因旁蚀作用而发展,前后两弯之间的河弯颈宽度逐渐变细,可截弯取直。废弃的河道称为废弃河曲(abandoned meander),被围绕的山嘴成为孤立残留的小丘称为离堆山(meander core)。长江在四川境内形成了蜿蜒曲折的深切河曲,并有许多离堆山。

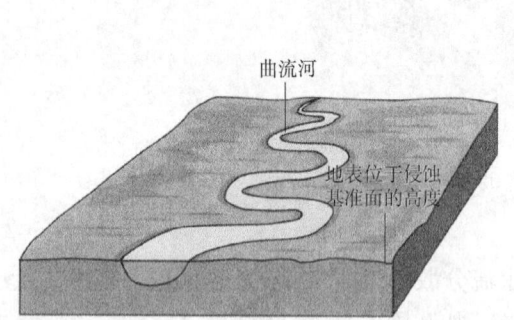
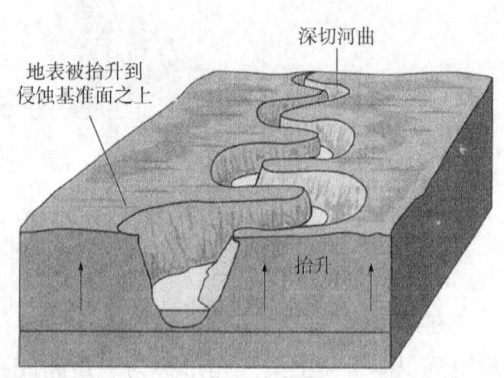

图 7-97 深切河曲的形成示意图

（二）河流阶地

1. 河流阶地的概念

河流阶地是指已形成河漫滩的河流因去均夷化作用而重新下蚀时,原来的谷底呈阶梯状残留在新的谷坡上,成为在河谷两坡的阶梯状地形,阶地沿河流流向延展。

2. 河流阶地的几何要素

阶地由一个平坦的表面和一个向河谷方向急倾斜的陡坎组成,前者称为阶地面(tread),后者称为阶地斜坡(terrace slope)。阶地面上常有河流沉积的黏土、粉砂、砂、砾石。阶地面高出河谷数米到数十米,可对称地见于河谷两侧,也常单侧发育。河流阶地洪水期也不会被淹没,只有百年一遇的特大洪水才有可能被淹没,因此发育良好的阶地就成为沿河居民点及交通线所在。阶地面的形成记载着河流侧蚀和沉积作用

图 7-98 美国犹他州的绿河形成的的深切河曲

盛行阶段的历史,阶地斜坡的形成则记载着去均夷化作用盛行阶段的历史。由于地壳经历多次的间歇性上升,往往在河谷上可形成多级河流阶地。阶地由低到高代表其形成的时间由新到老,分别以一级阶地、二级阶地、三级阶地……表示。

3. 河流阶地的类型

根据阶地的组成物质将阶地分为三种类型（图7-99）：

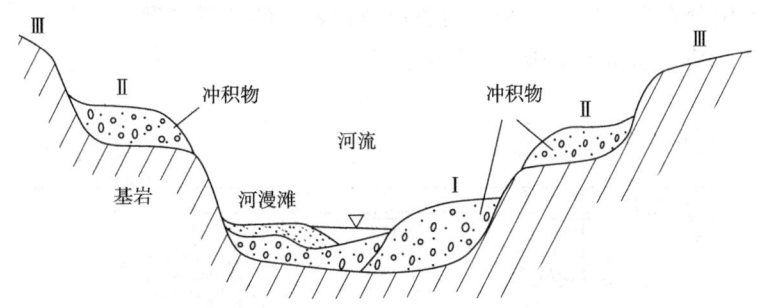

图7-99 河流阶地类型示意图

Ⅰ——一级阶地，为堆积阶地；Ⅱ——二级阶地，为基座阶地；Ⅲ——三级阶地，为侵蚀阶地

（1）堆积阶地（accumulation terrace）。阶地面和阶地斜坡全是由冲积物组成，无基岩暴露，在河流中下游常见。它是强烈下蚀作用形成阶地时，下蚀作用的深度未超过冲积层的厚度而形成。

（2）基座阶地（basement terrace）。阶地上部由冲积物组成，下部有基岩出露。这表明形成河流阶地时，下蚀作用的深度超过了原冲积层的厚度而达到了基岩层。

（3）侵蚀阶地（erosion terrace）。阶地斜坡上基岩裸露，阶地面上没有或仅有极少的冲积物分布，呈现有河流侵蚀的痕迹。侵蚀阶地大多发育在山区。

由上可以看出，由堆积阶地到侵蚀阶地，河流下蚀作用是增强的。

四、线路工程的选线

对于沿河线路来说，一段线路位置的选择和路基在河谷横断面上位置的选择，从工程地质观点要求，主要包括边坡和基底稳定两方面：

（1）线路沿峡谷行进，路基多置于高陡的河谷斜坡上，经常遇到崩塌、滑坡等边坡不良地质现象，是山区道路的主要病害。

（2）线路沿宽谷或山间盆地行进，路基多置于河流阶地或较缓的河谷斜坡上，经常遇到各种第四纪沉积层，线路在平原上行进也常把路基置于冲积层上，常见的病害是受河流冲刷或路基基底含有软弱土层等，并应注意由此所产生的不均匀沉降。

针对线路工程中的桥位位置的选择，应充分注意不良地质现象的因素。在选桥位时应考虑如下工程地质方面的原则：

（1）桥址应选在两岸较高，覆盖层薄、河床基底为坚硬完整的岩体，若覆盖层太厚则尽量避开泥炭、沼泽淤泥沉积的软弱土层地区以及有岩溶或土洞的地段。

（2）桥址应选在河床较窄、河道顺直、河槽变迁不大、水流平稳地段，以免在河曲地段遭受侧蚀作用而危及一侧桥台的安全；

（3）桥址尽量选在桥梁中线与河流垂直，以免遭受侧蚀的面积、长度增大；

（4）桥墩、台基础位置应选择在强度足够、安全稳定的岩层上，对于岩性软弱的土层、地质构造不良地带不宜设置墩台。

图 7-100 所示为某墩台基础地质情况。A 台不稳定，可能由于岩层滑动而破坏；C 墩位于断层上，断层两侧岩石不同，或断层带内岩石破碎，均不利于稳定；B 台基础位置较好。墩台位置确定之后，必须准确决定墩台基础的埋置深度，埋置深度太浅会由于河流冲刷河底使基础暴露甚至破坏；埋置过深将大大增加工程费用和工期。

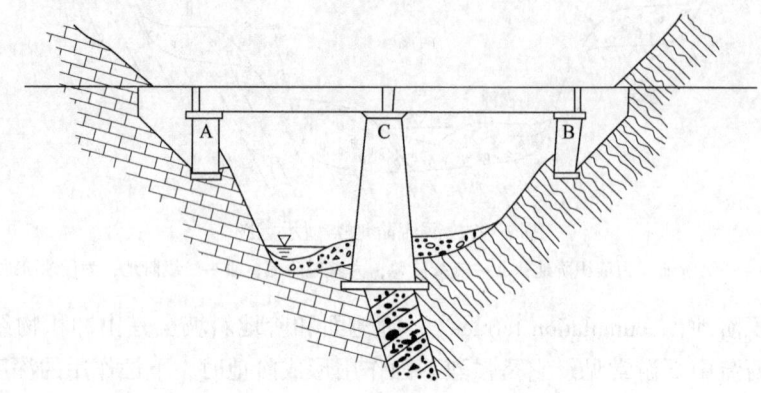

图 7-100 墩台基础地质情况

五、河岸的防治措施

首先确定河岸淘蚀破坏地段，其通常处于宽度发展时期，且河岸土层松软，故河曲的凹岸段为淘蚀和冲刷地段。为此，要确定河岸淘蚀范围、河流平水位和高水位、河岸破坏和后退的速度，预测河岸淘蚀对邻近建筑物和构筑物的威胁性。

河岸淘蚀破坏的防护措施一般有以下几种：

(1) 直接防护边岸不受冲蚀作用，如抛石、石笼护坡、铺砌、混凝土块堆砌、混凝土板、护岸挡墙、岸坡绿化等（图 7-101，图 7-102）。

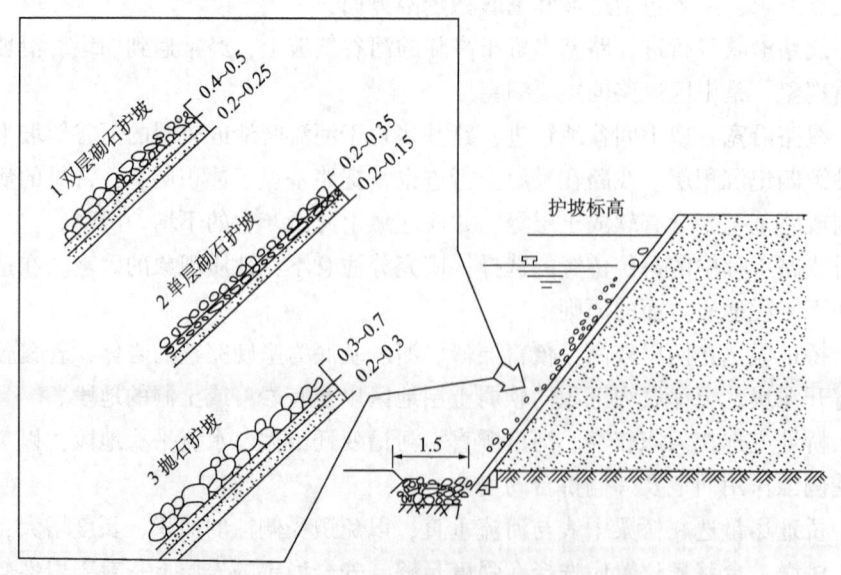

图 7-101 河流凹岸砌石护坡与抛石护坡

图 7-102　河流凹岸砌石护坡和抛石护坡实景图

（2）调节径流以改变水流方向、流速和流量，如兴建各类导流工程，如丁坝、顺坝、格坝。

① 丁坝。

丁坝又称挑流（水）坝，是由河岸伸入河水（或海水）中，后端与河岸相连，形似"丁字形"的堤坝（图 7-103）。丁坝有淹没式和非淹没式两种。淹没式丁坝的坝顶略高于常水位，洪水期被淹没，它的挑流能力不大，主要起加速各丁坝间的泥沙淤积作用，逐渐形成趋于导治线的新的水边线（也称整治线），常用于中水调治，对长年流水的河槽能起整治和稳定河岸的作用。非淹没式丁坝的坝顶高出设计洪水位，常用于挑开高洪水流，保护河岸和河滩引道路堤。

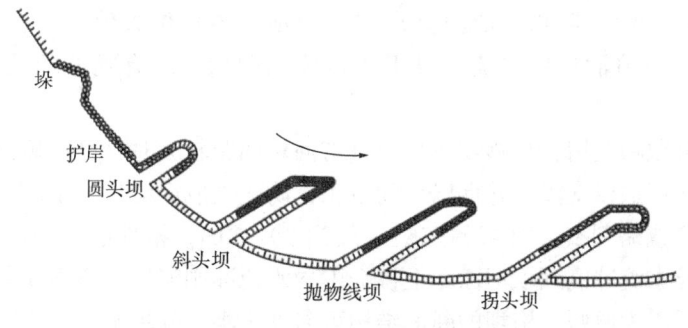

图 7-103　丁坝平面形式图

根据丁坝轴线与水流方向的交角分为上挑丁坝、正挑丁坝和下挑丁坝三种类型（图 7-104）。淹没式丁坝一般斜向上游（为上挑），坝轴线与水流方向的交角约 100°~105°；如果斜向下游，则漫过坝顶的水流将向丁坝根部集中，造成剧烈冲刷而冲走丁坝间的泥沙。在凸岸且流速较小时，可布置成正挑丁坝。非淹没式丁坝一般斜向下游（为下挑），坝轴线与水流方向的交角约 60°~75°；对于凸岸且流速不大时，可以布置为正挑丁坝。

丁坝的主要作用有两个（图 7-105）：一是调节河道水面，二是河岸边坡保护。因此，丁字坝的走向深入河道，用来使水流集中在河道中心，可以加快流速、刷深河床、抑制泥沙沉积和加深航道水深，同时使靠近河岸的流速迂缓、避免水流冲刷河岸。图 7-106 和图 7-107 分别是三峡变动汇水区上洛碛滩和长江口深水航道整治工程示意图。

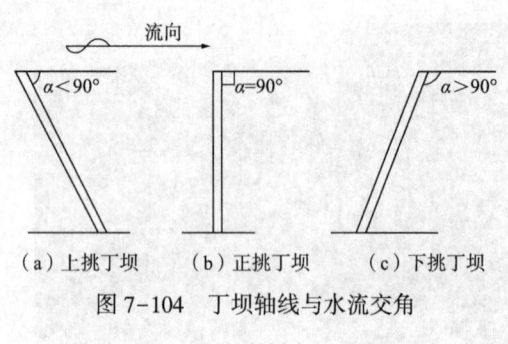

图 7-104　丁坝轴线与水流交角

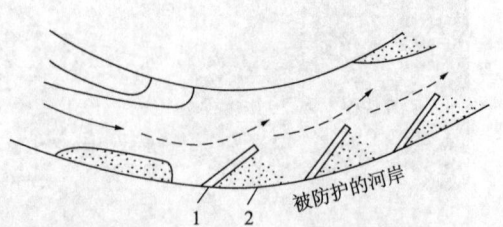

图 7-105　防治边崖淘蚀的调节性工程
1—导流建筑-丁坝；2—松散物质淤积带

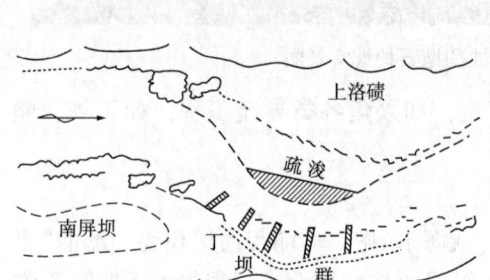

图 7-106　三峡变动汇水区上洛碛滩

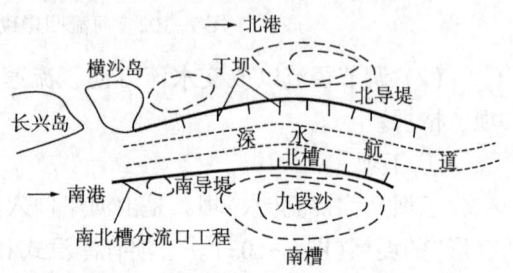

图 7-107　长江口深水航道整治工程示意图

② 顺坝和格坝。

顺坝是指一种纵向河道整治建筑物。坝身一般较长，与水流方向大致平行或有很小交角，沿治导线布置，它具有束窄河槽、引导水流、调整岸线的作用，因此又称作导流坝（图 7-108）。顺坝一般为淹没式，坝顶与中水位大致相平，上游端嵌入河岸，下游开口，以渲泄坝后水流。设于弯道段的顺坝，应有足够的长度，并随流势呈弯曲形。

格坝常配合顺坝使用，当顺坝较长，且与河岸间距较大时，可在顺坝与河岸之间设置一道或几道格坝加以支撑，并促以坝间淤积，防止坡或河滩受冲刷（图 7-109）。格坝一端与顺坝正交或略斜交，格坝的间距一般为 20~30m。格坝的方向应与水流流向垂直，下挑会引导水流冲刷顺坝坝面，上挑会引导水流冲刷河岸。格坝顶高通常略低于顺坝，以能挡水促淤为原则。格坝的断面结构可参考丁坝、顺坝确定。

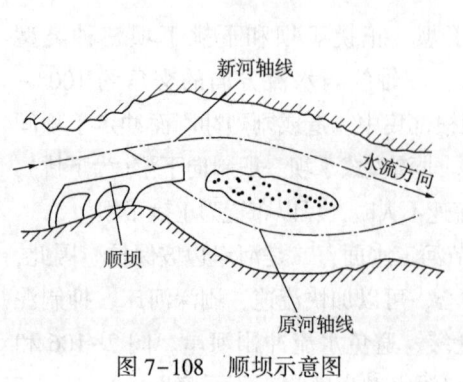

图 7-108　顺坝示意图

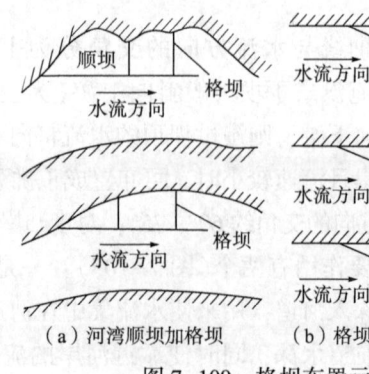
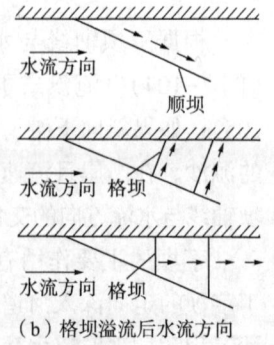

图 7-109　格坝布置示意图

只有当综合采用整治与预防措施并举(图7-110,图7-111),以及按经济技术指标对比的办法来选择决定方案时,河岸淘蚀破坏的整治与防护才能取得最大的效益。

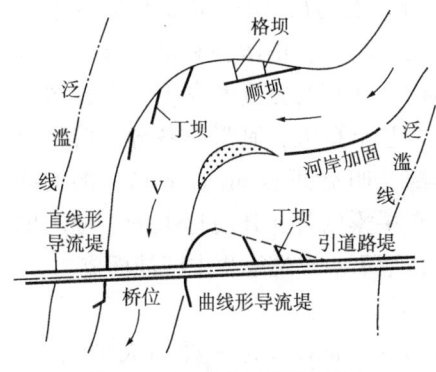

图7-110 综合治理示意图

图7-111 重庆北碚滨江路嘉陵江岸坡综合治理示意图

第六节 岩溶作用对工程影响及防治

一、概述

世界大陆75%为沉积岩,15%为碳酸盐岩,约$4000×10^4 km^2$为可溶性岩石。我国碳酸盐岩分布面积$334×10^4 km^2$,约占国土面积的36%。川、渝、黔、桂、湘、鄂等是我国主要的岩溶区。

所谓岩溶,又称喀斯特(Karst),是可溶性岩石在水的溶蚀作用下,产生的各种地质作用以及由此产生的地貌及水文地质现象的总称。岩溶作用时以化学溶蚀作用为主,同时还包括机械破碎、沉积、坍塌、搬运等作用,是一个化学—物理相结合的综合作用。可溶性岩石包括碳酸盐类岩石(石灰岩、白云岩等)、硫酸盐类岩石(石膏、芒硝等)和卤素类岩石(岩盐等)。

土洞指由于地表水和地下水对土层的溶蚀和冲刷而产生空洞,空洞的扩展,导致地表陷落的地质现象。土洞在岩溶地区最为发育,也是对工程建设最具潜在威胁的地质现象之一。

岩溶形态是指可溶岩被溶蚀过程中的地质表现(图7-112)。常见的岩溶形态主要有以下几种。

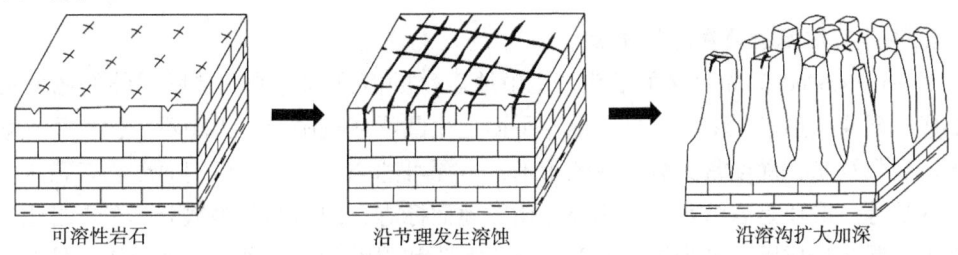

可溶性岩石   沿节理发生溶蚀   沿溶沟扩大加深

图7-112 可溶性岩石在不同溶蚀阶段的表现

图 7-113　重庆鸡公山三叠系地层
形成的溶沟和石芽地貌

1. 溶沟和石芽

溶沟和石芽是石灰岩表面的溶蚀地貌（图 7-113）。溶沟（karren）是指地表水沿可溶性岩石表面流动，由溶蚀和机械冲刷形成的许多沟槽。沟槽的宽度和深度一般由数厘米到数米，甚至更大，其形态各异。溶沟之间的突出部分叫石芽（stony sprout）。溶沟间的石芽除有裸露的外，还有埋藏的。埋藏的石芽多是在地下水渗透过程中溶蚀而成。

2. 石林

石林（stone forest）是一种高大的石芽，高达 20~30m，沟坡近于直立，远观之宛若森林，故称石林（图 7-115）。常见于热带地区，由纯度高、厚度大，层面水平的石灰岩地层形成。如我国云南路南县，石芽最高达 30m 以上，峭壁林立，千姿百态。

3. 峰丛、峰林和孤峰

峰丛（peak cluster）和峰林（peak forest）是石灰岩遭受强烈溶蚀而形成的山峰集合体（图 7-114）。峰丛是底部基座相连的石峰，峰顶尖锐或圆锥状，是喀斯特发展较早阶段的地貌。

峰林是由峰丛进一步向深处溶蚀、演化而形成，往往峰体上部挺立高大，基部仅稍许相连。孤峰（isolated peak）是岩溶区孤立的石灰岩山峰，是峰林进一步发展的结果，其相对高度一般为 50~100m 左右，较峰林为低，多分布在岩溶盆地中，为喀斯特发育晚期的产物。

在喀斯特山地中，通常峰丛位于山地中部，峰林位于山地边缘，而孤峰则耸立于平原之上。

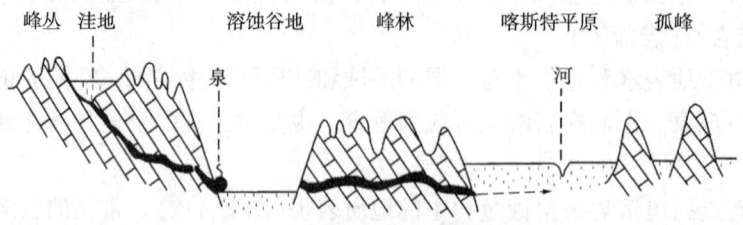

图 7-114　峰丛、峰林和孤峰

4. 漏斗、溶蚀洼地和溶蚀平原

漏斗（corroded funnel）又称溶斗，是由地表水的溶蚀和冲刷并伴随塌陷作用而在地表形成的漏斗状形态（图 7-115）。漏斗平面上呈圆形或椭圆形，大小不一，直径一般由数十米到数百米，深度常为数米或数十米，最深可达 400 多米。纵剖面形态有碟状、锥状和井状等。漏斗是岩溶水垂直循环作用的地面标志，因而漏斗多数分布在岩溶化的高原面上。漏斗按成因可分为溶蚀漏斗、沉陷漏斗和塌陷漏斗三种。溶蚀漏斗：是地面低洼处汇集的雨水沿节理裂隙垂直向下渗漏而不断溶蚀形成的。沉陷漏斗：在有较厚的松散沉积物或砂岩覆盖的岩溶地区，如有通往地下的裂隙，水流在下渗过程中，带走一部分细粒的砂和黏土物质使地面下沉形成沉陷漏斗。塌陷漏斗：多是溶洞的顶板受到雨水的渗透、溶蚀或强烈地震发生塌陷而成。

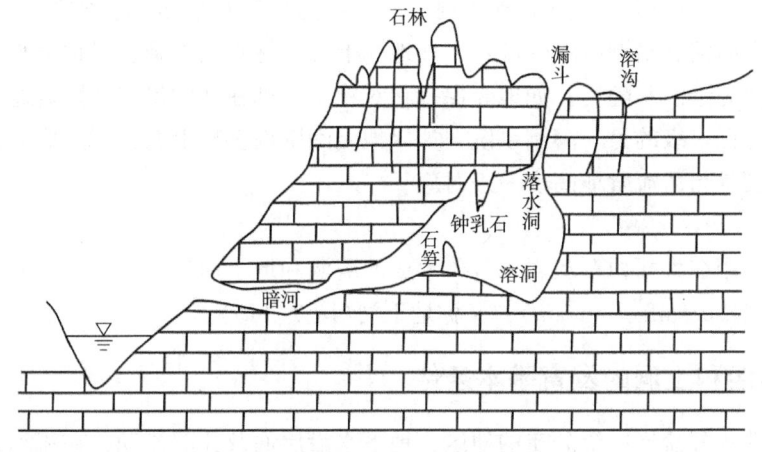

图 7-115　不同类型的岩溶地貌

溶蚀洼地(dissolution basin)是由四周为低山、丘陵和峰林所包围的封闭洼地，往往为许多漏斗不断扩大汇合形成较大的盆状洼地。其面积常为数至数十平方千米，洼地中常发育有溶斗或落水洞，底部有残积—冲积土层覆盖。溶蚀洼地周围常有溶蚀残丘、峰丛、峰林。底部常有洞，可引导地表水向下排泄。

一般是若漏斗和溶蚀洼地底部的通道被坍塌物堵塞，可积水成湖形成岩溶湖(karst lake)。

如地壳保持长期稳定，侧向溶蚀作用能充分进行，溶蚀洼地便进一步发展，形成高程低、面积达数百平方公里的广阔平原，称为溶蚀平原，又称喀斯特平原(karst plain)。

5. 落水洞和竖井

落水洞(sink hole)是岩溶区地表水沿着近于垂直的裂隙向下溶蚀而成的直立或陡倾斜的洞穴，下接地下河(underground river)或溶洞(图 7-115)。落水洞是地表水转入地下河或溶洞的通道。在两组直立的裂隙交会处，落水洞最易形成。有时许多落水洞呈串珠状分布。落水洞一般深 10 余米至数十米，最深达百米以上。

竖井是一种深度较大的垂向洞穴。当地壳上升，地下水位即随之下降，落水洞进一步向下发育而成，深度可达数百米。如重庆奉节的天坑，深 660 多米。

6. 干谷、盲谷和伏流

在河道中的落水洞，常使河水转入地下，把河流截断。落水洞以上有水流的一段河谷继续受河水侵蚀使河床降低，落水洞以下的河谷因断水转变成干谷(dry valley)，干谷谷底相对高起。有水的河谷与高起的干谷直接相碰，河谷就好象进入了死胡同，这种向前没有通路的河谷就叫盲谷(blind valley)，而转入地下的河流暗流段，叫伏流。我国广西、云南和贵州等地发育许多盲谷。在贵阳市西南，红水河的支流涟水时隐时现，出现许多伏流。

7. 溶蚀谷与天然桥

溶洞或地下暗河中因洞顶岩石塌陷而暴露于地表，形成两岸陡峭的深谷，称为溶蚀谷(solution cave)。局部洞顶残留在地下河上部时就形成天然桥(natural bridge)。

8. 溶洞

溶洞(karst cave)是指地下水沿可溶性岩层的构造面(层面、节理面、断裂面等)进行剥蚀，并进一步崩塌扩大而形成的洞穴。一些延伸较长的溶洞，常汇集丰富的地下水，成为地下暗河和暗湖(图7-115)。如地壳上升，潜水面下降，沿地下水面发育的溶洞就抬高而成为干洞。随后，如地壳保持相对稳定，则在新的潜水面附近通过地下水横向溶蚀可发育低一级的另一溶洞系统。如果地壳间歇性多次上升，就造成多级溶洞。各级溶洞的高度常与河流阶地高度一一对应。

9. 暗河

因岩溶作用在大面积石灰岩地区所形成的溶洞和地下通道中，具有河流主要特征的水流称为暗河(subsurface stream)，又称地下河(图7-115)。

二、岩溶和土洞的发育基本条件

在可溶性碳酸盐岩广泛分布的地区，地下水沿层面及孔隙流动，在流动过程中不断溶蚀沿途岩石。其化学反应式为：

$$CaCO_3 + CO_2 + H_2O \longrightarrow Ca(HCO_3)_2$$

其结果使流动通道扩大，并把溶蚀后生成的重碳酸钙带走。

综上所述，岩溶发育的基本条件为：(1)地下水具有流动性；(2)地下水具有溶蚀性；(3)岩石具有可溶性；(4)岩石具有透水性。而土洞的形成条件主要有以下几点：

(1) 有一定厚度的上覆土层。因地下水长期浸泡可溶岩上的土层，其强度大大降低，土层常呈软-流塑状，抗拉和抗剪强度极低，在地下水的反复作用下，很容易脱离母体而被水流带走，从而形成土洞的雏形。一般不透水、坚实的黏性土层土洞发育缓慢。

(2) 地下水的活动。地下水是作用于覆盖层中的常见外力，对土层起着直接的破坏作用。尤其是地下水的波动幅度、流动速度及波动频率对土层的破坏影响显著。

(3) 基岩面附近岩溶和节理发育程度。基岩面附近岩溶及节理发育，即有容纳被水流带下的上覆土层的场所空间，这种情况往往土洞比较发育。

三、岩溶和土洞的主要类型

岩溶的类型划分方法很多，各种方法都采用不同的依据来进行类别划分，如从气候、发育时代等方面进行划分。常见的是按照埋藏条件将岩溶类型进行划分，主要分为三种类型，即裸露型、覆盖型和埋藏型。

裸露型岩溶的可溶性岩石基本上都出露地表，仅有零星的小片为洼地所覆盖。各种地表和地下的岩溶形态均较为发育，地下水和地表水直接相连、互相转化，地下水位变化幅度大，岩溶形成的地下空洞也大，对工程的危害大。我国大部分岩溶均属于此类。覆盖型岩溶的可溶性岩石表面大部分为第四纪沉积物所覆盖。其中覆盖层厚度小于30m的为浅覆盖型岩溶。当覆盖层较薄时，石芽、石笋等常出露于地表。当覆盖层较厚时，由于下伏基岩中发育有各种岩溶空洞，地表的覆盖层中也常发育有各种空洞、漏斗、洼地和浅水塘，也是一种对工程危害较大的岩溶类型。埋藏型岩溶的可溶岩大面积埋藏于不溶性基岩之上，岩溶发育在地下深处，在地下千余米的奥陶纪灰岩中也有发育，岩溶形态以溶孔、溶隙为主，也有规模较大的溶洞存在。一般而言，埋藏型岩溶对地面工程的危害不大，但对采矿工程却有较大的危害，井下硐室或巷道若遭遇岩溶水，就会发生透水事故。

土洞按照成因分，主要有两大类：

（1）地表水形成的土洞。在地下水深埋于基岩面以下的岩溶发育地区，地表水沿着上覆土层中的节理、生物孔洞、石芽边缘等通道渗入地下，对土体起着潜蚀作用，从而逐渐形成土洞。

（2）地下水形成的土洞。当地下水位在上覆土层与下伏基岩交界面处作频繁升降变化的地区，当水位上升到高于基岩面时，土体被水浸泡，便逐渐湿化、崩解，形成松软土带；当水位下降到低于基岩面时，水对松软土产生潜蚀、搬运作用时，在岩土交界处易形成土洞。

四、岩溶和土洞的主要发育规律

（一）岩溶的发育规律

1. 岩溶与岩性的关系

岩石成分、成层条件和组织结构等直接影响岩溶的发育程度和速度。一般来说，硫酸盐类和卤素类岩层岩溶发展速度较快，碳酸盐类岩层则发育速度较慢。质纯层厚的岩层，岩溶发育强烈且形态齐全，规模较大；含泥质或其他杂质的岩层，岩溶发育较弱。结晶颗粒粗大的岩石岩溶发育较为发育；结晶颗粒细小的岩石，岩溶发育较弱。

2. 岩溶与地质构造的关系

1）节理

节理的发育程度和延伸方向通常决定了岩溶的发育程度和发展方向。在节理的交叉处或密集带，岩溶最易发育。

2）断层

断裂带是岩溶显著发育地段，常分布有漏斗、竖井、落水洞及溶洞、暗河等。往往在正断层处岩溶较发育，逆断层处岩溶发育较弱。

3）褶皱

褶皱轴部一般岩溶较发育。在单斜地层中，岩溶一般顺层面发育。在不对称褶曲中，陡的一翼岩溶较缓的一翼发育。

4）岩层产状

倾斜或陡倾斜的岩层，一般岩溶发育较强烈；水平或缓倾斜的岩层，当上覆或下伏非可溶性岩层时，岩溶发育较弱。另外，当可溶性岩与非可溶性岩接触带或不整合面岩溶往往发育。

3. 岩溶与新构造运动的关系

地壳强烈上升地区，岩溶以垂直方向发育为主；地壳相对稳定地区，岩溶以水平方向发育为主；地壳下降地区，既有水平发育又有垂直发育，岩溶发育较为复杂。

4. 岩溶与地形的关系

地形陡峻、岩石裸露的斜坡上，岩溶多呈溶沟、沟槽、石芽等地表形态；地形平缓地带，岩溶多以漏斗、竖井、落水洞、塌陷洼地、溶洞等形态为主。

5. 地表水体与岩层产状关系对岩溶发育的影响

水体与层面反向或斜交时，岩溶易于发育；水体与层面顺向时，岩溶不易发育。

6. 岩溶与气候的关系

在大气降水丰富、气候潮湿地区，地下水能经常得到补给，水的来源充沛，岩溶易发育。

7. 岩溶发育的带状性和成层性

岩石的岩性、节理、断层和接触带等一般都有方向性，造成了岩溶发育的带状性；可溶性岩层与非可溶性岩层互层、地壳强烈的升降运动、水文地质条件的改变等则往往造成岩溶分布的成层性。

（二）土洞的发育规律

1. 土洞与下伏基岩中岩溶发育的关系

土洞是岩溶作用的产物，它的分布同样受到控制岩溶发育的岩性、岩溶水和地质构造等因素的控制。土洞发育区通常是岩溶发育区（图7-116）。

2. 土洞与土质、土层厚度的关系

土洞多发育于黏性土中。黏性土中亲水、易湿化、崩解的土层、抗冲蚀力弱的松软土层易产生土洞；土层越厚，达到出现塌陷的时间越长。

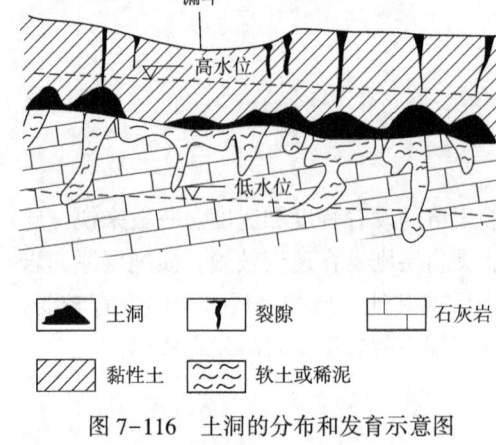

图7-116　土洞的分布和发育示意图

3. 土洞与地下水的关系

由地下水形成的土洞大部分分布在高水位与平水位之间。在高水位以上和低水位以下，土洞少见（图7-116）。

五、岩溶和土洞区主要工程地质问题

随着社会发展，越来越多的工程建筑物选择岩溶与土洞地区进行修建，因而遇到一些复杂的地质问题，从而使得各类工程建筑物受到不同程度的影响及危害。如我国的宜万铁路（Yichang-Wanzhou Railway），是中国境内一条连接湖北省宜昌市与重庆市万州区的国铁Ⅰ级电气化铁路，全长377km，共有159座隧道和253座桥梁，隧道和桥梁占据了278km，占总路线的74%。这其中有70%的隧道处于石灰岩地区，还有34座高风险岩溶隧洞，每向前推进几米，地质就会发生变化，是我国铁路建设史上施工难度最大的山区铁路，它的修筑难度超过青藏铁路。

如我国各类可溶性岩石类型中，碳酸盐岩类岩石分布范围占有绝对优势。据广西39个岩溶山地县统计，在已建的260座大水库中，有明显渗漏（设计效益与实际效益相

比低于80%者)有92座(图7-117)。由于土洞发育速度快,分布密,对工程的影响有时甚至大于岩洞。

尤其是当岩溶与土洞共同作用时,可产生一系列对工程不利的地质问题,如岩石结构的破坏、地表突然塌陷、地下水循环改变等。这些现象严重影响建筑场地的使用和安全。常见的岩溶与土洞区工程地质问题有:地基不均匀沉降问题、地表塌陷引起的地基稳定性问题、溶洞顶板变形造成桥梁桩基的稳定性问题和地下水渗透和突水问题等。

(一)地基不均匀沉降

在埋藏型岩溶区,由于第四系覆盖层下常发育有石芽、溶沟,基岩顶面起伏变化较大,有的甚至在不到一二米的范围内,基岩顶面高程就相差数米至数十米,致使覆盖层厚度变化大,另外在一些覆盖层厚度大的地方,往往下部因透水差其土体成为软土,更加剧了地基的不均匀性,导致上覆土层厚度不均匀,使建筑物地基产生不均匀沉降。

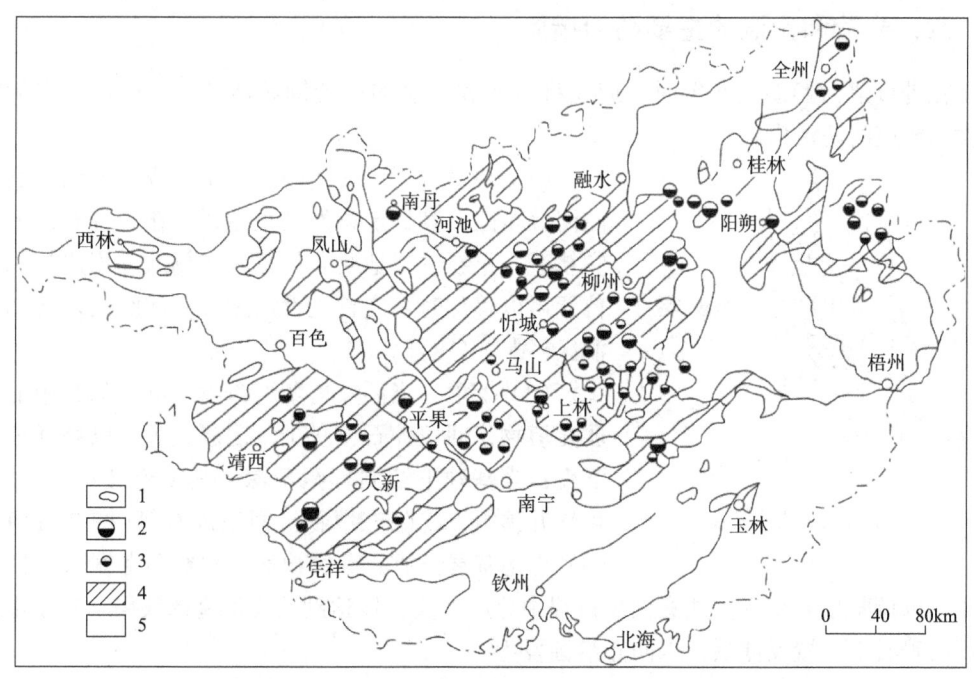

图7-117 广西岩溶山区主要岩溶渗漏水库分布略图
1—大型渗漏水库;2—中型渗漏水库;3—小型渗漏水库;4—碳酸盐岩区;5—非碳酸盐岩区

(二)地表塌陷引起的地基稳定性问题

岩溶往往会引起地面塌陷,从而影响地基的稳定性。产生地面塌陷的地段第四系覆盖层厚度一般较小。据对我国南方岩溶地面塌陷的统计,大多数地面塌陷区的覆盖层厚度小于10m。一般情况是厚度小于10m塌陷严重;10~30m塌陷量较少;大于30m者塌陷量可能性很小。另外,调查资料表明,地面塌陷与下伏岩溶的发育程度相对应,即岩溶发育,地面塌陷也相应发育,其出现数量与钻孔线岩溶率正相关。

(三)溶洞顶板变形造成桥梁桩基的稳定性问题

岩溶对桥梁的桩基影响极大,往往给桥梁的勘察、设计和施工带来一系列严重问题。比如，勘察阶段，不仅需要投入大量的工作量，一桩一孔，即使这样仍很难探明岩溶的发育情况。另外钻探十分困难，极易发生钻孔事故。而设计阶段的困难主要是桩端持力层的选择问题。到施工阶段，出现问题更是十分常见，如常常遇到漏浆、塌孔、孔斜、卡钻、锤头脱落、梅花桩等问题。

（四）地下水渗透和突水问题

岩溶地区的岩体中长存在较多的裂隙、溶洞等地形特征，在开展水库、隧道、基坑等工程时，因为岩溶活动的影响，可能会导致地下水的水量提高，淹没基坑、隧道等建筑设施，而且在地下水渗漏情况下水库的蓄水成果也会受到明显影响。

总之，和岩溶、土洞有关的工程地质问题是多方面的，而且影响因素较为复杂，往往受各种因素的综合影响。因此，岩土工程评价中不但要评价其现状，更要着眼于工程有效使用期限内溶蚀作用继续对工程的影响。

六、岩溶和土洞的主要防治措施

在进行建（构）筑物布置时，应先将岩溶和土洞的位置勘察清楚，然后针对实际情况做出相应的防治措施。

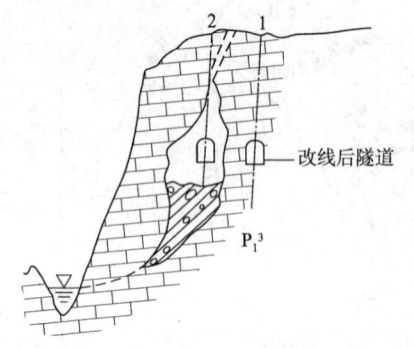

图 7-118 改线移位

（1）绕避：对已查明的洞穴系统或巨大的溶洞和暗河分布区，其稳定条件又很差时，在布置建筑物时宜绕避，重新选择地质条件良好的场地。当建筑物的位置可以移位时，应首先设法避开有威胁的岩溶和土洞区（图 7-118）。

（2）挖填：当洞穴埋藏不深时，可挖除其中的软弱充填物，回填碎石、灰土、混凝土等，以增强地基强度；当基础下溶洞埋藏不深，其顶板又不稳定时，可炸开顶板，挖除充填物，回填碎石等（图 7-119）；黏性土地基局部有石芽突出时，可将石芽凿去，回填素土，以调整地基变形。注意回填过程中分层夯实，以达到改良地基的效果。对于土洞回填的碎石上设置反滤层，以防止潜蚀发生。

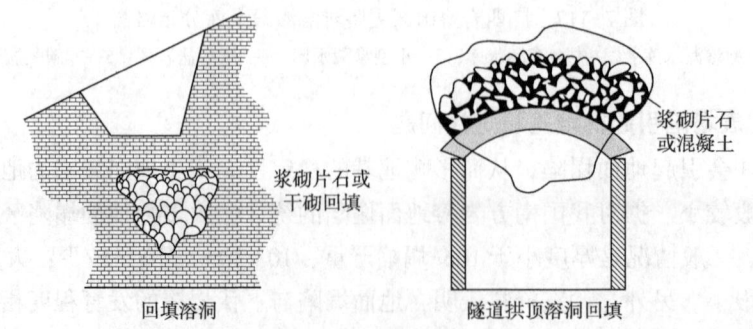

图 7-119 挖填措施

（3）铺盖：在地表水（如库水）入渗地层（如坝上伏）铺设一定高度的黏土等隔水层，阻止水体向地下入渗（图 7-120）。

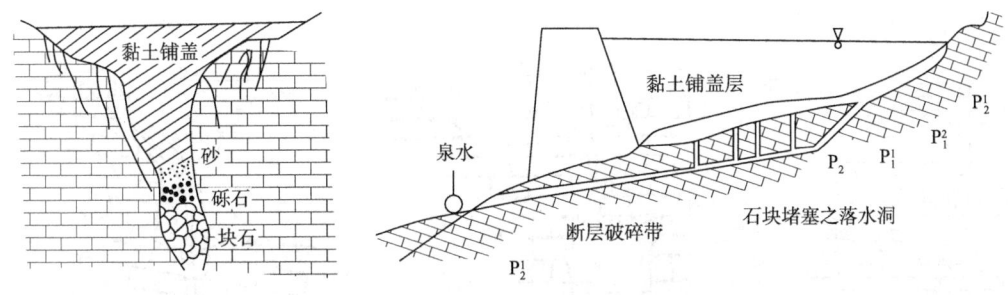

图 7-120 黏土铺盖防渗堵塞落水洞示意图

(4) 跨盖：当溶洞埋藏较深或洞顶板不稳定时，可采用跨盖方案（图 7-121）。当基础下有小溶洞、溶沟，落水洞时，可采用钢筋混凝土梁板跨越；或用刚性大的平板基础覆盖，但支承点必须放在较稳定性好的岩石上；也可调整柱形基础的柱距。

(5) 灌注：对于埋深大、体积也大的溶洞，采用挖填、跨盖处理不经济时，则采用通过钻孔灌注水泥砂浆、沥青、混凝土、水泥或水泥黏土混合灌浆于岩溶裂隙中，以堵填洞穴、溶隙，提高其强度，或防止洞穴进一步坍塌；对于土洞，可在洞体范围内的顶板打孔灌砂或砂砾。

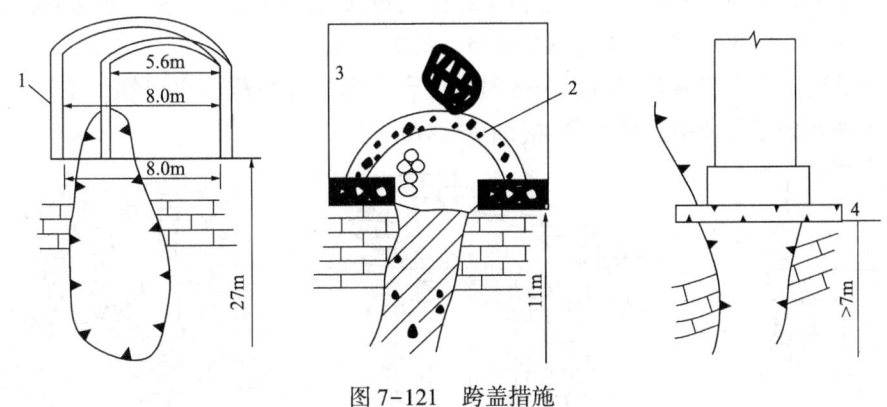

图 7-121 跨盖措施
1—加宽隧道断面；2—拱跨；3—浆砌片石墙；4—钢筋混凝土板

(6) 排导：水的活动常常对岩溶地基中的胶结物或充填物进行溶蚀和冲刷，促使岩溶中的裂隙扩大，引起溶洞顶板坍塌，故必须对岩溶水进行排导处理。在处理前，首先应查明水的来源情况，实地的地形，生产条件和场地情况，然后采用不同的排导方法，如：①对降雨，生产废水则采用排水沟，截水盲沟排水；②对地下水可采用排水洞、排水管等排除，使水流改道疏干建筑地段；③对洞穴或裂隙涌水或用黏土、浆砌片石或其他止水材料堵塞等（图 7-122）；④在库水较深的岩溶洞穴上修建自动启闭闸门，或在库水较浅的岩溶洞穴上修建烟囱式调压井（图 7-123），当岩溶洞穴位于库岸时，可在其上修建卧管式调压井（图 7-124）。上述措施能合理调节岩溶洞穴中的水气压力，不仅能够有效地防止库水渗漏，还能利用高压地下水对水库的补给。

但对水气的处理不能盲目填堵，应视举一反三情况合理疏导。原则上是避免真空腔的形成。如采取保持岩溶水的承压状态；不快速集中抽取地下水或者补气法破坏真空状态，如常用钻孔充气，这是为克服真空吸蚀作用所引起的地面塌陷的一种措施。

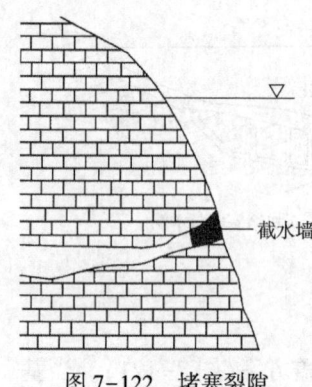 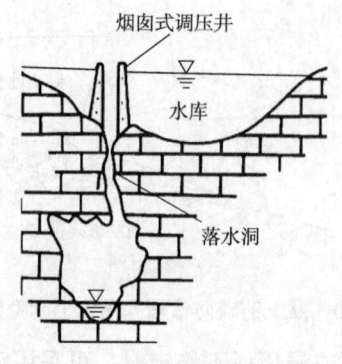 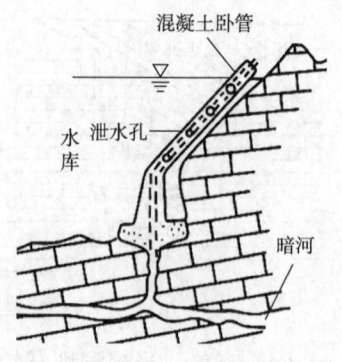

图 7-122　堵塞裂隙　　图 7-123　烟囱式调压井示意图　　图 7-124　卧管式调压井示意图

（7）恢复水位：停止使用水源、堵塞坑道（用块石、混凝土等材料对规模较大的渗漏通道进行填塞封堵，截断水流）、人工回灌等措施从根本上消除因地下水位降低造成地面塌陷的一种措施。

（8）桩基：对于土洞埋深较大时，可用桩基处理，如采用混凝土桩、木桩、砂桩或爆破桩等，其目的除提高支承能力外，并有靠桩来挤压挤紧土层和改变地下水渗流条件的功效。当基岩顶面起伏不平，其上覆土层性质较软弱，厚度又较大，不易清除时，可视建筑物需要作支承桩或摩擦桩（图 7-125、图 7-126）。

综上所述，在无法避开岩溶土洞区时，综合考虑工程荷载、重要性、施工工艺等，可采用多种方法综合利用，扬长避短（图 7-127）。

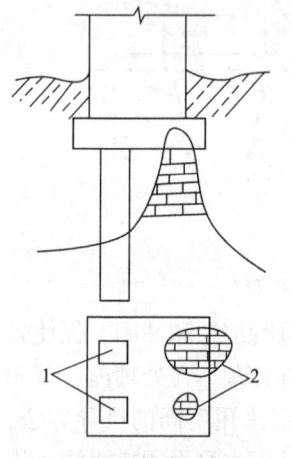 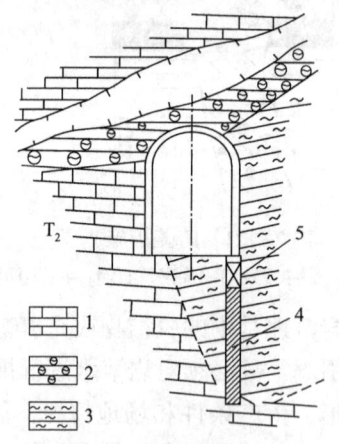 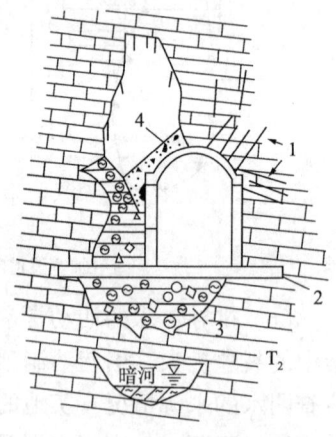

图 7-125　杨家坡大桥
11 号墩溶洞处理
1—挖孔桩 1.5m×1.5m；
2—石芽

图 7-126　毛阵营隧道支撑桩
1—石灰岩；2—石灰华；
3—淤泥质黏土；
4—钢筋混凝土支撑桩；5—边墙梁

图 7-127　岩溶土洞综合治理
1—锚杆；2—横梁；
3—充填碎石块土
4—回填的浆砌片石

复习思考题

1. 简述岩石边坡风化治理的措施。
2. 简述崩塌、岩堆的工程地质评价。

3. 某滑坡地质剖面图如图 7-128 所示，已知条件见表 7-4。求解不考虑安全系数下的滑坡体整体稳定性。

表 7-4 滑坡计算参数

条状编号	1	2	3	4
底边长，m	6	8	9	7
底面倾角，°	60	30	10	-6
条块面积，m^2	8	50	60	23
容重，kN/m^3	20	20	20	20
内聚力 c，kPa	30	30	30	30
内摩擦角 φ，°	28	28	28	28

4. 某滑坡需做支挡设计，根据勘察资料滑坡体分为 3 条块（图 7-129 及表 7-5），已知内聚力为 10kPa，内摩擦角为 12°，滑坡的安全系数取 1.15，求第三块滑体的下滑推力。

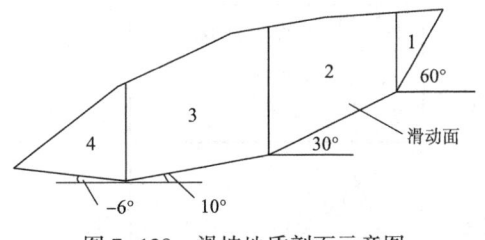

图 7-128 滑坡地质剖面示意图

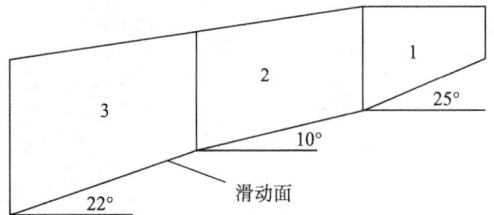

图 7-129 滑坡计算分块

表 7-5 滑坡分块参数

条块编号	条块重力 G，kN/m	条块滑块面长度 L，m
1	500	11
2	900	10
3	700	10

5. 简述滑坡的治理措施。

6. 简述泥石流区域选线的方案及原则。

7. 简述泥石流的治理措施。

8. 简述河流侧蚀作用和公路建设的关系。

9. 简述河流岸坡的防护措施。

10. 分析冲积平原区可能存在的工程地质问题。

11. 法国罗纳河上的圣贝内泽桥，始建于 1177 年，13 世纪和 15 世界曾大修和重建，1668 年被废弃。1669 年的大洪水冲毁了河流右岸的桥墩，后来左岸的残桥成为了旅游景点——圣贝内泽断桥（图 7-130）。请利用本章所学知识，通过比较断桥处河流左右岸特征，解释圣贝内泽断桥形成的原因及能够保存至今的原因。

12. 中国长江下游荆江河段成为地上河（图 7-131），根据所学知识，你认为其形成的主要原因是什么？进行河岸防护的措施有哪些？

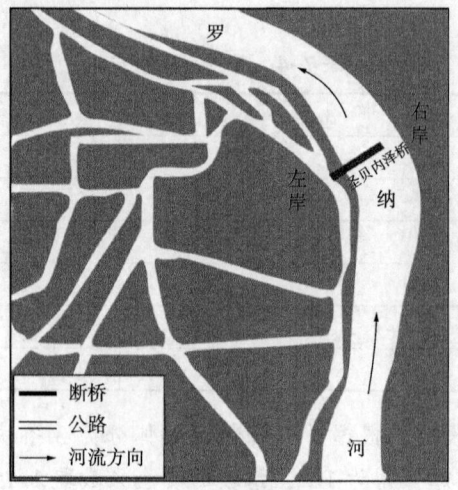

图 7-130　圣贝内泽桥

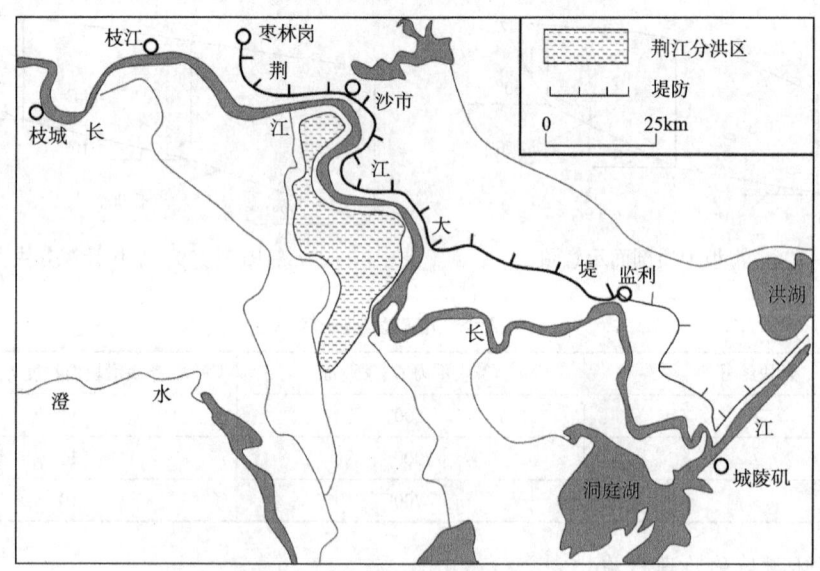

图 7-131　长江下游荆江河段

13. 简述岩溶和土洞的防治措施。
14. 研究岩溶区水库渗漏问题应查清哪些条件？
15. 从滑坡产生的力学机制论述滑坡形成原因和影响因素，以及防治工程对策。

第八章 岩土工程勘察技术与方法

> **本章提要**
>
> **主要内容**：岩土工程勘察的目的与任务；岩土工程勘察的阶段与内容；岩土工程勘察的分级；岩土工程勘察的方法；现场监测及岩土工程勘察报告与图件。
>
> **难点与重点**：岩土工程勘察的分级；岩土工程勘察的各类方法；现场监测及岩土工程勘察报告编写；岩土工程勘察的各类图件。

第一节 岩土工程勘察的目的与任务

岩土工程勘察是运用工程地质理论和各种勘察测试技术手段和方法，为解决工程建设中地质问题而进行的调查研究工作。岩土工程勘察是工程建设的先行工作，其成果资料是工程项目决策、设计和施工等的重要依据。

岩土工程勘察的目的是为了获取建筑场地及其有关地区的工程地质条件的原始资料和工程地质论证。岩土工程勘察必须结合具体建(构)筑物类型、要求和特点以及当地的自然条件和环境来进行，勘察工作要有明确的目的性和针对性。

岩土工程勘察是为工程建设规划、设计、施工提供可靠的地质依据，以充分利用有利的自然和地质条件，避开或改造不利的地质因素，保证建(构)筑物的安全和正常使用。具体而言，岩土工程勘察的任务可归纳为：

(1) 查明建筑场地的工程地质条件，选择地质条件优越合适的建筑场地；

(2) 查明场区内崩塌、滑坡、岩溶、岸边冲刷等物理地质作用和现象，分析和判明其对建筑场地稳定性的危害程度，为拟定改善和防治不良地质条件的措施提供地质依据；

(3) 查明建筑物地基岩土的地层时代、岩性、地质构造、成因类型及其埋藏分布规律，测定地基岩土的物理力学性质；

(4) 查明地下水类型、水质、埋深及分布变化；

(5) 根据建筑场地的工程地质条件，分析研究可能发生的工程地质问题，提出拟建建(构)筑物的结构形式、基础类型及施工方法的建议；

(6) 对于不利于建筑的岩土层，提出切实可行的处理方法或防治措施。

第二节 岩土工程勘察的阶段与内容

建设工程项目设计一般分为可行性研究、初步设计和施工图设计三个阶段。为了提供各设计阶段所需的工程地质资料,勘察工作相应地划分为可行性研究勘察(选址勘察)、初步勘察、详细勘察三个阶段。对于工程地质条件复杂或有特殊施工要求的重要建筑物地基,应进行预可行性及施工勘察;对于地质条件简单,建(构)筑物占地面积不大的场地,或有建设经验的地区,可适当简化勘察阶段。

一、可行性研究勘察阶段

可行性研究勘察工作对于大型工程是非常重要的环节,其目的在于从总体上判定拟建场地的工程地质条件能否适宜工程建设项目。一般通过取得几个候选场址的工程地质资料进行对比分析,对拟选场址的稳定性和适宜性作出工程地质评价。

(1)搜集区域地质、地形地貌、地震、矿产和附近地区的工程地质资料及当地的建筑经验;

(2)在收集和分析已有资料的基础上,通过踏勘,了解场地的地层、构造、岩石和土的性质、不良地质现象及地下水等工程地质条件;

(3)对工程地质条件复杂,已有资料不能符合要求,但其他方面条件较好且倾向于选取的场地,应根据具体情况进行工程地质测绘及必要的勘探工作。

选择场址时,应进行技术经济分析,一般情况下宜避开下列工程地质条件恶劣的地区或地段:

(1)不良地质现象发育,对场地稳定性有直接或潜在威胁的地段;

(2)地基土性质严重不良的地段;

(3)对建筑抗震不利地段,如设计地震烈度为8度或9度且邻近发震断裂带的场区;

(4)洪水或地下水对建筑场地有威胁或有严重不良影响的地段;

(5)地下有未开采的有价值矿藏或不稳定的地下采空区上的地段。

二、初步勘察阶段

初步勘察阶段是在选定的建设场址上进行的。根据选址报告书了解建设项目类型、规模、建设物高度、基础的形式及埋置深度和主要设备等情况。初步勘察的目的是对场地内建筑地段的稳定性作出评价;为确定建筑总平面布置、主要建筑物地基基础设计方案以及不良地质现象的防治工程方案作出工程地质论证。

(1)搜集本项目可行性研究报告(附建筑场区的地形图,一般比例尺为1:2000~1:5000)、有关工程地质性质及工程规模的文件。

(2)初步查明地层、构造、岩石和土的性质;地下水埋藏条件、冻结深度、不良地质现象的成因和分布范围及其对场地稳定性的影响程度和发展趋势。当场地条件复杂时,应进行工程地质测绘与调查。

(3)对抗震设防烈度为7度或7度以上的建筑场地,应判定场地和地基的地震效应。初步勘察时,在搜集分析已有资料的基础上,根据需要和场地条件还应进行工程勘探、测试以及地球物理勘探工作。

三、详细勘察阶段

详细勘察的目的是提出设计所需的工程地质条件的各项技术参数，对建筑地基作出岩土工程评价，为基础设计、地基处理和加固、不良地质现象的防治工程等具体方案作出论证和结论。

（1）取得附有坐标及地形的建筑物总平面布置图，各建筑物的地面整平标高、建筑物的性质和规模，可能采取的基础形式与尺寸和预计埋置的深度，建筑物的单位荷载和总荷载、结构特点和对地基基础的特殊要求；

（2）查明不良地质现象的成因、类型、分布范围、发展趋势及危害程度，提出评价与整治所需的岩土技术参数和整治方案建议；

（3）查明建筑物范围各层岩土的类别、结构、厚度、坡度、工程特性，计算和评价地基的稳定性和承载力；

（4）对需进行沉降计算的建筑物，提出地基变形计算参数，预测建筑物的沉降、差异沉降或整体倾斜；

（5）对抗震设防烈度大于或等于6度的场地，应划分场地土类型和场地类别；对抗震设防烈度大于或等于7度的场地，应分析预测地震效应，判定饱和砂土和粉土的地震液化可能性，并对液化等级作出评价；

（6）查明地下水的埋藏条件，判定地下水对建筑材料的腐蚀性。当需基坑降水设计时，尚应查明水位变化幅度与规律，提供地层的渗透性系数；

（7）提供为深基坑开挖的边坡稳定计算和支护设计所需的岩土技术参数，论证和评价基坑开挖、降水等对邻近工程和环境的影响；

（8）为选择桩的类型、长度，确定单桩承载力，计算群桩的沉降以及选择施工方法提供岩土技术参数。

详细勘察的主要手段以勘探、原位测试和室内土工试验为主，必要时可以补充一些地球物理勘探、工程地质测绘和调查工作。详细勘察的勘探工作量，应按场地类别、建筑物特点及建筑物的安全等级和重要性来确定。对于复杂场地，必要时可选择具有代表性的地段布置适量的探井。

第三节 岩土工程勘察的分级

岩土工程勘察分级是在确定了勘察阶段的基础上进行的，它关系到勘察工作的内容、方法、要求与勘察工作量的大小。勘察分级主要取决于三方面的因素：工程重要性等级、场地复杂程度、地基复杂程度。根据这三个方面条件划分岩土工程勘察等级为三级。

一、工程重要性等级

根据工程的规模和特征，以及由于岩土工程问题造成工程破坏或影响正常使用的后果，可分为三个工程重要性等级。

（1）一级工程：重要工程，后果很严重；

(2) 二级工程：一般工程，后果严重；

(3) 三级工程：次要工程，后果不严重。

二、场地的复杂程度等级

根据场地的复杂程度，可分为三个场地等级。

符合下列条件之一者为一级场地(复杂场地)：

(1) 对建筑抗震危险的地段；

(2) 不良地质作用强烈发育；

(3) 地质环境已经或可能受到强烈破坏；

(4) 地形地貌复杂；

(5) 有影响工程的多层地下水、岩溶裂隙水或其他水文地质条件复杂，需专门研究的场地。

符合下列条件之一者为二级场地(中等复杂场地)：

(1) 对建筑抗震不利地段；

(2) 不良地质作用一般发育；

(3) 地质环境已经或可能受到一般破坏；

(4) 地形地貌较复杂；

(5) 基础位于地下水位以下的场地。

符合下列条件者为三级场地(简单场地)：

(1) 抗震设防烈度等于或小于6度，或对建筑抗震不利地段；

(2) 不良地质作用不发育；

(3) 地质环境基本未受破坏；

(4) 地形地貌简单；

(5) 地下水对工程无影响。

现行国家标准 GB 50011—2010《建筑抗震设计标准(2024 年版)》根据场地的地形地貌和地质条件对建筑抗震有利、不利和危险地段作了如下划分，见表 8-1。

表 8-1　对建筑抗震有利、不利和危险地段划分

地段类别	地质、地形、地貌
有利地段	稳定基岩，坚硬土，开阔、平坦、密实、均匀的中硬土等
不利地段	软弱土、液化土、条状突出的山嘴，高耸孤立的山丘，非岩质的陡坡，河岸和边坡边缘，平面分布上成因、岩性、状态明显不均匀的土层(如古河道、疏松的断层破碎带、暗埋的塘浜沟谷及半填半挖的地基)等
危险地段	地震时可能发生滑坡、崩塌、地陷、地裂、泥石流等及发震断裂带上可能发生地表位错的部位

三、地基复杂程度等级

根据地基的复杂程度，分为三个地基等级：

符合下列条件之一者为一级地基(复杂地基)：
(1) 岩土种类多，很不均匀，性质变化大，需特殊处理；
(2) 严重湿陷、膨胀、盐渍、污染的特殊性岩土，以及其他情况复杂，需作专门处理的岩土。

符合下列条件之一者为二级地基(中等复杂地基)：
(1) 岩土种类较多，不均匀，性质变化较大；
(2) 除本条第 1 款规定以外的特殊性岩土。

符合下列条件之一者为三级地基(简单地基)：
(1) 岩土种类单一，均匀，性质变化不大；
(2) 无特殊性岩土。

四、岩土工程勘察等级

根据工程重要性等级、场地复杂程度等级和地基复杂程度等级，可按下列条件划分岩土工程勘察等级。

甲级：在工程重要性、场地复杂程度和地基复杂程度等级中，有一项或多项为一级。

乙级：除勘察等级为甲级和丙级以外的勘察项目。

丙级：工程重要性、场地复杂程度和地基复杂程度等级均为三级。

注：建筑在岩质地基上的一级工程，当场地复杂程度等级和地基复杂程度等级均为三级时，岩土工程勘察等级可定为乙级。

第四节 岩土工程勘察方法

岩土工程勘察的基本方法有工程地质测绘、工程地质勘探与取样、工程地质现场测试与长期观测、工程地质资料室内整理等。

一、工程地质测绘

工程地质测绘是岩土工程勘察的基础工作，一般在勘察的初期阶段进行，它是认识场地工程地质条件最经济、最有效的方法，高质量的测绘工作能相当准确地推断地下地质情况，起到有效地指导其他勘察方法的作用。在地形地貌和地质条件较复杂的场地，必须进行工程地质测绘，但对地形平坦、地质条件简单且较狭小的场地，则可采用调查代替工程地质测绘。

(一) 工程地质测绘的主要内容

工程地质测绘是最基本的勘察方法和基础性工作，通过测绘将测区的工程地质条件反映在一定比例尺的地形底图上，工程地质图是工程地质测绘的最终成果。

工程地质测绘的内容包括工程地质条件的全部要素，同时注意对已有建筑区和采掘区的调查。

1. 岩土体的研究

工程地质测绘的主要研究内容，要求查明测绘区内地层岩性、岩土分布特征及成因类型、岩性变化特点等。要特别注意研究性质软弱及性质特殊的软土、软岩、软弱夹层、破碎岩体、膨胀土、可溶岩等；另要注意查清易于造成渗漏的砂砾层及岩溶化灰岩分布情况，应注重岩土体物理力学性质的定量研究。

2. 地质构造的研究

研究地质构造包括研究褶皱的形态、产状、分布，断裂的性质、规模、产状、活动性，构造岩的性质、胶结程度，裂隙的分布延伸、充填、粗糙度等，第四系地层的厚度、土层组合及空间分布情况，着重注意分析地质构造与建筑工程的关系。

3. 地形地貌研究

研究地形的几何特征包括地形切割密度及深度，沟谷发育形态及方向；低山丘陵、阶地和平原等的划分及其特征。

4. 水文地质条件研究

通过地质构造和地层岩性分析，结合地下水的天然或人工露头以及地表水的研究，查明含水层和隔水层、岩层透水性、地下水类型及埋藏与分布、地下水位、水质、水量、地下水动态等。必要时还可配合取样分析、动态长期观测、渗流试验等进行试验研究。

5. 调查研究各种物理地质现象

调查研究各种物理地质现象包括弄清各种物理地质现象存在的情况，分析其发育发展规律及形成条件和机制，判明其目前所处状态对建筑物和地质环境的影响。

6. 天然建筑材料研究

注意寻找天然建筑材料，并对其质量和数量作出初步评价。

（二）工程地质测绘的范围和比例尺

对于工程地质测绘范围的确定，在一般情况下应大于建筑占地面积，但也不宜过大，以解决实际问题的需要为前提。具体可考虑如下要求：

（1）工程建设引起的工程地质现象可能影响的范围；

（2）影响工程建设的不良地质现象的发育阶段及其分布范围；

（3）对查明测区地层岩性、地质构造、地貌单元等问题有重要意义的邻近地段；

（4）地质条件特别复杂时可适当扩大范围。

工程地质测绘所用地形图的比例尺，一般有以下三种：

（1）小比例尺测绘，比例尺 1:5000~1:50000，一般在可行性研究勘察（选址勘察）时使用；

（2）中比例尺测绘，比例尺 1:2000~1:5000，一般在初步勘察时采用；

（3）大比例尺测绘，比例尺 1:500~1:2000，适用于详细勘察阶段，当地质条件复杂或建筑物重要时，比例尺可适当放大。

测绘的精度包括测绘填图时所划分单元的最小尺寸以及实际单元的界线在图上标定时的误差大小两个方面。目前国内没有统一规定，不同行业规范规定也不尽相同，一般对于建筑地段的地质界线，测绘精度在图上的误差不应超过 3mm，其他地段不应超过 5mm。

(三)工程地质测绘方法

1. 传统测绘方法

实地测绘法(method of mapping on the spot)是传统的测量方法,在野外进行测绘工作,常采用的方法有3种。

(1)路线法。

路线法(route scanning)又称穿越法,在进行地质调查时,经常要采用到的一种地质测绘方法。它是指沿着一定的路线,穿越测绘场地,将沿线所测绘或调查的地层、构造、地质现象、水文地质、地质界线和地貌界线等填绘在地形图上。路线可为直线形、折线形或S形。观测路线应选择在露头及覆盖层较薄的地方;观测路线方向大致与岩层走向、构造线方向及地貌单元相垂直,使之在相对较短的距离内,能够观察到较多的地质现象。

路线法的优点是比较容易、准确查明调查区内岩层的时代、层序、地层接触关系和岩相纵向变化以及全区基本构造特征,且工作量较少;但是也存在两条路线之间的地段未能直接观察,填绘的地质界线可能与实际情况有出入,对地层厚度、岩相沿走向的变化研究程度较低,小地质体、横断层存在漏掉的可能性等缺点。

路线法可应用于在中、小比例尺地质填图中,例如,1∶200000 和 1∶50000 的区域性地质调查当中,为了确定接触关系与岩性的横向变化,常常需要追索法进行辅助工作。

(2)布点法。

布点法(stationing method)也称为全面踏勘法。布点法是工程地质测绘的基本方法。根据地质条件复杂程度和测绘比例尺的要求,预先在地形图上布置一定数量的观测路线和观测点。观测路线长度必须满足要求,路线力求避免重复,使一定的观察路线达到最广泛的观察地质现象的目的。它的优点在于资料获得的具体而准确,但所花费人工成本较高,工作周期较长。

(3)追索法。

追索法(tracing method)又称为接触界线追索法,也可称为顺层追索法。追索法通常是在布点法或线路法基础上进行的,是一种辅助方法。它是指沿地层走向或某一地质构造线,或某些不良地质现象界线进行布点追索,主要目的是查明局部的工程地质问题。

追索法经常使用于较大比例尺的详细制图中。它能够比较准确地标绘地质界线,对地层、构造和岩体等在沿界线方向上的变化了解较深。其缺点较费时,对剖面上的不同地质单元之间的互相变化了解不足。

2. 测绘新技术

20世纪后期,我国的工程测绘技术还处于发展阶段,许多工程建设实践也停留在平面控制测量的阶段,与国际存在一定差距。随着人类信息革命的推动与国内信息技术的不断发展,尤其是全球定位技术的运用,我国工程地质测绘技术得到了巨大的进步与发展。许多工程测绘系统也逐渐网络化、信息化。21世纪以来,我国诸多信息技术甚至部分领域已经进入世界的前列。比如经过十余年努力,我国独立产权的"北斗"卫星导航系统也逐渐成熟。测绘新技术的不段涌现,为地质工程研究和实践提供了更多的手段和方法。因此，工程地质测绘方法除了传统的实地测绘法外，还涌现出了如高精度卫星定位技术、高分辨率遥感影像技术等新技术新手段。下面简单介绍几种主要的测绘新技术。

1) 高分辨率遥感影像技术

高分辨率遥感影像技术是通过在卫星或飞机上搭载高分辨率摄影仪，对地面进行多角度、多光谱的拍摄，再通过图像处理和解译手段，获取地表信息的一种技术。这种技术具有获取大范围、全天候的观测数据，对地质工程中的地貌、地表变形等进行观测和分析具有重要意义。

2) GPS 高精度卫星定位技术

高精度卫星定位技术，是利用全球定位系统（GPS）和全球卫星导航系统（GNSS）进行测量的一种技术。通过接收卫星发射的无线电波，推算出接收机的三维坐标，从而确定出测量点的地理位置。这种技术具有高精度、高效率、无盲区等优点，在地质工程测量中被广泛应用于地形测量、地貌分析和地震活动监测等方面。

3) GIS 地理信息系统

GIS 技术是包含遥感、空间等多种技术在内的融合技术。实际使用的时候，该技术可以有效存储收集到的数据，具有极大的潜在价值，该技术本身相当于数据库，快速将探测的数据形成图像，将图像转换为可存储的数据放置在数据库中。根据工作的应用需求，将需要的数据信息调出分析，为工程项目提供有效的参考。保障项目的决策质量，降低测绘工作难度，推动测绘工作更好发展。

4) RS 遥感技术

RS 遥感技术是刚兴起不久的探测技术，该技术是利用电磁波理论，在测绘时通过电磁波辐射与反射收集数据，生成有效影像。当前在地质工程测绘工作中，该技术属于应用次数最多的技术，对于地质测绘有极大的帮助，是遥感领域一场新的变革，但是还需要在未来发展中加强技术方面的提升。遥感技术涉及的高光谱遥感可以实现光谱成像，对远距离的地质进行测绘，利用其探测能获得大量的信息，且工作效率高，不会受到地面条件的影响。在水文、工程等测绘工作中有着较好的应用效果。

5) 3S 集成技术

3S 集成技术是将 RS（遥感系统）、GPS（全球定位系统）、GIS（地理信息系统）融为一个统一的有机体，它是一门非常有效的空间信息技术。GIS 相当于人的大脑，对所得的信息加以管理和分析；RS 和 GPS 相当于人的两只眼睛，负责获取海量信息及其空间定位。RS、GPS、和 GIS 三者的有机结合，构成了整体上的实时动态对地观测、分析和应用的运行系统，为科学研究、政府管理、社会生产提供了新一代的观测手段、描述语言和思维工具。

6) 激光雷达测距技术

激光雷达测距技术是利用激光器产生的激光束，通过测量激光束从发射到接收所需的时间，计算出目标物体与测量器的距离的一种技术。这种技术具有高精度、快速、非接触、无盲区等特点，在地质工程测量中可用于地面形变、地下空洞和岩层厚度等方面的测量。

7）三维激光扫描技术

三维激光扫描技术是一种通过激光器产生的激光束对目标进行扫描和测量的技术。通过对目标物体进行全方位扫描，获取其三维坐标和形状信息，从而实现对地表形态、地下构造等的测绘和分析。这种技术具有高精度、高效率、无盲区等特点，在地质工程研究和实践中被广泛应用于岩石断层、地表运动等方面的测量。

8）CT 地球物理层析成像技术

CT 地球物理层析成像技术一般通过在钻孔—钻孔、地面—钻孔和井下坑道间发射和接收地震波声波或电磁波，并将相应位置上接收到的有关地球物理场的信号经 CT 处理后得到勘测区的图像。CT 技术在矿区采矿工作面超前探测、岩溶、断裂带等的调查中发挥了有益的作用。随着三维高分辨率地震、探地雷达及层析成像等技术的广泛应用，将进一步增强地球物理勘探方法在环境地质调查、评价中的作用，实现对滑坡、地下水污染等环境地质问题在时间和空间域内的监测。

9）无人机航拍摄影技术

无人机是"无人驾驶飞机"的简称（unmanned aerial vehicle，UAV），是利用无线电遥控设备和自备的程序控制装置操纵的不载人飞行器。无人机航拍摄影技术是一项新兴的航空摄影技术，是以无人驾驶飞机作为空中平台，以机载遥感设备，如高分辨率 CCD 数码相机、轻型光学相机、红外扫描仪、激光扫描仪、磁测仪等获取信息，用计算机对图像信息进行处理，并按照一定精度要求制作成图像。全系统在设计和最优化组合方面具有突出的特点，是集成了高空拍摄、遥控、遥测技术、视频影像微波传输和计算机影像信息处理的新型应用技术。这种通常可以轻松实现各种拍摄角度和高度，广泛应用于影视制作、旅游景区航拍、城市规划、环保监测等领域。

二、工程地质勘探

工程地质勘探一般在工程地质测绘的基础上进行，直接深入地下岩土层取得所需要的工程地质资料，是探明深部地质情况的一种可靠的方法。工程地质勘探的主要方式有工程地质物探、钻探、坑(槽)探等，其主要任务为：

（1）探明建筑场地的岩性及地质构造，即研究各地层的厚度、性质及其变化；划分地层并确定其接触关系；研究基岩的风化程度、划分风化带；研究岩层的产状、裂隙发育程度及其随深度的变化；研究褶皱、断裂、破碎带及其他地质构造的空间分布和变化。

（2）探明水文地质条件，即含水层、隔水层的分布、埋藏、厚度、性质及地下水位。

（3）探明地貌及物理地质现象，包括河谷阶地、冲洪积扇、坡积层的位置和土层结构；岩溶的规模及发育程度；滑坡及泥石流的分布、范围、特性等。

（4）提取岩土样及水样，提供野外试验条件。

物探是一种间接的勘探手段，它的优点是较之钻探和坑探轻便、经济而迅速，能够及时解决工程地质测绘中难于推断而又亟待了解的地下地质情况，所以常常与测绘工作配合使用。它又可作为钻探和坑探的先行或辅助手段。但是，物探成果判释往往具有多解性，方法的使用又受地形条件等的限制，其成果需要用勘探工程来验证。

钻探和坑探均是直接勘探手段，能可靠地了解地下地质情况，在岩土工程勘察中是必不可少的。其中钻探工作使用量较为广泛，可根据地层类别和勘察要求选用不同的方法。当钻探方法难以查明地下地质情况时，可采用坑探方法。坑探工程的类型较多，应根据勘察要求选用。钻探和坑探工程一般都需要动用机械和动力设备，耗费人力、物力较多，有时施工周期又较长，而且受到许多条件的限制。

但总体来讲，目前工程地质勘探的研究手段趋于现代化，比如：（1）探测结合，利用某些物探方法探索地下地质结构特点的同时，又取得岩石和土的某些物理力学性质指标；（2）重视发展原位测试，为测得更有代表性的数据，使原位试件的尺寸逐渐加大，可迅速取得大量试验数据，较广泛采用静力触探、动力触探和十字板试验；（3）模拟试验的广泛应用；（4）室内常规试验，主要使操作、记录、数据处理和图表绘制自动化；（5）某些中间型试验的兴起，如岩石点荷载试验、裂隙面的携带式剪切盒试验、裂隙抗剪性能的巴顿试验等。它们无需专门制备形体规整的试件，仪器轻便，操作简单，室内和现场均可使用，较短时间内便可测得较多的数值。电子计算技术已用于工程地质学领域，如测试数据的数学统计、岩体稳定计算、资料的自动存储检索和处理，也能处理地质作用发生发展的全过程，并已发展为"数学地质"的新兴学科。

（一）工程地质物探

物探是以专用仪器探测地壳表层各种地质体的物理场来进行地层划分，判明地质构造、水文地质及各种物理地质现象的地球物理勘探方法。因为地质体的不同结构和特性，如成层性、裂隙性和岩土体的含水性、空隙性、物质成分、固结胶结程度等常以地质体的导电性、磁性、弹性、密度、放射性等地球物理性质或地球物理场的差异表现出来。采用不同的探测方法，如电法、地震法、磁法、重力法以及放射性勘探等方法可以测定不同的物理场，用以了解地质体的特征，分析解决地质问题。应用最广的是电法勘探和地震勘探。

1. 电法勘探

在自然界中，由于岩土的种类、成分、结构、湿度和温度等因素不同，而具有不同的电学性质。电法勘探就是以这种电性差异为基础，利用仪器观测天然或人工的电场变化或岩土体电性差异，来解决某些地质问题的物探方法。

根据电场性质的不同分为电阻率法、充电法、自然电场法和激发极化法等。本节重点介绍电阻率法。该法通常是通过电测仪测定人工或天然电场中岩土地质体的导电性大小及其变化，再经过专门量板解释从而区分地层、构造以及覆盖层和风化层厚度、含水层分布和深度、古河道、主导充水裂隙方向等。

设地层为均质各向同性的，当向地表下通过电流时，地层电阻率的大小都一样，电流线的分布如图8-1所示。A、B为供电电

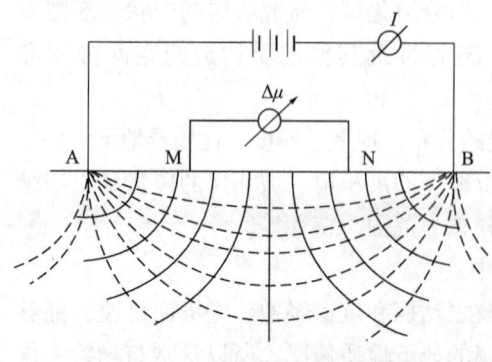

图 8-1 电法勘探原理示意图
虚线表示电流线分布图，实线表示电位线

极,M、N 为测量电极,当 A 和 B 供电时,用仪器测出 M 点和 N 点之间的电位差和电流值,则可计算地层的视电阻率(非真实电阻率,是不均质体的综合反映)。

2. 地震勘探

由于岩土层的弹性性质不同,弹性波在其中的传播速度也有差异。地震勘探是利用地质介质的波动性来探测地质现象的一种物探方法。基本原理是通过人工激发方法(如爆炸或敲击)向岩土体内激发地震波,地震波以弹性波在岩土体内传播的特点,根据不同介质弹性波传播速度的差异来判断地质现象(地层岩性、地质构造等),从而解决某一地质问题的物探方法。按弹性波的传播方式,地震勘探又分为直达波法、反射波法、折射波法和瑞雷波法。地震勘探可以用于了解地下地质构造,如基岩面、覆盖层厚度、风化层、断层等。根据要了解的地质现象的深度和范围的不同,可以采用不同频率的地震勘探方法。

3. 声波探测

声波探测是弹性波探测技术中的一种,其理论基础是固体介质中弹性波的传播理论,它是利用频率为数千赫兹到 20kHz 的声频弹性波,研究其在不同性质和结构的岩体中的传播特性,从而解决某些工程地质问题。如根据声波测定岩体的动弹性系数、评价岩体的完整性和强度、测定硐室围岩松动圈和应力集中区的范围等。

(二) 工程地质钻探

钻探是获取地表下准确地质资料的重要方法,通过钻探孔采取原状岩土样和做现场力学试验是钻探的任务之一。

钻探是指在地表下用钻头钻进地层的勘探方法。在地层内钻成直径较小并且具有相当深度的圆筒形孔眼的孔称为钻孔。钻孔的基本要素为孔口、孔径、孔深、孔壁、孔底及换径(图 8-2)。通常将直径≥800mm 的钻孔称为大直径钻孔。

钻探过程为:(1)破碎岩土,采用人力和机械方法,使小部分岩土脱离整体而成为粉末、岩土块或岩土芯,破碎一般是借助冲击力、剪切力、研磨和压力来实现的;(2)采取岩土,用冲洗液(或压缩空气)将孔底破碎的碎屑冲到孔外,或者用钻具(抽筒、勺形钻头、螺旋钻头、取土器、岩芯管等)靠人力或机械将孔底的碎屑或样心取出于地面;(3)保全孔壁,一般采用套管或泥浆来护壁。

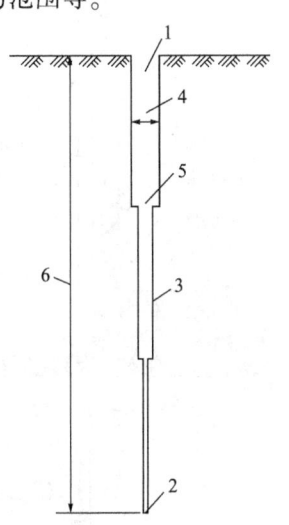

图 8-2 钻孔要素
1—孔口;2—孔底;3—孔壁;
4—孔径;5—换径;6—孔深

钻孔的直径、深度、方向等,应根据工程要求、地质条件和钻探方法综合确定。钻孔的直径一般为 75~150mm;孔深视工程要求和地质条件而定,一般的工民建工程地质钻探深度在数十米以内;钻孔的方向一般为垂直的,也有打成倾斜的斜孔。

钻探是采用钻探机具对深部的工程地质条件进行揭露的一种工作方法,分为轻便钻探和钻探两种。

1. 轻便钻探

轻便钻探是一种利用洛阳铲(图 8-3)、锥探、麻花钻(图 8-4)和小螺纹钻等进行钻探的方法，适用于土层及浅孔。

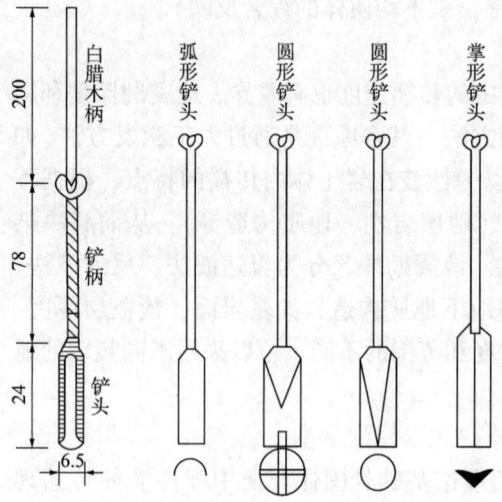

图 8-3　洛阳铲（单位：cm）

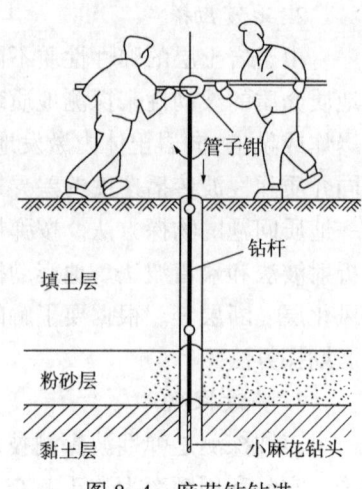

图 8-4　麻花钻钻进

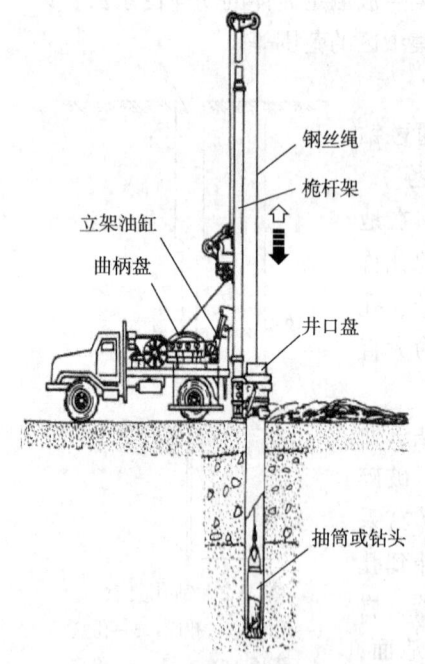

图 8-5　冲击钻探示意图

2. 钻探

钻探一般是利用大型钻机进行钻探的方法，常用的钻进方法有：

（1）冲击钻进，采用底部圆环状的钻头，将钻具提升到一定高度，利用钻具自重，迅猛放落，钻具在下落时产生冲击动能，冲击孔底岩土层，使岩土达到破碎（图8-5）。

（2）回转钻进，采用底部嵌焊有硬质合金的圆环状钻头进行钻进，钻进中施加钻压，使钻头在回转中切入岩土层，达到加深钻孔的目的。图 8-6 为 SH-30 型钻机钻进示意图。

（3）振动钻进，采用机械动力所产生的振动力，通过连接杆和钻具传到圆筒形钻头周围土中。

（4）冲洗钻进，通过高压射水破坏孔底土层从而实现钻进，适用于砂层、粉土层、不太坚硬黏土层。

（5）综合式钻进，综合冲击回转两种钻进方法。在钻进过程中，钻头克取岩石时，施加一定的动力，对岩石产生冲击作用，使岩石的破碎速度加快，同时由于冲击力的作用使硬质合金刻入岩石深度增加，在回转中将岩石剪切掉。钻探对于各类岩土层均适用，效率高且孔深大。常见各类钻头如图 8-7 所示。

钻孔可以直接探明地层岩性、地质构造、地下水埋深、含水层类型和厚度、滑坡滑动面的位置以及岩溶发育情况等；还可以取出岩心作为试样或在钻孔中进行抽压水试验、声波测试、触探或长期监测等。

钻探与坑探相比，钻探深度大，且选位不受地形、地质条件的限制；与物探相比，钻探是直接的勘探手段，精确高且准确可靠。

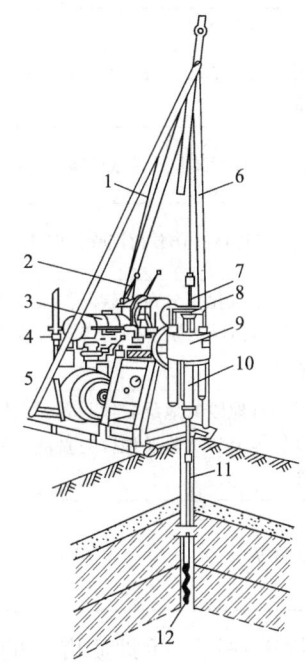

图 8-6　SH-30 型钻机钻进示意图
1—钢丝绳；2—卷扬机；3—柴油机；4—操作把；
5—转轮；6—钻架；7—钻杆；8—卡杆器；
9—回转器；10—立轮；11—钻孔；12—螺旋钻头

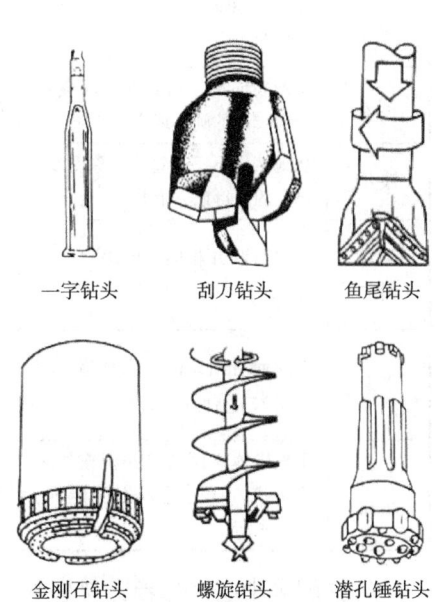

图 8-7　常见各种钻头

(三) 坑探

坑探(intersection plan)是一种通过在地表开挖探坑来观察地层地质情况的方法。

坑探通常分为两类，即地表勘探坑道和地下勘探坑道。地表勘探坑道包括槽探、浅井等，而地下勘探坑道则包括斜井、竖井等。探坑深度一般小于 3m，浅井深度一般小于 10m，探槽深度一般为 1~3m，宽度与长度根据工程要求、地质条件和实际情况而定。

坑探的优点是允许勘察人员直接观察地质结构，提供准确可靠的数据，便于素描，不受限制且便于采取原状岩土样和进行大型原位测试。这种方法尤其对于研究断层破碎带、软弱泥化夹层和滑动面(带)等的空间分布特点及其工程性质具有重要意义。坑探的缺点是：使用时往往受到自然地质条件的限制，耗费资金大而勘探周期长；尤其是重型坑探工程不可轻易采用。

岩土工程勘探中常用的坑探工程有(图 8-8)：探槽、试坑、浅井、竖井(斜井)、平硐和石门(平巷)。其中前三种为轻

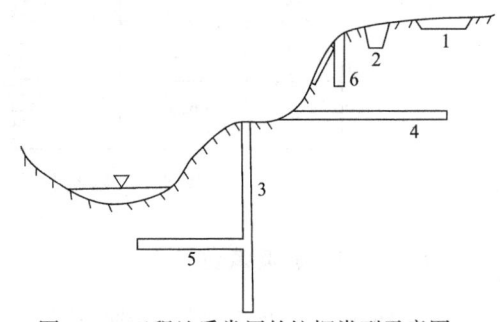

图 8-8　工程地质常用的坑探类型示意图
1—探槽；2—试坑；3—竖井；
4—平硐；5—石门；6—浅井

型坑探工程，后三种为重型坑探工程。现将不同坑探的特点及适用条件列于表 8-2 中。

表 8-2 各种坑探的特点及适用条件

名称	特点	适用条件
探槽	在地表深度小于 3~5m 的长条形槽子	剥除地表覆土，揭露基岩，划分地层岩性，研究断层破碎带；探查残坡积层的厚度和物质、结构
试坑	从地表向下，铅直的、深度小于 3~5m 的圆形或方形小坑	局部剥除覆土，揭露基岩；作载荷试验、渗水试验、取原状土样
浅井	从地表向下，铅直的，深度 5~15m 的圆形或方形井	确定覆盖层及风化层的岩性及厚度；作载荷试验，取原状土样
竖井（斜井）	形状与浅井相同，但深度大于 15m，有时需支护	了解覆盖层的厚度和性质，作风化壳分带、软弱夹层分布、断层破碎带及岩溶发育情况、滑坡体结构及滑动面等；布置在地形较平缓、岩层又较缓倾的地段
平硐	在地面有出口的水平坑道，深度较大，有时需支护	调查斜坡地质结构，查明河谷地段的地层岩性、软弱夹层、破碎带、风化岩层等；作原位岩体力学试验及地应力量测，取样；布置在地形较陡的山坡地段
石门（平巷）	不出露地面而与竖井相连的水平坑道，石门垂直岩层走向，平巷平行	了解河底地质结构，作试验等

坑探编录中应进行岩土观察和描述，这是反映坑探工程第一手地质资料的主要手段。除此之外，还应以剖面图、展开图等形式全面反映探槽（井）壁、底部的岩性、地层分界线、构造特征、取样或原位测试位置，并辅以代表性部位的彩色照片。所谓展开图，就是坑探工程的壁、底面所编制的地质断面图，按一定的制图方法将三度空间的图形展开在平面上。探槽展开图有以坡度展开法绘制和以平行展开法绘制两种。其中平行展开法使用广泛，更适用于坡度直立的探槽。浅井和竖井展开图有四壁辐射展开法和四壁平行展开法两种。其中四壁平行展开法适用较多，它避免了四壁辐射展开法因井较深存在的不足。图 8-9 是四壁平行展开法绘制的浅井展开图。

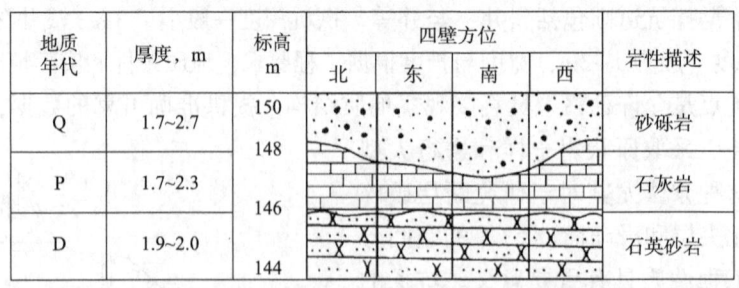

图 8-9 四壁平行展开法绘制的浅井展视图

三、工程地质试验

工程地质试验是为评价工程地质条件和问题以及工程设计、施工提供参数而进行的试验总称。岩土工程勘察中的试验有室内的土工试验和现场的原位测试。通过试验可以取得土和岩石的物理力学性质指标及地下水等性质指标，以供工程建筑物设计时采用。

(一) 室内试验

室内试验是在现场取有代表性的试样，送到试验室进行相关项目的试验。

(二) 现场原位测试

现场原位测试就是在岩土层原来所处的位置基本保持的天然结构、天然含水量以及天然应力状态下，测定岩土的工程力学性质指标。

原位测试的优点是：可以测定难于取得不扰动样的有关工程力学性质；可避免取样过程中应力释放的影响；影响范围大，代表性强。

原位测试的缺点是：各种原位测试有其适用条件；有些理论往往建立在统计经验的关系上等。

工程地质现场原位测试的主要方法有载荷试验、触探试验、标准贯入试验、十字板剪切试验、扁铲侧胀试验、旁压试验、波速测试、现场大型直剪试验和块体基础振动试验等。选择现场原位测试试验方法应根据建筑类型、岩土条件、设计要求、地区经验和测试方法的适用性等因素综合选用。

1. 载荷试验

载荷试验是保持地基土的天然状态和模拟建筑物的荷载条件，通过一定面积的承压板向地基施加竖向荷载，观察所研究地基土的变形和强度规律的一种原位实验。按照加荷的性质分为：静力载荷试验和动力载荷试验。一般情况下只做静力荷载试验，必要时增做部分动力荷载试验，如特大型桥梁、新型桥梁等。下面重点介绍静力载荷试验。

静力载荷试验分为平板载荷试验、螺旋板载荷试验、深层平板载荷试验等。用以确定地基土的临塑荷载、极限荷载，为评定地基土的承载力提供依据；估算地基土的变形模量、不排水抗剪强度和基床反力系数。其试验装置为承压板、加荷与传压装置及沉降观测装置等。

1) 试验目的

确定地基土的临塑荷载、极限荷载，为评定地基土的承载力提供依据；估算地基土的变形模量、不排水抗剪强度和基床反力系数。

2) 试验装置

承压板、加荷与传压装置及沉降观测装置等，参见图 8-10。

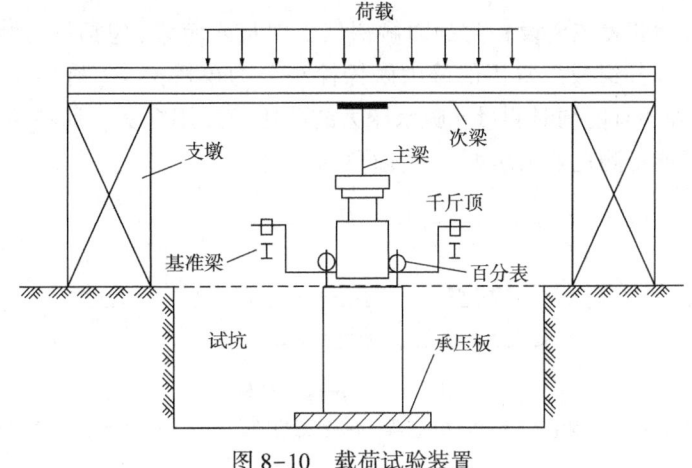

图 8-10 载荷试验装置

3）试验要求

试验时将试坑挖到基础的预计埋置深度，整平坑底，放置承压板，在承压板上施加荷重来进行试验。基坑宽度不应小于承压板的宽度或直径的3倍。注意保持试验土层的原状结构和天然温度。

承压板应为刚性圆形板或方形板，其面积为 $0.25\sim0.5m^2$。加荷等级不应少于8级，最大加载量不少于荷载设计值的两倍。每级加载后按时间间隔 10min、10min、10min、15min、15min 测读沉降量，以后每隔 30min 测读一次沉降量。当连续 2h 内，每小时的沉降量小于 0.1mm 时，则认为已趋稳定，可加下一级荷载。当出现下列情况之一时，即可终止加载：(1)承压板周围的土明显侧向挤出；(2)沉降量 s 急剧增大，荷载—沉降曲线($p-s$)出现陡降段；(3)在某一级荷载下，24h 内沉降速率不能达到稳定标准；(4)相对沉降量 $s/b \geq 0.06$（b 为承压板的宽度或直径）时。

4）试验资料处理及成果应用

根据实测结果绘制沉降与时间($s-t$)关系曲线及荷载与沉降($p-s$)关系曲线，由此确定地基承载力、地基土的变形模量、估算地基土的不排水抗剪强度、估算地地基土基床反力系数。

2. 静力触探试验

静力触探试验(CPT)是用静力讲探头以一定的速率压入土中，利用探头内的力传感器，通过电子量测器将探头受到的贯入阻力记录下来。由于贯入阻力的大小与土层的性质有关，因此通过贯入阻力的变化情况，可以达到了解土层工程性质的目的。孔压静力触探(CPTU)除静力触探原有功能外，在探头上附加孔隙水压力量测装置，用于量测孔隙水压力增长与消散。利用孔压量测的高灵敏性，可以更加精确地辨别土类，测定评价更多的岩土工程性质指标。静力触探试验具有勘探和测试双重功能。

1）试验目的与适用条件

静力触探试验适用于黏性土、粉土和砂土，主要用于划分土层、估算地基土的物理力学指标参数、评定地基土的承载力、估算单桩承载力及判定砂土地基的液化等级等。

2）试验装置

静力触探试验装置主要设备为静力触探仪，由贯入装置(包括反力装置)、传动系统和量测系统三部分组成。常用的静力触探探头分为单桥探头(图8-11)和双桥探头(图8-12)。此外还有能同时测量孔隙水压力的两用或三用探头，即在单桥或双桥探头的基础上增加了能量测孔隙水压力的功能(图8-13)。

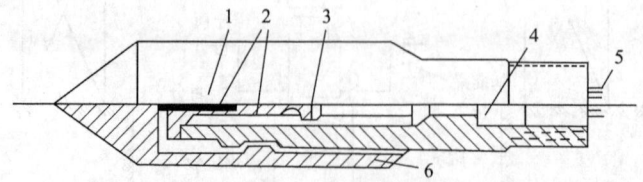

图 8-11 单桥探头结构

1—顶柱；2—电阻应变片；3—传感器；4—密封垫圈套；5—四芯电缆；6—外套筒

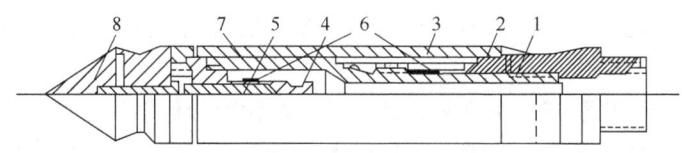

图 8-12 双桥探头结构

1—传力杆；2—摩擦传感器；3—摩擦筒；4—锥尖传感器；5—顶柱；6—电阻应变片；7—钢珠；8—锥尖头

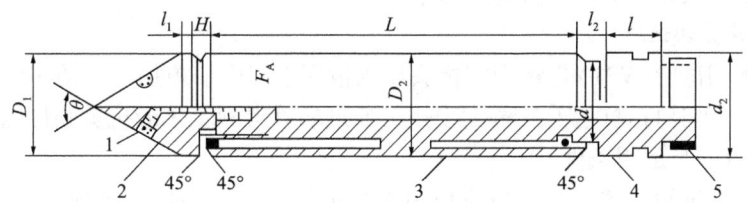

图 8-13 孔压静力触探探头

1—透水石；2—锥头；3—摩擦筒；4—探头管；5—接探杆

3) 试验要求

(1) 探头圆锥锥底截面积应采用 $10cm^2$ 或 $15cm^2$，单桥探头侧壁高度应分别采用 57mm 或 70mm，双桥探头侧壁面积应采用 $150\sim300cm^2$，锥尖锥角应为 60°；

(2) 探头应匀速垂直压入土中，贯入速率为 1.2m/min；

(3) 探头测力传感器应连同仪器、电缆进行定期标定，室内探头标定测力传感器的非线性误差、重复性误差、滞后误差、温度漂移、归零误差均应小于 1%FS，现场试验归零误差应小于 3%，绝缘电阻不小于 500MΩ；

(4) 深度记录的误差不应大于触探深度的 ±1%；

(5) 当贯入深度超过 30m，或穿过厚层软土后再贯入硬土层时，应采取措施防止孔斜或断杆，也可配置测斜探头，量测触探孔的偏斜角，校正土层界限的深度；

(6) 孔压探头在贯入前，应在室内保证探头应变腔为已排除气泡的液体所饱和，并在现场采取措施保持探头的饱和状态，直至探头进入地下水位以下的土层为止；在孔压静探试验过程中不得上提探头；

(7) 当在预定深度进行孔压消散试验时，应量测停止贯入后不同时间的孔压值，其计时间隔由密而疏合理控制；试验过程不得松动探杆。

4) 试验资料处理及成果应用

根据试验结果绘制比贯入阻力—深度关系曲线、锥尖阻力—深度关系曲线、侧壁摩阻力—深度关系曲线和摩阻比—深度关系曲线。

根据静力触探资料，利用地区经验，可进行力学分层，估算土的塑性状态或密实度、强度、压缩性、地基承载力、单桩承载力、沉桩阻力，进行液化判别等。根据孔压消散曲线可估算土的固结系数和渗透系数。

3. 标准贯入试验

标准贯入试验 (SPT) 是动力触探类型之一，是用质量为 63.5kg 的重锤按照规定的落距 (76cm) 自由下落，将标准规格的贯入器打入土层，根据贯入器贯入一定深度得到的锤击数来判定土层的性质。标准贯入试验适用于砂土、粉土和一般黏性土，最适用于标准贯入击数 $N=2\sim50$ 的土层。

标准贯入试验的仪器设备主要由标准贯入器、触探杆及穿心锤(即落锤)三部分组成(图 8-14)。

其目的为：采取扰动样,鉴别和描述土类,按颗粒分析结果定名。根据标准贯入击数 N,利用地区经验,对砂土的密实度和粉土、黏性土的状态、土的强度参数、变形模量、地基承载力等作出评价。估算单桩极限承载力和判定沉桩可能性。判定饱和粉砂、砂质粉土的地震液化可能性及液化等级。

4. 十字板剪切试验

十字板剪切试验(VST)是将十字板头压入被测土层中,施加一定的扭转力矩,将土体剪坏,测定土体对抵抗扭剪的最大力矩,通过换算得到土体的抗剪强度值。

1) 试验目的与适用条件

十字板剪切试验目的是测定原位应力条件下软黏土的不排水抗剪强度 C_u、估算软黏性土的灵敏度。十字板剪切试验适用于灵敏度不大于 10,固结系数不大于 $100m^2/a$ 的均质饱和软黏土($\varphi \approx 0$)。

2) 试验装置

试验装置主要由十字板头、测力装置(钢环、百分表等)和施力传力装置(轴杆、转盘、导轮等)三部分组成(图 8-15)。

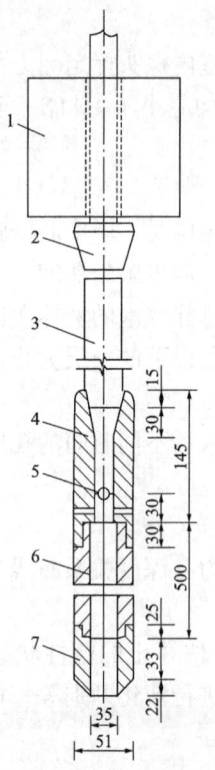

图 8-14 标准贯入试验(单位:mm)
1—穿心锤；2—锤垫；3—钻杆；
4—贯入器头；5—出水孔；
6—贯入器身；7—贯入器靴

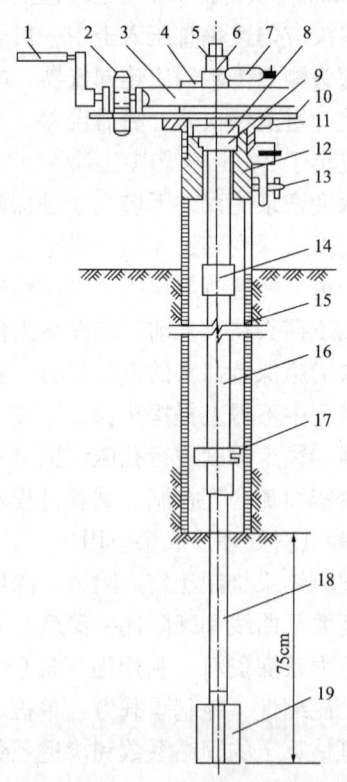

图 8-15 十字板剪切试验
1—手摇柄；2—齿轮；3—蜗轮；4—开口钢环；5—固定夹；
6—导杆；7—百分表；8—转盘；9—底板；10—固定套；
11—弹子盘；12—底座；13—制紧轴；14—接头；15—套管；
16—钻杆；17—导轮；18—轴杆；19—十字板头

3) 试验要求

(1) 十字板板头形状宜为矩形,径高比 1∶2,板厚宜为 2~3mm;

(2) 十字板头插入钻孔底的深度不应小于钻孔或套管直径的 3~5 倍;

(3) 十字板插入至试验深度后,至少应静止 2~3min,方可开始试验;

(4) 扭转剪切速率宜采用(1°~2°)/s,并应在测得峰值强度后继续测记 1min;

(5) 在峰值强度或稳定值测试完后,顺扭转方向连续转动 6 圈后,测定重塑土的不排水抗剪强度;

(6) 对开口钢环十字板剪切仪,应修正轴杆与土间的摩阻力的影响。

4) 试验资料处理及成果应用

(1) 计算各试验点土的不排水抗剪峰值强度、残余强度、重塑土强度和灵敏度;

(2) 绘制单孔十字板剪切试验土的不排水抗剪峰值强度、残余强度、重塑土强度和灵敏度随深度的变化曲线,需要时绘制抗剪强度与扭转角度的关系曲线;

(3) 根据土层条件和地区经验,对实测的十字板不排水抗剪强度进行修正。

5. 扁铲侧胀试验

扁铲侧胀试验(DMT)是指用静力将扁铲形探头贯入土中,达试验深度后,利用气压使扁铲侧面的圆形钢膜向外扩张进行试验。

1) 试验目的与适用条件

扁铲侧胀试验的目的是根据压力与变形关系,测定土的模量及其他有关指标。该方法因能比较准确反映小应变的应力应变关系。适用于一般黏性土、粉土、中密以下砂土、黄土等,不适用于含碎石的土、风化岩等。

2) 试验装置

扁铲形探头,如图 8-16 所示。

3) 试验要求

(1) 扁铲侧胀试验探头长 230~240mm、宽 94~96mm、厚 14~16mm;探头前缘刃角 12°~16°,探头侧面钢膜片的直径 60mm;

(2) 每孔试验前后均应进行探头率定,取试验前后的平均值为修正值。膜片的合格标准为:率定时膨胀至 0.05mm 的气压实测值 $\Delta A = 5 \sim 25 \text{kPa}$;率定时膨胀至 1.10mm 的气压实测值 $\Delta B = 10 \sim 110 \text{kPa}$;

(3) 试验时,应以静力匀速将探头贯入土中,贯入速率宜为 2cm/s;试验点间距可取 20~50cm;

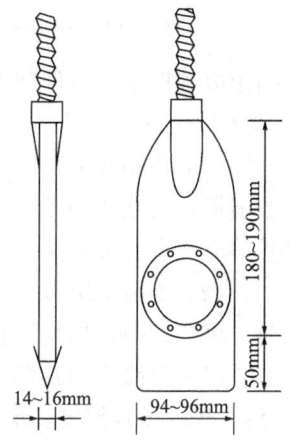

图 8-16 扁铲侧胀仪

(4) 探头达到预定深度后,应匀速加压和减压测定膜片膨胀至 0.05mm、1.10mm 和回到 0.05mm 的压力 A、B、C 值;

(5) 扁铲侧胀消散试验,应在需测试的深度进行,测读时间间隔可取 1min、2min、4min、8min、15min、30min、90min,以后每 90min 测读一次,直至消散结束。

4) 试验资料处理及成果应用

试验成果主要有:根据 A、B、C 压力及 ΔA、ΔB 计算 p_0、p_1、p_2 与深度的变化曲

线；绘制扁胀模量、水平应力指数、扁胀指数、扁胀孔压力指数与深度的变化曲线。由试验成果可划分土类、确定静止侧压力系数、评定应力历史、确定不排水抗剪强度、确定土的变形参数、确定水平固结系数、可设计侧向受荷桩。

6. 旁压试验

旁压试验（PMT）是将圆柱形旁压器竖直地放入土中，通过旁压器在竖直的孔内加压，使旁压膜膨胀，并由旁压膜（或护套）将压力传给周围土体（或岩层），使土体或岩层产生变形直至破坏，通过量测施加的压力和土变形之间的关系，可得到地基土在水平方向上的应力应变关系。

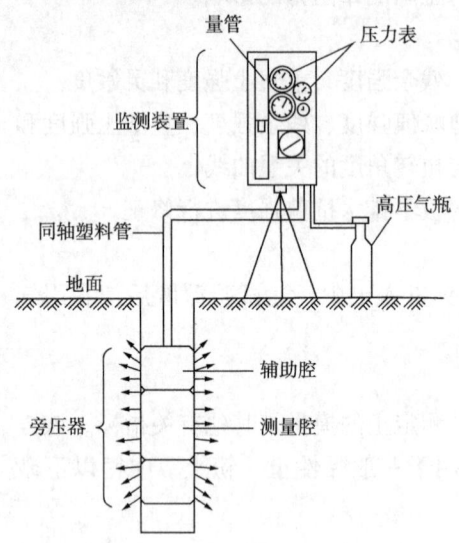

图 8-17 旁压测试示意图

1）试验目的与适用条件

旁压试验适用于测定黏性土、粉土、砂土、碎石土、残积土、极软岩和软岩的承载力、旁压模量和应力应变关系等。

2）试验装置

主要设备为旁压器（图 8-17）。旁压仪包括预钻式、自钻式和压入式三种，国内目前以预钻式为主。旁压器分单腔式和三腔式。当旁压器有效长径比大于 4 时，可认为属于无限长圆柱扩张轴对称平面应变问题。单腔式、三腔式所得结果无明显差别。

3）试验要求

旁压试验应在有代表性的位置和深度进行，旁压器的测腔应在同一土层内。试验点的垂直间距应根据地层条件和工程要求确定，但不宜小于 1m，试验孔与已有钻孔的水平距离不宜小于 1m。

（1）预钻式旁压试验应保证成孔质量，钻孔直径与旁压器直径应良好配合，防止孔壁坍塌；自钻式旁压试验的自钻钻头、钻头转速、钻进速率、刃口距离、泥浆压力和流量等应符合有关规定；

（2）加荷等级可采用预期临塑压力的 1/5~1/7，初始阶段加荷等级可取小值，必要时，可作卸荷再加荷试验，测定再加荷旁压模量；

（3）每级压力应维持 1min 或 2min 后再施加下一级压力，维持 1min 时，加荷后 15s、30s、60s 测度变形量，维持 2min 时，加荷后 15s、30s、60s、120s 测度变形量；

（4）当量测腔的扩张体积相当于量测腔的固有体积时，或压力达到仪器的容许最大压力时，应终止试验。

4）试验资料处理及成果应用

旁压试验的成果主要为压力和扩张体积曲线、压力和半径增量曲线。根据旁压曲线可评定地基承载力、确定旁压模量。

7. 波速测试

波速测试就是测定土层的波速，依据弹性波在岩土体内的传播速度间接测定岩土体在小应变条件下（$10^{-4} \sim 10^{-6}$）动弹性模量和泊松比。

1）试验目的与适用条件

适用于测定各类岩土体的压缩波、剪切波或瑞利波的波速。根据任务要求可采用单孔法、跨孔法或面波法（图 8-18）。

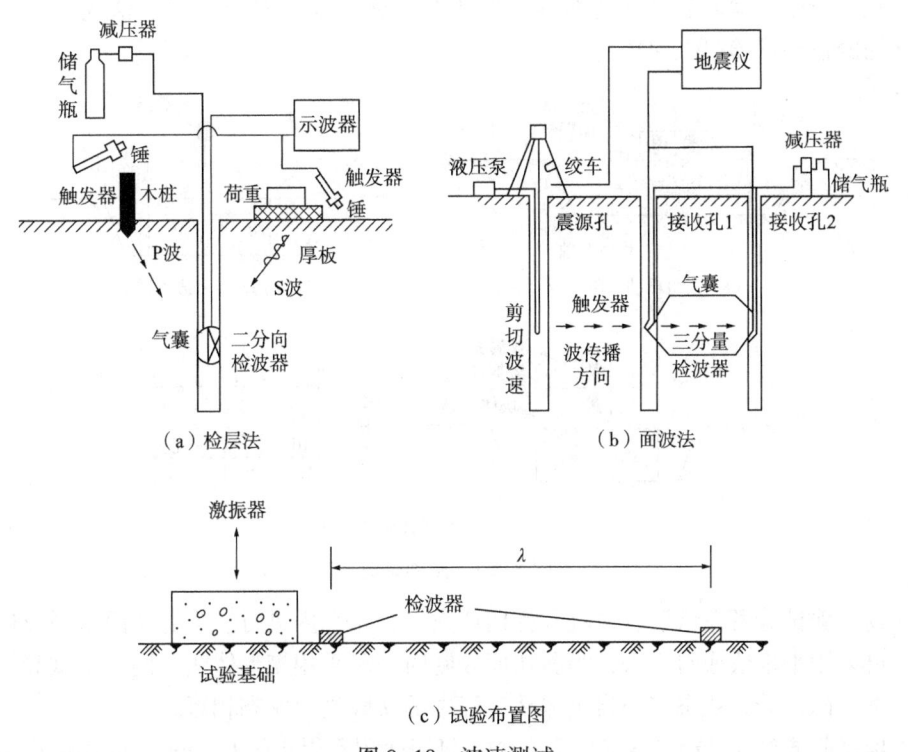

图 8-18 波速测试

2）试验装置

试验方法可分为单孔法、跨孔法和面波法。

3）试验要求

单孔法波速测试的技术要求应符合下列规定：(1)测试孔应垂直；(2)将三分量检波器固定在孔内预定深度处，并紧贴孔壁；(3)可采用地面激振或孔内激振；(4)应结合土层布置测点，测点的垂直间距宜取 1~3m。层位变化处加密，并宜自下而上逐点测试。

跨孔法波速测试的技术要求应符合下列规定：(1)振源孔和测试孔，应布置在一条直线上；(2)测试孔的孔距在土层中宜取 2~5m，在岩层中宜取 15m，测点垂直间距宜取 1~2m，近地表测点宜布置在 0.4 倍孔距的深度处，振源和检波器应置于同一地层的相同标高处；(3)当测试深度大于 15m 时，应进行激振孔和测试孔倾斜度和倾斜方位的量测，测点间距宜取 1m。

4）试验资料处理及成果应用

(1) 在波形记录上识别压缩波和剪切波的初至时间；

(2) 计算由振源到达测点的距离；

(3) 根据波的传播时间和距离确定波速；

(4) 计算岩土小应变的动弹性模量、动剪切模量和动泊松比。

8. 现场大型直剪试验

大型直剪试验适用于求测各类岩土体以及岩土体沿软弱结构面和岩土体与混凝土接触面或滑动面的抗剪强度，可分为岩土体试样在法向应力作用下沿剪切面剪切破坏的抗剪断试验、岩土体剪断后沿剪切面继续剪切的抗剪试验（摩擦试验）、法向应力为零时岩体剪切的抗切试验（图8-19）。

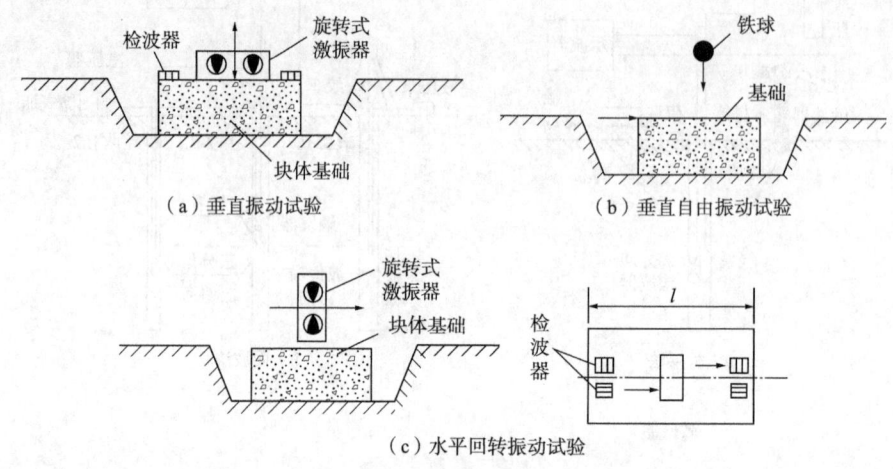

图 8-19 振动试验

现场直剪试验可在试洞、试坑、探槽或大口径钻孔内进行。当剪切面水平或近于水平时，可采用平推法或斜推法；当剪切面较陡时，可采用楔形体法。同一组试验体的岩性应基本相同，受力状态应与岩土体在工程中的实际受力状态相近。

现场直剪试验每组岩体不宜少于 5 个。剪切面积不得小于 $0.25m^2$。试体最小边长不宜小于 50cm，高度不宜小于最小边长的 0.5 倍。试体之间的距离应大于最小边长的 1.5 倍。

每组土体试验不宜少于 3 个。剪切面积不宜小于 $0.3m^2$，高度不宜小于 20cm 或为最大粒径的 4~8 倍，剪切面开缝应为最小粒径的 1/3~1/4。

1）试验目的与适用条件

大型直剪试验适用于求测各类岩土体以及岩土体沿软弱结构面和岩土体与混凝土接触面或滑动面的抗剪强度。

2）试验装置

试验装置有大剪仪、加载设备、量测设备等。

3）试验要求

现场直剪试验的技术要求应符合下列规定：

（1）开挖试坑时应避免对试体的扰动和含水量的显著变化；在地下水位以下试验时，应避免水压力和渗流对试验的影响。

（2）施加的法向荷载、剪切荷载应位于剪切面、剪切缝的中心；或使法向荷载与剪切荷载的合力通过剪切面的中心，并保持法向荷载不变。

（3）最大法向荷载应大于设计荷载，并按等量分级；荷载精度应为试验最大荷载的±2%。

（4）每一试体的法向荷载可分 4~5 级施加；当法向变形达到相对稳定时，即可施加剪切荷载。

(5) 每级剪切荷载按预估最大荷载的 8%~10% 分级等量施加，或按法向荷载的 5%~10% 分级等量施加；岩体按每 5~10min，土体按每 30s 施加一级剪切荷载。

(6) 当剪切变形急剧增长或剪切变形达到试体尺寸的 1/10 时，可终止试验。

(7) 根据剪切位移大于 10mm 时的试验成果确定残余抗剪强度，需要时可沿剪切面继续进行摩擦试验。

4) 试验资料处理及成果应用

(1) 绘制剪切应力与剪切位移曲线、剪应力与垂直位移曲线，确定比例强度、屈服强度、峰值强度、剪胀点和剪胀强度；

(2) 绘制法向应力与比例强度、屈服强度、峰值强度、残余强度的曲线，确定相应的强度参数。

9. 块体基础振动试验

通过块体基础振动试验直接测得地基土的刚度、阻尼比和参振质量等动力参数，可分为块体基础强迫振动试验和块体基础自由振动试验两类。根据块体基础振动试验实测的频率和振幅作振幅随频率变化的共振幅频曲线，依据幅频曲线计算地基阻尼比、刚度及参振质量。

室内试验与原位测试相比，各有优缺点（表 8-3）。二者的优缺点是互补的，应相辅相成，配合使用，以便经济有效地取得技术参数。

表 8-3 原位测试与室内试验对比

项目	原位测试	室内试验
试验对象	(1) 测定土体范围大，能反映微观、宏观结构对土性的影响，代表性好 (2) 对难以取样的土层仍能试验 (3) 对试验土层基本不扰动或少扰动 (4) 有的能给出连续的土性变化剖面，可用以确定分层界线 (5) 测试土体边界条件不明显	(1) 试样尺寸小，不能反映宏观结构、非均匀性对土性的影响，代表性较差 (2) 对难以或无法取样的土层无法试验，只能人工制备土样进行试验 (3) 无法避免钻进取样对土样的扰动 (4) 只能对有限的若干点取样试验，点间土样变化是推测的 (5) 试验土样边界条件明显
应力条件	(1) 基本上在原位应力条件下进行试验 (2) 试验应力路径无法很好控制 (3) 排水条件下能很好控制 (4) 试验时应力条件有局限性	(1) 在明确、可控制的应力条件下进行试验 (2) 试验应力路径可以事先预定 (3) 能严格控制排水条件 (4) 可模拟各种应力条件进行试验
应变条件	(1) 应变场不均匀 (2) 应变速率一般大于实际工程条件下的应变速率	(1) 试样内应变场比较均匀 (2) 可以控制应变速率
岩土参数	反映实际状态下的基本特性	反映取样点上，在室内控制条件下的特性
试验周期	周期短，效率高	

第五节　现场监测

一、现场监测的目的与任务

现场监测是岩土工程勘察中的一项重要环节，它与勘察、设计、施工一起，构成了岩土工程的完整体系。其目的在于保证工程的质量和安全，提高工程效益。随着建设事业的日益发展，工程建筑施工过程中遇到的岩土工程问题越来越多，这不仅给施工带来了困难，而且由于施工引起的土中应力场和位移场的变化直接影响周围各种设施的安全。

现场监测是对在施工过程中及完工后由于工程施工和使用引起的岩土性状、周围环境条件（工程地质、水文地质）及相邻结构、设施等因素发生变化进行各种观测工作，监视其变化规律和发展趋势，从而了解施工对各因素的影响程度，以便及时在设计、施工和维护上采取相应的防治措施。

现场监测常见的有地基沉降与位移观测和地下水监测等。

二、沉降观测

建筑沉降观测的目的是测定建筑物地基的沉降量，沉降差以及沉降速率并计算基础倾斜、局部倾斜、相对弯曲及构件倾斜，能反映地基的实际位移变形对建筑物的影响程度，是分析地基事故及判别施工质量的重要依据，也是检验勘察资料的可靠性，验证理论计算正确性的重要资料。

GB 50021—2001《岩土工程勘察规范[2009版]》规定，下列工程应进行沉降观测：

（1）地基基础设计等级为甲级的建筑物；

（2）不均匀地基或软弱地基上的乙级建筑物；

（3）加层、接建、邻近开挖、堆载等，使地基应力发生显著变化的工程；

（4）因抽水等原因、地下水位发生急剧变化的工程；

（5）其他有关规范规定需要做沉降观测的工程。

建筑沉降观测常采用水准法或静力水准法进行观测。基准点（固定水准点）的位置，应根据总平面图上建筑物的分布及工程地质条件而定，但必须保证基准点在整个观测期间坚固不移，具体要求如下：

（1）当设置基准点处有基岩出露时，可用水泥砂浆直接将基准点的金属支座嵌在基岩中。

（2）当设置基准点处为黏性土或砂土时，应采用深埋基准点。当表层土软弱而不深处有紧密土层时，可将金属管或钢筋混凝土桩打入或用钻孔埋入紧密土层中，深埋基准点需用钻孔埋入或在钻孔内关注混凝土桩，将基准点的金属支座安在管或桩的上端中心部位，孔口地表砌砖盒，上加盖保护。

（3）基准点数量在每一测区内不少于2个，区域面积较大或对多幢建筑物进行观测时，应适当增加，并使所有基准点构成水准网。

（4）基准点应布设在建筑物变形区域外、位置稳定、易于长期保存的地方，一般距建筑物不少于 25m，距高层建筑物不少于 30m，距有振动影响的建筑物则应更远，但一般不大于 100m。

对于沉降观测应按现行标准 JGJ8—2016《建筑物变形测量规范》的规定执行。沉降观测点的布置，以能全面反映建筑物地基变形特征并结合地质情况及建筑结构特点确定。点位宜选设在下列位置：

(1) 建筑物的四角、核心筒四角、大转角处及沿外墙每 10～20m 处或每隔 2～3 根柱基上；

(2) 高低层建筑、新旧建筑和纵横墙等交接处的两侧；

(3) 建筑裂缝、后浇带两侧、沉降缝两侧、基础埋深相差悬殊处、人工地基与天然地基接壤处、不同结构的分界处及填挖方分界处以及地质条件变化处两侧；

(4) 对宽度大于或等于 15m、宽度虽小于 15m 但地质复杂以及膨胀土、湿陷性土地区的建筑，应在承重内隔墙中部设内墙点，并在室内地面中心及四周设地面点；

(5) 邻近堆置重物处、受振动显著影响的部位及基础下的暗浜处；

(6) 框架结构建筑物的每个或部分柱基上或沿纵横轴线设点；

(7) 筏形基础、箱形基础底板或接近基础的结构部分之四角处及其中部位置；

(8) 重型设备基础和动力设备基础的四角、基础形式或埋深改变处；

(9) 超高层建筑或大型网架结构的每个大型结构柱监测点数不宜少于 2 个，且应设置在对称位置。

建筑施工阶段的沉降观测应符合下列规定：

(1) 宜在基础完工后或地下室砌完后开始观测。

(2) 观测次数与间隔时间应视地基与荷载增加情况确定。民用高层建筑宜每加高 2 层～3 层观测 1 次，工业建筑宜按回填基坑、安装柱子和屋架、砌筑墙体、设备安装等不同施工阶段分别进行观测。若建筑施工均匀增高，应至少在增加荷载的 25%、50%、75% 和 100% 时各测 1 次。

(3) 施工过程中若暂时停工，在停工时及重新开工时应各观测 1 次，停工期间可每隔 2～3 月观测 1 次。

建筑运营阶段的沉降观测次数，应视地基土类型和沉降速率大小确定。除有特殊要求外，可在第一年观测 3～4 次，第二年观测 2～3 次，第三年后每年观测 1 次，至沉降达到稳定状态或满足观测要求为止。

沉降观测过程中，若发现大规模沉降、严重不均匀沉降或严重裂缝等，或出现基础附近地面荷载突然增减、基础四周大量积水、长时间连续降雨等情况，应提高观测频率，并应实施安全预案。

建筑沉降达到稳定状态可由沉降量与时间关系曲线判定。当最后 100d 的最大沉降速率小于 0.01～0.04mm/d 时，可认为已达到稳定状态。对具体沉降观测项目，最大沉降速率的取值宜结合当地地基土的压缩性能来确定。

三、地下水的监测

地下水监测包括水位、水温、孔隙水压力、水化学分析等内容。尤其是地下水位及孔隙水压力的动态观测，对于评价地基土承载力、评价水库渗漏和浸没、预测道路翻浆、论证建筑物地基稳定性以及研究水库地震等都有重要的实际意义。

GB 50021—2001《岩土工程勘察规范[2009版]》规定下列情况应进行地下水监测：

（1）地下水位升降影响岩土稳定时；

（2）地下水位上升产生浮托力对地下室或地下构筑物的防潮、防水或稳定性产生较大影响时；

（3）施工降水对拟建工程或相邻工程有较大影响时；

（4）施工或环境条件改变，造成的孔隙水压力、地下水压力变化，对工程设计或施工有较大影响时；

（5）地下水位的下降造成区域性地面沉降时；

（6）地下水位升降可能使岩土产生软化、湿陷、胀缩时；

（7）需要进行污染物运移对环境影响的评价时。

监测工作的布置应根据监测目的、场地条件、工程要求和水文地质条件来确定。地下水位的监测，可设置专门的地下水位观测孔，或利用水井、地下水天然露头进行；孔隙水压力、地下水压的监测，可采用孔隙水压力计、测压计进行；用化学分析法监测水质时，采样次数每年不应少于4次，进行相关项目的分析。

监测时间应满足下列要求：

（1）动态监测时间不应少于一个水文年；

（2）当孔隙水压力变化可能影响工程安全时，应在孔隙水压力降至安全值后方可停止监测；

（3）对受地下水浮托力的工程，地下水压力监测应进行至工程荷载大于浮托力后方可停止监测。

监测成果应及时整理，并根据需要提出地下水位和降水量的动态变化曲线图、地下水压动态变化曲线图、不同时期的水位深度图、等水位线图、不同时期的有害化学成分的等值线图等资料，并分析地下水的危害因素，提出防治措施。

四、"空天地"一体化监测

除了以上常规的监测手段外，我国的监测技术正在向"空天地"一体化的方向迈进。"空天地"一体化技术是指利用遥感技术、航空摄影测量技术、卫星导航定位技术和地球物理勘探技术等方法进行综合分析，融合大地测量和地理信息系统技术，进行地面观测、地质勘探和地质灾害调查的一种集成技术。其中，"空"指的是航空领域，包括飞机、无人机等空中交通工具；"天"指的是航天领域，包括卫星、火箭等太空交通工具；"地"指的是地面领域，包括陆上交通工具、通信设备等。

在地质灾害调查中，"空天地"一体化技术有以下优点：

（1）高精度：利用各种遥感数据、高精度的三维地图和数字高程模型进行分析，可以精确还原地表地貌和地下地形，为地质灾害调查提供准确的基础数据。

（2）全面覆盖：通过遥感和航空摄影测量技术，可以实现对高寒艰险地区的全面覆盖观测，发现隐蔽地质灾害隐患。

(3) 多参数、多时相:"空天地"一体化技术综合运用多种数据,能够综合分析地表和地下多种参数信息,同时还可以获取多时相的数据,对地质灾害的演变过程进行全面监测。

(4) 综合分析:通过融合大地测量和地理信息系统技术,能够实现对地质灾害的综合分析和综合评估。

第六节 岩土工程勘察报告与图件

岩土工程勘察报告和图件是岩土工程勘察的正式成果,它将现场勘察得到的工程地质资料进行统计、归纳和分析,编制成图件、表格,并对场地工程地质条件和问题做出系统的分析和评价,以正确全面地反映场地的工程地质条件和提供地基土物理力学设计指标,供建设单位、设计单位和施工单位使用,并作为存档文件长期保存。

一、工程地质图的编制

工程地质图针对工程目的而编制,反映制图地区的工程地质条件,并对建筑的自然条件给予综合性评价。

(一) 工程地质图的类型

按工程要求和内容,工程地质图可分为如下类型:

(1) 岩土工程勘察实际材料图:图中反映该工程场地勘察的实际工作,包括地质点、钻孔点、勘探坑洞、试验点、长期观测点等。从实际材料图上可得出勘察工作量、勘察点位置以及勘察工作布置的合理性等。

(2) 工程地质编录图:由一套图件构成,包括钻孔柱状图、基坑编录图、平硐展视图及其他地质勘探和测绘点的编录。

(3) 工程地质分析图:图中突出反映一种或两种工程地质因素或岩土某一性质的指标的变化情况,如天然地基持力层的埋深和厚度等值线图等。

(4) 专门工程地质图:为勘察某一专门工程地质问题而编制的图件,突出反映与该工程地质问题有关的地质特征、空间分布和其相互组合关系;评价地质问题有关的地质和力学数据。

(5) 综合性工程地质图和分区图:针对建筑类型把与之有关的地质条件和勘探试验成果综合地反映在图上,并对建筑地区地工程地质条件提出总地评价,作为建筑物总体布置、设计方案与处理措施的基本依据。

(二) 工程地质图的内容与编制原则

(1) 地形地貌:包括地势和主要地貌单元。

(2) 岩土类型及其工程地质性质:包括地层年代、地基土成因类型、变化、分布规律以及物理力学指标的变化范围和代表值。

(3) 地质构造:一般包括各种岩土层的分布范围、产状、褶曲轴线及断层破碎带的位置、类型及其活动性等,另对某些工程(如边坡、硐室工程)应包括岩石的裂隙性情况、构造特征等。

(4) 水文地质条件：一般包括地下水位，含潜水水位及对工程有影响的承压水测压水位及其变化幅度，地下水的化学成分及侵蚀性。

(5) 物理地质现象：包括各类物理地质现象的形态、发育强度的等级及其活动性。

(三) 工程地质图的编制方法

工程地质图系根据工程地质条件各个方面的相应比例尺的一套图件编制的，这些基本图件为：

(1) 第四纪地质图或地质图；

(2) 地貌及物理地质现象图；

(3) 水文地质图；

(4) 各种剖面图、钻孔柱状图及各种原位测试与室内试验成果图表。

将这些基本图件上工程所需的内容移绘到工程地质图上去。图上应画出许多界线，如不同年代、不同成因类型和土性的土层界线，地貌分区界线，物理地质现象分布界线及各级工程地质分区界线等等。

各种界线的绘制方法，一般是肯定者用实线，不肯定者用虚线。工程地质图上还可用各种花纹、线条、符号、代号来区分各种岩性、断层线、物理地质现象、土的成因类型等等。另外工程地质图上还可以用颜色表示工程地质分区或岩性。

二、岩土工程勘察报告书和图件

(一) 岩土工程勘察报告书

岩土工程勘察成果报告的内容，应根据任务要求、勘察阶段、地质条件、工程特点等具体情况综合确定，一般包括下列内容：

(1) 任务要求及勘察工程概况；

(2) 拟建工程概况；

(3) 勘察方法和勘察工作布置；

(4) 场地地形、地貌、地层、地质构造、岩土性质、地下水、不良地质现象的描述与评价；

(5) 场地稳定性与适宜性的评价；

(6) 岩土参数的分析与选用；

(7) 提出地基基础方案的建议，工程施工和使用期间可能发生的岩土工程问题的预测及监控、预防措施的建议。

(二) 岩土工程勘察报告所附图表

报告中所附图表的种类，应根据工程的具体情况而定，常用的图表有：

(1) 工程地质图。

(2) 勘察点平面布置图。在建筑场地地形图上，把建筑物的位置、各类勘探及测试点的位置、编号用不同的图例表示出来，并注明各勘探、测试点的标高、深度、剖面线及其编号等(图 8-20)。

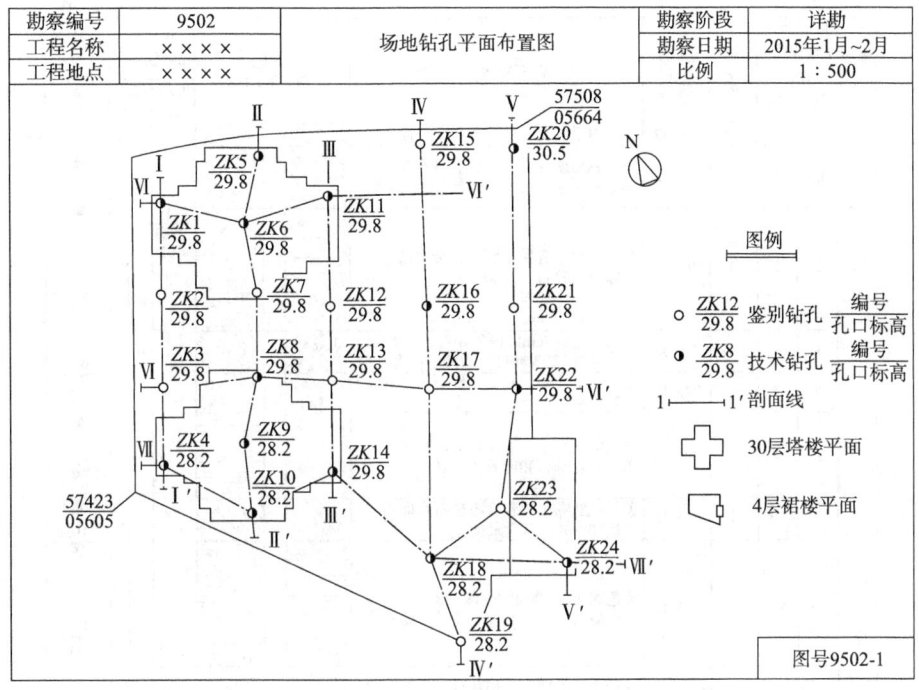

图 8-20 钻孔平面布置图

（3）工程地质柱状图。钻孔柱状图（图 8-21）是根据钻孔的现场记录整理出来的，表示钻孔所穿过地层的综合图表。图中表示有地质年代、土层埋藏深度、土层厚度、土层底部的绝对标高、岩土的描述、柱状图、地面绝对标高、地下水水位和测量日期、岩土样选取位置等，柱状图采用的比例尺一般为 1∶100～1∶500。绘制柱状图时，应从上而下对地层进行编号和描述，并用一定的比例尺、图例和符号表示。钻孔柱状图是分析工程地质条件和绘制地质断面图的重要依据，它作为地下勘探信息可视化的基本工具，在各项工程的分析决策中起着重要的作用。

（4）工程地质剖面图。先将勘探线的地形剖面线画出，标出勘探线上各钻孔中的地层层面，然后在钻孔的两侧分别标出层面的高程和深度，再将相邻钻孔中相同土层分界点以直线相连（图 8-22）。

（5）现场原位测试图件。

（6）土工试验图表。

复习思考题

1. 简述岩土工程勘察的目的和各勘察阶段的一般要求。
2. 工程地质测绘的方法主要有哪几类？
3. 简述电法勘探的基本原理和方法。
4. 现场原位测试方法主要有哪些？
5. 岩土工程勘察报告主要包括哪些内容？

孔号：K-1　　　　　　　　　　　　　　　　　　　　　　　　　孔口高程785.02

地质年代	地层的埋藏深度 m 从	地层的埋藏深度 m 到	土层厚度 m	土层底部的绝对标高	岩石描述	柱状图 比例尺1:100	水位和测量日期 出现的	水位和测量日期 稳定的	土样位置 m
Q_4^{dl}	0	0.5	0.5	784.52	含腐殖质的褐灰色耕土层—粉质黏土				1.0
	0.5	2	1.5	783.02	褐灰色粉质亚黏土，含有砾石和小卵石（达30%），夹有干砂窝子矿		2.45 22 -92	2.42 4 -92	2.1
	2	5	3	780.02	粗砂、混杂有黏土颗粒，带大量砾石、小卵石、碎石（达30%）				4.0
	5	6	1	779.02	尺寸在5~7cm以内的卵石，夹有砾石、碎石和各种粒径的砂土；含水层				6.1
	6	7	1	778.02	粗砂、小卵石、砾石和碎石（达30%）的黏土层				7.1
Q_3	7	9	2	776.02	黄色的硬粒土，有单独的砂窝子矿，包含砾石和卵石（达10%）				8.0 9.1
	9	10	1	775.02	黄灰色亚黏土，包含有砂石和卵石（达20%），高含水量				10.4
	10	13	3	772.02	黄色黏土，有单独的砂窝子矿，包含砾石、卵石和碎石（达10%）		13.0		12.0
	13	15	2	770.02	各种粒径的砂土，褐灰色，含有结晶岩的砾石、卵石以及碎石（达30%）含水层				15.1
	15	19	4	766.02	黄灰色黏土，有大量的砾石、小卵石和砂窝子矿，在深度16m以内是很湿的，从深度16m开始没有砾石和卵石，稍湿的				

图 8-21　钻孔的地质柱状图

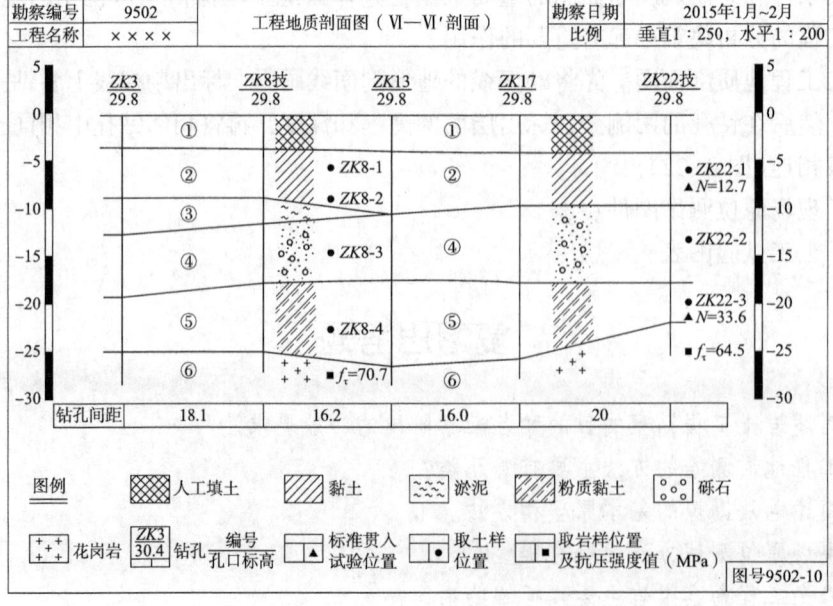

图 8-22　工程地质剖面图

主 要 参 考 文 献

[1] 谢强,郭永春,李娅. 土木工程地质[M]. 成都:西南交通大学出版社,2021.
[2] 时伟. 工程地质学[M]. 北京:科学出版社,2016.
[3] 陆廷清. 地质学基础[M]. 北京:石油工业出版社,2015.
[4] 顾宝和. 求索岩土之路[M]. 北京:中国建筑工业出版社. 2018.
[5] 张忠苗. 工程地质学[M]. 北京:中国建筑工业出版社. 2007.
[6] 贾永刚,李相然,韩德亮,等. 环境工程地质学[M]. 青岛:中国海洋大学出版社,2002.
[7] 张咸恭. 中国工程地质学[M]. 北京:中国建筑工业出版社,2007.
[8] 中华人民共和国住房和城乡建设部. 岩土工程基本术语标准:GB/T 50279—2014[S]. 北京:中国建筑工业出版社,2007.
[9] 刘传正. 环境工程地质学导论[M]. 北京:地质出版社,1995.
[10] 孙家齐,陈新民. 工程地质[M]. 4版. 武汉:武汉理工大学出版社,2020.
[11] 李隽蓬,谢强. 土木工程地质[M]. 2版. 西南交通大学出版社,2009.
[12] 王恭先,徐峻龄,刘光代,等. 滑坡学与滑坡防治技术[M]. 北京:中国铁道出版社,2004.
[13] 《工程地质手册》编委会. 工程地质手册[M]. 5版. 中国建筑工业出版社,2018.
[14] 重庆市城乡建设委员会. 建筑边坡工程技术规范:GB 50330—2013[S]. 北京:中国建筑工业出版社,2014.
[15] 中华人民共和国住房和城乡建设部. 岩土工程勘察规范(2009年版):GB 50021—2001[S]. 北京:中国建筑工业出版社,2009.
[16] 中华人民共和国住房和城乡建设部. 软土地区岩土工程勘察规程:JGJ 83—2011[S]. 北京:中国建筑工业出版社,2011.
[17] 中华人民共和国住房和城乡建设部. 湿陷性黄土地区建筑标准:GB 50025—2018[S]. 北京:中国建筑工业出版社,2019.
[18] 中华人民共和国住房和城乡建设部. 工程岩体分级标准:GB 50218T—2014[S]. 北京:中国计划出版社,2015.
[19] 中华人民共和国住房和城乡建设部. 冻土工程地质勘察规范:GB 50324—2014[S]. 北京:中国计划出版社,2015.
[20] 中华人民共和国住房和城乡建设部. 盐渍土地区建筑技术规范:GB/T 50942—2014[S]. 北京:中国计划出版社,2015.
[21] 国家能源局. 盐渍土地区建筑规范:SYT 0317—2012[S]. 北京:石油工业出版社,2012.
[22] 曹玉新. 青藏铁路五道梁地区片石气冷路基工程效果研究[D]. 北京:北京交通大学,2007.
[23] 张菊锋. 狮子山滑坡形成机理及其抗滑桩支护技术研究[D]. 杭州:浙江工业大学,2020.
[24] 肖丛苗. 深埋大跨度地下工程稳定性研究[D]. 北京:北京交通大学,2016.
[25] 谷德振. 中国工程地质学的发展[A]//谷德振. 谷德振文集. 北京:地震出版社,2000.
[26] 张咸恭. 我国工程地质学的发展方向[J]. 地球科学,2002,2:56-62.
[27] 周健,陆丽君,贾敏才. 基于FLAC2D数值方法的盾构隧道地层损失率研究[J]. 地下空间与工程学报,2014,10(4):902-907.
[28] 赵志明,吴光,王喜华,等. 金沙江特大桥左岸岸坡岩体结构面强度参数取值及工程稳定性评价[J]. 工程地质学报,2012,20(5):768-771.
[29] 郑金明,刘高,王国仓,等. 现代工程地质学的发展演化[J]. 科技促进发展,2011(S1):7.
[30] 谷德振. 中国工程地质学的发展[J]. 地质论评,1982,2:180-183.
[31] 李沛沛. 国内工程地质学的发展趋势[J]. 广东蚕业,2019,53(6):106-107
[32] 孔德坊. 工程地质学的现状与发展[J]. 水文地质工程地质,1979,3:25-30.
[33] 李奎. 运用工程地质类比法分析评价边坡的稳定性[J]. 土工基础,2019(4):4.
[34] 周炳儒. 震惊世界的"天路"[J]. 党建文汇:下半月,2015.

[35] 王镇光. 红粘土的工程地质特征及防治措施[J]. 科协论坛：下半月, 2009(1)：1.
[36] 张宇, 黄必斌. 大跨度岩洞跨度界定与跨度效应探讨[J]. 地下空间与工程学报, 2015, 11(1)：9.
[37] 殷秀兰, 马寅生, 张西娟, 等. 渤中坳陷中部地区构造应力场光弹模拟试验研究[J]. 中国地质, 2007, 34(6)：8.
[38] 叶唐进, 谢强, 王鹰. 川藏公路藏东段边坡稳定性研究与治理评价. 地质力学学报, 2019, 25(2)：233-239.
[39] 吴宗俭. 成昆铁路狮子山膨胀土滑坡整治的回顾与展望[J]. 路基工程, 1991, 2：6.
[40] 张艳红. 季节性冻土地区路基排水设计[J]. 低温建筑技术, 2014, 36(7)：121-122.
[41] 王乾程, 韩文. 社会发展与环境工程地质学[J]. 科技创新导报, 2009, 6：122-122.
[42] 冉理. 青藏铁路多年冻土工程的探索与实践[J]. 铁道工程学报, 2007, 24(1)：32-40, 59.
[43] 牛富俊, 马巍, 赖远明. 青藏铁路北麓河试验段通风管路基工程效果初步分析[J]. 岩石力学与工程学报, 2003(z2)：7.
[44] 王兰生. 意大利瓦依昂水库滑坡考察[J]. 中国地质灾害与防治学报, 2007, 18(3)：2.
[45] 黄正均, 任奋华, 李远, 等. 不同试验方法下岩石抗拉强度及破裂特性[J]. 试验技术与管理, 2020, 37(10)：45-49.
[46] 崔立军, 王刚. 利用回弹仪测定岩石强度[J]. 中南工学院科技通讯, 1995, 11(1)：5.
[47] 岳大昌, 赵国均. 高边坡预应力锚索施工技术[J]. 四川建筑科学研究, 2006, 32(1)：3.
[48] 郑金明, 刘高, 王国仓, 等. 现代工程地质学的发展演化[J]. 科技促进发展, 2011, S1：7.
[49] 李双旭. 我国工程地质学的成就和发展[J]. 中国石油石化, 2016, S2：63.
[50] 殷跃平. 危机与重塑：论工程地质学的发展："生态环境脆弱区工程地质"论坛学术总结[J]. 工程地质学报, 2007, 15(5)：4.
[51] 刘端. 青藏铁路运营期间低温冻土区片石气冷路基工程效果分析[J]. 铁道建筑技术, 2007, 4：58-63.
[52] 李臣正. 浅析中俄两国在工程地质学领域的发展[J]. 中国水运：下半月, 2020, 20(2)：2.
[53] 何刘, 赵志明, 潘岳, 等. 连续充填型结构面峰前循环破坏特征及再载强度特性试验研究[J]. 岩石力学与工程学报, 2021, 10：58-63.
[54] 谭洵, 吉锋, 裴向军, 等. 结构面爬坡剪断耦合作用影响因子与影响规律[J]. 岩土力学, 2015(S2)：8.
[55] 覃雪莲. 工程地质学的发展进程[J]. 科技创新与应用, 2012, 22：317.
[56] 孟尧尧. 高地应力深埋隧道围岩力学特性及稳定性研究[D]. 西安：西安工业大学, 2019.
[57] 侯利锋. 成都新津狮子山滑坡形成机制及稳定性分析[J]. 四川地质学报, 2019, 39(B06)：6.
[58] 殷秀兰, 马寅生, 张西娟, 等. 渤中坳陷中部地区构造应力场光弹模拟试验研究[J]. 中国地质, 2007, 34(6)：8.
[59] 万志清, 秦四清, 李志刚, 等. 土洞形成的机理及起始条件[J]. 岩石力学与工程学报, 2003, 22(8)：1377-1382.
[60] 王颖维, 赵端昌, 杜彪, 等. 陕西凤太矿集区典型金矿地质特征及其成矿规律[J]. 中国地质调查, 2022, 2：9.
[61] 薛志照. 唐山地震震源深度分布与地壳结构的关系[J]. 地震地质, 1986, 3：71-80.
[62] 方旭, 赵诗雨. 智利9.5级大地震的灾难警示[J]. 学习时报, 2024-01-31(07).
[63] 关宝树. 矿山法隧道关键技术[M]. 北京：人民交通出版社, 2016.
[64] 王二七, 樊春, 王刚, 等. 滇西哀牢山—点苍山形成的构造和地貌过程[J]. 第四纪研究, 2006, 26(2)：220-227.
[65] 廖玉华, 潘祖寿. 宁夏红果子沟长城错动新知[J]. 地震地质, 1982, 4(2)：77-79.
[66] 吕艳. 华山花岗岩地质遗迹景观成因机理与脆弱性研究[D]. 西安：长安大学, 2016.
[67] 孟庆任. 秦岭的由来[J]. 中国科学：地球科学, 2017, 47(4)：412-420.
[68] 窦红波. 浅谈季节性冻土路基隔离层的设置[J]. 四川建筑, 2006, 3：61-62.
[69] 汪美华. 地质学科技期刊中四组常见词使用辨析[J]. 中国科技术语, 2020, 22(3)：66-70.